REINER

Hinweis für die Benutzer dieses Buches

Im Rahmen meiner Vorlesung ist von zahlreichen Hörern der Wunsch geäußert worden, das Kapitel „Kunststoffe" aus dem von Professor Batzer herausgegebenen dreibändigen Werk „Polymere Werkstoffe" erwerben zu können, Für Studenten ist der Kauf dieses Werkes nach Umfang des gebotenen Stoffes und wegen des Preises schwer realisierbar.

Ich bin dem Verlag dankbar, daß er meiner Anregung gefolgt ist, für Studenten eine preisgünstige Sonderausgabe zu veranstalten. Diese Preisgünstigkeit war nur möglich, indem auf vorhandene Druckbogen des dreibändigen Werkes zurückgegriffen wurde. Hieraus erklärt sich, daß Titelei, Inhaltsverzeichnis, aber auch das Sachregister zum Teil auf Inhalte verweisen, die in der vorliegenden Studentenausgabe nicht enthalten sind.

Ich vertraue darauf, daß der Benutzer der Studentenausgabe diese kleine Ungewöhnlichkeit in Kauf nimmt.

Leoben, im April 1987　　　　　　　　K. Lederer

Polymere Werkstoffe

in drei Bänden

Herausgegeben von Hans Batzer

Georg Thieme Verlag Stuttgart · New York

Band III
Technologie 2

Studiensonderausgabe: Kunststoffe
Von E. Forster und K. Lederer

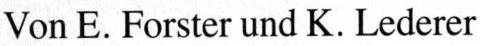

Georg Thieme Verlag Stuttgart · New York 1987

Geschützte Warennamen (Warenzeichen) werden *nicht* besonders kenntlich gemacht. Aus dem Fehlen eines solchen Hinweises kann also nicht geschlossen werden, daß es sich um einen freien Warennamen handele.

Alle Rechte, insbesondere das Recht der Vervielfältigung und Verbreitung sowie der Übersetzung, vorbehalten. Kein Teil des Werkes darf in irgendeiner Form (durch Photokopie, Mikrofilm oder ein anderes Verfahren) ohne schriftliche Genehmigung des Verlages reproduziert oder unter Verwendung elektronischer Systeme verarbeitet, vervielfältigt oder verbreitet werden.

© 1984 Georg Thieme Verlag,
Rüdigerstraße 14, D-7000 Stuttgart 30
Printed in Germany

Satz: Kittelberger, Reutlingen
(System Linotype 5/202)
Druck: Grammlich, Pliezhausen
Buchbinderei: Koch, Tübingen

ISBN 3-13-708201-3

Adressen

Batzer, H., Prof. Dr. Dr. h.c., Rainweg 7, CH-4144 Arlesheim

Forster, E., Dr., Obertorweg 72, CH-4123 Allschwil

Lederer, K., Prof. Dr., Institut für Chemische und Physikalische Technologie der Montanuniversität Leoben, Franz-Josef-Straße 18, A-8700 Leoben

Vorwort

Der Band III des Werkes »Polymere Werkstoffe« stellt den 2. Teil der Technologie dar und ist mit dem Band II als eine Einheit zu betrachten, was wir auch durch ein für beide Bände gültiges Sachregister am Schluß dieses Bandes demonstrieren. Während wir im 1. technologischen Teil die technisch-wirtschaftlichen, verarbeitungstechnischen und ökotoxikologischen Aspekte der Werkstoffe behandelt haben, soll im vorliegenden Band der Stoff, wie er zur Verarbeitung zum Werkstück benutzt wird, schwerpunktmäßig besprochen werden. Es wurden dabei nur synthetisch hergestellte Polymere berücksichtigt; Naturprodukte oder deren Derivate, wie Celluloseester oder -ether, werden nicht beschrieben. Bei der Unterteilung des Stoffes sind wir pragmatisch vorgegangen, indem die Einsatzgebiete den Einteilungsparameter ergaben. Die chemischen, physikochemischen und physikalischen Aspekte kommen im Band I zur Sprache, die Struktur/Eigenschafts-Beziehungen mit ihren theoretischen Voraussetzungen stehen im Hinblick auf die Erfordernisse an das Endprodukt jedoch auch dort im Vordergrund.

In der Praxis kommt bekanntlich nur selten ein reiner Stoff zur Verarbeitung; vielfältige Modifikationen, hervorgerufen durch Strukturvariationen oder Zusätze, erfüllen diese Aufgabe. Beim Kapitel 1 haben wir daher eine Unterteilung in der Art vorgenommen, daß wir die technisch gebräuchlichen Kunststoffe mit ihren Herstellungsmethoden zunächst beschreiben und im Unterkapitel »Formulierte Produkte« die Überführung in verarbeitbare Rohstoffe, bezogen auf Verarbeitungstechnologie und Werkstückeigenschaft, speziell berücksichtigen. Analog wurde in den weiteren Kapiteln für Kautschuk und Gummi, Chemiefasern (die Filmbildung als z. T. auch auf andersartigen Polymeren basierende Applikation wurde nicht speziell behandelt) sowie Verbundstoffe vorgegangen. Dies bedingt eine besonders enge Anlehnung an die Praxis und tangiert begreiflicherweise vertrauliches Know-how in großem Maße. Mein ganz spezieller Dank gebührt daher den Direktionen der verschiedenen Herstellerfirmen, ohne deren Entgegenkommen wir nur schwerlich über einen aktuellen Stand der Technik hätten verfügen können. Im Hinblick auf die kurz geschilderten Schwierigkeiten beim Erhalt entsprechender Informationen bitte ich den kompetenten Leser zu entschuldigen, wenn er nicht immer eine ihn voll befriedigende Antwort auf bestimmte Detailfragen erhält bzw. diese für seine Vorstellungen einseitig ausfällt.

Wiederum haben Kollegen aus Hochschule und Industrie die Ausarbeitung übernommen; ich möchte ihnen für die konstruktive Zusammenarbeit herzlich danken, die es ermöglichte, diesen Band termingerecht fertigzustellen. Dem Georg Thieme Verlag gebührt meine Anerkennung für die zügige Drucklegung und für die schöne Ausstattung auch dieses Bandes. Die z. T. unkonventionelle Einteilung und Darstellung unseres Tätigkeitsgebietes sollte stimulierend für den Leser wirken.

Basel, im April 1984   H. Batzer

Inhaltsverzeichnis

	Kurzzeichen	XVI
	Kapitel 1 **Kunststoffe** *E. Forster, K. Lederer*	
A	**Grundstoffe** *K. Lederer*	3
1.	**Styrolpolymerisate**	3
1.1	Eigenschaften des Styrols und seiner wichtigsten Comonomeren	4
1.2	Polymerisation, Aufbereitung und Lieferform	4
1.2.1	Standardpolystyrol (PS)	4
1.2.2	Blähfähiges Polystyrol (EPS)	6
1.2.3	Schlagfestes Polystyrol (SB oder HIPS)	6
1.2.4	Acrylnitril-Butadien-Styrol-Polymerisate (ABS)	9
1.3	Verarbeitung und Verarbeitungseigenschaften	13
1.4	Gebrauchseigenschaften	17
1.5	Hinweise zur Typenauswahl	23
1.5.1	Standardpolystyrol (PS)	23
1.5.2	Schlagfestes Polystyrol (SB oder HIPS) und ABS	24
2.	**Polyolefine**	25
2.1	Monomere	26
2.2	Polymerisation und Aufbereitung	27
2.2.1	Polyethylen niedriger Dichte (LDPE)	27
2.2.2	Polyethylen hoher Dichte (HDPE)	31
2.2.3	Lineares Polyethylen niedriger Dichte (LLDPE)	42
2.3	Verarbeitung	50
2.3.1	Verarbeitungsverfahren	50
2.3.2	Verarbeitungseigenschaften	51
2.4	Gebrauchseigenschaften	68
2.4.1	Lineares Polyethylen (HDPE und LLDPE)	71
2.4.2	LDPE, EVA und Ionomere	75
2.4.3	Polypropylen und Propylen-Ethylen-Copolymere	77
2.5	Hinweise zur Typenauswahl	81
3.	**Polyvinylchlorid (PVC)**	83
3.1	Herstellung	83
3.2	Verarbeitungseigenschaften	84
3.2.1	PVC-hart	85
3.2.2	PVC-weich	85
3.2.3	PVC-Pasten	88
3.3	Gebrauchseigenschaften	89
3.4	Modifiziertes PVC	92
3.4.1	PVC mit leichterer Verarbeitbarkeit	92

3.4.2	PVC mit erhöhter Formbeständigkeit in der Wärme	93
3.4.3	PVC mit verbesserter Schlagzähigkeit	93
3.5	Hinweise zur Auswahl des PVC-Typs	94
3.5.1	PVC-hart	94
3.5.2	PVC-weich	95
3.5.3	PVC-Pasten	95
4.	**Aminoplaste**	95
4.1	Monomere Grundstoffe	96
4.2	Chemismus der Vorkondensation und Härtung	96
4.2.1	UF-Harze	96
4.2.2	MF-Harze	99
4.3	Technische Herstellung und Lieferform	100
4.3.1	UF-Harze	100
4.3.2	MF-Harze	102
4.4	Verarbeitung und Verarbeitungseigenschaften	102
4.5	Gebrauchseigenschaften nach Aushärtung	103
4.6	Hinweise zur Auswahl des Harztyps	104
5.	**Phenoplaste**	109
5.1	Monomere Grundstoffe	109
5.2	Chemismus der Vorkondensation und Härtung	112
5.2.1	Einfluß des Molverhältnisses	112
5.2.2	Einfluß des pH-Wertes	113
5.2.3	Härtung	114
5.3	Technische Herstellung und Lieferformen	115
5.4	Verarbeitung und Verarbeitungseigenschaften	117
5.5	Gebrauchseigenschaften nach Aushärtung	119
5.6	Hinweise zur Auswahl des Harztyps	123
6.	**Ungesättigte Polyester-Harze**	123
6.1	Monomere Grundstoffe, Polykondensation und Härtung, Lieferformen	123
6.2	Verarbeitung und Verarbeitungseigenschaften	127
6.3	Gebrauchseigenschaften nach Härtung	129
7.	**Technische Kunststoffe**	131
7.1	Thermoplaste	133
7.1.1	Polyamide	135
7.1.2	Polymethylmethacrylat	141
7.1.3	Polyoxymethylen (POM)	144
7.1.4	Polycarbonat	148
7.1.5	Polyphenylenoxid	152
7.1.6	Polyalkylenterephthalate (PETP/PBTP)	152
7.1.7	Polytetrafluorethylen	157
7.2	Duroplaste	158
7.2.1	Polyurethane	158
7.2.2	Epoxidharze	170
7.2.3	Siliconharze	185
B	**Formulierte Produkte**	198
	E. Forster	
1.	**Formulierte Produkte**	198
1.1	Zusammensetzung	198

1.2	Herstellung.	200
1.3	Entwicklung neuer formulierter Stoffe	201
2.	**Thermoplastische Spritzgußmassen**	204
2.1	Herstellung.	204
2.2	Einteilung	209
2.3	Verarbeitung	209
2.4	Eigenschaften von thermoplastischen Spritzgußteilen	218
2.5	Anwendungen.	219
3.	**Preßmassen**	221
3.1	Herstellung.	222
3.1.1	Komponenten.	224
3.1.2	Herstellungsverfahren.	225
3.2	Verarbeitung duroplastischer Preßmassen	225
3.3	Eigenschaften duroplastischer Formteile	230
3.4	Die einzelnen Preßmassenklassen	231
3.5	Anwendungen für duroplastische Formmassen	241
4.	**Dekorative Schichtstoffplatten (dks-Platten)**	241
4.1	Herstellung.	241
4.2	Pressen	242
4.3	Eigenschaften und Anwendung, Spezialprodukte.	242
5.	**Thermoplastische Extrusionsmassen**	244
5.1	Herstellung.	244
5.2	Verarbeitung	247
5.3	Eigenschaften von Artikeln aus thermoplastischen Extrusionsmassen	250
5.4	Anwendungen.	251
6.	**Kalandermassen**	251
6.1	Formulierung	251
6.2	Verarbeitung von PVC-Kalandermassen	253
6.3	Anwendungen kalandrierter Folien	253
7.	**Beschichtungsmassen**	254
7.1	Herstellung.	254
7.2	Verarbeitung	257
7.2.1	Aufbringung.	257
7.2.2	Gelieren	257
7.2.3	Kühlung.	257
7.2.4	(Eventuelle) Oberflächenbehandlung beschichteter Trägerbahnen.	257
7.3	Anwendungen von beschichteten Werkstoffen und Folien	257
8.	**Klebstoffe**	259
8.1	Wirtschaftliche Bedeutung	260
8.2	Anforderungen	261
8.3	Einteilung	263
8.4	Formulierung von Klebstoffen auf Basis von Kunststoffen	263
8.5	Wichtige Klebstoffe	263
8.5.1	Thermoplastische Klebstoffe.	263
8.5.2	Duroplastische Klebstoffe	265
8.6	Verarbeitung	268
8.7	Anwendungsgebiete	268

8.7.1	Verkleben von Kunststoffen	270
8.7.2	Klebstoffbänder (Klebebänder)	271
9.	**Anstrichstoffe**	271
9.1	Einteilung der Anstrichmittel	272
9.2	Wirtschaftszahlen	272
9.3	Herstellung	272
9.4	Verarbeitung	277
9.4.1	Aufbringen der Anstrichstoffe	277
9.4.2	Härtung der Lackfilme	278
9.4.3	Aufbau von Anstrichen	278
9.4.4	Häufig verwendete Anstrichmittel	279
9.4.5	Neuere Entwicklungen im Oberflächenschutz	282
10.	**Schaumkunststoffe**	285
10.1	Herstellung	287
10.2	Bekannte Schaumstoffe	289
10.2.1	Thermoplastische Schaumstoffe	289
10.2.2	Duroplastische Schaumstoffe	293
10.3	Eigenschaften	299
10.4	Anwendung von Schaumkunststoffen	299
11.	**Gieß- und Imprägniersysteme**	302
11.1	Gießverfahren für Thermoplaste	303
11.2	Herstellung und Verarbeitung von duroplastischen Gießharzmassen	303
11.2.1	Wichtigere Gießharztypen	303
11.2.2	Herstellungs- und Verarbeitungsverfahren	305
11.2.3	Verarbeitung von Imprägniersystemen	307
11.3	Eigenschaften von Gießharz-Formstoffen	309
11.4	Anwendung von Gießharz- und Imprägniermassen	309

Kapitel 2

Kautschuk und Gummi

K. Dinges

1.	**Einleitung**	330
1.1	Kautschuk und Gummi	330
1.2	Ursachen und Voraussetzungen der Kautschuk-Elastizität	330
1.3	Nomenklatur/Kurzzeichen	331
2.	**Elastomer-Netzwerke**	332
2.1	Hauptvalenz-Netzwerke aus Kautschuken	333
2.1.1	Vulkanisation mit Schwefel	335
2.1.2	Vernetzung mit Peroxiden oder energiereicher Strahlung	340
2.1.3	Sonstige Vernetzungsmethoden	341
2.2	Elastomere Netzwerke aus niedermolekularen Bausteinen (Präpolymeren)	342
2.2.1	Problemstellung	342
2.2.2	Heutiger Stand	344
2.2.3	Zukunftsaussichten	346
2.3	Netzwerke über ionische und physikalische Bindungen	346
2.3.1	Vernetzung durch glasartige Erstarrung der Hartsegment-Phasen	347
2.3.2	Vernetzung durch Kristallisation der Hartsegment-Phasen	347

2.3.3	Vernetzung durch Wasserstoff-Brückenbildung der Hartsegmente	348
2.3.4	Vernetzung durch Ionenassoziate	348
3.	**Zusammenhänge zwischen Eigenschaften und Struktur der Kautschuke**	**349**
3.1	Verarbeitbarkeit	349
3.2	Viskoses Verhalten	349
3.3	Elastisches Verhalten	350
3.4	Kristallisation	350
4.	**Zusammenhänge zwischen Kautschuk-Struktur und Elastomer-Eigenschaften**	**351**
4.1	Zusammenhang zwischen Glasübergangstemperatur und Elastomer-Eigenschaften	351
4.2	Einfluß der Kristallisation auf Elastomer-Eigenschaften	352
4.3	Zusammenhang zwischen chemischem Aufbau der Kettensegmente und den Elastomer-Eigenschaften	353
4.3.1	Aufbau der Hauptkette	353
4.3.2	Seitengruppeneffekte	353
5.	**Einfluß von Zusätzen auf die Kautschuk- und Elastomer-Eigenschaften**	**354**
5.1	Kautschuk-Mischungen (Compounds)	354
5.2	Verstärkung aktive und inaktive Füllstoffe	354
5.3	Ruß als Füllstoff für Elastomere	356
5.4	Einfluß des aktiven Füllstoffs auf die Eigenschaften des (unvernetzten) Kautschuks	358
5.5	Ursachen der Verstärkerwirkung	358
6.	**Eigenschaftsbilder der verschiedenen Elastomere**	**359**
6.1	Kautschuke mit hohem Marktvolumen	359
6.1.1	Struktur	360
6.1.2	Eigenschaften	361
6.1.3	Einsatzgebiete	363
6.2	Kautschuke mit mittlerem Marktvolumen	364
6.2.1	Butyl-Kautschuk (IIR) Chlorbutyl-Kautschuk (CIIR), Brombutyl-Kautschuk (BIIR)	364
6.2.2	Polychloropren-Kautschuk (CR)	365
6.2.3	Ethylen-Proplyen-Kautschuk (EPM, EPDM)	366
6.2.4	Nitril-Kautschuk (NBR)	366
6.3	Kautschuke mit geringem Marktvolumen	368
6.3.1	Chlorsulfoniertes Polyethylen (CSM)	368
6.3.2	Chloriertes Polyethylen (CM)	369
6.3.3	Ethylen-Vinylacetat-Kautschuke (EAM), Ethylen-Acrylat-Kautschuke (AECM)	370
6.3.4	Acrylat-Kautschuk (ACM)	370
6.3.5	Polyurethan-Elastomere (U)	371
6.3.6	Epoxid-Kautschuke (CO, ECO, PO)	372
6.3.7	Thioplaste (Polysulfid-Kautschuk, TM)	373
6.3.8	Silicon-Kautschuk (Q)	373
6.3.9	Fluor-Kautschuke (FKM)	375
6.4	Neuentwicklungen	375
6.4.1	Weiterentwicklungen innerhalb bestehender Kautschuk-Klassen	375
6.4.2	Neue Kautschuke	376
6.4.3	Verbesserte Netzwerke	378
7.	**Kautschuk- und Elastomer-Verschnitte**	**378**
7.1	Problemstellung	378
7.2	Morphologie der Kautschuk-Verschnitte	379
7.2.1	Homogene Kautschuk-Verschnitte	379
7.2.2	Heterogene Verschnitte	379

7.2.3	Einfluß von Zusätzen	380
7.3	Vernetzung von Kautschuk-Blends	380
8.	**Kautschuk-Dispersionen**	381
8.1	Eigenschaftsbild	382
8.1.1	Polymerstruktur	382
8.1.2	Kolloidales System	383
8.1.3	Morphologie der Latex-Polymerteilchen	385
8.2	Einsatzgebiete	385
8.2.1	Einsatz als Bindemittel	385
8.2.2	Einsatz für Formartikel	386
8.2.3	Verwendung zur Herstellung von Schäumen	386
8.2.4	Einsatz zur Elastifizierung	386
9.	**Elastomere und Umwelt**	387
9.1	Beiträge der Elastomere zu unseren Lebensbedingungen	387
9.2	Umweltprobleme im Zusammenhang mit Elastomeren	387

Kapitel 3
Chemiefasern
W. Albrecht, H. Herlinger

Einleitung 394
W. Albrecht

1.	**Nutzung der Fasereigenschaften bei der Verarbeitung und dem Gebrauch von Textilien**	398
1.1	Filamentgarne	401
1.1.1	Homogene Filamentgarne	405
1.1.2	Heterogarne	405
1.1.3	Texturierte Filamentgarne	407
1.1.4	Modifizierte Filamentgarne	417
1.2	Spinnfasergarne	420
1.2.1	Herstellung von Spinnfasergarnen	420
1.2.2	Herstellung von besonderen Spinnfasergarnen	432
1.3	Herstellung und Verarbeitung von Folienfäden	433
1.4	Herstellung von textilen Flächengebilden	435
1.4.1	Weben	435
1.4.2	Maschen	438
1.4.3	Vliesen	440
1.4.4	Nähwirken	448
1.4.5	Tuften	449
1.4.6	Fadengelege	449
1.4.7	Besondere Verfahren zur Herstellung von textilen Flächengebilden	450
2.	**Offene Fragen und Probleme der Chemiefaser- und Textilindustrie**	451
3.	**Struktur und Eigenschaftskorrelation bei Fasern**	453
	H. Herlinger	

4.	**Allgemeine Zusammenhänge zwischen chemischer Struktur von fasergeeigneten Polymeren und realisierbaren Fasereigenschaften**	454
4.1	Zusammenhang zwischen Polymertyp und Fasereigenschaften	455
5.	**Kondensationspolymere als Faserrohstoffe**	458
5.1	Polyester	458
5.1.1	Aliphatische Polyester	458
5.1.2	Polyester der aromatischen Carbonsäuren mit aliphatischen und cyclo-aliphatischen Diolen	459
5.1.3	Polyethylenterephthalat	459
5.1.4	PES aus cyclo-aliphatischen Diolen und Terephthalsäure	463
5.1.5	Polyester aus Poly-p-hydroxethyl-benzoat	464
5.1.6	Polycarbonat als Faserrohstoff	464
5.2	Polyamide	464
5.2.1	Polyamid 6,6	466
5.2.2	Polyamid 6,10	466
5.2.3	Polyamide aus cycloaliphatischen Diaminen und Dicarbonsäuren	466
5.2.4	Polyamide des Typs PA n	467
5.2.5	Polyamid 6	468
5.2.6	Polyamid 4	471
5.2.7	Polyamid 12	471
5.3	Polyurethane als faserbildende Polymere	471
5.3.1	Segmentierte Polyurethane – ELASTHANE	472
5.3.2	Elasthan-Polymer	473
5.4	Aromatische und heterocyclisch-aromatische Polyamide	473
5.4.1	Aromatische Polyamide	475
5.4.2	Polykondensationsverfahren zur Herstellung aromatischer Polyamide	475
5.4.3	Heterocyclisch-aromatische Polyamide	477
5.5	Poly-heterocyclen	478
6.	**Vinylpolymere**	479
6.1	Polyolefine	479
6.1.1	Polyethylen als Faserrohstoff	479
6.2	Polypropylen	480
6.2.1	Polypropylen als Faserpolymer	480
6.3	Polyvinylchlorid-Fasern (PVC)	480
6.3.1	Polyvinylchlorid und Polymere als Faserrohstoffe	480
6.4	Polyvinylalkohol (PVAL) als Faserrohstoffpolymer	480
6.5	Polyacrylnitril (PAC)	481
7.	**Kohlenstoff-Fasern**	483

Kapitel 4

Verbundwerkstoffe
G. Menges, H. Brintrup

1.	**Eigenschaften von Matrix und Verstärkungswerkstoff**	494
1.1	Matrixwerkstoffe	494
1.2	Verstärkungswerkstoffe	495
2.	**Grundlagen der Verstärkungs- bzw. Versteifungswirkung bei Verbundwerkstoffen**	498
2.1	Ursachen der Versteifung	498

2.1.1	»Gewölbe«-Effekt (bei Druckbeanspruchung)	498
2.1.2	Mischungsregel, Parallel- bzw. Reihenschaltung von Matrix und Verstärkungsstoff	498
2.2	Verstärkung durch Füllstoffe und Fasern	500
2.3	Einflüsse aus Gestalt und Ausrichtung der Füll- bzw. Verstärkungsstoffe	501
3.	**Berechnungsmöglichkeiten für die Eigenschaftskennwerte von Verbundstoffen am Beispiel glasfaserverstärkter Kunststoffe (GFK)**	**503**
3.1	Verstärkungen mit quasiisotropen Eigenschaften (Matten-, Kurzfaserverstärkungen)	503
3.2	Verstärkungen mit anisotropen Eigenschaften (gerichtete durchlaufende Fasern)	508
3.2.1	Berechnung mit Hilfe der Kontinuumsmechanik	509
3.2.2	Berechnung mit Hilfe der Netzwerktheorie	514
4.	**Kennwerte und zulässige Beanspruchungen**	**516**
4.1	Rißbildung	516
4.2	Elastizitätskenngrößen, Bruchverhalten	517
4.3	Thermisches Ausdehnungsverhalten und thermische Spannungen	522
4.4	Anhaltswerte für eine überschlägige Dimensionierung	524
5.	**Verbundwerkstoffe aus beschichteten Chemiefasergeweben**	**527**
5.1	Aufbau und Anwendungsformen	527
5.2	Mechanische Eigenschaften und Tragverhalten	527
6.	**Verbundwerkstoffe aus beschichteten Bahnen (Folien, Papier, Gewebe)**	**529**
6.1	Verbundwerkstoffe mit Thermoplasten/Elastomeren	529
6.2	Verbundwerkstoffe mit Duroplasten	530
7.	**Verbundwerkstoffe als Sandwichkonstruktionen**	**531**
7.1	Aufbau, Zweck und Anwendungsformen	531
7.2	Berechnungsgrundlagen	532

Sachverzeichnis 537

Inhaltsübersicht für die Bände I und II

Band I: Chemie und Physik

Einleitung
Definitionen, Begriffe und Kurzzeichen
Synthesen und Reaktionen von Makromolekülen
Grundlagen der Thermodynamik der Hochpolymere
Zustände, Übergänge und Umwandlungen
Eigenschaften von Polymeren
Einflüsse struktureller Merkmale

Band II: Technologie 1

Technisch-wirtschaftlich orientierte
Werkstoffauswahl für Kunststoffprodukte
Kunststoffe – Wirtschaftliche Bedeutung
Grundlagen und Methoden zur Verarbeitung
von Polymeren
Modifizierung von polymeren Werkstoffen durch
Zusatzstoffe
Hygienische Beurteilung beim Umgang mit
Kunststoffen

Kurzzeichen*

ABS	Acrylnitril-Butadien-Styrol	PI	Polyimid
ASA	Acrylnitril-Styrol-Acrylester	PIB	Polyisobutylen
BFK	Borfaserverstärkte Kunststoffe	PIR	Polyisocyanurat
CF	Kresolformaldehyd	PMI	Polymethacrylimid
CFK	Kohlenstoffaserverstärkte Kunststoffe	PMMA	Polymethylmethacrylat
		PMP	Poly-4-methylpenten-1
DAIP	Diallylisophthalat	PO	Polyolefine
DAP	Diallylphthalat	POM	Polyoxymethylen, Polyformaldehyd (Polyacetal)
DKS	Dekorative Schichtstoff-erzeugnisse	PP	Polypropylen
EP	Epoxid	PPC	Chloriertes Polypropylen
EPDM	Ethylen-Propylen-Terpolymer	PPO	Polyphenylenoxid
EPM	Ethylen-Propylen-Kautschuk	PPS	Polyphenylensulfid
EPS	expandiertes Polystyrol	PPSU	Polyphenylensulfon
EVA, EVAC	Ethylen-Vinylacetat	PS	Polystyrol
FEP	Perfluorethylenpropylen	PSU	Polysulfon
GFK	Glasfaserverstärkte Kunststoffe	PTFE	Polytetrafluorethylen
Hgw	Hartgewebe	PTP	Polytetraphthalate
Hm	Matten-Schichtstoff	PUR	Polyurethan
Hp	Hartpapier	PVAC	Polyvinylacetat
MBS	Methyl-Methacrylat-Butadien-Styrol	PVC	Polyvinylchlorid
		PVCC	Chloriertes Polyvinylchlorid
MDI	Diphenylmethan-diisocyanat	PVC-P	Weich-PVC
MF	Melaminformaldehyd	PVC-U	Hart-PVC
MPF	Melamin-Phenol-Formaldehyd	PVDC	Polyvinylidenchlorid
NBK, NBR	Nitrilkautschuk	PVDF	Polyvinylidenfluorid
PA	Polyamide	PVF	Polyvinylfluorid
PAN	Polyacrylnitril	PVFM	Polyvinylformal
PB	Polybuten	RF	Resorcin-Formaldehyd
PBTP	Polybutylenterephthalat	SAN	Styrol-Acrylnitril
PC	Polycarbonat	SB	Styrol-Butadien
PCTFE	Polychlortrifluorethylen	SFK	Synthesefaserverstärkte Kunststoffe
PEC	Chloriertes Polyethylen		
PE	Polyethylen	SI	Silicon
PETP	Polyethylenterephthalat	TDI	Toluoldiisocyanat
PF	Phenol-Formaldehyd	TPX	Polymethylpenten
PFA	Perfluoralkoxy-Cop.	UF	Harnstoff-Formaldehydharz
PFEP	Polytetrafluorethylen-perfluorpropylen	UP	Ungesättigte Polyester

---

* Ein ausführliches Kurzzeichenverzeichnis enthält Band I

Kapitel 1
Kunststoffe
E. Forster, K. Lederer

Kunststoffe

In dem vorliegenden Kapitel haben wir versucht, die Kunststoffe auf eine neue Art zu betrachten, wozu das gesamte Thema in zwei Abschnitte unterteilt wurde – in *Grundstoffe* und in *formulierte Produkte*. *Grundstoffe* sind im Falle der Thermoplaste Polymere, bei den Duroplasten Bausteine, aus denen bei der Verarbeitung Polymere entstehen. *Formulierte Produkte* – im Sinne dieses Kapitels – enthalten neben dem Grundstoff mindestens einen physikalisch zugemischten Stoff; sie sind also Stoffgemische. Diese Aufteilung wurde gewählt, da für die Verwendung von Kunststoffen zur Herstellung von Werkstücken nicht nur die Grundstoffe von Bedeutung sind, sondern auch die Zusatzstoffe, deren Art und Menge, die Herstellung der formulierten Produkte, dann aber auch die Verarbeitung der formulierten Produkte, also Aspekte der Maschinen und der Verarbeitungsbedingungen.

Im Abschnitt A (Grundstoffe) erfolgt eine Unterteilung in »Standardkunststoffe«, die relativ detailliert beschrieben werden, und »technische Kunststoffe«, bei denen die Darstellung durch zusammenfassende Tabellen gestrafft wurde. Im Abschnitt B (formulierte Produkte) wurden neuere Produkte bevorzugt.

Es war nicht unser Ziel, Vollständigkeit anzustreben, sondern ein besseres Verständnis der Kunststoffe als Werkstoffe zu vermitteln. Dazu wurden typische Beispiele zur Illustration herausgegriffen, die dem Leser einen Einblick in aktuelle Aspekte der Kunststoff-Technologie erleichtern. Dies war nur möglich mit Hilfe von kompetenten Kollegen, denen wir auch an dieser Stelle danken möchten.

A Grundstoffe

K. Lederer

Kunststoff-Grundstoffe sind im Fall der thermoplastischen Kunststoffe (s. Abschnitt 1 bis 3 und 7.1) jene Polymeren, die den einzelnen Kunststoff-Sorten den Namen geben. Bei den duroplastischen Kunststoffen (s. Abschnitt 4 bis 6 und 7.2) umfaßt der Begriff Kunststoff-Grundstoff das bei der Verarbeitung gebildete, für eine bestimmte Kunststoff-Sorte typische polymere Netzwerk; die für ein bestimmtes Verarbeitungsverfahren formulierten Produkte enthalten hier die monomeren und/oder oligomeren Grundstoffe zur Herstellung des polymeren Netzwerkes.

Die Darstellung der einzelnen Grundstoffe entspricht im Umfang weitgehend ihrer volumenmäßigen Bedeutung. In den Abschnitten über die Standardkunststoffe – 1. Styrolpolymerisate, 2. Polyolefine, 3. Polyvinylchlorid, 4. Aminoplaste, 5. Phenoplaste und 6. Ungesättigte Polyester-Harze – werden die technischen Möglichkeiten zur Typenvariation aufgezeigt und deren Auswirkungen auf die Verarbeitungs- und Gebrauchseigenschaften behandelt; schließlich werden Hinweise zur Typenauswahl gegeben. Abschnitt 7. Technische Kunststoffe bleibt aus Raumgründen auf eine kurze Beschreibung der Herstellung und der charakteristischen Eigenschaften jener Kunststoff-Grundstoffe beschränkt, deren Verbrauch 1982 in Westeuropa über 5000 jato betrug.

1. Styrolpolymerisate

Styrol-Kunststoffe mit großem Marktvolumen sind *Standardpolystyrol* (**PS**: **H**omopolymer des **S**tyrols), *schlagfestes Polystyrol* (**SB**: **S**tyrol-**B**utadien-Polymerisat, oft auch **HIPS** = **h**igh **i**mpact **p**olystyrene: Polymer-Mischung aus PS in der kohärenten und meist Polybutadien gepfropft mit Styrol in der dispersen Phase), *blähfähiges Polystyrol* (**EPS**: **e**xpandierbares **PS**) und A*crylnitril-Butadien-Styrol-Polymerisat* (**ABS**: Polymermischung aus **S**tyrol-**A**cryl**n**itril-Copolymer mit einem Massengehalt von 25 bis 35% Acrylnitril, **SAN,** in der kohärenten und Polybutadien gepfropft mit Styrol und Acrylnitril in der dispersen Phase). In SB und ABS liegt die Glastemperatur der dispersen Phase wesentlich unter der Gebrauchstemperatur (*weiche Phase*), die der kohärenten Phase jedoch über der Gebrauchstemperatur (*harte Phase*), wodurch vor allem die Schlagzähigkeit gegenüber PS und SAN verbessert wird (s. S. 20).

Die technische Produktion von PS wurde durch BASF 1930 aufgenommen, von SB durch Dow Chemical 1948, von EPS durch BASF 1954 und von ABS durch US Rubber Company 1948[1]. Tab. 1.1 gibt die Verbrauchszahlen des Jahres 1981 für Westeuropa, die USA und Japan wieder, Tab. 1.2 die Verbrauchsverteilung. Bei ABS sind auffallende Unterschiede in der Verbrauchsverteilung zwischen Westeuropa, USA und Japan festzustellen. Weltweit werden ca. 150 000 jato an nicht mit Kautschuk modifiziertem SAN verbraucht, wovon ca. 95% als Spritzgußmassen eingesetzt werden; Hinweise auf die besonderen Gebrauchseigenschaften dieser Kunststoffsorte mit mittlerem Marktvolumen werden auf S. 17 u. 216 gegeben. Hier nicht näher behandelte Styrolpolymerisate mit hohem Marktvolumen sind statistische Styrol-Butadien-Copolymere mit einem Massengehalt von ca. 60% Styrol (weltweit ca. 700 000 jato), die vorwiegend als Latex, z. B. zur Papierbeschichtung und für Innenanstriche, eingesetzt werden, Styrol-Budatdien-Kautschuke, SBR, meist mit einem Massengehalt von ca. 25% Styrol (Kap. 2, s. S. 360 f), und ungesättigte Polyester-Harze mit einem Massengehalt von 30 bis 40% Styrol (s. S. 123).

Tab. 1.1 Verbrauch an Styrol-Kunststoffen im Jahr 1981[2, 3] in t (jato)

	PS/SB	EPS	ABS	Summe
Westeuropa*	1 085 000 61,3%	375 000 21,2%	310 000 17,5%	1 770 000 100%
USA	1 600 000 71,4%	200 000 8,9%	440 000 19,7%	2 240 000 100%
Japan	520 000 54,7%	125 000** 13,2%	305 000 32,1%	ca. 950 000 100%

* s. Fußnote zu Tab. 1.2
** Schätzung (für 1978) aus Produktionszahlen und Angaben zum Kunststoffaußenhandel[3]

Tab. 1.2 Verteilung des Verbrauchs von PS, SB und EPS in Westeuropa* 1979[4] und von ABS in Westeuropa, USA und Japan 1978[5] (% des Gesamtverbrauches)

a PS und SB (ca. im Verhältnis SB:PS = 58:42)

Verpackung	44
Haushalt	13
Geräte	10
Kühlschränke	8
Spielzeug	6
Möbel	4
Schuhabsätze	2
Auto	1,5
Sonstiges	11,5
	100

b EPS

Dämmstoffe	58
Verpackung	36
Sonstiges	6
	100

c ABS

	West-europa*	USA	Japan
Haushalt	23,0	20,7	14
Kraftfahrzeuge	23,0	15,6	25
Büromaschinen, Telefon	5,9	5,5	
Radio, TV, Elektroartikel	6,1	2,8	36
Möbel	3,1	1,4	
Rohre, Fittings	1,0	26,8	
Freizeit, Sport	5,1	7,3	
Sonstiges	32,8	19,9	25
	100	100	100

* EG-Länder, Finnland, Griechenland, Norwegen, Österreich, Portugal, Spanien, Schweden und Schweiz

1.1 Eigenschaften des Styrols und seiner wichtigsten Comonomeren

Styrol ist eine schon bei Raumtemperatur langsam polymerisierende Flüssigkeit und muß daher zur Lagerung

Styrol, KP = 145 °C

durch Inhibitoren, z. B. ca. 20 ppm 4-tert-Butyl-brenzcatechin (TBC) stabilisiert werden. Die Löslichkeit in Wasser ist sehr gering (Massengehalt von 0,062% Styrol bei 80 °C und Normaldruck). In der Bundesrepublik Deutschland liegt der MAK-Wert derzeit bei 420 mg·m^{-3}.

Butadien ist unter Normalbedingungen ein Gas mit eigenartigem, intensivem Geruch; die Löslichkeit in Wasser ist gering (0,13 g·l^{-1} bei 15 °C und Normaldruck). In der Bundesrepublik Deutschland liegt der MAK-Wert bei 2200 mg·m^{-3}. Butadien neigt zur Bildung hochexplosiver Peroxide und ist daher unter Luftabschluß zu lagern.

$$H_2C=CH-CH=CH_2$$

1,3-Butadien, KP = −4,4 °C

Acrylnitril ist eine farblose Flüssigkeit, die im reinen Zustand nicht haltbar ist und durch Inhibitoren, z. B. TBC, stabilisiert werden muß. Acrylnitril ist beschränkt wasserlöslich (unter Normaldruck 8% bei 24 °C, 11% bei 85 °C). Bei Luftzutritt neigt es ebenfalls zur Peroxid-Bildung. Seine Giftigkeit für den Menschen beträgt ca. 1/30 der Giftigkeit von Blausäure; Berührung mit der Haut und Einatmen muß streng vermieden werden. In der Bundesrepublik Deutschland liegt der Wert der technischen Richtkonzentration (TRK) für die Verarbeitung von Acrylnitril und Acrylnitril enthaltenden Stoffen derzeit bei 6 ppm Acrylnitril.

Acrylnitril, KP = 77,3 °C

1.2 Polymerisation, Aufbereitung und Lieferform

1.2.1 Standardpolystyrol (PS)

Styrol wird technisch ausschließlich radikalisch polymerisiert (Kap. 3). Technisch hergestelltes Homopolymer (PS) besteht aus ataktischen und in der Regel unverzweigten[6,7] Polystyrol-Molekülen (ca. 0,2 Verzweigungen pro Molekül erst bei über 98% Umsatz); die Mittelwerte der rel. Molekülmasse liegen meist im Bereich $\overline{M}_n$ = 40 000–180 000 und $\overline{M}_w$ = 100 000–400 000, die Uneinheitlichkeit je nach Prozeßführung (s. u.) im Bereich $\overline{M}_w/\overline{M}_n$ = 1,8–4,0. PS wird vorwiegend nach dem Masseverfahren bzw. einem modifizierten Masseverfahren (*Lösungsverfahren*) unter Zusatz von 5 bis 25% Lösungsmittel, meist Ethylbenzol, und nur noch in geringem Maße mit dem Suspensionsverfahren hergestellt. Beim kontinuierlichen *Masse- bzw. Lösungsverfahren* wird thermisch initiiert (Temperatur über 100 °C), wobei ein Styrol-Dimer[8,9] der eigentli-

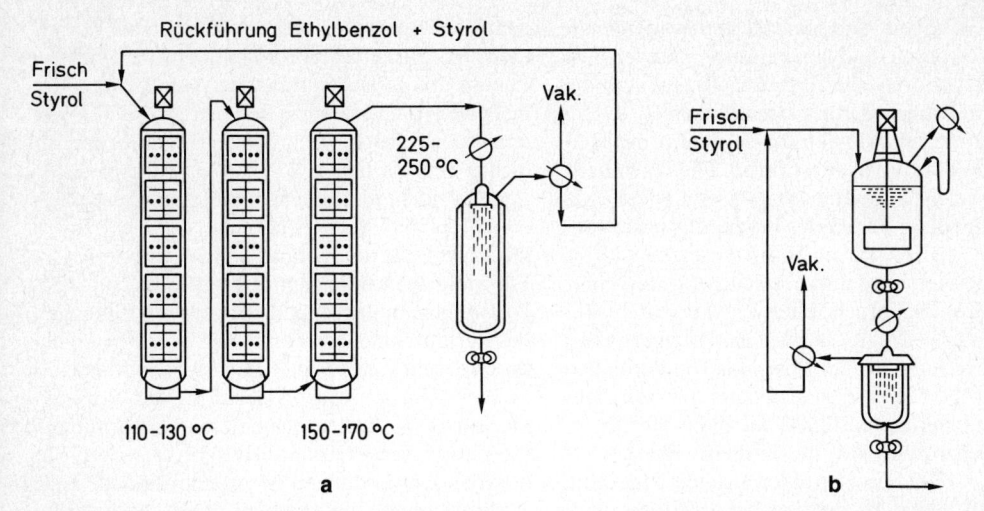

Abb. 1.1 Fließschemata kontinuierlicher Prozesse zur Herstellung von PS.
a Turmkaskade, Prozeß der Dow Chemical,
b kontin. Rührkesselreaktor, Prozeß der BASF

che Initiator ist. Polystyrol ist in Styrol in jedem Verhältnis löslich, so daß die Viskosität des Reaktionsgemisches mit fortschreitender Polymerisation stark ansteigt und sich hierdurch bei hohem Umsatz Schwierigkeiten beim Abführen der Polymerisationswärme ergeben. Es wird daher heute meist in Gegenwart von Lösungsmittel mit unvollständigem Umsatz (unter 80%) polymerisiert, was durch die Entwicklung von leistungsfähigen Apparaten zur Entfernung von Monomerem und Lösungsmittel möglich wurde. Z. B. benutzt das Verfahren der Dow Chemical Co. drei in Kaskade geschaltete Turmreaktoren, in die mit Kühlrohren eine große Wärmeaustauschfläche eingebaut ist; durch Verwendung des Lösungsmittels Ethylbenzol kann die Viskosität niedriger gehalten werden; ein Vakuumentgaser entfernt Lösungsmittel und Restmonomeres, die zurückgeführt werden (s. Abb. 1.1 a). Ein besonders einheitliches Temperatur- und Konzentrationsprofil erreicht man in einem vollständig durchmischten kontinuierlichen Rührkesselreaktor mit nachgeschaltetem Vakuumentgaser (neuer BASF-Prozeß, s. Abb. 1.1 b)[10].

Mit steigender Temperatur nimmt die Reaktionsgeschwindigkeit der Initiierung und des Kettenabbruches rascher zu als die des Kettenwachstums, wodurch die mittlere rel. Molekülmasse der gebildeten Polystyrol-Moleküle abnimmt. Als Abbruchsschritt dominiert unter 100 °C die Rekombination, während bei höherer Temperatur Kettenübertragung und Disproportionierung stärker in Erscheinung treten. Manchmal werden zum Niedrighalten der rel. Molekülmasse auch Kettenüberträger, z. B. *tert*-Dodecylmercaptan, eingesetzt. Nach Abschluß der Polymerisation wird das Rohprodukt meist über einen Wärmeaustauscher in dünner Schichtdicke in einen evakuierten Raum (6 bis 40 mbar, 225 bis 250 °C) eingebracht, wodurch der Gehalt an monomerem Styrol (*Reststyrol*) bzw. an Lösungsmittel auf unter 0,1 % gesenkt werden kann. Die Uneinheitlichkeit des so hergestellten PS hängt weitgehend von der Temperaturführung ab. Bei isothermer Prozeßführung ergibt sich im Bereich über 120 °C eine Uneinheitlichkeit $\overline{M}_w/\overline{M}_n \approx 2$; im oft realisierten nichtisothermen Fall kann $\overline{M}_w/\overline{M}_n$ wesentlich höhere Werte im Bereich von 2,5 bis 4,0 annehmen.

Die geringe Wasserlöslichkeit des Styrols (s. o.) ermöglicht das *Suspensionsverfahren* (*Perlpolymerisation*), wobei meist mit Peroxiden initiiert und diskontinuierlich in Rührkesseln polymerisiert wird. Die Stabilisierung der Suspension (Teilchendurchmesser von 0,1 bis 3 mm) erfolgt durch wasserlösliche organische Polymere, z. B. Polyvinylalkohol (meist mit geringem Acetat-Gehalt), Methylcellulose und Pektin, oder durch wasserunlösliche anorganische Pulver, z. B. Hydroxylapatit, oft unter Zusatz von Tensiden; diese anorganischen *Pickering-Emulgatoren* sind durch saures Waschen leichter zu entfernen als die organischen. Die Verteilung der Perldurchmesser (Perlspektrum) wird außer vom Suspendierhilfsmittel von der Rührerform und -drehzahl bestimmt. Die mittlere rel. Molekülmasse, die

Uneinheitlichkeit und der Restmonomergehalt lassen sich durch die Konzentration und den Typ der Katalysatoren, die Art ihrer Zugabe und die Temperaturführung stark beeinflussen.

Die mittlere rel. Molekülmasse nimmt mit steigender Initiatorkonzentration ab. Die Uneinheitlichkeit ist meist gering ($M_w/M_n \approx 1{,}8$–$2{,}5$), da die Temperatur wegen des raschen Druckanstieges über 100 °C nur in engen Grenzen (70 bis 120 °C) variiert wird und bei Temperaturen unter 100 °C Kettenabbruch überwiegend durch Rekombination erfolgt. Oft wird die Polymerisation in zwei Phasen mit einer Mischung von Peroxiden mit verschiedener Zerfallstemperatur durchgeführt; in einer ersten Phase bei 70 bis 90 °C z. B. mit Dibenzoylperoxid, das in dieser Phase weitgehend zerfällt, und in einer zweiten Phase bei 100 bis 110 °C z. B. mit tert-Butylhydroperoxid, das erst bei Temperaturen über 100 °C wirksam wird. Hierdurch wird die Polymerisationsgeschwindigkeit gegen Ende der Polymerisation wesentlich erhöht, so daß die Reaktion in technisch vertretbarem Zeitraum bis zu sehr hohem Umsatz (Restmonomergehalt $\approx 0{,}1\%$) geführt werden kann.

Das Polymerisationsprodukt wird in gerührte Lagertanks übergeführt, wo nach Abkühlung auf 50 bis 60 °C (unter die Erweichungstemperatur) die Suspensionsstabilisatoren durch geeignete Zusätze, z. B. HCl, gelöst werden. Schließlich wird die feste disperse Phase durch Zentrifugieren abgetrennt; nach Auswaschen, gefolgt von einer weiteren Zentrifugation enthält das feste Polymere 1 bis 5% Wasser und wird bei Temperaturen unter der Erweichungstemperatur (maximal 85 °C) auf einen Wassergehalt unter 0,5% getrocknet.

Beim Masse- und beim Suspensionsverfahren erfolgt die letzte Stufe der *Aufbereitung* in Granulierextrudern (oft mit Entgasungseinrichtung), wobei die jeweils erwünschten Additive, z. B. innere und äußere Gleitmittel, Antistatika, Antioxidantien und Lichtschutzmittel, zugesetzt werden. PS wird als wasserklar transparentes und als transparent oder opak eingefärbtes Granulat (Durchmesser von 2 bis 3 mm) geliefert.

1.2.2 Blähfähiges Polystyrol (EPS)

EPS wird vorwiegend durch Suspensionspolymerisation von Styrol in Gegenwart von Treibmitteln hergestellt; daneben haben das Imprägnier- und das Granulatverfahren technische Bedeutung.

Beim *Suspensionsverfahren* wird analog wie bei der Perlpolymerisation von PS (s. o.) vorgegangen. Als Treibmittel wird oft n-Pentan eingesetzt, meist in Mischung mit i-Pentan, z. B. 75% n-Pentan und 25% i-Pentan. Die Aufarbeitung des in Perlform anfallenden Polymerisates (Massenanteil des gelösten Treibmittels 5 bis 7%, Schüttdichte 570 bis 670 $g \cdot l^{-1}$) erfolgt durch Schleudern, Waschen, Trocknen und Oberflächenbeschichten mit jenen Additiven, die nicht durch die Polymerisation geführt werden können.

Für viele Anwendungen (s. S. 291) ist ein enges Perlspektrum erwünscht. Engere Verteilungen des Perldurchmessers können im allgemeinen dadurch erzielt werden, daß man Styrol in Masse bis ca. 30% Umsatz vorpolymerisiert, das Vorpolymerisat in Wasser suspendiert und schließlich in Gegenwart von Treibmittel auspolymerisiert. Für manche Anwendungen ist es erforderlich, enge Perlfraktionen auszusieben. Das gewünschte Perlspektrum wird vom Einsatzgebiet bestimmt[10a].

Beim *Imprägnierverfahren* werden vorgefertigte Perlen oder Feingranulate aus PS in Wasser unter Zusatz von Dispergierhilfsmitteln suspendiert und das Treibmittel bei 80 bis 130 °C zugesetzt. Unter Anwendung höherer Temperaturen und Drücke wird dabei Feingranulat in Kugelform überführt.

Beim *Granulatverfahren* wird PS im Extruder mit Treibmittel bzw. EPS vermischt. Die Aufbereitung zu EPS-Granulat erfolgt dabei durch Kaltabschlag oder durch Heißabschlag unter Druck zur Verringerung der Orientierung und Verbesserung der Rieselfähigkeit. Vorzeitiges Verschäumen kann durch rasches, gegebenenfalls unter Druck durchgeführtes Abkühlen unter die Erweichungstemperatur vermieden werden.

EPS wird in gasdichten Gebinden geliefert, da das Treibmittel zum Ausdiffundieren neigt. Bei der Lagerung und Weiterverarbeitung von EPS-Typen, die in Mischung mit Luft zündfähige Treibmittel, z. B. Pentan, enthalten, sind besondere Sicherheitsvorkehrungen erforderlich.

1.2.3 Schlagfestes Polystyrol (SB oder HIPS)

SB wird oft in denselben Anlagen wie PS hergestellt, wobei vorwiegend das *Masseverfahren* (s. Abb. 1.1) oder eine Kombination von Masse- und Suspensionsverfahren eingesetzt wird. Dabei können jeweils drei Verfahrensstufen unterschieden werden:

1. Herstellung einer Lösung von Kautschuk in Styrol,
2. Vorpolymerisation (mit Rühren bis höchstens 40% Umsatz),

3. Endstufe (Vervollständigung der Polymerisation mit oder ohne Rühren; beim Masse-Suspensionsverfahren nach Dispergieren des Vorpolymerisates in Wasser).

Der Massengehalt des Kautschuks liegt meist unter 10%. An die Kautschuk-Komponente werden strengere Qualitätsanforderungen[11] gestellt als in der Reifenproduktion, z. B. rasche und vollständige Löslichkeit (frei von vernetzten Gelteilchen), gute Pfropfbarkeit und Vernetzbarkeit mit Styrol unter radikalischen Bedingungen, sehr niedrige Glastemperatur, weitgehende Farblosigkeit, nicht zu hohe rel. Molekülmasse (Viskosität bei einem Massengehalt von 5% Kautschuk in der styrolischen Lösung ca. 5 mPa·s) und geringerer Gehalt an organischen Säuren. Im allgemeinen wird z. Z. medium-cis-Polybutadien bevorzugt, das durch Polymerisation von Butadien mit Lithium-Butyl als Katalysator hergestellt wird und ca. 35% der Grundbausteine in cis-1,4-Verknüpfung enthält, ca. 10% der Grundbausteine in 1,2- und den Rest in trans-1,4-Verknüpfung. Medium-cis-Polybutadien zeichnet sich vor allem durch niedrige Glastemperatur (T_g = −107 bis −97°C) und geringe Neigung zur Kristallisation aus. Zur Herstellung von HIPS-Typen mit höherer Witterungsbeständigkeit wird bevorzugt **E**thylen-**P**ropylen-**D**ien-Elasto**m**er (**EPDM**) eingesetzt, das jedoch eine höhere Glasumwandlungstemperatur (T_g = −50 bis −60°C) und eine schlechtere Löslichkeit in Styrol aufweist; EPDM enthält keine Butadien-Bausteine, so daß für diese HIPS-Typen die Abkürzung SB unzutreffend ist.

Bei der *Vorpolymerisation* bildet sich wegen der thermodynamisch bedingten Unverträglichkeit von Polystyrol und Polybutadien schon nach ca. 2% Umsatz eine polymere Öl-in-Öl-Emulsion aus einer Lösung von Polystyrol in Styrol als disperser Phase und einer Lösung von Polybutadien in Styrol als kohärenter Phase. Durch Pfropfung von Styrol auf Polybutadien (s. Bd. I) gebildetes Pfropf-Blockcopolymer (SB-Pfropfcopolymer) reichert sich an der Phasengrenzfläche an und wirkt als Emulgator. Zwischen den beiden Phasen stellt sich ein thermodynamisches Gleichgewicht ein, wobei die Massenkonzentration von Polybutadien in der einen Phase, C'_{PB}, zur Massenkonzentration von Polystyrol in der anderen Phase, C''_{PS}, ein Verhältnis von $C'_{PB}/C''_{PS} \approx 0{,}7$ annimmt[12]. Mit fortschreitendem Umsatz bilden sich zunächst kleine, dann größere Tropfen aus Polystyrol-Lösung in der kohärenten Polybutadien-Lösung aus. Während die kleinen Tropfen größtenteils erhalten bleiben, laufen die großen zusammen. Wenn beide Phasen schließlich annähernd gleiches Volumen erreicht haben, reißt das ganze System unter entsprechendem Rühren (s. u.) auf, und die Kohärenz wechselt zur Polystyrol-Phase über. Dabei verbleiben die kleinen Tröpfchen aus Polystyrol-Lösung innerhalb der Polybutadien-Lösung, so daß die disperse Polybutadien-Phase Untereinschlüsse von Polystyrol-Lösung mit einem Volumengehalt von bis ca. 80% enthält[13]. Die Polymerisation wird unter Rühren so lange fortgesetzt, bis die Viskosität der dispersen Phase ausreichend hoch ist, um die Morphologie der gebildeten Emulsion zu stabilisieren.

In der *Endstufe* wird die weitere Polymerisation des Styrols analog zur PS-Herstellung durchgeführt. Mit steigendem Styrol-Umsatz nimmt dabei die Neigung zu vernetzender Pfropf- bzw. Copolymerisation zu, wobei Butadien-Grundbausteine in 1,2-Verknüpfung durch anhängende Vinyl-Gruppen besonders reaktiv sind[14]. Das Ausmaß der Vernetzung, das die Verarbeitungs- und Gebrauchseigenschaften entscheidend beeinflußt (s. u.), wird in modernen kontinuierlichen Prozessen durch die Temperaturführung und Verweilzeit bei der Entgasung geregelt (s. Abb. 1.1). Beim Masse-Suspensionsverfahren wird das gewünschte Ausmaß der Vernetzung in der Endstufe durch Erhöhung der Temperatur und Zusatz von Peroxid-Initiatoren, z. B. *tert*-Butylhydroperoxid, eingestellt.

Die *Morphologie* der dispersen weichen Phase hängt dabei von den während und unmittelbar nach der Phasenumkehr herrschenden Bedingungen ab. Sofern das Rühren nicht bis zu hohem Styrol-Umsatz fortgesetzt wird, bilden sich annähernd kugelförmige Teilchen mit ebenso geformten Untereinschlüssen (s. Abb. 1.2); der mittlere Teilchendurchmesser wird vor allem durch

– die Rührgeschwindigkeit,
– die Viskosität der kohärenten Phase, η,
– das Verhältnis der Viskosität der dispersen Phase zu jener der kohärenten, η'/η, und
– die Grenzflächenspannung zwischen den beiden Phasen bestimmt[15].

Mit steigender Rührgeschwindigkeit ergeben sich bei und nach der Phasenumkehr kleinere mittlere Durchmesser der emulgierten, kautschukhaltigen Tropfen mit gleichzeitig geringerem Volumenanteil an Untereinschlüssen. Dabei ist zu beachten, daß die Phasenumkehr nur stattfindet, wenn die Rührgeschwindigkeit und somit das herrschende Schergefälle über einem kritischen Wert liegt, der mit steigender Viskosität der

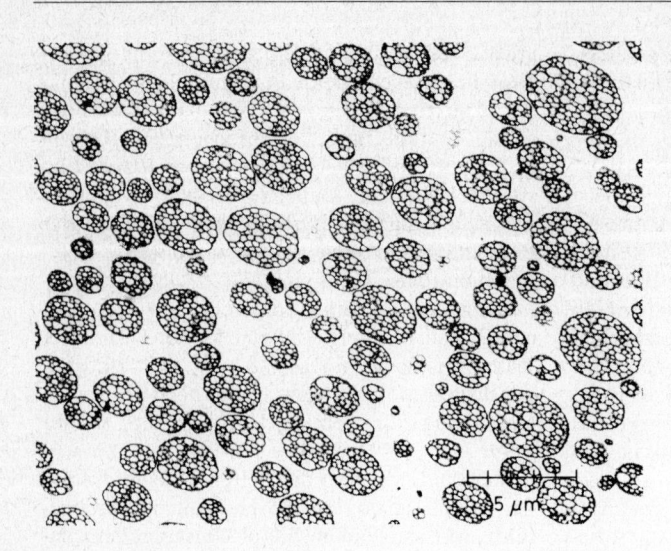

Abb. 1.2 Typische Morphologie von schlagfestem Polystyrol. TEM-Aufnahme eines Ultradünnschnittes nach Behandlung mit Osmiumtetroxid (dunkel: Polybutadien, hell: Polystyrol)

Kautschuk-Lösung (kohärente Phase vor der Phasenumkehr) schwächer als proportional abnimmt[16].
Unmittelbar nach der Phasenumkehr ergibt sich unter den üblichen technischen Bedingunen meist η'/η = 1,2–3. Die Phasenumkehr macht sich durch ein Absinken der Viskosität des Gesamtsystems bemerkbar. Wie durch Untersuchungen an Emulsionen aus zwei Newtonschen Flüssigkeiten erklärbar[17], wurde in diesem Bereich von η'/η beobachtet[15], daß kugelförmige Tropfen in langgezogene Stromfäden verformt werden; diese Stromfäden zerfallen schließlich in eine Vielzahl etwa gleich großer Untertropfen, deren mittlerer Durchmesser mit steigendem Wert von η'/η zunimmt. Bei weiterem Umsatz steigt der Wert von η'/η schnell auf über 4 an, wodurch nach den schon oben zitierten Untersuchungen[17] erklärbar wird, daß sich die mittlere Teilchengröße bei höheren Umsätzen nur noch wenig ändert.
Mit abnehmender Grenzflächenspannung, d. h. mit zunehmendem Ausmaß der Pfropfung, nimmt der mittlere Teilchendurchmesser vor und nach der Phasenumkehr ab. Hierdurch wird die Bildung von Kautschuk-Teilchen mit geringerem mittlerem Teilchendurchmesser und größerem Volumenanteil an Untereinschlüssen begünstigt. Das Ausmaß der Pfropfung wird vor allem durch den Typ des Kautschuks und des eventuell zugesetzten Initiators und von der Polymerisationstemperatur beeinflußt; es steigt mit dem Gehalt an anhängenden Vinyl-Gruppen im Kautschuk, mit der Konzentration von Peroxid-Initiatoren und mit zunehmender Polymerisationstemperatur, es sinkt in Gegenwart von Kettenüberträgern, z. B. *tert*-Dodecylmercaptan. Erhöhte Polymerisationstemperaturen haben jedoch wegen gleichzeitiger Senkung von η durch das Absinken der mittleren rel. Molekülmasse von Polystyrol und somit wegen Erhöhung von η'/η auch einen gegenläufigen Effekt auf den mittleren Teilchendurchmesser. Das Ausmaß der Propfung kann auch durch die Prozeßführung gesteuert werden; z. B. kann man durch Zugabe von Styrolhomopolymer zu Beginn der Polymerisation Phasenumkehr bei geringerem Pfropfniveau herbeiführen, während die Zugabe von Styrol-Butadien-Blockcopolymer vor Phasenumkehr einen gegenläufigen Effekt hat.
Der Kautschuk-Gehalt von SB, das in der oben beschriebenen Weise hergestellt wird, ist stets kleiner als 15% (Massengehalt). Mit einer Erhöhung des Kautschuk-Gehaltes steigt einerseits die Neigung, vor Phasenumkehr durch Überhitzung in schlecht durchmischten Zonen Anbackungen zu bilden, die zu Stippen in Formteiloberflächen führen können, andererseits verschiebt sich die Phasenumkehr zu höheren Werten des Styrol-Umsatzes, wodurch sich bei der Phasenumkehr Werte von η und η'/η ergeben, die die oben beschriebene Ausprägung der zur Erreichung optimaler Gebrauchseigenschaften (s. S. 21) erforderlichen Morphologie von SB verhindern. SB mit einem Kautschuk-Gehalt über 15% (Massengehalt) läßt sich jedoch dadurch herstellen, daß man nach Vorpolymerisation mit geringem Kautschuk-Gehalt und erfolgter Phasenumkehr einen Großteil des Monomeren im Vakuum abzieht.

In der letzten Zeit hat die technische Herstellung von SB wesentliche Impulse durch den Einsatz von Styrol-Butadien-Zweiblock- und Styrol-Butadien-Styrol-Dreiblockcopolymere erhalten, wodurch die Bildung besonderer Strukturen der dispersen Phase, z. B. Knäuel, Kapseln, Fäden, Tropfen, Labyrinthe, Schalen, Zylinderhaufen, Kugelhaufen, ermöglicht wird[18].
Bei der weiteren *Aufbereitung* (Senkung des Reststyrol-Gehalts, Granulierung) unterscheidet sich SB kaum von PS (s. o.). Wegen seines zweiphasigen Aufbaues ist SB in der Regel opak. Abhängig vom Kautschuk-Gehalt (Massengehalt in %) wird SB als *halbschlagfest* (bis 3%), *hoch-*

Abb. 1.3 Fließschemata der verschiedenen Prozesse zur Herstellung von ABS-Kunststoff.

a Emulsionsprozeß (Chargenbetrieb)
b Masse- bzw. Masse-Suspensionsprozeß
c Mechanisches Mischen von Latices
d Mechanisches Mischen über die Schmelze
  1 Emulsionspolymerisation
  2 Trennschritte
  3 Mischer
  4 Massepolymerisation
  5 Massepolymerisation (kontinuierlich)
  6 diskontinuierliche Suspensionspolymerisation

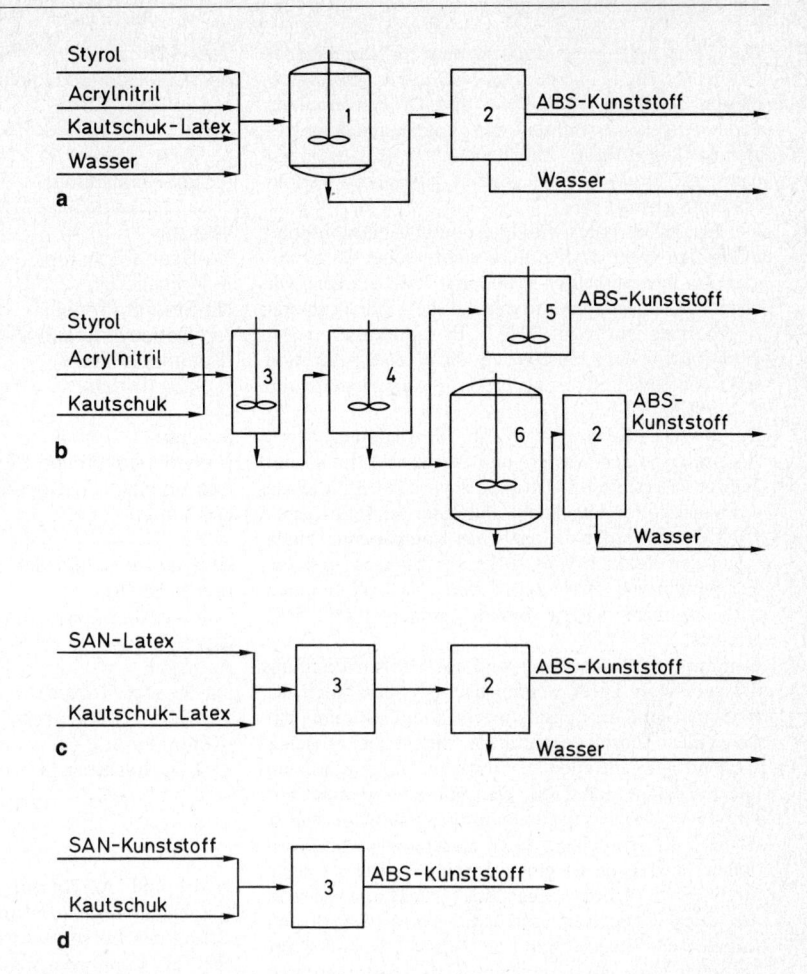

schlagfest (3 bis 10%) und *superschlagfest* (10 bis 15%) bezeichnet; durch den hohen Volumenanteil an Untereinschlüssen entspricht diesen Massenanteilen ein 3- bis 4facher Volumenanteil der dispersen Phase. HIPS-Typen mit oxidationsempfindlicher Kautschuk-Komponente, z. B. Polybutadien, werden meist mit Antioxidantien (Massengehalt 0,1 bis 0,25%) stabilisiert, die beim Masse-Verfahren oft schon dem Polymerisationsansatz zugesetzt werden (s. Bd. II, S. 387 f).

1.2.4 Acrylnitril-Butadien-Styrol-Polymerisate (ABS)

ABS kann mit großer Variationsbreite der Zusammensetzung (mit einem Massengehalt von 20 bis 30% Acrylnitril, 6 bis 30% Butadien, 45 bis 70% Styrol) hergestellt werden. Heute dominiert das Emulsionsverfahren (s. Abb. 1.3a) vor dem Masse- bzw. Masse-Suspensionsprozeß (s. Abb. 1.3b); in diesen beiden Verfahren erfolgt die Pfropfung des Kautschuks (fast ausschließlich Polybutadien) mit SAN (*Pfropftyp*). Das mechanische Mischen von SAN mit Kautschuk (s. Abb. 1.3c und 1.3d), oft Nitrilkautschuk (NBR) mit bis zu 35% Acrylnitril, verläuft ohne Pfropfung und hat den Nachteil, daß das Ausmaß der Vernetzung in den Kautschuk-Teilchen schwer zu regeln ist (*Mischtyp*); dieses ursprünglich dominierende Verfahren wird heute nur in geringem Maße angewendet.

Emulsionsverfahren

Das Emulsionsverfahren wird in zwei Stufen durchgeführt:

1. Herstellung des Kautschuk-Latex,
2. Zusatz von monomerem Styrol und Acrylnitril und deren Copolymerisation in Gegenwart des Latex.

Dabei bieten sich viele Möglichkeiten zur Variation der Größenverteilung und der inneren Struktur der dispergierten Teilchen; deren Form und Größenverteilung wird weitgehend während der Latexherstellung bestimmt (kugelförmige Teilchen; $d < 1\ \mu m$), während die innere Struktur vorwiegend in der zweiten Verfahrensstufe geprägt wird.

Der Kautschuk-Latex wird meist durch Emulsionspolymerisation von Butadien hergestellt, wobei die Konfiguration des radikalisch gebildeten Polybutadiens vor allem von der Temperatur abhängt; bei einer Temperaturerhöhung von 5 auf 70 °C z. B. nimmt die cis-1,4-Addition von ca. 5 auf 20% zu, die trans-1,4-Addition sinkt von 80 auf 60%, und die 1,2-Addition steigt von 15 auf 20%[19].

Ein typisches Rezept ist in Tab. 1.3 wiedergegeben[20]. Nach Zugabe des Wassers und des Tensids in ein mit Rührer ausgestattetes Druckgefäß wird zur Entfernung des Sauerstoffes aufgekocht und unter Stickstoff abgekühlt. Dann werden die restlichen Komponenten zugesetzt, der Reaktor wird dicht verschlossen und die Temperatur auf 50 °C angehoben. Nach 48 Stunden wird das nichtreagierte Butadienmonomer (ca. 5%) entfernt.

Der mittlere Durchmesser und die Größenverteilung des gebildeten Latex werden hauptsächlich durch die Monomer- und die Tensidkonzentration bestimmt. Mit steigender Tensidkonzentration nimmt bei gleicher Monomerkonzentration der mittlere Durchmesser ab und die Breite der Größenverteilung zu. Latices mit sehr enger Größenverteilung können dadurch erhalten werden, daß man zuerst durch Zugabe von wenig Monomer in Gegenwart eines Tensidüberschusses viele sehr kleine Teilchen erzeugt (Saat-Latex) und während der Zugabe von weiterem Monomeren, Tensid und Initiator die Konzentration an Tensid stets unter der kritischen Micell-Konzentration (CMC) hält; hierdurch wird erreicht, daß keine neuen Latexteilchen gebildet werden und alle Teilchen des Saat-Latex mit wachsendem Umsatz mit nahezu gleicher Geschwindigkeit wachsen. Die Obergrenze der Teilchendurchmesser liegt bei ca. 1 μm. Bei höherem Durchmesser besteht die Neigung zur Koagulation, da die auf elektrostatischer Abstoßung beruhende Stabilisierung durch das Tensid dann nicht mehr ausreicht.

Butadien neigt bei höherem Umsatz (ca. ab 70%) zu schlecht regelbarer Vernetzung. Vorzugsweise werden dem Ansatz daher ca. 2% (Massengehalt) eines bifunktionellen Comonomers, meist Divinylbenzol (Isomerengemisch) oder Ethylenglykoldimethacrylat, zur Erreichung des gewünschten Vernetzungsgrades zugesetzt und die Butadien-Vernetzung durch Zugabe eines Inhibitors, z. B. Hydrochinon, bei einem Umsatz von über 75% unterdrückt. Das Ausmaß der Vernetzung wird von den ABS-Herstellern stark variiert; mitunter werden auch unvernetzte Latices eingesetzt.

In der zweiten Stufe werden Styrol- und Acrylnitrilmonomer zusammen mit weiterem Wasser, Tensid, Initiator und Kettenüberträger zugesetzt (s. Tab. 1.3). Styrol und Acrylnitril werden z. T. vom Latex absorbiert, z. T. bilden sich emulgierte Tropfen aus einer Mischung von Styrol und Acrylnitril; ein beträchtlicher Teil des Acrylnitrils liegt in wäßriger Lösung vor. Durch den Zerfall des Initiators wird einerseits in den Latexteilchen die Copolymerisation von Styrol und Acrylnitril unter teilweiser Pfropfung auf Polybutadien ausgelöst, andererseits bilden sich bei ausreichend hoher Tensidkonzentration ($c > CMC$) durch Emulsionspolymerisation außerhalb der Kautschuk-Latexteilchen aus SAN bestehende Latexteilchen, wobei die Reaktion durch in Wasser gelöstes Acrylnitril beeinflußt wird.

Die rel. Molekülmasse der gepfropften und ungepfropften SAN-Ketten nimmt dabei mit steigendem Gehalt an Emulgator und mit sinkender Konzentration des Kettenüberträgers und des Initiators zu. Nach neueren Befunden[21] weisen die gepfropften SAN-Ketten eine höhere rel. Molekülmasse als die ungepfropften auf; ähnliches wurde weniger ausgeprägt für die PS-Ketten in SB festgestellt[22].

Aufgrund der Reaktivitätsverhältnisse bei der Copolymerisation von Styrol (1) und Acrylnitril (2), $r_1 = k_{11}/k_{12} \approx 0{,}40$ und $r_2 = k_{22}/k_{21} \approx 0{,}06$[23], ist die mittlere Zusammensetzung des gebildeten Copolymers aus Styrol- und Acrylnitril-Grundeinheiten nur bei einem Massengehalt von ca. 75% Styrol gleich der Zusammensetzung der polymerisierenden Mischung aus Styrol- und Acrylnitrilmonomer, und nur bei diesem Styrol-

Tab. 1.3 Typischer Ansatz für die 1. und 2. Stufe der ABS-Herstellung nach dem Emulsionsverfahren (s. Abb. 1.3a)

1. Stufe (Latex-Herstellung)	Gewichtsteile
Wasser	200
Butadien (Monomer)	100
p-Divinylbenzol	2
Na-Stearat (Tensid)	5
tert-Dodecylmercaptan (Kettenüberträger)	0,4
$K_2S_2O_8$ (Initiator)	0,3
2. Stufe (Polymerisation von Styrol und Acrylnitril in Gegenwart des Latex)	
Wasser (einschließlich Wasser aus 1. Stufe)	300
Polybutadien-Latex (ohne Wasser)	20
Styrol	62
Acrylnitril	18
Na-Stearat (Tensid)	0,5
tert-Dodecylmercaptan (Kettenüberträger)	0,1
$K_2S_2O_8$ (Initiator)	0,5

Gehalt (*azeotrope Mischung*) wird sich die Zusammensetzung der Monomermischung und des entstehenden Copolymeren während einer diskontinuierlichen Polymerisation nicht ändern. Unterschiede im Acrylnitril-Gehalt von weniger als 4% (Massengehalt) reichen bei SAN-Copolymer schon aus, um eine Phasentrennung wegen Unverträglichkeit herbeizuführen[24]. Um Phasentrennung innerhalb der SAN-Latexteilchen zu vermeiden, sind daher besondere Maßnahmen erforderlich: entweder laufendes Nachstellen des gewählten Monomerverhältnisses oder Arbeiten unter azeotropen Bedingungen, d. h. bei einem Massengehalt von ca. 75% Styrol.

Das in den Kautschuk-Teilchen vorliegende Monomergemisch enthält wegen der präferentiellen Absorption von Styrol durch Polybutadien gegenüber der durch SAN einen höheren Anteil an Styrol. Die Copolymerisation führt hier einerseits zur Bildung von Untereinschlüssen (meist mit einem Volumengehalt von ca. 50%; Durchmesser unter 100 nm) aus SAN-Copolymer, andererseits kommt es an den Phasengrenzflächen, vor allem auch an der Oberfläche der Kautschuk-Latexteilchen, zur Pfropfung von SAN-Copolymer auf Polybutadien. Die gepfropften SAN-Ketten weisen einen bis zu 7% höheren Gehalt an Styrol-Bausteinen auf als die im SAN-Latex gebildeten. In den Kautschuk-Latexteilchen ist ein von innen nach außen zunehmender Gehalt an Acrylnitril-Bausteinen zu erwarten.

Für die Gebrauchseigenschaften von ABS ist es vorteilhaft, die Oberfläche der Kautschuk-Teilchen vollständig zu pfropfen, wofür ein kritischer Wert des Verhältnisses Monomere/Kautschuk überschritten werden muß. Dieser kritische Wert kann besonders niedrig gehalten werden, wenn unter der kritischen Micell-Konzentration (CMC) des Tensids gearbeitet wird und hierdurch die Bildung von SAN-Latexteilchen unterdrückt wird. Einen wesentlichen Einfluß hat auch die Teilchengrößenverteilung des Kautschuk-Latex; ist diese zu breit, so besteht die Neigung, daß die Oberfläche der größten Teilchen unvollständig gepfropft wird. Durch besondere Vorkehrungen können die aufgepfropften SAN-Ketten an der Oberfläche der Latexteilchen konzentriert werden (Verringerung der SAN-Untereinschlüsse)[25]: z. B. durch vorheriges teilweises Vernetzen der Latexpartikeln mit einem bifunktionellen Comonomer, durch einen im Vergleich zur Polymerisationsgeschwindigkeit langsamen Zulauf der Monomeren oder durch Verwendung eines in der wäßrigen Phase zerfallenden Initiators. Um eine durch unvollständige Pfropfung bedingte Aggregation von Kautschuk-Teilchen zu verhindern, wird eine mindestens 10 nm dicke SAN-Schale[26] angestrebt. Andererseits werden zu kleine, vollständig gepfropfte Kautschuk-Teilchen z. T. schon während der Polymerisation durch Salzzusatz in begrenztem Maße aggregiert, um dadurch die Gebrauchseigenschaften (Schlagzähigkeit) zu verbessern.

Fettlösliche Initiatoren führen bevorzugt zur Bildung von Untereinschlüssen. Die Kombination eines fettlöslichen Initiators mit einem anorganischen Redoxsystem ergibt auch bei Überschreiten der CMC keine SAN-Latexteilchen, sondern bevorzugt eine Verdickung der SAN-Schale an den Kautschuk-Teilchen[27].

Vergleich des Emulsionsverfahrens mit den sonstigen Verfahren

Das Masseverfahren bzw. Masse-Suspensionsverfahren (s. Abb. 1.3 b) wird im Prinzip wie bei SB durchgeführt (s. S. 6), wobei auch hier oft mit einem geringen Zusatz von Lösungsmittel, z. B. Ethylbenzol, gearbeitet wird. Um Phaseninversion zu erreichen, wird auch hier bis höchstens 40% Umsatz unter Rühren vorpolymerisiert und auch die zweite Verfahrensstufe ähnlich wie bei SB gestaltet.

Obwohl der kontinuierliche Masseprozeß gefolgt vom Masse-Suspensionsprozeß geringere Kosten verursacht als der Emulsionsprozeß (aufwendiges

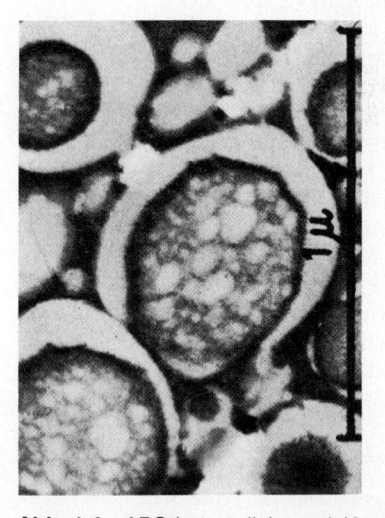

Abb. 1.4 ABS-Latexteilchen mit Kern-Schale Struktur, Osmium-tetroxid-kontrastierter Ultradünnschnitt nach Einbettung der Latexteilchen in ein Gemisch von Agar-Agar und unvernetztem Polybutadien

Auswaschen des Emulgators, Abwasserprobleme), wird ABS wegen der größeren Variierbarkeit des Kautschuk-Gehaltes (Massengehalt von 5 bis 85% gegenüber maximal 20% beim Masseprozeß) und wegen des leichter zu regelnden Styrol/Acrylnitril-Verhältnisses vorwiegend nach dem Emulsionsverfahren hergestellt. Dazu kommt, daß man mit den im Emulsionsprozeß erreichbaren Teilchendurchmessern unter 1 μm bei ABS schon einen starken Anstieg der Schlagzähigkeit erzielt, während bei SB hierfür wesentlich größere Teilchendurchmesser erforderlich sind (s. S. 21).

Neben den geringeren Kosten hat das Masseverfahren bzw. das Masse-Suspensionsverfahren nur den Vorteil der größeren Auswahl an Kautschuk-Typen; z. B. kann man medium-*cis*-Polybutadien oder EPDM (s. S. 7) einsetzen. Produkte ohne Butadien-Bausteine werden als AXS-Kunststoffe bezeichnet, wobei X für die im Einzelfall näher zu beschreibende Kautschuk-Komponente steht.

Die Unterschiede in der Morphologie der auf verschiedenen Wegen hergestellten ABS-Typen sind aus Abb. 1.5 ersichtlich. Der Masse- bzw. Masse-Suspensionsprozeß ermöglicht eine breitere Variation des Teilchendurchmessers (0,3 bis 30 μm) bei schlechterer Kontrolle der Teilchengrößenverteilung und führt zu einem höheren Gehalt (bis zu einem Volumengehalt von ca. 80% bezogen auf das Teilchenvolumen) an harten Untereinschlüssen als das Emulsionsverfahren (Volumengehalt von ca. 50%).

Das mechanische Mischen von Kautschuk und SAN wird vorwiegend über die Latices ausgeführt (s. Abb. 1.3 c), wobei die Rührintensität und -dauer, die Temperatur und die Methode der Latexkoagulation die besonderen Einflußfaktoren sind. Der Vorteil ist hier, daß beide Komponenten unabhängig voneinander wählbar sind. Im Falle des Einsatzes von nicht vernetztem ungepfropftem Kautschuk ergibt sich eine besonders unregelmäßige Struktur der dispersen Phase (*Mischtyp*, s. Abb. 1.5 c). Die ursprünglich angewandte Methode des Mischens über die Schmelze wird kaum mehr für die eigentliche ABS-Produktion eingesetzt, ist jedoch zum *Verdünnen* von ABS mit SAN bei der nachträglichen Typenvariation gebräuchlich.

Es ist auch möglich, einzelne Prozeßstufen des Emulsions- bzw. des Masseverfahrens miteinander zu kombinieren, um so die Vorteile der jeweiligen Verfahren miteinander zu verbinden. Z. B. kann ein im Emulsionsverfahren hergestellter, in Pulverform vorliegender Pfropfkautschuk mit im Masseverfahren hergestell-

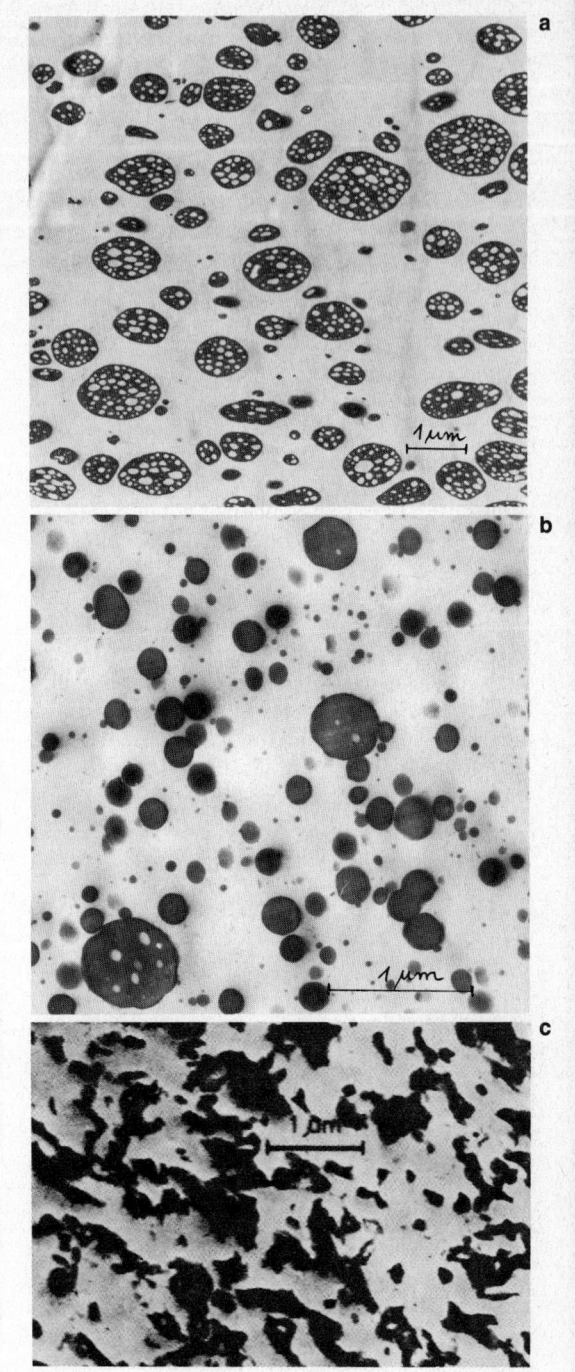

Abb. 1.5 Mit Osmiumtetroxid kontrastierte Ultradünnschnitte von ABS, das durch

a das Massesuspensionsverfahren,
b das Emulsionsverfahren und
c mechanisches Mischen von Latices hergestellt wurde.

Man beachte die unterschiedliche Vergrößerung

tem SAN oder ABS in einem Extruder abgemischt werden (Bimodal-Bigraft-ABS); oder ein im Emulsionsverfahren hergestellter Kautschuk-Latex mit definierter Teilchengröße und bekannter Vernetzungsdichte wird in ein Styrol-Acrylnitril-Monomerengemisch eingebracht und die Mischung dann durch Zusatz von Dispergier- und Fällungsmittel in eine Suspension überführt, die der Endstufe des konventionellen Masse-Suspensionsverfahrens (s. S. 7) unterzogen wird. Dieser auch für die Herstellung von SB anwendbare Latex-Suspensionsprozeß hat Vorteile sowohl gegenüber dem Emulsionsverfahren, z. B. geringere Abwasserbelastung durch Entfallen der Fällungsstufe, geringere Menge an Polymerisationshilfsstoffen, als auch gegenüber dem Masseverfahren, z. B. Einsparen des Verfahrensschrittes Herstellung der Kautschuk-Lösung, Möglichkeit höherer Kautschuk-Gehalte.

Aufbereitung und Lieferformen

Beim Emulsionsverfahren und beim mechanischen Mischen von Kautschuk und SAN über Latices wird der anfallende ABS-Latex unter Zusatz von Salzen oder Säuren koaguliert, abfiltriert, ausgewaschen und getrocknet. Wegen der Oxidationsanfälligkeit der Butadien-Komponente neigt ABS-Latex während des Trocknens zur Selbstentzündung. Stets wird daher vor dem Trocknen ein Antioxidans zugesetzt, das die Selbstentzündungstemperatur wesentlich erhöht. Die weitere Aufbereitung der getrockneten ABS-Krümel erfolgt in Granulierextrudern.
Beim Massen- bzw. Massen-Suspensionsverfahren erfolgt die Aufbereitung ähnlich wie bei SB.
ABS wird als naturfarbenes (gelblich opakes) oder opak eingefärbtes Granulat mit großer Farbvielfalt geliefert.
Der Acrylnitril-Gehalt der kohärenten Phase in ABS variiert mit einem Massengehalt von 15 bis 35%, der Butadien-Gehalt von ABS liegt bei 5 bis maximal 30%.

1.3 Verarbeitung und Verarbeitungseigenschaften

In Westeuropa werden ca. 75% des PS, 70% des SB und ca. 85% des ABS durch Spritzgießen verarbeitet. Reines PS wird, abgesehen von der Herstellung direktbegaster Schaumfolien, nur in geringen Mengen extrudiert (biaxial gereckte Folien, UV-stabilisierte Profile für Leuchten, Folien zum Tiefziehen transparenter Verpackungsbecher); größere Mengen von PS werden in Abmischung mit SB für Verpackungen extrudiert. SB wird außer durch Spritzgießen vor allem durch Extrudieren, meist in Verbindung mit Tiefziehen oder Extrusionsblasen verarbeitet; auch das Spritzblasverfahren hat, besonders in den USA, in den letzten Jahren an Bedeutung gewonnen[28]. In den USA wird ein wesentlich größerer Anteil des ABS durch Extrudieren verarbeitet (s. Tab. 1.2) als in Europa.

Die Wasseraufnahme von PS (<0,1% nach DIN 53476) und SB (<0,2%) ist sehr gering. Bei ABS nimmt die Wasseraufnahme mit steigendem Gehalt an Acrylnitril zu (bis zu einem Massengehalt von 1,5% bei längerer Lagerung in Wasser), so daß bei ABS Vortrocknung empfohlen wird.

Bei PS tritt thermische Schädigung erst nach längerer Verweilzeit bei Temperaturen über 280 °C auf und führt zu einem erhöhten Gehalt an Monomer und anderen niedermolekularen Zersetzungsprodukten. Die thermische Stabilität von SB und besonders von ABS ist bei längerer Verweilzeit über 220 °C beschränkt und vom eingesetzten Stabilisatorsystem abhängig; bei ABS kann es nach Einsetzen der Zersetzung zur Korrosion der mit der Schmelze in Kontakt stehenden Metallteile kommen[29].

Das Fließverhalten der PS-Schmelze hängt von der mittleren rel. Molekülmasse und der Molekülmassenverteilung sowie vom Gehalt (bis 8% Massengehalt) an inneren Gleitmitteln ab, wie z. B. Paraffinöl, Butylstearat, Dioctylphthalat. Äußere Gleitmittel, meist höhere Fettsäuren und deren Amide, z. B. Bis-stearoyl-ethylendiamin, verbessern die Rieselfähigkeit (bei gleichzeitig um ca. 10% erhöhter Schüttdichte) und das Entformungsverhalten; sie werden in wesentlich geringerer Konzentration (<0,1%) als die inneren Gleitmittel und ausschließlich in Spritzgußmassen eingesetzt, da sie das Einzugsverhalten in Extrudern verschlechtern.

Abb. 1.6 zeigt die experimentell ermittelte Abhängigkeit der Viskosität η vom Schergefälle $\dot{\gamma}$ für PS in einer gegenüber der Temperatur T und dem Viskositätsmittel der rel. Molekülmasse $\overline{M}_v$ invarianten Auftragung[30]. Unter Berücksichtigung der von Rudd[31] an PS mit enger Verteilung der rel. Molekülmasse bestimmten Beziehung

$$\lg \eta_o = \lg \overline{M}_w^{3,14} - 12{,}67,$$

wobei η_o die Viskosität bei $\dot{\gamma} = 0$ und $\overline{M}_w$ das Gewichtsmittel der rel. Molekülmasse bedeuten, und der in Abb. 1.7 beschriebenen Temperaturabhängigkeit der Nullviskosität von PS-Schmelzen läßt sich aus Abb. 1.6 die Viskosität einer beliebigen PS-Schmelze bei beliebigem Schergefälle und beliebiger Temperatur abschätzen. Das in Abb. 1.6 dargestellte strukturviskose Verhalten bleibt bei Drücken bis 1500 bar unverändert, wenn man den Anstieg von η_o mit dem Druck berücksichtigt[32]. Der Druckkoeffizient

$$a = \frac{1}{\eta_o}\left(\frac{\partial \eta_o}{\partial p}\right)_T$$

liegt für PS in der Größenordnung von $4 \cdot 10^{-3}$ bis $9 \cdot 10^{-3}$ bar^{-1}. Wie aus Abb. 1.6 ersichtlich, ergeben PS-Typen mit breiterer Verteilung der rel. Molekül-

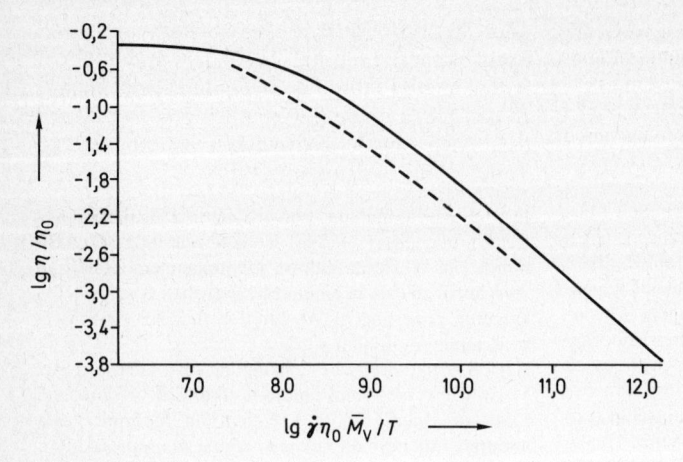

Abb. 1.6 *Master*-Fließkurven für PS-Schmelzen mit (——) enger und mit (– – –) breiter Verteilung der rel. Molekülmasse in der Auftragung lg $\left\{\dfrac{\eta}{\eta_o}\right\}$ vs. lg $\{(\dot{\gamma}\eta_o\overline{M}_v)/T\}$.

η Viskosität/Pa·s beim Schergefälle $\dot{\gamma}/s^{-1}$,
η_o Viskosität/Pa·s beim Schergefälle $\dot{\gamma} \to 0$ (= Nullviskosität),
$\overline{M}_v$ Viskositätsmittel der rel. Molekülmasse,
T absolute Temperatur (K)

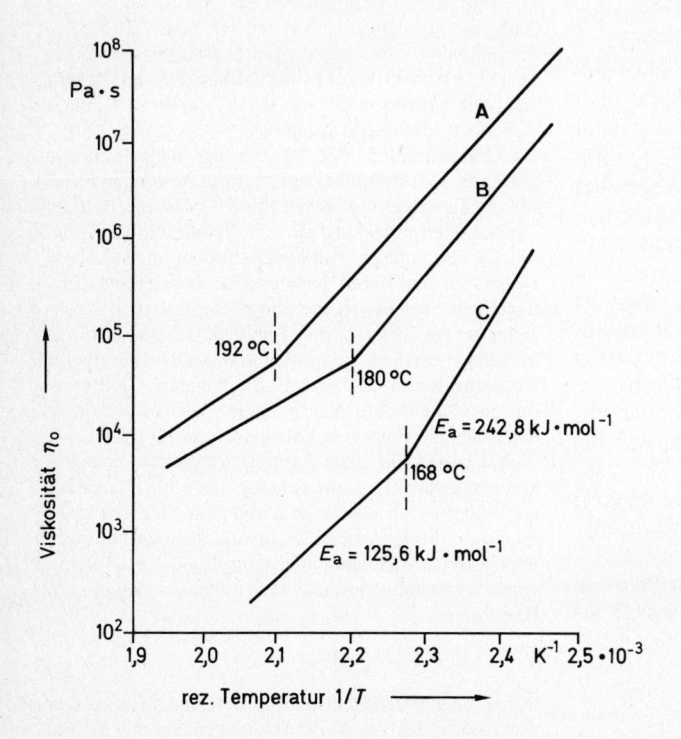

Abb. 1.7 Temperaturabhängigkeit der Nullviskosität η_o von PS-Schmelzen nach Hyun & Boyer[30].
A PS-Fraktion mit $\overline{M}_w = 390\,000$,
B PS mit $\overline{M}_w = 355\,000$ und $\overline{M}_n = 166\,000$ und
C PS mit $\overline{M}_w = 90\,000$ und $\overline{M}_n = 41\,000$
η_o s. Abb. 1.6
T s. Abb. 1.6
E_a Aktivierungskonstante (s. Gl. 26, S. 53)

masse ceteris paribus ein bei kleineren Werten von $\dot{\gamma}$ einsetzendes, aber flacheres Absinken von η mit steigendem $\dot{\gamma}$.
Die beim Extrudieren nach Austritt aus der Düse zu beobachtende *Strangaufweitung* nimmt mit steigender rel. Molekülmasse und Breite der Molekülmassenverteilung sowie mit fallender Temperatur zu[33]; unter diesen Bedingungen nimmt auch die *Maximalschrumpfung* nach Schmitt[34] (Maß für die eingefrorenen Orientierungen, s. S. 23) zu[33].
SB- bzw. *ABS*-Schmelzen verhalten sich rheologisch wie eine Dispersion deformierbarer Teilchen in einer strukturviskosen Flüssigkeit.

In einer Scherströmung werden die dispergierten Kautschuk-Teilchen neben einer Rotationsbewegung auch einer Deformation unterworfen, die bei unvernetzten Teilchen bis zum Zerbrechen in kleinere Teilchen führen kann, während vernetzte Teilchen bei der Verarbeitung ihre Identität weitgehend erhalten. Die meist vorliegenden annähernd kugelförmigen, vernetzten Kautschuk-Partikeln erfahren eine mit abnehmender Vernetzungsdichte zunehmende Deformation zu langgestreckten Ellipsoiden, deren längste Achse bei kleinen Schergefällen bevorzugt einen Winkel von 45° zur Strömungsrichtung einnimmt; mit zunehmendem Schergefälle sinkt dieser Winkel von 45° auf 0° ab.

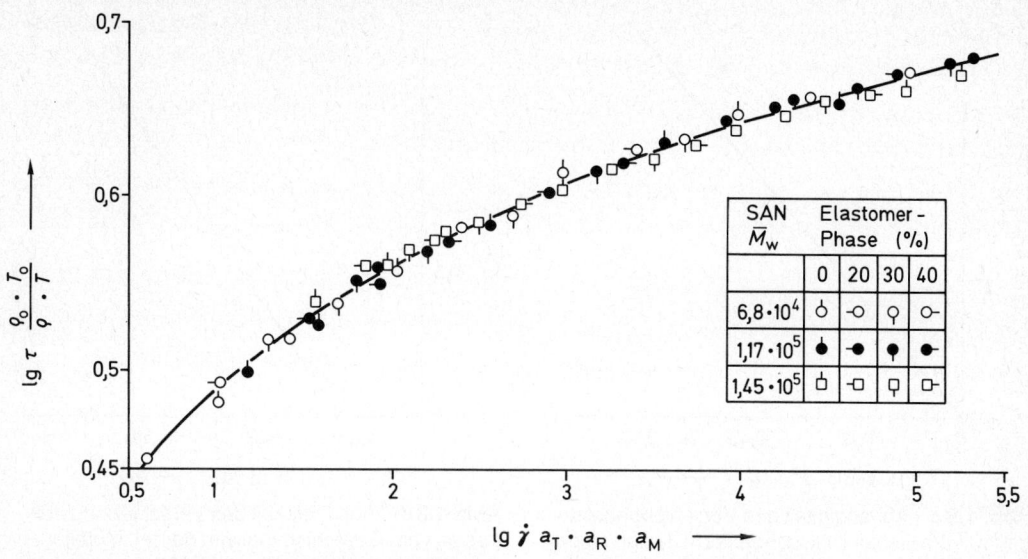

Abb. 1.8a Fließkurven von ABS mit unterschiedlichem Gehalt (Massengehalt 0–40%) an disperser Phase und unterschiedlicher mittlerer rel. Molekülmasse ($\overline{M}_w = 6{,}8 \cdot 10^4 - 1{,}45 \cdot 10^5$) der kohärenten Phase bei 210 °C in einer gegen Änderungen der Temperatur, des Gehaltes an disperser Phase und von $\overline{M}_w$ invarianten Auftragung von

$$\lg \left\{ \tau \cdot \frac{\rho_o \cdot T_o}{\rho \cdot T} \right\} \text{ gegen } \lg \left\{ \dot{\gamma} \cdot a_T \cdot a_R \cdot a_M \right\};$$

ρ_o Dichte bei 210 °C (g · cm^{-3}),
ρ Dichte bei der Temperatur T (K),
T_o 483 K,
T Versuchstemperatur (K),
$\dot{\gamma}$ Schergefälle (s^{-1}),
τ Schubspannung (Pa),
a_T, a_R und a_M s. Text und Abb. 1.8 b–d

Die dispergierten Kautschuk-Teilchen bewirken eine von ihrer effektiven Volumenkonzentration abhängige Viskositätserhöhung der Schmelze. Das effektive Volumen der Kautschuk-Teilchen umfaßt das eigentliche Kautschuk-Volumen, das Volumen der harten Untereinschlüsse und das Volumen der aufgepfropften Teilchenhülle. Während bei SB der Einfluß der aufgepfropften Hülle meist vernachlässigbar ist, nimmt die Viskosität von ABS-Schmelzen mit abnehmender Dikke der aufgepfropften Hülle ab[35], da sich in ABS wegen der im Vergleich zu SB meist wesentlich geringeren Teilchengrößen das Volumen der aufgepfropften Teilchenhülle stärker auswirkt. Mit steigendem Kautschuk-Gehalt nimmt die Strukturviskosität von SB-Schmelzen zu. Damit einher geht eine Erniedrigung der für Styrolpolymerisate charakteristischen Spannungsanisotropie durch Fließorientierung in der kohärenten Phase.

Für ABS wurde die Abhängigkeit der Schmelzviskosität von der Temperatur, vom Massengehalt an disperser Phase (Kautschuk inklusive gepfropftes und eingeschlossenes SAN) und vom Gewichtsmittelwert der rel. Molekülmasse der kohärenten Phase (SAN mit einem Massengehalt von 20 bis 33% Acrylnitril mit jeweils gleichartiger Verteilung der rel. Molekülmasse) von Casale und Mitarbeitern[36] genau untersucht und ist aus der in Abb. 1.8a gezeigten Masterkurve entnehmbar. Dazu muß man die in Abb. 1.8b gegebene Tempera-

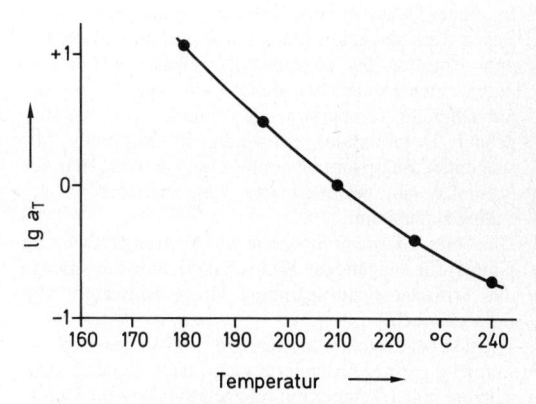

Abb. 1.8b Abhängigkeit des Verschiebungsfaktors a_T von der Temperatur in halblogarithmischer Auftragung ($T_o = 210\,°C$)

turabhängigkeit von a_T ($a_T = 1$ bei 210 °C), die in Abb. 1.8c gegebene Abhängigkeit der Größe a_R vom Gehalt an disperser Phase und die in Abb. 8d dargestellte Abhängigkeit der Größe a_M vom Gewichtsmittelwert der rel. Molekülmasse $\overline{M}_w$ berücksichtigen. Änderungen des Acrylnitril-Gehaltes der kohärenten Phase im Bereich von 20 bis 33% (Massengehalt) haben

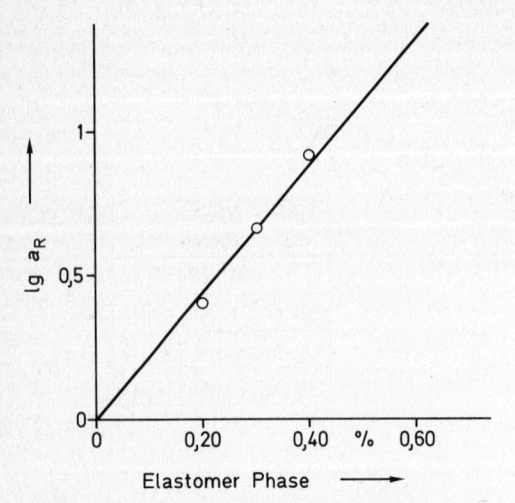

Abb. 1.8 c Abhängigkeit des Verschiebungsfaktors a_R vom Gehalt (Massengehalt in %) an disperser Phase (Kautschuk inklusive gepfropftes bzw. okkludiertes SAN) in halblogarithmischer Auftragung

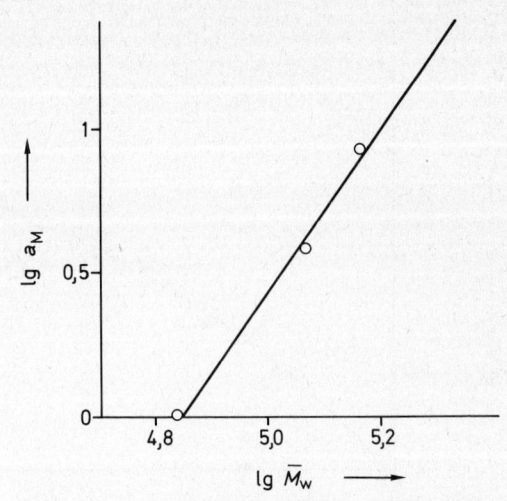

Abb. 1.8 d Abhängigkeit des Verschiebungsfaktors a_M vom Gewichtsmittelwert der rel. Molekülmasse der kohärenten Phase (SAN) in doppeltlogarithmischer Auftragung

nur einen geringen Einfluß (leichter Anstieg der Viskosität mit steigendem Acrylnitril-Gehalt) auf die Fließkurven von ABS. Bei einer Änderung der Breite der Molekülmassenverteilung der kohärenten Phase ist die in Abb. 1.8 a gezeigte Reduktion auf eine Masterkurve nicht möglich.

In einer Dehnströmung erfahren dispergierte Kautschuk-Teilchen eine Elongation in Strömungsrichtung ohne Rotation. Die dispergierten Teilchen liefern hierdurch einen zusätzlichen Beitrag zur Anisotropie, die mit fallender Temperatur der Schmelze und mit steigender Deformationsgeschwindigkeit zunimmt. Mit steigender Zugspannung nimmt die Dehnviskosität der Schmelze ab, während der Elastizitätsmodul der Schmelze zunimmt.

Die beim Extrudieren beobachtete Strangaufweitung nimmt mit steigendem Kautschuk-Gehalt zu, ebenso die kritische Schubspannung beim Einsetzen von Schmelzbruch.

Extrudierte Produkte aus SB und ABS weisen verhältnismäßig geringe Orientierung auf, da nach der Extrusion bei hoher Temperatur und relativ niedriger Deformationsgeschwindigkeit recht langsame Abkühlung an der Luft erfolgt; sie neigen jedoch zur Ausbildung einer matten Oberfläche durch Relaxation deformierter Kautschuk-Teilchen (s. Abb. 1.9). Dieser Effekt ist bei SB mit relativ großen Teilchen besonders ausgeprägt und tritt beim Warmformen von extrudierten Folien verstärkt in Erscheinung, da das Wiederaufheizen eine weitere Relaxation deformierter Kautschuk-Teilchen ermöglicht. Höherer Oberflächenglanz läßt sich durch Steigerung des an der Düsenwand herrschenden Schergefälles erreichen; unter diesen Bedingungen wandern die Kautschuk-Teilchen von der Oberfläche ab. Die entstehende bis zu 10 μm dicke kautschukfreie Schicht neigt jedoch besonders zur Rißbildung.

Spritzgußteile aus SB und ABS weisen mit zunehmender Einspritzgeschwindigkeit und abnehmender Formtemperatur steigende Deformation und Orientierung der Kautschuk-Teilchen an der Oberfläche auf. Durch hohen Forminnendruck lassen sich Teile mit hochglänzender Oberfläche herstellen, da hierdurch einerseits ein längeres Anliegen an der polierten Oberfläche den in Abb. 1.9 gezeigten Effekt vermeidet und insbesondere bei ABS auch die Neigung zur Grübchenbildung durch Abspaltung flüchtiger Komponenten unterdrückt wird.

Mit steigendem Massengehalt an Acrylnitril nimmt die Verarbeitungsschwindung von ABS (0,4 bis 0,8% nach DIN 53464) ab (bei SB und PS ca. 0,5%).

Besondere Beachtung verdient die außergewöhnlich gute Haftung zwischen ABS und galvanisch aufgebrachten Metallschichten. Sie beruht darauf, daß die ursprünglich glatte Oberfläche eines ABS-Teiles durch Einwirken von Beizen in eine Schicht mit submikroskopisch feinen Höhlen und Kanälen, die von der Oberfläche ausgehen, verwandelt wird. Die verwendeten Beizen bestehen im wesentlichen aus der Lösung eines starken Oxidationsmittels in wäßriger Mineralsäure und greifen die Kautschuk-Teilchen rascher als die SAN-Matrix an. Dabei wird eine innige mechanische Verzahnung der in der Folge aufgebrachten Metallschichten mit dem Kunststoff erreicht (s. Bd. II, S. 204). Die größte Haftfestigkeit wird an spannungsfrei gepreßten Teilen oder an beflammten Oberflächen erreicht; zu galvanisierende Spritzgußteile sollten mit möglichst hoher Massetemperatur und mäßiger Einspritzgeschwindigkeit hergestellt werden[37].

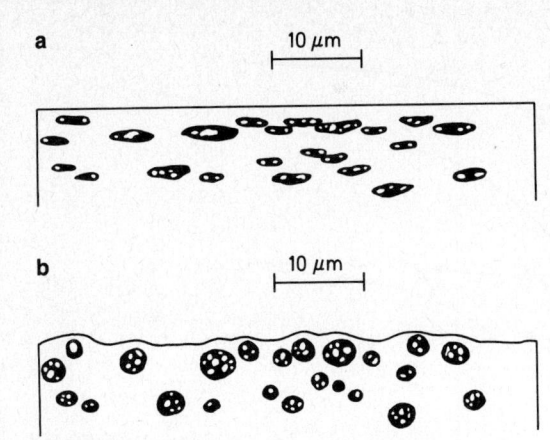

Abb. 1.9 Mechanismus der Bildung einer matten Oberfläche bei SB;

a in Kontakt mit der Düsen- oder Formoberfläche, **b** der gleiche Bereich der Oberfläche nach Relaxation

1.4 Gebrauchseigenschaften

Richtwerte für die Gebrauchseigenschaften von Styrolpolymerisaten werden auf S. 216 in vergleichender Darstellung gegeben. An dieser Stelle werden vor allem die Einflüsse der Qualität des polymeren Grundstoffes auf die Gebrauchseigenschaften behandelt, also der Einfluß der Molekülmassenverteilung, des Gehaltes an Monomeren bzw. anderen niedermolekularen Verunreinigungen und der bei SB und ABS wesentliche Einfluß der chemischen Zusammensetzung und der Morphologie der kohärenten und der dispersen Phase.

Genaue Untersuchungen des *Einflusses der Molekülmassenverteilung* auf die mechanischen Eigenschaften liegen für PS vor[38]. Danach nimmt die Reißfestigkeit und Reißdehnung von PS mit steigender rel. Molekülmasse im Fall von gepreßten Probekörpern (weitgehend orientierungsfrei) asymptotisch bis zu einem Grenzwert zu (s. Abb. 1.10).
Bei Proben mit ähnlicher Breite der Molekülmassenverteilung nimmt die Reißfestigkeit annähernd linear mit $1/\overline{M}_n$ ab, wobei sich jedoch bei engerer Molekülmassenverteilung eine größere Neigung der Geraden ergibt (s. Abb. 1.10 c). Unabhängig von der Breite der Molekülmassenverteilung nimmt hingegen die Schlagzugfestigkeit spritzgegossener Probekörper bei Beanspruchung in Richtung der Fließorientierung mit $\overline{M}_w$ zu, ohne im untersuchten Bereich bis $\overline{M}_w = 450\,000$ einen Sättigungswert zu erreichen.

Der *Gehalt an Monomeren* ist für die Eignung von Styrolpolymerisaten zur Lebensmittelverpackung entscheidend. Zur Vermeidung der Geschmacksbeeinträchtigung verpackter Lebensmittel sind heute bereits Reststyrol-Gehalte unter 0,05% in PS und SB[39] technisch realisierbar; allgemeiner Stand der Technik ist ein Restmonomer-Gehalt unter 0,1% Styrol in PS und SB[40] bzw. von 6 bis 10 ppm Acrylnitril in ABS[41] (s. a. Kap. 5, Bd. II).

Durch *Variation der chemischen Zusammensetzung* lassen sich die Chemikalienbeständigkeit, die Formbeständigkeit in der Wärme, die Witterungsbeständigkeit und die optischen Eigenschaften der Styrolpolymerisate beeinflussen. Technische Bedeutung haben vor allem die Copolymerisation von Styrol und Acrylnitril, der teilweise oder vollständige Ersatz von Styrol durch α-Methylstyrol bzw. der zusätzliche Einbau von Maleinsäureanhydrid in der kohärenten Phase von ABS, der Ersatz der Butadien-Bausteine in der dispersen Phase durch Komponenten mit höherer Oxidationsbeständigkeit[42] (s. Tab. 1.4) und die Angleichung der Brechzahlen der kohärenten und dispersen Phase von SB und ABS durch Wahl geeigneter Copolymere[28] (zur Erhöhung der Transparenz).

Copolymere des Styrols mit einem Massengehalt von 25 bis 35% Acrylnitril werden als eigene Kunststoffsorte (**SAN**: **S**tyrol-**A**cryl**n**itril-Copolymer) betrachtet und hauptsächlich für die Herstellung transparenter technischer Teile eingesetzt. SAN weist im Vergleich zu PS vor allem eine höhere Resistenz gegen unpolare Medien, z. B. Benzin, Öl und Aromastoffe, und eine we-

Tab. 1.4 Technisch bedeutende zweiphasige Styrol-Polymerisate mit Ersatz der Butadien-Bausteine durch Komponenten mit höherer Oxidationsbeständigkeit

kohärente Phase	disperse Phase	Glasumwandlungstemperatur der dispersen Phase (°C)	Kurzbezeichnung
PS	EPDM	−50 bis −60	
SAN	EPDM	−50 bis −60	AES
SAN	chloriertes Polyethylen	−20 bis −30	ACS
SAN	Butylacrylat	ca. −50	ASA, SCC

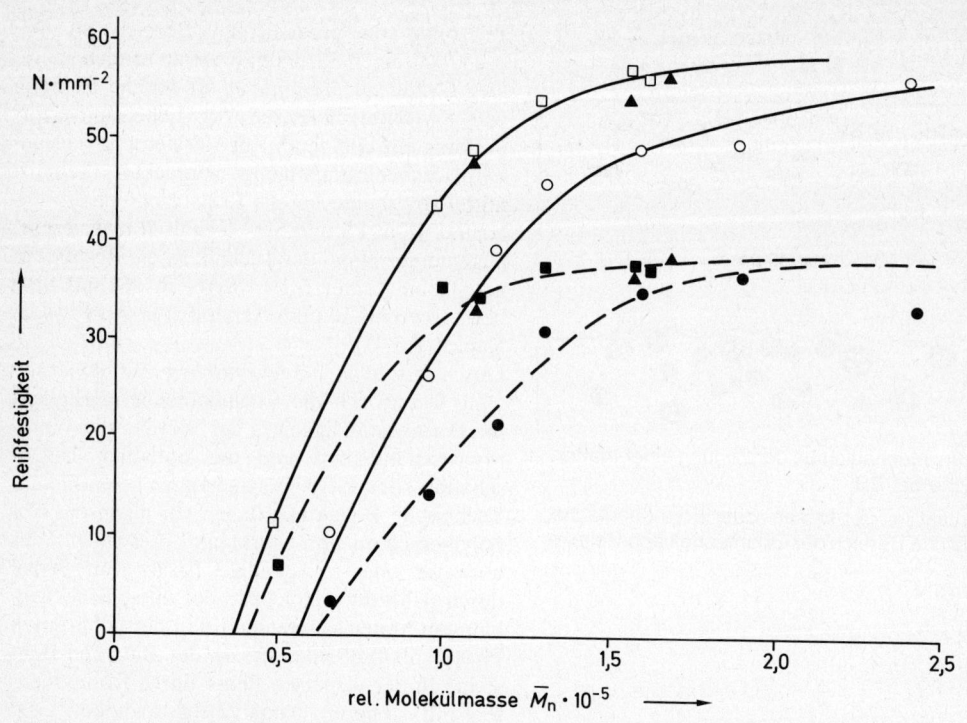

Abb. 1.10 a Reißfestigkeit von PS in Abhängigkeit vom Zahlenmittelwert der rel. Molekülmasse $\overline{M}_n$ für (○, ●) anionisch, (□, ■) mit thermischer Initiierung isotherm und (△, ▲) mit thermischer Initiierung nicht isotherm polymerisierte Proben. (●, ■, ▲, –––) gepreßte Prüfkörper; (○, □, △, ———) spritzgegossene Prüfkörper bei Beanspruchung in Richtung der Fließorientierung

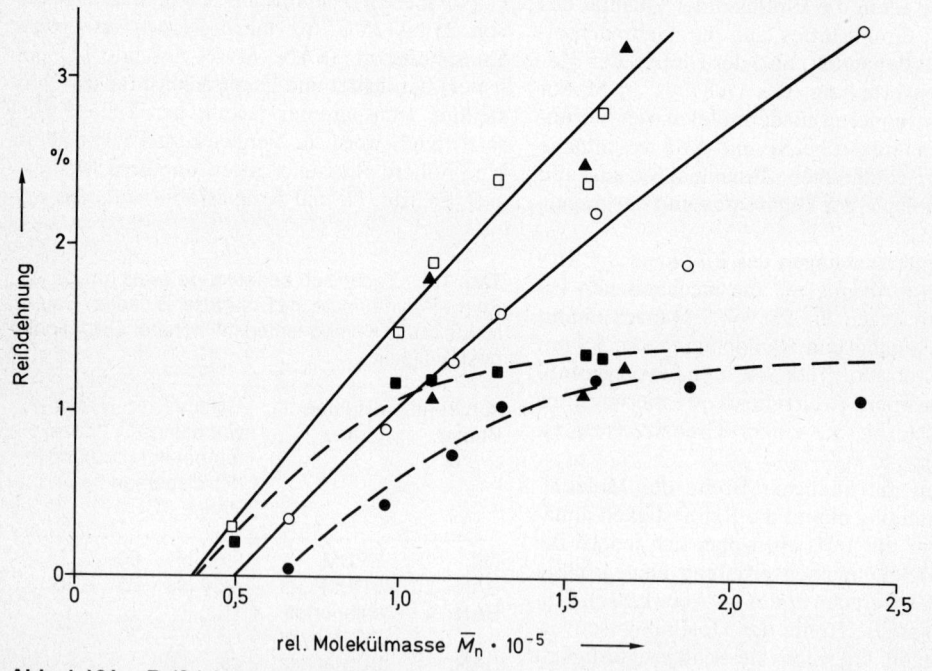

Abb. 1.10 b Reißdehnung von PS in Abhängigkeit vom Zahlenmittelwert der rel. Molekülmasse $\overline{M}_n$. Symbole s. Abb. 1.10 a

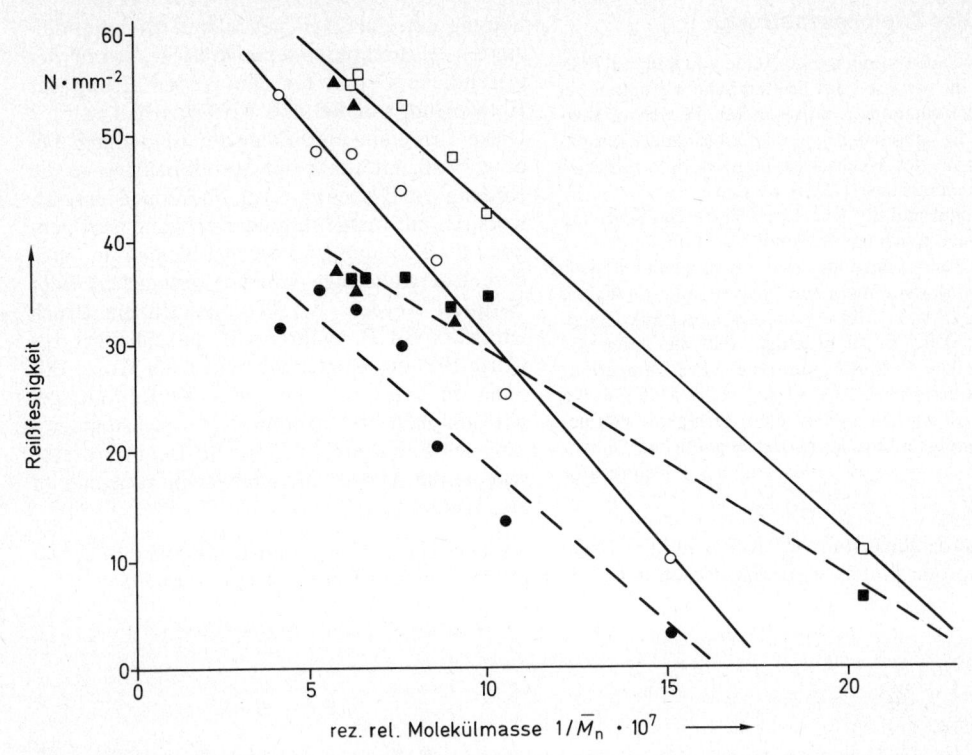

Abb. 1.10 c Reißfestigkeit von PS in Abhängigkeit vom Reziprokwert des Zahlenmittels der rel. Molekülmasse, $1/\overline{M}_n$. Symbole s. Abb. 1.10 a

sentlich geringere Spannungsrißempfindlichkeit auf; auch die Schlagzähigkeit, die Steifigkeit, die Kratzfestigkeit, die Zeitstandfestigkeit und die Temperaturwechselbeständigkeit von SAN ist höher als bei PS. Allgemein erhöhen sich mit einem Anstieg des Acrylnitril-Gehaltes jene Eigenschaftswerte, die gewöhnlich durch eine Erhöhung der rel. Molekülmasse ansteigen. Gegenüber PS unverändert liegt die maximale Vicat-Temperatur (ISO R75, Verf. B) von SAN bei ca. 100 °C. Nachteilig ist die mit steigendem Acrylnitril-Gehalt abnehmende Fließfähigkeit und zunehmende Vergilbungsneigung, die vermutlich auf die im Vergleich zu PS begünstigte Bildung von Polyensequenzen in der Hauptkette dieser statistischen Copolymeren zurückzuführen ist.

Statistische Copolymere des Styrols mit einem Massengehalt von 60 bis 75% Acrylnitril weisen besonders gute Barriereeigenschaften gegen die Permeation von Gasen auf. Mit wachsendem Gehalt an Acrylnitril nimmt die Durchlässigkeit für Sauerstoff, Kohlendioxid und für organische Dämpfe stetig ab, während der Permeationskoeffizient für Wasser mit steigendem Acrylnitril-Gehalt zuerst ansteigt, bei einem Massengehalt von ca. 30% Acrylnitril ein Maximum erreicht und erst mit noch höherem Acrylnitril-Gehalt absinkt[41].

α-Methylstyrol

Maleinsäureanhydrid

Methylmethacrylat

Die Vicat-Temperatur (ISO R75, Verf. B) von SAN und ABS läßt sich durch Ersatz des Styrols durch α-Methylstyrol um bis zu 15 °C anheben, wobei allerdings eine deutliche Verringerung der Fließfähigkeit in Kauf genommen werden muß. Die Härte und Steifigkeit nimmt mit steigendem Gehalt an α-Methylstyrol zu. Eine weitere Steigerung der Vicat-Temperatur um ca. 5 °C ist durch zusätzlichen Einbau von Maleinsäureanhydrid oder Methylmethacrylat möglich.

Einfluß der Zweiphasenstruktur

Bei SB und ABS können eine Reihe von Gebrauchseigenschaften, wie z. B. das mechanische Verhalten bei großen Deformationen, insbesonders die Schlagzähigkeit, und die optischen Eigenschaften (Glanz, Transparenz) nur aus der Wechselwirkung zwischen disperser und kohärenter Phase erklärt werden.

Der E-Modul und die Kugeldruckhärte von ABS und SB[43] verringern sich mit steigendem Volumenanteil der dispersen Phase gegenüber den entsprechenden Werten für die Matrixkomponente. Die Formbeständigkeit in der Wärme sinkt erst bei höherem Kautschuk-Gehalt etwas ab; dabei ist zu beachten, daß die durch das Eindringen einer Nadel ermittelte Vicat-Temperatur wegen der geringeren Ausgangshärte des Materials bei höherem Kautschuk-Gehalt eine geringere Wärmeformbeständigkeit anzeigt als der eigentlichen Dimensionsstabilität von Formteilen bei dieser Temperatur entspricht.

Durch die Einlagerung von Kautschuk-Teilchen in eine spröde Matrix wird eine wesentliche Erhöhung der Zähigkeit gegenüber der unmodifizierten Matrixkomponente erreicht, worin der wesentliche Grund für den großen Erfolg der Entwicklung von SB und ABS zu sehen ist.

Diese Erhöhung der Zähigkeit ist dadurch bedingt, daß unterhalb der Sprödbruchgrenze die Bildung von Crazes bzw. von Fließzonen einsetzt, wodurch mit fortschreitender erzwungener Dehnung die Spannungen begrenzt bleiben und größere Energiebeträge schadlos gespeichert oder dissipiert werden, bevor schließlich ein Bruch eintritt (s. Bd. I). Während SB ausschließlich zur Craze-Bildung neigt, tritt neben der Craze-Bildung in ABS bei niedriger Verformungsgeschwindigkeit bzw. erhöhter Gebrauchstemperatur auch Fließzonenbildung auf. Beide Prozesse scheinen in ABS relativ unabhängig voneinander abzulaufen.

Nach der Theorie von Sternstein und Mitarbeitern[44] ist für das Einsetzen von Dehnungsnachgiebigkeit unter-

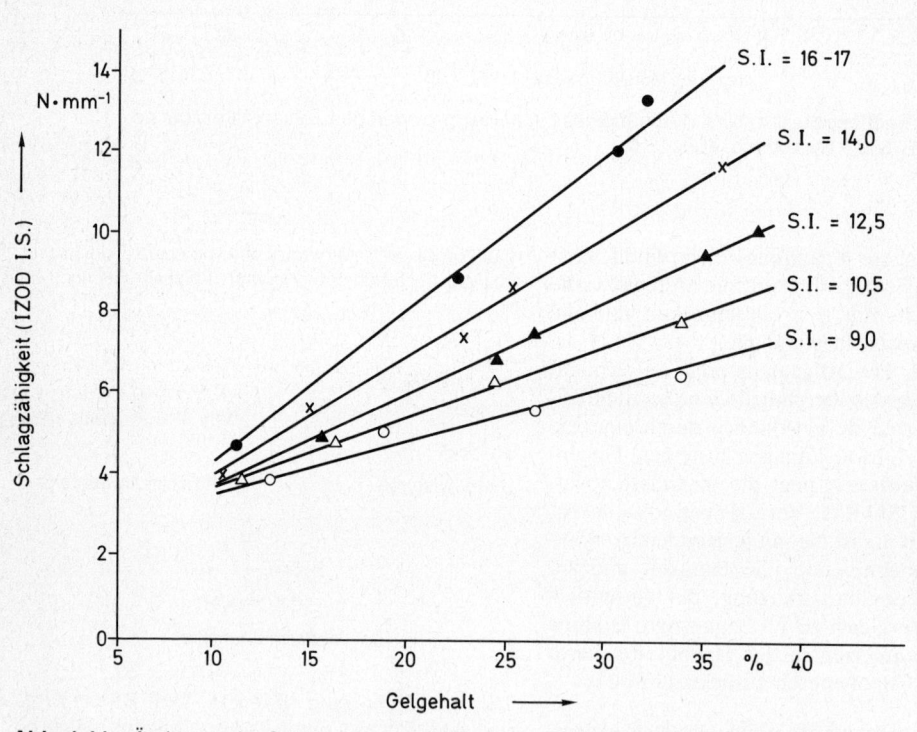

Abb. 1.11 Änderung der Schlagzähigkeit (IZOD I. S.) von SB mit dem Gelgehalt (Gel %) bei unterschiedlichem Quellungsindex (S. I.). Mittlerer Teilchendurchmesser = 2,2–3,2 μm; Pfropfindex = 3–3,8

Gelgehalt = Massengehalt an Kautschukphase (%), S. I. = Massenverhältnis (in Toluol gequollene Kautschukphase)/(trockene Kautschukphase), Pfropfindex = (Massengehalt an Kautschukphase)/(Massengehalt an Polybutadien). Kautschukphase = Kautschuk + gepfropftes und eingeschlossenes Styrol

halb der Sprödbruchgrenze, das Voraussetzung für die Bildung von Crazes ist, ein isotroper Zugspannungszustand erforderlich, dem sich eine in Vorzugsrichtung wirkende Spannung überlagert; diese muß einen Schwellenwert überschreiten, der um so niedriger liegt, je höher die isotrope Vorspannung ist. Der erforderliche isotrope Zugspannungszustand ergibt sich nach Bohn[45] beim Abkühlen von SB und ABS unter die Glastemperatur der kohärenten Phase aufgrund des höheren thermischen Ausdehnungskoeffizienten der dispersen Phase, sofern die Relaxation der Zugspannungen durch ausreichende Verankerung der Kautschuk-Partikeln in der umgebenden Matrix (Pfropfung) und durch Vernetzung der dispersen Phase vermieden wird. Mit zunehmender Teilchengröße ist eine Erhöhung dieser Zugspannungen zu erwarten, ebenso mit abnehmender Vernetzungsdichte (größere Differenz zwischen den thermischen Ausdehnungskoeffizienten der beiden Phasen) und abnehmendem Gehalt an Untereinschlüssen. Andererseits nimmt die Zahl der crazeauslösende Partikeln bei gleichem Volumenanteil der dispersen Phase mit steigender Teilchengröße ab, so daß für die Wirksamkeit als Craze-Auslöser ein Maximum bei mittleren Werten der Teilchengröße zu erwarten ist.

Diese Erwartungen werden durch die beobachteten Zusammenhänge zwischen der Schlagzähigkeit bzw. dem Verhalten im Zugversuch und den kennzeichnenden Merkmalen des in ABS und SB vorliegenden Zweiphasensystems weitgehend bestätigt. Für eine hohe Wirksamkeit als Craze-Auslöser ist bei SB und ABS eine Mindestgröße der Teilchen (bei SB über 1 μm) Voraussetzung. Die Schlagzähigkeit von SB nimmt mit dem Gelgehalt, also mit dem Volumenanteil der dispersen Phase einschließlich Pfropfhülle und Untereinschlüssen zu. Dabei ergibt sich bei einem mittleren Teilchendurchmesser von 2 bis 3 μm eine annähernd lineare Funktion (s. Abb. 1.11), deren Neigung mit steigendem Quellungsindex, also abnehmender Vernetzungsdichte der dispersen Kautschukphase zunimmt[46]. Im Gegensatz zur Schlagzähigkeit nehmen die Grenzbiegespannung und die Zeitstandfestigkeit von SB[43] und ABS[47] mit steigendem Volumenanteil der dispersen Phase ab.

Die Variation des Quellungsindex bewirkt keine wesentliche Änderung in einem Zugversuch mit geringer Verformungsgeschwindigkeit; unter diesen Prüfbedingungen sind Konzentration und Größe der Kautschuk-Partikeln die wesentlichen Einflußgrößen[46]. ABS-Typen mit verhältnismäßig großen ($d > 0,3$ μm), Untereinschlüsse aufweisenden Kautschuk-Teilchen zeigen im Zugversuch eine niedrigere Streckspannung und höhere Reißdehnung als Typen mit kleineren ($d < 0,1$ μm) Teilchen ohne Untereinschlüsse, während in beiden Fällen (s. Abb. 1.12) annähernd die gleiche Bruchspannung ermittelt wird[35]; die beobachte-

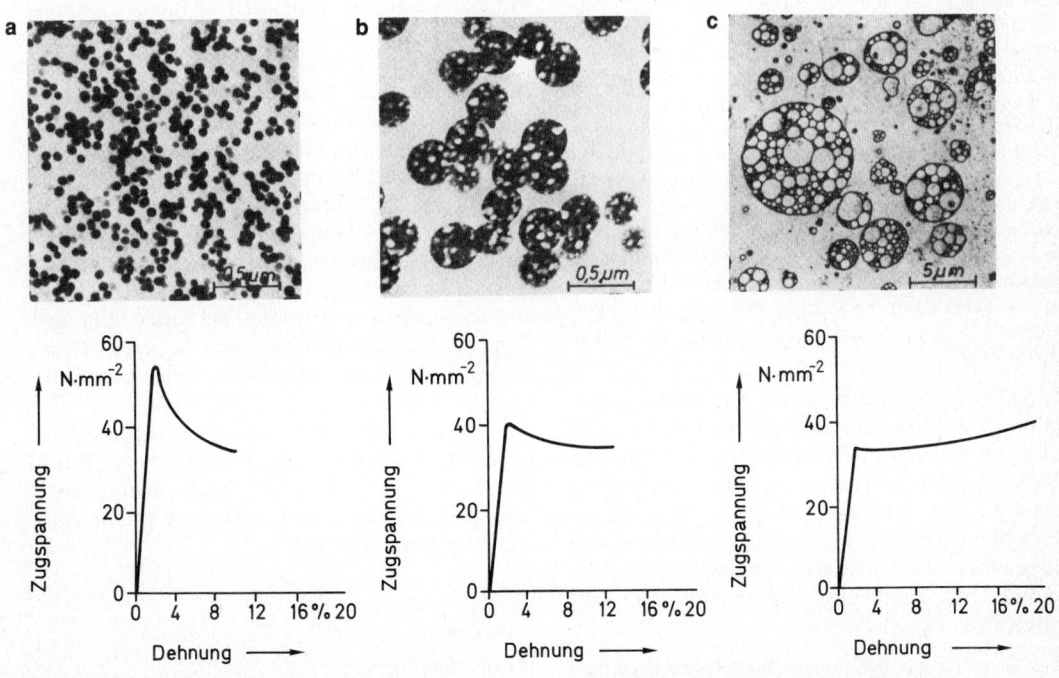

Abb. 1.12 Ultradünnschnitte und Spannungs-Dehnungs-Diagramm von Pfropfpolymerisaten mit unterschiedlicher Phasenstruktur nach Stabenow und Haaf[35].

a ABS-Polymerisat mit kleinen Teilchen,
b ABS-Polymerisat mit großen Teilchen,
c schlagfestes Polystyrol

te Verringerung der Streckspannung mit steigender Teilchengröße ist auf ein früheres Einsetzen der Craze-Bildung zurückzuführen. Zum Unterschied von ABS zeigt SB mit mittleren Teilchendurchmessern über 1 μm im Zugversuch meist kein ausgeprägtes Maximum der Zugspannung.

Bei ABS wird ein Maximum der Schlagzähigkeit bei mittleren Pfropfungsgraden[48] (Pfropfungsgrad = Massengehalt an SAN in % in der dispersen Phase bezogen auf den Pfropfkautschuk) erreicht, und zwar bei kleineren Teilchen bei geringerem Pfropfungsgrad als bei Untereinschlüssen aufweisenden größeren Teilchen. Als besonders vorteilhaft zur Erlangung hoher Werte der Schlagzähigkeit erweist sich bei ABS das Mischen großer Teilchen mit geringem Pfropfungsgrad mit kleinen Teilchen, die einen hohen Pfropfungsgrad aufweisen[49]. In solchen Bimodal-Bigraft-Systemen (-graft = -pfropf) kann ein großes Teilchen wegen seiner unvollständigen Pfropfhülle besonders viele Crazes auslösen, während die vollständig gepfropften kleinen Teilchen als Verstärkungselemente und als Auslöser von Fließzonen wirken.

Optische Eigenschaften

Die in der Regel gegebene Trübheit von SB und ABS kann durch Verringerung der Brechzahlunterschiedes zwischen den beiden Phasen und durch Senkung der Partikelgröße der dispersen Phase vermindert werden[25]. Bei einem Kern-Schale-Aufbau der dispergierten Teilchen ist bei ausreichend kleinem Teilchendurchmesser (Durchmesser kleiner als die Wellenlänge des Lichtes) die wirksame Brechzahl der dispersen Phase durch ein Volumenmittel der Brechzahl von Kern und Schale (Pfropfhülle) gegeben. Daher kann z. B. durch Pfropfung von Styrol auf einen Polybutadienlatex mit enger Teilchengrößenverteilung (gleichmäßige Pfropfung aller Teilchen) und Abmischen dieses gepfropften Latex mit Styrol-Methylmethacrylat-Copolymer (kohärente Phase) eine scharfe Angleichung der Brechzahlen der beiden Phasen und somit hohe Transparenz erreicht werden. Die Verbindung zwischen den beiden chemisch verschiedenen Phasen erfolgt dabei durch nochmalige Pfropfung des dispergierten Pfropfcopolymerisates mit Styrol und Methylmethacrylat.

Eine bemerkenswerte neuere Entwicklung stellen optisch klare, anionisch polymerisierte Zwei- oder Dreiblock-Copolymerisate des Styrols mit Butadien dar. Bei großem Brechzahlunterschied zwischen den beiden Phasen wird die Transparenz hier durch die regelmäßige Anordnung sich gegenseitig berührender monodisperser Kautschuk-Domänen (Durchmesser unter 0,15 μm) erreicht[25].

Der Durchmesser der Kautschuk-Teilchen beeinflußt auch den Oberflächenglanz, der z. B. bei SB mit Teilchengrößen über 5 μm stark beeinträchtigt ist. Mit Teilchendurchmessern unter 0,8 μm können bei gleichzeitigem Absenken des Kautschuk-Gehaltes auf einen Massengehalt unter 2% transluzente (*kontakt-transparente*) SB-Typen hergestellt werden, wobei wegen des geringeren Kautschuk-Gehaltes auf höhere Werte der Schlagzähigkeit verzichtet werden muß. Produkte aus SB und ABS erscheinen in der Regel schon bei geringem Kautschuk-Gehalt milchig trüb, so daß Formteile aus SB bzw. ABS mit verschiedenem Kautschuk-Gehalt dem Ansehen nach nicht unterschieden werden können.

Die besondere Morphologie von ABS ist in Verbindung mit seiner chemischen Zusammensetzung auch dafür verantwortlich, daß an der Oberfläche gebildete elektrostatische Ladungen viel rascher abklingen, als man aufgrund des verhältnismäßig hohen Oberflächenwiderstandes erwarten würde[47]. Dieser Effekt ist bei ABS-Mischtypen (s. Abb. 1.5.) besonders ausgeprägt und bewirkt, daß Teile aus ABS relativ wenig zum Verstauben neigen.

Chemikalien- und Witterungsbeständigkeit

Die Chemikalienbeständigkeit von SB und ABS wird weitgehend durch die der Matrixkomponente bestimmt. SB erweist sich als um so beständiger gegen Spannungsrißkorrosion, je höher der Volumenanteil und die mittlere Teilchengröße der dispersen Phase sind, bei möglichst hoher rel. Molekülmasse und möglichst kleinem Gleitmittelgehalt der kohärenten Phase[50]. Aber auch die Pfropfung und Vernetzung der dispersen Phase spielen eine wichtige Rolle. Mit steigendem Volumenanteil der dispersen Phase nimmt die Gasdurchlässigkeit von SB und ABS zu.

Die Kautschuk-Komponente hat wesentlichen Einfluß auf die Witterungsbeständigkeit von SB und ABS. Die photooxidative Schädigung der Oberfläche schreitet besonders rasch voran, wenn sich die an der Oberfläche liegenden Kautschuk-Teilchen gegenseitig berühren. Ein geringerer Kautschuk-Gehalt und höherer Pfropfungsgrad bewirken daher eine verbesserte Witterungsbeständigkeit.

Zur Verbesserung der Witterungsbeständigkeit hat in Westeuropa vor allem der Ersatz der Butadien-Komponente in ABS durch einen Acrylkautschuk auf Basis von *n*-Butylacrylat technische Bedeutung erlangt.

$$H_2C=CH$$
$$\quad\quad |$$
$$O=C-O-(CH_2)_3-CH_3$$

n-Butylacrylat

Diese Produkte (**ASA**: **A**crylnitril-**S**tyrol-**A**crylsäureester-Copolymer) sind bei Freibewitterung ca. 10mal so lange beständig wie ABS. Neben der

Die oben dargestellten Korrelationen zwischen der Qualität des polymeren Grundstoffes und den Gebrauchseigenschaften gelten im Grunde nur für gepreßte Probekörper, die frei von inneren Spannungen sind, die durch die Abkühlbedingungen verursacht werden. Als Maß für die eingefrorenen Orientierungen wird bei spritzgegossenen Probekörpern aus PS und SB die prozentuale Längenschrumpfung nach 45minütigem Tempern in Glykol bei 20°C über der Vicattemperatur herangezogen[51]. Abb. 1.13 und Abb. 1.14 zeigen die Abhängigkeit der Schlagzähigkeit bzw. der Zugfestigkeit verschiedener PS- und SB-Proben von der in dieser Weise bestimmten Schrumpfung. Besonderen Einfluß haben die Verarbeitungsbedingungen auch auf die Schlagzähigkeit von SB und ABS. Mit steigendem Kautschuk-Gehalt nimmt die Fließorientierung bei sonst gleichbleibenden Verarbeitungsbedingungen ab. Die Kerbschlagzähigkeit (DIN 53453) steigt mit abnehmender Spritzgießtemperatur, d. h. bei erhöhter Orientierung in Fließrichtung, bei großen Teilchen ($d > 0{,}5$ μm) an, während sie bei kleinen Teilchen ($d < 0{,}1$ μm) abnimmt. Dieser Effekt wurde von Ramsteiner[52] darauf zurückgeführt, daß bei großen Teilchen mit ihrer großen Neigung zur Craze-Bildung eine höhere Matrixorientierung vor allem die Craze-Festigkeit steigert, während bei kleinen Teilchen offenbar eine Hemmung der Craze-Bildung entscheidend ist, die durch die stärkere Orientierung der Matrix und durch die mit sinkender Verarbeitungstemperatur abnehmende Tendenz zur Agglomeration der Kautschuk-Teilchen erklärt wird.

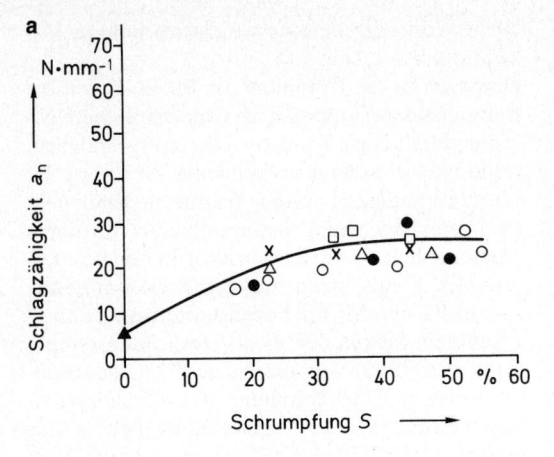

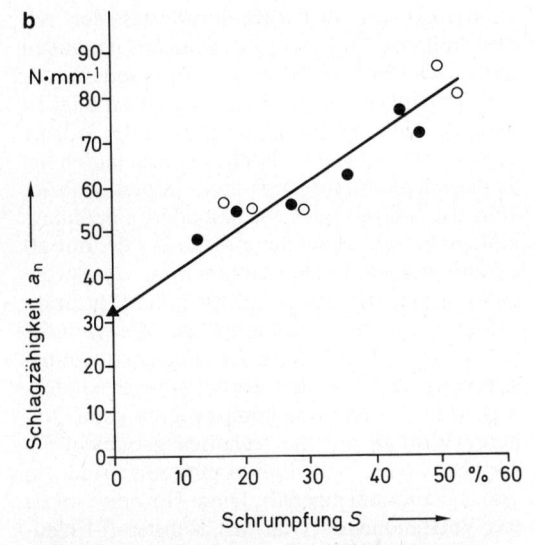

Abb. 1.13 Schlagzähigkeit a_n (DIN 53453, Normkleinstab) unterschiedlich schrumpfender, spritzgegossener Probekörper nach Orthmann und Schmitt[51]; nur der Meßpunkt (▲) bei $S = 0\%$; wurde an einem gepreßten Probekörper ermittelt.
a Standardpolystyrol (PS),
b schlagfestes Polystyrol (SB)

1.5 Hinweise zur Typenauswahl

Die Typenbezeichnung von PS-Formmassen ist nach DIN 7741 genormt, die von SB-Formmassen nach DIN 16771 und die von ABS-Formmassen nach DIN 16772 Blatt 11.

1.5.1 Standardpolystyrol (PS)

Bei PS ist eine Variation des polymeren Grundstoffes nur über die mittlere rel. Molekülmasse bzw. die Molekülmassenverteilung möglich, doch kommt bei der Typenauswahl der PS-Formmassen dem Zusatz von inneren Gleitmitteln große Bedeutung zu, der daher an dieser Stelle nicht ausgeklammert werden kann. Es ist prinzipiell nicht möglich, PS-Formmassen mit vergleichbaren mechanischen Eigenschaften und verbesserter Fließfähigkeit bei hohem Schergefälle durch Einsatz von PS mit enger Molekülmassenverteilung herzustellen; zwar nimmt die Reißfestigkeit mit steigendem Zahlenmittelwert der rel. Molekülmasse $\overline{M}_n$ zu (s. Abb. 1.10c), während die Viskosität bei geringem Schergefälle von $\overline{M}_w$ abhängt (s. Seite 13), so daß Typen mit engerer Molekülmassenverteilung bei gleicher Reißfe-

besseren Witterungsbeständigkeit weisen ASA-Kunststoffe auch bessere thermische Beständigkeit bei der Verarbeitung und bei thermischer Dauerbeanspruchung auf, sie erreichen jedoch nicht das Schlagzähigkeitsniveau von ABS, da ihre Kautschuk-Phase einerseits eine höhere Glastemperatur ($T_g \approx -50\,°C$) und andererseits eine schlechtere Haftung an der SAN-Matrix aufweist, was auf unzureichende Pfropfung zurückzuführen ist.

chem Wert von $\overline{M}_w$ eine wesentlich höhere Viskosität auf (s. Abb. 1.6).

Hingegen ist die Erhöhung der Fließfähgkeit bei weitgehender Erhaltung des mechanischen Niveaus durch Zusatz innerer Gleitmittel möglich, wenn man ein damit verbundenes Absinken der Formbeständigkeit in der Wärme in Kauf nehmen kann. Bei einem Gleitmittelzusatz mit einem Massengehalt von 8% – höchster in der Bundesrepublik Deutschland zulässiger Gleitmittelzusatz in PS und SB für Lebensmittelverpackung[53] – kann ein Sinken der Vicat-Erweichungstemperatur (VSP/B50) von 102 bis auf 75°C beobachtet werden. Eine Erhöhung der Fließfähigkeit unter Erhaltung der Formbeständigkeit in der Wärme (VSP/B50 $\approx$ 100°C) ist nur durch Verminderung des Gewichtsmittelwertes der rel. Molekülmasse $\overline{M}_w$, bei gleichzeitigem Absenken des mechanischen Niveaus, insbesondere der Schlagzähigkeit und der Spannungsrißanfälligkeit möglich. Hohe Formbeständigkeit in der Wärme muß daher entweder durch Verzicht auf hohe Schlagzähigkeit (niedrige rel. Molekülmasse, kein Gleitmittel) oder auf besondere Fließfähigkeit (hohe rel. Molekülmasse, kein Gleitmittel) erkauft werden. Bei der Optimierung von Spritzguß-Formmassen auf möglichst hohe Schußzahlen/Minute ist zu beachten, daß der Zusatz äußerer Gleitmittel auch die Erstarrungsgeschwindigkeit verringert, was den Vorteil höherer Fließfähigkeit u. U. sogar überkompensieren kann. Nähere Hinweise auf die technisch gebräuchliche Typenauswahl bei PS-Formmassen sind in Tab. 1.5 zusammengefaßt. Diese Hinweise sollen das Verständnis der von den Kunststoff-Erzeugern gegebenen Produktinformationen erleichtern, sind jedoch nicht als Empfehlungen bestimmter Produkte aufzufassen.

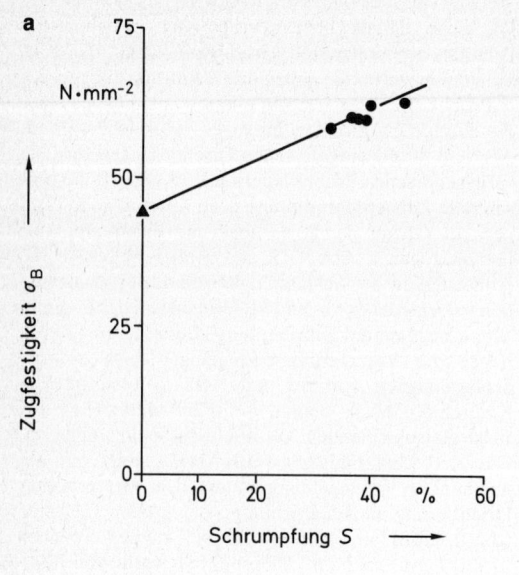

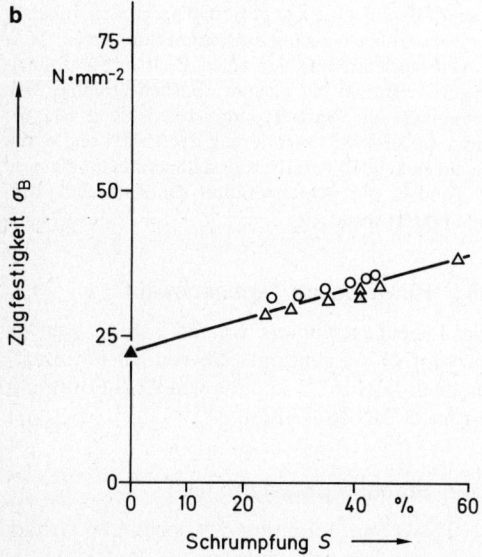

Abb. 1.14 Zugfestigkeit (DIN 53455, Schulterstab) unterschiedlich schrumpfender, spritzgegossener Probestäbe nach Orthmann und Schmitt[51]; nur der Meßpunkt (▲) bei $S = 0\%$ wurde an einem gepreßten Probekörper ermittelt.

a Standardpolystyrol (PS),
b schlagfestes Polystyrol (SB)

1.5.2 Schlagfestes Polystyrol (SB oder HIPS) und ABS

Die Typenvielfalt von SB und ABS wird gegenüber PS (s. S. 23) durch die Möglichkeit der Abstufung des Kautschuk-Gehaltes wesentlich erweitert. Bei SB haben neben den oben (s. S. 9) erwähnten Abstufungen des Kautschuk-Gehaltes auch Typen mit sehr geringem Kautschuk-Gehalt (Massengehalt $<1,5\%$) technische Bedeutung erlangt, die z. B. beim Spritzgießen eine höhere Entformungsgeschwindigkeit, die bei PS schon zu Rissen und Sprüngen führen würde, ermöglichen. In den letzten Jahren haben SB-Typen mit besonderer Spannungsrißbeständigkeit, z. B. gegenüber Chlorfluorkohlenwasserstoffen (mit PUR

stigkeit eine niedrigere Viskosität bei geringem Schergefälle aufweisen als Typen mit breiter Molekülmassenverteilung, jedoch weisen bei den in der Verarbeitung, insbesondere beim Spritzgießen, herrschenden sehr hohen Schergefällen Typen mit enger Molekülmassenverteilung bei glei-

Tab. 1.5 Hinweise zur Typenauswahl bei PS-Formmassen

Verarbeitungsverfahren bzw. Verwendungszweck	Aufbau der Formmasse
1. Spritzguß	
a) technische Teile	vorwiegend Polymerisat mit höherer rel. Molekülmasse, möglichst ohne inneres Gleitmittel (mechanisch hochwertig, hohe Wärmeformbeständigkeit), eventuell mit äußerem Gleitmittel
b) Verpackung	vorwiegend Polymerisat mit niedriger rel. Molekülmasse, meist ca. 3% (Massengehalt) inneres Gleitmittel, eventuell mit äußerem Gleitmittel (hohe Stückzahl/Zeiteinheit unter Verzicht auf hohe Festigkeit und hohe Wärmeformbeständigkeit); für Lebensmittelverpackung mit besonders niedrigem Restmonomergehalt
2. Extrusion	wenig oder kein inneres Gleitmittel, ohne äußeres Gleitmittel, oft Polymerisat mit höherer rel. Molekülmasse; selten reines PS, sondern meist Mischung mit SB. Besonders beim Extrusionsblasen werden schwererfließende Typen bevorzugt

hinterschäumbare Innenauskleidung von Kühlschränken, s. Tab. 1.2), und SB-Typen mit besonderen optischen Eigenschaften, z. B. transparente Blockcopolymere für Verpackungszwecke, technische Bedeutung erlangt.

Besonders mannigfaltige, technisch genutzte Möglichkeiten zur Typenvariation bestehen bei ABS. Zusätzlich zur Abstufung des Kautschuk-Gehaltes wird hier auch von der Variierbarkeit der chemischen Zusammensetzung der kohärenten Phase technisch Gebrauch gemacht, sowohl bezüglich des Acrylnitril-Gehaltes, als auch durch Einbau anderer monomerer Grundbausteine zur Erhöhung der Wärmeformbeständigkeit; die letztere Variationsmöglichkeit ist bei PS und SB aus wirtschaftlichen Gründen nahezu bedeutungslos. Die Fließfähigkeit von ABS kann durch Variation sowohl der kohärenten Phase (rel. Molekülmasse, Acrylnitril-Gehalt, innere Gleitmittel) als auch der dispersen Phase (Volumenanteil, Pfropfungsgrad) eingestellt werden. Wegen der nur sehr schwierig quantitativ zu erfassenden Korrelationen zwischen Struktur und Eigenschaften von ABS (s. S. 20) beruht die Produktion »nach Maß geschneiderter« Typen mit speziellen Eigenschaftsprofilen z. Z. weitgehend auf dem besonderen Know-how der Hersteller.

2. Polyolefine

Polyolefin-Kunststoffe mit großem Marktvolumen sind *Polyethylen niedriger Dichte* (LDPE: *low density polyethylene;* Dichte (23°C) $\varrho = 0{,}910 - 0{,}935$ g·cm^{-3}, meist $\varrho = 0{,}915 - 0{,}925$ g·cm^{-3}), *Polyethylen hoher Dichte* (HDPE: *high density polyethylene,* $\varrho = 0{,}940 - 0{,}970$ g·cm^{-3}, meist $\varrho = 0{,}950 - 0{,}960$ g·cm^{-3}) und isotaktisches Polypropylen (PP). Polyethylen mit $\varrho = 0{,}925 - 0{,}940$ g·cm^{-3} wird oft auch als *Polyethylen mittlerer Dichte* (MDPE: *medium density polyethylene)* bezeichnet. Geringeres, aber seit 1978 rasch wachsendes Marktvolumen weist *lineares Polyethylen niedriger Dichte* (LLDPE: *linear low density polyethylene;* $\varrho = 0{,}910$ bis $0{,}940$ g·cm^{-3}, meist $\varrho = 0{,}915 - 0{,}930$ g·cm^{-3}) auf. Da die Härte von Polyethylen mit der Dichte ansteigt (s. S. 70 u. 75), werden LDPE und LLDPE auch als *Polyethylen-weich* bzw. HDPE als *Polyethylen-hart* bezeichnet.

LDPE wird ausschließlich durch radikalische Polymerisation bei hohem Druck hergestellt und wird daher oft auch als *Hochdruckpolyethylen* bezeichnet. Es weist zum Unterschied von HDPE bzw. LLDPE, das durch Insertionspolymerisation mit Übergangsmetall-Katalysatoren meist bei wesentlich niedrigerem Druck hergestellt wird *(Niederdruckpolyethylen),* eine recht große Häufigkeit von Langkettenverzweigungen (s. Tab. 1.11) auf. Polyethylen, das keine oder nur sehr wenige Langkettenverzweigungen enthält, wird als *lineares Polyethylen* bezeichnet.

Die technische Produktion von Polyethylen mit dem Hochdruckverfahren (LDPE) wurde 1939 durch ICI aufgenommen. Auf dem Gebiet der Niederdrucksynthese von Polyolefin-Kunststoffen setzte zu Beginn der fünfziger Jahre in Westeuropa und in den USA weitgehend unabhängig voneinander eine stürmische Entwicklung ein[54]. 1956 wurde die technische Produktion von HDPE durch Farbwerke Hoechst AG aufgenommen, zur Jahreswende 1957/58 folgte die erste technische Produktion von PP durch Montecatini. LLDPE wurde schon 1960 erstmals durch DuPont[55] of Canada im technischen Maßstab erzeugt, doch erst Ende der

siebziger Jahre ergab sich ein rascher Produktionsanstieg, der durch ein neues Verfahren der Union Carbide Corporation (s. S. 40) ausgelöst wurde; 1981 erreichte der LLDPE-Verbrauch in den USA 13% des LDPE-Verbrauches[56]; in Westeuropa stand 1981 eine Kapazität von ca. 100000 jato LLDPE zur Verfügung.
Tab. 1.6 gibt den Verbrauch an LDPE, HDPE und PP in Westeuropa, den USA und Japan für 1981 wieder, Tab. 1.7 die Verteilung des Verbrauches im Jahr 1978 in Westeuropa. Es ist zu erwarten, daß in den nächsten Jahren der Verbrauch von PP den von HDPE überflügeln wird.

Wesentlich kleinere Marktvolumina weisen die Polyolefin-Kunststoffe isotaktisches Polybuten[63] (PB: **P**oly-1-**b**uten, Verbrauch im Jahr 1978 weltweit unter 50000 jato) und isotaktisches Polymethylpenten[64] (PMP: **P**oly-4-**m**ethyl-1-**p**enten, Verbrauch im Jahr 1978 weltweit unter 2000 jato) auf. Die Polyolefin-Elastomeren **E**thylen-**P**ropylen-Copoly**m**er (EPM), **E**thylen-**P**ropylen-**D**ien-Terpoly**m**er (EPDM) und **P**oly-**i**so**b**uten (PIB) werden in Kap. 2 behandelt.

Tab. 1.6 Verbrauch von LDPE, HDPE und PP in Westeuropa, USA und Japan im Jahr 1981 (in Mio. jato[57])

	Westeuropa*	USA	Japan
LDPE	3,4	3,42**	0,975
HDPE	1,36	2,18	0,675
PP	1,34	1,77	1,03

* EG-Länder, Finnland, Griechenland, Norwegen, Österreich, Portugal, Spanien, Schweden und Schweiz
** einschließlich LLDPE

2.1 Monomere

Das zur Polymerisation eingesetzte Ethylen bzw. Propylen muß den in Tab. 1.8 gegebenen Anforderungen entsprechen.

$$\underset{\text{Ethylen}}{\overset{H}{\underset{H}{>}}C=C\overset{H}{\underset{H}{<}}} \qquad \underset{\text{Propylen}}{\overset{H}{\underset{H}{>}}C=C\overset{CH_3}{\underset{H}{<}}}$$

Tab. 1.7 Verteilung des Verbrauchs von LDPE, HDPE und PP in Westeuropa im Jahr 1978 (% des Gesamtverbrauches)

Verarbeitung/Anwendung	LDPE[58]	HDPE[60]	PP[61]
Spritzguß	10	38	44
		Verpackung 25	Verpackung 10
		Haushaltswaren 9	Techn. Teile 20
		Sonstige 4	Sonstige 14
		38	44
Extrusion	86	20	54
		Folien und Platten 7	
	Schwergut- und Schrumpffolie 25–30		
	Vielzweckfolie 20		Folienfasern und -bändchen* 12 [62]
	Feinfolie 10		
	Beschichtungsfolie 5–10		
	Σ Folien[59] 70–75		Spinnfasern* 23 [62]
	Extrusionsbeschichtung 5		
	Rohre 4	Rohre 7	
	Kabelisolierung 2		
		Sonstige 6	Sonstige 19
	86	20	54
Blasverarbeitung (Hohlkörper)	4	41	2
	100	100	100

* Zahlen für 1980

Tab. 1.8 Typische Spezifikationen für den Reinheitsgrad von Ethylen bzw. Propylen

Ethylen zur Polymerisation[65]	Propylen zur Polymerisation[66]
Ethylen (Volumengehalt über 99,9%) **maximal zulässige Verunreinigung** (in ppm Volumengehalt) 1000: $CH_4 + C_2H_6$ 500: C_2H_6 100: N_2 10: C_3-Kohlenwasserstoffe, H_2O, H_2, Isopropanol, Methanol, Aceton 5: O_2, CO_2 2: CO 2 ppm Massengehalt: Gesamt-Schwefel	Propylen (Massengehalt über 99,5%) **maximal zulässige Verunreinigung** (in ppm Volumengehalt) 5000: Propan 20: Ethylen, Ethan, Buten, Butan 10: N_2 5: Acetylen, 1,3-Butadien, H_2, CO_2, H_2O 1: Gesamt-Schwefel, CO, NH_3, O_2, Allen 0,5: COS 0,1: H_2S

Tab. 1.9 Wichtige Daten von Ethylen und Propylen

	Ethylen	Propylen
Siedepunkt (°C, 760 mmHg)	−103,7	−47,7
Kritische Temperatur (°C)	9,9	91,9
Kritischer Druck (bar)	50,5	45,4
Polymerisationsenthalpie (kJ · kg^{-1})	3500–3750	2514

Eine Reihe wichtiger Daten dieser beiden Monomeren sind in Tab. 1.9 zusammengefaßt.

Vinylacetat
KP = 72,5 °C

1-Buten
KP = −6 °C

Als Comonomere werden zur Modifizierung von LDPE Vinylacetat und 1-Buten sowie in geringerem Maße Acryl- und Methacrylsäure und deren Ester eingesetzt. Zur Modifizierung von HDPE und zur Herstellung von LLDPE wird Ethylen mit 1-Buten, 1-Hexen und 1-Octen copolymerisiert. Zur Modifizierung von PP wird Propylen mit Ethylen und mitunter auch mit 1-Buten copolymerisiert.

2.2 Polymerisation und Aufbereitung

2.2.1 Polyethylen niedriger Dichte (LDPE)

LDPE wird ausschließlich durch Hochdrucksynthese[59] hergestellt, eine in Substanz bei Drücken von 1400 bis 3500 bar und Temperaturen von 130 bis 330 °C ablaufende Radikalkettenpolymerisation. Unter diesen Bedingungen ist Ethylen ein Fluid, das zwar gasförmig ist ($T > T_c$, s. Tab. 1.9), aber eine mit Flüssigkeiten vergleichbare Dichte von 0,4 bis 0,5 g · cm^{-3} aufweist. Polyethylen ist mit diesem Fluid bei sehr hohem Druck unbeschränkt mischbar. Bei einem Absenken des Druckes tritt Phasentrennung in eine disperse polymerreiche Phase und eine kohärente polymerarme Phase auf; diese Phasentrennung erfolgt bei höherer Temperatur bei niedrigerem Druck. Auch die Konzentration, die Molekülmassenverteilung und die Struktur (Verzweigung) des Polymeren beeinflußt das Phasenverhalten.

Die Polymerisation wird meist durch Sauerstoff oder organische Peroxide initiiert. Neben den zu linearen Ketten führenden Hauptreaktionen (Kettenwachstum, Rekombination und Disproportionierung; s. Bd. I) laufen Kettenübertragungs- und Depolymerisationsreaktionen ab.

Durch intermolekulare Übertragung

$$R^1-CH_2-CH_2\cdot \ + \ R^2-CH_2-CH_2-R^3 \quad (1\,a)$$

$$\longrightarrow \ R^1-CH_2-CH_3 \ + \ R^2-\overset{\cdot}{C}H-CH_2-R^3$$

$$R^2-\overset{\cdot}{C}H-CH_2-R^3 \ + \ n(CH_2{=}CH_2) \quad (1\,b)$$

$$\longrightarrow \ R^2-\underset{\underset{\displaystyle (CH_2-CH_2)_{n-1}-CH_2-CH_2\cdot}{|}}{CH}-CH_2-R^3$$

28 Grundstoffe

entstehen lange, gut bewegliche Seitenketten (*Langkettenverzweigung*). Durch intramolekulare Übertragung (*backbiting*), z. B.

$$R-\overset{7}{C}H_2-\overset{6}{C}H_2-\overset{5}{C}H\underset{H}{\overset{\overset{4}{C}H_2}{\diagdown}}\underset{\cdot\overset{1}{C}H_2}{\overset{\overset{3}{C}H_2}{\diagup}}\longrightarrow R-\overset{7}{C}H_2-\overset{6}{C}H_2-\overset{5}{\dot{C}}H\underset{\overset{1}{C}H_3}{\overset{\overset{4}{C}H_2}{\diagdown}}\underset{}{\overset{\overset{3}{C}H_2}{\diagup}} \tag{2}$$

$$+ CH_2=CH_2 \swarrow \qquad \searrow + n\,(CH_2=CH_2)$$

$$R-\overset{7}{C}H_2-\overset{6}{C}H_2-\overset{5}{C}H\underset{\overset{}{C}H_2}{\overset{\overset{4}{C}H_2}{\diagdown}}\underset{H}{\overset{3}{C}H}-\overset{2}{C}H_2-\overset{1}{C}H_3 \qquad R-\overset{7}{C}H_2-\overset{6}{C}H_2-\overset{5}{C}H-(CH_2-CH_2)_{n-1}-CH_2-CH_2\cdot$$

with side chain: $-{}^4CH_2-{}^3CH_2-{}^2CH_2-{}^1CH_3$

$\downarrow$

$$R-\overset{7}{C}H_2-\overset{6}{C}H_2-\overset{5}{C}H\underset{\overset{}{C}H_3}{\overset{\overset{4}{C}H_2}{\diagdown}}\underset{}{\overset{3}{\dot{C}}H}-\overset{2}{C}H_2-\overset{1}{C}H_3$$

$\searrow + n\,(CH_2=CH_2)$

$$R-\overset{7}{C}H_2-\overset{6}{C}H_2-\overset{5}{C}H-\overset{4}{C}H_2-\overset{3}{C}H-(CH_2-CH_2)_{n-1}-CH_2-CH_2\cdot$$

with branches: $-CH_2-CH_3$ and $-{}^2CH_2-{}^1CH_3$

werden kurze, relativ starre Seitenketten, vorwiegend Butyl- und Ethyl-Gruppen, gebildet[67,68]. Übertragung auf das Monomere (Ethylen) findet kaum statt, von Bedeutung ist jedoch die Übertragung auf andere Kohlenwasserstoffe, z. B. Propylen und Buten, die als Molekülmassenregler eingesetzt werden. Bei höheren Reaktionstemperaturen muß auch eine Depolymerisation der Kettenradikale in Erwägung gezogen werden, die die Bildung von unverzweigten oder verzweigten endständigen und von mittelständigen Doppelbindungen erklärt[68] (s. Tab. 1.11).

$$R^1-CH_2-\underset{\cdot}{C}H-CH_2-R^2 \quad \begin{array}{c}\longrightarrow \\ \longrightarrow\end{array} \quad \begin{array}{c} R^1-CH=CH_2 \;+\; R^2-CH_2\cdot \\ H_2C=CH-R^2 \;+\; R^1-CH_2\cdot \end{array} \tag{3}$$

sec-Radikal
Bildung von endständigen Vinyl-Gruppen

$$\underset{R^2}{\overset{R^1}{\diagdown}}CH-\underset{\cdot}{C}H-R^3 \quad \begin{array}{c}\longrightarrow \\ \longrightarrow\end{array} \quad \begin{array}{c} R^1-CH=CH-R^3 \;+\; R^2\cdot \\ R^2-CH=CH-R^3 \;+\; R^1\cdot \end{array} \tag{4}$$

sec-Radikal
Bildung von *trans*-Vinylen-Gruppen

$$\underset{\text{tert-Radikal}}{\overset{R^2-CH_2}{\underset{R^1-CH_2}{>}}\text{C}-CH_2-R^3} \longrightarrow \begin{cases} H_2C=C\overset{CH_2-R^2}{\underset{CH_2-R^1}{<}} + R^3\cdot \\ \\ H_2C=C\overset{CH_2-R^1}{\underset{CH_2-R^3}{<}} + R^2\cdot \\ \\ H_2C=C\overset{CH_2-R^3}{\underset{CH_2-R^2}{<}} + R^1\cdot \end{cases} \quad (5)$$

Bildung von Vinyliden-Gruppen

Von den zahlreichen Monomeren, die mit Ethylen copolymerisiert werden können, hat bei der Hochdrucksynthese nur das Vinylacetat großtechnische Bedeutung. Unter den Bedingungen der Hochdrucksynthese sind beide Copolymerisationsparameter (r_1 bzw. r_2) nahezu gleich 1, d. h. die Zusammensetzung des Copolymerisates entspricht bei beliebiger Comonomerkonzentration jener des eingesetzten Monomeren-Gemisches[69]. **Ethylen-V**inyl**a**cetat Copolymerisate (= EVA)- mit einem Massengehalt von maximal 20% Vinylacetat (meist unter 7% Vinylacetat) können in LDPE-Anlagen (1000 bis 2000 bar, 150 bis 230 °C) wirtschaftlich hergestellt werden und haben einen Anteil von ca. 5% am LDPE-Verbrauch in Westeuropa.

LDPE wird großtechnisch sowohl in Rohrreaktoren (weltweit zu ca. 55%) als auch in Rührautoklaven (45%) hergestellt (s. Abb. 1.15). Das mit einem Druck von maximal 70 bar zur Verfügung stehende Frischethylen wird auf 150 bis 350 bar in einem mehrstufigen Niederdruckkompressor verdichtet und dann in zwei Stufen zusammen mit dem in der Polymerisationsstufe nicht umgesetzten, im Kreislauf zurückgeführten Ethylen auf den Betriebsdruck gebracht. Bei Initiierung mit Sauerstoff wird dieser gewöhnlich schon vor der Kompressionsstufe so zudosiert, daß sich eine Massenkonzentration von 10 bis 80 ppm am Reaktoreintritt ergibt. Andere Initiatoren werden in verdünnter Form dem komprimierten Ethylen zugemischt oder direkt in den Reaktor eindosiert.

Ähnlich wird mit Molekülmassenreglern verfahren. Im Reaktor werden pro Durchgang 10 bis 35% des eintretenden Ethylens zu Polyethylen umgesetzt. Zur Abtrennung des Polyethylens wird das Gemisch in einem großvolumigen Hochdruckabscheider entspannt, wo sich bei 150 bis 350 bar Druck zwei Phasen bilden. Die ethylenreiche Phase wird über ein System von Kühlern und Abscheidern, in dem mitgeführte niedermolekulare Anteile entfernt werden, in den Hochdruckkompres-

Abb. 1.15 Verfahrensschema der Ethylen-Hochdruck-Polymerisation[59]

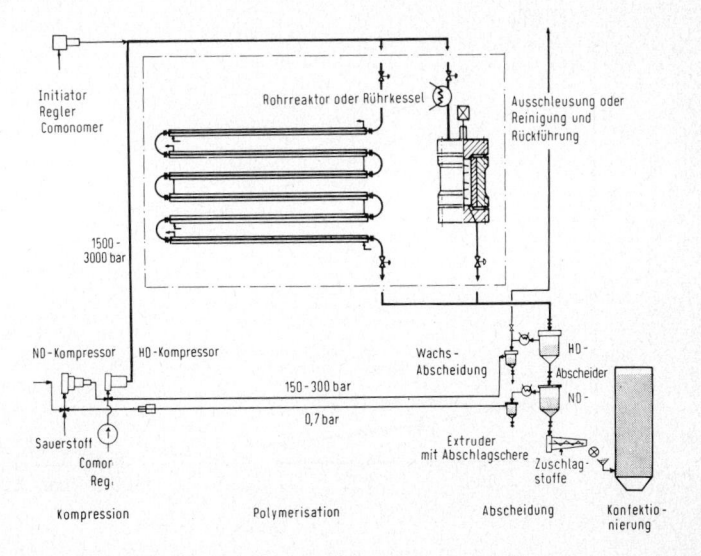

sor zurückgeführt. Die polymerreiche Phase, die entsprechend dem Phasengleichgewicht noch Ethylen enthält, wird zur weiteren Entgasung im Niederdruckabscheider bis auf nahezu Atmosphärendruck entspannt und über einen Extruder mit Granulator aufbereitet. Im Hochdruck- und Niederdruckabscheider liegt die Massentemperatur 20 bis 40°C unter der Temperatur am Ausgang des Reaktors (200 bis 250°C, mitunter bis 300°C).

Hauptproblem der Reaktionsführung ist die große Wärmemenge, die bei der Polymerisation frei wird (s. Tab. 1.9). Soweit diese Wärme nicht durch Kühlung nach außen abgeführt werden kann, muß sie unter Temperaturerhöhung vom Reaktionsgemisch aufgenommen werden. Während beim Rohrreaktor ein beträchtlicher Teil der Reaktionswärme abgeführt wird, arbeitet der Rührautoklav annähernd adiabatisch.

Bei ungenügender Wärmeabfuhr kann sich Ethylen über einer bestimmten Temperatur (s. Abb. 1.16) explosionsartig in Kohlenstoff und Methan bzw. H_2 zersetzen, da diese Reaktionen

$$H_2C=CH_2 \longrightarrow C + CH_4 \quad (6a)$$

$$H_2C=CH_2 \longrightarrow 2C + 2H_2 \quad (6b)$$

unter diesen Bedingungen stark exotherm sind. Die Wärmeabfuhr wird durch Bildung eines Belages aus gequollenem Polymer auf den kälteren Innenwänden beeinträchtigt, da sich hochmolekulare Anteile, besonders wenn sie Vernetzungen aufweisen, selbst bei relativ hohen Drücken ausscheiden und absetzen. Die Bildung eines isolierenden Polyethylen-Films wird in Rohrreaktoren dadurch zurückgehalten, daß das Entspannungsventil am Rohrende alle 30 bis 120 Sekunden etwas stärker geöffnet wird, um eine die Rohrinnenwand reinigende Turbulenz zu erzeugen.

In Rührautoklaven kann daher im allgemeinen nur ein Umsatz von 10 bis 18% erreicht werden. Steigerungen des Umsatzes sind hier dadurch möglich, daß man die Polymerisationstemperatur unter Anwendung von stabileren Initiatoren in höherer Konzentration erhöht und/oder die Ethylen-Eintrittstemperatur absenkt. Sofern man durch Anforderungen an die Produktqualität nicht auf niedrigere Polymerisationstemperaturen beschränkt ist, kann ein maximaler Umsatz von 20% pro Durchgang erreicht werden.

Der Umsatz pro Durchgang in einem Rohrreaktor einfacher Bauart ist auf 20 bis 25% beschränkt. Höhere Umsätze bis zu 35% lassen sich in der Verfahrensvariante der Mehrfacheinspeisung erzielen, bei der nur ca. 15 bis 50% des Frischethylens am Anfang des Reaktors und die restliche Menge mit Kompressoraustrittstemperatur oder stärker gekühlt an mehreren Stellen direkt eingespeist wird (s. Abb. 1.17).

Der qualitative *Einfluß der einzelnen Verfahrensparameter* auf die Strukturmerkmale des erzeugten LDPE ist aus Tab. 1.10 ersichtlich. Offenbar sind die Aktivierungsenergien der Übertragungsschritte höher als die Aktivierungsenergie des Kettenwachstums, während die Größenverhältnisse der entsprechenden Aktivierungsvolumina (Druckabhängigkeit der Wachstums- und Übertragungsreaktionen) umgekehrt sind.

Der Gewichtsmittelwert der rel. Molekülmasse von LDPE liegt meist im Bereich $\overline{M}_w = 30\,000 – 300\,000$. Die Molekülmassenverteilung wird mit steigender Temperatur und mit steigender Initiator-Konzentration enger, hängt aber auch stark vom Verfahren ab. Eine recht enge Molekülmassenverteilung, z. B. $\overline{M}_w/\overline{M}_n = 3–4$, ist im Rohrreaktor einfacher Bauart erreichbar, während die zur Umsatzsteigerung angewendete Kaltgas-Nachdosierung größere hochmolekulare Anteile mit sich bringt, z. B. $\overline{M}_w/\overline{M}_n = 6–8$. Die Produkte aus Einkammer-Rührautoklaven haben in der Regel eine breitere Molekülmassenverteilung[70], z. B.

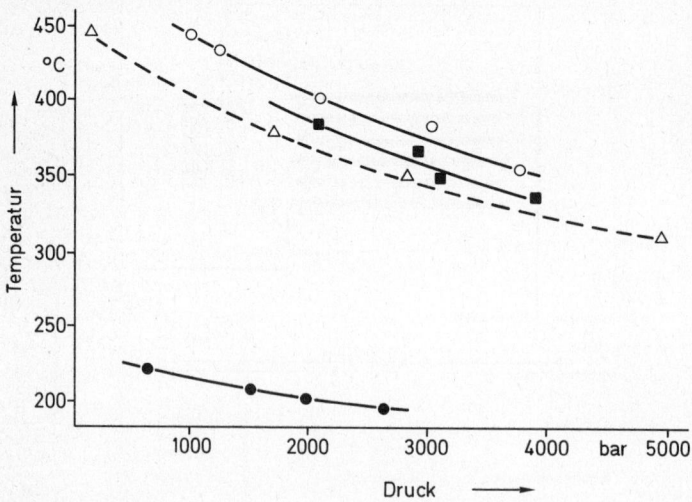

Abb. 1.16 Zersetzungsgrenzen von Ethylen[59]; Reaktorinnendurchmesser 10 mm; Strömungszustand gerührt; Zündquelle heiße Wand; ○ reines Ethylen, ■ mit einem Massengehalt von 70 ppm Sauerstoff, ● mit einem Massengehalt von 7000 ppm Sauerstoff, △ mit einem Massengehalt von 10% Vinylacetat

Abb. 1.17 Rohrreaktor mit Mehrfacheinspeisung[59]; $G_Ä$ Ethyleneinspeisung, I Initiatoreinspeisung

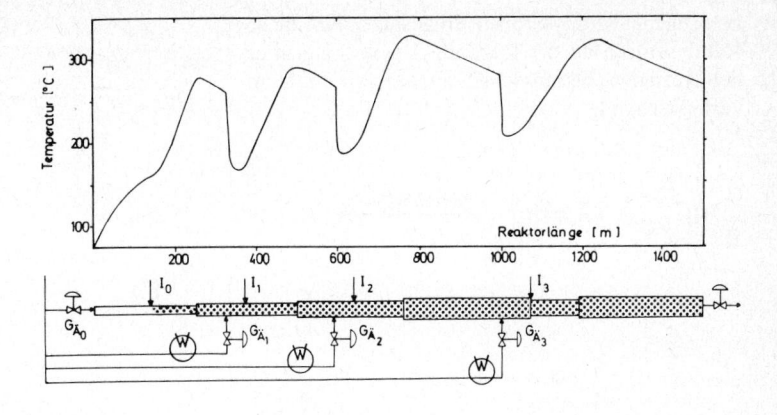

Tab. 1.10 Qualitativer Einfluß der einzelnen Verfahrensparameter auf die Strukturmerkmale von LDPE. ↗ Zunahme, ↘ Abnahme, die Zahl der Pfeile gibt einen Hinweis auf das Ausmaß der Änderung

mit steigendem Wert von	Strukturmerkmale mittlere rel. Molekülmasse	Häufigkeit von Kurzkettenverzweigungen	Häufigkeit von Langkettenverzweigungen
Temperatur	↘↘	↗↗	↗
Druck	↗	↘	↘
Initiatorkonzentration	↘	↗	↗
Reglerkonzentration	↘↘	↘	↘
Polymerkonzentration (Umsatz)	↗	–	↗↗

$\overline{M}_w/\overline{M}_n = 12-16$. Die starke Rückvermischung im Einkammer-Rührautoklaven begünstigt die intermolekulare Kettenübertragung. Im Einkammer-Rührautoklaven entstehen daher Polyethylen-Moleküle, die im Mittel eine größere Häufigkeit an Langkettenverzweigungen und somit eine stärker kugelförmige Gestalt aufweisen als die im Rohrreaktor einfacher Bauart gebildeten[71]. Besonders breite und asymmetrische Molekülmassenverteilungen lassen sich erzielen, wenn man einen schlanken Autoklaven benutzt und die Hauptmenge des Ethylens in der Mitte radial zugibt[72]. Durch Rührautoklaven mit mehreren Kammern oder mit mehreren Rührautoklaven in Serie (geringere Rückvermischung) lassen sich Produkte mit engerer und stärker symmetrischer Molekülmassenverteilung herstellen, z. B. $\overline{M}_w/\overline{M}_n = 4-8$.

2.2.2 Polyethylen hoher Dichte (HDPE)

HDPE wird durch Insertionspolymerisation an Übergangsmetall-Katalysatoren hergestellt, wobei im wesentlichen zwei Grundtypen von Katalysatoren (Ziegler- oder Phillips-Katalysatoren) und drei Grundtypen von Herstellungsverfahren (Suspensions-, Lösungs- und Gasphasenverfahren) eingesetzt werden. Ein früher gebräuchlicher dritter Katalysatorgrundtyp, der Molybdänoxid-Katalysator der Standard Oil Company of Indiana[73], hat nurmehr sehr geringe technische Bedeutung. Die Kombination der verschiedenen Katalysator- und Verfahrenstypen hat zu einer großen Mannigfaltigkeit der technisch gebräuchlichen Prozesse geführt.

Chemismus der Polymerisation

Ziegler-Katalysatoren

Unter dem Begriff Ziegler-Katalysator faßt man jene polymerisationsaktiven Katalysatoren zusammen, die durch Mischen eines oder mehrerer Metallalkyle (Metalle der 1. bis 3. Gruppe des periodischen Systems) mit einer oder mehreren Verbindungen eines Übergangsmetalles der 4. bis 8. Gruppe hergestellt werden. Ein typisches Beispiel sind die klassischen Ziegler-Katalysatoren, die man durch Reduktion von Titan(IV)-Verbindungen, z. B. $TiCl_4$ oder $Ti(OR)_4$, mit aluminiumorganischen Verbindungen, z. B. $Al(C_2H_5)_3$ in einem inerten Lösungsmittel herstellt; dabei fällt eine feinteilige (Teilchendurchmesser ca. 10 μm) Suspension von $TiCl_3$ (in der β-Modifikation) an, die durch Komplexbildung mit Aluminiumalkyl katalytische Aktivität erhält.

Die Struktur des aktiven Zentrums der Ziegler-Katalysatoren ist noch immer Gegenstand vieler Diskussionen[74]. Großtechnisch werden fast nur heterogene Katalysatoren eingesetzt. Für diese Katalysatoren ist die folgende Vorstellung über den Kettenwachstumsschritt am aktiven Zentrum vorherrschend:

(7)

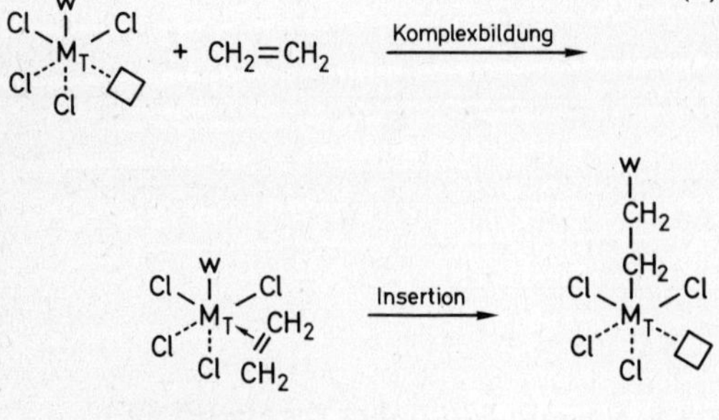

w Polymerkette,
M_T Übergangsmetall, z. B. Ti,
□ freie Stelle in der oktaedrischen Koordinationssphäre des Übergangsmetalles.

Der oben gegebene Mechanismus gilt zugleich für den Initiierungsschritt, wenn w = ein meist aus dem Metallalkyl stammender Alkyl-Rest oder w = H, aus Reaktion (10) und (11), s. u. Für den Abbruch des Wachstums der Polymer-Kette erscheinen im wesentlichen die folgenden Reaktionen verantwortlich[75]:

(8)

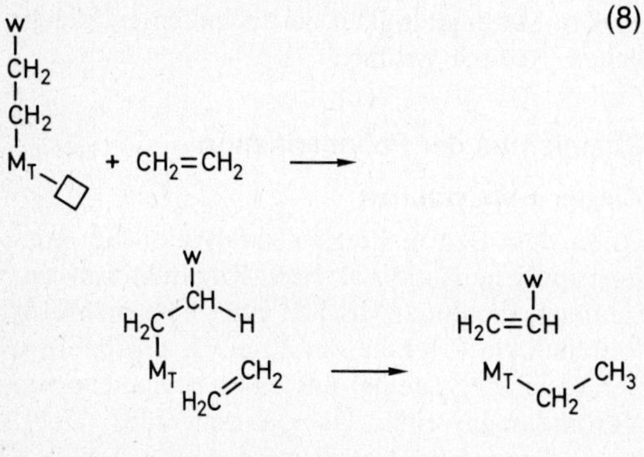

(9)

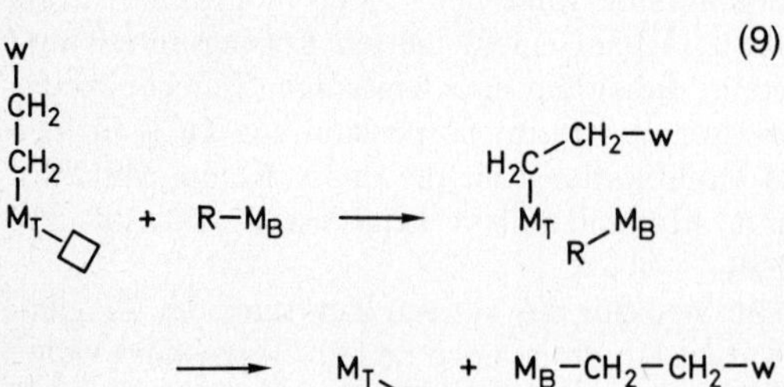

(10)

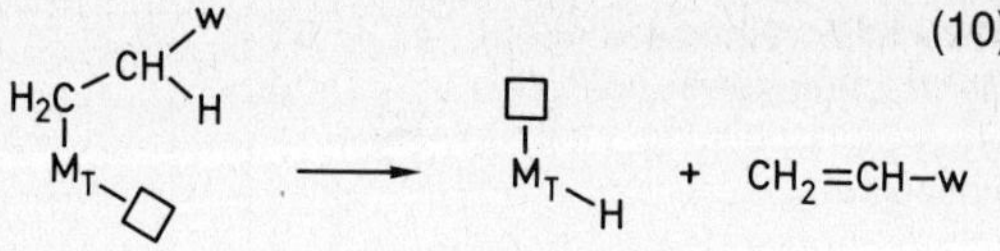

(11)

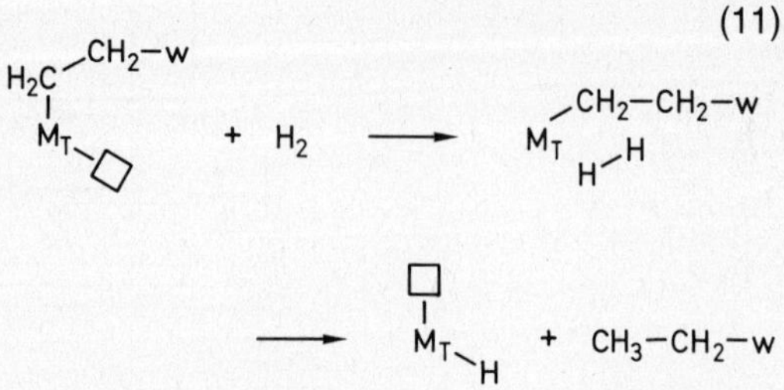

a) Übertragungsreaktion (8) auf das Monomer,
b) Übertragungsreaktion (9) auf das Metallalkyl, M_B–R, eines Metalls der 1. bis 3. Gruppe des periodischen Systems; bewiesen z. B. für M_B = Aluminium,
c) Eliminierungsreaktion (10) und
d) Übertragungsreaktion (11) mit Wasserstoff.

Die durch die Reaktionen (8) und (10) gebildeten Moleküle mit endständigen Vinyl-Gruppen konkurrieren, besonders wenn es sich dabei um Oligomere handelt, mit Ethylen bei der Wachstumsreaktion (7). Der Einbau dieser Moleküle erfolgt entweder nach der Markownikoffschen Regel:

(12)

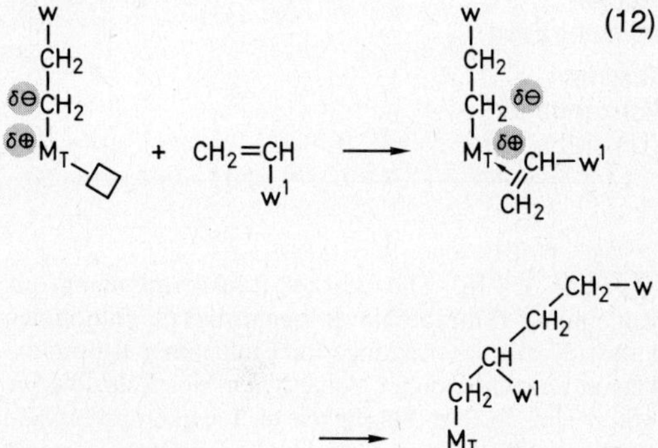

oder *anti Markownikoff*:

(13)

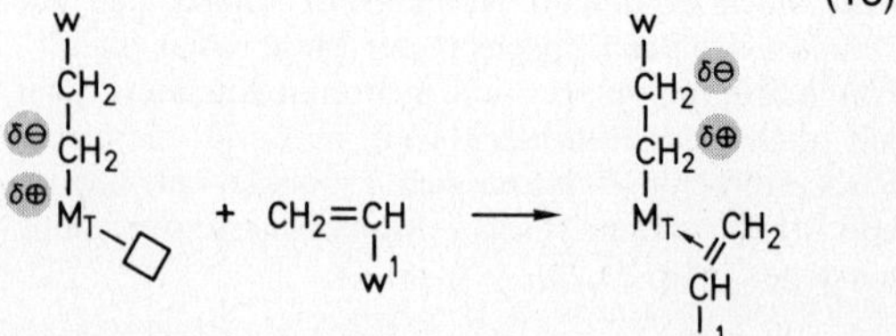

Aus den Produkten der Reaktionen (12) und (13) können sich bei der Umsetzung nach den Reaktionen (8) und (10) Polyethylen-Moleküle mit Vinyliden- bzw. mit Vinylen-Gruppen bilden, während bei einer Weiterreaktion nach Reaktion (7) hieraus ein Produkt mit einer Molekülverzweigung entsteht. Hierdurch lassen sich die in Tab. 1.11 gegebenen, experimentell feststellbaren Strukturmerkmale von Ziegler-HDPE deuten.

Bei der Copolymerisation von Ethylen (Komponente 1) mit α-Olefinen (Komponente 2) mit Ziegler-Katalysatoren zeigt sich[79], daß

$$r_1 = \frac{k_{11}}{k_{12}} \gg 1 \text{ und } r_2 = \frac{k_{22}}{k_{21}} < 1,$$

wobei r_1 im allgemeinen ca. 1000mal größer ist als r_2. Das bedeutet, daß bei der Copolymerisation relativ viel α-Olefin angeboten werden muß, um es in einem die Eigenschaften wesentlich beeinflussenden Ausmaß (s. S. 43) einzubauen.

Phillips-Katalysatoren

Phillips-Katalysatoren werden durch Tränken eines SiO_2 / Al_2O_3- oder SiO_2-Trägermaterials mit hoher spezifischer Oberfläche (400 bis 600 $m^2 \cdot g^{-1}$) mit einer wäßrigen Lösung von CrO_3 und anschließender thermischer Aktivierung in Gegenwart nicht reduzierender Gase (Luft, Stickstoff) bei ca. 500 °C hergestellt.

Die Fixierung des CrO_3 an der SiO_2-Oberfläche erfolgt wahrscheinlich durch die folgenden Reaktionen:

(14 a)

(14 b)

Tab. 1.11 Strukturmerkmale (Richtwerte) von Polyethylen-Homopolymer in Abhängigkeit vom Polymerisationssystem

	Hochdruck	Niederdruck Phillips	Niederdruck Ziegler
Zahl der Doppelbindungen	0,6/1000 C	1/PE-Molekül	0,1/1000 C
davon (%):			
endständige Vinyl-Gruppen	15	100	43
Vinyliden-Gruppen	68	**	32
Vinylen-Gruppen	17	**	25
	100		100
Zahl der Verzweigungen	8–25/1000 C[77]	keine	< 2/1000 C[78]
davon (%):			
Methyl	*		< 40
Ethyl	10–60	**	50–70
n-Butyl	20–60	**	–
n-Amyl	10		–
Langketten	15	–	< 30
	100		100

* nur bei Zugabe von Propylen als Regler,
** nur bei Copolymerisation mit α-Olefinen; Bildung von Vinyliden- und Vinylen-Gruppen mit steigender Konzentration an Kurzkettenverzweigungen zunehmend

Die Katalysatoren enthalten meist 1 bis 5% (Massengehalt) an Chromoxiden verschiedener Oxidationsstufen (II–VI)[80]. Die Struktur des aktiven Zentrums dieser Katalysatoren ist noch immer Gegenstand vieler Diskussionen[81]. Von Hogan[82] wurde der folgende Mechanismus für das Kettenwachstum vorgeschlagen:

(15)

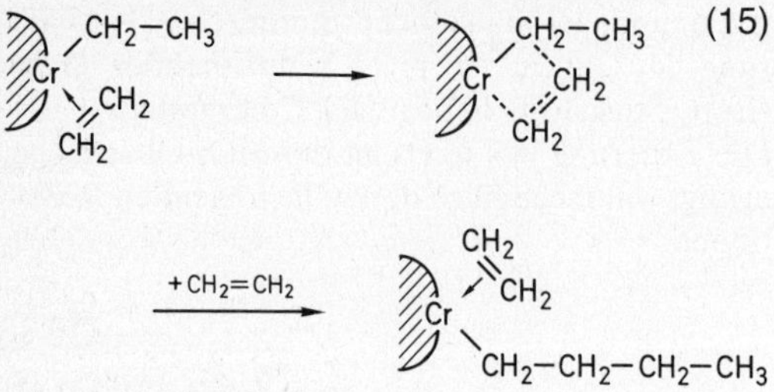

Der Abbruch des Kettenwachstums kann nach Hogan[82] durch Übertragung eines Hydrid-Ions erfolgen, z. B.:

(16 a)

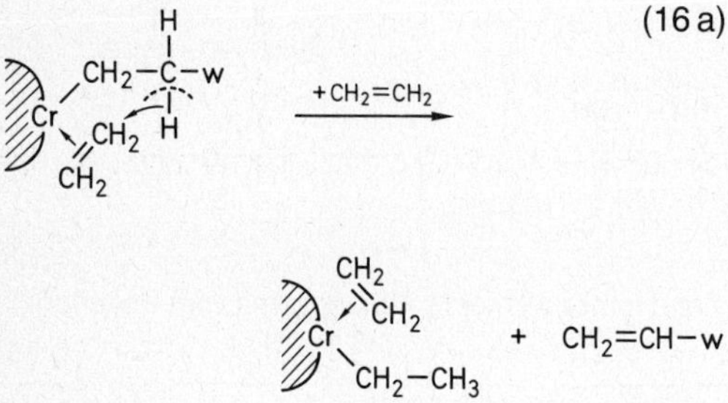

(16 b)

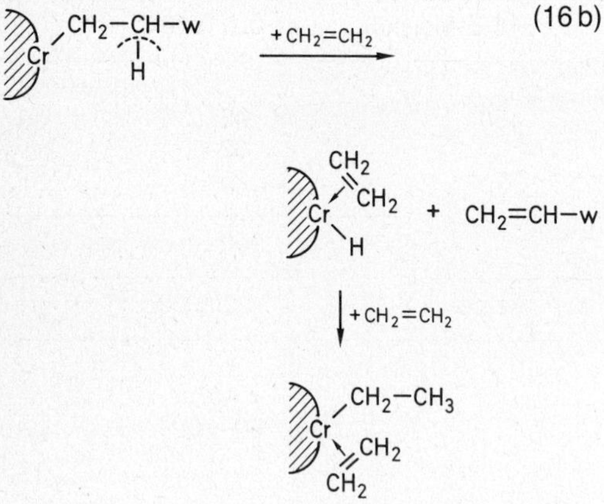

wobei die Reaktion (16 b) zu überwiegen scheint. Diese Reaktionsabläufe erklären die Beobachtung, daß Phillips-Polyethylen in der Regel eine endständige Vinyl- und eine endständige Methyl-Gruppe pro streng linearem Polymer-Molekül aufweist. Das erste an einem aktiven Zentrum gebildete Polyethylen-Molekül wird nach Hogan[82] nicht unbedingt eine Methyl-Gruppe an dem einen Ende aufweisen. Diese mögliche Unregelmäßigkeit ist aber bei einer Produktion von mehreren tausend Polymer-Molekülen an einem aktiven Zentrum experimentell nicht überprüfbar.

Im Unterschied zu den Ziegler-Natta-Katalysatoren bewirkt die Zumischung von Wasserstoff nur eine geringe Abnahme der mittleren rel. Molekülmasse und keine wesentliche Verringerung des Gehaltes an endständigen Vinyl-Gruppen (s. Reaktion (11)). Wasserstoff wird daher in technischen Phillips-Prozessen im Gegensatz zu den anderen HDPE-Prozessen (s. S. 36) nicht als Molekülmassenregler eingesetzt.

Bei der Copolymerisation mit α-Olefinen, z. B. 1-Buten, werden Kurzkettenverzweigungen, z. B. Ethyl-Seitenketten, gebildet. Im Vergleich zur sehr langsam verlaufenden Homopolymerisation von α-Olefinen mit Phillips-Katalysatoren erfolgt der Einbau des α-Olefins bei der Copolymerisation wesentlich rascher, so daß die Bruttoreaktion kaum verlangsamt wird. Je nachdem, ob der Einbau des α-Olefins nach der Markownikoff-Regel oder *anti Markownikoff* erfolgt (s. Reaktion (12) und (13)), können in der Folge Vinyliden- bzw. Transvinylen-Gruppen gebildet werden[82].

(17 a)

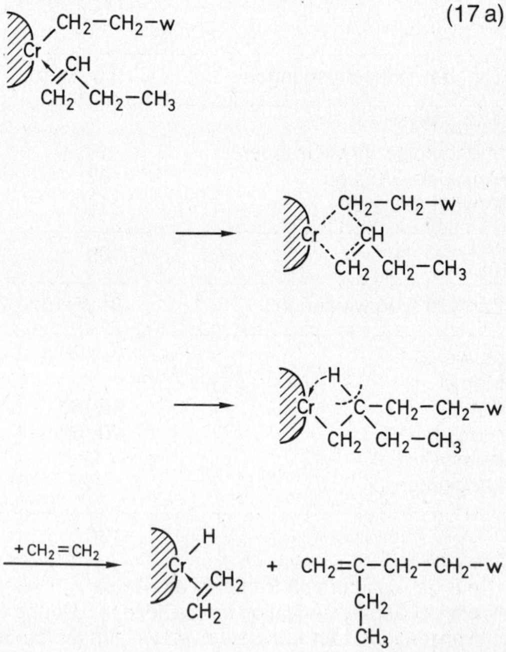

Polyolefine 35

(17b)

Die an Phillips-HDPE festgestellten Strukturmerkmale (s. Tab. 1.11) stützen diese Vorstellungen. Meist ist eine höhere Konzentration an Vinyliden- als an Vinylengruppen feststellbar[83], woraus eine Begünstigung der Reaktion (17a) abgeleitet werden kann.

Polymerisationsverfahren

Die Polymerisation wird in Lösung, in Suspension (Monomer gelöst, Polymer-Teilchen suspendiert) oder in der Gasphase (Monomer im Gaszustand, Wirbelschicht aus Polymer-Teilchen) durchgeführt. Die Reaktionsbedingungen werden weitgehend durch die Polymerisationstechnik bestimmt; z. B. sind Suspensions- und Gasphasenpolymerisationen nur bei Temperaturen bis ca. 110 °C durchführbar, da sonst die Polymer-Teilchen zum Zusammenbacken bzw. Zusammensintern neigen, während Lösungspolymerisationen bei Temperaturen oberhalb 130 °C ausgeführt werden, um eine ausreichende Löslichkeit des Polymeren zu gewährleisten. Bei sonst gleichen Bedingungen nimmt die mittlere rel. Molekülmasse des Polymerisates mit steigender Temperatur ab und mit steigendem Ethylen-Druck zu.

Lösungsverfahren

Beim Lösungsverfahren liegen das Monomere und das Polymere in Lösung vor. Der Katalysator liegt im Reaktionsgemisch meist als sehr feinverteilte (Teilchendurchmesser oft unter 0,1 μm) Dispersion vor; nur in Ausnahmefällen, z. B. Ziegler-Katalysatoren mit Vanadium als Übergangsmetallkomponente, liegt auch der Katalysator gelöst vor.
Alle großtechnischen, in Lösung arbeitenden Prozesse (s. Tab. 1.12, S. 36) werden kontinuierlich durchgeführt, wobei die maximale Polymer-Konzentration auf einen Massengehalt von 5 bis 10% beschränkt ist, da sonst die Viskosität zu hoch wird. Die maximal zulässige Viskosität wird bei höherer rel. Molekülmasse schon bei geringerer Konzentration erreicht; daher sind Lösungsverfahren für die Herstellung von HDPE-Typen mit sehr hoher rel. Molekülmasse schlecht geeignet.
Die erforderlichen, relativ hohen Reaktionstemperaturen bewirken höhere Reaktionsdrücke als bei den Suspensions- und Gasphasenverfahren und erfordern Reaktoren mit größeren Wandstärken, wobei wegen der wesentlich kürzeren Verweilzeiten kleinere Reaktorvolumina ausreichen. Auch an die thermische Stabilität der Katalysatoren werden besondere Ansprüche gestellt. Die Reaktionswärme wird entweder durch äußere Kühlung oder durch die Zufuhr sehr kalten Ethylens und Lösungsmittels abgeführt.
Die mittlere rel. Molekülmasse wird vor allem durch den Katalysator (s. S. 41), die Reaktionstemperatur und den Ethylen-Druck (s. o.) und durch Zumischung von Wasserstoff, sofern keine Phillips-Katalysatoren verwendet werden (s. S. 34) geregelt, während die Molekülmassenverteilung vorwiegend vom Katalysator (s. S. 41) bestimmt wird. Die mittlere rel. Molekülmasse kann direkt durch Messung der Viskosität des Reaktorinhaltes verfolgt werden, wodurch die Prozeßregelung erleichtert wird.
Die Katalysatorreste können bei Einsatz fester Katalysatoren abfiltriert werden. Das Lösungsmittel wird entweder *abgeflasht* (durch Druckverminderung verdampft) oder mit Wasserdampf ausgetrieben (strippen). Im Falle löslicher Katalysatoren kann ein besonders niedriger Gehalt an Katalysatorresten durch Adsorption in einer Packung erreicht werden, die einen zur Chelatbildung mit dem Übergangsmetall befähigten Stoff enthält[55].
Abb. 1.18 zeigt das Fließschema des modernen Lösungsverfahrens der Dutch State Mines (DSM). Ethylen wird in einem Absorber mit Hexan und gegebenenfalls mit Comonomer gemischt, auf −40 °C abgekühlt und in den auf Temperaturen über 130 °C gehaltenen Rührkesselreaktor eingeleitet. Für eine Kapazität von 5 t HDPE/h genügt ein Reaktorvolumen von 5 m³. Die Bildung des dispergierten Katalysators erfolgt im Reaktor durch Einpumpen der in Hexan gelösten Katalysatorkomponenten. Die Polymerisation verläuft adiabatisch bei einer mittleren Verweilzeit von ca. 10 Minuten. Nicht umgesetztes Ethylen und ein Teil des Hexans werden im Tank (e) abgeflasht und zurückgeführt. Das im geschmolzenen HDPE verbleibende Hexan wird in einem zweiten Flash-Tank (k) entfernt und nach entsprechender Reinigung wieder zurückgeführt. Der Ethylen-Umsatz je Durchgang liegt bei ca. 95%. Das geschmolzene HDPE wird sofort unter eventuellem Zusatz von Additiven granuliert. Die hohe Katalysatorausbeute erübrigt in diesem Fall die Entfernung der Katalysatorreste.

Tab. 1.12 Wichtige Prozesse für die Herstellung von HDPE (Z = Ziegler, P = Phillips)

Prozeß	Anteil (%) an der Weltkapazität* (1977)	Katalysatorsystem Typ	Komponenten	Ausbeute kg PE pro mol Übergangsmetall	Verfahren Typ	Spezielle Literatur
Klassischer Ziegler-Prozeß	enthalten unter Sonstige	Z	$TiCl_2$ + AlR_3	30–150	Dispersion	77, 101
Hoechst	12	Z	Ti(IV)-Verb. auf MgO + Al-Alkyl	3000–30 000	Dispersion	102
Solvay	9	Z	ähnlich wie bei Hoechst	3000–30 000	Dispersion (Schleifenreaktor)	103
Montedison	4	Z	ähnlich wie bei Hoechst	3000–30 000	Dispersion	104
Dow	6	Z	vermutl. ähnl. wie bei DuPont	nicht veröffentlicht	Lösung	105
DuPont	6	Z	vermutl. ($TiCl_4$, VCl_4 oder $VOCl_3$) + AlR_3	nicht veröffentlicht	Lösung	55, 106
Stamicarbon (DSM)	1	Z	Ti(IV)-Verb. + Grignard Reagens	>6000	Lösung	107
Naphthachimie	2	Z	Ti(IV)-Verb. + Al-Alkyl	nicht veröffentlicht	Gasphase	108
Union Carbide	8	Z	Cr-Verb. auf SiO_2 oder Ti-Verb. auf MgO + Al-Alkyl	30 000	Gasphase	84
Phillips Particle-Form-Process	30	P	CrO_x (aktiviert) auf SiO_2 (0,5–3% Cr)	8000–50 000	Dispersion (Schleifenreaktor)	98, 109
Phillips Compact-Process	3	P	CrO_x (aktiviert) auf SiO_2/Al_2O_3 (9:1) (0,5–3% Cr)	8000–50 000	Lösung	98, 109
Sonstige	19	meist Z			meist Dispersion	

* ohne Ostblock

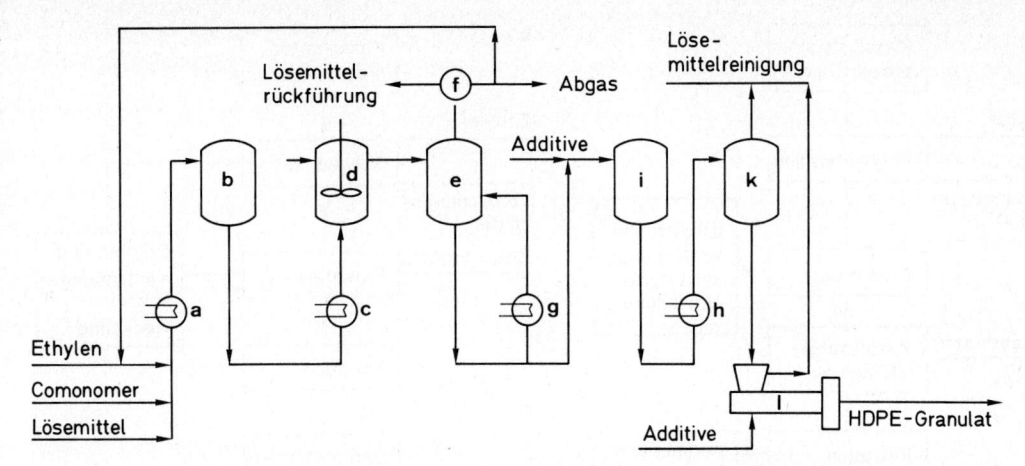

Abb. 1.18 Fließschema eines modernen Verfahrens zur Lösungspolymerisation (DSM).
a Kühler, b Absorber, c Tiefkühler, d Reaktor, e Flash-Tank, f Kondensator, g, h Aufheizer, i Mischer, k Flash-Tank, l Extruder

Suspensionsverfahren

Das Suspensions- oder *Slurry*-Verfahren ist eigentlich eine Fällungspolymerisation. Die Polymerisation wird in Gegenwart eines Lösungsmittels durchgeführt, worin das Monomere löslich und das Polymere praktisch unlöslich ist. Bevorzugte Lösungsmittel bzw. Verdünnungsmittel sind Isobutan, Hexan oder Benzinfraktionen mit Siedepunkten unter 160 °C.

Die Polymerisation wird bei Temperaturen zwischen 30 und 110 °C und Drücken bis 40 bar durchgeführt. Mit sinkender Güte des Lösungsmittels steigt die maximale Reaktionstemperatur; diese liegt z. B. für Hexan bei 90 °C, für Isobutan bei 100 °C.

Es werden ausschließlich unlösliche Ziegler- oder Phillips-Katalysatoren eingesetzt, wobei sich heute allgemein hochaktive Katalysatoren (s. S. 41) durchgesetzt haben.

Als Reaktoren werden kontinuierlich durchströmte Rührkessel oder Schleifenreaktoren (*Loop-Reaktoren*) verwendet. Die Wärmeabfuhr erfolgt in Rührkesseln über den Kühlmantel, zusätzlich angebrachte Kühlkerzen bzw. Röhrenkühler oder durch Siedekühlung, bei Loop-Reaktoren ausschließlich über die rasch durchströmten, mit Kühlmänteln versehenen Reaktorschleifen, wobei die hohe Strömungsgeschwindigkeit (einige $m \cdot s^{-1}$) auch die Ablagerung von Polymer an den Wänden verhindert.

Im Vergleich zu den Lösungsverfahren ergeben sich wegen der wesentlich niedrigeren Temperaturen viel geringere Polymerisationsgeschwindigkeiten und somit wesentlich längere mittlere Verweilzeiten von mehreren Stunden, was wesentlich größere Reaktoren (bis ca. 100 m^3) bedingt.

Die Konzentration des Polymeren in der Suspension ist wesentlich höher als bei den Lösungsverfahren, wobei die maximale Konzentration (Massengehalt bis 45%) mit steigendem Schüttgewicht der dispergierten Polymer-Teilchen zunimmt (s. S. 420).

Die mittlere rel. Molekülmasse wird bei Verwendung von Ziegler-Katalysatoren im wesentlichen durch Zumischen von Wasserstoff gesteuert, bei Verwendung von Phillips-Katalysatoren durch die Art der Katalysatorherstellung und die Temperatur, während die Molekülmassenverteilung vorwiegend durch das Katalysatorsystem (s. S. 41) bestimmt wird.

Die Polymerisation wird meist durch Zusatz einer Verbindung mit aktivem Wasserstoff, z. B. Alkohol, Wasser oder verdünnte Mineralsäure, abgestoppt (= *Desaktivator*), die leicht in die mit Verdünnungsmittel gequollenen Polymer-Teilchen eindiffundiert und die Metall-Kohlenstoff-Bindungen und somit den Katalysator zerstört. Aus Katalysatoren, die reaktive Metall-Chlor-Bindungen, z. B. Al-Cl- oder Ti-Cl-Bindungen, enthalten, wird dabei Chlorwasserstoff gebildet. Bei Einsatz von Hexan oder höher siedenden Kohlenwasserstoffen als Verdünnungsmittel wird das suspendierte Polymere durch Zentrifugieren abgetrennt, Isobutan wird hingegen meist abgeflasht. Je nach Gehalt an Katalysatorresten (s. S. 41) schließen sich daran verschiedene Aufarbeitungsschritte.

Im konventionellen Ziegler-Prozeß werden die Polymer-Teilchen zuerst mit Alkohol gewaschen. Der Alkohol, z. B. Isopropanol, reagiert mit den Katalysatormetall-Komponenten zu in Alkohol löslichen und dadurch auswaschbaren Metall-Alkoxiden (M(OR)$_n$). Anschließend wird meist mit Wasser und dann oft mit wäßriger Natronlauge gewaschen; das Waschen mit Natronlauge dient der Neutralisation, z. B. der Chlorwasserstoffsäure (Salzsäure), die meist bei der Zerstörung des Katalysators entsteht (s.o.), und fördert im Fall von titanhaltigen Katalysatoren die Umwandlung von Verbindungen des dreiwertigen Titans (Eigenfar-

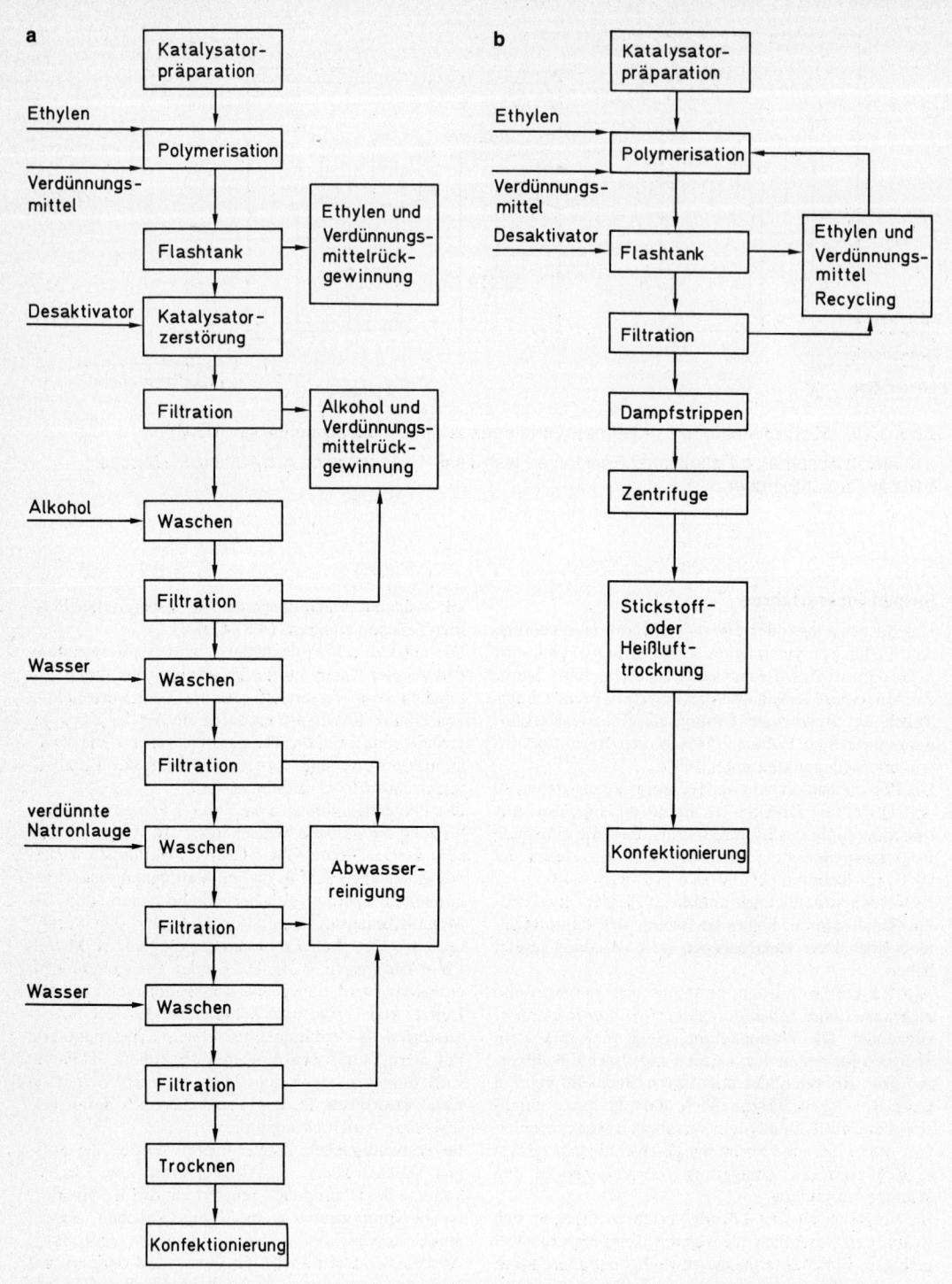

Abb. 1.19 Fließschema eines konventionellen (**a**) und eines modernen (**b**) Ziegler-Suspensions-Prozesses

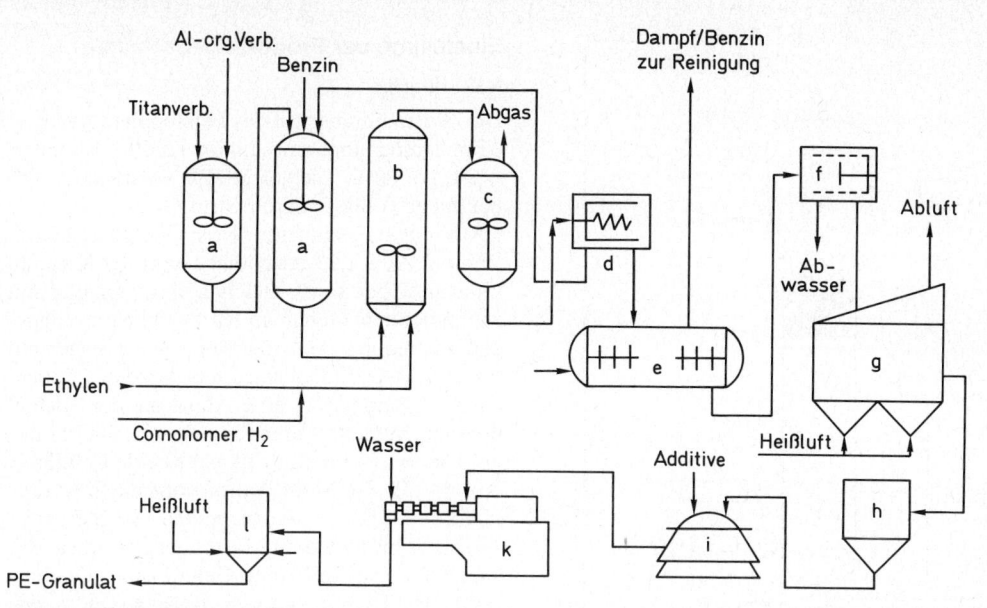

Abb. 1.20 Fließschema eines modernen Verfahrens zur Suspensionspolymerisaton (HOECHST AG).

a Mischbehälter, b Reaktor, c Entspannungsgefäß, d Zentrifuge, e Stripper, f Zentrifuge, g Trockner, h Pulversilo, i Mischer, k Extruder, l Trockner

be) in farbloses Titandioxid. Schließlich wird das Polymer-Pulver mit Wasser gewaschen, getrocknet und granuliert.

Das aufwendige Auswaschen der Katalysatorreste wird in den Ziegler-Prozessen der 2. Generation eingespart (s. Abb. 1.19), die wie die meisten modernen HDPE-Prozesse mit hochaktiven Katalysatoren (s. S. 41) arbeiten (s. Tab. 1.12).

Beim Suspensionsverfahren machen sich niedermolekulare Anteile (Polyethylen-Wachse), die im Verdünnungsmittel löslich sind und aus diesem entfernt werden müssen, nachteilig bemerkbar; zur Wachsbildung neigen Ziegler-Katalysatoren, die sehr breite Molekülmassenverteilungen ergeben (s. S. 41).

Die Suspensionsverfahren mit Ziegler-Katalysatoren eignen sich auch zur Herstellung von HDPE mit sehr hoher rel. Molekülmasse ($\overline{M}_w > 2 \cdot 10^6$: **u**ltra-**h**igh-**m**olecular-**w**eight-**p**oly**e**thylene: UHMWPE).

Abb. 1.20 zeigt das Fließschema eines modernen Suspensionsverfahrens. Ethylen und Wasserstoff und gegebenenfalls auch Comonomer werden zusammen mit einem inerten Verdünnungsmittel (Hexan oder Benzin mit einem Siedebereich von 130 bis 160 °C) und Katalysatorsuspension in den Rührkessel-Reaktor (b) eingespeist. Das Reaktionsprodukt wird kontinuierlich in das Entspannungsgefäß (c) übergeführt, wo das nicht umgesetzte Ethylen abgeflasht wird. Nach Abtrennung des Verdünnungsmittels in der Zentrifuge (d) werden Benzin-Reste aus dem Polymeren durch Wasserdampfbehandlung (e) entfernt und das Polymer-Pulver mit Heißluft getrocknet (g); Hexan-Reste können auch ohne Wasserdampfbehandlung durch heißen Stickstoff entfernt werden. Das anfallende Pulver wird meist mit Additiven vermischt und granuliert, mitunter auch nach Zumischen von Additiven, insbesondere Stabilisatoren, unter Einsparung der Granulierung an den Verarbeiter geliefert (s. S. 42).

Gasphasenverfahren

Durch die Entwicklung von Katalysatoren, die die Entfernung der Katalysatorreste aus dem Polymeren erübrigen (s. S. 41) und gleichzeitig die Einstellung einer geeigneten Korngrößenverteilung (enge Verteilung, mittlerer Durchmesser ca. 500 μm) erlauben (s. S. 42), wurde die Entwicklung von Verfahren zur Polymerisation im Wirbelbett ermöglicht[84], die besonders durch den vergleichsweise geringen Energieverbrauch zur Herstellung von HDPE-Grieß (s. S. 51) attraktiv sind (s. Tab. 1.14).

Abb. 1.21 zeigt das Fließschema des Verfahrens der Union Carbide Corporation (UCC). Gereinigtes Ethylen wird zusammen mit Comonomer und Wasserstoff (Molekülmassenregler) kontinuierlich von unten in den Reaktor eingespeist, wo der Gaseintritt über einen Anströmboden erfolgt, der durch geeignete Verteilung des einströmenden Gases für eine möglichst homogene Temperaturverteilung im Fließbett sorgt. Im zylindrischen Reaktionsteil, der das Fließbett aufnimmt, reagieren pro Durchgang nur ca. 2 bis 3% des Monomeren; die Trennung des nicht umgesetzten Gases von den Polyethylen-Teilchen der Wirbelschicht erfolgt weitgehend in der birnenförmig erweiterten Beruhigungszone des Reaktors durch Verringerung der Strömungsge-

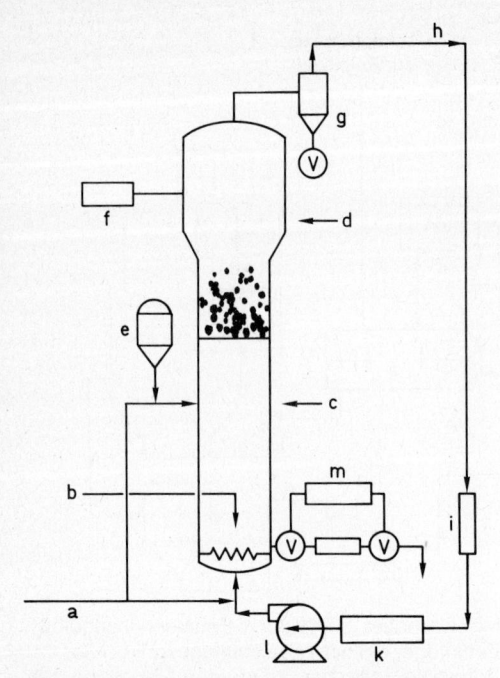

Abb. 1.21 Fließschema eines modernen Verfahrens zur Gasphasenpolymerisation (UCC).

a Gaszufuhr, b Anströmboden, c Reaktor, d Beruhigungszone, e Katalysatorzufuhr, f Gasanalysator, g Zyklon, h Gasrückführung, i Filter, k Kühler, l Kompressor, m Austragsschleuse, V Ventile

schwindigkeit. Das nicht umgesetzte Gas wird über einen Kühler und einen Kompressor rezykliert.
Die Polymerisationsgeschwindigkeit wird über die Zudosierung des Katalysators geregelt, der als trockenes Pulver kontinuierlich mit Stickstoff eingeblasen wird. Da jede Änderung des Katalysatorstromes eine Änderung der Wärmeerzeugung im Fließbett mit sich bringt, muß die Temperatur des rezyklierten Monomeren mit geringer Trägheit entsprechend geregelt werden. Die Polymerisationsgeschwindigkeit wird über eine Temperaturmessung am Reaktorausgang erfaßt. Die laufende Erfassung der Zusammensetzung des nicht umgesetzten Gases ermöglicht die genaue Steuerung der Comonomer- und Wasserstoff-Dosierung.
Die Reaktionstemperatur wird bei 85 bis 100 °C gehalten, der Reaktionsdruck liegt bei ca. 20 bar. Die mittlere Verweilzeit der aus den Katalysatorteilchen gebildeten Polymerteilchen beträgt 3 bis 5 Stunden. Das anfallende Produkt (Grieß mit einer Korngröße von 250 bis 1300 μm und hoher Schüttdichte $> 0{,}40\,\text{g}\cdot\text{cm}^{-3}$) wird intermittierend über eine Gasschleuse ausgetragen und in einem Vorratsbehälter von mitgerissenem Gas abgetrennt. Lieferform ist sowohl der unter Zusatz von Additiven, insbesondere Stabilisatoren, konfektionierte Grieß als auch daraus über einen Extruder hergestelltes Granulat bzw. durch Zermahlen gewonnenes Pulver.

Einstellung der Produkteigenschaften
Kristallinität

Der Kristallinitätsgrad des Homopolymeren liegt beim streng linearen Phillips-HDPE normalerweise bei 80%, Ziegler-HDPE weist wegen seiner nicht völlig linearen Struktur (s. Tab. 1.11) einen etwas geringeren Kristallinitätsgrad auf. Wie aus Abb. 1.23 ersichtlich, sinkt der Kristallinitätsgrad bei sonst gleichen Bedingungen mit zunehmendem Gehalt an Kurzkettenverzweigungen, die durch Copolymerisation von Ethylen mit höheren α-Olefinen eingebaut werden können; damit verbunden ist eine Abnahme der Dichte, die sich annähernd linear mit dem Kristallinitätsgrad ändert (s. die Maßstäbe für beide Größen in Abb. 1.23). Zur Modifikation von HDPE werden höhere α-Olefine, vornehmlich 1-Buten und 1-Hexen, bis zu einem Massengehalt von ca. 3% eingebaut (bei höherem Gehalt an α-Olefinen sinkt die Dichte ϱ unter $0{,}940\,\text{g}\cdot\text{cm}^{-3}$, vgl. LLDPE, s. S. 43). Der Kristallinitätsgrad wird auch durch die Abkühlgeschwindigkeit aus der Schmelze und bei gleicher Abkühlgeschwindigkeit zusätzlich durch die mittlere rel. Molekülmasse und die Molekülmassenverteilung beeinflußt (s. S. 62).

Für die Einstellung besonderer Produkteigenschaften von Copolymeren aus Ethylen und α-Olefinen haben mehrstufige Polymerisationsverfahren besondere Bedeutung erlangt; z. B. kann besonders hohe Spannungsrißbeständigkeit (s. S. 73) dadurch erreicht werden, daß α-Olefin-Comonomer-Bausteine bevorzugt in Polymer-Moleküle mit hoher rel. Molekülmasse eingebaut werden[85].

Molekülmassenverteilung

Der Gewichtsmittelwert der rel. Molekülmasse technisch gebräuchlicher HDPE-Typen liegt meist im Bereich von $\overline{M}_w = 30\,000$ bis $500\,000$, kann jedoch auch wesentlich höhere Werte erreichen (s. UHMWPE, S. 39). Auf die Methoden zur Steuerung der mittleren rel. Molekülmasse durch die Prozeßbedingungen wurde bereits auf S. 35 ff hingewiesen; an dieser Stelle wird der meist entscheidende Einfluß des Katalysators auf die mittlere rel. Molekülmasse und die Molekülmassenverteilung behandelt. Angesichts der vielen Hinweise zu diesem Thema in der Patentliteratur kann hier nur versucht werden, die wichtigsten Einflußfaktoren und die aktuellen Entwicklungstendenzen ohne Anspruch auf Vollständigkeit anhand ausgewählter Beispiele zu erläutern. Die mittlere rel. Molekülmasse steigt bei Verwendung von Ziegler-Katalysatoren oft mit steigendem Verhältnis Aluminium/Titan[86] und in der Reihe

$AlC_2H_5Cl_2 < Al(C_2H_5)_2Cl < Al(C_2H_5)_3$

(also mit fallendem Chlor-Gehalt) an[87]. Bei Phillips-Katalysatoren sinkt die mittlere rel. Molekülmasse mit steigender Aktivierungstemperatur des Katalysators (im Bereich von 400 bis 850 °C); Ursache hierfür scheint der mit steigender Aktivierungstemperatur fallende Gehalt an Hydroxyl-Gruppen zu sein[81]. Ferner steigt bei Phillips-Katalysatoren die mittlere rel. Molekülmasse mit abnehmender Chrom-Konzentration auf dem Träger etwas an[81].

Die Polymerisation mit heterogenen Katalysatoren führt zu ungewöhnlich breiten Molekülmassenverteilungen, die man häufig durch eine logarithmische Normalverteilung beschreiben kann[88]. Bei Ziegler-Katalysatoren liegen die Werte von $\overline{M}_w/\overline{M}_n$ meist bei 8 bis 30, bei Phillips-Katalysatoren meist bei 8 bis 15. Nach den z. Z. vorherrschenden Vorstellungen ist die ungewöhnliche Breite der Molekülmassenverteilung auf Unterschiede in der Aktivität, d. h. der Geschwindigkeitskonstante des Kettenwachstums (k_w) an den einzelnen aktiven Zentren, zurückzuführen. Die bei Suspensions- bzw. Gasphasenverfahren auftretenden Stofftransport-Einflüsse, die nach theoretischen Arbeiten verschiedener Autoren[89, 90] eine Verbreiterung der Molekülmassenverteilungen verursachen können, sind unter den technischen Reaktionsbedingungen bezüglich der Molekülmassenverteilung weitgehend unwirksam.

Bei Verwendung von Ziegler-Katalysatoren, die Titanalkoxide, $Ti(OR)_4$, anstelle von Titanchloriden enthalten, werden deutlich engere Molekülmassenverteilungen erhalten[91], da hierdurch die Unterschiede in k_w (s. o.) zwischen den einzelnen aktiven Zentren verringert werden. Diesem Effekt ist auch die Verengung der Molekülmassenverteilung durch den Zusatz einer dritten Komponente zur selektiven Blockade bestimmter aktiver Zentren zuzuordnen, z. B. durch Zugaben von Alkoholen zu einem $Al(C_2H_5)Cl/TiCl_4$-Katalysator[92]. Andererseits kann bei Ziegler-Katalysatoren eine Verbreiterung der Molekülmassenverteilung gezielt durch Steigerung der Unterschiede in k_W zwischen aktiven Zentren herbeigeführt werden. Beispiele hierfür sind die Verwendung von Gemischen aus halogenhaltigen und halogenfreien Aluminiumalkylen[93], Mischkatalysatoren mit zwei verschiedenen Übergangsmetallen, z. B. Aufbringen von Titan und Zirkonium auf einen Träger (s. S. 42)[94], die Einspeisung von zwei Katalysatorströmen mit unterschiedlichem Aluminium/Titan-Verhältnis oder eine Behandlung des Katalysators bei hohen Temperaturen, die zu unterschiedlich geordneten aktiven Zentren führt[96].

Katalysatorgehalt

Im Polymerisat enthaltene Katalysatorreste beeinträchtigen die Produktqualität. Besonders nachteilig wirkt sich dabei der Gehalt an Übergangsmetallen aus, die in mehreren Wertigkeitsstufen vorkommend den oxidativen Abbau katalysieren und zu Verfärbungen führen können; Stand der Technik bei modernen Verfahren ist ein Gehalt an Übergangsmetall unter 10 ppm. Auch Restgehalte an Halogen sind wegen ihrer korrosiven Wirkung auf die Verarbeitungsmaschinen besonders schädlich.

Die Verfahren für eine nachträgliche Verminderung störender Katalysatorreste sind sehr aufwendig, waren jedoch z. B. beim konventionellen Ziegler-Prozeß mit einem Titan-Restgehalt über 300 ppm unvermeidbar (s. S. 37). Die Entwicklung hochaktiver, trägerfixierter[97] Katalysatoren, sowohl vom Phillips-[98] als auch vom Ziegler-[99]Typ hat hier wesentliche Fortschritte ermöglicht.

Als *hochaktiv* wird ein Katalysator bezeichnet, wenn unter den gegebenen technischen Verhältnissen (s. S. 35 f) ein Entfernen von Katalysatorresten aus dem Polymerisat nicht erforderlich ist (*nondeashing process*). Dabei ist die Katalysatorausbeute (g Polymer · mol^{-1} Übergangsmetall) maßgebend, die bei stationärem Betriebszustand ohne Diffusionsbehinderung für das Monomere durch die folgende Gleichung bestimmt ist[99]:

$$KA = \overline{k}_w \cdot \left(\frac{C^*}{C}\right) K_M \cdot p_M \cdot M_M \left(\frac{\dot{m}_p}{V}\right) \cdot \frac{1}{\left(\frac{\dot{m}_p}{V}\right)},$$

KA	Katalysatorausbeute in g · mol^{-1},
$\overline{k}_w$	Bruttowachstumskonstante (Mittelwert aus Beiträgen der einzelnen aktiven Zentren) in l · mol^{-1} · s^{-1},
$\left(\frac{C^*}{C}\right)$	Katalysatoreffektivität (Anteil der aktiven Zentren an der Gesamtzahl der Übergangsmetall-Atome),
K_M	Henrysche Konstante für das Monomere in mol · l^{-3} · bar^{-1},
p_M	Partialdruck von Ethylen in bar,
M_M	rel. Molekülmasse des Monomeren in g · mol^{-1},
$\dot{m}_p$	Geschwindigkeit der Polymer-Bildung in g · s^{-1},
V	Volumen des Reaktionsgemisches in l,

$\dot{V}$ pro Zeiteinheit durch den Reaktor gefahrenes Volumen des Reaktionsgemisches in $l \cdot s^{-1}$,

$\left(\dfrac{\dot{m}_p}{V}\right)$ Feststoffgehalt (Masse des Polymeren/Volumen des Reaktionsgemisches) in $g \cdot l^{-1}$ und

$\left(\dfrac{\dot{m}_p}{V}\right)$ Raum-Zeit-Ausbeute in $g \cdot l^{-1} \cdot s^{-1}$.

p_M ist durch den zulässigen Druck im Reaktor und $\left(\dfrac{\dot{m}_p}{V}\right)$ durch die maximale Kühlleistung beschränkt. Hochaktive Katalysatorsysteme weisen einen möglichst hohen Wert des Produktes $\left(\overline{k}_w \cdot \dfrac{C^*}{C}\right)$ auf. Auch ein möglichst hoher Feststoffgehalt $\left(\dfrac{\dot{m}_p}{V}\right)$ bei unbehindertem Ethylen-Transport zu den aktiven Zentren begünstigt eine hohe Katalysatorausbeute; die Erfüllung dieser Anforderung wird durch Ausprägung einer Teilchenmorphologie (s. u.) begünstigt, die hohe Werte der Schüttdichte zur Folge hat. Schließlich ist an das Katalysatorsystem die Anforderung zu stellen, daß seine Aktivität hinreichend lange erhalten bleibt (Lebensdauer > mittlere Verweilzeit, $V/\dot{V}$).

Hochaktive Katalysatoren werden durch geeignete physikalische oder chemische Fixierung von Übergangsmetall-Verbindungen auf der Oberfläche feinporiger Träger (mit hoher spezifischer Oberfläche) hergestellt. Die einzelnen Übergangsmetall-Atome liegen dadurch möglichst voneinander getrennt vor, wodurch möglichst viele aktive Zentren gebildet werden können (hoher Wert der Katalysatoreffektivität). Als Träger werden meist Magnesium-Verbindungen für Ziegler-Katalysatoren auf Titan-Basis bzw. SiO_2 für Ziegler-Katalysatoren auf Chrom-Basis und für Phillips-Katalysatoren verwendet.

Teilchenmorphologie

Besondere technische Bedeutung kommt der Morphologie der gebildeten Polymer-Teilchen beim Suspensions- und beim Gasphasenverfahren sowohl aus verfahrenstechnischen Gründen als auch zur Einstellung der Produkteigenschaften zu. Diese Verfahren erfordern eine hohe Schüttdichte des anfallenden Polymerisates, um bei hohem Feststoffgehalt noch eine homogene Durchmischung des Reaktorinhaltes zu ermöglichen, wie es für die Optimierung der Katalysatorausbeute bei vorgegebener Raum-Zeit-Ausbeute erforderlich ist (s. o.). Ein rieselfähiges Polymerisat mit hoher Schüttdichte (Grieß) kann in manchen Fällen auch ohne kostenintensive Granulierung (s. Tab. 1.14) direkt verarbeitet werden (s. S. 51).

Die Morphologie der im Suspensions- und im Gasphasenverfahren anfallenden Polymer-Teilchen wird weitgehend vom Katalysator bestimmt. Die hochaktiven Katalysatoren mit porösem Korn (Durchmesser meist ca. 10 bis 100 μm; innere Oberfläche meist 30 bis 250 $m^2 \cdot g^{-1}$) zerfallen bei Beginn und während der Polymerisation in viele kleine Untereinheiten (Primärteilchen mit 0,01 bis 0,1 μm Durchmesser), um die sich eine dünne Polymer-Schicht bildet. Diese dünne Polymer-Schicht wirkt als Bindemittel zwischen den Primärteilchen desselben Katalysatorkornes, so daß das gebildete Polymer-Teilchen seiner Form nach eine Replika des ursprünglich eingebrachten Katalysatorteilchens bildet. Die Primärteilchen des Katalysators werden dadurch über das ganze Polymer-Teilchen gleichmäßig verteilt. Im Fall von Polyethylen beobachtbare spinnwebenartige Strukturen können dadurch erklärt werden, daß zu Beginn der Polymerisation die Polymerisationsgeschwindigkeit an der Oberfläche des Katalysatorteilchens viel größer ist als im Teilcheninneren, während zu einem späteren Zeitpunkt das Umgekehrte der Fall ist[100] (s. Abb. 1.22).

Durch geeignete Katalysatoren und Prozeßbedingungen sind Polymer-Teilchen mit regelmäßiger Gestalt, enger Korngrößenverteilung und kompaktem Korn herstellbar, die Produkte mit guter Rieselfähigkeit und hoher Schüttdichte (bis $0{,}48\ g \cdot cm^{-3}$) ergeben. Z. B. erreicht im Phillips Particle-Form-Process (s. Tab. 1.12) mit Isobutan als Verdünnungsmittel die Schüttdichte bei einer Reaktortemperatur von 100 °C ihr Maximum.

Hinweise auf einzelne Prozesse

Da keines der Polymerisationsverfahren und der Katalysatorsysteme bislang einen eindeutigen technischen oder wirtschaftlichen Vorteil hat, ist z. Z. eine Vielzahl von Prozessen gebräuchlich. Tab. 1.12 (S. 36) gibt einen Überblick über die wichtigsten Prozesse unter Angabe von kennzeichnenden Merkmalen und Literaturhinweisen.

2.2.3 Lineares Polyethylen niedriger Dichte (LLDPE)

Die molekulare Struktur von LLDPE ist durch eine lineare Hauptkette mit daran hängenden kurzen Seitenketten gekennzeichnet. Diese Struktur ergibt sich bei der Copolymerisation von Ethylen mit α-Olefinen (C_3–C_{18}). Die Dichte des gebildeten Polymeren wird sowohl durch die Häufigkeit als auch durch die Länge der Seiten-

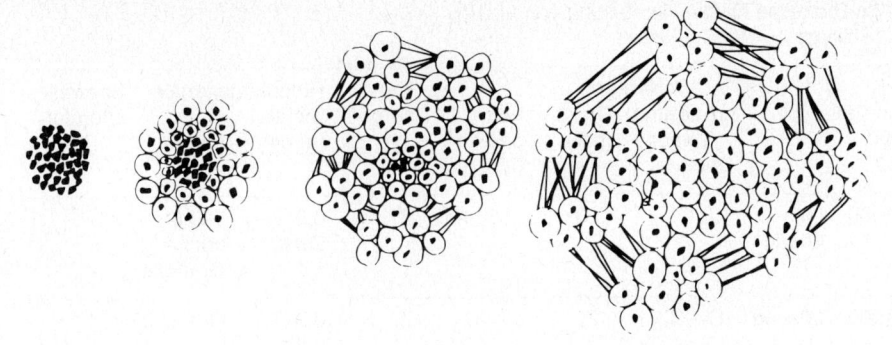

Abb. 1.22 Bildung der *Spinnennetz-Morphologie* in einem Polyethylen-Teilchen[100]

Abb. 1.23 Kristallinitätsgrad und Dichte in Abhängigkeit vom Massengehalt an Comonomerem für Copolymere des Ethylens mit verschiedenen α-Olefinen[110] bei 23 °C:

△ Propylen
○ 1-Buten
□ 1-Penten
⬡ 1-Hexen
▽ 1-Hepten
● 1-Octen
◇ 1-Decen
◆ 1-Tetradecen

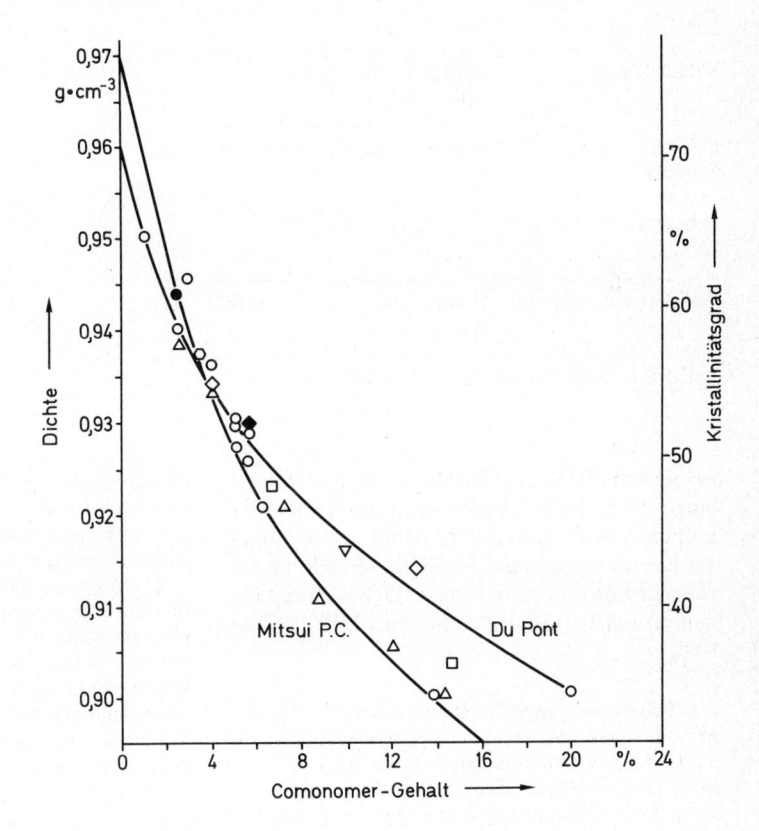

ketten bestimmt. Trägt man die Dichte verschiedener linearer Copolymerer gegen ihren Gehalt (Massengehalt in %) an Comonomer-Bausteinen auf, so ergibt sich ein von der Länge der Seitenketten weitgehend unabhängiger Zusammenhang[110] (s. Abb. 1.23).

Copolymere mit einer Dichte ϱ unter 0,94 werden im folgenden als LLDPE bezeichnet; sie weisen einen relativ hohen Gehalt an α-Olefin-Bausteinen (Massengehalt meist 5 bis 12%) auf, während Copolymere mit $\varrho \geqslant 0,94$ (Massengehalt an α-Olefin-Bausteinen kleiner als ca. 3%) als HDPE bezeichnet werden; Copolymere mit ϱ = 0,925 bis 0,940 werden oft als MDPE bezeichnet. Der Gewichtsmittelwert der Molekülmasse technisch gebräuchlicher LLDPE-Typen liegt meist im Bereich M = 30 000–300 000; die Molekülmassenverteilung entspricht der von HDPE (s. S. 41).

Tabelle 1.13 gibt Hinweise auf technisch ge-

Tab. 1.13 Wichtige Prozesse für die Herstellung von LLDPE
(Z = Ziegler, P = Phillips)

Prozeß	Weltkapazität (jato), 1980	Typ	Verfahren α-Olefine (Comonomer)	Druck (bar)	Temperatur (°C)	KatalysatorTyp	Produktmerkmale Dichte ($g \cdot cm^{-3}$)	Lieferform	Spezielle Literatur
Union Carbide	450 000	Gasphase	C_4	20	85–100	Z	0,918–0,940	Grieß oder Granulat	111, 114
Dow	225 000	Lösung	C_7–C_{10}	25	>130	Z	0,917–0,940	Granulat	110, 114
DuPont of Canada	200 000	Lösung	C_4–C_{18}	100	150–300	Z	0,917–0,940	Granulat	55, 114
Mitsui Toatsu		Dispersion	C_7–C_{10}			Z			110, 112
Phillips Particle-Form-Process	500 000*	Dispersion	C_6, C_4	30–35	100	P	0,925–0,939 meist 0,936–0,939	Grieß oder Granulat	114
CdF Chimie	55 000	Hochdruck	C_4	>1000	200–300	Z		Granulat	115

* HDPE/LLDPE-Verhältnis nicht veröffentlicht

bräuchliche Prozesse. Die Prozesse zur Herstellung von LLDPE ähneln jenen zur HDPE-Erzeugung. Nachstehend wird daher vor allem auf die Besonderheiten der LLDPE-Herstellung eingegangen, die durch den wesentlich höheren Gehalt an α-Olefin-Bausteinen in LLDPE bedingt sind.

Die Polymerisationsgeschwindigkeit der α-Olefin-Comonomeren ist geringer als die von Ethylen (s. Hinweis auf Copolymerisationsparameter auf S. 33), und daher muß das Comonomer/Ethylen-Verhältnis im Reaktor einige Male größer sein als dem angestrebten Gehalt an Comonomer-Bausteinen im Polymeren entspricht. Dadurch kann die Flexibilität eines Prozesses entweder bezüglich des realisierbaren Dichtebereiches oder in der Wahl des Comonomeren beschränkt werden.
Z. B. wird bei der Herstellung eines Copolymeren mit einem Massengehalt von 10% α-Olefin-Bausteinen in einem Gasphasenprozeß (s. S. 39) die Auswahl des Comonomeren dadurch eingeschränkt, daß die Mischung aus Ethylen und Comonomer z. B. bei einem erforderlichen Massengehalt von ca. 20% Comonomer unter den Prozeßbedingungen gasförmig ist. Deshalb wird hier 1-Buten als Comonomer bevorzugt. Größere technische Schwierigkeiten als bei HDPE ergeben sich im Gasphasenprozeß durch einen geringeren Abstand zwischen dem Schmelzpunkt (s. Abb. 1.26, S. 51) und der Polymerisationstemperatur, wodurch sich die Agglomerationsgefahr im Fließbett erhöht. Diese Schwierigkeiten können durch den Einsatz besonderer Katalysatoren überwunden werden, die eine minimale Neigung zur Bildung klebriger oligomerer Anteile aufweisen und deren einzelne Teilchen jeweils annähernd gleiche Umsätze pro Zeiteinheit (homogene Temperaturverteilung) bewirken; für die Optimierung der Wärmeübertragung zwischen den Polymer-Teilchen und dem Gasstrom im Fließbett ist auch die Morphologie der Polymer-Teilchen (s. S. 42) wesentlich[111].
In einem Lösungsprozeß muß der Reaktionsdruck ausreichend hoch sein, um genügend Comonomer in Lösung zu halten. Niedriger siedende Comonomere erfordern höhere Drücke. Neben der auf S. 51 begründeten Beschränkung auf Typen mit niedriger mittlerer rel. Molekülmasse (MFI 190/2.16 > 1, s. S. 51) ergeben sich mit sinkender Dichte des Polymerisates und steigendem Siedepunkt des Comonomeren wachsende Schwierigkeiten bei der Entfernung der niedermolekularen Kohlenwasserstoffe aus dem Polymerisat.
Im Suspensionsprozeß macht sich vor allem die mit abnehmender Dichte zunehmende Löslichkeit des Polymeren nachteilig bemerkbar. Die dispergierten Polymer-Teilchen werden durch verstärktes Anquellen

Tab. 1.14 Produktionskosten in einer Anlage für 100 000 jato LLDPE[117] (1981)

Verfahren/ Kostenart	Gasphase, Grieß	Gasphase, Granulat	Lösung, Granulat	Hochdruck, Granulat
Gesamtkapital (Mio. US $)	49	57,3	58,2	59
Rohstoffkosten (US $/t)	622	622	619	613
Betriebskosten (US $/t)	32	54	56	63
Instandhaltungskosten inkl. Verwaltung (US $/t)	95	115	116	123
Produktionskosten (US $/t)	750	790	792	799

klebrig und neigen zum Verkleben miteinander und zum Ankleben an den inneren Oberflächen des Reaktors. Typen mit einer Dichte ϱ unter 0,92 g·cm^{-3} sind im allgemeinen mit diesem Verfahren schwierig herzustellen. Mitsui Toatsu hat zur Überwindung dieser Schwierigkeiten einen Prozeß entwickelt, der eine dreistufige Polymerisation bei unterschiedlichen Ethylen/Comonomer-Verhältnissen umfaßt[112].
Durch die Entwicklung feinstdisperser und bei hoher Temperatur beständiger Ziegler-Katalysatoren, die sich mit konventionellen Höchstdruckpumpen fördern lassen, ist es gelungen, auch das Hochdruckverfahren (s. S. 29) mit Ziegler-Katalysatoren durchzuführen[115]. Dadurch können bestehende LDPE-Kapazitäten für die Produktion von LLDPE adaptiert werden[116]. Allerdings ist das Hochdruckverfahren nur bei älteren renovierten Anlagen unter gewissen Umständen wirtschaftlich. Beim Vergleich der Produktionskosten (s. Tab. 1.14) ist die Kosteneinsparung bei der Produktion von LLDPE-Grieß mit dem Gasphasenverfahren hervorzuheben, die jedoch in vielen Fällen nicht den Mehraufwand bei der Handhabung dieser Lieferform decken kann. Die ursprüngliche Hoffnung, LDPE-ähnliche Produkte durch Niederdruckpolymerisation wesentlich billiger als konventionelles LDPE herstellen zu können, wurde bisher nicht erfüllt[118]. LLDPE wird z. Z. daher vornehmlich wegen seiner besonderen Gebrauchs- und Verarbeitungseigenschaften (s. S. 75 u. 55) eingesetzt und zu höheren Preisen als konventionelles LDPE angeboten.

2.2.4 Polypropylen (PP)

Die Erfindung der Niederdruckpolymerisation von Ethylen mit Ziegler-Katalysatoren (s. S. 31) durch Ziegler und Mitarbeiter[119] im Jahre 1953 erfuhr 1954 eine wesentliche Ergänzung durch die Entdeckung von Natta und Mitarbeitern[120], daß Propylen und höhere α-Olefine mit Ziegler-Katalysatoren zu hochkristallinen Polymeren umgesetzt werden können, die zumindest in längeren Abschnitten der Hauptkette mit einer Alkyl-Gruppe substituierte Kohlenstoff-Atome in der gleichen absoluten Konfiguration aufweisen, also isotaktisch aufgebaut sind. Die Bestimmung der Stereoregularität von Polypropylen

Natta-Projektion von isotaktischem Polypropylen. Hauptkette in Zick-Zack-Konformation in der Projektionsebene

basiert meist auf der Unlöslichkeit von isotaktischem Polypropylen in bestimmten Lösungsmitteln, worin ataktisches Polypropylen (APP) und Stereo-Block-Polypropylen (mit ataktischen und isotaktischen Segmenten) löslich sind. Z. B. wird der in siedendem n-Heptan unlösliche Anteil (Massengehalt in %) als **I**sotaxie-**I**ndex (= II)[121] bezeichnet; diese weithin akzeptierte Kenngröße (vgl. DIN 16774, Entwurf März 1980) ist prinzipiell problematisch, da auch niedermolekulares isotaktisches (= hochkristallines) Polypropylen in siedendem n-Heptan löslich ist.
Ataktisches Polypropylen (APP) weist eine regellose Folge der zwei möglichen absoluten Konfigurationen der methylsubstituierten Kohlenstoff-Atome auf, bei regelmäßiger Kopf-Schwanz-Verknüpfung der Propylen-Bausteine. APP ist bei fast allen technisch gebräuchlichen Verfahren ein Nebenprodukt der PP-Herstellung; nur in Ausnahmefällen wird auf eine Abtrennung des unvermeidlich anfallenden ataktischen Anteiles verzichtet (s. S. 49). Syndiotaktisches Polypropylen (s. Bd. 1) wird wegen seiner im Vergleich zu isotaktischem Polypropylen schlechteren Eigenschaften[122] und aufwendigeren Synthese[123] im technischen Maßstab nicht hergestellt.

Obwohl in der Literatur viele verschiedene Katalysatorsysteme für die Herstellung von isotaktischem Polypropylen beschrieben werden, wird in der Technik vorwiegend das System $TiCl_3/Al(C_2H_5)_2Cl$ eingesetzt. Die Polymerisation wird technisch meist nach dem Suspensionsverfahren durchgeführt; wesentlich geringere Bedeutung haben das Gasphasen- und das Lösungsverfahren.

Chemismus der Polymerisation

Die Struktur der katalytischen Zentren und der Mechanismus der stereospezifischen Polymerisation von Propylen ist noch immer Gegenstand wissenschaftlicher Diskussionen[124, 125]. Die stereospezifische Polymerisation von Propylen verläuft ähnlich der Insertionspolymerisation von Ethylen mit Ziegler-Katalysatoren (s. S. 32), wobei nach der vorherrschenden Ansicht die isotaktische Wachstumsreaktion auf der Chiralität des Übergangsmetall-Atoms beruht. Dadurch ergibt sich eine starke Bevorzugung einer bestimmten Orientierung des Monomeren bei der Insertion, nämlich der primären ("1–2"–) Insertion (der eintretende Propylen-Baustein, $-CH_2-CH\ (CH_3)-$, wird mit der primären Alkyl-Gruppe, $-CH_2-$, an das Übergangsmetall gebunden), und eines bestimmten stereochemischen Mechanismus, nämlich der *cis*-Addition an die Doppelbindung des eintretenden Monomeren. Die Voraussetzungen für ein derartiges stereospezifisches Kettenwachstum sind z. B. in einem aktivierten Komplex mit der folgenden Struktur[126] erfüllt:

(18)

M_T Übergangsmetall,
X, Y   Substituenten an M_T, wovon Y der sperrigere ist,
w   Polymer-Kette.

Kettenabbruch kann nach Natta[127] durch die folgenden Reaktionen erfolgen:

(19)

a) Übertragungsreaktion (19) zum Monomer,

(20a)

(20b)

b) Übertragung eines Hydrid-Ions (20a) gefolgt durch Realkylierung mit dem Monomer (20b),

(21)

c) Übertragung zum Metall-Alkyl (21) und

(22)

d) Übertragungsreaktion (22) bei Molekülmassenregelung mit Wasserstoff.

Diese Reaktionsmechanismen begründen, warum in PP nur Methyl- und Vinyliden-Endgruppen vorkommen. Die Vinyliden-Endgruppen sind nicht copolymerisierbar, so daß PP im Gegensatz zu Ziegler-HDPE (s. S. 33) streng linear ist. Im isotaktischen (heptanunlöslichen, s. S. 45) Anteil von PP können nur geringe Konzentrationen (unter 4%) an sterischen Fehlstellen nachgewiesen werden, wobei meist eine Irregularität in der Kette isoliert vorliegt[128].

(23)

Typische Irregularität einer PP-Kette in Fischer-Projektion.

Tab. 1.15 Wichtige Prozesse für die Herstellung von Polypropylen (Kapazitätsverteilung 1978)[134]

Verfahrenstyp	Prozeß			Anteil (%) an der Weltkapazität*		spezielle Literatur
Suspension (Slurry)	in Verdünnungsmittel	Montedison (vormals Montecatini)	Montedison	18		[135]
			Hercules	14	38	
			Shell	8		
			Hoechst	7		
			Mitsubishi	4		
			Mitsui P. C.	2		
			Sonstige	3		
		Summe		56		
		Amoco		12	23	[138]
		Exxon		5		
		Mitsui Toatsu		2		
		Solvay		1		
		Sonstige		3		
		Summe		79		
	in flüssigem Propylen	Dart/El Paso		10	14	[136]
		Phillips		4		[137]
		Summe		93		
Gasphase		BASF	BASF/Shell	1,5	6	[139]
			ICI	1		
			Northern Petro-Chemical	1,5		
		Amoco		2		
Lösung		Texas-Eastman		1	1	[140]
Summe				100		

* ohne Ostblock

Polymerisationsverfahren

Wegen der Ähnlichkeit der Verfahren zur Herstellung von PP und HDPE (s. S. 35) werden nachstehend vor allem die besonderen Merkmale der PP-Verfahren (s. S. 47) hervorgehoben.

Die Katalysatorentwicklung[129], die auch bei PP die Verfahrensentwicklung stark beeinflußt hat, zielt auf eine möglichst hohe Stereospezifität bei ausreichend hoher Katalysatoraktivität bzw. -ausbeute (s. S. 41) ab, um neben dem Katalysatorgehalt auch den Anteil an ataktischem Nebenprodukt abzusenken.

Die Katalysatoren der *ersten Generation*, die noch heute vielfach eingesetzt werden, bestehen aus kristallinem, violettem $TiCl_3$, worin Titan-Atome isomorph durch Aluminium-Atome ersetzt sind ($3TiCl_3 \cdot AlCl_3$); als Cokatalysator wird meist $Al(C_2H_5)_2Cl$ eingesetzt, das bezüglich der Aktivität den chlorreicheren und bezüglich der Stereospezifität den chlorfreien aluminiumorganischen Cokatalysatoren überlegen ist. Durch trockenes Zermahlen von $3TiCl_3 \cdot AlCl_3$ in Kugelmühlen kann ein starker Anstieg der Katalysatoraktivität erreicht werden[130]; dabei erfolgt eine starke Reduktion der Kristallitgröße (bei ca. 5,0 nm: Aktivitätsmaximum), die von einer Änderung der Kristallstruktur des $TiCl_3$ von der α- oder γ- in die δ-Modifikation begleitet ist. Diese Katalysatoren ergeben Werte des Isotaxie-Index (II) von 85 bis 90% bei Katalysatorausbeuten von 3000 bis 5000 g Polymer/g Titan.

Mit Katalysatoren der *zweiten Generation* können höhere II-Werte (93 bis 97%) erreicht werden. Dies wird durch Modifizierung der Katalysatoren der ersten Generation mit Elektronendonatoren (Lewis-Basen), z. B. Ester, Ether, Amine und Phosphor-Verbindungen, bewirkt[131], die offenbar stärker zur Komplexbildung mit den nichtstereospezifischen aktiven Zentren als mit den stereospezifischen neigen und dadurch die ersteren blockieren. Diese Gruppe umfaßt auch einen Katalysator mit besonders hoher spezifischer Oberfläche[132], der bei hohem II-Wert (93 bis 97%) Katalysatorausbeuten von bis zu 15 000 g Polymer/g Titan aufweist.

Mit den Katalysatoren der *dritten Generation* können hohe II-Werte (über 90%) und hohe Katalysatorausbeuten (400 000 g Polymer/g Titan) erreicht werden[129, 133]. Dies wird im wesentlichen durch Erhöhung der Konzentration der aktiven Zentren bezogen auf eingesetztes Titan (Katalysatoreffektivität, s. S. 41) bei Einsatz von Trägerkatalysatoren ermöglicht, z. B.

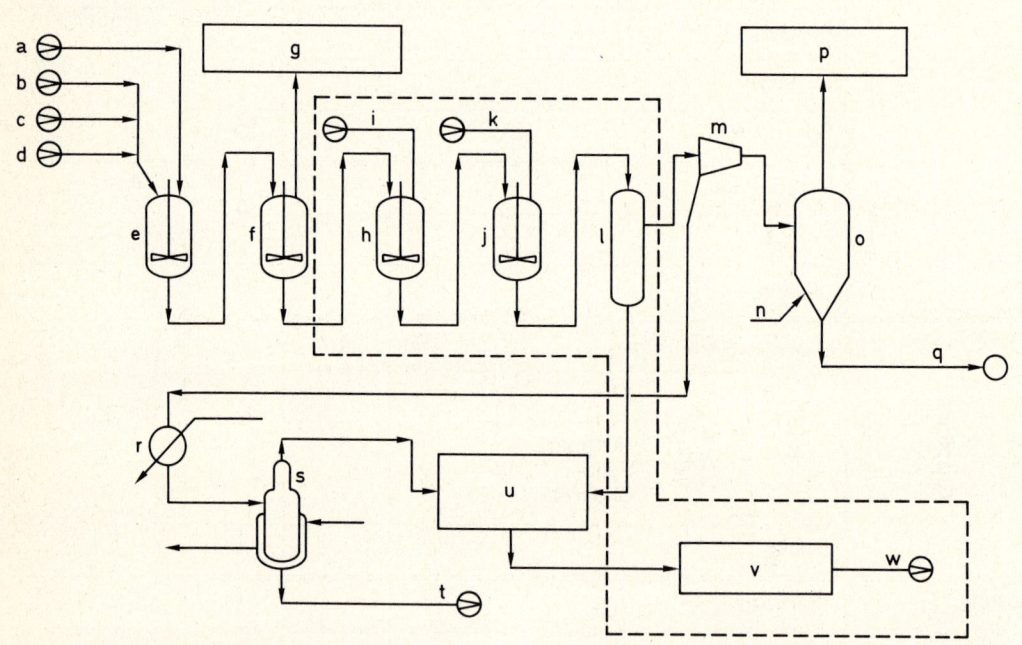

Abb. 1.24 Fließschema eines konventionellen Suspensionsprozesses[134] (Katalysator der 1. oder 2. Generation); a Propylen, b Verdünnungsmittel, c Katalysator, d Cokatalysator (Aluminiumalkyl), e Polymerisationsreaktor, f Flash-Tank, g Rückgewinnung von unreagiertem Propylen, h Katalysatorzerstörung, i Alkohol, j Auswaschen der Katalysatorreste, k entsalztes Wasser, l Wasserabscheidung, m Zentrifugation, n Stickstoff, o Trocknung, p Verdünnungsmittelrückgewinnung, q getrocknetes PP-Pulver (zur Granulierung), r dampfbeheizter Wärmeaustauscher, s dampfbeheizter Verdampfer, t ataktisches Nebenprodukt, u Verdünnungsmittel- und Chemikalienrückgewinnung, v Abwasserreinigung, w Abwasser; gestrichelt eingerahmt: Verfahrensschritte, die bei Verwendung eines Katalysators der 3. Generation entfallen können

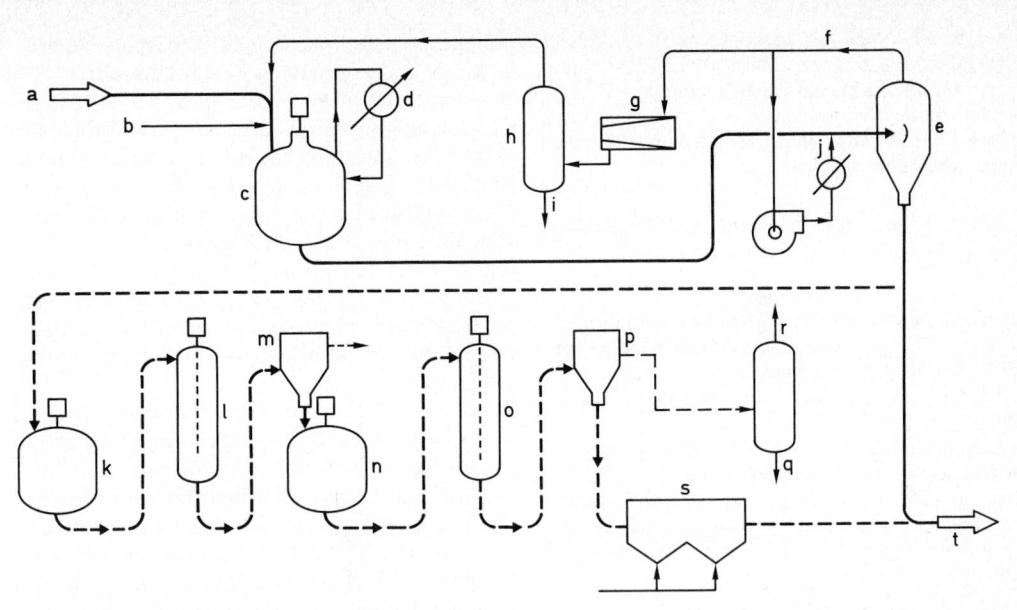

Abb. 1.25 Fließschema eines modernen Prozesses (Dart/El Paso) zur Suspensionspolymerisation von Propylen in flüssigem Monomer; a Propylen, b Katalysator, c Polymerisationsreaktor, d Rückflußkühler, e Flash-Tank, f unreagiertes Propylen, g Kompressor, h Destillationskolonne, i Propylen-Oligomere (z. B. Dimere und Trimere), j überhitztes Propylen, k Tank (Zugabe von Säure zur Katalysatordesaktivierung), l Extraktor, m Zentrifuge, n Tank (Zugabe einer Mischung aus Isopropanol und Heptan), o Extraktor, p Zentrifuge, q ataktisches Nebenprodukt, r Chemikalienrückgewinnung, s Lagertank, t Polypropylenpulver (zur Granulierung). Gestrichelt verbunden: Verfahrensschritte, die bei Verwendung eines Katalysators der 3. Generation entfallen können

mit $TiCl_4$ auf kristallinem, wasserfreiem $MgCl_2$, das mit $Al(C_2H_5)_3$ in Gegenwart von Benzoesäureethylester (Lewis-Base) aktiviert wird[133].

Über 90% der Weltproduktion an PP werden z. Z. mit dem Suspensionsverfahren hergestellt, wobei entweder in einem inerten Verdünnungsmittel, z. B. Cyclohexan, n-Hexan, n-Heptan, oder in flüssigem Propylen polymerisiert wird (s. Tab. 1.15, S. 47). Im ersteren Fall handelt es sich eigentlich um eine Fällungspolymerisation (Monomere im Verdünnungsmittel löslich, Polymere in Suspension vorliegend), im letzteren um eine Massepolymerisation, wobei das Polymere im Monomeren unlöslich ist, also in Suspension vorliegt.

Abb. 1.24 zeigt das Fließschema eines konventionellen Suspensionsprozesses mit inertem Verdünnungsmittel. Meist wird bei Temperaturen von 50 bis 80 °C polymerisiert, da der II-Wert mit steigender Temperatur abnimmt (höherer Zwangsanfall an APP). Zusätzlich zu den wie bei der konventionellen HDPE-Herstellung erforderlichen Prozeßstufen zur Katalysatorzerstörung und -entfernung (s. Abb. 1.19), die bei Verwendung von Katalysatoren der 1. und 2. Generation unentbehrlich sind, kommt hierbei dem Auswaschen des nichtisotaktischen Anteils besondere Bedeutung zu. Die Wirksamkeit dieser Prozeßstufe wird durch höhere Temperaturen beim Abtrennen des Verdünnungsmittels (Lösungsmittel für nichtisotaktisches PP) oder durch Resuspendierung in heißem Verdünnungsmittel und dessen neuerliche Abtrennung erhöht. Bei Einsatz von Katalysatoren der 3. Generation können die Prozeßstufen für die Katalysatorzerstörung und -entfernung entfallen (gestrichelt eingerahmt in Abb. 1.24).

Bei Verwendung von flüssigem Propylen als Verdünnungsmittel (s. Abb. 1.25) wird die höchstmögliche Monomerkonzentration und somit eine erhebliche Steigerung der Polymerisationsgeschwindigkeit erreicht. Der Polymerisationsdruck liegt mit 20 bis 30 bar ca. 10 bar höher als bei der Polymerisation in einem Verdünnungsmittel. Zur Zersetzung des Katalysators und zur Abtrennung der Katalysatorreste bzw. von APP wird das Polymerisat mit einem Gemisch aus Verdünnungsmittel und Zersetzungsmittel angemaischt; dabei müssen an das Verdünnungsmittel nicht so extreme Reinheitsforderungen wie bei einer darin durchzuführenden Polymerisation gestellt werden. Bei Einsatz von Katalysatoren der 3. Generation können auch hier einige Prozeßstufen eingespart werden[110] (gestrichelte Linie in Abb. 1.25).

Bei der Gasphasenpolymerisation (s. S. 40), die in einem gegebenenfalls durch einen Spiralrührer unterstützten Wirbelbett abläuft, kann bei Einsatz von Katalysatoren der 2. Generation auf die Abtrennung des nichtisotaktischen Anteiles und der Katalysatorrestbestandteile (70 bis 80 ppm Titan) verzichtet werden, wenn z. B. PP-Typen mit niedrigerem II hergestellt werden; allerdings muß der Katalysator vor der Granulierung des PP-Pulvers durch Behandlung z. B. mit Propylenoxid und Wasserdampf (s. S. 37 u.) zersetzt und von korrosiv wirkendem, gebildetem HCl unter Bildung von Chlorhydrin nach

$$H_3C-CH-CH_2\underset{O}{\diagdown\diagup} + HCl \longrightarrow H_3C-\underset{OH}{CH}-\underset{Cl}{CH_2}$$

weitgehend befreit werden. Technisch gebräuchlich sind z. B. PP-Typen mit einem Isotaxie-Index von ca. 80%, da sie für bestimmte Anwendungen, z. B. Weichfolien (s. S. 82, Tab. 1.22), vorteilhafte Eigenschaften aufweisen[139].

Das Lösungsverfahren[140] (s. S. 35) hat bei der PP-Herstellung nur sehr geringe Bedeutung (s. Tab. 1.15). Durch die zum Lösen des Polymeren erforderlichen hohen Temperaturen (über 100 °C) werden die Katalysatoren insbesondere bezüglich ihrer Stereospezifität geschädigt.

Einstellung der Produkteigenschaften

Bei der Polymerisation erfolgt die Regelung der mittleren rel. Molekülmasse (meist $\overline{M}_w$ = 150 000–600 000) vornehmlich durch Einstellung eines bestimmten Wasserstoffpartialdruckes (s. Gl. (22), S. 46), wobei eine Verringerung der Polymerisationsgeschwindigkeit in Kauf genommen werden muß[141]. Eine Verringerung der mittleren rel. Molekülmasse ist im Prinzip auch durch Temperaturerhöhung möglich, die allerdings mit einem Ansteigen des ataktischen Anteils verbunden ist.

Die Molekülmassenverteilung ist wie bei HDPE (s. S. 41) durch recht hohe Werte von $\overline{M}_w/M_n$ (bis ca. 9) gekennzeichnet. Die Einstellung der Molekülmassenverteilung und der Kornmorphologie während der Polymerisation durch den Katalysator hat noch nicht so große Bedeutung wie bei HDPE, doch sind diesbezüglich im Rahmen der Weiterentwicklung von Katalysatoren der 3. Generation in den nächsten Jahren technische Fortschritte zu erwarten[142]. Die Molekülmassenverteilung wird oft durch thermisch-mechanische Nachbehandlung, meist unter Zusatz von Peroxiden (0,005 bis 0,2% Massengehalt) und bei Massentemperaturen von ca. 200 °C, beeinflußt, wobei unter Abnahme der mittleren rel. Molekülmasse die Uneinheitlichkeit bis auf $\overline{M}_w/M_n$ = 2,5 bis 3 verringert werden kann.

Copolymere von Propylen mit Ethylen haben wegen ihrer besseren mechanischen Eigenschaften (vgl. S. 79) große technische Bedeutung erlangt; 1981 erreichte die Produktion dieser Copolymeren (statistische und Blockcopolymere) 20 bis 30% der gesamten PP-Produktion.

Bei der technischen Herstellung der Propylen-Ethylen-Copolymeren ergeben sich Probleme durch die mit zunehmendem Ethylen-Gehalt steigende Quellbarkeit des Polymer-Kornes (Viskositätserhöhung) und wachsende Neigung zum Zusammenbacken (Störungen beim Zentrifugieren und Trocknen). Für die technische Herstellung der Blockcopolymeren erscheint die Suspensionspolymerisation mit inertem Verdünnungsmittel in Mehrkesselkaskaden am besten geeignet.

Großtechnisch scheint es zur Zeit nicht möglich, wesentlich mehr als ca. 5% (Massengehalt) Ethylen-Anteile in statistische Copolymere einzubauen, während Blockcopolymere üblicherweise einen Massengehalt von 5 bis 30% an Polyethylen-Blöcken bzw. Blöcken aus statistischem Ethylen-Propylen-Copolymer enthalten; in diesen Blockcopolymeren sind die verschiedenen Blöcke allerdings nur zu einem geringen Teil zu echten Blockcopolymer-Molekülen verknüpft[143]. Geringere Bedeutung haben statistische Copolymere von Propylen mit 1-Buten (meist mit einem Massengehalt von unter 10% Buten-Bausteinen); in diesen Copolymeren tritt bei gleichem Comonomer-Gehalt (Stoffmengengehalt in %) ein geringeres Absinken des Kristallinitätsgrades als in statistischen Copolymeren von Propylen mit Ethylen auf, da die 1-Buten-Bausteine z. T. in die PP-Kristallite eingebaut werden können.

2.3 Verarbeitung

2.3.1 Verarbeitungsverfahren

Die Polyolefin-Kunststoffe lassen sich nach allen für thermoplastische Kunststoffe üblichen Verfahren verarbeiten. Die relative Bedeutung des Extrudierens, Spritzgießens und des Hohlkörperblasens für die einzelnen Polyolefin-Sorten ist aus Tab. 1.7 ersichtlich; in den letzten Jahren ist allgemein eine weitere Zunahme des durch Extrudieren verarbeiteten Anteils festzustellen.

LDPE wird vorwiegend durch Blasextrusion zu Folien verarbeitet, in geringem Maße auch durch Breitschlitzdüsenextrusion. Die relative Bedeutung der einzelnen Verarbeitungsverfahren für LLDPE ist ähnlich wie bei LDPE, doch ist LLDPE nicht für die Herstellung von Schrumpffolien (zu geringe Dehnverfestigung, s. S. 54) und für das Extrusionsbeschichten (zu starke Einschnürung) geeignet.

Bei HDPE kommt dem Hohlkörperblasen von großen Behältern[144], dem Folienblasen von pa-

Abb. 1.26 Obere Grenze des Schmelzbereiches (= Kristallitschmelzpunkt) von LDPE[155], LLDPE[155] und HDPE als Funktion der Dichte bei 23 °C

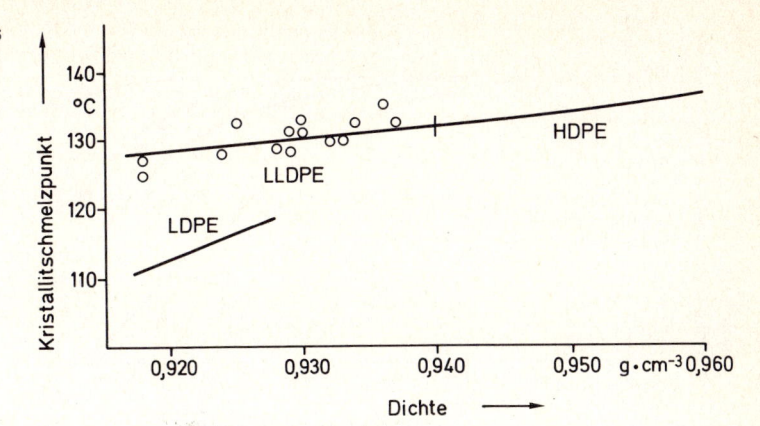

pierähnlichen *HM-* (**h**och**m**olekular) *Folien*[145] und dem Spritzgießen wachsende Bedeutung zu. Besondere Verarbeitungsverfahren, wie Pressen, Ram-Extrudieren und Ram-Spritzgießen[146], sind für die Verarbeitung von UHMWPE erforderlich. Bei HDPE und LLDPE hat neben Granulat auch Pulver (s. S. 42) begrenzte Bedeutung erlangt; z. B. kann Polymer-Grieß ($\overline{M}_w$ = 400 000–500 000) aus dem Phillips-Particle-Form-Process (Korngröße 1 bis 2 mm) problemlos über Einschneckenextruder mit genuteter und gekühlter Einzugszone[147] verarbeitet werden. Auch durch Mahlen aus Granulat gewonnenes Pulver hat technische Bedeutung als Lieferform, insbesondere für das Rotationsformen, die elektrostatische Pulverbeschichtung und das Wirbelsintern.

Bei PP ist ein wachsender Trend vor allem bei der Rohrextrusion[148], beim Blasformen[149] und bei der Folienextrusion[150] festzustellen, die vorwiegend nach dem Breitschlitzverfahren und in geringerem Maße nach dem Blasverfahren erfolgt[151]; besondere Bedeutung kommt dabei den biaxial verstreckten Folien zu, die durch beidseitiges Beschichten mit einem Thermoplasten, der eine deutlich niedrigere Erweichungstemperatur als das Trägermaterial aufweist, heißsiegelbar gemacht werden[150], z. B. durch Beschichten mit LDPE. Wachsende Bedeutung hat in den letzten Jahren auch das Tiefziehen[152] in Kopplung mit Breitschlitzdüsenextrusion erlangt. Beim Spritzgießen steht vor allem das Bemühen um kürzere Zykluszeiten (Bestrebungen zur Substitution von Styrolpolymerisaten) im Vordergrund, wobei Schußfolgen bis zu 40/min erreicht wurden[153]. Der Anteil der Verarbeitung von PP in Pulverform liegt trotz einschlägiger maschinenbaulicher Bemühungen[154] z. Z. unter 5%.

Der Zwangsanfall von ataktischem Polypropylen (ca. 5% der PP-Produktion) wird fest in Form von Blöcken oder Granulat sowie schmelzflüssig in Tankwagen angeliefert und vorwiegend drucklos aus der Schmelze durch Ziehen, Gießen, Rakeln und Streichen verarbeitet. Die Hauptanwendungsgebiete[144] in Westeuropa sind Mischungen mit Bitumen für Dachdichtungsbahnen und Straßenbau, Rückenbeschichtungen selbstliegender Teppichfliesen, Dämmstoffe im Kfz und Dichtungsmassen, in den USA Papierbeschichtungen.

2.3.2 Verarbeitungseigenschaften

Die Verarbeitungseigenschaften werden vorwiegend durch die rheologischen Eigenschaften der Polyolefinschmelzen (s. u.) und durch das Kristallisationsverhalten (s. S. 55) beim Abkühlen unter den Schmelzpunkt bestimmt. Der Kristallitschmelzpunkt (= die obere Schmelzbereichsgrenze, s. S. 59 f) von LDPE, LLDPE und HDPE zeigt eine starke Abhängigkeit von der Dichte (s. Abb. 1.26). Der Kristallitschmelzpunkt von PP (176 °C für PP-Homopolymer) sinkt bei statistischen Copolymeren mit Ethylen stark ab, nicht jedoch bei Blockcopolymeren[156].

Rheologische Eigenschaften

Die Kennzeichnung der Polyolefine bezüglich ihrer Fließfähigkeit erfolgt in der Praxis nahezu ausschließlich mit dem Wert des Schmelzindexes nach DIN 53735 (MFI 190/2,16 bei LDPE, LLDPE und HDPE, meist MFI 230/2,16 bei PP). Dabei ist zu beachten, daß eine MFI-Messung mit einer Prüfmasse von 2,16 kg näherungsweise einer Messung der Viskosität im Kapillarviskosimeter bei einer Schubspannung an der

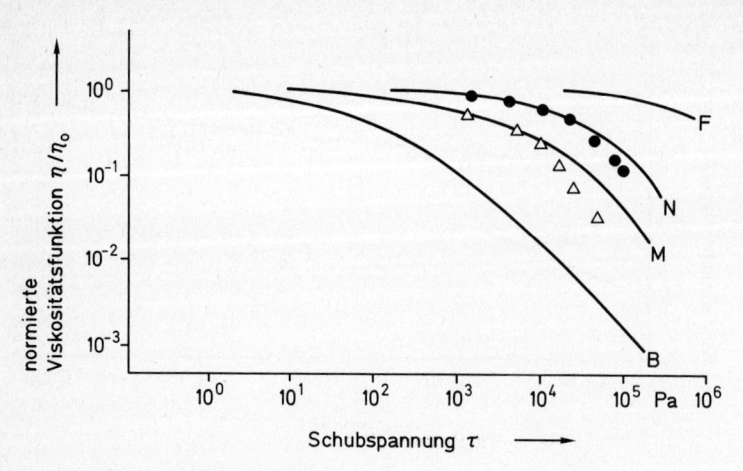

Abb. 1.27 Normierte Viskositätsfunktion in doppelt-logarithmischer Auftragung von η/η_o gegen τ für vier verschiedene HDPE-Typenserien[157] und für zwei verschiedene PP-Typen[158] bei 190 °C.

η Viskosität der Schmelze/Pa·s
τ Schubspannung/Pa
η_o Nullviskosität (η bei $\tau \to 0$)
Kurve N: HDPE-Fraktionen ($\overline{M}_w/\overline{M}_n = 1{,}3$)
Kurve M: HDPE-Typen ($\overline{M}_w/\overline{M}_n = 5{,}5 \pm 1{,}0$; $\eta_o = 3 \cdot 10^2 – 3 \cdot 10^7$ Pa·s)
Kurve F: HDPE-Typen ($\overline{M}_w/\overline{M}_n = 7{,}5 \pm 1{,}5$; $\eta_o = 5 \cdot 10^3 – 10^7$ Pa·s)
Kurve B: HDPE-Typen ($\overline{M}_w/\overline{M}_n = 13 \pm 3$; $\eta_o = 10^5 – 10^7$ Pa·s)
●: PP-Typ ($\overline{M}_w/\overline{M}_n = 2–3$; $\eta_o = 2 \cdot 10^4$ Pa·s)
△: PP-Typ ($\overline{M}_w/\overline{M}_n = 4–6$; $\eta_o = 1{,}5 \cdot 10^4$ Pa·s)

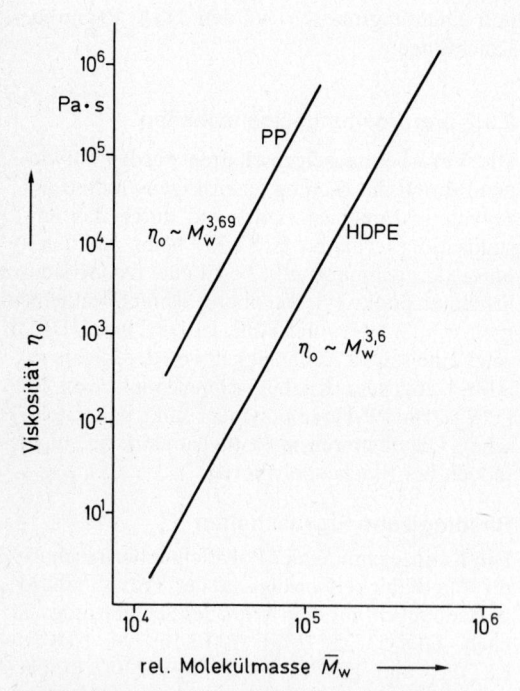

Abb. 1.28 Abhängigkeit der Nullviskosität (Viskosität bei $\dot{\gamma} \to 0$) vom Gewichtsmittelwert der rel. Molekülmasse $\overline{M}_w$, für HDPE[162] und PP[163] bei 190 °C in doppeltlogarithmischer Auftragung

Wand von ca. $2 \cdot 10^4$ Pa entspricht. Wie aus Abb. 1.27 ersichtlich, hängt die Viskosität in diesem Bereich der Schubspannung bei HDPE und PP in starkem Maße vom Polydispersitätsparameter $\overline{M}_w/\overline{M}_n$ ab, also von der Breite der Molekülmassenverteilung. Ein ähnlicher, allerdings zusätzlich durch die Kettenverzweigung beeinflußter Zusammenhang (s. u.) zwischen Viskosität und Schubspannung besteht auch bei LDPE und LLDPE. Zwei verschiedene Typen einer Polyolefin-Sorte mit dem gleichen MFI-Wert werden nur dann ähnliches Fließverhalten aufweisen, wenn sie annähernd gleiche Molekülmassenverteilung und im Fall von LDPE und LLDPE auch ähnliche Verzweigungsstruktur haben.

Zwischen der Nullviskosität η_o (Viskosität bei sehr kleinem Schergefälle $\dot{\gamma} \to 0$ bzw. sehr kleiner Schubspannung $\tau \to 0$) besteht bei HDPE und bei PP der bei linearen Polymeren allgemein feststellbare Zusammenhang[159] mit dem Gewichtsmittelwert der rel. Molekülmasse M_w, nämlich $\eta_o \sim \overline{M}_w^{3,5}$ (s. Abb. 1.28). Im Falle von LDPE beeinflussen Langkettenverzweigungen[160] die Nullviskosität durch ihren Effekt auf die Molekülgröße (Verkleinerung) und auf die intermo-

Abb. 1.29 Temperaturabhängigkeit des Verschiebungsfaktors $a_T = (\eta_T/\eta_{T_o})_{\tau = \text{const}}$ für verschiedene Polyolefinsorten:
○ HDPE, □ LDPE, △ PP.
Bezugstemperatur $T_o = 473$ K[165]

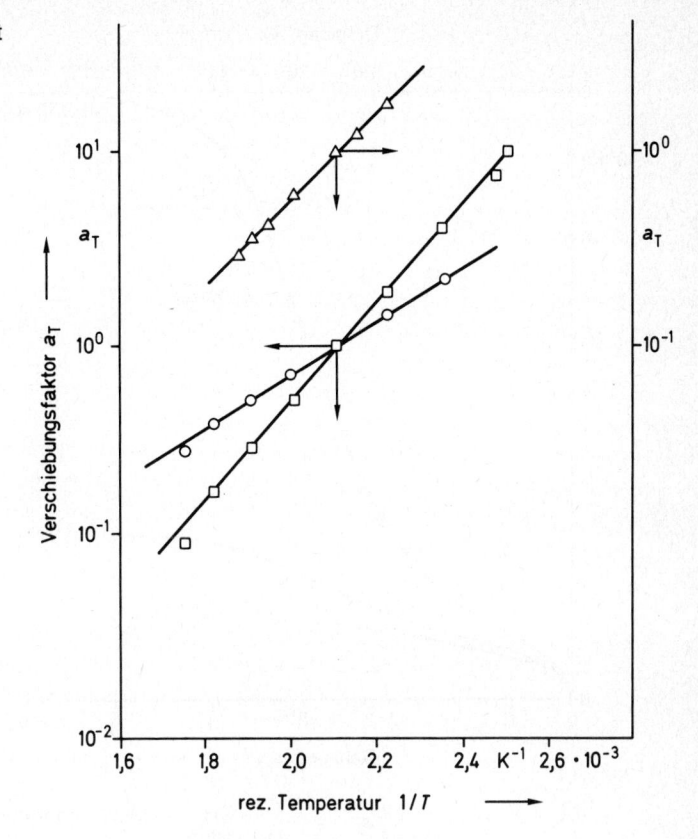

lekulare Wechselwirkung durch die in der Schmelze vorliegenden Verschlaufungen; bei geringem Grad der Langkettenverzweigung überwiegt der letztere Effekt (Erhöhung von η_o gegenüber HDPE mit gleichem $\overline{M}_w$), bei hohem Grad der Langkettenverzweigung dominiert der erstere Effekt (Verringerung von η_o gegenüber HDPE mit gleichem $\overline{M}_w$)[161].

Der Einfluß der Langkettenverzweigungen auf die Abhängigkeit der Viskosität vom Schergefälle bei LDPE ist noch nicht exakt bestimmt worden, da hierzu die Genauigkeit der molekularen Charakterisierung der Langkettenverzweigungen und der Molekülmassenverteilung mit den z. Z. verfügbaren Methoden zu gering ist. Bisherige Ergebnisse deuten darauf hin, daß mit steigendem Grad der Langkettenverzweigung die Abhängigkeit der Viskosität vom Schergefälle bei LDPE-Typen mit gleichem $\overline{M}_w$ bzw. η_o geringer wird[160]. Die beim Extrudieren beobachtbare Strangaufweitung steigt bei LDPE-Tyen mit ähnlichem MFI-Wert mit steigendem Gehalt an Langkettenverzweigungen an[161].

Die Temperaturabhängigkeit von η_o hängt vorwiegend vom Gehalt und der Art der Kurzkettenverzweigungen ab; mit steigendem Gehalt an Kurzkettenverzweigungen sinkt die Aktivierungskonstante E_a des hier gültigen Arrhenius-Ansatzes:

$$\eta_o(T) = \text{const.} \exp(E_a/RT), \qquad (25)$$

R Gaskonstante,
T absolute Temperatur;

z. B. ergab sich $E_a = 29{,}4$ kJ·mol^{-1} für einen HDPE-Typ mit $\varrho_{20\,°C} = 0{,}960$ g·cm^{-3} und $E_a = 57$ kJ·mol^{-1}, für einen LDPE-Typ mit $\varrho_{20\,°C} = 0{,}918$ g·cm^{-3} [164]. Auch die Temperaturabhängigkeit der Viskosität bei konstanter Schubspannung kann im Bereich des Schergefälles $\dot{\gamma} = 1\text{--}1000$ s^{-1} durch den Arrhenius-Ansatz

$$\left(\frac{\eta(T)}{\eta(T_o)}\right)_{\tau = \text{const.}} = a_T = B \cdot \exp(E_a^*/RT), \qquad (26)$$

E_a^* Aktivierungskonstante kJ·mol^{-1}
T Temperatur (K),
T_o Bezugstemperatur (K),
a_T Verschiebungsfaktor,

beschrieben werden[165]. Abb. 1.29 zeigt die Temperaturabhängigkeit von a_T für verschiedene Polyolefin-Sorten.

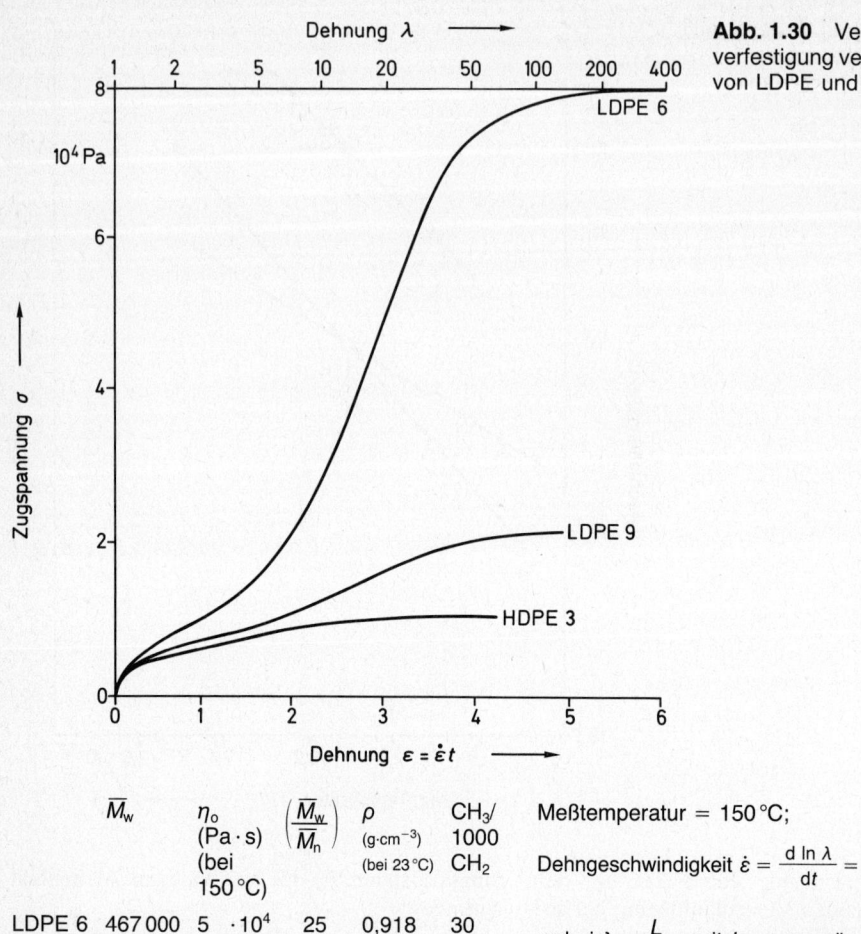

Abb. 1.30 Vergleich der Dehnverfestigung verschiedener Typen von LDPE und HDPE[167]:

	$\overline{M}_w$	η_o (Pa·s) (bei 150°C)	$\left(\dfrac{\overline{M}_w}{\overline{M}_n}\right)$	ρ (g·cm^{-3}) (bei 23°C)	CH$_3$/ 1000 CH$_2$
LDPE 6	467 000	5 ·10^4	25	0,918	30
LDPE 9	256 000	2,7·10^4	10	0,928	15
HDPE 3	152 000	3,6·10^4	14	0,960	0

Meßtemperatur = 150 °C;

Dehngeschwindigkeit $\dot{\varepsilon} = \dfrac{d \ln \lambda}{dt} = 0{,}1\ s^{-1}$,

wobei $\lambda = \dfrac{L}{L_o}$, mit L_o = ursprüngliche Länge und L = Länge im gedehnten Zustand

Bei vielen Verarbeitungsprozessen, z. B. Folienblasen, Hohlkörperblasen, Beschichten mit hoher Abzugsgeschwindigkeit und auch beim Spritzgießen, wird die Schmelze nicht nur auf Scherung, sondern auch auf Dehnung beansprucht. Oft ist gerade der letzte Deformationsprozeß vor dem Erstarren ein Dehnungsprozeß, der dann weitgehend die Molekülorientierung und damit die Anisotropie der Fertigteileigenschaften bedingt[166].

LDPE- und HDPE-Schmelzen zeigen deutliche Unterschiede in ihren Dehneigenschaften, die sowohl von der Molekülmassenverteilung als auch von der Verzweigung abhängen[167]. LDPE-Schmelzen zeigen z. B. mit zunehmendem $\overline{M}_w/\overline{M}_n$ sowie mit steigendem Verzweigungsgrad, z. B. gekennzeichnet durch die Zahl der Methyl-Gruppen/1000 Methylen-Gruppen (s. Legende zu Abb. 1.30) einen stärkeren Anstieg der Dehnviskosität (Dehnverfestigung) mit zunehmender Dehnung, wogegen lineares HDPE schon bei geringerer Dehnung einen konstanten Wert der Dehnviskosität (horizontaler Verlauf des Spannungs-Dehnungs-Diagrammes) annimmt (s. Abb. 1.30). Der Mangel an verläßlichen Methoden zur Charakterisierung der Molekülmassenverteilung und der Verzweigungsstruktur erschwert auch hier die genaue Erfassung des Einflusses der Verzweigungsstruktur auf die rheologischen Eigenschaften.

Die obigen Zusammenhänge zwischen Struktur und rheologischen Eigenschaften bieten auch Hinweise zur Deutung des besonderen rheologischen Verhaltens von LLDPE. LLDPE weist im Vergleich zu LDPE bei gleichem Schmelzindex eine schwächere Abnahme der Viskosität mit

Abb. 1.31 Schematische Darstellung der strukturellen Organisation in einem Sphärolith[170]

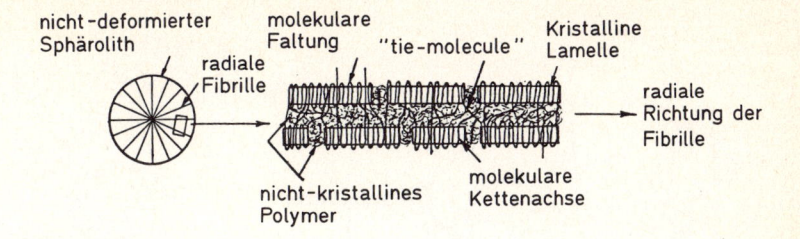

steigendem Schergefälle auf (s. S. 76). Dieses Verhalten, das mit dem Fehlen von Langkettenverzweigungen und der meist engeren Molekülmassenverteilung von LLDPE begründbar erscheint, wirkt sich bei Verarbeitungsverfahren mit höherem Schergefälle nachteilig aus und erfordert entsprechende Adaptierung der ursprünglich für LDPE ausgelegten Anlagen, z. B. für das Folienblasen von LLDPE[168]. Andererseits ergeben sich durch das Fehlen von Langkettenverzweigungen auch verarbeitungstechnische Vorteile von LLDPE gegenüber LDPE, z. B. durch die stärkere Ausziehfähigkeit der LLDPE-Schmelze beim Folienblasen (geringere Dehnverfestigung, s. o.), wodurch die Herstellung von Folien mit geringerer Wanddicke erleichtert wird.

Kristallisationsverhalten

Beim Abkühlen der Schmelze unter den Gleichgewichtsschmelzpunkt (s. S. 61) bilden HDPE, LDPE, LLDPE und PP-Kristallite (s. S. 59); diese Kunststoffsorten werden daher auch als *teilkristalline Polyolefine* bezeichnet. Der bei der Verarbeitung in einem bestimmten Volumenelement der Schmelze ablaufende Kristallisationsprozeß wird von der molekularen Struktur (mittlere rel. Molekülmasse, Molekülmassenverteilung, Verzweigungen, Stereoregularität, Konzentration der Katalysatorreste, Art und Konzentration der Zusatzstoffe) und von den Verarbeitungsbedingungen (zeitlicher Verlauf der Temperatur und des Spannungszustandes) beeinflußt[169].

Kristallisation aus der Schmelze ohne wesentliche Beeinflussung durch äußere Kräfte (*freie Kristallisation*) ergibt lamellenförmige Kristallite (s. S. 59), worin die Makromoleküle gefaltet vorliegen; die Dicke dieser Lamellen wird durch die Faltungslänge bestimmt. Zwischen diesen Lamellen liegen amorphe Bereiche (Makromoleküle mit Knäuelgestalt). Ein bestimmtes Makromolekül kann auch in zwei oder mehreren Lamellen eingebaut sein, also diese verbinden (*tie-molecule*). Meist wachsen viele Lamellen von einem Zentrum aus zugleich in alle Richtungen des Raumes und bilden dadurch Sphärolithe (s. Abb. 1.31).

Kristallisation aus der Schmelze unter sehr hohem Druck ergibt Kristallite, die aus gestreckten Makromolekülen bestehen (*extended chain crystals*)[171]. Wegen der großen Sprödigkeit des dabei gebildeten Materials, das aus einem Mosaik von

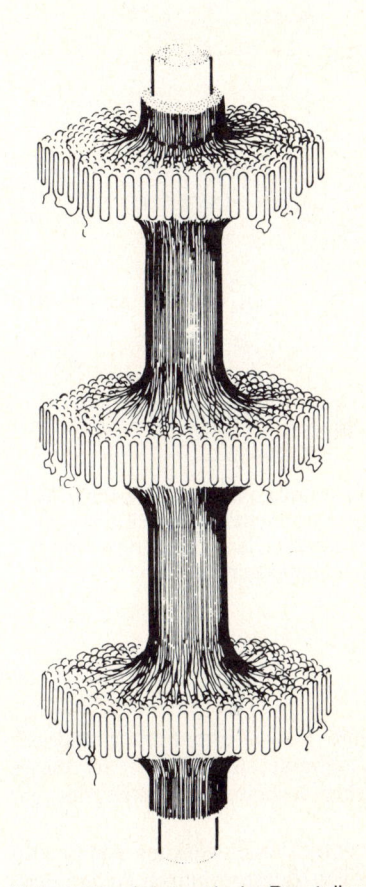

Abb. 1.32 Schematische Darstellung der fibrillären Struktur, die sich bei spannungsinduzierter Kristallisation von unverzweigtem Polyethylen oder von Polypropylen ergibt[172]

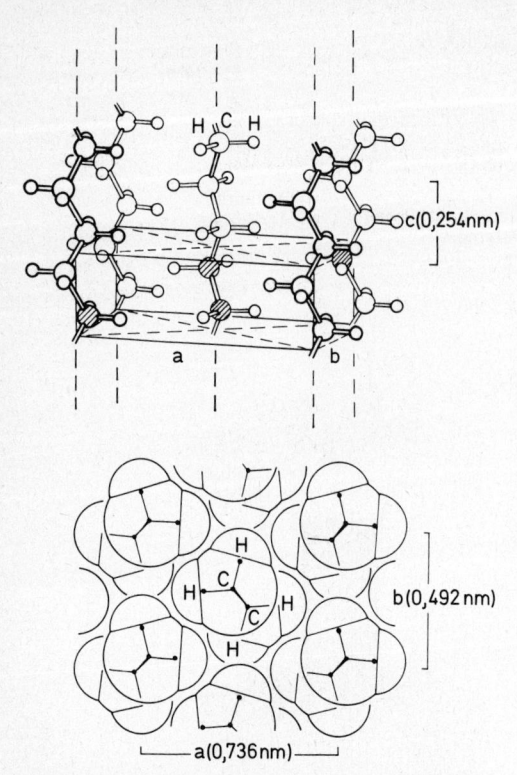

Abb. 1.33 Kristallstruktur des unverzweigten Polyethylens. Oben die orthorhombische Elementarzelle, unten die Projektion längs der c-Achse mit eingezeichneten Wirkungssphären[185]

Kristalliten ohne Vorzugsorientierung und mit sehr wenigen tie-molecules besteht, ist dieses Phänomen bisher technisch bedeutungslos geblieben.

Kristallisation unter der Einwirkung von Schub- und besonders von Zugspannungen (*spannungsinduzierte Kristallisation*) ergibt wegen der teilweisen Streckung der Molekülketten in eine Vorzugsrichtung bevorzugt fibrilläre Strukturen (s. Abb. 1.32); z. B. können durch spannungsinduzierte Kristallisation von HDPE und PP aus der Lösung[172] bzw. aus dem festen Zustand[173] Fasern mit besonders hohem E-Modul (ca. 100 G Pa) in Richtung der Faserachse hergestellt werden.

Im folgenden wird ausschließlich auf die Morphologie und die Kristallisationskinetik bei *freier* Kristallisation aus der Schmelze eingegangen, da die *freie* Kristallisation bisher experimentell am genauesten untersucht wurde, so daß hierüber gut abgesicherte Konzepte vorliegen.

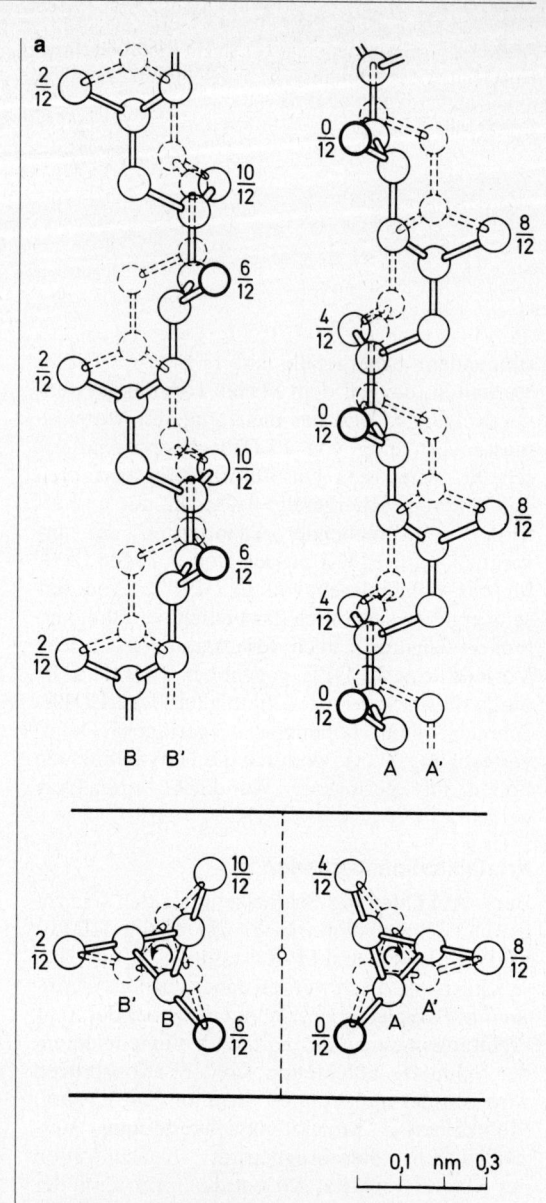

Abb. 1.34 Kristallstruktur von PP[186]

a Konformation der isotaktischen Polypropylenkette im Kristall in Seitenansicht und Aufsicht: die Identitätsperiode von 0,65 nm längs der Helixachse enthält drei monomere Grundbausteine (3_1-Helix). Die Helices A und B haben entgegengesetzten Drehsinn, dieselbe Laufrichtung mit nach oben ragenden (anaklinen) CH_3-Gruppen und sind gegeneinander um eine halbe Identitätsperiode verschoben. Die Helices A' und B' (gestrichelt gezeichnet) weisen umgekehrte Laufrichtung mit nach unten ragenden (kataklinen) CH_3-Gruppen auf

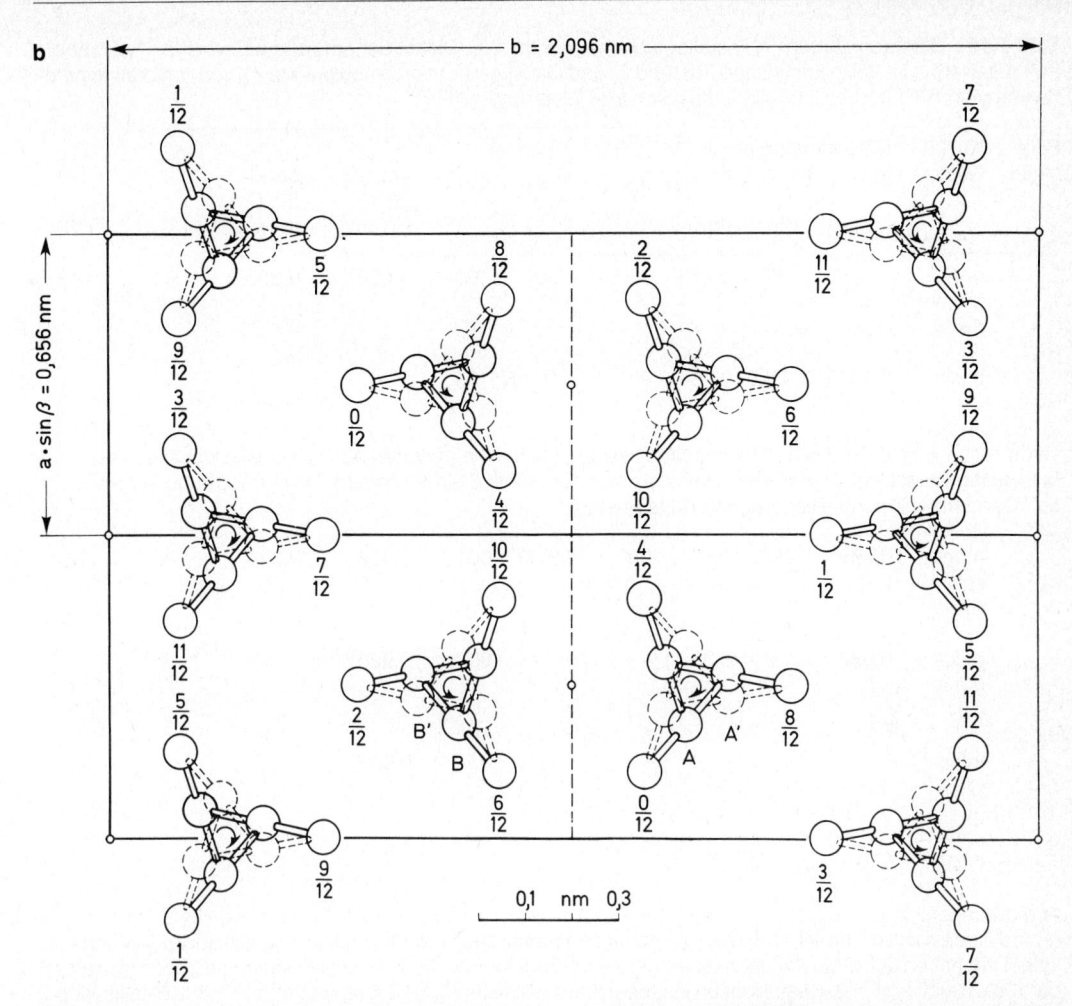

Abb. 1.34

b Projektion zweier benachbarter Elementarzellen von PP auf die zur c-Achse senkrechte kristallografische Ebene[159]; die Helixachsen liegen in Richtung der c-Achse. PP-Helices können ohne Beeinträchtigung der Gitterverhältnisse auch in umgekehrter Laufrichtung (gestrichelt gezeichnet) eingebaut werden

Morphologie

Zur Beschreibung der Struktur teilkristalliner Kunststoffe ist es zweckmäßig, verschiedene Niveaus der morphologischen Organisation zu unterscheiden. Im folgenden wird zuerst auf die Anordnung der Molekülketten in der kristallinen Elementarzelle, dann auf die kristalline lamellare Mikrostruktur und schließlich auf deren Anordnung zu Makrostrukturen eingegangen.

Kristalline Elementarzelle. Alle Polyethylen-Kunststoffsorten (HDPE, LDPE und LLDPE) bilden bei der Kristallisation eine orthorhombische Elementarzelle. PP kann in vier verschiedenen Kristallmodifikationen (s. Tab. 1.16) kristallisieren, am häufigsten ist die monokline α-Modifikation. Abb. 1.33 zeigt die Anordnung von unverzweigten Polyethylen-Ketten in der orthorhombischen Elementarzelle, Abb. 1.34 jene von PP mit isotaktischer Konfiguration aller Stereoisomeriezentren entlang der Kette in der monoklinen α-Modifikation. Aus Abb. 1.34 ist ersichtlich, daß die PP-Ketten im Kristall eine 3_1-Helix bilden, wobei benachbarte Helices entgegengesetzten Drehsinn aufweisen.

In Tab. 1.16 werden auch die Werte der kristallografischen Dichte ϱ_c angegeben, die aus dem Volumen der Elementarzelle und der Masse der in ihr enthaltenen Atome berechnet wird. Die in Tab. 1.16 ebenfalls gege-

Tab. 1.16 Gitterkonstanten[174], kristallografische Dichte[174] ρ_c, Dichte der amorphen Bereiche[174] ρ_a, spez. Schmelzwärme im völlig kristallinen Zustand λ_o und Gleichgewichtsschmelzpunkte T_m von unverzweigtem Polyethylen (PE) und vollständig isotaktischem Polypropylen (PP)

| Poly-olefin | Kristall-klasse | Gitterkonstanten | | | | | | ρ_c bei 20 °C (g·cm^{-3}) | ρ_a bei 20 °C (g·cm^{-3}) | λ_o (J·g^{-1}) | T_m (°C) |
		a (nm)	b (nm)	c (nm)	α	β	γ				
PE	ortho-rhom-bisch	0,740	0,493	0,253	90°	90°	90°	1,008	0,855	285 ± 20[175]	142[171]
	triklin	0,4285	0,4820	0,254	90°	110,25°	108°	1,00	–	–	–

Anmerkungen:
vorherrschend ist die orthorhombische Modifikation; die trikline (mitunter auch monoklin klassifizierte) Modifikation bildet sich in geringem Umfang unter dem Einfluß einer wiederholten Verformung in zwei aufeinander senkrechte Richtungen und ist instabil

Poly-olefin	Kristall-klasse	a (nm)	b (nm)	c (nm)	α	β	γ	ρ_c	ρ_a	λ_o	T_m
PP	mono-klin (α)	0,665	2,096	6,50	90°	99,33°	90°	0,936	0,850	220 ± 30[175]	185[176]
	hexa-gonal (β)	0,638	–	6,33	–	–	90°	0,920[177]	–	–	–
	triklin (γ)	–	–	–	–	–	–	0,930	–	–	–
	smek-tisch	–	–	–	–	–	–	–	–	–	–

Anmerkungen:
α-Modifikation ist vorherrschend; die hexagonale (mitunter auch orthorhombisch klassifizierte) β-Modifikation tritt neben der α-Modifikation unter folgenden Bedingungen auf: 1. Kristallisation aus der Schmelze bei 100–130 °C[177, 178]; 2. Kristallisation in Gegenwart spezieller Nukleierungsmittel[179, 180]; 3. Kristallisation aus der orientierten Schmelze[181, 182]
γ-Modifikaton bildet sich bei der Kristallisation von Fraktionen mit geringer rel. Molekülmasse aus der Lösung oder aus der Schmelze oder bei der Kristallisation von unfraktioniertem PP bei erhöhtem Druck[178, 183]
Eine smektische Modifikation erscheint nach Abschrecken der Schmelze auf tiefe Temperatur und ist bis ca. 60 °C stabil[184]

benen Werte der Dichte der amorphen Bereiche ϱ_a ergeben sich durch lineare Extrapolation der Temperaturabhängigkeit des spezifischen Volumens, $1/\varrho$, der Schmelze. Unter der Voraussetzung eines Zweiphasensystems aus völlig kristallinen und völlig amorphen Bereichen läßt sich aus der Dichte des teilkristallinen Polyolefins, der Kristallinitätsgrad α nach der Gleichung berechnen:

$$\alpha = \frac{\frac{1}{\rho_a} - \frac{1}{\rho}}{\frac{1}{\rho_a} - \frac{1}{\rho_c}} \cdot 100 \qquad (27)$$

α Kristallisationsgrad/Massengehalt in %

Analog kann man bei Kenntnis der spez. Schmelzwärme im völlig kristallinen Zustand λ_o, deren Bestimmung allerdings mit beträchtlicher Unsicherheit verbunden ist (s. Tab. 1.16) den Kristallinitätsgrad α nach der Gleichung berechnen:

$$\alpha = \frac{\lambda}{\lambda_o} \cdot 100, \qquad (28)$$

wobei λ die spez. Schmelzwärme der teilkristallinen Substanz ist.

Mit zunehmender Störung der Linearität der Polyethylen-Ketten durch Verzweigungen nehmen die Gitterkonstanten a und b (s. Tab. 1.16) etwas zu; z. B. sinkt

Abb. 1.35 Schematische Darstellung der Struktur eines lamellenförmigen Einkristalles von unverzweigtem Polyethylen (herstellbar durch Kristallisation aus einer ruhenden, verdünnten Lösung)[192]

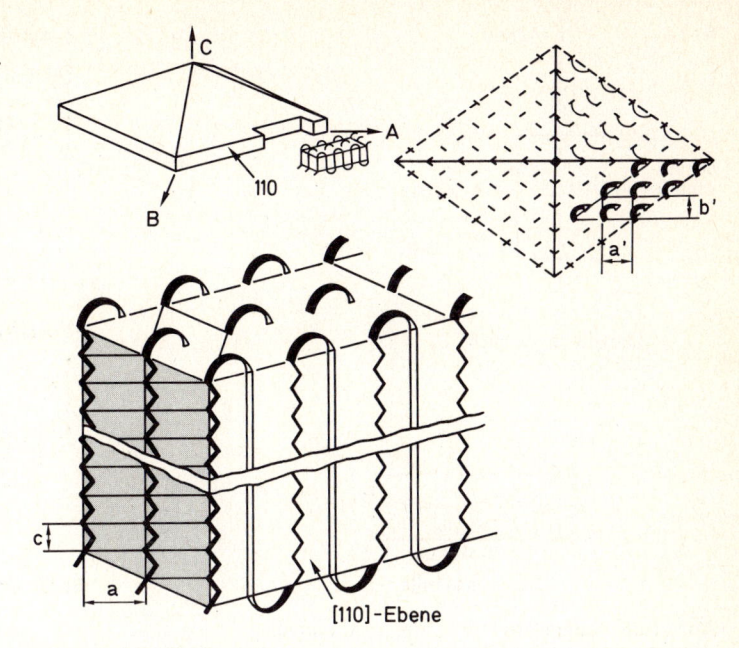

die kristallografische Dichte (s. o) bei 20 °C von 1,008 g·cm^{-3} bei einem HDPE-Typ mit 2 CH$_3$/1000 C auf 0,99 g·cm^{-3} bei einem LDPE-Typ mit 37 CH$_3$/1000 C ab, wobei auch die Art der Verzweigungen einen geringen Einfluß hat[187, 188]. In Kristalliten von PP-Homopolymer bewirken Stereoirregularitäten der Polymerketten wegen der hier geringeren Packungsdichte noch geringere Änderungen der kristallografischen Dichte; eine Verringerung der isotaktischen Pentaden um 1% bewirkt ein Absinken des Gleichgewichtsschmelzpunktes (s. S. 61) um ca. 1 K[189].

Lamellare Mikrostruktur. Die Bildung lamellarer Mikrostrukturen unter Kettenfaltung von flexiblen, linearen Makromolekülen konnte erstmals im Fall der *freien* Kristallisation von Polyethylen aus der Lösung[190] bzw. aus der Schmelze[191] nachgewiesen werden (s. Abb. 1.35), später auch bei der Kristallisation von PP[193].
Bei der isothermen, *freien* Kristallisation von unverzweigtem Polyethylen aus der Schmelze nimmt die mittlere Lamellendicke mit steigender Temperatur und Zeitdauer der Kristallisation zu[194]. Quantitative elektronenmikroskopische Studien an einer Fraktion von unverzweigtem Polyethylen ($\overline{M}_w = 1{,}9 \cdot 10^5$; $\overline{M}_n = 1{,}8 \cdot 10^5$) zeigten, daß bei hoher Kristallisationstemperatur (über 127 °C) durch isotherme Kristallisation verhältnismäßig dicke, regelmäßig gepackte und seitlich recht weit ausgedehnte dachförmige Lamellenkristalle gebildet werden (s. Abb. 1.36 a). Die Dachform kommt dabei dadurch zustande, daß die Molekülketten einen bestimmten Winkel mit der Normalen auf die Lamellenoberfläche bilden. Hingegen werden durch Abschrecken auf tiefere Temperaturen (unter 116 °C) dünnere, unregelmäßiger gepackte und auch seitlich weniger ausgedehnte gebogene Lamellen gebildet (s. Abb. 1.36 b). Mit steigender Kristallisationstemperatur nimmt die mittlere Dicke der zwischenlamellaren amorphen Bereiche zu und verbreitert sich die Dickenverteilung der Lamellen und der amorphen Bereiche. Die Schmelztemperatur einer kristallinen Lamelle nimmt mit abnehmenden Abmessungen (zunehmende spezifische Oberfläche) und mit abnehmender Regelmäßigkeit der Packung (zunehmende Konzentration der Gitterfehler) ab. Unverzweigtes Polyethylen, das durch Abschrecken auf tiefere Temperaturen kristallisiert wurde, beginnt beim Erwärmen daher schon bei niedrigeren Temperaturen zu schmelzen als isotherm bei hoher Temperatur kristallisiertes und nachträglich abgeschrecktes. HDPE, das mit einer recht hohen Abkühlgeschwindigkeit, wie sie in der Praxis der Kunststoffverarbeitung vorherrscht, verarbeitet wurde, zeigt daher beim Erwärmen eine schon bei verhältnismäßig tiefer Temperatur einsetzende und im Temperaturbereich bis zum Kristallitschmelzpunkt (Definition s. u.) kontinuierliche Abnahme des Kristallinitätsgrades durch partielles Schmelzen kristalliner Lamellen (s. Abb. 1.37).
Ein ähnliches Absinken des Kristallinitätsgrades beim Erwärmen bis zum Kristallitschmelzpunkt zeigt LDPE und PP (s. Abb. 1.37). Das umgekehrte Verhalten wird beim Abkühlen beobachtet (*partielles Kristallisieren*). Gleiche Werte des Kristallinitätsgrades ergeben sich beim Abkühlen bei tieferer Temperatur als beim Erwärmen, wobei diese Temperaturdifferenz mit zunehmender Geschwindigkeit der Temperaturänderung ansteigt.
Der Kristallitschmelzpunkt ist jene Temperatur, bei der

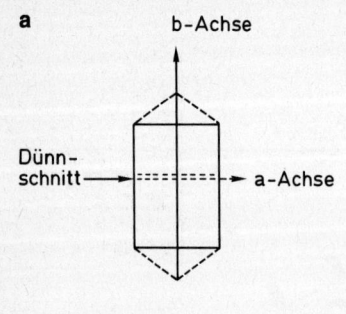

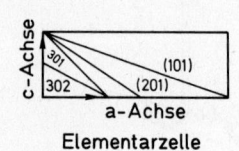

Abb. 1.36 Lamellare Mikrostruktur von unverzweigtem Polyethylen[195]

a Schematische Darstellung der Beziehung zwischen der dachförmigen Gestalt der Lamellen und der Elementarzelle

b Schematische Darstellung der Struktur gebogener Lamellen (b = kristallografische b-Achse; bei sphärolithischem Kristallwachstum liegt die b-Achse in radialer Richtung, s. Abb. 1.39)

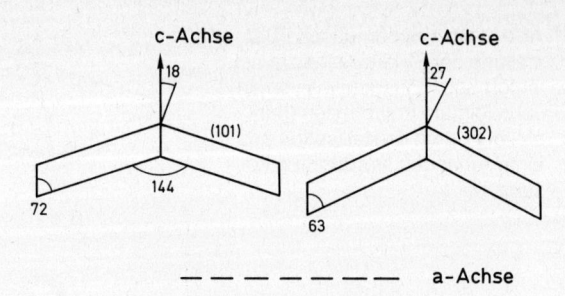

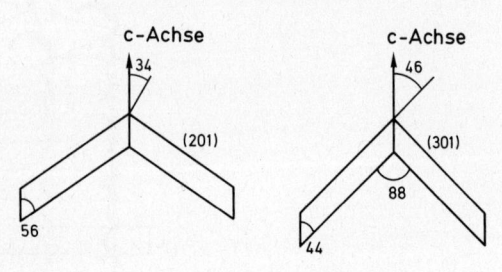

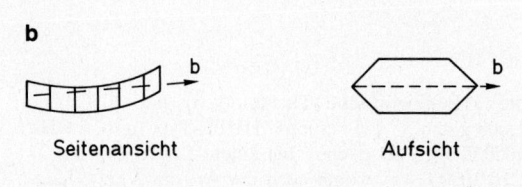

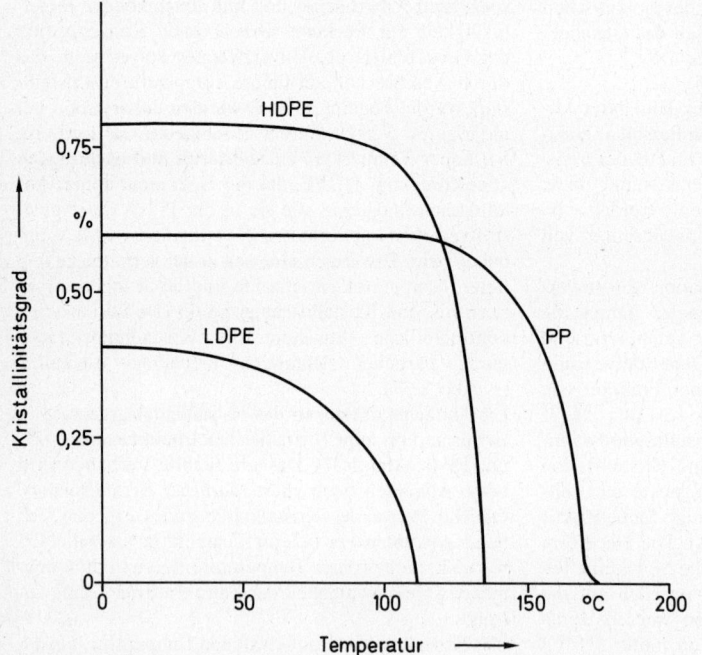

Abb. 1.37 Temperaturabhängigkeit des Kristallinitätsgrades von HDPE ($\rho_{23\,°C} = 0{,}965$ g·cm^{-3})[196], LDPE ($\rho_{23\,°C} = 0{,}918$ g·cm^{-3})[197] und PP[197]

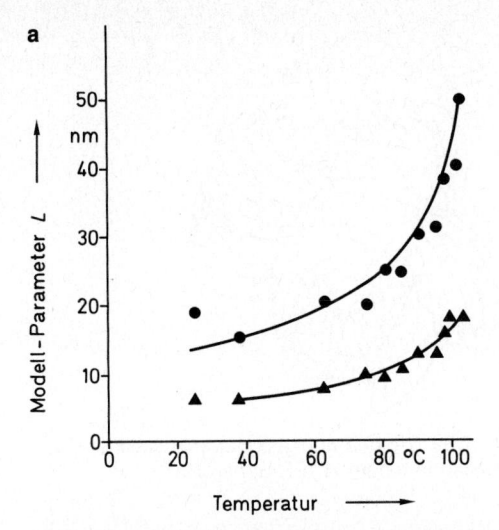

Abb. 1.38 Temperaturabhängigkeit der Modell-Parameter (●) L_{krit} und (▲) L_{min} (s. Text) für einen LDPE-Typ mit $\rho_{23°C}$ = 0,917 g·cm^{-3}, MFI 190/2,16 = 20 dg·min^{-1} und 33 CH$_3$/1000 C-Atomen in der Hauptkette (Stoffmengengehalt 13% Methyl-, 13% Ethyl-, 22% Butyl- und 52% längere Seitenketten)[199]
a beim Schmelzen,
b beim Kristallisieren

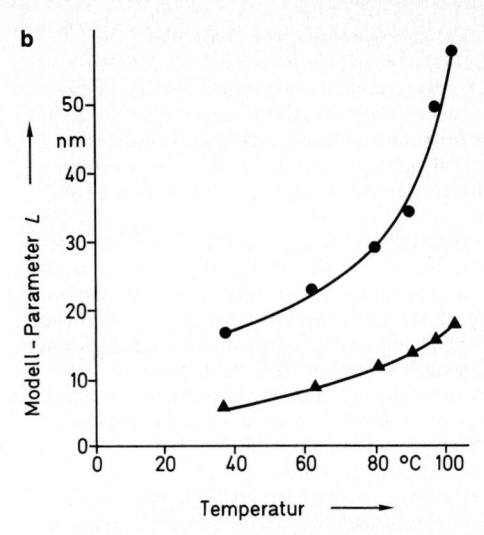

unter den jeweiligen Aufheizbedingungen die kristallinen Bereiche einer vorgegebenen Probe restlos verschwinden, was z. B. in einem Polarisationsmikroskop durch das Verschwinden der gut sichtbaren doppelbrechenden Makrostrukturen (s. S. 62) beobachtet werden kann. Die Kristallitschmelzpunkte von kristallinen Polyolefinen, die unter den in der Praxis üblichen Bedingungen verarbeitet wurden, liegen wesentlich unter den Gleichgewichtsschmelzpunkten (s. Tab. 1.16) z. B. bei PP im Bereich von 158 bis 165 °C und bei HDPE im Bereich von 127 bis 134 °C. Unter Gleichgewichtsschmelzpunkt versteht man den quasi-statisch (Aufheizgeschwindigkeit → 0) ermittelten Kristallitschmelzpunkt einer unter Gleichgewichtsbedingungen (Kristallisationsgeschwindigkeit → 0; s. S. 63) kristallisierten Probe, der durch geeignete Extrapolation[198] ermittelt werden kann.

Der Schmelzbereich von Polyethylen wird durch Verzweigungen wesentlich verbreitert (s. Abb. 1.37). Nach neueren Untersuchungen[199] ist bei LDPE das beim Erwärmen beobachtbare partielle Schmelzen mit einer starken Zunahme des mittleren Abstandes zwischen benachbarten kristallinen Lamellen und einer wesentlich geringeren aber meßbaren Zunahme der Lamellendicke verbunden. Das partielle Schmelzen bzw. Kristallisieren von LDPE kann im wesentlichen durch ein Modell beschrieben werden, das auf folgenden drei Prinzipien beruht[199]:

1. Zwischen zwei benachbarten Lamellen, deren Mittelpunkte einen Abstand l voneinander haben, kann sich nur dann eine neue Lamelle bilden, wenn l größer ist als ein bestimmter kritischer Wert L_{krit}.
2. Der Abstand l kann nicht kleiner sein als ein bestimmter Wert L_{min}, wobei L_{min} der Bedingung $L_{min} < L_{krit/2}$ unterliegt, und
3. die Kristallisation schreitet so lange fort, wie es Abstände l gibt, die die Bedingungen l > L_{krit} erfüllen.

Die beiden Grenzwerte L_{min} und L_{krit} nehmen z. B. in der in Abb. 1.38 dargestellten Weise mit sinkender Temperatur ab.

Diesem Modell, das auch für die Beschreibung des partiellen Schmelzens und Kristallisierens von HDPE und PP anwendbar sein könnte, wofür der experimentelle Nachweis noch aussteht, entspricht das folgende physikalische Bild: Während der Kristallisation einer Lamelle werden die nicht kristallisierbaren Einheiten weitgehend an die Oberfläche der Lamelle transportiert. Nicht kristallisierbare Einheiten sind z. B. Verzweigungspunkte, zu kurze Kettenabschnitte zwischen Verzweigungen und von Seitenketten, unlösbare Verschlaufungen, die mit steigender rel. Molekülmasse zunehmen, und im Fall von PP auch nicht-isotaktische Sequenzen. Unabhängig davon, ob diese Trennung vollkommen oder nur teilweise erfolgt, nimmt die Konzentration dieser nicht kristallisierbaren Einheiten im zwischenlamellaren Bereich zu. Der Mittelwert dieser Konzentration wird dabei mit steigendem Abstand l abnehmen; die Verteilung dieser Konzentration hat ihren höchsten Wert nahe der Lamellenoberfläche, es folgt eine Abnahme in einem Übergangsbereich und ein Plateau in der Mitte zwischen benachbarten Lamellen. In die Zone mit einer erhöhten Konzentration an nicht kristallisierbaren Einheiten kann eine andere Lamelle nicht hineinwachsen. Die Dicke dieser Zone bestimmt zusammen mit der Lamellendicke den Wert von L_{min}. Der Widerstand der amorphen Schicht zwischen zwei Lamellen hängt von der Konzentration der nicht kristallisierbaren Einheiten und daher vom Abstand l ab. Der Parameter L_{krit} beschreibt die Grenze zwischen lokaler Stabilität und Instabilität gegenüber der Kristallisation.

Dieses physikalische Bild ermöglicht die genaue Beschreibung des Phänomens, daß Lamellen, die bei niedrigerer Temperatur gebildet werden bzw. schmelzen, im allgemeinen dünner sind und eine größere Zahl von Gitterfehlern aufweisen, wobei dieses Verhalten von der molekularen Struktur (rel. Molekülmasse, Molekülmassenverteilung, Verzweigung, Stereoirregularität) über Art und Konzentration der nicht kristallisierbaren Einheiten beeinflußt wird.

Makrostruktur. Unverzweigtes HDPE kann im wesentlichen drei verschiedene Makrostrukturen ausprägen, deren Bildung in erster Linie von der Abkühlgeschwindigkeit und von der mittleren rel. Molekülmasse abhängt[200].

1. Sphärolithische Strukturen aus verbogenen Lamellen (s. Abb. 1.39), die beim raschen Abkühlen von Schmelzen entstehen, deren Molekülmassenverteilung vorwiegend Anteile im Bereich $3,5 \cdot 10^4 < M < 1 \cdot 10^6$ enthält. Diese Strukturen sind daher in der Technik vorherrschend. Der Sphärolithradius r ist dabei ca. zweimal so groß wie die lateralen Dimensionen der Lamellen und nimmt mit steigender mittlerer rel. Molekülmasse stark ab (z. B. im Falle von HDPE-Fraktionen von $r = 4$ μm bei $\overline{M}_w = 4,6 \cdot 10^4$ und $\overline{M}_w/\overline{M}_n = 1,10$ auf $r = 0,5$ μm bei $\overline{M}_w = 2,5 \cdot 10^5$ und $\overline{M}_w/\overline{M}_n = 1,16$). Mit steigender rel. Molekülmasse und Unterkühlung werden Lamellen mit geringeren lateralen Dimensionen und stärkerer Krümmung gebildet.
2. Stäbchenförmige Strukturen ($l \approx 10$ μm, $d \approx 1$ μm) die aus langen, ebenen und gut gepackten Lamellen bestehen, wobei die kristallographische c-Achse aller Lamellen senkrecht zur Stäbchenachse steht. Diese Strukturen entstehen nur bei isothermer Kristallisation bei hoher Temperatur (über 120 °C) bevorzugt bei extrem niedriger rel. Molekülmasse (z. B. in einer HDPE-Fraktion mit $\overline{M}_w = 2,8 \cdot 10^4$ und $\overline{M}_w/\overline{M}_n = 1,10$).
3. Strukturen aus einzelnen Lamellen ohne Vorzugsorientierung, die nur in HDPE-Typen mit sehr hochmolekularen Anteilen ($M > 1 \cdot 10^6$) entstehen.

LDPE bildet hingegen durch isotherme Kristallisation bei Temperaturen über 105 °C stets sphärolithische Strukturen aus[201], während bei raschem Abkühlen, abhängig vornehmlich vom Verzweigungsgrad und von der Molekülmassenverteilung, verschiedene, oft weniger geordnete Makrostrukturen entstehen (s. Abb. 1.40)[201].

Änderungen der Makrostruktur durch unterschiedliche Kristallisationsbedingungen bewirken bei HDPE und LDPE meist keine wesentlichen Änderungen des Kri-

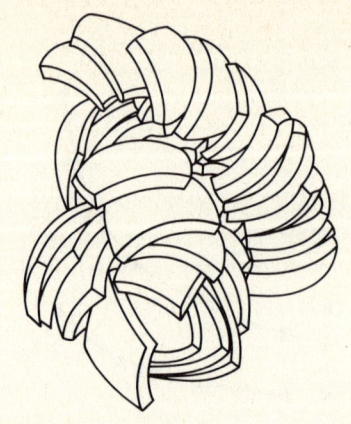

Abb. 1.39 Anordnung gebogener kristalliner Lamellen in einem HDPE-Sphärolith[200]

stallinitätsgrades. Der Kristallinitätsgrad von unverzweigtem HDPE hängt vor allem von der Molekülmassenverteilung ab; er sinkt mit steigendem Gehalt an sehr hochmolekularen Anteilen ($M > 8 \cdot 10^5$)[202]. Der Kristallinitätsgrad von LDPE und LLDPE wird vorwiegend durch die Konzentration der Kurzkettenverzweigungen bestimmt (s. S. 43, Abb. 1.23) und ist nahezu unabhängig von der rel. Molekülmasse. Kristallinitätsgrad und Makrostruktur können daher weitgehend als unabhängige Variable betrachtet werden; z. B. ist bei einer Änderung der Makrostruktur bei gleichem Kristallinitätsgrad keine wesentliche Veränderung der thermodynamischen Eigenschaften (Dichte, Schmelzwärme, Kristallitschmelzpunkt) zu beobachten, während z. B. die mechanischen Eigenschaften von LDPE in stärkerem Maße von der Makrostruktur abhängen[203].

Bei der freien Kristallisation von PP aus der Schmelze bilden sich stets Sphärolithe, deren Durchmesser von genau untersuchten kristallisationskinetischen Bedingungen (s. S. 64) abhängt. Unter technischen Bedingungen gebildete Sphärolithe weisen meist Durchmesser in der Größenordnung von 10 bis 200 μm auf. Es treten vier verschiedene Sphärolith-Typen auf[204]:

1. Bei Kristallisation unter 134 °C bildet sich Typ I (s. Abb. 1.41), der unter 162 °C positive und darüber negative Doppelbrechung aufweist.
2. Bei Kristallisation über 138 °C entsteht Typ II, der wie Typ I aussieht, jedoch von vornherein negative Doppelbrechung aufweist, die sich beim Erwärmen nicht mehr ändert.
3. Bei schneller Abkühlung der Schmelze und Kristallisation unter 128 °C wird relativ selten der Typ III inmitten von Sphärolithen des Typs I beobachtet.
4. Bei Kristallisationstemperaturen zwischen 128 und 132 °C wird nur selten der Typ IV gebildet.

Die Typen I und II bestehen aus kristallinen Lamellen der monoklinen α-Modifikation (s. Tab. 1.16), die Typen III und IV aus Lamellen der hexagonalen β-Modifikation.

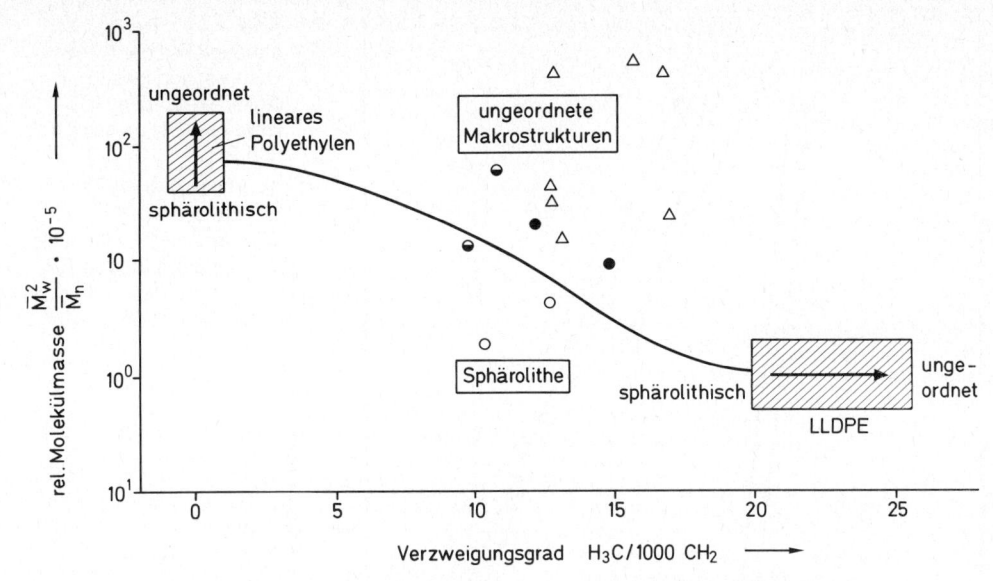

Abb. 1.40 Makrostrukturen von LDPE nach rascher Abkühlung aus der Schmelze in Abhängigkeit vom relativen Anteil an hochmolekularen Anteilen ($\bar{M}_w^2/\bar{M}_n$) und vom Verzweigungsgrad ($CH_3/1000$ CH_2); schraffierte Zonen: Verhalten von linearem Polyethylen (z. B. Phillips-HDPE) und von Ethylen-1-Buten-Copolymer (LLDPE)[201]:

○ gut geordnete Sphärolithe,
◐ mittelmäßig geordnete Sphärolithe,
● schlecht geordnete Sphärolithe,
△ ungeordnete Makrostruktur

Abb. 1.41 Polypropylen-Sphärolith, Typ I, kristallisiert bei 125 °C (90fache Vergrößerung)

Kristallisationsgeschwindigkeit

Die Kristallisationsgeschwindigkeit wird durch die Geschwindigkeit der Keimbildung und des Kristallwachstums bestimmt. Unter Keimbildung versteht man die Bildung sehr kleiner Bereiche von kristallinem Material beim Abkühlen der Schmelze unter den Gleichgewichtsschmelzpunkt. In Schmelzen kristalliner Polyolefine erfolgt die Keimbildung in der Regel an Grenzflächen zu einer zweiten Phase (*heterogene Keimbildung*), da die Schmelze meist Verunreinigungen, z. B. Katalysatorreste, Reste von unaufgeschmolzenen Kristalliten, Nukleierungsmittel (Zusatzstoffe zur Förderung der Keimbildung) usw. enthält. Die Kristallisation geht also von einer begrenzten Zahl sehr kleiner Keime pro Volumeneinheit aus und schreitet so lange fort, bis sie das ganze Volumen erfaßt hat (*primäre Kristallisation*). Schließlich erfolgt ein weiterer, langsamer Kristallisationsprozeß, der durch das allmähliche Dickerwerden der Lamellen, die Reduktion der Gitterfehler und die langsame Kristallisation amorpher Einschlüsse gekennzeichnet ist und ein allmähliches Ansteigen des Kristallisationsgrades bewirkt (*sekundäre Kristallisation*).

Die Gesamtkristallisationsgeschwindigkeit (GKG), die man z. B. volumetrisch ermitteln kann, durchläuft mit sinkender Temperatur ein Maximum. Ein gebräuchliches Maß für die GKG ist die, z. B. aus volumetrischen Daten, ermittelte Halbwertszeit, also die Zeit, in der die Kristallisation die Hälfte des Volumens erfaßt hat. Die Temperaturabhängigkeit der reziproken Halbwertszeit von HDPE und PP in einem Temperaturbereich, der beträchtlich höher liegt als die Temperatur mit maximaler GKG, zeigt Abb. 1.42.

Die GKG von Polyethylen nimmt mit sinkender Temperatur wesentlich stärker zu als jene von PP (s. Abb. 1.42). Das Maximum der GKG von Polyethylen liegt vermutlich bei 55 bis 95 °C. Die primäre Kristallisation von Polyethylen erfolgt in diesem Temperaturbereich

Abb. 1.42 Temperaturabhängigkeit der Gesamtkristallisationsgeschwindigkeit (reziproke Halbwertszeit, $1/t_{0,5}$) von HDPE und PP;

△ Phillips-HDPE[205]
□ Ziegler-HDPE[206]
○ ○ ●[207] + [208] verschiedene Typen von PP

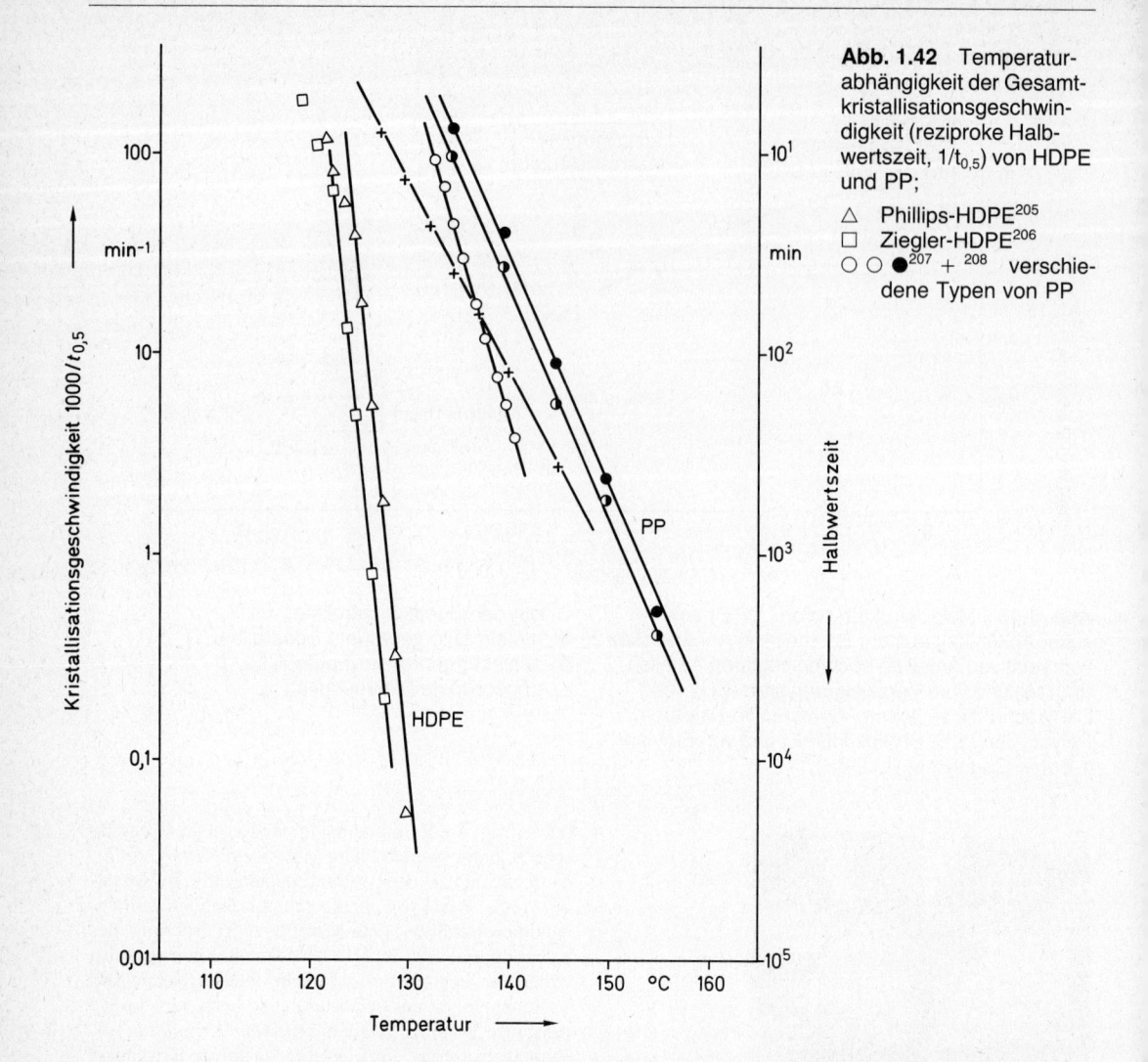

so schnell, daß eine genaue Messung der GKG nicht mehr möglich ist. Das hat zur Folge, daß die primäre Kristallisation von Polyethylen durch rasches Abschrecken selbst sehr dünner Schichten nur in geringem Maße unterdrückt werden kann. Das Maximum der GKG von PP liegt bei 115 bis 120 °C und kann mit wirkungsvollen Nukleierungsmitteln bis ca. 140 °C verschoben werden[209, 210]. Die primäre Kristallisation von PP kann durch rasches Abschrecken weitgehend unterbunden werden; dadurch ist es möglich, aus PP dünnwandige Objekte herzustellen, die nur sehr wenige und sehr kleine Sphärolithe enthalten und daher hohe Transparenz aufweisen (Herstellung transparenter Folien mit dem chill-roll-Verfahren).

Die Neigung zur sekundären Kristallisation (Nachkristallisation) ist bei HDPE stärker als in LDPE und am geringsten bei PP.

Die Unterdrückung der Kristallisation von PP durch rasches Abschrecken und seine geringere Gesamtkristallisationsgeschwindigkeit erleichtern die mikroskopische Ermittlung der Konzentration der Kristallisationszentren und der linearen Wachstumsgeschwindigkeit der Sphärolithe[208]. Bei isothermer Kristallisation nimmt der Sphärolith-Radius jeweils um den gleichen Betrag pro Zeiteinheit zu. Es konnte gezeigt werden, daß in PP ausschließlich heterogene Keimbildung erfolgt, wobei die Konzentration der Keime stärker von der Schmelztemperatur als von der Schmelzdauer abhängt[211]. In PP-Schmelzen scheinen zwei verschiedene Prozesse abzulaufen; der eine bewirkt die allmähliche Zerstörung von heterogenen Keimen, der andere die Bildung neuer Keime, die auch durch längere Schmelzdauer nicht zerstört werden können. In verschiedenen PP-Typen hat der eine oder der andere Prozeß größeres Gewicht. Bei PP unterschiedlicher Provenienz sind daher auch bei gleicher thermischer Vorgeschichte er-

hebliche Unterschiede in der Konzentration der heterogenen Keime und somit auch erhebliche Unterschiede in der GKG zu erwarten (s. Abb. 1.42).
Die lineare Wachstumsgeschwindigkeit der PP-Sphärolithe erweist sich als unabhängig von den Schmelzbedingungen; sie geht mit fallender Temperatur durch ein Maximum und nimmt mit steigender mittlerer rel. Molekülmasse $\overline{M}_n$ ab. Andererseits steigt die Keimbildungsgeschwindigkeit in PP bei tieferen Temperaturen wesentlich stärker an als die lineare Wachstumsgeschwindigkeit. Aufgrund dieser kinetischen Verhältnisse ist zu beobachten, daß der mittlere Sphärolithradius von PP mit steigender Konzentration an heterogenen Keimen, steigender mittlerer rel. Molekülmasse $\overline{M}_n$, fallender Kristallisationstemperatur und steigendem Kristallisationsdruck abnimmt[212].

Sonstige Verarbeitungseigenschaften

Schwindung

Die Verarbeitungsschwindung (s. DIN 53464) beim Spritzgießen liegt bei Polyethylen zwischen 1,5 und 5%, bei Polypropylen zwischen ca. 1,3 und 3,5%[213] und ist somit bei den kristallinen Polyolefinen wesentlich größer als bei amorphen Thermoplasten (s. S. 16). Die Schwindung hängt sowohl von den Verarbeitungsbedingungen[214, 215] als auch von den rheologischen Eigenschaften (s. o.) und dem Kristallisationsverhalten (s. o.) des Polyolefin-Typs ab. Das Schwindungsverhalten wird vor allem durch das Einfrieren bestimmter Molekülorientierungen in den oberflächennahen Schichten der Formteile bestimmt, wodurch im allgemeinen in Fließrichtung eine größere Verarbeitungsschwindung als quer dazu auftritt.
Die Verarbeitungsschwindung beim Spritzgießen von Polyolefinen steigt mit zunehmender Masse- und Werkzeugtemperatur, mit steigender Wanddicke, sinkendem spezifischem Spritzdruck und abnehmendem Angußquerschnitt. Unter vergleichbaren Verarbeitungsbedingungen nimmt die Verarbeitungsschwindung mit steigender mittlerer rel. Molekülmasse $\overline{M}_w$ und mit steigendem Wert von $\overline{M}_w/\overline{M}_n$ zu, womit oft auch eine merkliche Zunahme der Differenz der Verarbeitungsschwindung in Fließrichtung und quer dazu verbunden ist. Polyethylen-Typen mit ähnlichem Fließvermögen zeigen bei gleichen Verarbeitungsbedingungen eine mit sinkendem Kristallinitätsgrad (Zunahme der Kurzkettenverzweigungen) abnehmende Verarbeitungsschwindung.
Im Gegensatz zur Verarbeitungsschwindung läßt sich die Nachschwindung nicht durch Erhöhung des spezifischen Spritzdruckes herabsetzen. Unter den üblichen Verarbeitungsbedingungen ergeben PP, LDPE und LLDPE wesentlich kleinere Differenzen der Nachschwindung zwischen Fließrichtung und senkrecht zur Fließrichtung als HDPE; diesem Befund entspricht die oft beobachtbare größere Verzugsneigung eines Formteiles aus HDPE im Vergleich zu einem gleichgeformten Teil aus PP oder LDPE[215].

Verarbeitungsstabilität

Unter Verarbeitungsstabilität sei hier die Stabilität der Polyolefine gegen die bei der Verarbeitung zugleich wirkenden Belastungen verstanden, vorwiegend gegen thermische Belastungen (Massetemperatur), oxidative Prozesse (diffusionskontrollierte Sauerstoff-Konzentration) und mechanische Beanspruchung (herrschende Schubspannung). Im folgenden wird auf die Abhängigkeit der Verarbeitungsstabilität von der Struktur des polymeren Grundstoffes eingegangen; die Beeinflussung der Verarbeitungsstabilität durch Zusatzstoffe (Stabilisatoren) wird in Bd. II, Kap. 4 ausführlich behandelt.
Die üblichen Verarbeitungstemperaturen liegen im Fall von HDPE bei 180 bis 280 °C, von LDPE bei 160 bis 260 °C und von PP bei 220 bis 280 °C, wobei durch die mechanische Beanspruchung örtlich auch wesentlich höhere Massetemperaturen auftreten können. Allgemein ist ein Trend zu höheren Verarbeitungstemperaturen zu beobachten, um bei Typen mit guten mechanischen Eigenschaften (s. S. 71, 75 u. 78) die aus wirtschaftlichen Gründen anzustrebenden hohen Durchsätze erreichen zu können.
Wie im nachstehenden Reaktionsschema (Abb. 1.43) vereinfacht dargestellt, wird die Verarbeitungsstabilität von HDPE im wesentlichen durch die Konkurrenz von Verzweigungsreaktionen (Weg A) und von Abbaureaktionen (Weg B) bestimmt[216]. Beide Reaktionstypen gehen von der Spaltung eines Polyethylen-Moleküls in zwei Radikale aus, die durch thermische und/oder mechanische Beanspruchung ausgelöst wird. Weg A führt zu einer Molekülvergrößerung (Abnahme des MFI), Weg B zu einer Molekülverkleinerung (Zunahme des MFI).
Weg A wird durch niedrige Temperaturen (unter 290 °C bei niedriger Sauerstoff-Konzentration), hohe Scherkräfte und hohe Konzentration an endständigen Vinyl-Gruppen begünstigt, Weg B durch hohe Temperaturen (über 290 °C bei niedriger Sauerstoff-Konzentration), hohe Sauerstoff-Konzentration bei Abwesenheit von Antioxidantien und geringe Scherkräfte. Es wird angenommen, daß durch den Einfluß der Scherkräfte die beiden durch Kettenspaltung gebildeten radikalischen Kettenenden, die in einem ruhenden

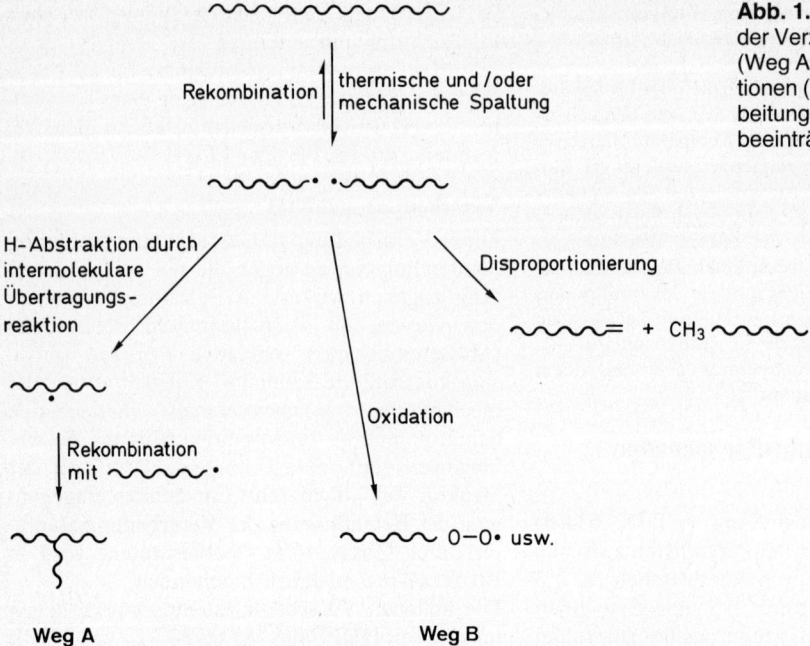

Abb. 1.43 Reaktionsschema der Verzweigungsreaktionen (Weg A) und der Abbaureaktionen (Weg B), die die Verarbeitungsstabilität von HDPE beeinträchtigen[216]

Weg A

Weg B

System längere Zeit wie in einem Käfig zusammengehalten würden (*Käfigeffekt*), rasch voneinander getrennt werden; dadurch werden die mit Weg A konkurrierenden Reaktionen der beiden Radikale miteinander (Rekombination und Disproportionierung) und mit in den *Radikalkäfig* eindiffundierendem Sauerstoff zurückgedrängt[216]. Die Begünstigung von Weg A durch endständige Vinyl-Gruppen ist wahrscheinlich auf die zu Verzweigungen führende Reaktion von radikalischen Kettenenden mit diesen Vinyl-Gruppen zurückzuführen[216]; diesen Vorstellungen entspricht die Beobachtung, daß unter den üblichen Verarbeitungsbedingungen Phillips-HDPE zur Molekülvergrößerung (sinkender MFI-Wert bei Mehrfachverarbeitung) neigt (Konzentration der endständigen Vinyl-Gruppen ca. 1/1000 C, s. Tab. 1.11) während Ziegler-HDPE meist eine Molekülverkleinerung (Konzentration der endständigen Vinyl-Gruppen ca. 0,1/1000 C) erfährt[217].

Ähnlich wie bei HDPE wird auch bei LDPE und LLDPE die Verarbeitungsstabilität durch die Konkurrenz von Abbau und Molekülvergrößerung bestimmt. Die thermische Spaltung von LDPE setzt bei ca. 280 °C ein; als primärer Ansatzpunkt der Zersetzung werden vor allem C-C-Bindungen benachbart zu Doppelbindungen (s. S. 28 und Tab. 1.11) angesehen[218]. In Gegenwart von Sauerstoff kommt der inter- und intramolekularen Wasserstoff-Abstraktion durch Peroxiradikale nach der Reaktion

$$R-O-O\cdot + R^1-H \longrightarrow R-O-O-H + R^1\cdot \qquad (29)$$

besondere Bedeutung zu, wobei ein Wasserstoff-Atom an einem Verzweigungspunkt, also an einem tertiären Kohlenstoff-Atom,

$$R^2-\underset{R^3}{\overset{R^1}{C}}-H$$

wesentlich (ca. 20mal) reaktiver ist als ein Wasserstoff-Atom an einem sekundären Kohlenstoff-Atom,

$$R^1-\underset{H}{\overset{H}{C}}-R^2$$

das wieder ca. 5mal reaktiver ist als ein Wasserstoffatom an einem primären Kohlenstoff-Atom,

$$R-\underset{H}{\overset{H}{C}}-H$$

Während die intramolekulare Wasserstoff-Abspaltung zur Bildung von *trans*-Vinylen- und Ether-Gruppen führt, ergeben sich bei intermolekularer Wasserstoff-Abspaltung vor allem innere Carbonyl-Gruppen; Kettenspaltung wird in beiden Fällen erreicht und führt oft in Kombination mit intramolekularer Übertragung (*backbiting*, s. S. 28) zur Bildung flüchtiger Zersetzungsprodukte[219]. In Gegenwart von Sauerstoff kommt es ebenfalls in beschränktem Maße zur Molekülvergrößerung durch Rekombination von Alkyl-Radikalen (s. o. Weg A im Reaktionsschema für HDPE)[219].

Zum Unterschied von HDPE, LDPE und LLDPE neigt PP unter den technisch üblichen Verarbeitungsbedingungen ausschließlich zur Molekülverkleinerung[220, 221]. Die Initiierung des molekularen Abbaues erfolgt wahrscheinlich durch Kettenspaltung,

$$\sim\!CH\!-\!CH_2\!-\!CH\!-\!CH_2\!\sim \;\longrightarrow \qquad (30)$$
$$\qquad |\qquad\quad\;\; |$$
$$\quad\; CH_3\qquad CH_3$$

$$\sim\!CH\cdot \;+\; \cdot H_2C\!-\!CH\!-\!CH_2\!\sim$$
$$\;\; |\qquad\qquad\qquad |$$
$$CH_3\qquad\qquad\;\; CH_3$$

die durch Einwirkung mechanischer Kräfte gefördert wird. Entscheidend für die geringe Verarbeitungsstabilität von reinem PP ist hierbei die starke Oxidationsanfälligkeit, die darauf zurückzuführen ist, daß jedes zweite Kohlenstoff-Atom der PP-Hauptkette ein tertiäres Kohlenstoff-Atom ist; dadurch wird der geschwindigkeitsbestimmende Schritt (s. Gl. (29)) des Autoxidationsprozesses besonders beschleunigt. Der molekulare Abbau erfolgt dabei vornehmlich durch β-Spaltung der tertiären Radikale

$$\sim\!CH\!-\!CH_2\!-\!\overset{\cdot}{C}\!-\!CH_2\!\sim \;\longrightarrow \qquad (31)$$
$$\quad |\qquad\qquad\;\; |$$
$$\;CH_3\qquad\qquad CH_3$$

$$\qquad\qquad\qquad\qquad\;\; H$$
$$\qquad\qquad\qquad\qquad\;\; |$$
$$\sim\!C\!=\!CH_2 \quad \cdot C\!-\!CH_2\!\sim$$
$$\;\; |\qquad\qquad\quad |$$
$$CH_3\qquad\qquad CH_3$$

die meist durch Reaktion nach Gl. (29) gebildet wurden, aber auch durch intra- oder intermolekulare Übertragungsreaktionen aus primären oder sekundären Radikalen entstehen können. Der Scherabbau von PP hat technische Bedeutung auch bei der Herstellung von Typen mit besonders enger Molekülmassenverteilung (s. S. 50). Wegen seiner ausgeprägten Oxidationsanfälligkeit wird PP ausschließlich mit Antioxidantien stabilisiert an die Verarbeiter geliefert.

Vernetzbarkeit

HDPE, LDPE und LLDPE lassen sich durch Einwirkung von Peroxiden[222–224], energiereicher Strahlung[223] und durch Silylierung mit nachfolgender Hydrolyse unter Bildung von Si-O-Si-Bindungen (*Silan-Vernetzung*)[225] vernetzen. Die größte technische Bedeutung hat z. Z. die Vernetzung mit Peroxiden; die Vernetzung mit Hilfe energiereicher Strahlen setzt sich wegen der erforderlichen hohen Investitionen bisher nur recht zögernd durch. Auch die Silan-Vernetzung hat bisher nur beschränkte Bedeutung, vor allem bei der Herstellung von Niederspannungskabelisolierungen. Die Vernetzung von PP hat wegen der vorherrschenden Neigung zum molekularen Abbau durch β-Spaltung tertiärer Radikale bisher keine technische Bedeutung erlangt (s. Gl. (31)).

Bei der peroxidischen Vernetzung entsteht durch thermischen Zerfall des Peroxids ein Radikal (*Peroxid-Radikal*), das aus einem Polyethylen-Molekül ein Wasserstoff-Atom unter Bildung eines Polymer-Radikals P$\cdot$ abstrahiert. Die Reaktion zweier Polymer-Radikale, $P_1\!\cdot$ und $P_2\!\cdot$, zu einer Vernetzungsstelle

$$P_1\!\cdot\; + \;P_2\!\cdot \;\rightarrow\; P_1\!-\!P_2 \qquad (32)$$

ist die Hauptreaktion der peroxidischen Vernetzung. Diese Hauptreaktion wird von verschiedenen Nebenreaktionen der Polymer-Radikale in einem von der Struktur des eingesetzten Polyolefins abhängigen Ausmaß beeinträchtigt, z. B. durch Kettenspaltung (s. Gl. (31)) oder Disproportionierung (s. Abb. 1.43). Als Maß der Vernetzbarkeit eines bestimmten Polyolefin-Typs kann man die Radikalausbeute A heranziehen, die als Quotient der Zahl der gebildeten Vernetzungsstellen N_v und der Zahl der eingesetzten Peroxid-Radikale N_p definiert ist:

$$A = \frac{N_v}{N_p}$$

N_p wird unter der Annahme berechnet, daß eine Peroxid-Gruppe zwei Peroxid-Radikale liefert, während N_v aus Messungen des Torsionsmoduls oder des Quellwertes ermittelt werden kann[223].

Die Radikalausbeute bei der peroxidischen Vernetzung wächst erfahrungsgemäß mit steigender rel. Molekülmasse (die Wahrscheinlichkeit des Einbaues eines Moleküls in das Netzwerk ist proportional seiner Kettenlänge), mit abnehmender Konzentration an Verzweigungsstellen (Gefahr der Kettenspaltung analog Gl. (31)) und zunehmender Konzentration an C-C-Doppelbindungen (Erleichterung der Bildung eines Polymer-Radikals). Der Einfluß von Verzweigungen auf die Radikalausbeute wird dadurch verstärkt, daß die

Radikalstelle an einer Polyethylen-Kette durch Wasserstoff-Verschiebung entlang wandern kann;

$$\sim\sim CH_2-\overset{\bullet}{C}H-CH_2\sim\sim \longrightarrow \sim\sim CH_2-CH_2-\overset{\bullet}{C}H\sim\sim \quad (33)$$

trifft sie dabei die Radikalstelle einer benachbarten Kette, so erfolgt die Bildung einer Vernetzungsstelle; trifft sie dagegen auf ein tertiäres oder quartäres Kohlenstoff-Atom in der Kette, erfolgt oft Kettenbruch (s. Gl. (31)). Sofern vom Einfluß der rel. Molekülmasse abgesehen werden kann, nimmt aus diesen Gründen die Radikalausbeute von Phillips-HDPE (hohe Konzentration an C-C-Doppelbindungen, streng lineare Struktur) über Ziegler-HDPE zu LDPE bzw. LLDPE ab.

Verarbeitung von Halbzeug

Halbzeug aus teilkristallinen Polyolefinen kann spanlos umgeformt werden (Biegen, Abkanten, Warmformen), wobei die Verarbeitungstemperaturen von LDPE bei 100 bis 115 °C, von HDPE bei 125 bis 135 °C (von UHMWPE bei 160 bis 170 °C) und von PP bei 160 bis 165 °C liegen (s. Bd. II, S. 193 f).

Zum Fügen von Halbzeug aus der gleichen Polyolefin-Kunststoffsorte hat sich das Heißelement-Stumpfschweißverfahren besonders bewährt. Wegen der unpolaren chemischen Struktur der Polyolefine bereitet vor allem das Kleben und das dekorative Ausrüsten beträchtliche Schwierigkeiten, die jedoch durch Abflammen, Coronabehandlung[226] oder Eintauchen z. B. in ein Chromschwefelsäurebad überwunden werden können. Die Haftfähigkeit von Polyolefinen an polaren Substraten kann auch durch Copolymerisation verbessert werden; z. B. haben sich Ethylen-Acrylsäure/ester-Copolymere als Haftvermittler in Verbundfolien und bei der Beschichtung von Stahlrohren mit LDPE bewährt.

2.4 Gebrauchseigenschaften

Die teilkristallinen Polyolefine zeichnen sich im Vergleich zu anderen Kunststoffen vor allem durch niedrige Dichte, hohe Zähigkeit und Reißdehnung, sehr gutes elektrisches Isolationsverhalten, sehr geringe Wasseraufnahme, hohe Chemikalienbeständigkeit[227] und weitgehende toxikologische Unbedenklichkeit[228] aus. Als manchmal nachteilige Eigenschaft ist das Brandverhalten von Polyethylen- und Polypropylen-Typen ohne flammhemmende Ausrüstung zu nennen, die eine Selbstentzündungstemperatur (ASTM D 1929) von ca. 440 °C aufweisen und mit heller Flamme brennen, wobei die Brandausbreitung auch durch das Weiterbrennen der abtropfenden Schmelze gefördert werden kann[229]. Richtwerte für die wichtigsten Gebrauchseigenschaften werden im Teil B dieses Kapitels in vergleichender Darstellung gegeben (s. S. 216).

LDPE, HDPE, LLDPE und PP sind bei Raumtemperatur in keinem Lösungsmittel löslich; diese teilkristallinen Polyolefine lösen sich erst bei höherer Temperatur nach vollständigem Aufschmelzen der kristallinen Bereiche. Dies erfolgt in Gegenwart guter Lösungsmittel bei einer Temperatur, die oft wesentlich unterhalb des Kristallitschmelzpunktes (s. S. 51) liegt, der in Abwesenheit des Lösungsmittels beobachtet wird. Gute Lösungsmittel sind z. B. aromatische Kohlenwasserstoffe, z. B. p-Xylol und aliphatische Kohlenwasserstoffe, z. B. Dekalin; LDPE ($\varrho = 0{,}918$ g·cm^{-3}) ist in p-Xylol bei Temperaturen oberhalb 70 °C vollkommen löslich, während HDPE ($\varrho = 0{,}960$ g·cm^{-3}) sich in p-Xylol erst ab ca. 100 °C löst. Bei tieferen Temperaturen erfolgt nur begrenzte Quellung, die mit steigender Güte des Lösungsmittels und mit abnehmendem Kristallisationsgrad zunimmt. Hierauf beruht die bei Raumtemperatur zu beobachtende gute Chemikalienbeständigkeit gegenüber den meisten nicht oxidierend wirkenden Agenzien.

Alle teilkristallinen Polyolefine weisen eine beschränkte Beständigkeit gegen oxidierende Agenzien auf. Auf die oxidative Wirkung des Luftsauerstoffes bei Temperaturen über 150 °C wurde bereits hingewiesen (s. S. 65). Die Gebrauchstüchtigkeit von Polyolefinen bei Freibewitterung wird besonders durch den photooxidativen Abbau beeinträchtigt. Dieser Abbau wird vorwiegend durch die Photolyse von Hydroperoxiden ausgelöst, die sich z. B. während der Verarbeitung (s. Gl. (29) auf S. 66) gebildet haben. Diese zerfallen unter Einwirkung des Sonnenlichtes in ein Alkoxy-

$$R^1-\underset{\underset{OOH}{|}}{\overset{\overset{R^2}{|}}{C}}-R^3 \xrightarrow{h\nu} R^1-\underset{\underset{|\underline{O}|}{|}}{\overset{\overset{R^2}{|}}{C}}-R^3 + \cdot OH \quad (35\,a)$$

$$R^1-\underset{\underset{|\underline{O}|}{|}}{\overset{\overset{R^2}{|}}{C}}-R^3 \longrightarrow R^1-\overset{\overset{R^2}{|}}{C}=\underline{O} + \cdot R^3 \quad (35\,b)$$

und ein Hydroxy-Radikal (Gl. 35 a). Im Gegensatz zu Alkylperoxiradikalen (s. Gl. 29) gehen die Alkoxy-Radikale überwiegend Zerfallsreaktionen, z. B. β-Spaltung (s. Gl. 35 b) ein[230]. Die Neigung zum photooxidativen Abbau nimmt wie jene zum thermooxidativen Abbau (s. S. 66) mit steigender Konzentration an tertiären Kohlenstoff-Atomen zu und sinkt mit zunehmendem Kristallinitätsgrad, da die Photooxidation vorwiegend in den amorphen Bereichen erfolgt (diffusionskontrollierte Reaktion mit Sauerstoff). Die Oxidationsstabilität im Außeneinsatz nimmt daher meist von HDPE über LDPE zu PP ab. Die Beständigkeit gegen photooxidativen Abbau kann durch Zusatz von Lichtschutzmitteln und Ruß wesentlich erhöht werden[230] (s. Bd. II, S. 393).

Die Stabilität der kristallinen Polyolefine gegen Oxidation bei Raumtemperatur wird auch durch die Gegenwart von Verbindungen jener Metalle wesentlich verringert, die durch Einelektronübergänge leicht oxidiert oder reduziert werden können und deren verschiedenen Wertigkeitsstufen vergleichbare Stabilität besitzen (Fe, Co, Mn, Cu, Ce, V). Diese Stabilitätsminderung ist auf eine Beschleunigung des Hydroperoxid-Zerfalles nach der folgenden Reaktion zurückzuführen:

$$R-\bar{O}-\bar{O}-H + M^{n+} \longrightarrow \quad (36\,a)$$
$$R-\bar{O}-\bar{O}\cdot + M^{(n-1)+} + H^+$$

$$R-\bar{O}-\bar{O}-H + M^{(n-1)+} \longrightarrow \quad (36\,b)$$
$$R-\bar{O}\cdot + M^{n+} + |\bar{O}-H^-$$

Bruttoreaktion: (36 c)

$$2\ R-O-O-H \longrightarrow ROO\cdot + RO\cdot + H_2O$$

Zur Erhöhung der Stabilität der Polyolefine in Gegenwart solcher Metallionen, z. B. bei der Isolierung von Kupferdraht, stehen besondere Zusatzstoffe (Metalldesaktivatoren in Kombination mit Antioxidantien) zur Verfügung[231] (s. Bd. II). Der Anwendungsbereich der teilkristallinen Polyolefin-Kunststoffe wird vor allem durch die Temperaturabhängigkeit der mechanischen Eigenschaften (s. Abb. 1.44) beschränkt. Bei hohen Temperaturen macht sich die Abnahme des Kristallinitätsgrades mit steigender Temperatur (s. Abb. 1.37) zunehmend bemerkbar; bei tiefen Temperaturen wird das mechanische Verhalten von der Lage der Haupt- und Nebenerweichungsgebiete (Maxima des mechanischen Verlustfaktors) bestimmt. Die obere Gebrauchstemperatur nimmt daher von PP über HDPE, LLDPE zu LDPE ab; die untere Gebrauchstemperatur liegt für LLDPE und HDPE mit ca. $-120\,°C$ wesentlich tiefer als für PP, das unter $-10\,°C$ selbst bei sehr langsamer Beanspruchung Versprödung zeigt.

Im folgenden wird der Einfluß von Variationen des polymeren Grundstoffes auf das Niveau von Eigenschaften behandelt. Dabei werden jene Ei-

Abb. 1.44 Temperaturabhängigkeit des Schubmoduls G und des mechanischen Verlustfaktors d ermittelt im Torsionsschwingungsversuch (nach DIN 53445);

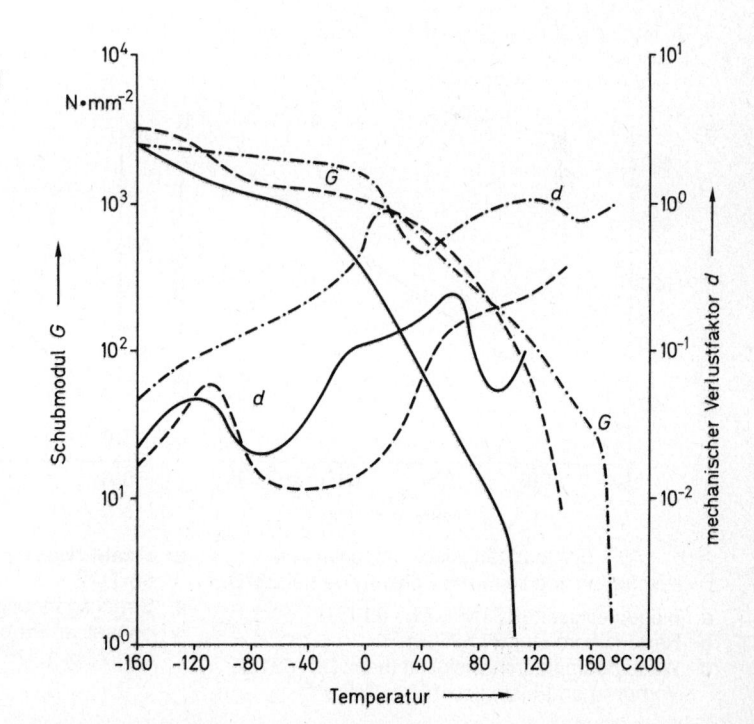

——— LDPE[232] ($\rho_{23\,°C} = 0{,}918\ g\cdot cm^{-3}$; MFI 190/2,16 = 1,5 dg min^{-1})
– – – HDPE[232] ($\rho_{23\,°C} = 0{,}960\ g\cdot cm^{-3}$; MFI 190/2,16 = 7 dg min^{-1})
–·–·– PP[233] ($\rho_{23\,°C} = 0{,}905\ g\cdot cm^{-3}$; MFI 190/5 = 3 dg min^{-1})

Tab. 1.17 Qualitativer Einfluß von Änderungen der Dichte (ρ), des Schmelzindex (MFI) und der Breite der Molekülmassenverteilung ($\overline{M}_w/\overline{M}_n$) auf Gebrauchseigenschaften von linearem Polyethylen (HDPE und LLDPE); ↗ = Anstieg, ↘ = Abnahme, ○ = kein Effekt

Eigenschaft	gewünschte Tendenz	erforderliche Änderung			Anmerkungen
		ρ	MFI	$\overline{M}_w/\overline{M}_n$	
Steifigkeit	↗	↗	○	○	s. Abb. 1.45 a
Härte	↗	↗	○	○	s. Abb. 1.45 b
Streckspannung	↗	↗	○	○	s. Abb. 1.45 e
Erweichungstemperatur	↗	↗	○	○	s. Abb. 1.45 d
Reißfestigkeit	↗	↗	↘	○	quantitative Angaben[234]
Reißdehnung	↗	↘	↘	○	quantitative Angaben[234]
Schlagzähigkeit	↗	↘	↘	↘	s. Abb. 1.46 und Abb. 1.47
Versprödungstemperatur	↘	↘	↘	↗	für HDPE-Homopolymer im Bereich MFI 190/2,16 < 1 g/10 min gleichbleibend ($\approx -120\,°C$)
Permeabilität	↘	↗	○	○	s. Abb. 1.45 c
Chemische Beständigkeit	↗	↗	○	○	ausführliche Tabellen[227]
Spannungsrißbeständigkeit	↗	↘	↘↘	↗	s. Abb. 1.48
Kriechnachgiebigkeit	↘	↗	↘	↗	s. Abb. 1.49

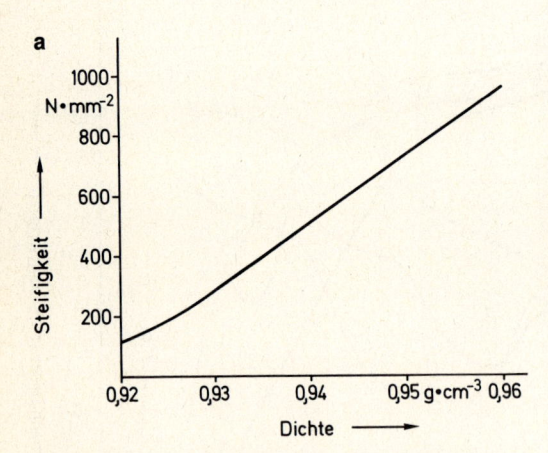

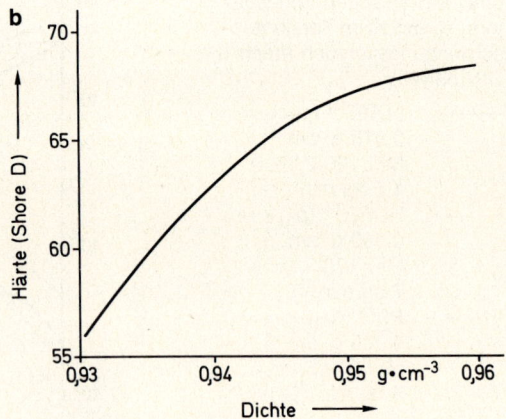

Abb. 1.45 Dichteabhängigkeit verschiedener Eigenschaften von linearem Polyethylen bei 23 °C.
a Biegesteifigkeit (ASTM D747–63)[109]
b Härte (Shore D, DIN 53505)[109]
c Wasserdampfdurchlässigkeit (nach DIN 53122, Vornorm) an Folien von 100 µ Dicke[235]
d Vicat-Erweichungstemperatur (ASTM D1525-65 T)[109]
e Streckspannung (DIN 53455), gemessen an denselben Proben wie die Daten in Abb. 1.27 und Abb. 1.47[236]

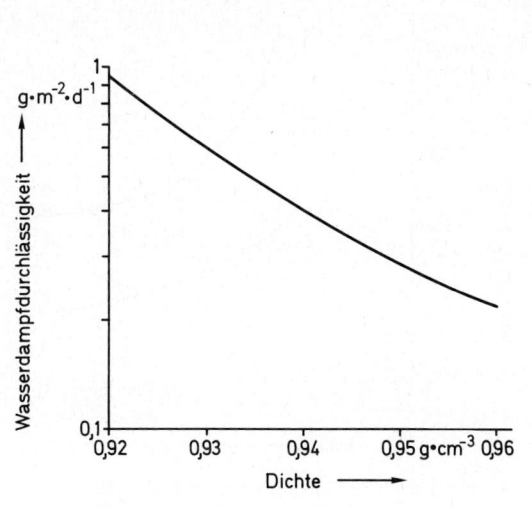

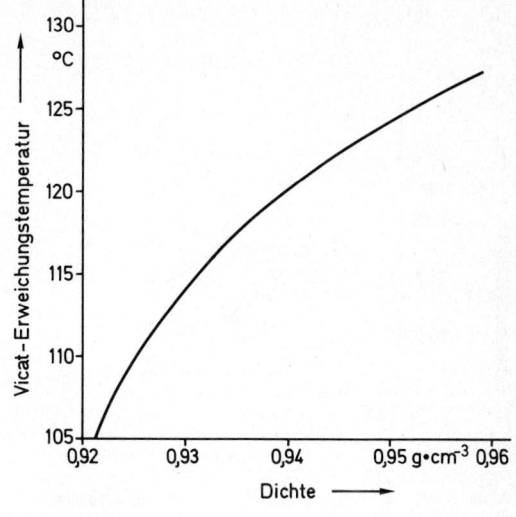

Abb. 1.45 c

Abb. 1.45 d

genschaften ausführlicher berücksichtigt, die für die Anwendung der teilkristallinen Polyolefin-Kunststoffe von besonderer Bedeutung sind.

2.4.1 Lineares Polyethylen (HDPE und LLDPE)

Der qualitative Zusammenhang zwischen wichtigen Gebrauchseigenschaften und der Dichte, der mittleren rel. Molekülmasse und der Breite der Molekülmassenverteilung ist in Tab. 1.17 dargestellt. Es ist sicherlich eine zu weitgehende Vereinfachung, wenn in Tab. 1.17 festgestellt wird, daß bestimmte Eigenschaften von einer dieser Einflußgrößen unabhängig sind; es trifft jedoch zu, daß bestimmte Eigenschaften in viel stärkerem Maße von der einen Einflußgröße als von der anderen abhängen, so daß die in Tab. 1.17 enthaltenen Verallgemeinerungen didaktisch sinnvoll sind. Diese Verallgemeinerungen sind im Falle der Dichteabhängigkeit der Eigenschaften wesentlich besser durch experimentelle Befunde abgesichert als im Fall der Abhängigkeit von rel. Molekülmasse und Molekülmassenverteilung. Nur selten findet man in der Literatur Ergebnisse von Messungen bestimmter Eigenschaften an Proben, deren Molekülmassenverteilung genau bekannt ist; meist wird in der Praxis der Schmelzindex (s. S. 51 u.) als Maß für die mittlere rel. Molekülmasse und die Größe $\overline{M}_w/\overline{M}_n$ zur Charakterisierung der Molekülmassenverteilung herangezogen.

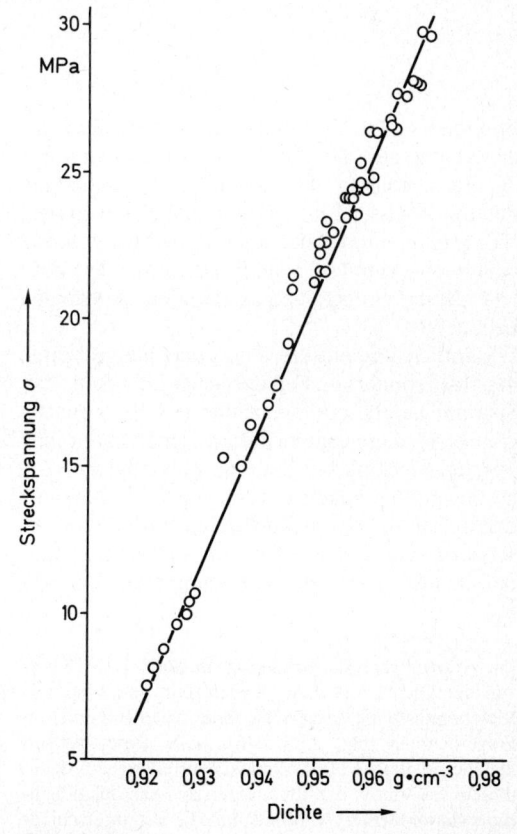

Abb. 1.45 e

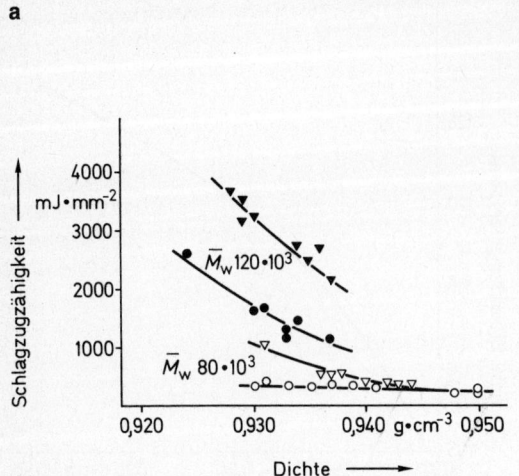

Abb. 1.46 Schlagzugzähigkeit (DIN 53448) als Funktion

a der Dichte (23 °C) bei $\frac{\text{MFI } 190/15}{\text{MFI } 190/5} \sim 6$,

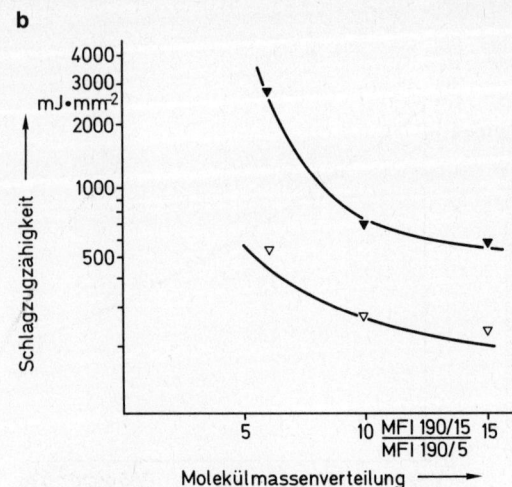

b der Breite der Molekülmassenverteilung bei einer Dichte (23 °C) von 0,935 g · cm^{-3} [155];

○, ▽ $\overline{M}_w \sim 80 \cdot 10^3$
●, ▼ $\overline{M}_w \sim 120 \cdot 10^3$
○, ● kurze Seitenketten
▽, ▼ längere Seitenketten

Wie man Tab. 1.17 entnehmen kann, hängt z. B. die Steifigkeit, die Härte, die Streckspannung, die Permeabilität, die chemische Beständigkeit und mit gewisser Einschränkung auch die Erweichungstemperatur nahezu ausschließlich von der Dichte ab. Abb. 1.45 zeigt Beispiele für den Verlauf dieser einfach darzustellenden Abhängigkeiten.

Wesentlich komplexere Zusammenhänge bestehen insbesonders im Fall der Schlagzähigkeit, der Spannungsrißbeständigkeit und der Kriechnachgiebigkeit; diese Eigenschaften, denen in der Anwendungstechnik der linearen Polyethylene große Bedeutung zukommt, hängen nicht nur von den in Tab. 1.17 berücksichtigten Einflußgrößen, sondern auch von der Art des zur Verringerung der Dichte eingesetzten Comonomeren (s. S. 43) ab.

Die Abhängigkeit der **Schlagzugzähigkeit** (DIN 53448) von der Dichte und dem Gewichtsmittelwert der rel. Molekülmasse $\overline{M}_w$ für verschiedene Typen von linearen Polyethylenen zeigt Abb. 1.46a. Alle Typen weisen annähernd gleiche Molekülmassenverteilung auf, die in diesem Fall durch den Quotienten aus den Schmelzindices charakterisiert werden kann, die mit unterschiedlicher Prüfmasse (MFI 190/15: 15 kg; MFI 190/5: 5 kg) bestimmt wurden; diese Messung entspricht näherungsweise einer Messung der Viskosität bei zwei um den Faktor 3 verschiedenen Schubspannungen (s. S. 52). Wie man Abb. 1.46a entnehmen kann, nimmt die Schlagzugzähigkeit von linearem Polyethylen mit wachsender Länge der Seitenketten zu; für Copolymere von Ethylen und 1-Octen ist daher z. B. bei gleicher Dichte, – also bei gleicher Massenkonzentration des Comonomer-Bausteines (s. S. 43) –, eine höhere Schlagzugzähigkeit als bei Copolymeren von Ethylen und 1-Buten zu erwarten. Mit steigender Breite der Molekülmassenverteilung ist eine starke Abnahme der Schlagzugzähigkeit zu beobachten (s. Abb. 1.46b).

Messungen der **Schlagbiegezähigkeit** (in Anlehnung an DIN 53453) an gekerbten Probekörpern von linearen Polyethylenen, deren Molekülmassenverteilung, Dichte und thermische Vorgeschichte genau bekannt war, wurden unter Anwendung bruchmechanischer Methoden analysiert[236]. Die bruchmechanische Analyse ermöglicht die Ableitung eines Maßes für die Schlagzähigkeit, nämlich der kritischen spezifischen Bruchenergie, das sich in diesem Fall von der Probekörpergeometrie und der Versuchsanordnung (nach Charpy, s. DIN 53453 oder Izod, s. ASTM-D3998) als unabhängig erweist und daher den Anforderungen an eine Stoffkenngröße weitgehend genügt. Die Auswertung der Messungen an vier homologen Reihen von HDPE mit unterschiedlicher Breite der Molekülmassenverteilung ($\overline{M}_w/\overline{M}_n = 5,5-13$; s. S. 52) zeigt, daß die kritische spezifische Bruchenergie dieser Proben sehr gut mit dem Zahlenmittel der rel. Molekülmasse $\overline{M}_n$ korreliert (s. Abb. 1.47a). Untersuchungen an Ethylen-1-Buten-Copolymeren mit vergleichbaren

Abb. 1.47 Kritische spezifische Bruchenergie von gepreßten Probekörpern (s. S. 52, Abb. 1.27)

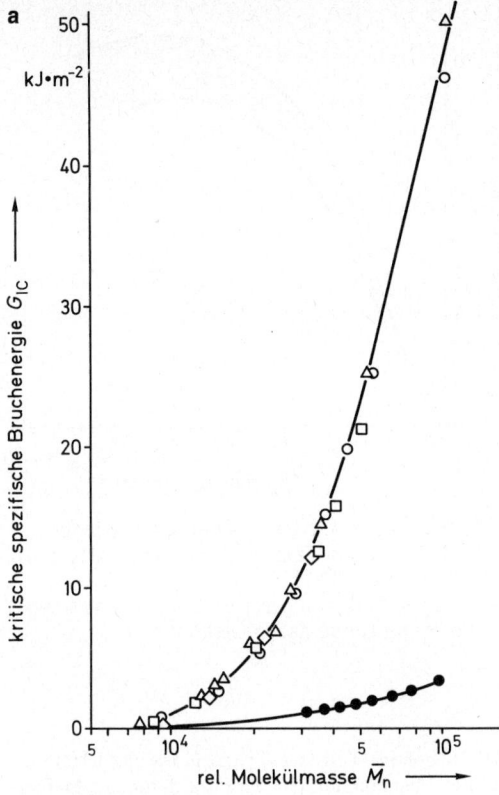

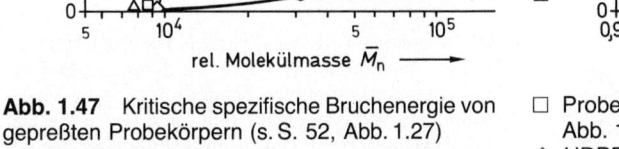

a   aus HDPE und LLDPE[236] bzw. PP-Homopolymer[247] als Funktion des Zahlenmittels der rel. Molekülmasse $\overline{M}_n$;

○ HDPE-Fraktionen, s. Kurve N in Abb. 1.27,
△ Proben der HDPE-Typenserie M, s. Kurve M in Abb. 1.27,
□ Proben der HDPE-Typenserie B, s. Kurve B in Abb. 1.27,
◇ HDPE-Typenserie BM ($\overline{M}_w/\overline{M}_n = 11 \pm 2$)
● PP-Homopolymer-Typen ($\overline{M}_w/\overline{M}_n = 2{,}2\text{--}7$)

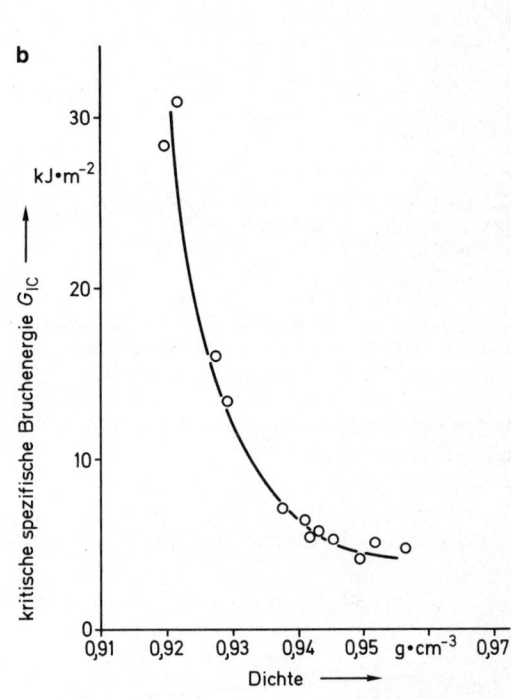

b   aus HDPE und LLDPE[236] als Funktion der Dichte (23 °C) bei einem Schmelzindex MFI 190/5 von ca. 1 dg · min^{-1}

Schmelzindices ergaben, daß bei scharfer Kerbung und hoher Deformationsgeschwindigkeit im Bereich hoher und mittlerer Dichte der Einfluß der rel. Molekülmasse überwiegt und erst im Bereich niedriger Dichten die leichtere Verformbarkeit zu einem starken Anstieg der kritischen spezifischen Bruchenergie führt (s. Abb. 1.47 b)[236]. Nach Tempern der Proben mit sehr hoher Dichte ($\varrho_{23\,°C} = 0{,}960$ g · cm^{-3}) bei Temperaturen zwischen 114 und 128 °C wurde eine Zunahme der kritischen spezifischen Bruchenergie festgestellt; als Ursache für dieses Verhalten wird sowohl das Dickenwachstum der Kristallite (s. S. 59) als auch die mit der Strukturänderung verbundene Lockerung von Verspannungen in den *tie molecules* (s. S. 55) diskutiert[236].

Die **Spannungsrißbeständigkeit** (**e**nvironmental **s**tress **c**racking **r**esistance: ESCR) wird bei Polyethylen bevorzugt mit dem Bell-Telephone-Test geprüft. Dabei werden Streifen mit einer definierten Kerbe um einen Winkel von 180 °C gebogen und in Probekörperhalterungen einer Netzmittellösung ausgesetzt[237]. Als Maß für die Spannungsrißbeständigkeit wird die Zeit in Stunden angegeben, innerhalb der 50% der Probekörper zu Bruch gehen (F_{50}-Zeit). Der Bell-Telephone-Test ist dadurch gekennzeichnet, daß bei steiferen Proben die auftretenden Spannungen viel höher sind als bei weicheren Proben, was bei einem Vergleich der F_{50}-Zeiten von Polyethylen-Proben mit niedriger und hoher Dichte zu berücksichtigen ist[238]. Abb. 1.48 zeigt die Abhängigkeit der Spannungsrißbeständigkeit nach dem

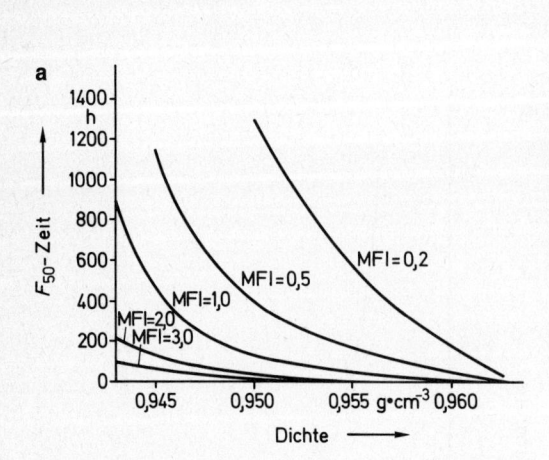

Abb. 1.48 ESCR von Copolymeren des Ethylen mit α-Olefinen;

a Abhängigkeit der F_{50}-Zeit von der Dichte (23 °C) und vom Schmelzindex, MFI (= MFI 190/2,16 in dg·min^{-1}), für Ethylen-Propylen- und Ethylen-1-Buten-Copolymere in einem modifizierten Bell-Telephone-Test (Probendicke = 1/10″) in Ethanol bei 50 °C[85],

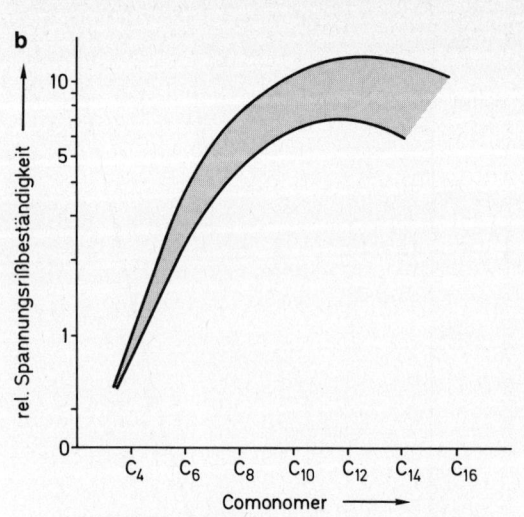

b Relative Steigerung der ESCR mit zunehmender Kettenlänge des α-Olefins[110]

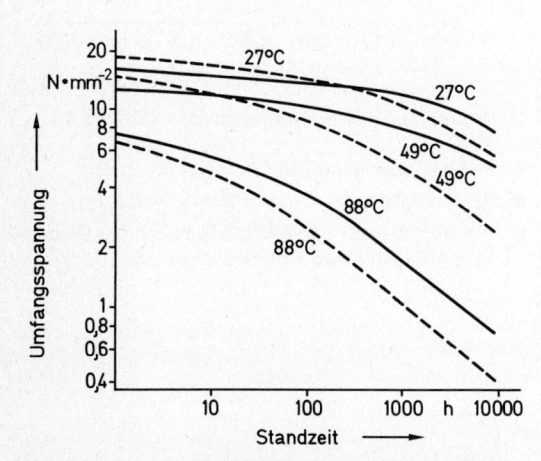

Abb. 1.49 Zeitstandschaubild für Rohre unter Innendruck aus verschiedenen Typen von Phillips-HDPE[85] in doppeltlogarithmischer Auftragung von Umfangsspannung gegen die Standzeit;

(———) Ethylen-1-Buten-Copolymer, $\varrho_{23°C} = 0{,}950$·cm^{-3}, MFI 190/2,16 = 0,25 dg·min^{-1};

(– – –) HDPE-Homopolymer, $\varrho_{23°C} = 0{,}960$ g·cm^{-3}, MFI 190/2,16 = 0,25 dg·min^{-1}

$$\text{Umfangsspannung} = \frac{p(D-s)}{2s},$$

wobei p = Innendruck, D = Rohraußendurchmesser und s = Wanddicke

Bell-Telephone-Test von Schmelzindex und Dichte für HDPE. Man erkennt, daß die F_{50}-Zeit für eine Meßreihe mit einem bestimmten Schmelzindex unter einem bestimmten Wert der Dichte sehr rasch ansteigt, wobei dieser Dichtewert mit sinkendem MFI (steigender rel. Molekülmasse) größer wird. Der dargestellte Zusammenhang setzt sich im Bereich niedriger Dichte ($\varrho = 0{,}940$–$0{,}915$ g·cm^{-3}) mit einer meist stetigen Zunahme der F_{50}-Zeiten mit sinkender Dichte fort, was sich in einer sehr guten Spannungsrißbeständigkeit von LLDPE äußert. Auch die Spannungsrißbeständigkeit nimmt bei sonst gleichen Bedingungen mit der Länge der Seitenketten zu (s. Abb. 1.48b). Besonders hohe Spannungsrißbeständigkeit weist UHMWPE (s. S. 39) auf, das sich auch durch besonders gutes Verschleißverhalten und sehr hohe Kerbschlagzähigkeit auszeichnet[239].

Auch das **Zeitstandverhalten** von HDPE wird durch Kurzkettenverzweigungen stark beeinflußt. Abb. 1.49 zeigt das Zeitstandschaubild für Rohre unter Innendruck aus Phillips-HDPE Homopolymer und Copolymer mit demselben Schmelzindex. Obwohl die Zugfestigkeit von linearem Polyethylen mit sinkender Dichte deutlich abnimmt, wird durch Absenken der Dichte von 0,96 g·cm^{-3} auf 0,95 g·cm^{-3} eine wesentliche Erhöhung der Standzeit bei gleichzeitiger Verringerung der Verformung erreicht, ohne wesentliche Einbußen bei anderen von der Dichte abhängigen Eigenschaften (s. Abb. 1.45 a–e) in Kauf nehmen zu müssen. Copolymere mit längeren Seitenketten weisen bei gleicher Dichte und gleichem Schmelzindex ein besseres Zeitstandverhalten auf; z. B. sind Copolymere aus Ethylen und 1-Hexen jenen aus Ethylen und 1-Buten mit vergleichbaren Werten der Dichte und des Schmelzindex im Zeitstandverhalten deutlich überlegen[240].

Im Gegensatz zur Schlagzähigkeit wird die *Spannungsrißbeständigkeit und* das *Zeitstandverhalten* durch eine Molekülmassenverteilung begünstigt, die einen größeren Anteil an sehr hochmolekularen Anteilen (*hochmolekularer Schwanz*) aufweist, wodurch sich der Wert von $\overline{M}_w/\overline{M}_n$ wesentlich erhöht. Besonders hohe Spannungsrißbeständigkeit und gutes Zeitstandverhalten werden erreicht, wenn in diesem sehr hochmolekularen Anteil eine besonders hohe Konzentration an Seitenketten vorliegt[85] (s. S. 40). Dieses Verhalten wird im allgemeinen dadurch erklärt, daß das Lösen von Verschlaufungen (*entanglements*) mit steigender rel. Molekülmasse und steigender Konzentration an Seitenketten erschwert wird, wobei die Wirkung der Seitenketten mit ihrer Länge bis zu einer Obergrenze bei ca. 12 Kohlenstoff-Atomen (s. Abb. 1.48 b) zunimmt.

2.4.2 LDPE, EVA und Ionomere

Die Molekülstruktur von LDPE unterscheidet sich von jener des LLDPE in erster Linie durch das Vorliegen von Langkettenverzweigungen (s. S. 27 u. 33), die vor allem die rheologischen Eigenschaften (s. S. 53 f) und den Kristallitschmelzpunkt (s. Abb. 1.26, S. 51) beeinflussen. Bezüglich der Abhängigkeit der eigentlichen Gebrauchseigenschaften von der Dichte und der mittleren rel. Molekülmasse bzw. dem Schmelzindex bestehen zwischen LDPE und LLDPE z. T. vernachlässigbare und z. T. bemerkenswerte Unterschiede. Weitgehend vernachlässigbar sind die Unterschiede zwischen LDPE und LLDPE gleicher Dichte z.B. im Fall der Härte, der Streckspannung, der Vicat-Erweichungstemperatur und des Permeationsverhaltens (s. Abb. 1.45, S. 70). Auf diese Eigenschaften wird daher an dieser Stelle unter Hinweis auf Abschnitt 2.4.1 nicht näher eingegangen. Die Steifigkeit von LDPE ist meist nur 10 bis 20% niedriger als jene von LLDPE gleicher Dichte.

Bemerkenswerte Unterschiede zwischen LDPE und LLDPE mit vergleichbarer Dichte und Verarbeitbarkeit bestehen z. B. im Fall der Reißfestigkeit und Reißdehnung, der Schlagzähigkeit, der Weiterreißfestigkeit und der Spannungsrißbeständigkeit. Dabei muß berücksichtigt werden, daß die Verarbeitbarkeit von LLDPE im Vergleich zu LDPE mit gleichem Schmelzindex durch die höhere Viskosität bei hohem Schergefälle (s. Abb. 1.50) deutlich beeinträchtigt wird (s. S. 55). Von besonderem Interesse ist z. B. der Vergleich von Eigenschaften, die für den Gebrauchswert von Folien entscheidend sind; Abb. 1.50 b–c ermöglicht den Vergleich der Reißfestigkeit, der Schlagzugzähigkeit und der Weiterreißfestigkeit von Folien aus LDPE und LLDPE mit gleicher Dichte und vergleichbarer Verarbeitbarkeit. Dabei ist zu beachten, daß die höhere Reißfestigkeit von LLDPE mit einer ca. 30 bis 80%igen Erhöhung der Reißdehnung gegenüber dem Wert der Reißdehnung von LDPE verbunden ist, der weitgehend unabhängig vom Molekülmasse und Dichte des LDPE bei ca. 600% liegt. Die Spannungsrißbeständigkeit von LDPE ist wesentlich geringer als jene von LLDPE.

Die Gebrauchseigenschaften von LDPE sind auch vom Herstellungsverfahren abhängig (s. S. 29). In Einkammer-Rührautoklaven hergestellte LDPE-Typen (*Autoklaven-Typ*) weisen in der Regel eine bessere Spannungsrißbeständigkeit auf als die in Rohrreaktoren einfacher Bauart (*Rohrreaktor-Typ*) erzeugten. Folien aus Autoklaven-Typen haben meist eine höhere Durchstoßfestigkeit und eine höhere Festigkeit von Schweißnähten, aber geringeren Glanz, schlechtere Transparenz, niedrigere Schlagfestigkeit im Dart-Test (ASTM D-1709) und geringere Weiterreißfestigkeit (ASTM D-1922) als Rohrreaktor-Typen mit vergleichbarer Dichte und Schmelzindex. Die optischen Eigenschaften (Glanz, Transparenz) von Blasfolien aus Rohrreaktor-Typen übertreffen jene von LLDPE-Blasfolien. Folien aus LLDPE und LDPE mit vergleichbarer und sehr guter optischer Qualität (hoher Glanz, hohe Transparenz) können nach dem chill-roll-Verfahren hergestellt werden; dabei wird die niedrigviskose Schmelze aus der Breitschlitzdüse eines Extruders auf eine gekühlte Walze gegossen.

Die Gebrauchseigenschaften von LDPE lassen sich durch Copolymerisation mit Vinylacetat (VA) (s. S. 29) modifizieren[243]. Mit steigendem Gehalt an Vinylacetat-Bausteinen nimmt z. B. die Reißdehnung, die Spannungsrißbeständigkeit, die Schlagfestigkeit zu, während die Reißfestigkeit bei einem Massengehalt von 20 bis 30% VA durch ein Maximum geht. Die Härte, Steifigkeit und Wärmeformbeständigkeit nimmt hingegen mit steigendem VA-Gehalt ab. Folien aus EVA-Copolymeren zeichnen sich auch durch gute Verschweißbarkeit aus; der Schweißbereich ist ebenso breit wie bei LDPE (ΔT ca. 30°C), liegt jedoch bei einem Massengehalt von 8% VA um ca. 10°C unter jenem von LDPE (ca. 115 bis 145°C). LDPE weist einen wesentlich breiteren Schweißbereich als LLDPE auf.

Durch Hochdruckpolymerisation (s. S. 27) können auch Copolymere aus Ethylen und 1 bis 10%

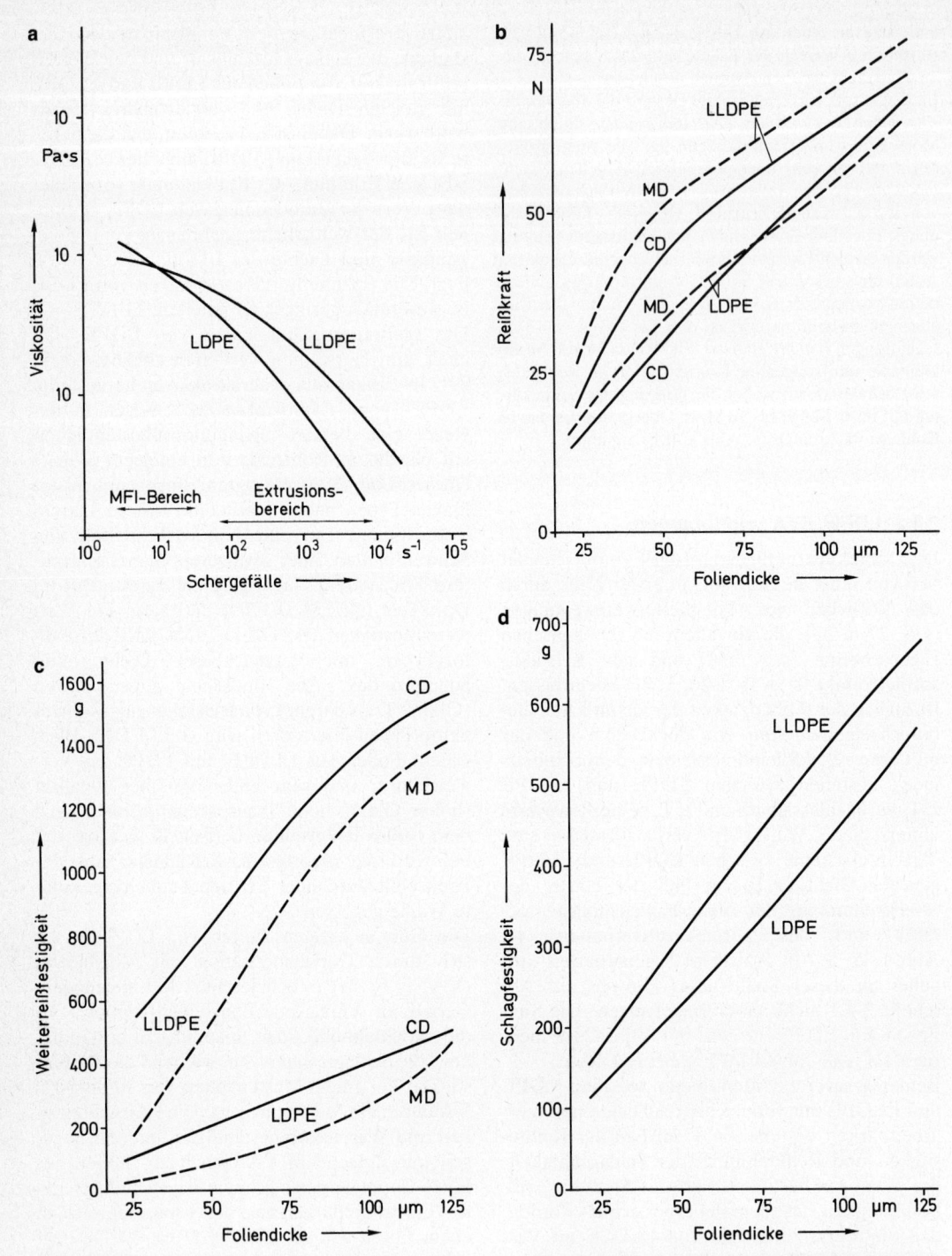

Abb. 1.50 Vergleich der Eigenschaften von LDPE und LLDPE:

- **a** Typischer Verlauf der Abhängigkeit der Schmelzviskosität vom Schergefälle für LDPE und LLDPE mit vergleichbarem MFI-Wert[242],
- **b** Reißkraft (ASTM D-638)[241],
- **c** Weiterreißfestigkeit (ASTM D-1922)[241],
- **d** Schlagfestigkeit im Dart-Test (ASTM D-1709), in Abhängigkeit von der Foliendicke für Blasfolien (MD: in Abzugsrichtung, CD: senkrecht zur Abzugsrichtung) aus LDPE (MFI 190/2,16 = 1,0 dg · min^{-1}) und aus LLDPE (MFI 190/2,16 = 0,25 dg · min^{-1}) gleicher Dichte ($\rho_{23\,°C}$ = 0,920 g · cm^{-3})[241]

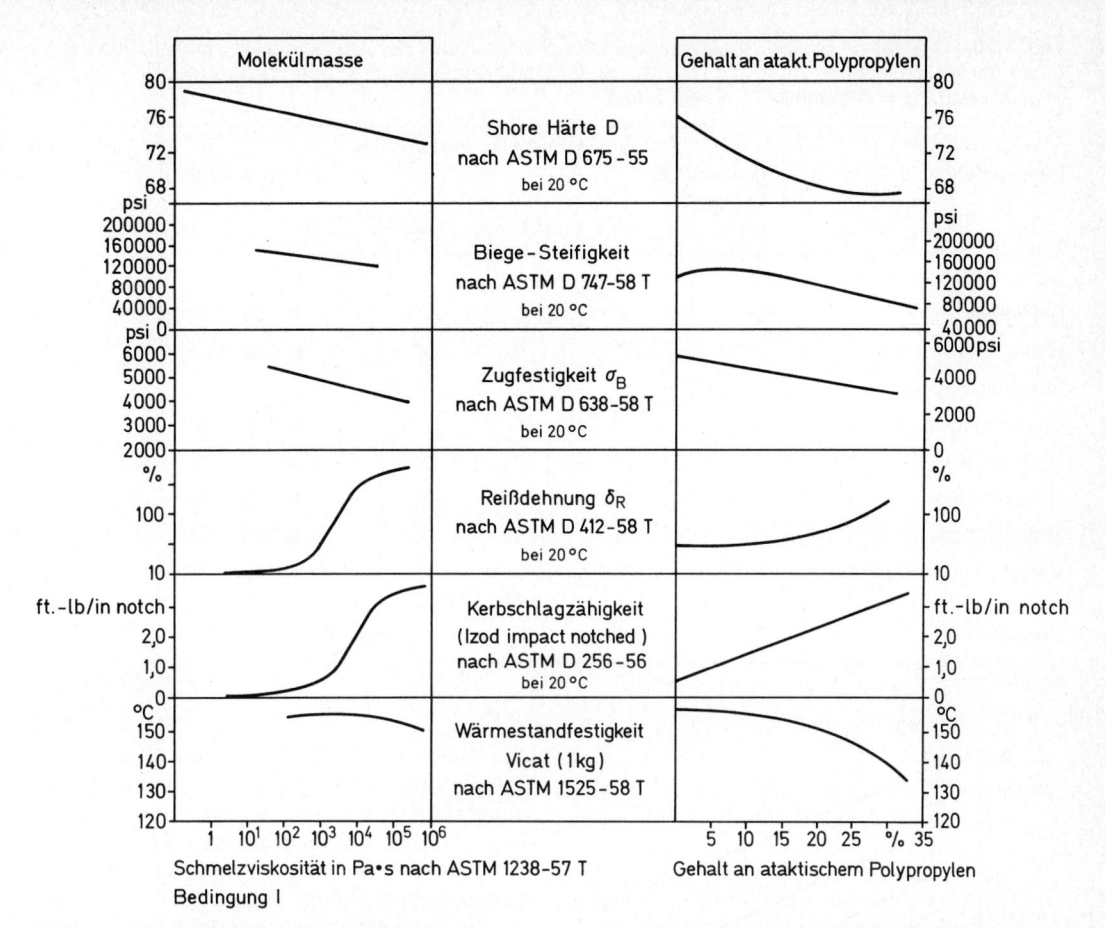

Abb. 1.51 Abhängigkeit der mechanischen Eigenschaften von PP von der Schmelzviskosität (ASTM 1238–57 T) und vom Gehalt (Massengehalt in %) an ataktischem Polypropylen[246]. Zur Umrechnung von psi in N · mm^{-2} dividiere durch 145. Eine Umrechnung der Einheit der Kerbschlagzähigkeit nach ASTM D 256–56 in die nach DIN 53453 gebräuchliche (mJ · mm^{-2}) ist nicht sinnvoll, da die nach ASTM D 256–56 und DIN 53453 ermittelten Werte nicht vergleichbar sind

Methacrylsäure hergestellt werden. Durch teilweise Neutralisation der darin enthaltenen Carboxy-Gruppen entstehen *Ionomere*[244]. In den Ionomeren werden die Polyethylen-Ketten über metallorganische Komplexe, z. B. Mg- oder Zn-Carboxylate, vernetzt. Diese Vernetzungspunkte gehen bei höherer Temperatur auf (thermoplastisches Verhalten). Beim Abkühlen aus der Schmelze inhibieren diese Vernetzungspunkte die Kristallisation, weshalb Ionomere bei Raumtemperatur eine wesentlich höhere Zähigkeit und Transparenz als LDPE aufweisen.

2.4.3 Polypropylen und Propylen-Ethylen-Copolymere

Polypropylen weist einen geringeren Unterschied zwischen der kristallografischen Dichte ($\varrho_{c,\,23\,°C} = 0{,}936$ g · cm^{-3}) und der Dichte im amorphen Zustand ($\varrho_{a,\,23\,°C} = 0{,}850$ g · cm^{-3}) als unverzweigtes Polyethylen auf (s. S. 58). Einer Änderung des Kristallinitätsgrades α (s. Gl. 27 auf S. 58) ist daher nur mit sehr geringen Dichteänderungen verbunden; z. B. $\varrho_{23\,°C} = 0{,}902$ g · cm^{-3} bei $\alpha = 60\%$ und $\varrho_{23\,°C} = 0{,}906$ g · cm^{-3} bei $\alpha = 70\%$. Bei PP wird daher die Dichte nicht als kennzeichnende Eigenschaft herangezogen. Die Eigenschaften von PP-Homopolymer werden meist in Abhängigkeit vom Schmelzindex (MFI 190/5, s. DIN 16774) und

Tab. 1.18 Qualitativer Einfluß von Änderungen des Schmelzindex (MFI), des Isotaxie-Index (II) und der Breite der Molekülmassenverteilung ($\overline{M}_w/\overline{M}_n$) auf Gebrauchseigenschaften von Polypropylen[245]
↗ = Anstieg, ↘ = Abnahme, ○ = kein Effekt

Eigenschaft	gewünschte Tendenz	erforderliche Änderung			Anmerkungen
		MFI	II	$\overline{M}_w/\overline{M}_n$	
Dichte	↗	↗	↗	↗	s. Text
Steifigkeit	↗	↗	↗	↗	s. Abb. 1.51
Härte	↗	↗	↗	↗	s. Abb. 1.51
Streckspannung	↗	↗	↗	↗	
Erweichungstemperatur	↗	↗	↗	↗	s. Abb. 1.51
Reißfestigkeit	↗	↗	↗	↘	
Reißdehnung	↗	↘	↘	↘	s. Abb. 1.51
Schlagzähigkeit	↗	↘	↘	↘	s. Abb. 1.51
Versprödungstemperatur	↘	↘	↘ (vgl. Text)	○	s. Abb. 1.44
Permeabilität	↘	↗	↗	↗	

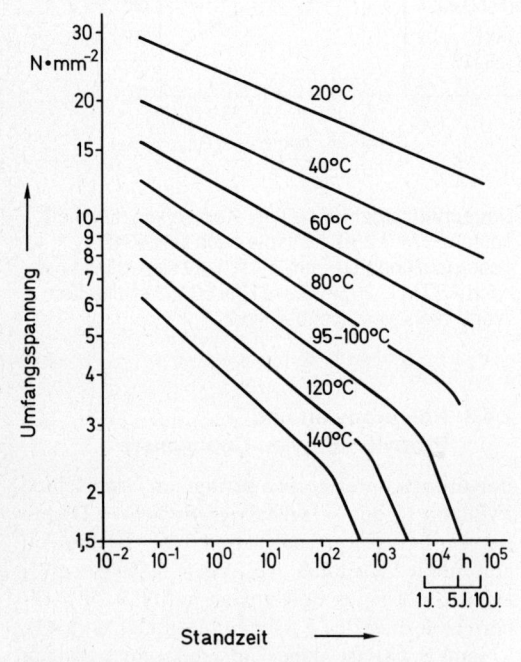

Abb. 1.52 Zeitstandschaubild für Rohre aus PP unter Innendruck (Bruchlinien in doppeltlogarithmischer Auftragung der Umfangsspannung (s. Legende zu Abb. 1.49) gegen die Zeit. Messungen (nach DIN 8075) an Rohren aus einem PP-Homopolymerisat ($\rho_{23°C}$ = 0,915 g·cm^{-3}, MFI 190/5 = 0,5 dg·min^{-1}) mit besonderer Stabilisierung gegen heiße, wäßrige Lösungen[233]

vom Isotaxie-Index (s. S. 45 und DIN 16774, Entwurf März 1980) betrachtet. Qualitative Zusammenhänge zwischen diesen Größen sowie dem Polydispersitätsparameter $\overline{M}_w/\overline{M}_n$ und wichtigen Eigenschaften werden in Tab. 1.18 wiedergegeben. Abb. 1.51 zeigt den quantitativen Zusammenhang zwischen der Schmelzviskosität als Maß für die mittlere rel. Molekülmasse bzw. dem Gehalt an ataktischem Polypropylen (der in siedendem *n*-Heptan lösliche Anteil, s. S. 45) und einer Reihe wichtiger Eigenschaften.

PP zeigt eine wesentlich geringere Neigung zu Spannungsrißbildung als alle Polyethylen-Kunststoffsorten und weist auch höhere Härte und Biegesteifigkeit aber niedrigere Schlagzähigkeit als HDPE auf (s. Abb. 1.51, 1.45 u. 1.47). Auch das Rückstellvermögen von PP ist jenem von HDPE überlegen. Das Zeitstandschaubild für Rohre aus PP unter Innendruck gibt Abb. 1.52 für ein PP-Homopolymerisat wieder (s. Abb. 1.49 mit entsprechenden Daten für HDPE).

Bei einem Vergleich der Gebrauchseigenschaften von PP und Polyethylen-Kunststoffsorten ist zu beachten, daß sich das kristalline Gefüge von PP stärker als jenes der Polyethylen-Sorten durch die Verarbeitungsbedingungen beeinflussen läßt (s. S. 64). So gelingt es durch sehr rasches Abkühlen von PP-Schmelzen hochtransparente dünnwandige Teile, z. B. Folien, herzustellen.

Tab. 1.19 Hinweise zur Auswahl des HDPE-Typs für verschiedene Verarbeitungsverfahren und typische Anwendungsbereiche[251]

MFI 190/5 (dg·min^{-1})	Verarbeitungsverfahren	typischer Anwendungsbereich	Anmerkungen
0,05–0,15	Pressen Extrudieren	Profile, Blöcke	$\overline{M}_w > 500\,000$, UHMWPE. UHMWPE wird neuerdings auch spritzgegossen[146]
0,1–1,3	Extrudieren	Rohre, Rundstäbe	für die Herstellung von Rohren werden Typen mit sehr breiter Molekülmassenverteilung ($\overline{M}_w/\overline{M}_n = 10$–15) und nicht zu hoher Dichte bevorzugt (s. S. 74)
0,1–0,4	Folienblasen	papierähnliche HM- (hochmolekulare) Folie	Typen mit hoher Zähigkeit (z. B. mit $\rho_{23°C} = 0,945$ g·cm^{-3} und $\overline{M}_w/\overline{M}_n = 10$–15) ermöglichen Materialeinsparung (Verringerung der Foliendicke)
< 0,1–0,7	Extrusionsblasen	Heizöltanks, Fässer für Gefahrengüter	Behälter mit einem Volumen bis ca. 10 m^3; z. B. HDPE mit $\rho_{23°C} = 0,947$ g·cm^{-3} und $\overline{M}_w/\overline{M}_n = 10$–15
1,3–3	Extrusionsblasen	kleine Hohlkörper (Flaschen)	besonders im Volumenbereich bis zu 6 l: Trend zur Materialeinsparung durch HDPE-Typen mit höherer Steifigkeit ($\rho_{23°C} > 0,960$ g·cm^{-3}) und breiter Molekülmassenverteilung $\overline{M}_w/\overline{M}_n$ 10–13 (Verbesserung der Verarbeitbarkeit)
3–13	Extrusionsblasen Spritzgießen	Spielzeug, Haushaltsartikel, Schraubkappen	Typen mit enger Molekülmassenverteilung ($\overline{M}_w/\overline{M}_n < 5$) zeigen eine verringerte Verzugsneigung und erhöhte Schlagzähigkeit
13–15	Spritzgießen	Bierkästen	
> 25	Spritzgießen	Massenartikel für Haushalt, Einwegartikel	

Denn einerseits kann in PP durch rasches Abkühlen das Sphärolith-Wachstum unterdrückt werden (sehr kleine Durchmesser der Sphärolithe), andererseits ist der Dichteunterschied und somit der Unterschied zwischen der Brechzahl der kristallinen und der amorphen Phase bei PP geringer ist als bei Polyethylen. Bei der Herstellung von dickwandigen Formteilen ist auf eine gleichmäßige Gefügestruktur (enge Verteilung der Sphärolith-Durchmesser) zu achten. Im allgemeinen nimmt mit zunehmenden Sphärolith-Radien die Schlagzähigkeit ab und die Steifigkeit zu. Auf die Möglichkeiten zur Beeinflussung der Sphärolith-Größe wurde auf S. 64 hingewiesen. Eine Erhöhung der Zähigkeit, der Transparenz und der Flexibilität von PP kann durch Senkung des Kristallinitätsgrades erreicht werden. Bei-

spiele für diese Variationsmöglichkeit sind PP-Typen mit einem sehr geringen Isotaxie-Index von ca. 75%, die in einem gebräuchlichen Gasphasenprozeß (s. S. 50) anfallen[139, 248], und statistische Copolymere von Propylen mit Ethylen (maximaler Massengehalt an Ethylen-Bausteinen ca. 5%; s. S. 50). In beiden Fällen ergibt sich auch ein wesentlich niedrigerer und breiterer Schmelzbereich (s. S. 61), wodurch die Schweißbarkeit dieser PP-Typen gegenüber hochkristallinem Polypropylen wesentlich verbessert wird. Solche PP-Typen zeigen jedoch nur ein unwesentliches Absinken der Versprödungstemperatur um maximal 5 °C.

Ein wesentliches Absenken der Versprödungstemperatur ist bei Blockcopolymeren (s. S. 50) möglich, die maximal einen Massengehalt von ca.

Tab. 1.20 Beispiele für die Auswahl des LLDPE-Typs für verschiedene Verarbeitungsverfahren und Anwendungsbereiche[113, 114, 241, 241 a]

Verarbeitung Anwendung	MFI 190/2,16 (dg · min^{-1})	Dichte $\rho_{23\,°C}$ (g · cm^{-3})	Anmerkungen
Rohre mit gutem Zeitstandverhalten	0,20	0,939*	breite Molekülmassenverteilung und längerkettige α-Olefine als Comonomere bevorzugt
Folienblasen	1 1 1	0,930 0,926 0,920	keine Schrumpffolien; Folien mit geringerem Glanz und stärkerer Trübung als LDPE; geeignet z. B. für Dehnfolien-Verpackung
chill-roll-Folien	2,5 2,3 6,0	0,935* 0,917 0,919	$\overline{M}_w/\overline{M}_n = 4–6$; Folien mit hohem Glanz und geringer Trübung (vergleichbar mit LDPE-Feinfolien, s. Tab. 1.21)
Rotationsformen	2,5 4,0	0,935* 0,935*	beim Rotationsformen herrschen sehr niedrige Schergefälle. Um die Form der Oberfläche mit möglichst gleichmäßiger Schichtdicke nachzubilden, sind Typen mit verhältnismäßig niedriger Viskosität (s. S. 52) erforderlich. Bei vorgegebenem $\overline{M}_w$ erweist sich ein möglichst hoher Wert von $\overline{M}_n$ als vorteilhaft, vor allem zur Erhöhung der Schlagzähigkeit. Bevorzugt werden daher Typen mit $\overline{M}_w/\overline{M}_n = 3,5–4,5$
Spritzgießen	40 25	0,935* 0,920	bevorzugt werden Typen mit enger Molekülmassenverteilung ($\overline{M}_w/\overline{M}_n < 5$) zur Verringerung der Verzugsneigung und Erhöhung der Schlagzähigkeit

* Typen mit $\rho = 0,935–0,940$ g · cm^{-3} werden meist als MDPE bezeichnet

30% Ethylen-Bausteine aufweisen. Die Ethylen-Bausteine liegen dabei entweder in Polyethylen-Blöcken oder in Ethylen-Propylen-Copolymer-Blöcken vor, die nur zu einem geringen Teil durch kovalente Bindungen mit Polypropylen-Blöcken verknüpft sind. Die niedrigsten Versprödungstemperaturen (ca. $-50\,°C$) weisen Blockcopolymere auf, die Ethylen-Propylen-Copolymer-Blöcke mit einem Massengehalt von ca. 20 bis 50% an Propylen-Bausteinen enthalten; die Schlagzähigkeit steigt dabei mit dem Gehalt an Ethylen-Propylen-Copolymer-Blöcken an[143]. Diese Erhöhung der Schlagzähigkeit beruht auf der Unverträglichkeit zwischen den chemisch verschiedenartigen Blöcken, wodurch sich analog wie bei SB und ABS (s. S. 20) eine disperse, weiche Phase aus Ethylen-Propylen-Copolymer-Blöcken bildet. Die Eigenschaft dieser Blockcopolymeren entsprechen im Bereich der oberen Gebrauchstemperatur jenen eines PP-Homopolymer mit geringfügig herabgesetztem Kristallisationsgrad.

Die Schlagzähigkeit in der Kälte kann auch durch Mischen von PP-Homopolymer mit verschiedenen Kautschuk-Sorten, z. B. mit EPM- oder EPDM-Kautschuk, erhöht werden[249]. Je nach dem Elastomer-Gehalt unterscheidet man zwischen elastomermodifizierten Thermoplasten (mit einem Massengehalt unter 50% Elastomer) und thermoplastischen Kautschuken (mit einem Massengehalt über 50% Elastomer). Im Zusammenhang mit den teilkristallinen Polyolefin-Kunststoffen sind vor allem die elastomermodifizierten Thermoplaste von Interesse. Elastomermodifiziertes Polypropylen weist wie die zuvor erwähnten Propylen-Ethylen-Blockcopolymeren eine mehrphasige Struktur auf, worin Kautschuk-Teilchen mit einem Durchmesser bis zu 5 μm als disperse Phase vorliegen. Gegenüber PP-Homopolymer weist elastomermodifiziertes PP eine stärkere Verschlechterung des Spannungsverformungsverhaltens bei Temperaturen über $20\,°C$ auf als Propylen-Ethylen-Blockcopolymere[250]. Dieser Unterschied könnte auf den Einfluß des geringen Anteils an *echten* Blockcopolymer-Molekülen in den Propylen-Ethylen-Blockcopoly-

Tab. 1.21 Hinweise zur Auswahl des LDPE-Typs für verschiedene Anwendungsbereiche bzw. Verarbeitungsverfahren

Anwendungs-bereich	Verarbeitung	Polymerisa-tionsprozeß	MFI 190/2,16 (dg · min^{-1})	Dichte $\rho_{23°C}$ (g · cm^{-3})	Anmerkungen
Schwergut-Säcke und Schrumpffolie (Foliendicke 70–300 µm)	Folienblasen	Rohrreaktor oder Rührautoklav	0,1–0,3(–0,7)	0,919–0,922	
Standardfolie (Foliendicke 20–70 µm)	Folienblasen oder Extrusion durch Breit-schlitzdüse	Rohrreaktor oder Rührautoklav	1,0–5,0	0,919–0,926	
Feinfolie (Folien-dicke 20–50 µm)	überwiegend Extrusion durch Breitschlitzdüse	überwiegend Rohrreaktor	1,5–8,0	0,920–0,926	
Papierbeschichtung (verschweißbare Verpackung, z. B. Tetrapak®)	Extrusions-beschichten	ausschließlich Rührautoklav	3,0–9,0	0,916–0,923	erwünscht ist eine breite Molekül-massenverteilung und eine hohe Konzentration an Langkettenverzweigungen, obwohl hierdurch die Schweißbarkeit beeinträchtigt wird
dickwandige Formteile mit höherem Niveau der mechanischen Eigenschaften	Spritzgießen	Rohrreaktor oder Rührautoklav	1–15	0,920–0,925	die meist engere Molekülmassenverteilung von Rohrreaktortypen bewirkt geringere Verzugsneigung
dünnwandige Formteile für mechanisch anspruchslose Anwendungen	Spritzgießen	Rohrreaktor oder Rührautoklav	20–40	0,920–0,925	

meren (s. o.) zurückzuführen sein; die *echten* Blockcopolymer-Moleküle scheinen als Haftvermittler zwischen der dispersen Elastomerphase und der Matrix sowie als *Dispergiermittel* (bessere Verteilung der dispersen Phase bei der Ausprägung der Mehrphasenstruktur) zu wirken.

2.5 Hinweise zur Typenauswahl

Die Typenbezeichnung von Polyethylen-Formmassen ist in DIN 16776 genormt, jene von Polypropylen-Formmassen in DIN 16774. In den Tab. 1.19 bis 1.22 werden Hinweise darauf gegeben, welcher Typ des polymeren Grundstoffes von HDPE, LLDPE, LDPE und PP beim Einsatz in verschiedenen Anwendungsbereichen und bei verschiedenen Verarbeitungsverfahren in der Regel bevorzugt wird. Diese Hinweise sollen in Verbindung mit den vorangehenden Abschn. 2.1 bis 2.4 das Verständnis der von den Kunststoff-Erzeugern gegebenen Produktinformation erleichtern, sind jedoch nicht als Empfehlung bestimmter Produkte aufzufassen.

Tab. 1.22 Hinweise zur Auswahl des PP-Typs für verschiedene Anwendungsbereiche bzw. Verarbeitungsverfahren[252]

Anwendung/ Verarbeitung	MFI 190/5 (dg·min^{-1})	Anmerkungen
Spritzgießen		meist $\overline{M}_w/\overline{M}_n = 6-8$
technische Artikel	2–10	Typen mit enger Molekülmassenverteilung ($\overline{M}_w/\overline{M}_n = 3-4$) weisen bei vergleichbarer Verarbeitbarkeit geringere Verzugsneigung und höhere Schlagzähigkeit auf. Für thermoplastischen Schaumspritzguß (TSG) sind Typen mit MFI 190/5 = 3–8 g·10 min^{-1} geeignet. Neben PP-Homopolymer sind Propylen-Ethylen-Blockcopolymeren (s. S. 79) von zunehmender Bedeutung
mechanisch anspruchslose Anwendungen	10–100	
Folien		ca. 40% des in Westeuropa produzierten Polypropylens werden zu Folien im Dickenbereich von 15–100 µm verarbeitet, davon gehen ca. ¾ in die Weiterverarbeitung zu monoaxial gereckten Folienbändchen.
BOPP-Folien	3–8	ca. 70% der in Westeuropa verbrauchten PP-Folien sind **b**iaxial **o**rientiert (BOPP-Folien) meist mit einer Dicke von 12–30 µm (die minimale Dicke liegt bei ca. 4 µm). Die biaxiale Verstreckung erhöht das Schrumpfvermögen bei Annäherung an den Kristallitschmelzpunkt (Schrumpfverpackung); Heißverschweißung ist nur nach Aufbringen einer siegelfähigen Schicht mit niedrigerem Schmelzpunkt[150] möglich; als Siegelschichtmaterial werden oft Propylen-Ethylen-Copolymere eingesetzt
unverstreckte Folien		ca. 30% der in Westeuropa verbrauchten PP-Folien
Hartfolie	10–30	aus PP-Homopolymer mit einem Isotaxieindex von ca. 95%
Weichfolie	10–30	aus PP-Homopolymer mit geringem Isotaxieindex (z. B. ca. 80%) oder aus statistischen Copolymeren
Folienbändchen[253]		Herstellung durch monoaxiale Verstreckung von Folien oder Folienstreifen. Erhöhung der Festigkeit (in Streckrichtung) und Neigung zum Spleißen (senkrecht zur Streckrichtung); gereckte Bändchen aus Flachfolien neigen im allgemeinen stärker zum Spleißen als solche aus Schlauchfolien, Homopolymere stärker als Copolymere. Hohe Reckgrade und tiefe Recktemperaturen fördern die Spleißneigung
Verpackungsbänder	1–3	meist Dicke 300–900 µm, Längsverstreckung 1:6 und Breite 10–32 mm
Bändchen für Bindgarne, Kordeln, Seile, Taue usw.	3–10	meist Dicke 50–15 µm, Längsverstreckung 1:9–1:12, Breite 10–50 mm; Reißfestigkeit von 5–8 g·dtex^{-1}, Reißdehnung 5–50%
Webbändchen	3–7	meist Dicke 20–50 µm, Längsverstreckung 1:6–1:8, Breite 2–5 mm; Reißfestigkeit 3,5–7,5 g·dtex, Reißdehnung 12–40%
Hohlkörper Behälter mit technischen Funktionen, z. B. im Kfz-Bau, Verpackungsbehälter	0,5–3	überwiegend Extrusionsblasformen und seltener Spritzblasformen; auch Streckblasformen. Als besonders vorteilhaft erweisen sich statistische Propylen-Ethylen-Copolymere, die den Hohlkörpern größere Zähigkeit, bessere Transparenz und höheren Oberflächenglanz verleihen. Typen mit breiter Molekülmassenverteilung werden bevorzugt. Propylen/Ethylen-Blockpolymere weisen eine noch höhere Zähigkeit auf, besonders bei Temperaturen unter 0 °C, sie zeigen jedoch eine geringe Transparenz

Tab. 1.22 Fortsetzung

Anwendung/ Verarbeitung	MFI 190/5 (dg · min^{-1})	Anmerkungen
Rohre	≤ 0,6	neben Homopolymeren werden zur Erhöhung der Flexibilität statistische Propylen-Ethylen-Copolymere eingesetzt, zur Erhöhung der Schlagzähigkeit auch Blockcopolymere. Güteanforderungen an PP-Rohren werden in DIN 8078 Teil 1 (Homopolymere) und Teil 2 (Copolymere) gegeben
Tafeln vornehmlich im Apparatebau, z. B. für Chemikalienbehälter, Auskleidungen von Abgasleitungen	0,5–1,5	Extrudieren durch Breitschlitzdüsen oder Pressen mit Kastenformen in Etagenpressen

3. Polyvinylchlorid (PVC)

Die technische Produktion von Polyvinylchlorid (PVC) wurde erstmals 1931 von IG-Farben in Deutschland aufgenommen[254]. 1978 wurden in Westeuropa ca. 3,5 Mill., in den USA ca. 2,5 Mill. und in Japan ca. 1 Mill. jato PVC und modifiziertes PVC verbraucht[255]. Nahezu die gleichen Verbrauchszahlen liegen für 1982 vor[255 a]. Tab. 1.23 zeigt die Verteilung des Verbrauches auf verschiedene Anwendungsgebiete.

3.1 Herstellung

PVC wird technisch durch radikalische Polymerisation von Vinylchlorid (VC) hergestellt, vorwiegend nach dem Suspensionsverfahren (ca. 70% der Produktionskapazität in Westeuropa), dem Emulsionsverfahren (ca. 15%) und dem Masseverfahren (ca. 10%)[255].

Vinylchlorid, KP = −13,4 °C

Tab. 1.23 Verteilung des PVC-Verbrauches (inklusive modifiziertes PVC) in Westeuropa (Stand 1978)[255]

PVC-hart	60%	PVC-weich	40%
davon:		davon:	
Rohre	44%	Folien und Platten	25%
Profilextrusion	20%	Draht- und Kabelisolierung	24%
Folien und Platten	18%	Fußbodenbeläge	13%
Flaschen	10%	Kunstleder	12%
Schallplatten	3%	Schläuche und Profile	11%
Sonstiges	5%	Spritzguß und Sonstiges	10%
		Pastenverarbeitung	5%
	100%		100%

Vinylchlorid-Monomer kann bei Raumtemperatur leicht verflüssigt werden (Dampfdruck bei 20 °C = 3,4 bar). Es ist in Wasser und in PVC[256] schlecht löslich. Mischungen mit Luft mit einem Volumenanteil von 4 bis 22% VC sind explosiv. Erst gegen Ende der sechziger Jahre wurde die krebserregende Wirkung von VC erkannt; in der Bundesrepublik Deutschland wurde für bestehende Anlagen die technische Richtkonzentration am Arbeitsplatz (TRK) mit 5 ppm und ein Höchstwert von 1 ppm in Lebensmittelverpackungen festgelegt[257]. Für die gaschromatografische Bestimmung von VC in PVC wurde 1978 eine Normvorschrift (DIN 53743) erlassen (s. Bd. II, S. 420).

Bei der technischen Polymerisation von VC entstehen ataktische Produkte, die kurze syndiotaktische Sequenzen und dadurch eine geringe Kristallinität (3 bis 10%) aufweisen. Mit steigender Polymerisationstemperatur ergibt sich eine starke Abnahme der rel. Molekülmasse, da eine ausgeprägte Neigung zu Übertragungsreaktionen auf das Monomere besteht. Die Charakterisierung der rel. Molekülmasse erfolgt meist durch Viskositätsmessungen an verdünnten Lösungen; z. B. wird nach DIN 53726 an Lösungen von PVC in Cyclohexanon ($c = 0,5$ g · dl^{-1}) bei 25 °C die relative Viskosität η_{rel} und hieraus der K-Wert bestimmt. Der K-Wert technischer

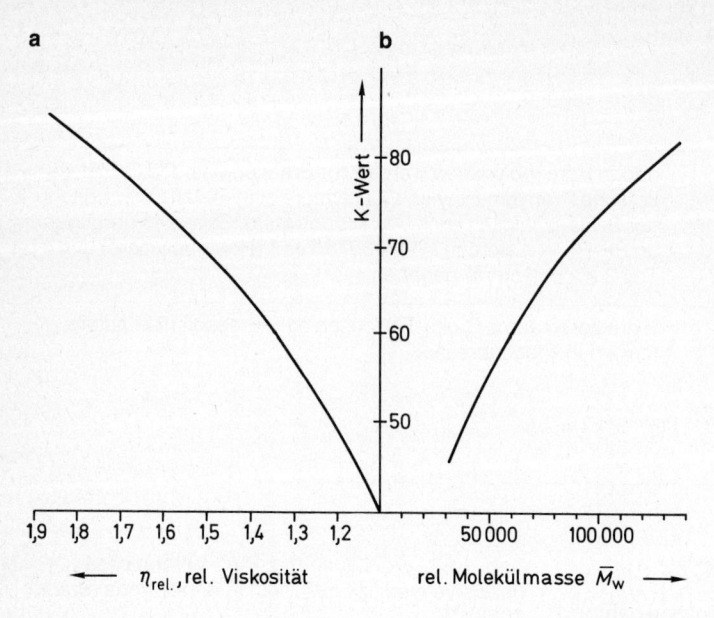

Abb. 1.53

a Beziehung zwischen der relativen Viskosität, $\eta_{rel} = \eta/\eta_{LM}$, und dem K-Wert (DIN 53726); η = Viskosität der Lösung, η_{LM} = Viskosität des Lösungsmittels.

b Zusammenhang zwischen dem K-Wert nach DIN 53726 und dem Gewichtsmittelwert der rel. Molekülmasse (für PVC-Typen mit $\overline{M}_w/\overline{M}_n \simeq 2$)[260]

PVC-Typen liegt meist zwischen $K = 45$ und $K = 80$ entsprechend einem Bereich der rel. Molekülmasse von $\overline{M}_w = 30000$ bis $\overline{M}_w = 130000$ (s. Abb. 1.53). Die Molekülmassenverteilung ist in der Regel ähnlich einer *wahrscheinlichsten Verteilung* mit $\overline{M}_w/\overline{M}_n = 2$[258]. Abhängig vom Umsatz und von der Polymerisationstemperatur liegen 3 bis 20 Verzweigungen pro 1000 Kohlenstoff-Atomen vor, wobei Kurzkettenverzweigungen gegenüber Langkettenverzweigungen stark überwiegen[259].

Die in den technischen Prozessen anfallenden pulverförmigen Produkte unterscheiden sich bezüglich K-Wert, Morphologie und Gehalt an Verunreinigungen. Die Morphologie wird durch die Teilchengrößenverteilung, die Teilchenform und die Teilchenstruktur, glattes oder poröses Korn, beschrieben.

Bei der *Suspensionspolymerisation* entstehen Primärteilchen mit $d = 0,5$ bis $1~\mu m$, die sich schon nach geringem Umsatz zu Sekundärteilchen mit $d = 60$ bis $200~\mu m$ zusammenlagern. Je nach Dispergiermittel und Rührbedingungen entstehen dabei kompakte kugelförmige (*glattes Korn*) oder unregelmäßig geformte poröse Teilchen mit unterschiedlicher Schüttdichte. Im Sonderfall der Mikrosuspensions- oder Mikroperlpolymerisation werden durch entsprechendes Voremulgieren der VC-Tröpfchen glatte Perlen mit $d \approx 1~\mu m$ erhalten. Poröse S-PVC-Teilchen weisen stets eine mehr oder weniger zerrissene äußere Haut auf und enthalten geringe Mengen an Schutzkolloid ($<0,1\%$).

Bei der *Emulsionspolymerisation* entstehen glatte, kugelförmige Latexteilchen mit einem Durchmesser $d = 0,1$ bis $2~\mu m$, die sich je nach Trocknungsverfahren zu Sekundärteilchen mit $d = 10$ bis $150~\mu m$ zusammenlagern. Durch Walzentrocknung können größere schuppenförmige Teilchen, durch Sprühtrocknung feinkörnige Teilchen oder größere Bruchstücke von Halbkugeln entstehen, die in beiden Fällen poröses Korn aufweisen. E-PVC enthält in der Regel bis zu 2,5% Emulgator, meist auf Fettsäure- oder Sulfonsäure-Basis. Bei Aufarbeitung des Latex durch Fällung mit einem Salz, das mit dem Emulgator kein schwer lösliches Salz bildet, kann der Emulgator ausgewaschen werden (*ausgewaschenes E-PVC*).

Auch bei der *Massepolymerisation* lagern sich die entstehenden Primärteilchen ($d = 0,5$ bis $1~\mu m$) zu Sekundärteilchen ($d = 60$ bis $100~\mu m$) zusammen. M-PVC weist keine äußere Haut auf und besitzt meist eine feinporige innere Struktur mit enger Teilchengrößenverteilung (einheitliches Aufschmelzverhalten). Außer Spuren von Initiator- und Monomerresten enthält M-PVC keine Verunreinigungen.

Die Polymerisationsprozesse werden meist bei einem Umsatz von 75 bis 90% abgebrochen. Das nicht umgesetzte VC wird durch Destillation weitgehend entfernt. Schließlich wird das Polymerisat einer Intensiventgasung unterworfen, um den VC-Restgehalt auf Werte unter 10 ppm, gegebenenfalls auch unter 1 ppm (Lebensmittelverpackung[261]), zu senken.

3.2 Verarbeitungseigenschaften

PVC kann durch Extrudieren, Kalandrieren, Blasformen, Spritzgießen, Pressen, Sintern, im Schmelzwalzenverfahren und als Plastisol (Paste) verarbeitet werden. PVC wird dabei entweder in Mischungen mit 0 bis ca. 12% Weichmachergehalt (*PVC-hart*, s. DIN 8061 und 19531) oder in Mischungen mit höherem Weichmachergehalt (*PVC-weich* bzw. *PVC-Pasten*) eingesetzt. Bei der PVC-hart- und bei der PVC-weich-Verarbeitung sind verschiedene Eigenschaften des PVC-Pulvers von besonderer Bedeutung. In jedem Fall ist jedoch die begrenzte thermische Stabilität bei den erforderlichen Verarbeitungstemperaturen zu berücksichtigen. Eine Übersicht über die in der Praxis gebräuchlichen Prüfmethoden für die Thermostabilität und andere Verarbeitungskenngrößen von PVC-Pulver wurde von Gäbler[262] gegeben.

Die thermische Zersetzung von PVC beginnt schon knapp über 100 °C. Die dabei eintretende Dehydrochlorierung führt zur Bildung von Polyen-Strukturen[263], die schon in sehr geringer Konzentration eine Verfärbung von gelb bis rotbraun und schwarz bewirken[264]. Als Ansatzpunkte der thermischen Dehydrochlorierung werden strukturelle Fehlstellen, z. B. mittel- und endständige Doppelbindungen diskutiert[265]; aufgrund des Verhaltens niedermolekularer Modellverbindungen, z. B. 1,3,5-Trichlorheptan, wäre für PVC mit regelmäßiger Kopf-Schwanz-Verknüpfung aller Grundbausteine eine wesentlich höhere thermische Stabilität zu erwarten. In Gegenwart von Luftsauerstoff wird die Dehydrochlorierung durch oxidative Schädigung beschleunigt[266]. Die beschränkte Thermostabilität erfordert den Zusatz von Verarbeitungshilfsstoffen (Stabilisatoren, Gleitmittel etc.; s. Bd. II). Bei E-PVC können störende Farbreaktionen zwischen Emulgatoren und Stabilisatoren eintreten.

Für die pneumatische Förderung von PVC-Pulver ist gute Rieselfähigkeit[262] erforderlich, die in erster Linie von der Korngröße und Korngrößenverteilung[262] abhängt, aber auch durch elektrostatische Aufladung und/oder Restfeuchte beeinflußt wird. Ein zu hoher Feinanteil ($d < 30$ μm) ist infolge Kamin- oder Brückenbildung ungünstig. In vielen Fällen ist die gute Rieselfähigkeit der verarbeitungsfertigen Pulvermischungen entscheidend.

3.2.1 PVC-hart

Die rheologischen Eigenschaften bei den üblichen Verarbeitungstemperaturen (bis ca. 220 °C) werden durch übermolekulare Strukturen beeinflußt, da die Kristallitschmelztemperatur von PVC in Abhängigkeit von thermischer Vorgeschichte, K-Wert und Taktizität bei 150 bis 250 °C liegt. Unabhängig vom Polymerisationsverfahren ergibt sich unter 210 °C Partikelfließen[267], wobei ungeschmolzene Primärteilchen ($d = 0{,}1$ bis 1 μm) aneinander vorbeigleiten. Das Partikelfließen dominiert vor allem bei höheren Schergefällen und täuscht eine sehr stark ausgeprägte Strukturviskosität vor. Es führt bei ausreichend hoher Schubspannung[268] ($\tau > 10^6$ Pa) zum Wandgleiten[269]. Bei Zunahme der Temperatur und Abnahme von rel. Molekülmasse, Primärteilchengröße und Kristallinität steigt durch erleichtertes Zusammenschmelzen der Primärteilchen der Beitrag molekularer Fließmechanismen. Im Gegensatz zu den meisten Polymer-Schmelzen nimmt daher die Strangaufweitung nach Austritt aus dem Fließkanal mit steigender Temperatur und sinkender rel. Molekülmasse zu. Auch bei vorangehender Zermahlung der Primärteilchen ergibt sich bei Temperaturen unter ca. 200 °C ein besonderes Fließverhalten, das dem eines schwach vernetzten amorphen Polymeren ähnelt[270]. Im allgemeinen wird das Fließverhalten stark von der thermischen Vorgeschichte beeinflußt, weshalb rheologische Messungen an PVC-hart schlecht reproduzierbar sind. Das molekulare Fließverhalten von PVC-hart kann aus Messungen an PVC-weich durch Extrapolation auf verschwindenden Weichmachergehalt (s. Abb. 1.54 mit $\Phi = 1$ und $a_\Phi = 1$) abgeschätzt werden.

Bei der PVC-hart Verarbeitung werden stets Gleitmittel[271] zugesetzt (s. S. 246). Ohne Zweifel besteht ein starker Einfluß der Gleitmittel auf das Partikelfließen. Gleitmittel verringern die Erwärmung durch Scherung und setzen die Haftung zwischen PVC und Metallteilen herab; sie verringern die Gefahr des thermischen Abbaus.

3.2.2 PVC-weich

Die Weichmacheraufnahmefähigkeit[260] wird durch poröse Kornstruktur erhöht und nimmt bei gleicher Kornstruktur mit steigendem K-Wert zu. Besondere Bedeutung kommt der Weichmacheraufnahme bei der Herstellung von trockenen, rieselfähigen PVC-Weichmachermischungen zu, die als Heißmischungen (dry-blends) bezeichnet werden. Besonders gut geeignet sind S- und M-Polymerisate mit porösem Korn und guter Rieselfähigkeit, während feinkörniges, emulgatorhaltiges E-PVC (s. PVC-Pasten, S. 88) ein nichtrieselfähiges, pastöses Agglomerat ergibt. Beim Einsatz von Weichmachern mit begrenzter Verträglichkeit und zu großen Weichmachermengen bzw. bei unsachgemäßer Führung des Mischvorganges (Weichmacherzugabe, Mischtemperatur, Mischdauer) kann auch zu Heißmischung geeignetes PVC feuchte Mischungen ohne Rieselfähigkeit ergeben. Auch flüssige, mit PVC unverträgliche Gleitmittel und hohe Anteile feinstkör-

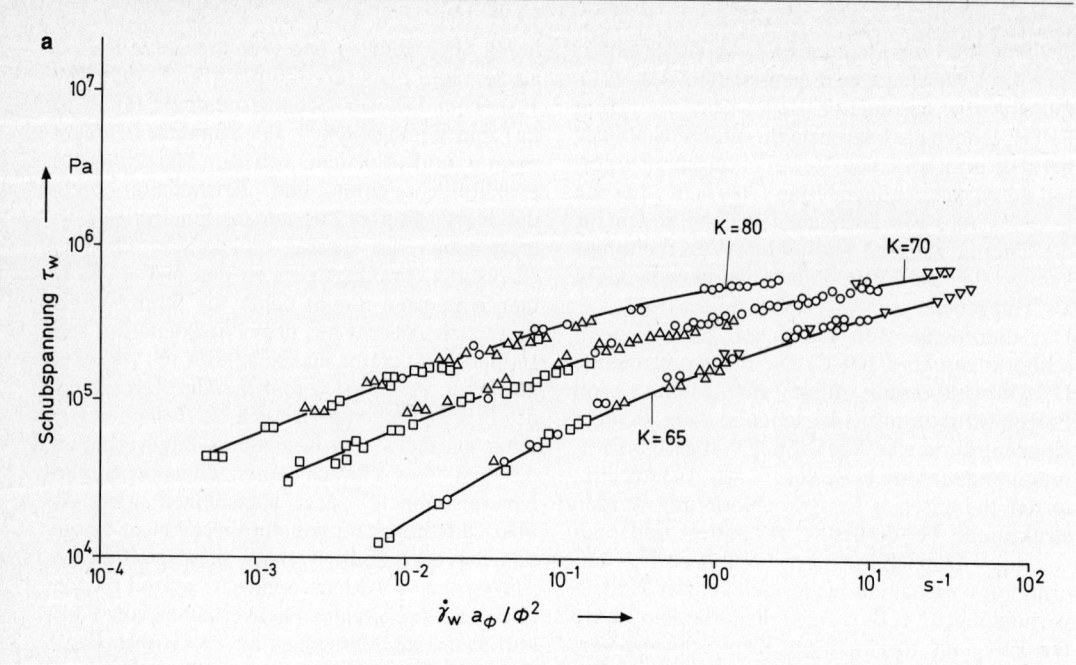

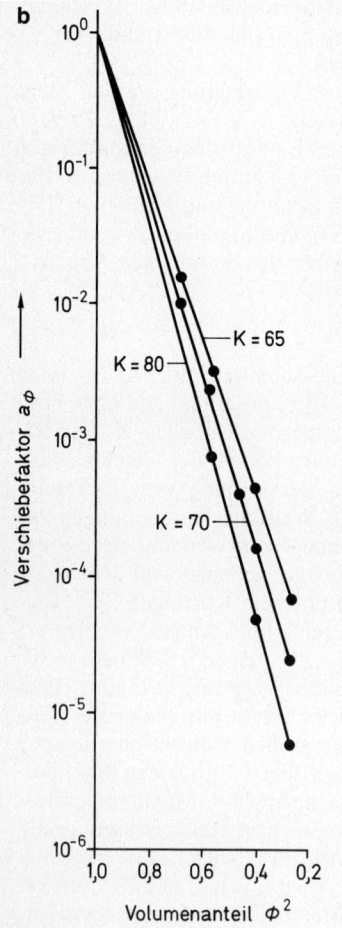

Abb. 1.54

a Stoffgesetz von S-PVC (K = 65, 70 u. 80)/DOP-Mischungen bei 180 °C in konzentrationsinvarianter Auftragung. τ_w = Schubspannung an der Rohrdüsenwand, $\dot{\gamma}_w$ = Schergefälle an der Wand, Φ = Volumenanteil von PVC, a_Φ = Verschiebefaktor[272]

PVC/DOP (Massenverhältnis)
○ 100/67
△ 100/43
○ 100/25
▽ 100/17,5

b Abhängigkeit des Verschiebefaktors a_Φ vom Volumenanteil von PVC Φ für S-PVC (K = 65, 70 u. 80)/DOP-Mischungen bei 180 °C[272]

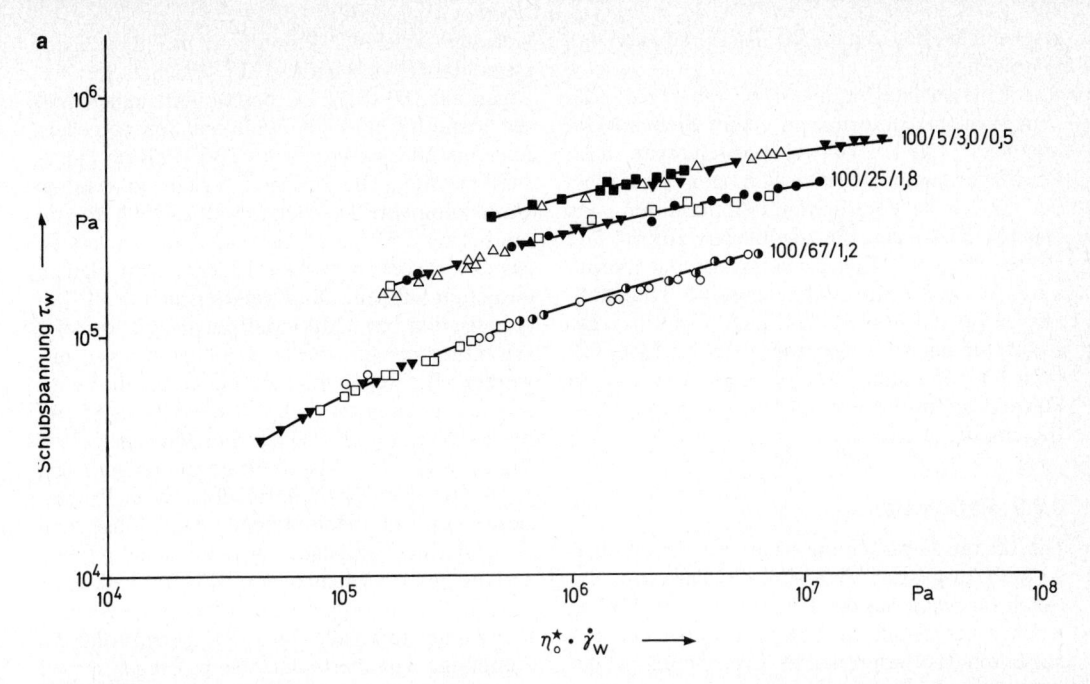

Abb. 1.55
a Stoffgesetz von S-PVC ($K=70$)/DOP-Mischungen verschiedener Zusammensetzung (Angaben im Diagramm in Gewichtsteilen: PVC/DOP/IRGASTAB 17M/IRGAWAX 361) in temperaturinvarianter Auftragung. τ_w = Schubspannung an der Rohrdüsenwand, $\dot{\gamma}_w$ = Schergefälle an der Wand, η_o^* = temperaturabhängiger Verschiebefaktor.

b Abhängigkeit des Verschiebefaktors η_o^* von der Temperatur. Zusammensetzung der Proben wie in **a**;
IRGASTAB® 17 M:
Butyl-Zinn-Schwefel-Stabilisator (Ciba Geigy);
IRGAWAX® 361:
Gleitmittel mit besonderer inneren Gleitwirkung (Ciba Geigy);
◐, ○, ●, □, ▼, △, ■,
160–220 °C ($\Delta T = 10$ K)

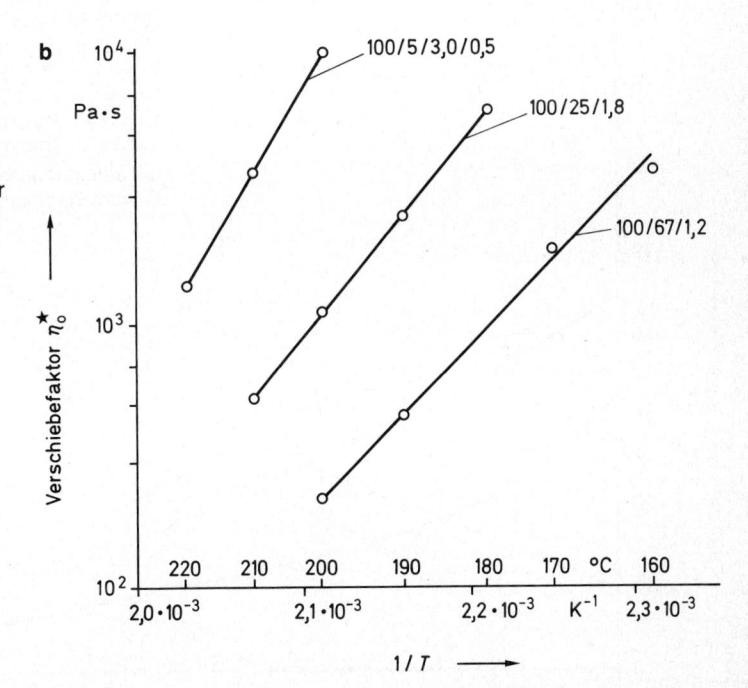

niger Füllstoffe können die Rieselfähigkeit beeinträchtigen.

Wie Untersuchungen an S-PVC mit verschiedenem Weichmachergehalt in einem Meßextruder ergaben[272], sind PVC-weich-Mischungen nach Plastifizierung im Extruder homogen, so daß bei den üblichen Verarbeitungstemperaturen von 160 bis 200 °C kein Partikelfließen auftritt und die rheologischen Eigenschaften von der thermischen Vorgeschichte unabhängig sind. Die Fließkurven für das System PVC/DOP (DOP = »Diisooctylphthalat«, eigentlich Di-2-ethylhexylphthalat) sind in Abb. 1.54 bzw. Abb. 1.55 in konzentrations- bzw. temperaturinvarianter Auftragung dargestellt.

3.2.3 PVC-Pasten

Die für die Verarbeitung wichtigste Eigenschaft ist die (Ausgangs-) Viskosität des Plastisols, das durch Dispergieren des PVC-Pulvers im Weichmacher hergestellt wird. Um ausreichende Festigkeiten des Endproduktes zu erreichen, ist der zulässige Weichmacheranteil auf ca. 30 bis höchstens 100 **G**ewichts**t**eile (GT) Weichmacher bezogen auf 100 GT PVC beschränkt; daher muß die Viskosität und das Fließverhalten vor allem über die Eigenschaften des PVC-Pulvers eingestellt werden. Die geringste Viskosität ergeben glatte kompakte Teilchen ($d = 0{,}25$ bis $1{,}25\ \mu$m) mit breiter Teilchengrößenverteilung, so daß die Zwickel zwischen großen Teilchen von kleinen ausgefüllt werden. Die Primärteilchen der E-Polymerisation bzw. Mikroperlpolymerisation weisen Durchmesser dieser Größenordnung auf, werden aber wegen ihres störenden Staubcharakters zu Sekundärteilchen mit $d = 10$ bis $15\ \mu$m bei E-PVC und $d < 60\ \mu$m bei Mikroperl-PVC agglomeriert. Die Viskosität ist um so geringer, je leichter diese Sekundärteilchen unter Freisetzung von in Hohlräumen immobilisiertem Weichmacher zerfallen. Andererseits ergeben extrem kleine Teilchen eine höhere Viskosität aufgrund ihrer hohen spezifischen Oberfläche. Der Emulgatorgehalt von E-PVC begünstigt die Aufnahme von besonders beim Entgasen und

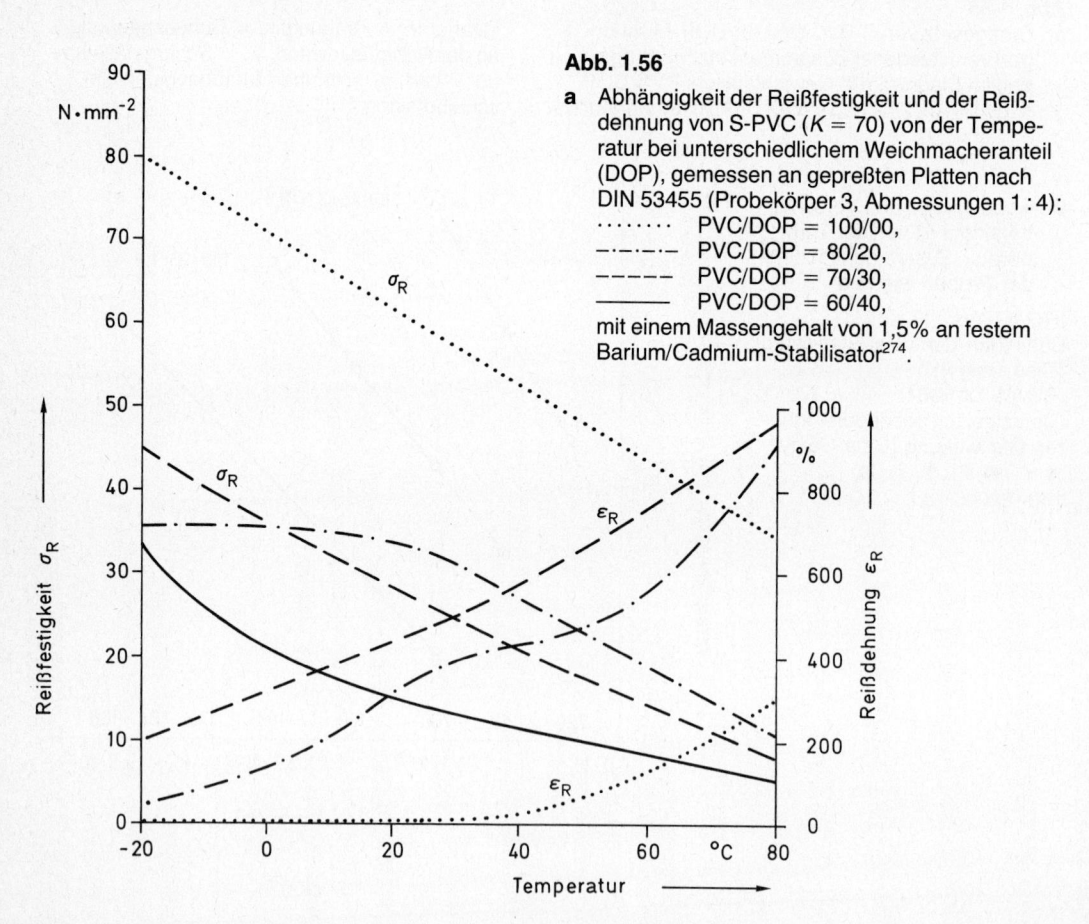

Abb. 1.56

a Abhängigkeit der Reißfestigkeit und der Reißdehnung von S-PVC ($K = 70$) von der Temperatur bei unterschiedlichem Weichmacheranteil (DOP), gemessen an gepreßten Platten nach DIN 53455 (Probekörper 3, Abmessungen 1:4):
  .... PVC/DOP = 100/00,
  —·—·— PVC/DOP = 80/20,
  — — — PVC/DOP = 70/30,
  ——— PVC/DOP = 60/40,
mit einem Massengehalt von 1,5% an festem Barium/Cadmium-Stabilisator[274].

Schäumen nachteiliger Feuchtigkeit und beeinflußt die Oberflächenspannung der Plastisole. Auch die Abhängigkeit des Fließverhaltens von Schergefälle und Scherzeit ist von großer Bedeutung. Man kann sowohl nahezu newtonisches als auch strukturviskoses oder dilatantes bzw. thixotropes oder rheopexes Verhalten beobachten, wobei der Zusammenhang zwischen Fließverhalten und Pulvermorphologie bzw. Weichmacher sehr komplex ist[273] und das gewünschte Fließverhalten weitgehend empirisch eingestellt wird.

3.3 Gebrauchseigenschaften

Die Gebrauchseigenschaften von Teilen aus PVC hängen von den Grundstoffeigenschaften (K-Wert, Gehalt an Verunreinigungen), vom Weichmachertyp und -anteil, vom Gehalt und der Art sonstiger Zusatzstoffe (Stabilisatoren, Gleitmittel, Farbpigmente, Füllstoffe) und von den Verarbeitungsbedingungen ab. Richtwerte für die Gebrauchseigenschaften von PVC-weich und PVC-hart werden in Teil B dieses Kapitels (s. S. 216) in vergleichender Darstellung gegeben. Im folgenden wird auf die Abhängigkeit der Gebrauchseigenschaften von den Grundstoffeigenschaften und dem Weichmachergehalt näher eingegangen.

Während M- und S-PVC mit gleichem K-Wert nahezu gleiche Gebrauchseigenschaften haben, weisen Produkte aus E-PVC mit steigendem Emulgatorgehalt geringere Transparenz, geringeren spezifischen elektrischen Widerstand, geringfügig (bis um ca. 3 °C) niedrigere Erweichungstemperatur und bis zu ca. 5mal größere Wasseraufnahme auf. Die Temperaturabhängigkeit der Reißfestigkeit und Reißdehnung bei verschiedenem DOP-Gehalt (GT DOP auf 100 GT PVC) zeigt Abb. 1.56 a. Unabhängig vom Polymerisationsverfahren wächst mit steigendem K-Wert die Zugfestigkeit und vor allem bei PVC-weich die Reißdehnung (s. Abb. 1.56), die Kerbschlagzähigkeit und die Zeitstandfestigkeit.

Fast alle Gebrauchseigenschaften werden von der Weichmacherkonzentration und -art beeinflußt. Zugabe einer zu geringen Weichmacher-

Abb. 1.56
b Abhängigkeit der Zugfestigkeit und der Reißdehnung (gestrichelte Linien) von S-PVC vom Massengehalt an DOP für verschiedene K-Werte (K = 55, 60 und 70) bei 20 °C[275]

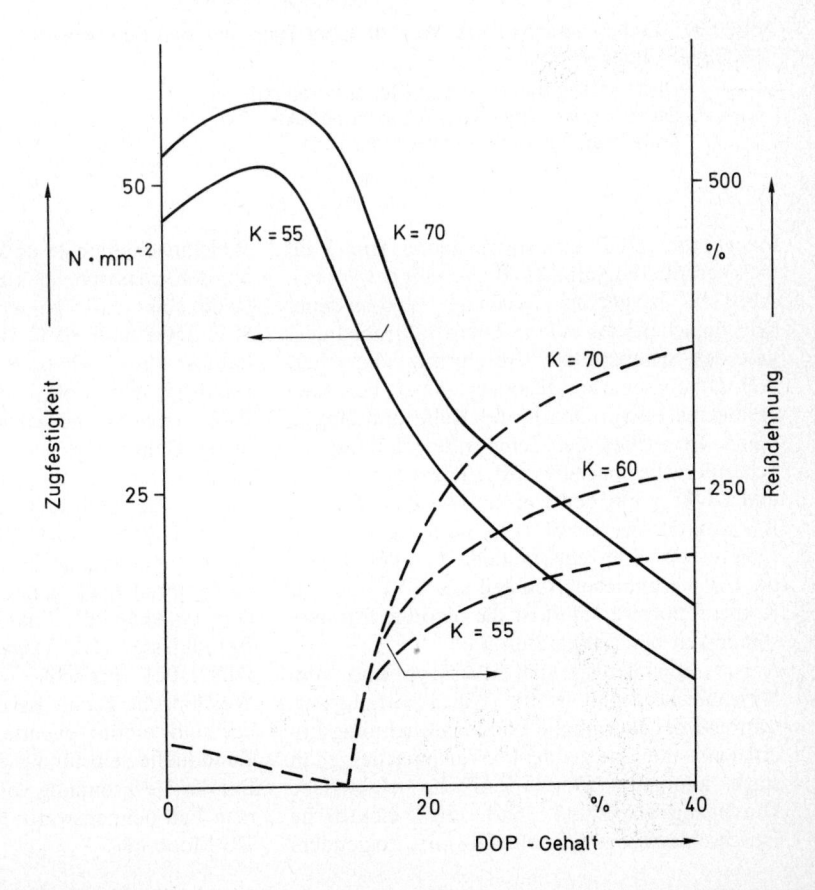

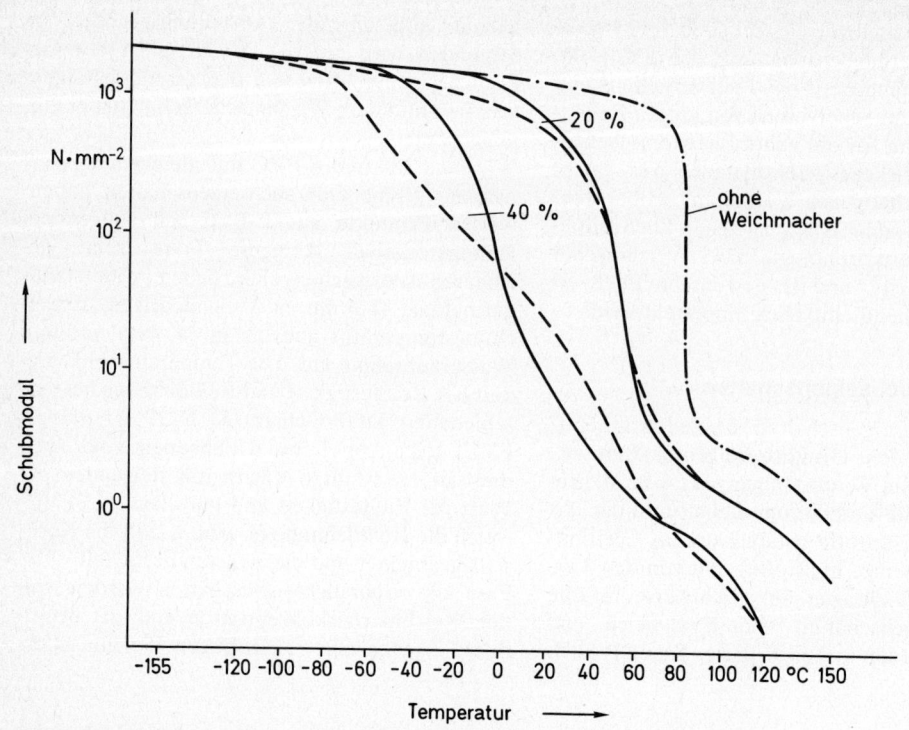

Abb. 1.57 Einfluß verschiedener Weichmacher-Typen auf den Schubmodul (DIN 53445) von S-PVC[276];

——— DIDP = Diisodecylphthalat (Scharniereffekt),
– – – DIDA = Diisodecyladipat (Abschirmeffekt)
(Massengehalt an Weichmacher in %)

menge (bei DOP ein Massengehalt von 5 bis 18%) erhöht die Sprödigkeit (*Sprödigkeitslücke*). Abb. 1.57 zeigt die Wirkung verschiedener Weichmachertypen auf die Temperaturabhängigkeit des Schubmoduls. Abschirmweichmacher, z. B. Dioctylsebazat, Diisodecyladipat, bewirken geringeres Verspröden in der Kälte und langsameres Erweichen bei Temperaturerhöhung als Scharnierweichmacher, z. B. Trikresylphosphat und DOP[276]. Für den Einsatz von PVC-hart als Konstruktionswerkstoff ist das mechanische Langzeitverhalten entscheidend (s. Abb. 1.58a, b). Ein wesentlicher Nachteil von PVC-hart als Konstruktionswerkstoff ist die niedrige Formbeständigkeit bei Temperaturen über 60 °C.

Nahezu unabhängig vom PVC-Typ und vom Weichmachergehalt ist die Wärmeleitfähigkeit, während der thermische Längenausdehnungskoeffizient mit steigendem Weichmachergehalt stark zunimmt. Der spezifische elektrische Durchgangswiderstand und die elektrische Durchschlagfestigkeit nehmen mit steigendem Weichmachergehalt und steigender Temperatur ab; der spezifische elektrische Durchgangswiderstand sinkt z. B. bei einem Massengehalt von 30% DOP und 80 °C auf ca. 10^{11} $\Omega \cdot$ cm. Verhältnismäßig hoch ist der dielektrische Verlustfaktor (s. Abb. 1.59).

PVC erweicht und zersetzt sich in der Flamme unter Chlorwasserstoff-Entwicklung. Die Entzündungstemperatur von PVC-hart beträgt ca. 400 °C, die Selbstentzündungstemperatur liegt ca. 50 °C höher. PVC-hart erlischt nach Entfernen der Zündquelle, so lange das sich zersetzende Material noch genügend Chlor enthält. Mit den üblichen PVC-hart-Rezepturen kann die Brandklasse B1 (*schwerentflammbar* nach DIN 4102) erreicht werden. Bei höherem Weichmachergehalt ist PVC leichter entflammbar und brennt eventuell nach Entfernen der Zündquelle selbständig weiter.

Bei der Verbrennung von PVC entstehen in keinem Fall nennenswerte Mengen von Chlor oder VC-Monomer.

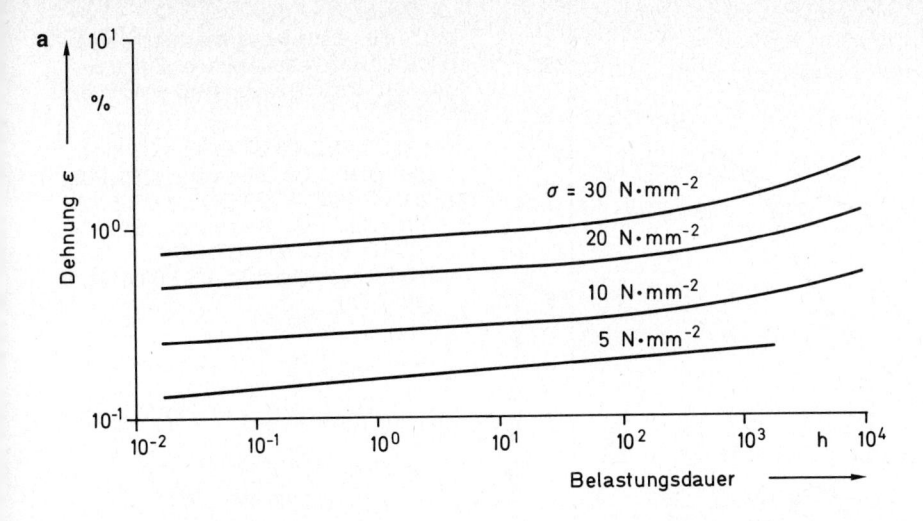

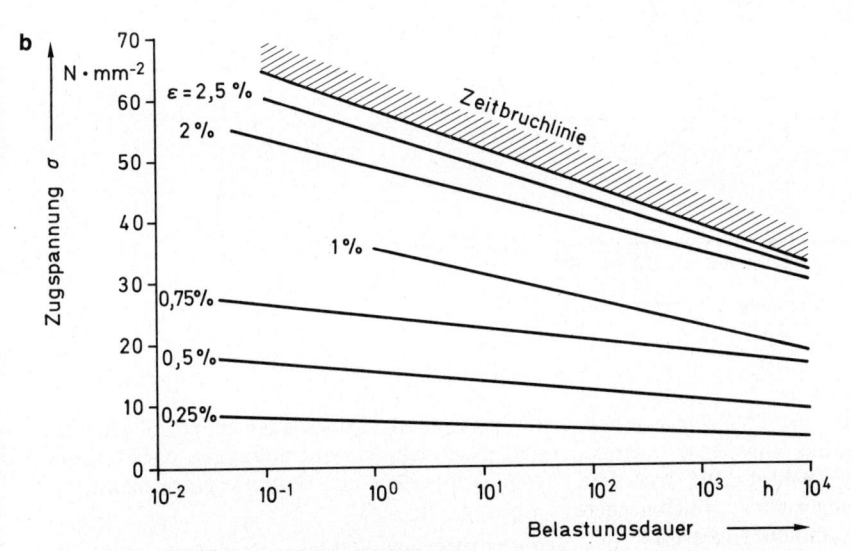

Abb. 1.58 Mechanisches Langzeitverhalten von S-PVC ($K = 60$) ohne Weichmacher in Luft bei 20 °C (DIN 53444)[277];

a Zeit-Dehnlinien,
b Zeit-Spannungslinien

Die Wasseraufnahme nimmt mit steigendem Weichmachergehalt zu, z. B. bei einem Massengehalt von 30% DOP ca. auf das Zweifache. PVC-hart ist gegen verdünnte und konzentrierte Säuren und Laugen, Mineral- und Pflanzenöle, Alkohole und aliphatische Kohlenwasserstoffe beständig; aromatische und chlorhaltige Kohlenwasserstoffe lösen das Material an; bei Einwirkung von Methanol besteht Neigung zur Spannungsrißbildung. Die Chemikalienbeständigkeit von PVC-weich ist in keinem Fall größer als von PVC-hart[279], sondern abhängig vom Weichmacher und dessen Konzentration oft wesentlich geringer. Die Gasdurchlässigkeit von Folien aus PVC-weich nimmt mit steigendem Weichmachergehalt zu; sie sind gut sterilisierbar, z. B. mit Wasserdampf bei 120 °C. PVC-hart weist vergleichsweise gute Witterungsbeständigkeit auf, sofern geeignete Stabilisatoren und Farbpigmente gewählt werden (s. S. 246). Die Witterungsbeständigkeit von Teilen aus PVC-weich wird durch Flüchtigkeit und Wanderung der Weichmacher

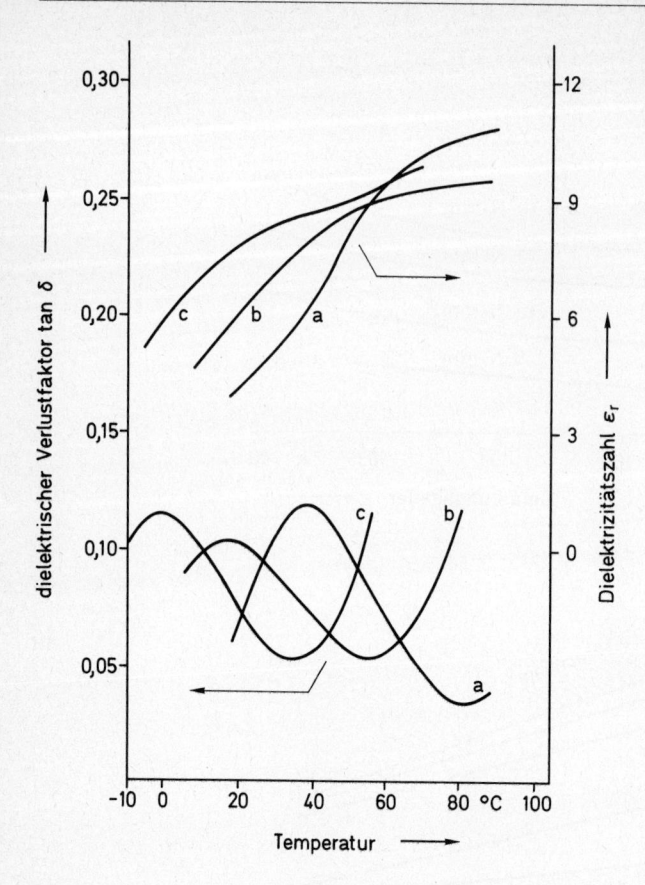

Abb. 1.59 Einfluß des Weichmachergehaltes auf den Verlustfaktor tan δ und die Dielektrizitätszahl ε_r von PVC-weich bei 60 Hz[278];

a 100 GT PVC, 25 GT DOP, 4 GT 3 bas. Bleisulfat, 1 GT Bleistearat (28%Pb);
b 100 GT PVC, 43 GT DOP, 4 GT 3 bas. Bleisulfat, 1 GT Bleistearat (28% Pb);
c 100 GT PVC, 66,6 GT DOP, 4 GT 3 bas. Bleisulfat, 1 GT Bleistearat (28% Pb)

beeinträchtigt. Hingegen ist PVC-weich erheblich beständiger gegen die Einwirkung energiereicher Strahlung als PVC-hart. PVC-hart wird von Bakterien nicht angegriffen, weichmacherhaltige Einstellungen können angegriffen werden; am empfindlichsten sind dabei Azelat- und Sebazat-Weichmacher, am unempfindlichsten Phthalat- und Phosphat-Weichmacher.

3.4 Modifiziertes PVC

Nachteile von PVC-hart, die bei manchen Verfahren, wie z.B. Spritzguß, verhältnismäßig schwierige Verarbeitbarkeit, die geringe Formbeständigkeit in der Wärme und die oft unzureichende Schlagzähigkeit in der Kälte, motivierten die Entwicklung vieler technisch bedeutender Modifizierungen des polymeren Grundstoffes[280, 281]. Diese Modifizierungen können sowohl chemisch durch Copolymerisation von VC mit anderen Monomeren bzw. durch polymeranaloge Reaktionen von PVC, z.B. Chlorierung, als auch physikalisch durch Mischen von PVC mit anderen polymeren Grundstoffen durchgeführt werden. Nachstehend wird auf einige typische und technisch bedeutende Beispiele hingewiesen.

3.4.1 PVC mit leichterer Verarbeitbarkeit

Statistische Copolymere von VC mit einem Massengehalt von 2 bis 20% Vinylacetat (VA) sind die mengenmäßig bedeutendsten VC-Copolymeren. Produkte mit niedrigem VA-Gehalt gestatten z.B. die Erhöhung der Verarbeitungsgeschwindigkeit beim Kalandrieren und leichtere Vakuumformbarkeit, während Produkte mit einem Massengehalt von ca. 15% VA vor allem zur Herstellung von Anstrichstoffen (K = 45–48), Schallplatten (K = 50) und mit Asbest gefüllten Fußbodenfliesen (K = 60) verwendet werden. Die verbesserte Fließfähigkeit ist für die genaue Prägung der Schallplattenrillen Voraussetzung und begründet die auf diesem Gebiet dominierende Stellung dieses Copolymeren. Bei der Herstellung der Fußbodenfliesen ist das erhöhte Füllstoffaufnahmevermögen des Copolymeren wesentlich.

Auch Copolymere von VC mit geringen Anteilen von Butylacrylat, höheren Vinylethern, Ethylen, Propylen u. a. zeichnen sich durch leichtere Verarbeitbarkeit aus,

Abb. 1.60 Kerbschlagzähigkeit (DIN 53453) von schlagzäh modifiziertem S-PVC ($K=70$) in Abhängigkeit vom Modifikatorgehalt (Massengehalt in %); CPE = chloriertes Polyethylen, EVA = VC-EVA-Pfropfcopolymer (s. Text)[283]

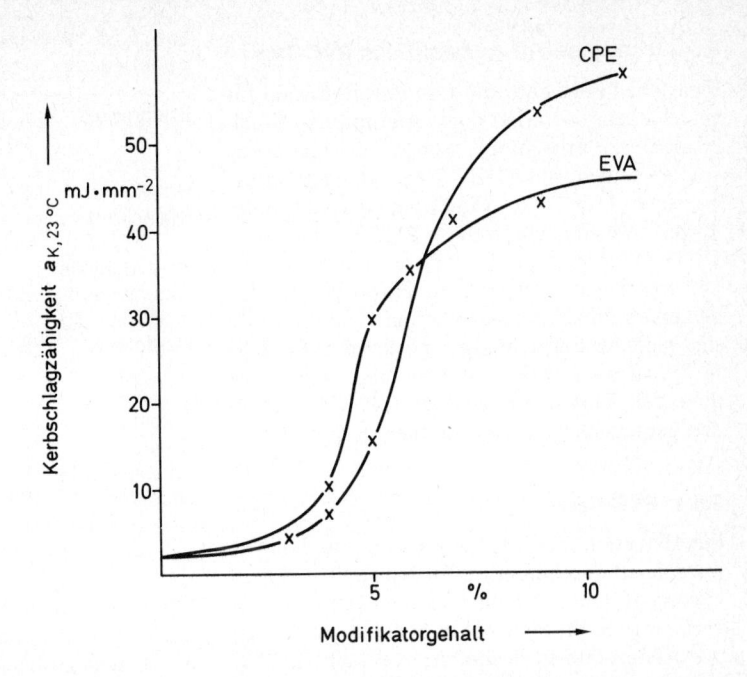

wobei jedoch meist eine weitere Verringerung der Formbeständigkeit in der Wärme in Kauf genommen werden muß.

3.4.2 PVC mit erhöhter Formbeständigkeit in der Wärme

Nachchloriertes PVC (mit einem Massengehalt bis 65% Chlor, gegenüber fast 57% Chlor in Standard-PVC) kann wegen seiner höheren Formbeständigkeit in der Wärme für Heißwasserrohre verwendet werden; es erfordert um ca. 10 °C höhere Verarbeitungstemperaturen. Für die Anwendung bei Lebensmittelheißverpackung (Schmelzkäse, Marmelade) hat sich das Copolymere von VC mit einem Massengehalt von 5 bis 7% N-Cyclohexyl-maleinimid bewährt.

3.4.3 PVC mit verbesserter Schlagzähigkeit

Die Schlagzähigkeit von PVC kann durch Zumischen unverträglicher Polymerer mit ausreichend niedriger Glastemperatur verbessert werden. Bei der Auswahl geeigneter Polymerer ist darauf zu achten, daß die anderen Gebrauchs- und Verarbeitungseigenschaften nicht zu sehr beeinträchtigt werden; so ist es zur Erhaltung der Festigkeit von PVC erforderlich, daß das zugemischte Polymere nicht zu unverträglich mit PVC ist und feste Adhäsion zur PVC-Phase besteht. Die Gebrauchseigenschaften, wie z. B. die Schlagzähigkeit und die Transparenz, hängen von der durch die Verarbeitungsbedingungen und die Konzentrationsverhältnisse bestimmten Zweiphasenmorphologie – sich gegenseitig durchdringende Netzwerke oder kugelförmige Dispergierung – ab[282].

Butadien enthaltende schlagzähigkeitserhöhende Komponenten, z. B. ABS-Copolymere, weisen geringe Witterungsstabilität auf. Bei geeigneter Zusammensetzung, vor allem von MBS-Copolymeren – meist hergestellt durch Pfropfung von Methylmethacrylat und Styrol auf Butadien-Styrol-Kautschuk – oder auch von ABS-Copolymeren, können durch Übereinstimmung der Brechzahlen der beiden Polymerphasen transparente Produkte hergestellt werden. Im Außeneinsatz haben sich in Westeuropa besonders chloriertes Polyethylen (CPE) und VC-EVA-Copolymer, hergestellt durch Pfropfung von VC auf Ethylen-Vinylacetat-Copolymer (mit einem Massengehalt von 40 bis 50% Vinylacetat) durchgesetzt. In letzter Zeit haben auch Polyacrylate, z. B. Polybutylacrylat, an Bedeutung gewonnen. Einen Vergleich der Kerbschlagzähigkeit von modifiziertem und unmodifiziertem PVC ermöglicht Abb. 1.60.

3.5 Hinweise zur Auswahl des PVC-Typs

Um dem Verarbeiter die Grundstoffauswahl für verschiedene Verarbeitungsverfahren und Finalprodukte zu erleichtern, wurde die Typisierung von PVC genormt (DIN 7746: VC-Homopolymerisate, DIN 7728: VC-Copolymerisate, DIN 7748: weichmacherfreie PVC-Formmassen, DIN 7749: weichmacherhaltige Formmassen). Die nachstehend gegebenen Hinweise zur Typenauswahl haben beispielhaften Charakter und sind nicht als Empfehlungen bestimmter Produkte aufzufassen. Tab. 1.24 gibt einen Überblick über den Einsatz verschiedener PVC-Typen in den gebräuchlichen Verarbeitungsverfahren.

3.5.1 PVC-hart

Für Extrusion und Spritzguß (Schneckenkolben) werden gut rieselfähige, grobkörnige PVC-Typen bevorzugt. Die Auswahl nach dem Herstellungsverfahren (S, M, E) wird vor allem durch die Art des Endproduktes bestimmt; z. B. gibt E-PVC mit steigendem Emulgatorgehalt trübere Produkte, während sich Artikel aus S- und besonders aus M-PVC durch ihre Transparenz auszeichnen.

Tab. 1.25 K-Wert-Bereiche in der PVC-hart-Verarbeitung

Endprodukt	K-Wert von	meist	bis	Verarbeitung durch
Hohlkörper (Flaschen)	55	57	60	Extrusionsblasen Spritzblasen
Spritzgußteile				
dünnwandig	56	58	60	Spritzgießen
dickwandig	56	63	67	Spritzgießen
Hartfolien	54	60	68	Kalandrieren (meist), Extrudieren
Tafeln	57	60	65	Extrudieren
Profile	60	65	68	Extrudieren
Abwasserrohre	65	68	70	Extrudieren
Druckrohre	70	71	72	Extrudieren

Oft werden auch Abmischungen von S- oder M- mit E-PVC verwendet. Beim Kalandrieren wird neben den grobkörnigen Typen auch sehr feinkörniges S-PVC mit glattem Korn und feinkörniges E-PVC verwendet. Für die Herstellung von Batterieseparatoren wird S-PVC mit besonders

Tab. 1.24 Auswahl verschiedener PVC-Typen für die gebräuchlichen Verarbeitungsverfahren[284]

Verarbeitungsverfahren	Emulsions-PVC Hart	Emulsions-PVC Weich	Suspensions-PVC Hart	Suspensions-PVC Weich	Masse-PVC Hart	Masse-PVC Weich
Spritzgießen	O	O	++	++	++	++
Extrudieren						
Rohre, Schläuche	+	O	++	++	++	O
Profile	++	+	++	++	++	+
Kabel	O	O	O	++	O	+
Folien	+	O	O	+	O	O
Platten	+	O	++	O	++	O
Blasformen	O	O	++	O	++	O
Kalandrieren: Folien	++	+	++	++	++	+
Pressen: Platten	+[1]	O	+[1]	O		
Pastenverarbeitung:						
Streichen	O	++	O	+[2]	O	+[2]
Tauchen	O	++	O	+[2]	O	+[2]
Gießen	O	++	O	+[2]	O	+[2]
Schmelzwalzenverf.:						
Beschichten	O	+	O	++	O	O
Folien	O	O	++	++	++	O
Sintern	++	O	++	O	O	O

++ vorwiegend   + in kleinem Umfang   O nicht oder nur ausnahmsweise

[1] vorwiegend Copolymere
[2] PVC mit Extender, z. B. Fettsäureester und Polyglykol-Derivate, zur Herabsetzung der Viskosität

Tab. 1.26 Anforderungen an PVC-Plastisole bei verschiedenen Verarbeitungsverfahren[273]

Verfahren	Viskosität der Paste (10^{-3} Pa·s)*	PVC-Massenanteil (%)	Fließverhalten	Lagerbeständigkeit (nach 6 Wochen max. Anstieg der Viskosität) (xfach)
1. Tauchen	2,5...3,5	50	thixotrop	< 1,5
2. Gießverfahren			Newtonsches bis dilatantes	
2.1 Rotationsgießverfahren	2,0...4,0	50...62		< 1,5
2.2 Urformtechnologie	2,0	60	Newtonsches bis dilatantes	< 1,5
3. Bandstahlbeschichtung	1,0...3,0	> 68	Newtonsches bis schwach pseudoplastisches	< 1,5
4. Streichverfahren zur Kunstlederherstellung				
Grundstrich	> 10,0	50...65	pseudoplastisch*	ohne wesentliche Bedeutung
Mittelstrich (Schaumstrich)	4,0...6,0	60		
Deckstrich	5,0...7,0	60		

* Schergefälle 48 s^{-1}

enger Teilchengrößenverteilung (Hauptfraktion mit $d = 30$ μm, $d < 100$ μm) und guter Benetzbarkeit eingesetzt. Tab. 1.25 gibt Hinweise auf die zur Zeit übliche Auswahl des Grundstoffes nach dem K-Wert.

3.5.2 PVC-weich

Für Extrusion, Spritzguß (Schneckenkolben), Extrusionsblasen und Spritzblasen werden meist zu Heißmischung (s. S. 85) geeignete Typen ausgewählt. E-PVC mit höherem Emulgatorgehalt wird nicht eingesetzt, wo höhere Anforderungen an Transparenz und elektrische Eigenschaften der Endprodukte bestehen. In der PVC-weich-Verarbeitung werden PVC-Typen mit $K = 70 \pm 5$ eingesetzt. Typische Endprodukte sind Weichfolien und Bodenbeläge (Verarbeitung auf Walzwerk und Kalander), Weichprofile und Schläuche (Extruder), Kabelummantelung (Extruder) und Spritzgußteile.

3.5.3 PVC-Pasten

Es werden zur Plastisol-Bildung befähigte (s. S. 88) PVC-Typen ausgewählt, deren K-Wert meist zwischen 65 und 70 liegt. Typen mit höheren K-Werten (bis $K = 80$) werden gewählt, wo besondere mechanische Eigenschaften, z. B. besondere Abriebfestigkeit bei Metallbeschichtungen, verlangt werden. Mikroperlpolymerisate und emulgatorarmes E-PVC ergeben besonders stabile Pasten mit hoher Geliertemperatur (170 °C) und

transparente Endprodukte. Die für verschiedene Verfahren bestehenden Anforderungen an PVC-Plastisole faßt Tab. 1.26 zusammen. Hohe Oberflächenspannung der Plastisole ist beim Tauchen, niedrige beim Rotationsgießen erwünscht.

4. Aminoplaste

Unter dem Begriff Aminoplaste faßt man die Kondensationsprodukte von Amino-Verbindungen (eigentlich Amido-Verbindungen), fast ausschließlich Harnstoff und Melamin, mit Aldehyden, fast ausschließlich Formaldehyd, zusammen. Erste technische Produkte waren Preßmassen auf

Tab. 1.27 Verteilung des Aminoplast-Verbrauches auf die wichtigsten Anwendungsgebiete in der Bundesrepublik Deutschland (Stand 1979)

	UF-Harze* (%)	MF-Harze[286] (%)
Holzleime	85	17
Preßmassen	3	2
Schichtpreßstoffe	–	64
Lacke, Papier- und Textilhilfsmittel	4	16
Gießereiharze	2,5	–
Schaumharze	0,5	–
Sonstiges	5	1
	100	100

* Schätzung des Autors

Harnstoff-Thioharnstoff-Basis (Beetle Products Co., England, 1926), 1935 erfolgte die erste technische Produktion von Melamin-Formaldehyd-Harzen durch die CIBA A.G., Basel, und Henkel, Düsseldorf. 1981 wurden in den USA 710 000 t, in Westeuropa ca. 1 000 000 t und in Japan 360 000 t an Aminoplast-Harzen (trocken) erzeugt. In jedem dieser Wirtschaftsräume betrug der Gewichtsanteil der Harnstoff-Formaldehyd(**UF**: **u**rea-**f**ormaldehyde)-Harze ca. 84% und jener der **M**elamin-**F**ormaldehyd(**MF**)-Harze 10 bis 15%[285]. Die Verteilung des Aminoplast-Verbrauches auf die Hauptanwendungsgebiete in der Bundesrepublik Deutschland zeigt Tab. 1.27.

4.1 Monomere Grundstoffe

Die z. Z. technisch bedeutenden Amido-Komponenten zeigt Tab. 1.28. Andere Amido-Verbindungen, z. B. Thioharnstoff, haben ihre frühere technische Bedeutung verloren. Formaldehyd wird in derselben Form wie bei der PF-Harz-Produktion eingesetzt (s. S. 109).

4.2 Chemismus der Vorkondensation und Härtung

Der Verlauf der Vorkondensation hängt vom Molverhältnis Formaldehyd/Harnstoff F/U bzw. Formaldehyd/Melamin F/M, vom pH-Wert, von der Temperatur und von der Reaktionszeit ab.

4.2.1 UF-Harze

Die Umsetzung von Harnstoff und Formaldehyd im sauren oder alkalischen Milieu führt in der ersten Stufe in einer Reaktion 2. Ordnung zu *N*-Methylolharnstoff.

$$H_2N-CO-NH_2 + CH_2(OH)_2 \rightleftharpoons H_2N-CO-NH-CH_2OH + H_2O$$

Die dabei entstehende Stickstoff-Kohlenstoff-Bindung ist eine *N*-Halbacetal-Bindung, die nicht die Stabilität der Stickstoff-Kohlenstoff-Bindung von Aminen aufweist und leicht in einer Reaktion 1. Ordnung wieder gespalten wird. Die Gleichgewichtslage hängt vom Molverhältnis, von der Konzentration und der Temperatur ab und ist praktisch unabhängig vom pH-Wert. Die Additions- und Dissoziationsgeschwindigkeit ist direkt proportional der zugesetzten Säure- bzw. Alkalimenge, wobei Alkali wesentlich stärker katalysiert als eine äquivalente Säuremenge[287].

In alkalischer Lösung besteht die Neigung zur Bildung intramolekularer Wasserstoff-Brücken,

die die Weiterkondensation an der Methylol-Gruppe behindern und bei einem pH-Wert von 7,5 bis 8 am stabilsten sind.

Von den im folgenden Schema dargestellten Kondensationsstufen können im alkalischen Milieu die Stufen (I) und (IIa) in reiner Form isoliert werden[288], während (IIb), (III) und (IVb), – nicht jedoch (IVa) –, NMR-spektroskopisch nachgewiesen wurden[289].

Tab. 1.28 Amido-Verbindungen für die Aminoplast-Herstellung

		Funktionalität	
a vorherrschend			
Harnstoff	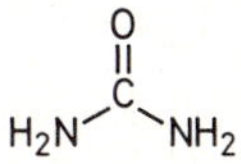 H₂N–CO–NH₂ FP = 133 °C (unter Zersetzung)	4*	gut löslich in Wasser (1,05 g·ml⁻¹ bei 20 °C, 7,25 g·ml⁻¹ bei 100 °C); am häufigsten verwendet
Melamin	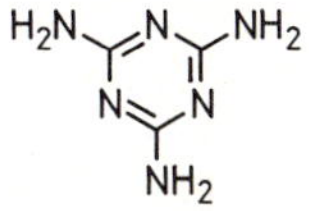 Triazin mit 3 NH₂-Gruppen FP = 350 °C (unter Sublimation)	6	geringe Löslichkeit in Wasser (3 g·l⁻¹ bei 20 °C, 50 g·l⁻¹ bei 100 °C). Im Vergleich zu Harnstoff raschere Addition von Formaldehyd; technische MF-Harze werden im Gegensatz zu UF-Harzen meist ohne sauren Härter gehärtet, MF-Harze verzögern jedoch die saure Aushärtung von UF-Harzen in Mischungen beträchtlich. Ausgehärtete MF-Harze weisen höhere Härte, Wärme- und Wasserbeständigkeit als UF-Harze auf. MF-Harze sind 2–3mal so teuer wie UF-Harze
b mengenmäßig von sehr untergeordneter Bedeutung			
Benzoguanamin	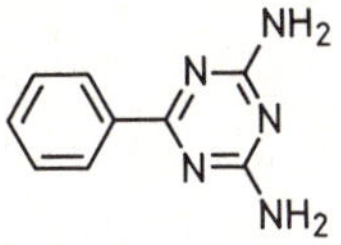 Phenyl-Triazin mit 2 NH₂-Gruppen FP = 227 °C	4	meist als Zusatz zu MF-Harzen zur Erhöhung der Wärme- und Wasserbeständigkeit und des Glanzes und zur Verbesserung des Fließvermögens
p-Toluolsulfamid	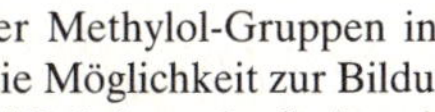 H₃C–C₆H₄–SO₂–NH₂ FP = 137 °C	2	als Zusatz (3–8% Massengehalt) zu MF-Harzen in mit Formaldehyd kondensierter Form; langsamere Aushärtung mit geringerer Vernetzungsdichte; Weichmachung (biegsamere Laminate für nachträgliches Formen), bessere Fließfähigkeit von Formmassen

* s. S. 96, IV b

Beim Eintritt weiterer Methylol-Gruppen in das gleiche Molekül nimmt die Möglichkeit zur Bildung stabilisierender Wasserstoff-Brücken ab. Steigende Temperatur und fallender pH-Wert setzen die Stabilität der Wasserstoff-Brücken herab. Die Weiterkondensation an den Methylol-Gruppen erfolgt bei niedriger Temperatur ausschließlich unter Bildung von Ether-Brücken[290], z. B.

$$\sim\!\!NH\!-\!CO\!-\!NH\!-\!CH_2OH + HOH_2C\!-\!NH\!-\!CO\!-\!NH\!\sim \xrightarrow{-H_2O} \sim\!\!NH\!-\!CO\!-\!NH\!-\!CH_2\!-\!O\!-\!CH_2\!-\!NH\!-\!CO\!-\!NH\!\sim$$

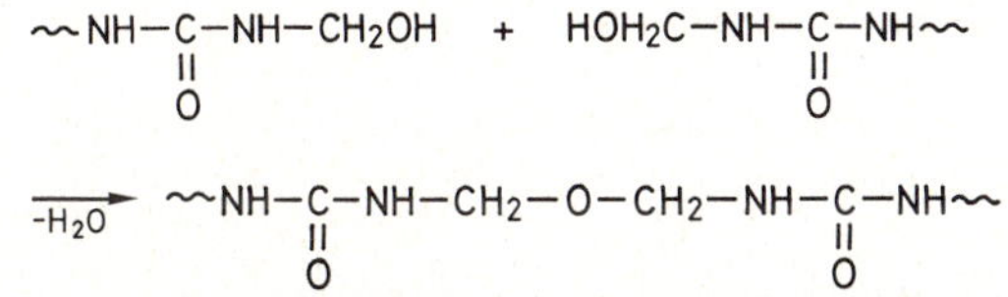

während bei höherer Temperatur, besonders bei methylolarmen Vorprodukten die Bildung von methylenverknüpften Harnstoffen wahrscheinlich ist.

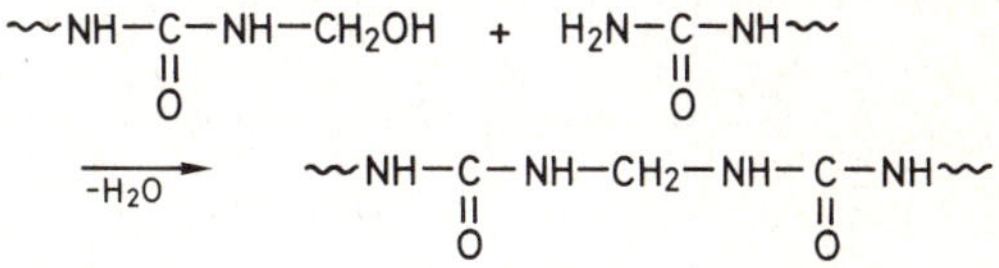

$$\sim\!\!NH\!-\!CO\!-\!NH\!-\!CH_2OH + H_2N\!-\!CO\!-\!NH\!\sim \xrightarrow{-H_2O} \sim\!\!NH\!-\!CO\!-\!NH\!-\!CH_2\!-\!NH\!-\!CO\!-\!NH\!\sim$$

Methylolreiche Vorprodukte bilden nur schwer Methylen-Brücken, da hierzu ein Teil des Formaldehyds in endothermer Reaktion abgespalten werden muß.

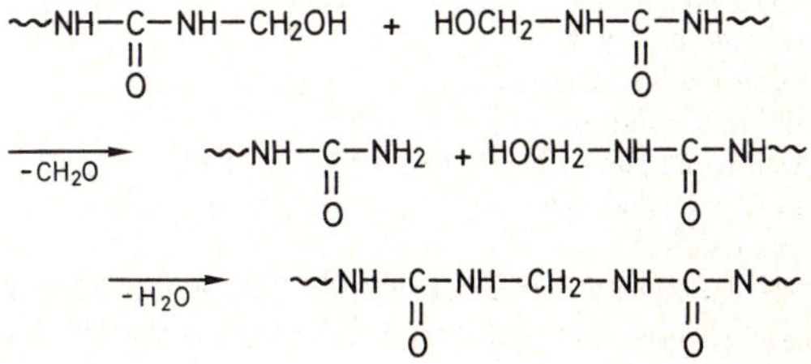

$$\sim\!\!NH\!-\!CO\!-\!NH\!-\!CH_2OH + HOCH_2\!-\!NH\!-\!CO\!-\!NH\!\sim \xrightarrow{-CH_2O} \sim\!\!NH\!-\!CO\!-\!NH_2 + HOCH_2\!-\!NH\!-\!CO\!-\!NH\!\sim$$

$$\xrightarrow{-H_2O} \sim\!\!NH\!-\!CO\!-\!NH\!-\!CH_2\!-\!NH\!-\!CO\!-\!N\!\sim$$

In saurer Lösung bilden *N*-Methylol-Verbindungen sehr leicht ein resonanzstabilisiertes Carbenium-Immonium-Ion,

$$\sim\!\!\text{NH}-\underset{\underset{\text{O}}{\|}}{\text{C}}-\text{NH}-\text{CH}_2\text{OH} \;+\; \text{H}^+ \;\xrightarrow{-\text{H}_2\text{O}}$$

$$\left[\sim\!\!\text{NH}-\underset{\underset{\text{O}}{\|}}{\text{C}}-\text{NH}-\overset{+}{\text{C}}\text{H}_2 \;\longleftrightarrow\; \sim\!\!\text{NH}-\underset{\underset{\text{O}}{\|}}{\text{C}}-\overset{+}{\text{N}}\text{H}=\text{CH}_2\right]$$

das mit nukleophilen $-\text{NH}_2$- bzw. $-\overset{|}{\text{N}}\text{H}$-Gruppen unter Bildung von Methylen-Brücken reagiert, z. B. nach

$$\sim\!\!\text{NH}-\underset{\underset{\text{O}}{\|}}{\text{C}}-\text{NH}-\overset{+}{\text{C}}\text{H}_2 \;+\; \text{H}_2\text{N}-\underset{\underset{\text{O}}{\|}}{\text{C}}-\text{NH}\!\!\sim$$

$$\rightleftharpoons \;\sim\!\!\text{NH}-\underset{\underset{\text{O}}{\|}}{\text{C}}-\text{NH}-\text{CH}_2-\text{NH}-\underset{\underset{\text{O}}{\|}}{\text{C}}-\text{NH}\!\!\sim \;+\; \text{H}^+$$

In stark saurer Lösung (pH unter 1) liegt dieses Gleichgewicht weitgehend auf der linken Seite.
Bei Anwendung eines Formaldehyd-Überschusses besteht die Tendenz, Formaldehyd nicht nur über Methylen-Brücken einzubauen, wobei sich diese Tendenz mit zunehmendem pH-Wert verstärkt[291]. So werden bei einem pH-Wert von 5 bis 5,5 und einem Molverhältnis F/U = 2,1 nach dreistündiger Kondensation bei 60 °C Kondensationsprodukte erhalten, die in ihrem Sauerstoff-Gehalt dem Dimethylolharnstoff nahekommen. Erst bei Verminderung des Molverhältnisses F/U auf 1,6 kommt es in verstärktem Maße zur Bildung von Methylenether-Brücken, zumal die Anlagerung des Carbenium-Ions an die *sec*-Amino-Gruppe einer *N*-Methylol-Verbindung wenig begünstigt ist.

$$\sim\!\!\text{NH}-\underset{\underset{\text{O}}{\|}}{\text{C}}-\text{NH}-\overset{+}{\text{C}}\text{H}_2 \;+\; \text{HOCH}_2-\text{NH}-\underset{\underset{\text{O}}{\|}}{\text{C}}-\text{NH}\!\!\sim \;\rightleftharpoons$$

$$\sim\!\!\text{NH}-\underset{\underset{\text{O}}{\|}}{\text{C}}-\text{NH}-\text{CH}_2-\text{O}-\text{CH}_2-\text{NH}-\underset{\underset{\text{O}}{\|}}{\text{C}}-\text{NH}\!\!\sim \;+\; \text{H}^+$$

Selbst bei F/U = 1 werden bei pH = 5,5 nicht nur Methylen-, sondern auch Methylenether-Brücken gebildet; erst bei pH = 3,5 tritt bei diesem Molverhältnis nach dreistündiger Reaktion bei 60 °C nur noch eine Verknüpfung über Methylen-Brücken ein, wobei sich oligomere (max. ca. 5 Harnstoff-Reste) und vorwiegend lineare Kondensate bilden; hochmolekulare Produkte werden dabei nicht gebildet, da diese Oligomeren durch ihren hohen Gehalt an Methylen-Gruppen schwer löslich sind und sich der Weiterkondensation entziehen.
Die Methylenether-Brücke wird in stark saurer Lösung durch Umkehr ihrer Bildungsreaktion gespalten, wobei sich in der Folge, – bei hohem Formaldehyd-Überschuß unter Formaldehyd-Austritt –, Methylen-Brücken bilden.
Die Reaktivität der $-\text{N}-\text{CH}_2-\text{N}-$Gruppierung ist zwar geringer als die der $-\text{N}-\text{CH}_2-\text{OR}$ (R = H oder Alkyl), die leicht ein Hydroxyl-Ion bzw. Alkoxyl-Ion abspaltet, aber doch noch so groß, daß man unter energischen Bedingungen mit der anionoiden Abspaltung eines Harnstoff-Restes rechnen muß, besonders dann, wenn die Methylen-Gruppe eine neue stabilere Bindung eingehen kann[292], z. B.

$$\text{H}_2\text{N}-\underset{\underset{\text{O}}{\|}}{\text{C}}-\text{NH}-\text{CH}_2\!\mid\!-\text{NH}-\underset{\underset{\text{O}}{\|}}{\text{C}}-\text{NH}_2 \;+\; \begin{array}{c}\overset{+}{\text{OH}}\\ \diagup\diagdown\\ \text{CH}_3 \\ \diagdown\diagup\\ \text{CH}_3\end{array}$$

$$\longrightarrow \;\text{H}_2\text{N}-\underset{\underset{\text{O}}{\|}}{\text{C}}-\text{NH}-\text{CH}_2\!\!-\!\!\begin{array}{c}\text{OH}\\ \diagup\diagdown\\ \text{CH}_3\\ \diagdown\diagup\\ \text{CH}_3\end{array} \;+\; \text{H}_2\text{N}-\underset{\underset{\text{O}}{\|}}{\text{C}}-\text{NH}_2$$

Hierauf beruht die Härtung von Novolaken (s. S. 113) durch Zusatz von UF-Harzen, die in saurem Milieu kondensiert wurden.

Methylolgruppenhaltige Vorkondensate können mit Alkoholen, z. B. Methylalkohol und *n*-Butanol, verethert werden; meist wird die Reaktion bei pH = 4 bis 6,5 und erhöhter Temperatur durchgeführt. Bemerkenswert ist, daß die Veretherung auch in alkalischer Lösung (mit geringerer Geschwindigkeit) möglich ist, was mit der zusätzlichen Positivierung des Kohlenstoff-Atoms in der *N*-Methylol-Gruppe erklärbar ist.

$$\text{R}-\underset{\underset{\text{O}}{\|}}{\text{C}}-\underset{\overset{|}{\text{H}}}{\text{N}}-\underset{\delta\ominus\;\delta\oplus}{\text{CH}_2\text{OH}} \;+\; \overset{-}{\text{I}\underset{..}{\text{O}}\text{R}}$$

$$\longrightarrow \;\text{R}-\underset{\underset{\text{O}}{\|}}{\text{C}}-\underset{\overset{|}{\text{H}}}{\text{N}}-\text{CH}_2-\underset{..}{\text{O}}-\text{R} \;+\; \text{OH}^-$$

Veretherte UF-Harze können mit Alkoholen unter saurer Katalyse (Umetherung) und mit Carbonsäuren reagieren (Veresterung).

$$\text{R}^1-\text{NH}-\text{CH}_2-\text{OR}^3 \;+\; \text{R}^2\text{OH}$$

$$\xrightarrow{\text{H}^+} \;\text{R}^1-\text{NH}-\text{CH}_2\text{OR}^3 \;+\; \text{R}^2\text{OH}$$

$$\text{R}^1-\text{NH}-\text{CH}_2-\text{OR}^2 \;+\; \text{R}^3\text{COOH}$$

$$\longrightarrow \;\text{R}^2\text{OH} \;+\; \text{R}^1-\text{NH}-\text{CH}_2-\text{O}-\underset{\underset{\text{O}}{\|}}{\text{C}}-\text{R}^3$$

Durch gemeinsame Kondensation von Harnstoff und Formaldehyd mit Aminen oder Polyaminen mit wenigstens zwei Amino-Gruppen in alkalischer oder schwach saurer Lösung können basische *N*-Aminomethylharnstoff-Gruppen gebildet werden (kationische UF-Harze), die in stark saurer Lösung bzw. beim Erhitzen leicht wieder den Amin-Rest abspalten (Reaktivität des zurückbleibenden Carbenium-Ions s. o.).

$$R^1-NH-CH_2OH \; + \; R^2-NH_2$$
$$\longrightarrow R^1-NH-CH_2-NH-R^2 \; + \; H_2O$$

$$R^1-NH-CH_2-NH-R^2 \; + \; H^+ \; \rightleftharpoons$$
$$[R^1-NH-CH_2-\overset{+}{N}H_2-R^2] \; \rightleftharpoons \; R^2-NH_2$$
$$+ \; R^1-NH-CH_2^+$$

Bei der *Härtung* erfolgt Weiterkondensation zu stark vernetzten Polymethylen-Harnstoffen (s. Resol-Härtung, s. S. 114) durch die oben beschriebenen Kondensationsreaktionen. Die Härtungsgeschwindigkeit von UF-Harzen steigt mit steigender Temperatur und mit fallendem pH-Wert und im Bereich des Molverhältnisses F/U = 1,1 bis 2,0 auch mit steigendem Wert von F/U. Veretherte Harnstoff-Harze, z. B. butylierte Harze, härten bei höheren Temperaturen, z. B. über 120 °C, unter Abspaltung der Alkohol-Komponente und Bildung von Methylen-Brücken aus.

4.2.2 MF-Harze

Zum Unterschied von Harnstoff ist Melamin in Wasser nur wenig löslich (s. Tab. 1.28, S. 97). Die im alkalischen oder im sauren wäßrigen Milieu durchführbare Kondensation von Melamin mit Formaldehyd führt wie die von Harnstoff in der ersten Phase zu wasserlöslichen *N*-Methylol-Verbindungen. Meist wird dabei Formaldehyd-Lösung vorgelegt und in diese festes Melamin eingetragen, wodurch zuerst wegen der Schwerlöslichkeit des Melamins ein größerer Formaldehyd-Überschuß wirksam ist.

Bei einem Molverhältnis F/M über 6 kann die vollständige Methylolierung zum relativ beständigen Hexamethylolmelamin erreicht werden, z. B. bei einem pH von 8 bei höherer Temperatur oder bei pH unter 1 in der Kälte (reineres Produkt), während die niedrigeren Methylolierungsstufen unbeständig und nur schwer rein darstellbar sind.[293]

Die Weiterkondensation wird auch bei den Methylolmelamin-Verbindungen durch die Ausbildung von Wasserstoff-Brücken,

die bei pH = 8–9 am stabilsten sind, behindert, doch bilden sich im Alkalischen, mit steigender Temperatur in verstärktem Maße, schon in der Anfangsphase auch oligomere Kondensationsprodukte mit mehreren Melamin-Kernen, wobei die Verknüpfung vorwiegend über Methylenether-Brücken (s. S. 97) erfolgt. In saurer Lösung wird in der Hitze – falls F/M nicht allzu hoch ist – die Methylol-Stufe rasch durchlaufen und man erhält vorwiegend über Methylen-Brücken verknüpfte Kondensate (s. S. 98). Bei gleichem pH-Wert nimmt die Reaktionsgeschwindigkeit mit steigendem Molverhältnis F/M ab; mit abnehmendem pH-Wert zeigen Ansätze mit niedrigerem Molverhältnis F/M eine stärkere Zunahme der Reaktionsgeschwindigkeit. Bei alkalischer und saurer Weiterkondensation entstehen in Wasser unlösliche Produkte schon bei geringeren Umsätzen als bei der UF-Kondensation.

Methylolhaltige MF-Vorkondensate können unter Einwirkung von Säuren mit Alkoholen verethert werden (s. S. 106, Lackharze). Besondere Bedeutung hat der durch Umsetzung von Hexamethylolmelamin mit einem Überschuß (gegenüber dem stöchiometrischen Verhältnis) an Methanol herstellbare Hexamethylether (HMM)* erlangt,

HOH₂C-N(CH₂OH)-[triazine ring with HOH₂C, CH₂OH substituents on each N] + 6 CH₃OH

$\xrightarrow{[H^+]}$

H₃COH₂C-N(CH₂OCH₃)-[triazine ring with H₃COH₂C, CH₂OCH₃ substituents]

der besonders hohe Stabilität aufweist (destillierbar im Hochvakuum) und sowohl in kaltem Wasser als auch in vielen organischen Lösungsmitteln löslich ist.

Im Vergleich zu UF-Harzen verläuft die Härtung im neutralen Milieu bei Temperaturen über 90 °C mit wesentlich größerer Geschwindigkeit. Dabei werden bei Temperaturen bis ca. 150 °C fast ausschließlich Methylenether-Brücken unter Wasseraustritt gebildet, während über ca. 150 °C in steigendem Maße auch Methylen-Brückenbildung unter Formaldehyd-Abspaltung erfolgt.

–N–CH₂OH + HOH₂C–N– $\xrightarrow{-H_2O}$ –N–CH₂–O–CH₂–N–

–N–CH₂OH + HOH₂C–N– $\xrightarrow[-H_2O]{-CH_2O}$ –N–CH₂–N–

Butylierte bzw. methylierte Melamin-Harze werden im allgemeinen zusammen mit Koreaktanten, z. B. mit Alkyd-Harzen, ausgehärtet, wobei die Härtung vorwiegend durch Umetherung unter Abspaltung von Butanol bzw. Methanol erfolgt.

4.3 Technische Herstellung und Lieferform
4.3.1 UF-Harze

Die Produktion erfolgt meistens diskontinuierlich in Rührkesseln, wie sie auch für die Phenoplast-Produktion verwendet werden (s. S. 116). Die vorgelegte, 35 bis 42%ige wäßrige Formaldehyd-Lösung darf nur einen begrenzten Gehalt an Ameisensäure (unter 0,3%) aufweisen. In manchen Fällen, z. B. bei der Herstellung von UF-Harzen für bestimmte Preßmassen, soll die Formaldehyd-Lösung nicht mit Methanol stabilisiert sein (geringere Wasserbeständigkeit ausgehärteter methylierter UF-Harze). Um die Gefahr eines verfrühten Gelierens des Ansatzes auszuschalten, wird die meist saure Formaldehyd-Lösung (Gehalt an Ameisensäure) zuerst durch Zusatz von Alkali neutralisiert. Dann wird Harnstoff zugegeben und gelöst.

Meist wird zuerst mit einem Molverhältnis F/U = 2,0–2,4 unter genauer pH-Regelung (pH = 7,5–8,5) vorkondensiert. Nach Aufheizen auf 90 °C wird der Ansatz durch die exothermen Methylolierungsreaktionen ohne weitere Wärmezufuhr kochend gehalten. Nach 10 bis 30 Minuten klingen diese Reaktionen ab. Zur Erhöhung des Kondensationsgrades wird nach Absenken des pH-Wertes auf 4,5 bis 6 im gewünschten Maße weiterkondensiert, wobei laufend Messungen der Wasserverträglichkeit und oft auch der Viskosität zur Kontrolle des Reaktionsfortschrittes durchgeführt werden; die saure Weiterkondensation konnte auch mit GPC (s. Abb. 1.61) verfolgt werden[294, 295]. Zum Abbruch der Weiterkondensation wird abgekühlt und meist Harnstoff-Lösung zugesetzt, bis das gewünschte Molverhältnis F/U = 1,2–1,8 erreicht ist; hierdurch wird noch vorhandener freier Formaldehyd bis auf einen Restgehalt unter 1% gebunden. Schließlich wird durch Alkalizusatz der pH-Wert auf 7,5 bis 8 eingestellt, wodurch größtmögliche Lagerstabilität erreicht wird.

Mitunter wird die Kondensation auch von vornherein mit dem gewünschten Molverhältnis F/U begonnen, wobei die Methylolierung bei pH = 7,5–8,5 meist bei niedriger Temperatur (ca. 50 °C) durchgeführt wird und mehrere Stunden dauert.

Sehr wichtig ist stets die genaue Kontrolle des pH-Wertes, zumal Neigung zu einem allmählichen Absinken des pH-Wertes durch während der Reaktion gebildete Ameisensäure besteht. Ameisensäure wird vor allem durch eine Cannizzaro-Reaktion in Gegenwart von Alkali

$$2 CH_2O + NaOH \longrightarrow HCOONa + CH_3OH$$

gebildet, in der Wärme auch durch Oxidation von Formaldehyd mit Luftsauerstoff.

$$2 CH_2O + O_2 \longrightarrow 2 HCOOH$$

Diese unerwünschten Reaktionen können einerseits durch genaue pH-Regelung (pH unter 8,0) und andererseits durch Verwendung geschlossener Reaktionsgefäße weitgehend unterdrückt werden.

---

* vielfach wird mit HMM das Hexamethylolmelamin bezeichnet und mit HMMM der Hexamethylether des Hexamethylolmelamins.

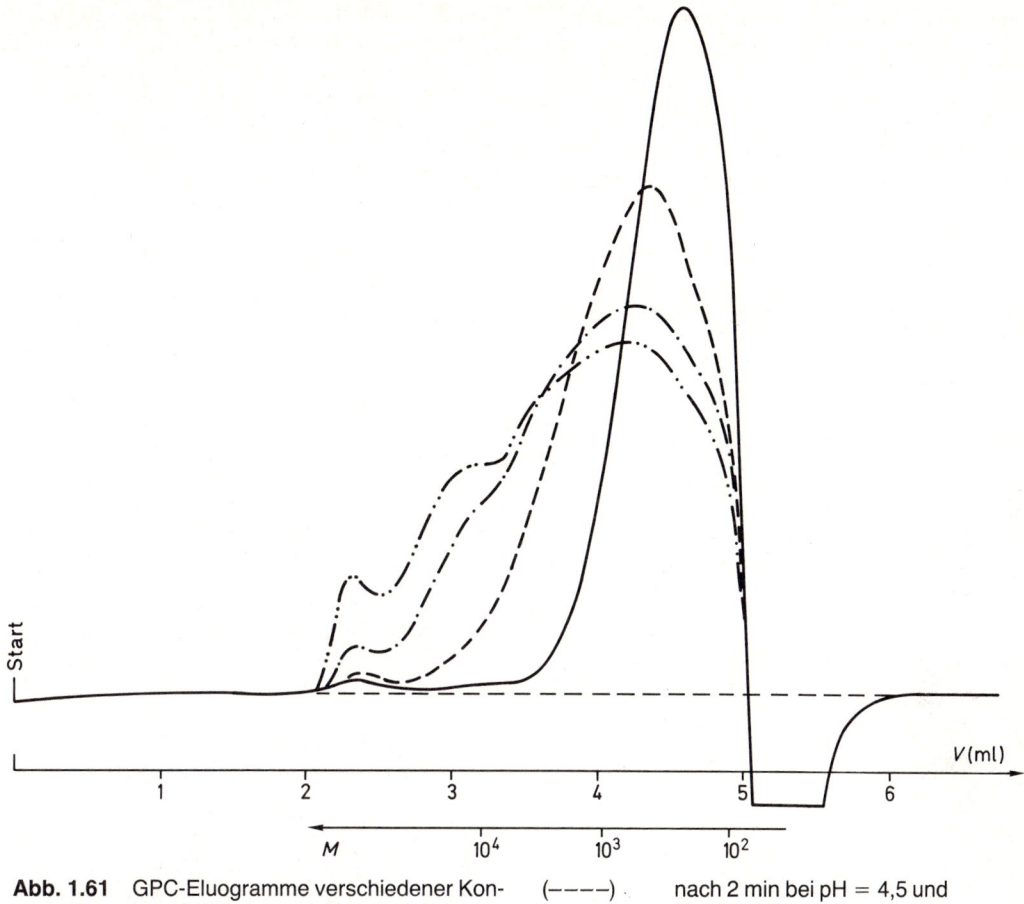

Abb. 1.61 GPC-Eluogramme verschiedener Kondensationsstufen bei der sauren Hauptkondensation eines UF-Vorkondensates[294];

(———) bei pH = 7,5 und T = 90 °C mit F/U = 2 erhaltenes Vorkondensat (vornehmlich Dimethylolharnstoff),

(– – – –) nach 2 min bei pH = 4,5 und T = 100 °C,

(–·–·–·–) nach 4 min bei pH = 4,2 und T = 100–105 °C und

(–··–··–··–) nach 6 min bei pH = 4,1 und T = 100–110 °C erreichte Kondensationsstufe

Oft wird die Methylolierung auch mit Ammoniak oder mit Aminen, z. B. Ethylamin, katalysiert. Die Kondensation des Ammoniaks bzw. des Amins mit Formaldehyd ist langsamer als die ionische Neutralisierungsreaktion der im Formaldehyd enthaltenen Ameisensäure. Hierdurch beginnt die Kondensation zuerst im leicht basischen Milieu (pH = 8,5), doch sinkt der pH mit dem Verbrauch des Ammoniaks oder Amins in langsamer Kondensation mit Formaldehyd (s. Bildungsreaktion von Hexa auf S. 112, Tab. 1.31) durch Freisetzung von Ameisensäure allmählich auf pH von 5 bis 6 ab, wodurch die saure Weiterkondensation ohne Zugabe eines sauren Katalysators einsetzt.

UF-Lackharze werden durch Veretherung mit aliphatischen Alkoholen, meist n-Butanol oder Isobutanol, hergestellt; dabei wird meist der Alkohol im Überschuß (Stoffmengengehalt von 2 bis 5 mol·mol^{-1} Harnstoff) vorgelegt und das wäßrige alkalische Vorkondensat (F/U = 2–4) in Gegenwart eines sauren Katalysators (pH = 4,5–6,5) bei 90 bis 100 °C eingetragen, wobei der Alkohol gleichzeitig als Schlepper zur azeotropen Entfernung des bei der Veretherung abgespaltenen Wassers dient. Je höher hierbei die Destillationstemperatur und das Molverhältnis F/U ist, desto weitgehender ist die Veretherung. Die Veretherungsreaktion verläuft z. T. unter Spaltung von Methylenether-Brücken, wodurch mit fortschreitender Veretherung der Kondensationsgrad des UF-Harz-Gerüstes absinkt.

Die schwach alkalisch eingestellten UF-Vorkondensate liegen je nach Ausmaß der im schwach sauren Milieu durchgeführten Weiterkondensation und der hiermit verbundenen Bildung hydrophober Methylen-Brücken als mehr oder weniger trübe wäßrige Lösungen vor. Sie werden oft durch Dünnschichtverdampfer oder durch

Sprühtrocknung weiter eingeengt. Lieferform sind je nach Verwendungszweck klare wäßrige Lösungen, milchige wäßrige Emulsionen (Festharzgehalt bis 70%) oder Pulver, die sich durch erhöhte Lagerstabilität (bis zu 1 Jahr) auszeichnen. Wäßrige Lösungen und Emulsionen sind nur einige Wochen stabil, Lösungen in organischen Lösungsmitteln (Lackharze) oft mehrere Jahre.

4.3.2 MF-Harze

Auch die MF-Harz-Produktion erfolgt meist diskontinuierlich in Rührkesseln (s. PF-Harze, S. 116, Abb. 1.63) unter Vorlage von 35- bis 40%iger wäßriger Formaldehyd-Lösung mit möglichst geringem Gehalt an Ameisensäure (unter 0,1%), wobei zum Unterschied zur UF-Produktion eine Stabilisierung des Formaldehyds mit Methanol die Wasserbeständigkeit ausgehärteter Produkte nicht beeinträchtigt. Das eingesetzte Melamin soll möglichst frei von sauren, die Kondensation katalysierenden Hydrolyseprodukten (Ammelin, Ammelid, Cyanursäure) bzw. unlöslichen Desaminierungsprodukten (Melam, Melem, Mellon) sein.

Melamin → Ammelin → Ammelid → Cyanursäure

Melam

Melem

Mellon

Meist wird nach Einstellung der Formaldehyd-Lösung auf pH von 8,5 bis 9 durch Zugabe von Alkali nach Aufheizen auf ca. 70 °C unter Rühren die gewünschte Melamin-Menge (F/M = 1,5–4,0) eingetragen und durch exotherme Methylolierung gelöst. Zur Beschleunigung der Weiterkondensation wird der Ansatz nach vollständigem Lösen des Melamins meist auf Siedetemperatur gebracht und so lange unter genauer pH-Kontrolle siedend gehalten, bis beim Abkühlen in Eiswasser die gebildeten Melaminmethylole nicht mehr auskristallisieren bzw. – bei Herstellung höherkondensierter Produkte – die erwünschte Grenze der Verdünnbarkeit (ohne Trübung) mit Wasser erreicht ist.

Die saure Kondensation hat im wesentlichen nur bei der Herstellung von Papierhilfsmitteln (s. S. 106f) Bedeutung erlangt. Für die Herstellung von Lackharzen (s. S. 106) werden auch MF-Harze oft im sauren pH-Bereich verethert.

Zum Unterschied von UF-Harzen werden MF-Harze meist als klare wäßrige Lösungen geliefert; von den anderen Lieferformen gilt dasselbe wie bei den UF-Harzen, auch bezüglich des Einflusses der Lieferform auf die Lagerstabilität. Maximale Stabilität ergibt sich bei pH von 8,3 bis 8,6; erwähnenswert ist die Stabilitätsminderung durch die Gegenwart von Metall-Ionen, z. B. Aluminium- und Eisensalzen.

4.4 Verarbeitung und Verarbeitungseigenschaften

Aminoplast-Vorkondensate werden fast ausschließlich vermengt mit mehr oder weniger feinverteilten festen Stoffen, vorwiegend auf Cellulose-Basis, verarbeitet. Trägerfrei gehärtete UF-Harze weisen zwar gute optische Eigenschaften auf, haben jedoch wegen geringer Beständigkeit gegen Feuchtigkeitsschwankungen (Rißbildung) und geringer Härte (Zerkratzen durch Staub) keine technische Bedeutung als organisches Glas erlangen können. MF-Harze werden vor allem wegen ihrer großen Sprödigkeit und starken Nachschwindung nicht trägerfrei verarbeitet. Preßmassen (s. S. 221 ff) werden mit dem Formpreß-, Spritzpreß- und Spritzgußverfahren verarbeitet. In den anderen Hauptanwendungsgebieten (s. S. 125) sind besondere Verfahren (s. S. 104) gebräuchlich.

Pulverförmige Harze werden im wesentlichen nur bei der Herstellung von Preßmassen nach dem Trockenimprägnierverfahren in gegenüber dem Naßimprägnieren untergeordnetem Maße direkt eingesetzt. Zur Erhöhung der Lagerstabilität wird das Harz oft pulverförmig angeliefert und unmittelbar vor seiner Verarbeitung gelöst und dispergiert.

Die *Viskosität flüssiger Lieferformen* steigt mit dem Festharzgehalt und mit dem Ausmaß der

Weiterkondensation der in der ersten Kondensationsphase gebildeten *N*-Methylol-Verbindungen; sie beeinflußt sowohl die Verarbeitungs- als auch die Gebrauchseigenschaften nach der Aushärtung. Mit sinkender Viskosität ergibt sich eine bessere Imprägnierung porösen Materials, z. B. von Zellstoff und Holzspänen, wodurch z. B. die Wasseraufnahme von mit Zellstoff gefüllten Formteilen oder die Dickenquellung von Holzspanplatten herabgesetzt wird. Höhere Viskosität erweist sich als vorteilhaft zur Erzielung möglichst glatter Oberflächen mit geringem Harzeinsatz, wie beim Beschichten (MF-Laminierharze für Deckschichten). Bei veretherten Harzen kann die Viskosität auch durch die Wahl des organischen Lösungsmittels variiert werden.

Die Härtungsgeschwindigkeit (Gelierzeit nach DIN 16945, meist bei 100 °C gemessen) hängt von der Temperatur, dem pH-Wert und dem molekularen Aufbau des Harzes, vor allem dem Molverhältnis F/U bzw. F/M, ab.

Bei Erhöhung der Härtungstemperatur um 10 °C ergibt sich unabhängig vom pH-Wert ca. die doppelte Härtungsgeschwindigkeit. Bei der *Hitzehärtung* (Temperaturangaben s. S. 104ff) von UF-Harzen werden meist latente *Härter* zugesetzt, die bei Temperaturen über 100 °C entweder für sich, z. B. Ammoniumchlorid, oder unter dem Einfluß des vorhandenen Wassers, z. B. Phosphorsäureester (nach Verseifung), zur Reaktionsbeschleunigung Säure abspalten. Ammonium-Salze haben dabei den zusätzlichen Vorteil, in der Hitze abgespaltenen Formaldehyd als Hexamethylentetramin (s. S. 112, Tab. 1.31) zu binden. MF-Harze härten in der Hitze auch in neutralem Milieu rasch genug aus und werden daher meist ohne sauren Katalysator gehärtet (vorteilhaft zur Korrosionsvermeidung).

Kalthärtung durch Säurezugabe (pH unter 2) führt bei MF-Harzen zu erhöhter Sprödigkeit und wird fast nur bei UF-Harzen angewendet (s. S. 104ff), z. B. im Gießereiwesen, beim Schäumen und teilweise bei Lackharzen (Bodenversiegelung) und bei der Massivholz-Verleimung (Kaltleim).

Der molekulare Aufbau des Harzes beeinflußt die Härtungsgeschwindigkeit in erster Linie über den Gehalt an besonders reaktiven *N*-Methylol-Gruppen. Höchste Reaktivität ergibt sich, wenn einem hohen Gehalt an *N*-Methylol-Gruppen eine äquivalente Menge reaktiver Amido-Endgruppen gegenübersteht. In der Regel zeigen Harze mit einem Molverhältnis F/U = 1,4–1,8 bzw. F/M = 2,8–3,5 die höchste Reaktivität; bei höherem Molverhältnis nimmt die Reaktivität rasch ab, während bei F/U unter 1,3 bzw. F/M unter 1,5 die Festigkeit und Wärmeformbeständigkeit ausgehärteter Teile stark absinkt. Mit steigendem Gehalt an *N*-Methylol-Gruppen ist eine Zunahme der Form- und Nachschwindung zu beobachten.

Die Hitzehärtung ist mit beträchtlicher Gasentwicklung (vorwiegend Wasserdampf und Formaldehyd) verbunden; bei MF-Harzen macht sich die Formaldehyd-Abspaltung erst über 150 °C bemerkbar und ist geringer als bei UF-Harzen. Allgemein nimmt die Formaldehyd-Abspaltung mit steigendem Molverhältnis F/U bzw. F/M zu. Aus arbeitshygienischen Motiven werden große Anstrengungen unternommen, die Formaldehyd-Abspaltung möglichst gering zu halten. Das Ausmaß der Formaldehyd-Abspaltung hängt von vielen Faktoren ab; z. B. werden beim Pressen von Holzspanplatten 0,2 bis 1,2 % der im UF-Harz einkondensierten Formaldehyd-Bausteine abgespalten, wobei die Menge des abgespaltenen Formaldehyds im wesentlichen vom Molverhältnis F/U, von der Feuchte der Holzspäne, der Preßzeit, der Preßtemperatur und der Art und Menge des Härters bestimmt wird[296].

4.5 Gebrauchseigenschaften nach Aushärtung

UF- und MF-Harze werden wegen ihrer starken Nachschwindung, Sprödigkeit und Spannungsrißanfälligkeit fast ausschließlich mit festen Stoffen vermengt (Ausnahme UF-Schaum) eingesetzt. Das Beiblatt zu DIN 7708 enthält Mindestanforderungen bezüglich der physikalischen Eigenschaften von Normprobekörpern aus nach DIN 7708 Blatt 3 typisierten Formmassen, woraus der Einfluß des Harzträgers auf die Gebrauchseigenschaften beurteilt werden kann. Richtwerte für die Gebrauchseigenschaften von Aminoplast-Formmassen werden im Teil B dieses Kapitels (s. S. 216) in vergleichender Darstellung gegeben. An dieser Stelle werden nur Hinweise auf typische Eigenschaften von Produkten aus Aminoplasten gegeben, wobei besonders die Unterschiede zwischen UF- und MF-Harzen hervorgehoben werden.

Die Gebrauchseigenschaften von trägerfrei ausgehärteten Aminoplasten[297] sind aus oben erwähntem Grund (s. Abschn. 4.4) anwendungstechnisch bedeutungslos.

Mit UF- bzw. MF-Harzen hergestellte Produkte zeichnen sich durch Farblosigkeit bzw. gute Einfärbbarkeit mit hellen Farbtönen, hohe Lichtechtheit und durch Schwerentflammbarkeit aus.

Nachteilig bei UF-Harzen ist die geringe Beständigkeit gegen heißes Wasser, verdünnte Alkalien und verdünnte Säuren, die jedoch durch Mischkondensation mit Melamin wesentlich verbessert werden kann. Preßmassen auf UF-Basis sind in der Bundesrepublik Deutschland für Eßgeschirr nicht zugelassen, wohl aber qualitativ hochwertige MF-Preßmassen. Ausgehärtete UF-Harze sind gegen die meisten organischen Stoffe wie Kohlenwasserstoffe, Alkohole, Ester, Ether, Ketone, Halogenkohlenwasserstoffe, Öle, Fette, Wachse gut beständig.

MF-Harze ergeben wesentlich härtere (kratzfestere) Oberflächen als UF-Harze und werden nur durch konzentrierte Säuren, konzentrierte Alkalien oder heiße verdünnte Säuren angegriffen.

Beim Erhitzen an der Luft zersetzen sich ausgehärtete UF-Harze allmählich bereits bei 100 °C und verkoken bei 200 °C; ausgehärtete MF-Harze zeigen nur geringe Veränderung bis 150 °C, vergilben allmählich bei 150 bis 200 °C unter Formaldehyd-Entwicklung und färben sich bei 250 bis 350 °C dunkel; ihre Wärmestabilität erreicht bei einem Molverhältnis F/M = 2 ein Maximum.

Im Vergleich zu ausgehärteten Phenoplasten (s. S. 120) weisen Aminoplaste viel bessere Kriechstromfestigkeit (MF besser als UF) auf.

4.6 Hinweise zur Auswahl des Harztyps

MF-Harze werden gegenüber UF-Harzen bevorzugt, wenn ihr wesentlich höherer Preis durch die Verbesserung der Eigenschaften oder durch Verringerung der erforderlichen Harzmenge, z. B. bei der Naßfestmachung von Papier, wirtschaftlich vertretbar ist. Oft werden auch Mischkondensate aus Melamin und Harnstoff mit Formaldehyd eingesetzt; z. B. erreicht man mit einem Massengehalt von 20 bis 30% Melamin (bezogen auf den Gesamteinsatz an Harnstoff und Melamin) schon eine wesentliche Verbesserung der Heißwasserbeständigkeit. Auch Mischkondensate mit Phenol werden häufig benutzt, insbesondere im Holzleimsektor.

Die in Tab. 1.29 gegebenen Hinweise haben beispielhaften Charakter und sollen nicht als Empfehlung bestimmter Produkte aufgefaßt werden.

Tab. 1.29 Auswahl des Aminoplast-Harztyps für verschiedene Anwendungen (% ohne nähere Angabe = Massengehalt in %)

Anwendungsgebiet	Harztyp und Verarbeitung	Bemerkungen
Holzleime[298]		
Holzspanplatten (s. S. 259 ff)	aus Kostengründen kein MF-Harz; UF-Harz mit U/F = 1,25–1,7; Feststoffgehalt ca. 65%; milchig weiße Emulsion, $\eta_{20\,°C}$ = 300–1000 mPa·s je nach Beleimungsart (Düsen, Zwangsmischer); freier Formaldehyd 0,5–1% (*geruchsarme Typen* 0,2–0,5%), Gelierzeit (100 °C, Zusatz von 10% (Volumengehalt) einer 15%igen NH$_4$Cl-Lösung) ca. 40 s; für Mehretagenpressen werden höherkondensierte Leime mit höherer Naßklebrigkeit bevorzugt (sichere Manipulation des Spankuchens) geringere Witterungsbeständigkeit der ausgehärteten Platten als mit PF-Leim	Harzdosierung ca. 8% Festharz/atro Span (s. S. 120, Tab. 1.34). Stets unter Zusatz von Härtern, z. B. 1,5 g NH$_4$Cl/100 g Festharz, und Wachsemulsion (ca. 0,5% Festwachs/atro Span) als Hydrophobierungsmittel verarbeitet. Heizplattentemperatur beim Pressen = 150–180 °C, Preßzeit 0,15–0,4 min/mm Plattendicke. Lagerstabilität bei 20 °C ca. 2–3 Monate (allmählicher Viskositätsanstieg). Trend zu formaldehydarmen Leimen (F/U = 1,2–1,4) wegen Verschärfung der gesetzlichen Bestimmungen betreffend die zulässige nachträgliche Formaldehyd-Abspaltung, trotz Qualitätseinbuße bezüglich Festigkeit und Wasseraufnahme

Tab. 1.29 Fortsetzung

Anwendungsgebiet	Harztyp und Verarbeitung	Bemerkungen
Konstruktionsleim	ähnlich dem Holzspanplattenleim. Für den Holzleimbau von Konstruktionen, die nicht einer direkten Bewitterung ausgesetzt sind	
Tischlerleim a) Pulverleim	vorwiegend UF-Harze für Klein- und Mittelbetriebe. Herstellung der Leimflotte durch den Verarbeiter selbst: Abmischung des Leimpulvers mit Wasser, Streckmittel (dient als *Leimträger*) und Härter zu einer Flotte von etwa 5000–10 000 mPa · s, oder Verwendung eines *selbsthärtenden* Pulverleims, der Streckmittel und Härter bereits in Lieferform enthält	Lagerstabilität (20 °C) ca. 1 Jahr. Höheres Molverhältnis F/U für ausreichende Festigkeit bei Kalthärtung erforderlich. Höherer Kondensationsgrad von Kaltleim zur Verringerung der Wasserverträglichkeit: wasserlöslicher Leim würde zu rasch vom Holz aus der Leimfuge abgesaugt werden
	für Kaltverleimungen je nach gewünschter Abbindezeit von 0,5–8 Stunden mit $F/U = 2{,}2$–$1{,}7$ und hohem Kondensationsgrad. Für Warm- und Heißverleimungen $F/U = 1{,}4$–$2{,}0$	
	mitunter auch Zusatz von 15–20% MF-Harz zur Erhöhung der Heißwasser- und Witterungsbeständigkeit	
b) Flüssigleim	ähnlich dem Holzspanplattenleim	
Formmassen (s. S. 221 ff)	UF-Harze: $F/U = 1{,}4$–$1{,}6$; MF-Harze: $F/M = 2{,}8$–$3{,}5$; niederviskose wäßrige UF-Harzemulsion bzw. MF-Harzlösungen bei der Naßimprägnierung der Füllstoffe bevorzugt (seltener Trockenimprägnierung mit Harzpulver); bei der Imprägnierung erfolgt Weiterkondensation. Harzgehalt: 60–65% bei cellulosischen Füllstoffen, 25–40% bei anorganischen. Bei UF-Harz stets Zusatz von latenten Härtern (0,2–2%). Entscheidend ist die Fließfähigkeit unter den Verarbeitungsbedingungen (125–170 °C, 100–600 bar). Zu niedermolekulare Harze neigen unter dem Preßdruck zum Wegrinnen vom Füllstoff	bei UF-Harzen besteht Trend zu geringerem Formaldehyd-Gehalt (bis $F/U = 1{,}2$) zur Verringerung der Formaldehyd-Entwicklung während der Verarbeitung. UF-Formmassen sind wegen der geringen thermischen Stabilität gehärteter UF-Harze empfindlich gegen Überhärten (Zersetzung, Blasenbildung an der Oberfläche). Erhöhung des Harzgehaltes verbessert die Fließfähigkeit und Oberflächenqualität, verschlechtert die mechanischen und thermischen Eigenschaften und erhöht die Schwindung. Die Fließfähigkeit kann in beschränktem Maße nachträglich verändert werden. Zusatz von Härter bzw. Fließmittel, z. B. niedermolekulares UF-Harz-Pulver

Tab. 1.29 Fortsetzung

Anwendungsgebiet	Harztyp und Verarbeitung	Bemerkungen
Lackharze (s. S. 279 ff)	zur Verbesserung der Löslichkeit in **organischen Lacklösungsmitteln** werden UF-Harze vorwiegend mit *n*-Butanol verethert (F/U = 2–4, max. Molverhältnis Butanol/Harnstoff = 3), MF-Harze mit *n*-Butanol oder Isobutanol (geruchsärmer, schneller härtend) oder mit Methanol, vorwiegend HMM (s. S. 100). Butyliertes MF-Harz (F/M = 5, Butanol/Melamin = 2) wird meist ausgehend von höher kondensiertem MF-Harz hergestellt	veretherte Aminoplast-Harze werden wegen ihrer zu großen Sprödigkeit nur in Kombination mit anderen Lackbindemitteln (Alkyd- und Epoxid-Harze, Acrylate) oder nach Weichmachung, z. B. durch Umsetzung der *N*-Methylolether mit langkettigen Carbonsäuren, eingesetzt (*plastifizierte Harze*). Vernetzung mit den anderen Harzen erfolgt durch Umetherung
	ausgehend vom gleichen alkalisch vorkondensierten Harz sinkt mit steigendem Butanol-Gehalt die Viskosität (bei gleichem Festharzgehalt von meist ca. 60%) und die Härtungsgeschwindigkeit und steigt die Löslichkeit in Lacklösungsmitteln, z. B. Butanol, Xylol und Benzin, und die Lagerstabilität. Analog verhalten sich methylierte Harze, die bei höherem Methylierungsgrad wasserlöslich sind, abgesehen von einer Zunahme der Härtungsgeschwindigkeit mit steigender Veretherung	Kalthärtung von UF-Lackharzkombinationen ergibt sprödere Filme mit geringerer Wasser- und Alterungsbeständigkeit als Hitzehärtung und wird vornehmlich bei Holzlackierung und Parkettversiegelung durchgeführt
		MF-Lackharze härten in der Hitze rascher und ergeben bessere Wasser-, Alkali- und Lösungsmittelbeständigkeit, Farbechtheit und Glanzbeständigkeit als UF-Lackharze
	wasserlösliche Aminoplast-Lackharze sind meist eine Kombination von wasserlöslichen methylierten MF-Harzen (meist HMM) mit Amin-Salzen von Alkyd- oder Acryl-Harz	HMM weist höhere Lagerstabilität als partiell verethertes MF-Harz auf; in Kombination mit Alkydharzen (15% HMM) ergibt sich höhere Lackfilmhärte, Chemikalienresistenz und raschere Härtung (90–260 °C) als mit butyliertem MF-Harz
		Einbrennlacke auf Benzoguanamin-Alkyd-Harz-Basis ergeben höhere Alkalibeständigkeit aber geringere Kratzfestigkeit als auf MF-Alkyd-Basis
Papierhilfsmittel UF-Harze	unmodifizierte UF-Harze sind nur bei ungebleichtem Zellstoff wirksam	
	kationische (aminmodifizierte), wasserlösliche Harze werden dem Papierbrei nach der Mahlung zugesetzt (3–5% Festharz bezogen auf die Faser). Neben einer ausreichenden Härtungstemperatur ist die Einstellung von pH = 4,5–6,5 (auch des Siebwassers) durch Zusatz von $Al_2(SO_4)_3$ oder $AlCl_3$ erforderlich. Rasche völlige Aushärtung (maximale Naßfestigkeit) bei Trocknungstemperaturen über 100 °C, sonst erst nach längerer Lagerung des Papiers (2–4 Wochen)	besonders wirksam bei gebleichtem und ungebleichtem Sulfitzellstoff; Harzretention zwischen 50–60%. Max. Naßfestigkeit ca. 50–60% der Trockenfestigkeit, die gleichzeitig um 10–15% erhöht wird. Bei höherem Harzzusatz steigt die Naßfestigkeit kaum mehr an, doch können lufttrockene Papiere zu spröde und zu hart werden

Tab. 1.29 Fortsetzung

Anwendungsgebiet	Harztyp und Verarbeitung	Bemerkungen
MF-Harz	kolloide, kationische Harzlösung, wie sie z. B. durch Lösen von 120 g Harzpulver (F/M = 3) in 60 g warmem Wasser, kurzer Weiterkondensation nach Zusatz von Salzsäure (25 g HCl in 60 ml Wasser) bei Raumtemperatur (20–35 °C) und schließlich – nach Verdünnen mit 1000 ml Wasser – durch 10–20stündige Reifung hergestellt werden kann	höhere Wirksamkeit (0,5–2,0% Festharz bezogen auf die Faser bei Standardpapier ausreichend) als aminmodifiziertes UF-Harz, aber höherer Preis. Weiterer Nachteil: muß in der Papierfabrik frisch aus trockenem MF-Harzpulver hergestellt werden die Naßfestmachung mit UF- bzw. MF-Harzen erfordert besondere Maßnahmen bei der Altpapieraufbereitung – hohe Temperatur und saure Katalysatoren zur Hydrolyse des gehärteten Harzes
Textilausrüstung[299]	a) niedermolekulare, wasserlösliche *N*-Methylol-Verbindungen, vor allem Dimethylolharnstoff, Hexamethylolmelamin, Trimethylolmelamin und deren Methylether; das Gewebe wird in 8–15%iger wäßriger Lösung getränkt, die den Härter, z. B. $(NH_4)_2HPO_4$, enthält, die Harzlösung auf 80–100% der Gewebemasse abgequetscht, bei 60–80 °C auf unter 15% Restfeuchte getrocknet; schließlich wird das in die Faser eingedrungene Harz bei 110–160 °C in max. 15 min auskondensiert b) Reaktanten, z. B. Dimethyloldioxyethylenharnstoff: wird in ca. 50%iger wäßriger Lösung geliefert und nach Verdünnen mit Wasser, Katalysatorlösung usw. als Lösung mit einem Reaktant-Gehalt von 4–10% auf die Faser gebracht. Vernetzung ohne Eigenkondensation (kein aktives Wasserstoff-Atom an den Stickstoff-Atomen). Besonders geringe Neigung zur Chlor-Retention (*N*-Chloramid-Bildung bei der Chlorbleiche, die beim Bügeln HCl-Abspaltung mit vergilbender und zersetzender Wirkung auf die Faser verursacht)	bei Cellulosefasern beruht die Wirkung auf vernetzender Kondensation der *N*-Methylol-Gruppen mit den cellulosischen Hydroxy-Gruppen. Es ergibt sich eine Verbesserung des Knittererholvermögens und der Schrumpffestigkeit. Höher kondensierte Harze, die nicht mehr voll in die Faser eindringen, ergeben vor allem eine Beschwerung des Griffes Melamin-Verbindungen wirken auch als Chlorpuffer beim Wollchlorierungsprozeß, der der Wolle einen leichteren Griff verleiht Die Chlor-Retention häng im wesentlichen vom Substitutionsgrad an den Stickstoff-Atomen ab; z. B. zeigt vollständig substituiertes Hexamethylolmelamin sehr geringe oder keine Chlor-Retention der basische Charakter der Melamin-Bausteine trägt zum Schutz der Faser vor Schädigung durch HCl bei. Bei der Beurteilung der Beständigkeit gegen Schädigung durch Chlorbleiche ist auch zu beachten, wie weit die Textilausrüstung ihre Wirksamkeit behält; z. B. können UF-Harze, die leichter hydrolysiert und ausgewaschen werden als MF-Harze, eine höhere Chlor-Beständigkeit vortäuschen

108 Grundstoffe

Tab. 1.29 Fortsetzung

Anwendungsgebiet	Harztyp und Verarbeitung	Bemerkungen
Schichtpreßstoffe (s. S. 241 ff)	MF-Harze (F/M = 2–3) werden schwach alkalisch bis zur beginnenden Hydrophobie kondensiert, als sirupartige Lösung (45–55% Festharzgehalt) oder als vor Einsatz zu lösendes Pulverharz geliefert. Das Tränken des Trägers, zu 80% Papier, wird mit wäßriger oder wäßrig-alkoholischer Lösung vorgenommen. Nach dem Tränken wird bei 70–120 °C getrocknet und vorgehärtet und schließlich bei 130–160 °C und meist bei hohem Druck (70–140 bar) gepreßt	für Deck- und Dekorschicht werden wegen ihrer hohen Kratzfestigkeit, Wärme- und Chemikalienbeständigkeit sowie der vielfältigen Färbungs- und Dekorationsmöglichkeiten ausschließlich MF-Harze eingesetzt. UF-Harze haben nur als Tränkharze für die Sperrschicht (zur Verhinderung des Durchschlagens des Kernmaterials bei hellgefärbter Dekorschicht) und für die Ausgleichsschicht (bei unsymmetrischem Schichtaufbau) neben MF-Harzen beschränkte Bedeutung. Für die Kernschichten werden stets PF-Harze eingesetzt
	meist wird das Harz durch Zusatz eines Weichmachers, z. B. ω-Caprolactam, oder Einbau plastifizierender Verbindungen mit einer reaktiven Gruppe, z. B. p-Toluolsulfamid, oder mit mehreren reaktiven Gruppen verbunden mit einer flexiblen Kette, z. B. Glykolen, Diaminen, Polyacrylamid, modifiziert; dies ist besonders wichtig für den Prozeß des nachträglichen Formens. Es ist vorteilhaft, diese Verbindungen schon während der Harz-Kondensation einzukondensieren und nicht erst vor der Härtung zuzumischen.	Alkoholzusatz zur Tränklösung verringert die Quellung des Papiers, verbessert die Benetzung und beschleunigt die Trocknung
		die auf der Papieroberfläche gebildete Harzschicht wäre ohne Plastifizierung zu spröde (mechanische oder Wärmespannungen)
	Zusatz von 5% Acetoguanamin bewirkt wesentlich geringeres Verwerfen dünner dekorativer MF-Schichtstoffplatten bei Schwankungen der Luftfeuchtigkeit	beim Zumischen von Weichmachern erst vor der Härtung ergibt sich ein größerer Gehalt an freien OH- bzw. NH_2-Gruppen, der die Wasserbeständigkeit des gehärteten Harzes vermindert. Acetoguanamin: [Strukturformel eines Triazin-Rings mit H_3C-, zwei NH_2-Gruppen]
Gießereiwesen[300] (Bindemittel für Quarzsand)	für kompakte Formen und Kerne (s. S. 121, Tab. 1.34). Bis zu 40% UF-Harz in Mischung mit PF-Harz und Furfurylalkohol (25–50%). 0,1–0,4% Silan als Haftvermittler. Bei einem Stickstoff-Gehalt des eingesetzten UF-Harzes von 20–25% ergibt sich bei Eisengußwerkstoffen 10% Stickstoff als Obergrenze. Stets Kalthärtung (bei Stickstoff < 5% mit p-Toluolsulfonsäure, bei Stickstoff > 5% mit Phosphorsäure). Harzauftrag ca. 1% bezogen auf das Sandgewicht	UF-Zusatz bewirkt raschere Härtung und geringere Sprödigkeit (wichtig bei komplizierten Formen); Nachteil: leichtere Penetration des Metalles in die Form. Zu hoher Stickstoff-Gehalt führt bei Eisengußwerkstoffen zu Porosität des Gußstückes (Obergrenze bei Grauguß 7% Stickstoff, bei Gußeisen 2% Stickstoff), UF-haltige Harze sind nicht für Stahlguß geeignet. Beim Gießen von Aluminium- und Magnesium-Legierungen stört Stickstoff-Gehalt nicht; UF-Harze günstig wegen ihres leichteren Zerfalls bei tieferen Temperaturen (700 °C). Zugabe des teureren Furfurylalkohols zur Erhöhung der Festigkeit und Senkung der Formaldehyd-Abspaltung
	MF-Harze bieten keine wesentlichen Vorteile und werden daher aus Preisgründen nicht eingesetzt	

Tab. 1.29 Fortsetzung

Anwendungsgebiet	Harztyp und Verarbeitung	Bemerkungen
Schaum[301] (s. S. 293 f)	alkalisch mit F/U = 2–2,4 vorkondensiert, unter Harnstoffzugabe (F/U = 1,4) bei pH = 4,5–6 nachkondensiert. 40–60% Festharzgehalt (milchig trüb). **Verschäumen:** Eine Tensidlösung (2–3%ige wäßrige Lösung einer alkylierten Naphthalinsulfonsäure, mit H_3PO_4 auf pH = 1–2 eingestellt) wird mit Luft (4,5 bar) bei Raumtemperatur auf das 60–70fache Volumen aufgeschäumt; die Aushärtung des zugedüsten Harzes erfolgt in 20–40 s	Das Harz wird meist in Pulverform geliefert (erhöhte Lagerstabilität) und erst vor dem Verschäumen in Wasser dispergiert. Schaum ($\rho \approx 12$ kg·m^{-3}) weist eine verhältnismäßig geringe Druckfestigkeit (2,5–5 N·cm^{-2}) auf. Viele Anwendungsgebiete, vor allem Wärmeisolierung von Gebäuden
		MF-Harze ergeben zwar Schäume mit verbesserter Heißwasser-, Wärme- und Volumenbeständigkeit (bei gleicher Dichte ca. doppelte Druckfestigkeit), haben jedoch noch keine größere technische Bedeutung erlangt

5. Phenoplaste

Unter dem Begriff Phenoplaste faßt man die Polykondensationsprodukte von Phenolen (s. Tab. 1.31) mit Aldehyden, vornehmlich Formaldehyd, zusammen.

Die erste technische Produktion von **P**henol-**F**ormaldehyd-Harzen (PF-Harzen) wurde auf der Basis der Patente von L. H. Baekeland 1910 von der Bakelitgesellschaft (Berlin) aufgenommen. 1980 wurden in den USA ca. 650 000 t (Feststoffanteil), in Westeuropa ca. 450 000 t (Harz im Anlieferungszustand) und in Japan ca. 300 000 t (Harz im Anlieferungszustand) erzeugt[302]. Die Verteilung des PF-Harz-Verbrauchs auf die wichtigste Anwendungsgebiete zeigt Tab. 1.30.

5.1 Monomere Grundstoffe[303]

Die für die technische Herstellung von PF-Harzen bedeutendsten Grundstoffe gibt Tab. 1.31 wieder. Als Phenol-Komponente wird vorwiegend Phenol eingesetzt, als Aldehyd-Komponente fast ausschließlich Formaldehyd in wäßriger Lösung mit einem Massengehalt von 30 bis 42%, worin ein Gleichgewicht zwischen Methylenglykol, $CH_2(OH)_2$, und Oligomethylenglykolen, $HO-(CH_2O)_n-H$, $n < 10$, vorliegt; die technischen Formaldehyd-Lösungen enthalten bis zu 1% Methanol, das die zur Niederschlagsbildung führende Weiterkondensation der Oligomethylenglykole verhindert, und ca. 0,05% Ameisensäure (pH = 3).

Formaldehyd ist ein stechend riechendes, bei höherer Konzentration tränenreizendes Gas

Tab. 1.30 Verteilung des PF-Harz-Verbrauchs auf die wichtigsten Anwendungsgebiete in Westeuropa (1978)[302]

Anwendungsgebiete	(%)
Bindemittel für Holzwerkstoffe	30
Formmassen	25
Isolation (thermisch, akustisch)	15
Schichtpreßstoffe	7
Gießereiwesen	5
Lackharze	3
Schleifmittel	3
Reibbeläge (Bremsen, Kupplungen)	2
Sonstiges	10

(MAK-Wert = 1,2 mg·m^{-3}). Die Phenol-Komponenten (MAK-Wert von Phenol = 19 mg·m^{-3}) sind toxikologisch besonders bedenklich, da sie leicht durch die Haut resorbiert werden. In der Bundesrepublik Deutschland müssen Vorkondensate mit einem Massengehalt von mehr als 5% freiem Phenol als giftig gekennzeichnet werden, mit 1 bis 5% werden sie als gesundheitsschädlich und mit weniger als 0,2% als ungefährlich betrachtet. Ausgehärtete Phenol-Harze sind in manchen Ländern, z. B. in den USA, für den Kontakt mit Lebensmitteln zugelassen, nicht jedoch in der Bundesrepublik Deutschland.

Im Mittel wird mit einem Formaldehyd-Phenol-Molverhältnis F/P = 1,6 gearbeitet, also einem Überschuß an Formaldehyd (F/P = 1,5 entspricht der vollständigen Aushärtung eine trifunktionellen Phenol-Komponente mit dem bi-

Tab. 1.31 Monomere Grundstoffe für PF-Harze; chemische Struktur, Funktionalität und Reaktivität, Einfluß auf die Verarbeitungs- und Gebrauchseigenschaften

Phenol-Komponenten

Phenol		trifunktionell	am häufigsten verwendet
	HO—⟨✶⟩—✶ (✶ ortho) $FP = 41\,°C$, $KP = 182\,°C$		
o-Kresol	HO—⟨CH₃⟩—✶ $FP = 30\,°C$, $KP = 191\,°C$	bifunktionell; reagiert ca. 4mal langsamer mit CH_2O als Phenol	gebräuchlich sind Isomerengemische aus m-, o- und p-Kresol (mit ca. 50% m-Isomer), Isomerengemische von m- und p-Kresol und technisch reines o-Kresol
m-Kresol	HO—⟨ ⟩—CH₃ $FP = 12\,°C$, $KP = 203\,°C$	trifunktionell; reagiert ca. 3mal schneller mit CH_2O als Phenol, m-Kresol-Novolak härtet jedoch wegen sterischer Behinderung langsamer	Kresol enthaltende PF-Harze sind thermoplastischer als solche auf reiner Phenol-Basis; sie weisen nach Aushärtung oft höhere Sprödigkeit auf, z. B. im Falle kaltgehärteter Resole
p-Kresol	HO—⟨ ⟩—CH₃ $FP = 35\,°C$, $KP = 202\,°C$	bifunktionell; reagiert ca. 3mal langsamer mit CH_2O als Phenol	
4-tert-Butylphenol	HO—⟨ ⟩—C_4H_9·t $FP = 98\,°C$, $KP = 237\,°C$		
4-tert-Octylphenol	HO—⟨ ⟩—C(CH₃)₂—CH₂—C_4H_9·t $FP = 73\,°C$, $KP = 280\,°C$	mit sperrigen Gruppen p-substituierte Phenole (Alkylphenole) sind bifunktionell und reagieren mit CH_2O langsamer als p-Kresol	Verwendung bzw. Zusatz dieser substituierten Phenole verbessert die Löslichkeit in trocknenden Ölen (Firnis) und bewirkt eine Verringerung der Sprödigkeit ausgehärteter Harze (Lackfilme) gegenüber reinem Phenol
p-Phenylphenol	HO—⟨ ⟩—⟨ ⟩ $FP = 166\,°$, $KP = 305\,°C$		

Tab. 1.31 Fortsetzung

Resorcin	OH, HO– (Ringstruktur mit Sternen an reaktiven Positionen) FP = 110 °C, KP = 280 °C	trifunktionell reagiert mit CH_2O ungefähr so schnell wie *m*-Kresol; Novolake mit Paraformaldehyd bei Raumtemperatur rasch härtbar (Kaltleimung)	Resorcin bewirkt eine höhere Härte, Sprödigkeit und Wetterresistenz. Wegen des hohen Preises wird es nur für besondere Anwendungen eingesetzt, z. B. im Holzleimbau. Resorcin oder Resorcin-Formaldehyd-Kondensate werden als Härtungsbeschleuniger in Dosierung von 3–10% (Massengehalt) eingesetzt; Verbesserung der Haftung getränkter Textilien zu Gummi (Reifencord)
Cashew nut shell liquid (Kaschunußöl, Südindien)	Cardanol (90%) mit Rest R^1 Cardol (10%) mit Resten R^2	trifunktionell reagiert mit CH_2O schneller als Phenol, polymerisiert unter Einfluß alkalischer oder saurer Katalysatoren bei 100–200 °C	ausgehärtete Harze mit besonders hoher Resistenz gegen ein Erweichen durch Mineralöle und gegen Säuren und Alkalien, da bei der Härtung zusätzlich Polymerisation erfolgt. Zu Pulver vermahlenes gehärtetes Harz (»friction dust«) besitzt noch hohes Bindevermögen bei erhöhter Temperatur (Bremsbeläge)

$R^1 = -(CH_2)_7-CH=CH-(CH_2)_5-CH_3$

$R^2 = -(CH_2)_7-CH=CH-CH_2-CH=CH-(CH_2)_2-CH_3$

Bisphenol-A	HO–⟨Ring⟩–C(CH_3)(CH_3)–⟨Ring⟩–OH FP = 155 °C	tetrafunktionell reagiert mit CH_2O ungefähr so schnell wie *p*-Kresol	Im Gegensatz zur Herstellung von PC (s. S. 148) und von EP (s. S. 170) kann für PF-Harz das technisch reine Produkt eingesetzt werden. Bisphenol-A-Resole oder -Novolake sind farblos und werden vor allem als die Korrosionsfestigkeit und Schlagzähigkeit erhöhende Komponenten in wasserlöslichen Einbrennlacken (Autoindustrie) verwendet

Aldehyd-Komponenten

Formaldehyd	H–C(=O)–H FP = –118 °C, KP = –19 °C	bifunktionell	nahezu ausschließlich verwendet (s. Text S. 109)

112 Grundstoffe

Tab. 1.31 Fortsetzung

Paraformaldehyd	$HO-(CH_2O)_n-H$ $n = 10 - 100$ FP = 120–170 °C	bevorzugt bei der Härtung von Resorcin-Vorkondensaten, z. B. bei der Kaltverleimung von Holzkonstruktionen eingesetzt. Sehr selten zur Vorkondensation verwendet, da teurer und heftiger reagierend als Formaldehyd. Verwendung bei der Härtung von Novolaken unter saurer Katalyse ergibt starke Formaldehyd-Abspaltung und geringere Qualität als Hexa
Hexa-methylen-tetramin (Hexa)	sublimiert bei 270–280 °C	überwiegend als Härter von Novolaken eingesetzt (s. S. 114). Hexa wird in Gegenwart von Wasser bei höheren Temperaturen leicht in Umkehrung der Bildungsreaktion, $6\ CH_2O + 4\ NH_3 \rightarrow (CH_2)_6N_3 + 6\ H_2O$, gespalten. Oft auch anstelle von Ammoniak als Katalysator der Resol-Herstellung eingesetzt
Furfural	FP = –36 °C, KP = 162 °C	Unter alkalischer Katalyse erfolgt mit Phenol Kondensation nach Der Mechanismus der Weiterkondensation ist nicht geklärt (Furan-Ringspaltung?). Im sauren Milieu erfolgt Selbstkondensation. Furfural oxidiert leicht zu dunkelbraunen bis schwarzen Produkten; diese Verfärbung ist auch für Furfural-Phenol-Harze typisch; diese Harze zeigen niedrigere Schmelzviskosität und höhere Flexibilität der ausgehärteten Produkte. In Kombination mit Formaldehyd bevorzugt für Schleif- und Reibungsmaterial verwendet. Bewirkt auch Erhöhung der Alkalibeständigkeit. Durch Reduktion von Furfural gewonnener Furfurylalkohol wird in Mischung mit PF-Harzen und sauren Katalysatoren in der Gießerei eingesetzt (s. S. 121)

valenten Formaldehyd), um einerseits die Harzausbeute zu steigern (Formaldehyd ist die billigere Komponente) und andererseits den Gehalt an freiem Phenol zurückdrängen.

5.2 Chemismus der Vorkondensation und Härtung

Der Verlauf der Vorkondensation hängt vom Molverhältnis F/P, vom pH-Wert, vom Katalysator, von der Temperatur und der Reaktionszeit ab.

Beim Mischen von wäßrigem Formaldehyd und geschmolzenem Phenol in den technisch üblichen Molverhältnissen (s. u.) ergibt sich ein pH von 3 bis 4, der als Neutralpunkt angesehen werden kann, wo selbst nach tagelangem Kochen keine nennenswerte Reaktion eintritt. Erst nach Zugabe saurer oder alkalischer Katalysatoren setzt die Reaktion ein (s. S. 115).

5.2.1 Einfluß des Molverhältnisses

Bei einem Molverhältnis von F/P > 1 kann nur unter alkalischer Katalyse die Kondensation auf einer verarbeitbaren Vorstufe (Resol, one-step resin) abgebrochen werden, während unter saurer Katalyse nicht steuerbare Aushärtung erfolgt (Tab. 1.32).

Bei Phenol-Überschuß (F/P < 1) entsteht wegen zu geringen Gehaltes an für die Vernetzung der trifunktionellen Phenol-Komponente erforderlichem Formaldehyd ein thermoplastisches Harz (Novolak, two-step resin), das erst nach Zusatz eines Vernetzungsmittels, meist Hexamethylentetramin (Hexa), ausgehärtet werden kann. Meist wird die Herstellung der Novolake sauer katalysiert. Novolake können aber auch mit Hilfe alkalischer Katalysatoren hergestellt werden; dabei bildet sich zuerst ein phenolhaltiges Resol, das nach Entfernen des Wassers beim Erhitzen mit dem freien Phenol zu einem Novolak reagiert. Technische Bedeutung haben bei pH = 4–7 hergestellte Novolake, die ein hohes Maß an *ortho*-Substitution der Phenol-Komponenten aufweisen.

Tab. 1.32 Grundtypen technischer PF-Harze

Katalysator	Molverhältnis der Komponenten	
	F/P > 1	F/P < 1
sauer	nicht steuerbare Aushärtung	Novolak
alkalisch	Resol	ortho-reicher Novolak

5.2.2 Einfluß des pH-Wertes

Die erste Stufe der Kondensation führt zur Bildung von Methylolphenol, wobei die Reaktionsgeschwindigkeit bei pH < 3 proportional der Wasserstoff-Ionenkonzentration und bei pH > 5 proportional der Hydroxy-Ionenkonzentration zunimmt[304].

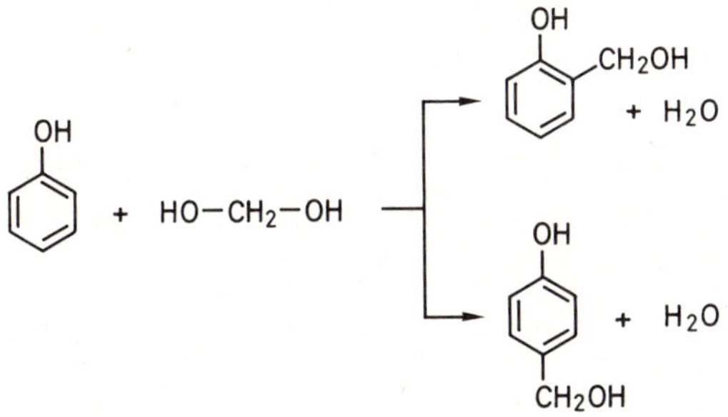

Bei alkalischer Katalyse ist die Phenolalkohol-Stufe recht stabil. Als Nebenreaktion wird die Bildung von Hemiformalen angenommen,

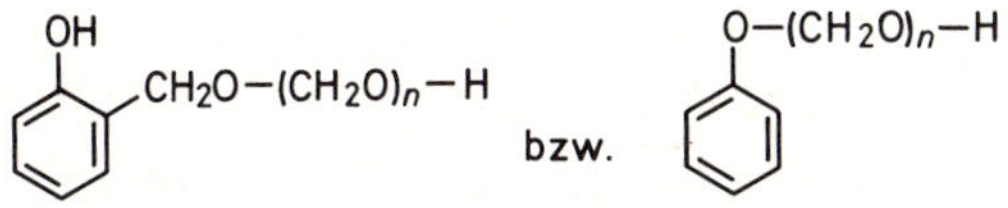

die bei höherer Temperatur unter Formaldehyd-Abspaltung sehr rasch zerfallen. Im Falle eines Formaldehyd-Überschusses erfolgt in stärkerem Maße Mehrfachsubstitution:

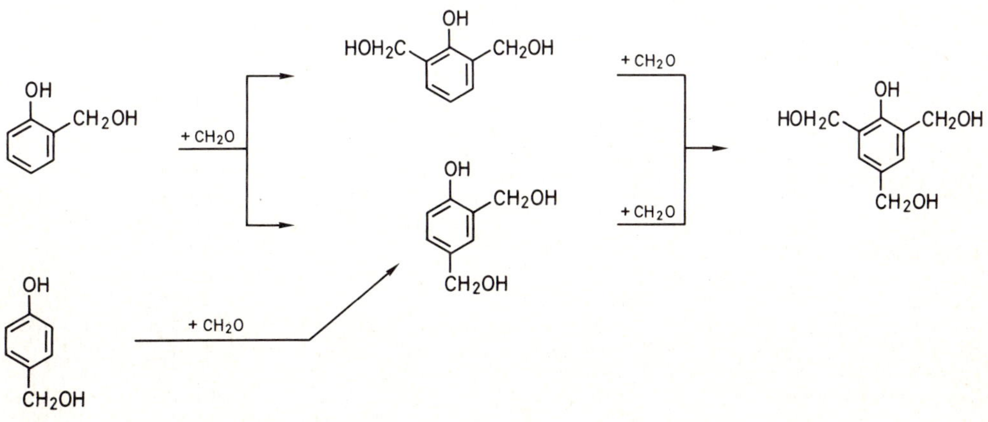

Das Verhältnis von $o\text{-}:p\text{-}$Substitution nimmt mit steigendem pH-Wert ab. Ein hoher Phenol-Überschuß und Reaktionstemperaturen bei 140 °C begünstigen die *ortho*-Substitution. Besonders *ortho*-reiche Strukturen werden im Bereich von pH = 4–7 in Gegenwart von Metallionen wie Zn^{2+}, Mn^{2+}, Ca^{2+}, Mg^{2+}, Co^{2+} und Al^{3+} gebildet (besonders wirksam: Mn^{2+} und Co^{2+}), was durch Bildung von Chelatstrukturen des Typs

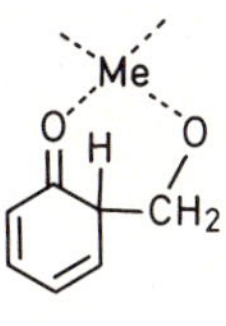

erklärt wird[305]. Bei Temperaturen über 60 °C und längerer Reaktion kommt es in zunehmendem Maße zur Ausbildung von Methylen- oder Dibenzylether-Brücken:

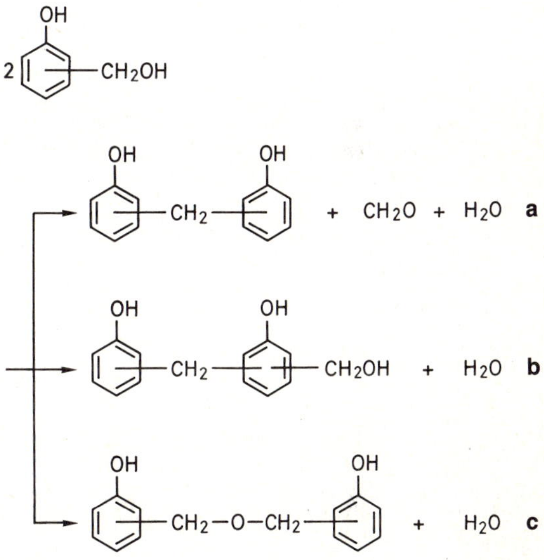

Die Reaktion zwischen Phenolalkoholen und unsubstituierten Phenolen ist viel langsamer und daher unbedeutend. Bei pH >7 werden die Reaktionen (a) und (b) bevorzugt, wobei die Struktur des Phenolalkohols den Verlauf bestimmt[306]: z. B. reagiert p-Hydroxymethylphenol, 2,4-Bis(hydroxymethyl)phenol oder 2,4,6-Tris(hydroxymethyl)phenol bevorzugt nach (a), o-Hydroxymethylphenol oder 2,6-Bis(hydroxymethyl)phenol vorwiegend nach (b). Die Reaktion (c) erfolgt in merklichem Maße nur im Bereich von pH = 4–7.

Katalyse mit Ammoniak oder primären Aminen ergibt durch Mannich-Reaktion Dibenzylamin und Tribenzylamin enthaltende Strukturen

und ermöglicht die Herstellung höhermolekularer, fester Resole (Schmelzintervall bei 40 bis 60°C), die weniger stark verzweigt sind und eine geringere Neigung zu vorzeitiger Aushärtung haben.

Bei saurer Katalyse (pH < 3) liegen die Phenolalkohole nur in verschwindend kleiner Konzentration vor, da sie rasch zu Poly(hydroxyphenylenmethylen)-Strukturen weiterkondensieren,

wobei bei stark sauren Bedingungen sowohl die Methylolsubstitution als auch die Methylen-Brückenbildung vorwiegend in p-Stellung erfolgt[307]. Es entstehen vornehmlich lineare Moleküle, deren rel. Molekülmasse vom Molverhältnis F/P bestimmt wird (s. Abb. 1.62) und die maximal 20 Phenol-Bausteine enthalten.

5.2.3 Härtung

Die Härtung der Vorkondensate erfolgt durch vernetzende Kondensation an trifunktionellen Phenol-Kernen, wobei Kerne mit freier p-Position, also an o- und o'-Position substituierte Kerne, besonders reaktiv sind. Die Vernetzungsreaktionen erfolgen im wesentlichen nach den oben für die Herstellung der Vorkondensate beschriebenen Mechanismen.

Resole werden meist durch Hitzeeinwirkung (130 bis 200°C) bei neutralem oder schwach saurem pH gehärtet (Hitzehärtung). Dabei werden bis 150°C vornehmlich Dibenzylether-Brücken gebildet, bei höherer Temperatur dominiert die Bildung von Methylen-Brücken[309]. Resole, die ein höheres Molverhältnis als F/P = 1,5 aufweisen, spalten während der Härtung in verstärktem Maße Formaldehyd ab. Bei Temperaturen über 180°C beginnt sich eine Reihe von Nebenreaktionen bemerkbar zu machen, wobei vor allem die Bildung instabiler o-Chinon-Methide, z. B. nach

und deren Folgereaktionen diskutiert werden. Die gelblichrote Farbe gehärteter Resole wird u. a. auf die Bildung relativ stabiler p-Chinon-Methid-Gruppen zurückgeführt, die z. B. durch Oxidation von Dihydroxydiphenylmethan entstehen können.

Resole können auch durch Zusatz starker Säuren bei Raumtemperatur gehärtet werden (Säurehärtung), wobei sich fast ausschließlich Methylen-Brücken bilden, die bei höherer Temperatur weitgehend stabil sind, wenn man von der über 300°C einsetzenden Verkrackung absieht.

Novolake werden meist durch Zusatz von 8 bis 15% (Massengehalt) Hexa gehärtet (indirekte Härtung statt der Eigenhärtung von Resolen). Dabei bewirkt der stets vorhandene, geringe Wassergehalt (0,1 bis 0,5%) teilweise Hydrolyse des Hexa,

Abb. 1.62 Abhängigkeit des Zahlenmittelwertes der rel. Molekülmasse $\overline{M}_n$, säurekatalysierter Novolake vom Molverhältnis F/P[308]

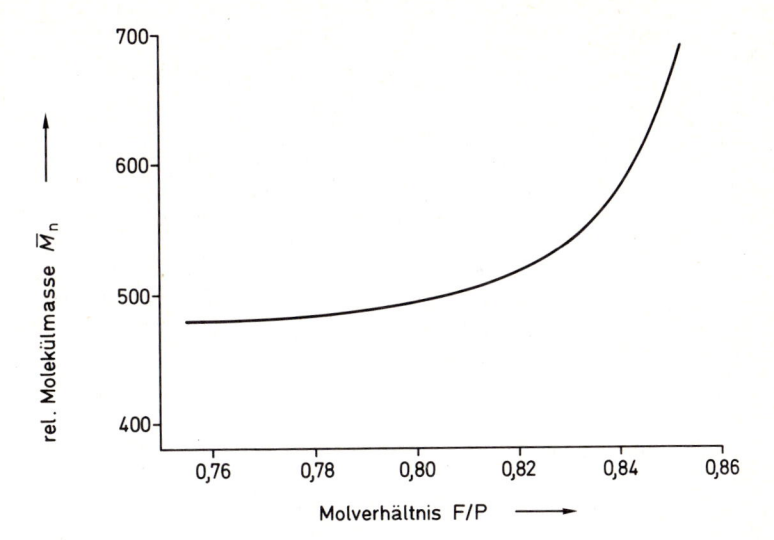

wodurch neben Formaldehyd ebenfalls als Vernetzer wirkendes Dimethylolamin gebildet wird.

Aus den entstehenden Dibenzylamin-Strukturen[310, 311] können bei höherer Temperatur Azomethin-Gruppen (gelbliche Farbe) gebildet werden[312].

Die Härtung mit Hexa ist mit beträchtlicher Gasentwicklung verbunden (mindestens 95% Ammoniak, fast kein Wasserdampf); ca. 70% des im zugesetzten Hexa enthaltenen Stickstoffes wird in das ausgehärtete Harz eingebaut, das wegen seines Gehaltes an Azomethin-Gruppen gelblich gefärbt ist.

5.3 Technische Herstellung und Lieferformen

PF-Harze werden in der Regel im diskontinuierlichen Chargenbetrieb hergestellt, da der Markt eine große Typenvielfalt und verhältnismäßig kleine Lieferungen verlangt. Kontinuierliche Prozesse haben nur bei der Herstellung von Standard-Novolaken Bedeutung erlangt[313]. Bei Resolen erfolgt allmähliches Aushärten an heißen Oberflächen, das auch im Chargenbetrieb die regelmäßige Reinigung von Reaktor und Hilfseinrichtungen erforderlich macht. Die allgemein gebräuchliche Verwendung von wäßrigen Formaldehyd-Lösungen erleichtert die Beherrschung der stark exothermen Reaktion (20 kJ/mol bei der Bildung von Methylolphenol aus Phenol und Formaldehyd, 78 kJ/mol bei der Bildung einer Methylen-Brücke zwischen zwei Methylolphenolen).

Eine typische Anlage für die Herstellung von PF-Harzen im Chargenbetrieb zeigt Abb. 1.63.

Die typische *Novolak-Herstellung* geht von einem Molverhältnis F/P = 0,75–0,85 aus. Geschmolzenes Phenol (60 °C) wird vorgelegt und im Kessel auf 95 °C erwärmt. Dann wird der Katalysator und schließlich die Formaldehyd-Lösung unter Rühren langsam zugegeben (leichtes Kochen). Als Katalysator wird Oxalsäure bevorzugt, die nicht ausgewaschen zu werden braucht (sublimiert bei 157 °C und zerfällt bei 180 °C in CO, CO_2 und H_2O) und aufgrund ihrer reduzierenden Wirkung hellgefärbte Harze ergibt. Das Reaktionsgemisch wird so lange bei dieser Temperatur gehalten, bis nahe-

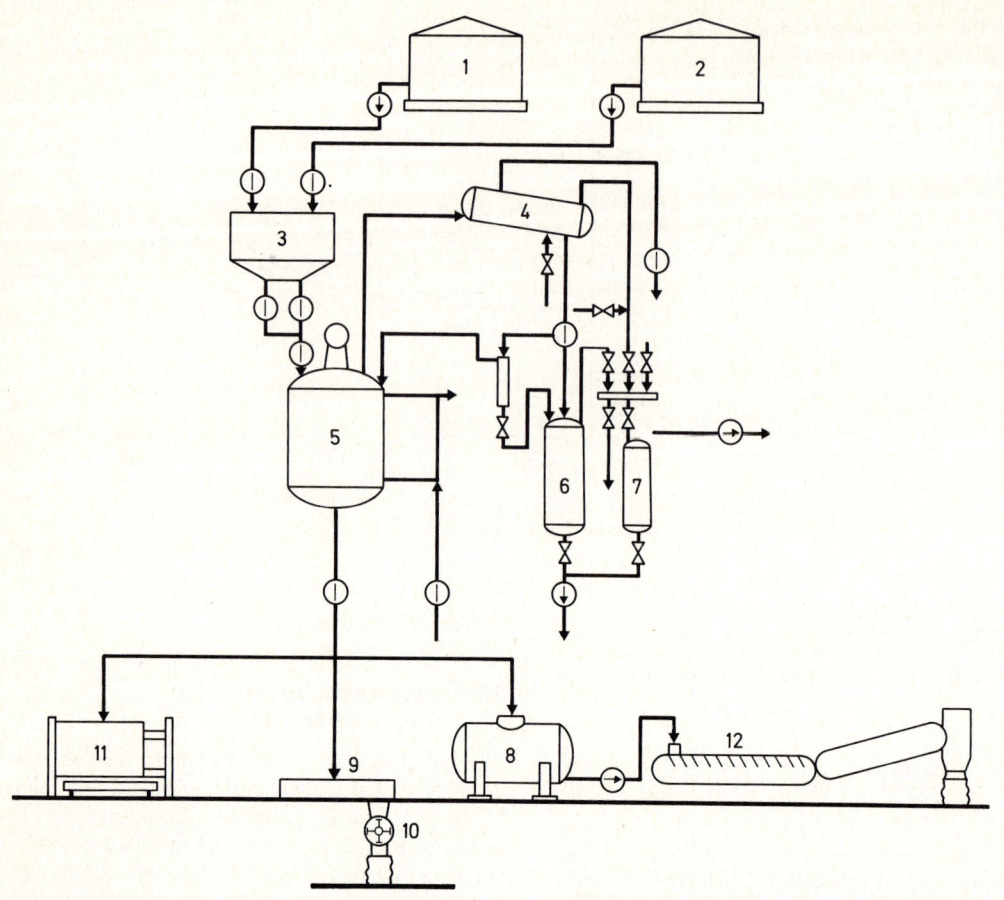

Abb. 1.63 Anlage zur Herstellung von Phenolharz im Chargenbetrieb[314]

1 Phenol, 2 Formalinlösung, 3 Waage, 4 Kühler, 5 Reaktor, 6 Vorlage für Kondensat, 7 Vakuum, 8 Harztank, 9 Harztrog, 10 Mühle, 11 Kühlwagen, 12 Kühlband

zu der gesamte Formaldehyd reagiert hat. Hierauf wird das Wasser bei Normaldruck abdestilliert. Im Falle *ortho*-reicher Novolake (s. S. 112) wird das Reaktionsgemisch nach Entfernen des Wassers bei 150–160 °C weiterreagieren gelassen, bis das freie Phenol nahezu verbraucht ist. Schließlich wird bei 160 °C im Vakuum (ca. 80 mbar) oder auch durch überhitzten Wasserdampf das freie Phenol entfernt, bis der gewünschte Erweichungspunkt (70 bis 100 °C) erreicht ist. Das fertige Harz wird abgelassen, pelletiert, gekühlt und meist mit Hexa vermischt zu Pulver (bevorzugte Lieferform der Novolake) vermahlen.

Bei der üblichen *Resol-Herstellung* setzt man ein Molverhältnis F/P = 1–3 ein. Die Reaktionstemperatur wird bei Vorlage des Phenols, Zugabe des Katalysators und der Formaldehyd-Lösung bei 60 °C gehalten; hierzu ist ein entsprechendes Vakuum (unter 50 mbar) und eine möglichst niedrige Kühlwassertemperatur erforderlich. Als Katalysator werden meist NaOH, Na_2CO_3, NH_3, Hexa, Erdalkalioxide bzw. -hydroxide oder tertiäre Amine eingesetzt; Calcium- und Bariumoxide bzw. -hydroxide sind als Sulfate fällbar, tertiäre Amine abdestillierbar. Die Kondensation wird durch Neutralisieren oder Ausfällen des Katalysators abgebrochen, worauf möglichst rasch durch Abdestillieren des Wassers im Vakuum auf den gewünschten Harzgehalt eingeengt wird. Die Viskosität des Harzes kann durch kurze Nachkondensation bei maximal 95 °C erhöht werden, wobei die Gefahr einer zu weit gehenden Aushärtung im Kessel besteht, und es sehr schwierig ist, gleichbleibende Harzqualität zu erreichen. Das im Vergleich zu Novolaken größere Mengen an Wasser und freiem Phenol enthaltende Harz wird schließlich abgelassen und rasch auf Raumtemperatur abgekühlt.

Resole werden in Abhängigkeit vom Kondensationsgrad und dem Verwendungszweck in verschiedenen Formen geliefert. Bei frühem Abbruch der Kondensation entstehen sehr niedermolekulare ($\overline{M}_n \approx 150$), mit Wasser verdünnbare und meist in wäßriger Lösung gelieferte Produkte. Höherkondensierte Resole ($\overline{M}_n \approx$

Abb. 1.64 Temperaturabhängigkeit der Schmelzviskosität η für Novolake mit verschiedenem Zahlenmittelwert der rel. Molekülmasse, $\overline{M}_n$ [315]

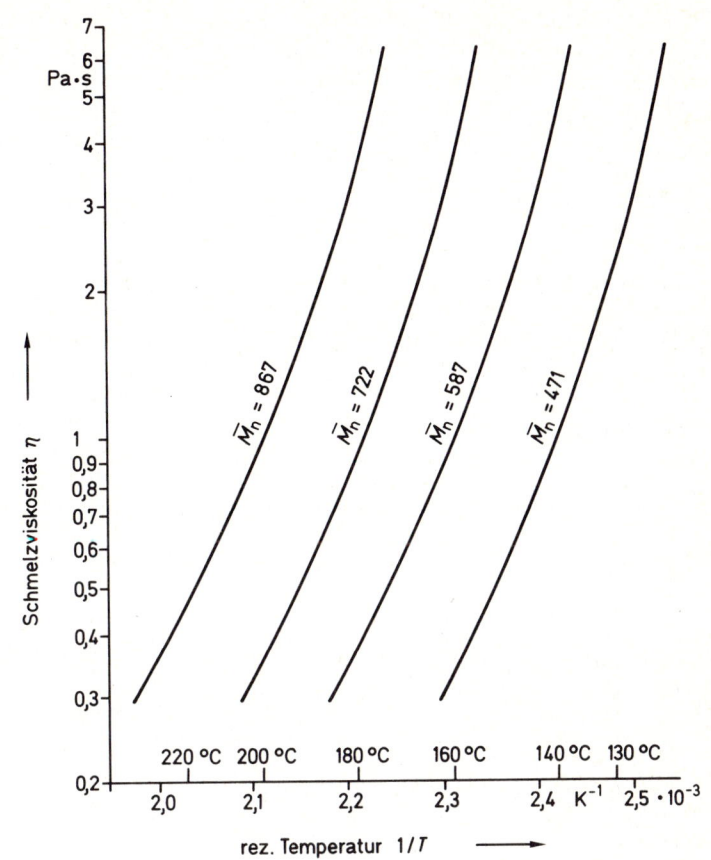

1000) ergeben nach Entfernen des Wassers halbfeste, nichtmahlbare und mit Wasser nur beschränkt mischbare Produkte, die grob zerkleinert oder als Lösung in organischen Lösungsmitteln, z. B. Ethanol, geliefert werden. Resol-Ansätze mit einem Molverhältnis F/P = 1,1–1,2 können so weit kondensiert werden, daß sie bei Raumtemperatur hart sind und zu Pulver vermahlen geliefert werden können. Resole sollen kühl gelagert werden, da sie leicht weiterkondensieren und somit unverarbeitbar werden können.

5.4 Verarbeitung und Verarbeitungseigenschaften

In den Hauptanwendungsgebieten (s. S. 109) wird das Vorkondensat (flüssig oder als Pulver, u. U. mit Hexa) mit anderen mehr oder weniger fein verteilten festen Stoffen, z. B. mit Holzmehl oder Asbest, vermengt und dann durch geeignete Führung von Temperatur und/oder pH-Wert und oft auch Druck unter Formgebung ausgehärtet. In beschränktem und abnehmendem Maße (Konkurrenz: UP-, EP-Harze) werden PF-Harze auch ohne Vermengung mit anderen Feststoffen durch Gießen und auch durch Pressen verarbeitet. Preßmassen (s. S. 221) werden mit dem Formpreß-, Spritzpreß- und Spritzgußverfahren verarbeitet. In den anderen Hauptanwendungsgebieten sind besondere Verfahren gebräuchlich, die eine auf optimale Produktqualität abgestimmte Kombination spezieller Verfahrensschritte umfassen.

Feste Vorkondensate weisen ein Schmelzintervall von ca. 3 °C auf, das im Fall pulverförmiger Novolake in der Regel bei 80–100 °C liegt. Die Temperaturabhängigkeit der vom Schergefälle unabhängigen Schmelzviskosität von Novolaken zeigt Abb. 1.64. Der Gehalt an Wasser und freiem Phenol beeinflußt sowohl die Lage des Schmelzintervalls (ca. −3,5 °C/1% H_2O und ca. −2,5 °C/1% Phenol) als auch die Schmelzviskosität (ca. −50% bei Erhöhung des Wassergehaltes von 0,2 auf 0,7% und ca. −90% bei Erhöhung des Gehaltes an freiem Phenol von 0,1 auf 3%). Ebenfalls bei 80–100 °C schmelzende, extrem hochkondensierte Resole weisen eine geringere Anfangsschmelzviskosität (allmähliche Eigenhärtung der Schmelze!) als feste Novolake auf. NH$_3$-katalysierte, feste Resole schmelzen bereits bei 40 bis 60 °C und haben eine höhere Anfangsviskosität als mit Alkali katalysierte Resole des gleichen Schmelzintervalls.

Neben der Struktur der Vorkondensate bestimmt die Art des Lösungsmittels (meist Wasser, Ethanol, Aceton) und der Festharzgehalt die Viskosität flüssiger Lieferformen. Bei Vermengung flüssiger Harze mit porösem Material, z. B. Papier (Schichtpreßstoffe) oder Holzspänen (Spanplatten), werden dessen Hohlräume mit abnehmender Viskosität des Harzes vollständiger ausgefüllt (günstig zum Imprägnieren, unnütz erhöhter Harzverbrauch beim Verleimen oder Beschichten). Im Falle einer Vermengung mit glattem Material, z. B. Glasfasern (Glaswollmatten für Isolierzwecke) oder Elektrokorund (Schleifmittel), begünstigt eine niedrigere Viskosität die vollständige Benetzung.

Für manche Anwendungen ist eine sehr hohe Wasserverdünnbarkeit des Harzes (ohne Trübung) erforderlich, z. B. im Verhältnis 1:10 bei der Glaswollmattenerzeugung, die durch hohes Molverhältnis (F/P > 1,5) und niedrige Kondensationstemperatur (unter 70 °C) für eine beschränkte Lagerzeit erreicht werden kann.

Bei der Härtung geht das Harz vom flüssigen bzw. geschmolzenen und löslichen *A-Zustand* über den gelatinös-gummiartigen und quellbaren *B-Zustand* (Resitol) in den unschmelzbaren und unquellbaren *C-Zustand* (Resit) über (Terminologie nach Baekeland). Die Härtungsgeschwindigkeit (Reaktivität), die z. B. durch Messung der *B-Zeit* – Zeit in der das Harz beim Erhitzen in Vertiefungen einer Metallplatte mit 130 oder 150 °C in den *B-Zustand* übergeht, der durch Prüfung mit einem Glasstab festgestellt wird – oder der Gelierzeit (DIN 16945, meist bei 130 °C) geprüft wird, hängt von der Temperatur, vom pH-Wert, von der Struktur und dem Gehalt an oligomerem Vorkondensat und niedermolekularen Komponenten ab.

Bei Erhöhung der Temperatur um 10 °C verdoppelt sich für gewöhnlich die Härtungsgeschwindigkeit; Novolak-Hexa-Mischungen sprechen über 130 °C etwas stärker auf Temperaturerhöhung an. Die Hitzehärtung endet auch bei Steigerung der Temperatur nicht in einem völligen Stillstand der chemischen Umwandlungen. Mit Temperaturen bis ca. 180 °C erreicht man *Vollhärtung* durch Einbau aller reaktiven Gruppen in Brückenbindungen, die jedoch z. T. (Dibenzylether-Brücken) thermolabil sind. Bei Temperaturen von 180 bis 200 °C besteht die Gefahr der *Überhärtung* (Versprödeten) durch allmähliche Umwandlungsreaktionen der labilen Bindungen. Über 170 °C ergeben sich auch stärkere Verfärbungen nach hell- bis dunkelbraun. Bei der Hitzehärtung von Resolen und von Novolak-Hexa-Mischungen liegen die Temperaturen meist zwischen 160 und 190 °C.

Die *Reaktivität von Resolen* zeigt bei pH 4 ein Minimum, nimmt bis pH 9 zu und bleibt bei noch höherem pH nahezu gleich (s. Abb. 1.65). Bei pH unter 4 kommt es mit abnehmendem pH bis zu explosionsartiger Reaktion. Die Säurehärtung bei Raumtemperatur ergibt unter nahezu ausschließlicher Bildung thermostabiler Methylen-Brücken einen gut definierten Endzustand der Aushärtung; sie führt jedoch nur bei Reinphenol-Resolen zu mechanisch festen Produkten, kresolhaltige Resole werden sehr spröde. Die Säurehärtung hat nur beschränkte technische Bedeutung, z. B. zur Herstellung verhältnismäßig heller Lackfilme (mit geringerer mechanischer Festigkeit als hitzegehärtete) oder bei

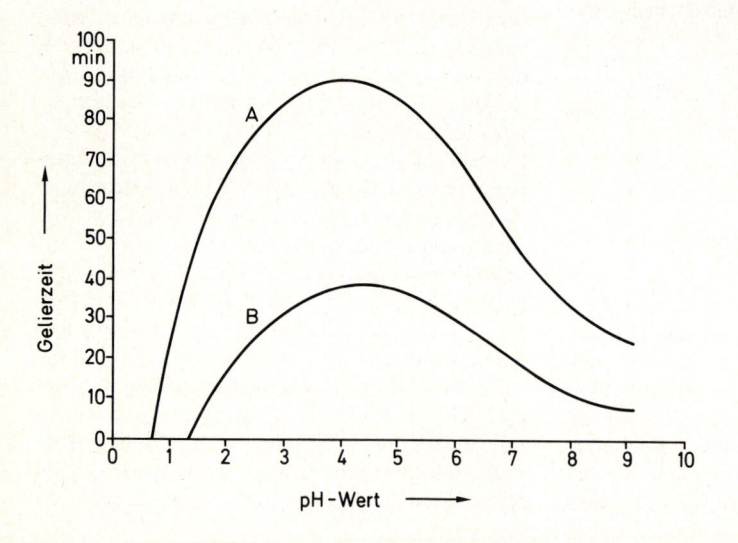

Abb. 1.65 pH-Abhängigkeit der Gelierzeit eines flüssigen Resols bei 121 °C[316];
A: F/P = 1, B: F/P = 2

der Härtung kompakter Gießereiformen und -kerne (höhere Kernfestigkeit aber geringere Lebensdauer als hitzegehärtete); bei der Säurehärtung ergeben sich auch Korrosionsprobleme, die durch Verwendung von einkondensierbaren Säuren, z. B. Phenolsulfonsäure, verringert werden können.

Novolak-Hexa-Mischungen werden meist ohne pH-Änderung ausgehärtet; pH-Senkung beschleunigt, pH-Erhöhung verzögert den Zerfall von Hexa, wodurch die Härtungsgeschwindigkeit entsprechend beeinflußt wird. Zur Eliminierung unerwünschter pH-Einflüsse ist zu empfehlen, alkalische oder saure Füllstoffe im vorhinein zu neutralisieren.

Bei Resolen wird der *Einfluß der Harzstruktur* auf die Härtungsgeschwindigkeit in erster Linie durch die Reaktivität der Phenol-Komponente gegenüber Formaldehyd (s. S. 110 f) bestimmt; auch nimmt die Reaktivität im Bereich des Molverhältnisses F/P = 1–2 angenähert linear mit F/P zu und bleibt bei F/P > 2 nahezu gleich. Bei der Härtung von Resolen in größerer Menge freiwerdendes Wasser kann zu Qualitätsminderung, z. B. bei Formstoffen zu geringerer Festigkeit und Blasenbildung, führen; Druck und hydrophile Füllstoffe, z. B. Holzmehl, wirken diesem Störeffekt entgegen.

Bei Novolak-Hexa-Mischungen erhöht bevorzugte o,o'-Substitution mit freier p-Stellung die Reaktivität, die auch vom Hexa-Gehalt abhängt. Bei einem Hexa-Massengehalt von ca. 10% wird oft maximale Reaktivität erreicht. Höhere Hexa-Gehalte (bis max. 15%) sind nur sinnvoll, wenn man besondere Wärmestandfestigkeit erreichen will, während unter 6% Hexa die erreichbare Festigkeit rasch abfällt. Starken Einfluß hat der Gehalt an Wasser und freiem Phenol; z. B. steigt die Gelierzeit bei Senkung des Wasser-Massengehaltes unter 1% und des freien Phenol-Massengehaltes unter ca. 8% jeweils deutlich an, während sie bei höherem Gehalt fast gleich bleibt. Die Härtung von Novolak-Hexa-Mischungen kann auch durch Zusatz von Calcium- oder Magnesiumoxid beschleunigt werden. Besonders reaktiv sind stärker verzweigte Novolak-Harze, die durch Verdünnen von niedrigkondensiertem Resol (F/P = 3) mit einem Phenol-Überschuß hergestellt werden. Nach Hexa-Zusatz ergibt die Säurehärtung dieser Systeme besonders harte Produkte.

5.5 Gebrauchseigenschaften nach Aushärtung

PF-Harze werden fast immer mit anderen Stoffen vermengt eingesetzt. Das Beiblatt zu DIN 7708 gibt die physikalischen Eigenschaften von Normprobekörpern aus nach DIN 7708 Blatt 2 typisierten Formmassen an, wobei die Art des Harzträgers berücksichtigt wird, die die Gebrauchseigenschaften der Formmassen wesentlich beeinflußt.

Zur Information über PF-Harz als Kunststoff-Grundstoff zeigt Tab. 1.33 die Gebrauchseigenschaften eines Standard-PF-Harzes nach träger-

Tab. 1.33 Physikalische Eigenschaften eines Standard-PF-Harzes bei Raumtemperatur nach trägerfreier Härtung unter Druck[318]

Dichte	1,25	$g \cdot cm^{-3}$
E-Modul	3000	$N \cdot mm^{-2}$
Biegefestigkeit	75–95	$N \cdot mm^{-2}$
Druckfestigkeit	70–210	$N \cdot mm^{-2}$
Zugfestigkeit	15–30	$N \cdot mm^{-2}$
Reißdehnung	<2	%
Schlagzähigkeit	5–10	$kJ \cdot m^{-2}$
Kerbschlagzähigkeit	1,2–1,5	$kJ \cdot m^{-2}$
lineare Wärmedehnzahl	$0,3 \cdot 10^{-4}$	K^{-1}
Wärmekapazität	1,65	$kJ \cdot kg^{-1} \cdot K^{-1}$
Wärmeleitfähigkeit	0,35–0,7	$W \cdot m^{-1} \cdot K^{-1}$
Brechzahl	1,63	
Wasseraufnahme*	30–40	$mg \cdot (7d)^{-1}$
spez. Durchgangswiderstand	ca. 10^{12}	$\Omega \cdot cm$
Oberflächenwiderstand	10^{12}	Ω
Durchschlagsfestigkeit ($d = 1$ mm)	8 … 15	$kV \cdot mm^{-1}$
Dielektrizitätszahl	5	(800 Hz)
tan δ	0,05	(800 Hz)
Kriechstromfestigkeit	Stufe KA1	

* Probekörper 50 mm · 50 mm · 4 mm

freier Aushärtung unter Druck; die trägerfreie Anwendung von PF-Harzen hat vor allem wegen der geringeren Kerbschlagzähigkeit nur sehr beschränkte Bedeutung (Gießharze[317], s. S. 302).

PF-Harze zeichnen sich durch relativ hohe Wärmeformbeständigkeit (Martens-Temperatur bei 155 °C) aus. Die Biegefestigkeit sinkt beim Erwärmen von 20 auf 200 °C nur um ca. 50% ab; die maximale Gebrauchstemperatur trägerfreier Harze liegt bei über 150 °C, mit mineralischen Füllstoffen, z. B. Asbestfasern, bei 225 °C. Bis 300 °C werden nur 1 bis 2% gasförmige Produkte freigesetzt; erst darüber beginnt die thermische Zersetzung, wobei die außerordentlich hohe Glutbeständigkeit die Verwendung im Gießereiwesen und als Material für Hitzeschilder in der Weltraumtechnik ermöglicht.

PF-Harze werden als schwer entflammbar eingestuft. Sie sind im wesentlichen nur gegen oxidierende starke Säuren und gegen starke Alkalien unbeständig. Die Alkalibeständigkeit kann durch teilweise Veretherung oder Veresterung der phenolischen Hydroxy-Gruppen erhöht werden, wodurch die Lichtechtheit zu- und die Aushärtungsgeschwindigkeit der Harze abnimmt. Bedingte Beständigkeit besteht gegen stark polare Lösungsmittel, z. B. Aceton und Methylenchlorid, gegen Aromaten und gegen kochendes Wasser. Wegen ihrer gelbbraunen Eigenfarbe, die mit der Zeit nachdunkelt, können PF-Harze nur dunkel eingefärbt werden.

Bei Verwendung flüchtiger oder ausfällbarer Kondensationskatalysatoren kann der Elektrolyt-Gehalt von PF-Harzen wesentlich gesenkt werden; dadurch nimmt z. B. der spezifische Durchgangswiderstand bis auf $10^{14}\ \Omega \cdot cm$ zu, und erhöht sich auch die Alterungs- und Feuchtigkeitsbeständigkeit. PF-Harze weisen stets nur geringe Kriechstromfestigkeit auf.

Tab. 1.34 Auswahl des PF-Harztyps für verschiedene Anwendungen
(% ohne nähere Angabe = Massengehalt in %)

Anwendungsgebiet	Harztyp	Bemerkungen
Holzspanplatten	Phenolresol (F/P = 1,8–3,0); Wasserverdünnbarkeit 1 : ∞; ca. 45% Festharzgehalt; freier Formaldehyd 0,1%; freies Phenol 0,1%; ca. 5% NaOH-Zusatz; $\eta_{20°C}$ = 200–400 mPa·s je nach Leimauftragsverfahren. B-Zeit (150 °C) ca. 30 s, 8–9% Festharz/atro Span in Mittelschicht, 10–12% Festharz/atro Span in Deckschicht (atro Span = Gewicht absolut trockener Späne)	statt ca. halb so teuren UF-Leimen, wo deren Feuchtigkeits- und Witterungsbeständigkeit zu gering ist. Zusatz von NaOH erfolgt zur Förderung der Wasserverdünnbarkeit und Härtung (nachteilig bezüglich Wasserabsorption und Verfärbung). Die nachträgliche Formaldehyd-Abspaltung ist ca. 4mal kleiner als bei UF-Leimen
Holzleimbau (s. S. 266)	Resorcin-Novolake (F/R < 1); 55–60% Feststoffgehalt, Härtung bei Raumtemperatur und neutralem pH durch Paraformaldehyd (F/R = 1,1). Preßzeit 8–14 h bei 20 °C	Säurehärtung würde Holz schädigen. Wetterbeständige Holzkonstruktionen, auch im Bootsbau
Formmassen (s. S. 221 ff)	meist Reinphenol-Novolake (F/P = 0,75–0,85); Schmelzbereich 80–100 °C, Phenol 2%; ca. 10% Hexa. B-Zeit bei 130 °C ca. 10–20 min	feste Resole (Erweichungstemperatur 80–100 °C) nur wo NH_3-Abspaltung stört, z. B. wegen Korrosion von Cu
Mineral- bzw. Glasfasermatten (thermische und akustische Isolation)	niedermolekulares, sehr gut wasserlösliches Resol (F/P > 1,5); Harz (Feststoffgehalt ca. 40%) wird auf das ca. 8fache verdünnt angewendet	alkalischer Katalysator wird neutralisiert, um Angriff auf Glasfaser zu verhindern. Ideal ist die Verwendung ausfällbarer Erdalkalihydroxide, da Salzgehalt Feuchtigkeitsaufnahme begünstigt
Schaum (s. S. 295)	wäßriges Resol, (F/P = 1,5–2,5); 80% Festharzgehalt; $\eta_{20°C}$ = 2500–3000 mPa·s; Gelierzeit bei 130 °C = 7–8 min	Säurehärtung unter Zusatz von Treibmitteln, z. B. *n*-Pentan, Trichlorfluormethan u. ä.
Lackharze (s. S. 279 ff)	wegen der Sprödigkeit von Reinphenol-Harzen werden stets Kombinationen mit flexibleren hydrophoben Harzen, z. B. Epoxy-Alkyd- oder Naturharzen, maleinisierten Ölen und Polyvinylbutyral eingesetzt. Spritlösliche, wasserlösliche (Einbau von Carboxy- oder Sulfonsäuregruppen; Elektrotauchlackierung), oder kohlenwasserstofflösliche (Harze auf Alkylphenol-Basis, veretherte Methylol-Gruppen) Resole	gute Adhäsion und niedrige Gasdurchlässigkeit, hervorragende Beständigkeit gegen Chemikalien und Hitze

Tab. 1.34 Fortsetzung

Anwendungsgebiet	Harztyp	Bemerkungen
Schichtpreßstoffe (Papier oder Baumwolle als Träger) (s. S. 241 ff)	in der Regel werden zwei Harztypen mit unterschiedlichem Kondensationsgrad nacheinander angewendet **Vorimprägnierung:** niedermolekulare Phenol-Resole, vorwiegend Mono-, Di- und Trimethylolphenol, weniger als 20% freies Phenol, meist wäßrige Lösung mit ca. 45% Festharzgehalt, $\eta_{20°C}$ = 10–15 mPa·s; Gelierzeit bei 130 °C = 15–20 min, Wasserverdünnbarkeit = 1:5, freier Formaldehyd 3% **Beschichtung:** hydrophobes, zur Erhöhung der Stanzfähigkeit meist mit Triphenyl- oder Triphenylkresylphosphat und Tungöl flexibilisiertes Resol mit mittlerer rel. Molekülmasse (bevorzugt NH_3-Katalyse); ca. 60% Festharz in Aceton/Methanol/Toluol-Mischung, 5–7% freies Phenol, unter 0,1% freier Formaldehyd; $\eta_{20°C}$ = 800–1000 mPa·s, Gelierzeit (130 °C) = 18–25 min, Wasserverdünnbarkeit 1:0,1	bei höheren Anforderungen an die elektrischen Eigenschaften muß der Gehalt an anorganischen Ionen klein gehalten werden, entsalztes Wasser beim Harzansatz, Verwendung von mit H_2SO_4 ausfällbaren Erdalkalihydroxiden als Katalysator
Schleifscheiben	meist flüssiges und festes Harz kombiniert **Flüssiges Harz:** niedrigkondensiertes Resol mit möglichst hohem Feststoffgehalt (70–80%), 15–20% freiem Phenol und ca. 5% Wasser. Zusatz von Furfurol, Furfurylalkohol oder Kresolen fördert die Benetzung. $\eta_{20°C}$ = 2500–3500 mPa·s **Festes Harz:** hochkondensierter Novolak. Schmelzbereich 95–100 °C, ca. 9% Hexa, unter 1% Wasser, Fließweg bei 130 °C = 25–30 mm	das flüssige Harz dient zur Benetzung des Schleifkornes (meist Elektro-Korund), des Füllstoffes und des in Pulverform eingesetzten festen Harzes
Reibbelagwerkstoffe (Kupplungsscheiben, Bremsbeläge)	meist feste feinpulvrige Novolake mit 8–13% Hexa, Schmelzbereich 80–90 °C, Gelierzeit (150 °C) = 1–2,5 min; Fließweg = 45–55 mm seltener feste Kresol-Resole (Schmelzbereich 60–70 °C), flüssige Phenol- und Kresol-Resole mit Zusatz von Alkoholen zur Viskositätsverringerung oder auch Lösungen von Phenolnovolaken, Hexa und NBR in Mischungen von Aceton, Ethanol und Toluol	PF-Harze als Bindemittel wegen Verhaltens bei hoher Temperatur bevorzugt. Zusatz von 2–8% NBR wegen seines mit der Temperatur steigenden Reibungskoeffizienten. Weitere gebräuchliche Zusätze: Kaschunußöl, Tungöl, Furfurol, Epoxidharz

Grundstoffe

Tab. 1.34 Fortsetzung

Anwendungsgebiet	Harztyp	Bemerkungen
Gießereiwesen[300] (Bindemittel für Quarzsand)	**für kompakte Formen und Kerne:** Phenol- und Phenol/Kresol-Resole mit 50–80% Festharzgehalt, $\eta_{20°C}$ = 2000–2500 mPa·s; ca. 1% Flüssigharz bezogen auf Sandgewicht. Meist Kalthärtung durch Säurezugabe (*p*-Toluolsulfonsäure). Wegen der großen Sprödigkeit der gehärteten Formen und Kerne nur für einfache Formen	für Eisengußwerkstoffe (bis ca. 1650 °C) geeignet. Geringere Gasentwicklung als bei UF-haltigen Harzen. Oft Mischungen mit 40–80% Furfurylalkohol (höhere Festigkeit, geringere Formaldehyd-Abspaltung) oder mit UF-Harz und Furfurylalkohol
	für das Verfahren nach Croning: Novolake, Schmelzbereich 70–75 °C, 10–13% Hexa; 3% Harz bezogen auf Gewicht des Sandes zu dessen Beschichtung a) Warmbeschichtung: alkoholische Novolak/Hexa-Lösung; ca. 65% Festharz, $\eta_{25°C}$ = 2000–2500 mPa·s, Fließweg = 50–60 mm b) Heißbeschichtung: mit geschmolzenem Novolak beschichtet, nach dem Abkühlen wäßrige Hexa-Lösung zugesetzt	beim Croning-Verfahren zur Herstellung dünnwandiger (3–10 mm) Formmasken und Hohlkerne werden heute meist harzumhüllte Sande eingesetzt; durch Blasen dieser Sande auf 250–300 °C heiße Modellplatten entstehen Formen mit hoher Gasdurchlässigkeit, die nach dem Gießprozeß völlig in einen leicht entfernbaren pulvrigen Rückstand zerfallen. Bei Leichtmetallguß (700 °C) müssen Zerfallsbeschleuniger zugesetzt werden

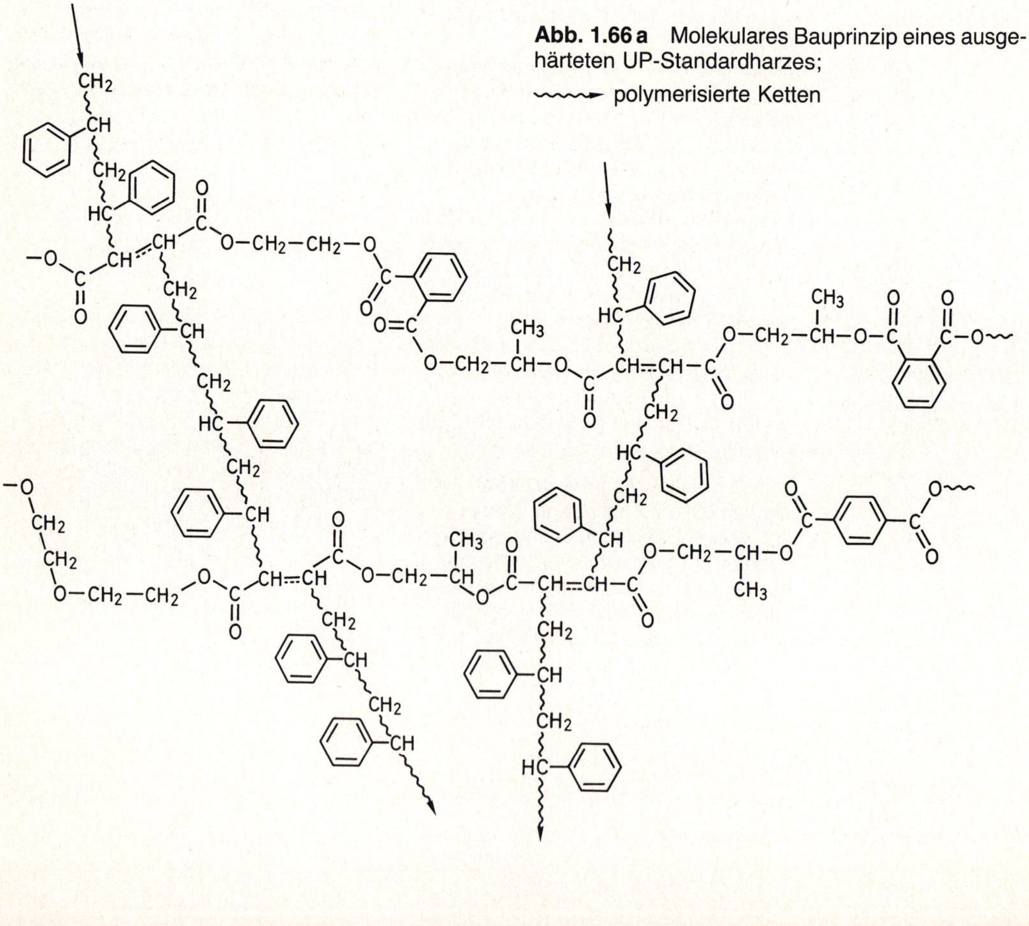

Abb. 1.66a Molekulares Bauprinzip eines ausgehärteten UP-Standardharzes;
⁓► polymerisierte Ketten

5.6 Hinweise zu Auswahl des Harztyps

Hinweise zur Auswahl des Harztyps für verschiedene Anwendungen gibt Tab. 1.34. Diese Hinweise haben beispielhaften Charakter und sind nicht als Empfehlungen bestimmter Produkte aufzufassen.

6. Ungesättigte Polyester-Harze

Die Produktion von **u**ngesättigten **P**olyester-Harzen (**UP**-Harzen) im technischen Maßstab begann 1942 in den USA; ab 1952 fanden UP-Harze wachsende Verbreitung im zivilen Sektor. 1982 wurden in den USA ca. 400 000 t, in Japan ca. 150 000 t und in Westeuropa ca. 250 000 t UP-Harze verbraucht[319]. Die Verteilung auf die Hauptanwendungsgebiete zeigt Tab. 1.35.

6.1 Monomere Grundstoffe, Polykondensation und Härtung, Lieferformen

UP-Harze sind Lösungen ungesättigter Polyester ($\overline{M}_n$ = 1000–5000) in einem Vinylmonomeren, meist Styrol; ihre Aushärtung erfolgt durch vernetzende Copolymerisation des Vinylmonomeren mit den polymerisierbaren Doppelbindungen des Polyesters (s. Abb. 1.66 a). In Standardharzen liegt der Massengehalt an Styrol bei 35 bis 42%. Die Polyester-Komponente wird durch Polykondensation von gesättigten und ungesättigten, nahezu ausschließlich zweiwertigen Carbonsäuren bzw. deren Anhydriden vorzugsweise mit gesättigten zweiwertigen Alkoholen hergestellt. Die gebräuchlichsten monomeren Grundstoffe gibt Tab. 1.36 wieder. Die Polykondensation wird technisch entweder als Schmelzkondensation oder als azeotrope Kondensation (mit Toluol als

Tab. 1.35 Verteilung des UP-Harz-Verbrauches in Westeuropa (1978)[320]

Glasfaserverstärkte (GF-UP) Formteile	ca. 77%

davon, bezogen auf Gewicht inklusive Glasfaser, in der Bundesrepublik Deutschland (in %)

Bauindustrie	16
Behälter, Rohre	13
Elektroindustrie	25
Transportwesen	16
Industrie-Formteile	11
Schiffsbau, Boote	4
Konsumgüter	7
Verschiedenes	8
	100

Lackharze (Lacke, Kitt- und Spachtelmassen)	ca. 13%
Gießharze (Polyester-Beton, Kunstmarmor und Kunststein, Knöpfe)	ca. 10%

Tab. 1.36 Monomere Grundstoffe für UP-Harze; chemische Struktur und Einfluß auf die Verarbeitungs- und die Gebrauchseigenschaften[321] nach Aushärtung. Schmelzpunkt* FP (°C); Siedepunkt** KP (°C)

Dicarbonsäuren und Dicarbonsäureanhydride mit polymerisierbarer Doppelbindung

Maleinsäureanhydrid	(Struktur) FP = 52	im Vergleich zu Maleinsäureanhydrid bedingt Fumarsäure eine höhere Viskosität, kürzere Topfzeit, höhere Temperaturspitzen bei der Härtung, höhere Glastemperatur und Wärmeformbeständigkeit, aber meist geringere Zugfestigkeit und schlechtere Schlagzähigkeit. Am häufigsten wird Maleinsäureanhydrid eingesetzt, das teilweise zu Fumarat isomerisiert
Fumarsäure	(Struktur) FP = 298 (Subl.)	

* bei Stoffen, die bei Raumtemperatur fest sind
** bei Stoffen, die bei Raumtemperatur flüssig sind

Tab. 1.36 Fortsetzung

Dicarbonsäuren und Dicarbonsäureanhydride ohne polymerisierbare Doppelbindung

Phthalsäureanhydrid	FP = 130	am häufigsten verwendet
Isophthalsäure	FP = 348 (Subl.)	im Vergleich zu Phthalsäureanhydrid höhere Glastemperatur und Chemikalienbeständigkeit
Terephthalsäure	FP = 300 (Subl.)	besonders geringe Wasseraufnahme
Tetrahydrophthalsäureanhydrid (cis-Form)	FP = 103	harte, kratzfeste Oberflächen durch autoxidative Härtung in Gegenwart von Luftsauerstoff, keine Copolymerisation mit Styrol
Adipinsäure	HOOC–(CH$_2$)$_4$–COOH, FP = 151	im Vergleich zu Phthalsäureanhydrid niedrigere Glastemperatur, geringere Witterungs- und Chemikalienbeständigkeit, höhere Wasseraufnahme
HET-Säure***	FP > 190 (Zers.)	HET-Säure, HET-Säureanhydrid oder Tetrabromphthalsäureanhydrid enthaltende UP-Harze sind schwer entflammbar[322], verfärben sich im Sonnenlicht (gelb bis tiefbraun) und erfordern im Außeneinsatz den Zusatz von Lichtschutzmitteln; keine Copolymerisation mit Styrol
HET-Säureanhydrid	FP = 234	

*** HET- = **H**exachlor-**e**ndo-methylen-**t**etrahydrophthal-

Tab. 1.36 Fortsetzung

Tetrabromphthal-säureanhydrid	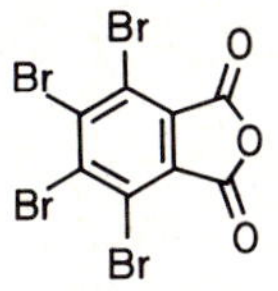 (Struktur: Tetrabromphthalsäureanhydrid) FP = 276	

Diole

1,2 Propylenglykol	HO—CH$_2$—CH(CH$_3$)—OH KP = 84	am häufigsten eingesetzt
Ethylenglykol	HO—CH$_2$—CH$_2$—OH KP = 197	zu hoher Anteil beeinträchtigt die Verträglichkeit (Verdünnbarkeit) mit Styrol, sehr geringe Wasseraufnahme
Diethylenglykol	HO—CH$_2$—CH$_2$—O—CH$_2$—CH$_2$—OH KP = 245	höhere Flexibilität und Wasseraufnahme als mit 1,2-Propylenglykol
Triethylenglykol	HO—(CH$_2$—CH$_2$—O)$_2$—CH$_2$—CH$_2$—OH KP = 125 0,13 mbar	wirkt ähnlich wie Diethylenglykol, geringfügig gesteigerte Wirkung
1,3-Butandiol	HO—CH$_2$—CH$_2$—CH(CH$_3$)—OH KP = 205	geringe Senkung der Erweichungstemperatur gegenüber Propylenglykol (bis ca. 10 °C)
Neopentylglykol	HO—CH$_2$—C(CH$_3$)$_2$—CH$_2$—OH FP = 128	gute Chemikalienbeständigkeit, hohe Glastemperatur und Wärmeformbeständigkeit
oxpropyliertes Bisphenol-A	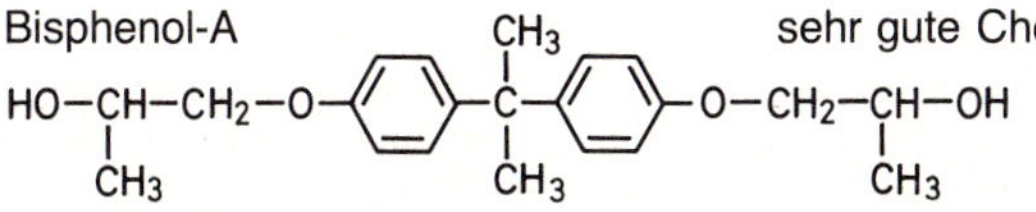 HO—CH(CH$_3$)—CH$_2$—O—C$_6$H$_4$—C(CH$_3$)$_2$—C$_6$H$_4$—O—CH$_2$—CH(CH$_3$)—OH FP* < 80	sehr gute Chemikalienbeständigkeit
1,3-Propylenglykol	HO—(CH$_2$)$_3$—OH KP = 105 13 mbar	geringere Wasseraufnahme als mit 1,4-Butandiol, höhere Flexibilität als mit 1,3-Butandiol

* technisches Produkt ist bei Raumtemperatur flüssig; $\eta_{75\,°C}$ = 0,27 Pa·s

Tab. 1.36 Fortsetzung

1,4-Butandiol	HO–(CH$_2$)$_4$–OH FP = 21 KP = 230	geringere Wasseraufnahme als mit 1,3-Butandiol, höhere Flexibilität als mit 1,3-Propylenglykol
hydriertes Bisphenol-A	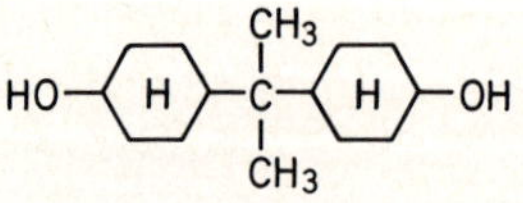 HO–⟨H⟩–C(CH$_3$)(CH$_3$)–⟨H⟩–OH FP = 188	gute Chemikalienbeständigkeit, sehr gute elektrische Eigenschaften
1,6-Hexandiol	HO–(CH$_2$)$_6$–OH FP = 43	starke Herabsetzung der Glastemperatur

Vinylmonomere

Styrol	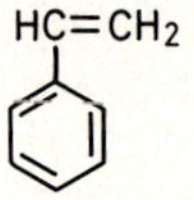 HC=CH$_2$ (Phenyl) KP = 145	am häufigsten verwendet
Methylmethacrylat	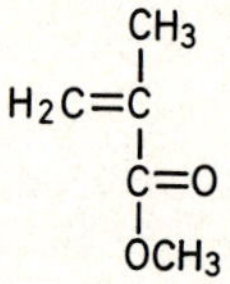 H$_2$C=C(CH$_3$)–C(=O)–OCH$_3$ KP = 100	erhöhte Witterungsstabilität, Anpassung des Brechungsindex an den von E-Glas (bei GF-UP)
Diallylphthalat	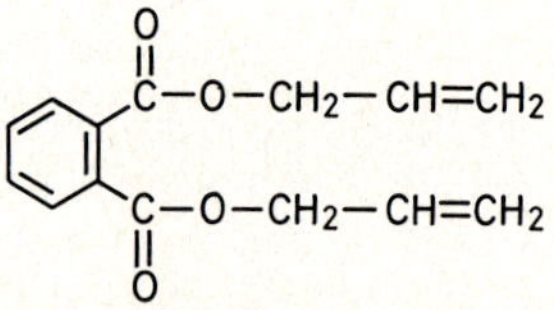 o-C$_6$H$_4$(C(=O)–O–CH$_2$–CH=CH$_2$)$_2$ KP = 192 22 mbar	(teilweiser) Ersatz von Styrol in SMC und BMC ergibt höhere Viskosität und geringere Flüchtigkeit. Geringe Polymerisationstendenz auch in Gegenwart von Katalysator bei Raumtemperatur. Hohe Härte von Formteilen

Tab. 1.37 Reaktivitätsverhältnisse bei der Copolymerisation von Styrol und Methylmethacrylat (MMA) mit Monomeren, die als Modellsubstanzen für die vernetzende Copolymerisation von UP-Harzen herangezogen werden können, Copolymerisationsparameter r_1 und r_2 bei 60 °C[323, 324]

Monomer 1	Monomer 2	$r_1 = k_{11}/k_{12}$	$r_2 = k_{22}/k_{21}$
Styrol	Maleinsäurediethylester	6,52	0,005
Styrol	Fumarsäurediethylester	0,3	0,070
MMA	Maleinsäurediethylester	20	0
MMA	Fumarsäurediethylester	40	0,25

Schlepper) meist bei 195 bis 205 °C und ohne Säure-Base-Katalyse durchgeführt.

Die polymerisierbaren Doppelbindungen mit *cis* (Maleinsäureester)- und *trans*(Fumarsäureester)-Konfiguration unterscheiden sich bezüglich der Copolymerisation mit Styrol (s. Tab. 1.37); Fumarsäureester reagieren rascher und neigen stärker zu alternierenden Sequenzen, Maleinsäureester stärker zur Blockbildung. Bei den in der Technik herrschenden Bedingungen kommt es zur teilweisen Isomerisierung der eingesetzten Maleinsäure-Komponente zu einem Stoffmengengehalt von 10 bis 30% Maleat und von 70 bis 90% Fumarat.

Die Härtungsreaktion wird meist durch peroxidische Initiatoren (*Härter*) ausgelöst, die erst über 60 °C (*Warmhärtung*) hinreichend schnell spontan zerfallen. Um die Härtung bei Raumtemperatur auszulösen (*Kalthärtung*) ist der Zusatz von *Beschleunigern* erforderlich, die den Initiatorzerfall katalysieren; z.B. bewirken Co^{2+}-Naphthenate oder -Octoate Redoxaktivierung nach

$$ROOH + Co^{2+} \longrightarrow RO\cdot + OH^- + Co^{3+}$$
$$ROOH + Co^{3+} \longrightarrow ROO\cdot + H^+ + Co^{2+}$$
$$2\,ROOH \longrightarrow ROO\cdot + RO\cdot + H_2O\quad,$$

während tertiäre Amine, z. B. Dimethylanilin, nach einem anderen Mechanismus reagieren:

[Reaktionsschema: Benzoylperoxid + Dimethylanilin → Benzoat-Anion + Benzoat-Radikal + Aminium-Radikalkation]

Da das Aminium-Radikal nur zu einem sehr geringen Teil zum Amin weiterreagiert, d. h. der Beschleuniger im Gegensatz zum Kobalt-Ionen-Katalysator aufgebraucht wird, muß das Amin in entsprechend hoher Dosierung zugegeben werden. Bei dünnen Schichten (bis 2 mm) kann die Härtung auch durch UV-Licht unter Zusatz von Sensibilisatoren, z. B. dem Dimethylacetal des Benzils, ausgelöst werden.

Ungesättigte Polyester werden meist als 60 bis 70%ige Lösung in Styrol geliefert, die oft zur Erhöhung der Lagerstabilität des Styrols (s. S. 4) geeignete Inhibitoren enthält; *beschleunigte Harze* enthalten bereits den für Kalthärtung erforderlichen Beschleuniger. Mitunter, z. B. nach Ländern mit niedrigem Styrolpreis und heißem Klima, werden ungesättigte Polyester auch in Granulat- oder Pulverform (*styrolfrei*) geliefert; hierfür sind nur Produkte mit ausreichend hoher Glastemperatur geeignet. Zur Erhöhung der Sicherheit bei der Handhabung wird der Härter, meist mit inerten Zusätzen verdünnt, in Pasten- oder Pulverform geliefert. Außer im Fall fertigformulierter Systeme wie SMC und BMC (s. S. 235) wird der Härter vom Verarbeiter zugesetzt.

6.2 Verarbeitung und Verarbeitungseigenschaften

Die dominierenden Verfahren sind in Tab. 1.38 angeführt. Daneben ist das Gießen, sowohl in den in Tab. 1.35 angeführten typischen Gießharz-Anwendungen als auch bei den UP-Lack-Harzen von großer Bedeutung.

Die Viskosität flüssiger Standard-Harze liegt bei 20 °C zwischen 200 und 1500 mPa·s; sie steigt mit der rel. Molekülmasse der UP-Komponente und fällt mit dem Styrol-Gehalt. UP-Harze sind in der Regel newtonische Flüssigkeiten, doch können sie z. B. durch Zusatz von feinverteilter Kieselsäure für bestimmte Verarbeitungsverfahren thixotrop eingestellt werden. Freie Carboxy-Gruppen der UP-Komponente wirken wegen ihrer Neigung zur Association viskositätserhöhend; eine besonders starke Viskositätserhöhung kann bei Zusatz von ca. 1% Magnesiumoxid oder Aluminium-Seifen durch Salzbildung mit freien Carboxy-Gruppen erreicht werden (SMC, s. S. 236).

Die oft störende Klebrigkeit von UP-Harzen kann durch Einsatz von festem ungesättigtem Polyester und festem Monomer und durch Zusatz von Füllstoffen verringert werden; z. B. können rieselfähige Formmassen auf der Basis von ungesättigtem Polyester mit hoher Glastemperatur und vorpolymerisiertem Diallylphthalat hergestellt werden.

Tab. 1.38 Aufteilung der GF-UP-Produktion nach Verarbeitungsverfahren in der Bundesrepublik Deutschland (1978)[325]

Verarbeitungsverfahren	Aufteilung (%)	
kontinuierliche Imprägnierung z. B. Wellplattenerzeugung	15	
Handverfahren	17	
Preßverfahren	37	
Naßpressen		8
Preßmassen		6
Harzmatten		23
Faserspritzverfahren	8	
Wickelverfahren	10	
Verschiedenes	13	

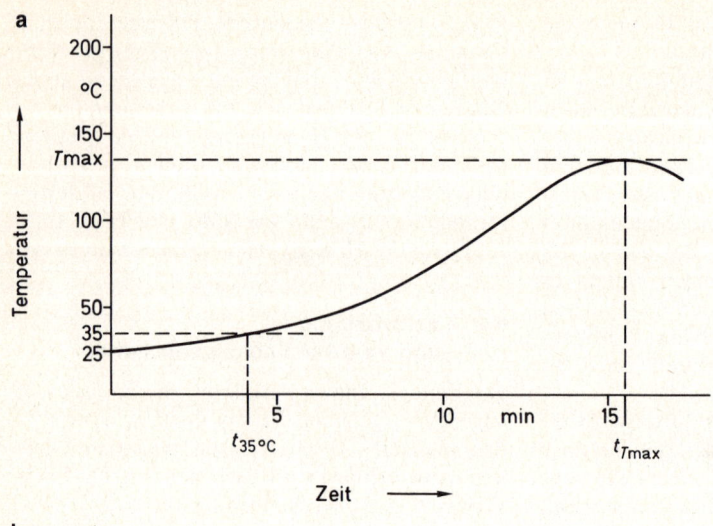

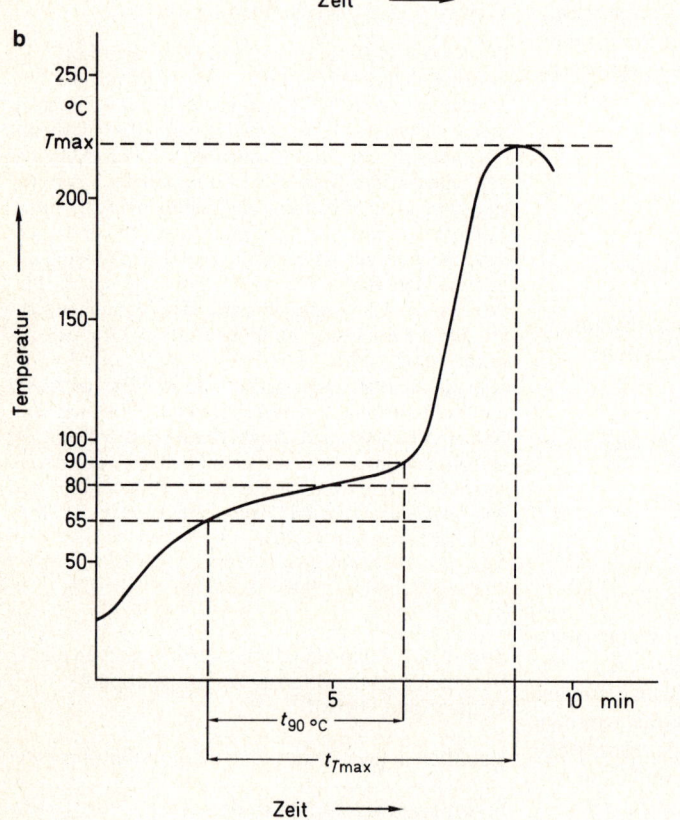

Abb. 1.66 b Reaktionskurven von UP-Harz[326];
a Kalthärtung (Temperaturanstieg, DIN 16945),
b Warmhärtung (Temperaturanstieg, DIN 16945)

Der Härtungsverlauf (s. Abb. 1.66 b) hängt einerseits vom Gehalt an polymerisierbaren Doppelbindungen in der UP-Komponente, vom Vinylmonomer-Anteil und von der Inhibitorkonzentration ab, andererseits vom *Reaktionsmittel* (Härter und Beschleuniger) und von der Temperatur. Bei manchen Verfahren werden Härter mit verschiedener Zerfallsgeschwindigkeit und Aktivierungsenergie des Zerfalls kombiniert. Dadurch wird die Härtungszeit verkürzt, weil durch den Härter mit niedriger Aktivierungsenergie die Anspringtemperatur der Reaktionsharzmasse gesenkt wird; andererseits wird das Freisetzen der Reaktionswärme auf einen längeren Zeitraum verteilt, was besonders bei dickwandigen Formteilen zur Vermeidung von zu hohen Temperaturspitzen und dadurch bedingten Schrumpfspannungen vorteilhaft ist. Durch Nachhärtung bei höherer Temperatur kann der Massengehalt an Reststyrol unter 0,1% gesenkt werden.

Schlichte und Haftmittel von Glasfasern, mineralische Füllstoffe und Farbpigmente können die Härtung inhibieren. Füllstoffe und Farbpigmente zeigen dabei je nach Oberflächenbeschaffenheit, Feuchtigkeit und Gehalt an Verunreinigungen unterschiedliche Wirkung. Der Luftsauerstoff wirkt als Biradikal ebenfalls inhibierend und verursacht die Klebrigkeit offen ausgehärteter Flächen. Dieser Störeffekt kann einerseits durch Zusatz von ca. 0,1% Paraffin (FP = 40 bis 60°C) zur Deckschicht vermieden werden, andererseits durch Einbau autoxidativer Komponenten, die aktivierte Wasserstoff-Atome enthalten, z. B. Tetrahydrophthalsäure oder Di- und Triethylenglykol. UP-Harze mit hoher Glastemperatur der Polyester-Komponente und mit Styrol als Vinylmonomerem werden ebenfalls rasch klebfrei, da sich durch Verdampfen des Styrols die Polyester-Komponente an der Oberfläche anreichert; allerdings wird hierbei die der Oberfläche benachbarte Schicht nur mangelhaft vernetzt.

Die Aushärtung von UP-Harzen ist mit beträchtlichem Volumenschrumpf (5 bis 9%) verbunden, der mit dem Gehalt an polymerisierten Doppelbindungen zunimmt und durch Füllstoffe verringert wird. Besonders niedrigen Schrumpf zeigen UP-Harze, worin Thermoplaste (Massengehalt meist ca. 40%) gelöst bzw. dispergiert sind (**LP-Harze: low-profile-Harze**). Der Thermoplast, z. B. Polystyrol, fällt spätestens während der Härtung in fein dispergierter Form aus und inkludiert dabei Styrol. In der UP-Harz-Komponente der LP-Harze werden hochreaktive ungesättigte Polyester mit hohem Gehalt an Maleinsäureanhydrid eingesetzt. Da die Homopolymerisation von Styrol langsamer verläuft als die Copolymerisation im UP-Harz, kann in Zonen mit geringem Preßdruck durch teilweises Verdampfen des inkludierten Styrols eine dem Schrumpf entgegenwirkende Blähung des Thermoplastkorns erfolgen[327].

6.3 Gebrauchseigenschaften nach Härtung

Die Gebrauchseigenschaften werden maßgeblich von der Art der monomeren Grundstoffe und ihrem Molverhältnis, von der rel. Molekülmasse der Polyester-Komponente, von der Verteilung der polymerisierbaren Doppelbindungen in der Polyester-Komponente und vom Härtungsverlauf bestimmt.

Auf besondere Einflüsse der einzelnen monomeren Grundstoffe wird in Tab. 1.36 hingewiesen. Dabei ist zu beachten, daß das Eigenschaftsprofil erst durch die Kombination der einzelnen Bausteine bestimmt wird.

Im allgemeinen ergeben sich bei zwei bis drei Vinylmonomer-Bausteinen pro polymerisierbarer Doppelbindung des Polyesters optimale Eigenschaften; niedrigere Vinylmonomer-Anteile ergeben zu geringe Festigkeit und Härte, höhere zu starken Schrumpf und zu starke Exothermie bei der Verarbeitung[328]. Ein Stoffmengengehalt von 40 bis 70% Maleat bzw. Fumarat bezogen auf die gesamte Säuremenge ergibt ein ausgeprägtes Maximum in der Zug- und Biegefestigkeit, das bei gleichmäßiger Verteilung der polymerisierbaren Doppelbindungen innerhalb der Polyester-Moleküle die höchsten Werte erreicht. Auch der E-Modul durchläuft bei einem Stoffmengengehalt von ca. 55% Maleat bzw. Fumarat bezogen auf die gesamte Säuremenge ein Maximum. Hingegen nehmen die Glastemperatur und die Härte mit steigendem Gehalt der Polyester-Komponente an polymerisierbaren Doppelbindungen zu.

Mit steigender rel. Molekülmasse der Polyester-Komponente ist bei Konstanz der anderen Faktoren ein Anstieg der Wärmeformbeständigkeit, der Chemikalienbeständigkeit und der Schlagzähigkeit feststellbar; z. B. kann mit $\overline{M}_n > 2000$ ein Wert der Schlagzähigkeit (DIN 53453) zwischen 20 und 30 kJ/m^2 ohne Verzicht auf eine hohe Glastemperatur (> 100°C) erreicht werden, wobei auch ein Überwiegen von Carboxy-Endgruppen die Schlagzähigkeit günstig beeinflußt.

Auch die möglichst homogene Vernetzung bei der Aushärtung ist von großer Bedeutung, besonders für die Festigkeit und die Chemikalienbeständigkeit. Inhomogenitäten des Netzwerkes können sich einerseits durch einen Zerfall von Probekörpern in kleine Bruchstücke bei der Einwirkung von Lösungsmitteln, z. B. Aceton oder Methylenchlorid, äußern, andererseits können sie für die oft schlechte Reproduzierbarkeit von Messungen mechanischer Eigenschaften an unter definierten Bedingungen hergestellten Prüfkörpern verantwortlich sein.

UP-Harze werden nach DIN 16946 typisiert.
Standardharze mit der Zusammensetzung:
1 mol Phthalsäureanhydrid;
0,5 bis 1 mol Maleinsäureanhydrid;
meist etwas mehr als eine äquimolare Menge an Diol, vornehmlich 1,2-Propylenglykol;
Zahlenmittel der rel. Molekülmasse der Polyester-Komponente $\overline{M}_n = 1200$ bis 1500;

Tab. 1.39 Gebrauchseigenschaften von ausgehärteten UP-Standardharzen bei 20 °C

Rohdichte (DIN 53479)	1,20 g·cm^{-3}
Biege-E-Modul (DIN 53457)	3000–4000 N·mm^{-2}
Kugeldruckhärte HD 60 (DIN 53456)	120–250 N·mm^{-2}
Biegefestigkeit (DIN 53452)	80–100 N·mm^{-2}
Zugfestigkeit (DIN 53455)	30–60 N·mm^{-2}
Reißdehnung	1,5–2,5%
Schlagzähigkeit (DIN 53453)	4–14 kJ·m^{-2}
Kerbschlagzähigkeit (DIN 53453)	1–1,5 kJ·m^{-2}
lineare Wärmedehnzahl	0,7–1,2·10^{-4} K^{-1}
Wärmekapazität	1,15–1,6 kJ·kg^{-1} K^{-1}
Wärmeleitfähigkeit	0,55–0,70 W·m^{-1}·K^{-1}
Brechzahl	1,56–1,58
Wasseraufnahme (DIN 53472)*	30–45 mg/4d
spez. Durchgangswiderstand (1 min-Wert)	5·10^{15} – 10^{16} Ω cm
Oberflächenwiderstand	10^{12} – 10^{14} Ω
Durchschlagsfestigkeit (d/E)	0,5 mm/35 ... 55 kV·mm^{-1}
	1,0 mm/28 ... 33 kV·mm^{-1}
Dielektrizitätszahl (DIN 53483)	3–5
dielektr. Verlustfaktor tan δ (DIN 53483)	0,005–0,015 (bei 60 Hz)
Kriechstromfestigkeit (DIN 53480)	Stufe KA3c

* Probekörper ∅ = 50 mm, d = 3 mm

Massengehalt von ca. 35% Styrol weisen die in Tab. 1.39 gegebenen Werte(bereiche) auf. Glastemperatur, E-Modul, Biegefestigkeit, Zugfestigkeit und Reißdehnung variieren in stärkerem Maße mit der Zusammensetzung.

Bei GF-UP werden die Gebrauchseigenschaften stark von der Wechselwirkung zwischen Glas und Harzmatrix beeinflußt (s. Kap. 4). Zur optimalen Nutzung der verstärkenden Wirkung der Glasfaser muß die Reißdehnung der Harzmatrix größer als die der Glasfaser sein, in der Regel also größer als 2%.

Typen mit höherer Flexibilität, d. h. höherer Reißdehnung und niedrigerer Glastemperatur, können durch verstärkten Einbau von Diethylenglykol und Triethylenglykol als Diol-Komponenten bzw. aliphatischen Dicarbonsäuren hergestellt werden. Durch Zumischung solcher Harze kann die Schlagzähigkeit von Standardtypen ohne Auftreten einer Phasentrennung um bis ca. 20% erhöht werden, wobei keine wesentliche Abnahme der Wärmeformbeständigkeit in Kauf zu nehmen ist.

Besonders *hohe Wärmeformbeständigkeit* ergeben Harze mit hoher Vernetzungsdichte und starren Bausteinen. Hochvernetzte Produkte sind jedoch sehr spröde und schrumpfen stark bei der Aushärtung. Hohe Wärmeformbeständigkeit ergeben Harze mit hohem Anteil an Fumarat, Neopentylglykol und aromatischen Dicarbonsäuren, wodurch eine Steigerung der Glastemperatur (ca. 50 bis 70 °C für Standardtypen) um 60 °C möglich ist.

Standardharze sind gegen Wasser, wäßrige Salzlösungen (Meerwasser), verdünnte Mineralsäuren, Glykole und aliphatische Kohlenwasserstoffe gut, gegen verdünnte Laugen schlecht beständig. Eine Erhöhung der *Chemikalienbeständigkeit* kann durch sterische Blockierung der Esterbindungen erreicht werden, wobei sich bestimmte Kombinationen von Säure- und Glykol-Bausteinen besonders bewährt haben; die Chemikalienbeständigkeit steigt in der Reihe:

– Isophthalsäure und Propylenglykol,
– Isophthalsäure und Neopentylglykol,
– Fumarsäure und oxpropyliertes Bisphenol-A.

Besonders niedrige Chemikalienbeständigkeit weist die Kombination Adipinsäure und Diethylenglykol auf. Die Wasseraufnahme nimmt ebenfalls mit dem Gehalt an Etherbrücken oder aliphatischen Dicarbonsäuren zu.

Bewitterung kann Vergilbung, Glanzverlust und Verminderung der Lichtdurchlässigkeit verursachen. Die größte *Witterungsbeständigkeit* zeigen ausgehärtete Harz mit möglichst niedrigem Gehalt an Doppelbindungen und aromatischen Bausteinen. Amin-Beschleuniger und halogenhaltige Bausteine, z. B. HET-Säure, die die Flammwidrigkeit erhöhen, verstärken die Neigung zur Vergilbung.

Ausgehärtete UP-Harze sind transparent. Verwendung von Beschleunigern auf Kobalt-Basis kann eine schwach grünliche Färbung durch dreiwertiges Kobalt ergeben, sofern nicht die zweiwertige rosafarbene Stufe besonders stabilisiert wird. GF-UP-Formteile sind meist nur durchscheinend, da die Brechzahl von gehärteten Standardharzen ca. 0,02 Einheiten höher ist als die von *E*-Glas. Eine Erhöhung der Transparenz ist durch Senkung der Brechzahl der Harzmatrix möglich, wofür der Einsatz von Acrylaten, z. B. Methylmethacrylat, als Vinylmonomer-Komponente besonders geeignet ist; diese ergeben gleichzeitig bessere Licht- und Wetterfestigkeit als Styrol. Eine völlige Anpassung der Brechzahlen ist jedoch schwierig, da einerseits UP-Harze allmählich unter Verringerung der Brechzahl nachhärten und andererseits die Temperaturabhängigkeit der beiden Brechzahlen verschieden ist.

Im allgemeinen weisen ausgehärtete UP-Harze recht gute *elektrische Eigenschaften* auf (s. Tab. 1.39). Der dielektrische Verlustfaktor tan δ steigt mit höherer Frequenz und Feuchtigkeit bis ca. 0,02 an. Besonders niedrige Werte von tan δ weisen UP-Harze mit sehr geringer Wasseraufnahme auf, z. B. UP-Harze mit höherem Styrol-Gehalt und hydriertem Bisphenol-A als Diol-Komponente.

7. Technische Kunststoffe

Der Begriff *technischer Kunststoff* ist nicht genau definiert. Im allgemeinen faßt man unter diesem Begriff jene Kunststoff-Sorten zusammen, die besonders hohe Steifigkeit, Schlagzähigkeit, Formbeständigkeit in der Wärme, Alterungs- und Chemikalienbeständigkeit aufweisen und aus diesem Grund vor allem als Konstruktionswerkstoffe (*engineering plastics*) eingesetzt werden. Neben den in Tab. 1.40 berücksichtigten, dem Volumen nach bedeutendsten technischen Kunststoffen, werden oft auch ABS und SAN (s. S. 3), UP (s. S. 123) und PP (s. S. 25) als technische Kunststoffe bezeichnet. Diese Kunststoffsorten werden in diesem Beitrag den Standardkunststoffen zugezählt; andererseits wäre es auch vertretbar, einige der in Tab. 1.40 angeführten Kunststoff-Sorten oder zumindest bestimmte Typen dieser Kunststoff-Sorten als Standardkunststoffe zu bezeichnen.

Aus Tab. 1.40 ist ersichtlich, daß die technischen

Tab. 1.40 Verbrauch und Verbrauchsverteilung der volumenmäßig bedeutendsten technischen Kunststoffe in Westeuropa[329]

Kunststoff-Sorte	Kurzzeichen nach DIN 7728, Blatt 1	Verbrauch in Westeuropa 1978 (in 1000 t)	Verbrauchsverteilung in Westeuropa 1979 (in %)		
Polyurethan[330]	PUR	940	40 Möbel und Matratzenindustrie (Weichschaum) 20 Fahrzeugindustrie (halbharte Füll- und Integralschäume für Sitze und Sicherheitsteile) 10 Bauindustrie (Hartschaum für Isolierungen) 6 Kühlgeräteindustrie (Hartschaum für Isolierungen) 5 Lackindustrie 4 Schuhindustrie 4 Textilindustrie 11 Sonstiges			
Polyamid[331]	PA	165	**Spritzguß:** 65%		**Extrusion:** 27%	
	PA 6	53%	davon	%	davon	%
	PA 66	35%	Elektroindustrie	24	Folien	10
	PA 11 PA 12	8%	Fahrzeugbau	22	Halbzeug	6
			Maschinenbau	5	Monofile	6
	Sonstige	4%	Feinwerktechnik	2	Sonstige	5
			Bauinstallation	5	**andere Verfahren:** 8% (Guß-PA, Wirbelsintern, Hohlkörperblasen)	
			Möbel	4		
			Sonstiges	3		

Grundstoffe

Tab. 1.40 Fortsetzung

Kunststoff-Sorte	Kurzzeichen nach DIN 7728, Blatt 1	Verbrauch in Westeuropa 1978 (in 1000 t)	Verbrauchsverteilung in Westeuropa 1979 (in %)	
Polymethylmethacrylat[332]	PMMA	145	gegossenes Halbzeug Formmassen extrudiertes Halbzeug	45 35 20
			Lichtwerbung Bauverglasung Fahrzeugbau Beleuchtung Sanitär Sonstiges	20 15–20 15–20 10–15 6– 8 25–30
Epoxidharze[333]	EP	120 (ohne Härter)	Oberflächenschutz Elektro-/Elektronikindustrie Bauindustrie Verbundstoffe/Werkzeugharze, Klebstoffe	50 17–20 20–25 5–10
Polyoxymethylen[334]	POM	60	Spritzgießen Extrudieren und Blasformen vor allem in: Fahrzeugbau, Maschinenbau, Feinwerktechnik, Nachrichtentechnik, Sanitär- und Installationsbereich, Haushaltsgeräte, Konsumartikel	90 10
Polycarbonat[335]	PC	55	Haupteinsatzgebiete nach ihrer mengenmäßigen Bedeutung geordnet: Elektrotechnik und Elektronik (mehr als 50%); Haushalts- und Gebrauchsartikel; Bausektor (einschließlich Platten); Straßenfahrzeuge, Transport- und Verkehrswesen; Lichttechnik, Verkehrszeichen, Werbetransparente; Büromaschinen, Bürobedarf, Datenverarbeitungsgeräte; Werkzeug- und Apparatebau; feinmechanische und optische Industrie; Freizeit und Sport	
Polyphenylenoxid[336]	PPO (nicht nach DIN 7728 Blatt 1)	ca. 30	30 Automobilindustrie 20 Elektrotechnik und Elektronik 20 Radio, Fernsehen 5 Büromaschinen 25 Sonstiges	
Polyalkylenterephthalate[337] davon:				
Polyethylenterephthalat	PETP	ca. 30 (im Jahr 1982)	Verbrauch an Formmmassen für technische Anforderungen < 2000 jato; Wachstumspotential vor allem für die Herstellung von Flaschen für kohlensäurehaltige Getränke (1978 in USA: 68 000 jato, 1982 in Westeuropa ca. 30 000 jato)	
Polybutylenterephthalat	PBTP	ca. 6	Elektrotechnik, Elektronik, Haushaltsgeräte, Maschinen- und Apparatebau, Fahrzeugbau, Feinwerktechnik	

Tab. 1.40 Fortsetzung

Kunststoff-Sorte	Kurzzeichen nach DIN 7728, Blatt 1	Verbrauch in Westeuropa 1978 (in 1000 t)	Verbrauchsverteilung in Westeuropa 1979 (in %)
Polytetra-fluorethylen[338]	PTFE	7	Haupteinsatzgebiete nach ihrer mengenmäßigen Bedeutung geordnet: Chemischer Apparatebau Maschinenbau Elektroindustrie Bauwesen Verschiedenes
Siliconharze[339]	SI	ca. 15 (ohne SI-Kautschuk und SI-Öle)	hitzebeständige Korrosionsschutzanstriche (oft in Kombination mit Polyester-, Alkyd- und Alkylharzen mit einem Si-Harz-Anteil von 10–50%); Bindemittel für Preßmassen und Schichtstoffe (Glasseide, Glimmer, Asbest), Tränk- und Isolierlacke (Elektroindustrie), Glasuren für Backformen (Trenneigenschaften), wasserabweisende Bauschutzmittel, Stabilisatoren von Kunststoff-Schäumen

Kunststoffe, mit Ausnahme des PUR, gegenüber den Standardkunststoffen dem Produktionsvolumen nach eine untergeordnete Rolle spielen. Die Verbrauchsangaben für Westeuropa entsprechen im allgemeinen 30 bis 40% des weltweiten Verbrauches. Bei der Verbrauchsverteilung fällt auf, daß über 50% des Produktionsvolumens der thermoplastischen technischen Kunststoffe in den Fahrzeugsektor und in den Elektro- und Elektroniksektor gehen und nur ein sehr geringer Anteil in die Bereiche Verpackung und Bauwesen, die ca. 65% des Produktionsvolumens der Standardkunststoffe aufnehmen. Die in Tab. 1.40 gegebenen Verbrauchszahlen beziehen sich ausschließlich auf den Gebrauch dieser Grundstoffe als Kunststoffe.

In diesem Zusammenhang sei darauf hingewiesen, daß 1982 in Westeuropa ca. 85% der Polyamid-Produktion und über 95% der Polyethylenterephthalat-Produktion zu Chemiefasern (s. Kap. 3) versponnen wurden. Von der westeuropäischen Silicon-Produktion machen die Siliconharze nur ca. 15% aus, der Großteil wird als Silicon-Kautschuk (s. Kap. 2, S. 373 f) und als Siliconöl verbraucht; Siliconharze werden nicht als Konstruktionswerkstoffe eingesetzt, ihre Berücksichtigung als technischer Kunststoff ist durch ihre besondere Alterungsbeständigkeit bei höherer Temperatur begründbar.

Hingegen wird nur ein kleiner Anteil der PUR-Produktion als PUR-Elastomer (s. Kap. 2, S. 371 f) oder als PUR-Faser verbraucht und nur ein sehr geringer Teil der EP-Produktion als Epoxid-Kautschuk (s. Kap. 2, S. 372 f).

Tab. 1.41 gibt einen Einblick in die historische Entwicklung der volumenmäßig bedeutendsten technischen Kunststoffe. Nur in wenigen Fällen, z. B. im Fall von POM, PC und PPO ist die Zahl der Hersteller bisher eng begrenzt geblieben; diese Kunststoff-Sorten können daher auch als Spezialkunststoffe bezeichnet werden, während sich für Kunststoff-Sorten, die von vielen Herstellern angeboten werden, der englische Begriff *commodity plastics* eingebürgert hat, der auch für alle Standardkunststoffe zutrifft.

7.1 Thermoplaste

Ein Verzeichnis der monomeren Grundstoffe für die volumenmäßig bedeutendsten, thermoplastischen technischen Kunststoffe gibt Tab. 1.42 wieder; bezüglich der technisch gebräuchlichen Synthesen dieser monomeren Grundstoffe wird auf die Übersichtsliteratur verwiesen[350, 351]. Im folgenden wird vor allem auf die technische Herstellung mit tabellarischen Hinweisen auf den Chemismus der dabei ablaufenden Polyreaktionen eingegangen, wobei auch Hinweise auf die Möglichkeiten zur Variation des polymeren Grundstoffes gegeben werden. Die Behandlung der Verarbeitungs- und Gebrauchseigenschaften muß aus Raumgründen auf eine kurze Beschreibung der für die einzelnen Kunststoff-Sorten charakteristischen Eigenschaften beschränkt

Tab. 1.41 Hinweise auf die historische Entwicklung der volumenmäßig (Tab. 1.40) bedeutendsten technischen Kunststoffe

Kunststoff-Sorte (s.Tab. 1.40)	Erste Produktion im technischen Maßstab, Firma	Jahr	Hersteller Westeuropa (1979)[329]	Anmerkungen
PUR[340]	IG-Farben, Werk Leverkusen heute: Bayer AG	1940	Bayer (TDI, MDI) BASF (MDI) PBU (TDI, MDI) PCUK (TDI) DuPont (TDI) ICI (MDI) Montedison (TDI, MDI)	Erfindung von O. Bayer u. a. (1937); zuerst für Faserstoffe (»Perlon U«, 1941), dann auch für Elastomere und für Hartschaum (1940–1945)
PA[341]			AKZO (PA 6, PA 66)	
PA 66	DuPont, USA	1938	ATO (PA 6, PA 11/12) BASF (PA 6, PA 66)	Erfindung von PA 66 (Nylon®) durch H. W. Carothers (1935)
PA 6	IG-Farben, Berlin-Lichtenberg	1939	Bayer (PA 6, PA 66) BIP (PA 6) DuPont (PA 66) Emser Werke (PA 6, PA 11/12) Chem. Werke Hüls (PA 11/12) ICI (PA 6, PA 66) Rhône Poulenc (PA 66) Snia (PA 6, PA 66)	Erfindung von PA 6 (Perlon®) durch P. Schlack (1938). Schon im 2. Weltkrieg neben Faserproduktion auch Spritzgußteile, Bänder etc.
PMMA[342]	Röhm & Haas, Darmstadt, heute: Röhm GmbH, Darmstadt	1934	Hersteller von MMA-Monomer Röhm, ICI, Montedison, Altulor, Degussa Hersteller von PMMA-Formmassen: die vorgenannten und Resart-Ihm	zu Beginn nur gegossene Platten, Ende der 30er Jahre auch Spritzgußverarbeitung
EP[343, 344]	Ciba AG, Basel, heute: Ciba-Geigy AG	1946	wichtigste Hersteller (in der Reihenfolge ihrer Produktionskapazität): Shell, Ciba-Geigy, Dow Chemical und Bakelite weitere Anbieter (jeweils < 5000 jato): Schering, CdF-Chimie, SIR, Hoechst, Bayer, Emser-Werke, Aicar und Sprea	80% der in Westeuropa installierten Produktionskapazität entfallen auf Shell, Ciba-Geigy und Dow Chemical
POM[345]	DuPont, USA Celanese, USA	1959 1962	DuPont Ticona (Hoechst/Celanese) Ultraform GmbH (BASF/Degussa)	Homopolymer (Delrin®) Copolymer (Celcon®, Hostaform®)
PC[346]	Farbenfabriken Bayer, Werk Uerdingen, heute: Bayer AG	1958	Bayer AG General Electric Anic	Erfinder H. Schnell u. a. (1953) (Makrolon®, Bayer AG; Lexan®, General Electric)

Technische Kunststoffe

Tab. 1.41 Fortsetzung

Kunststoff-Sorte (s.Tab. 1.40)	Erste Produktion im technischen Maßstab, Firma	Jahr	Hersteller Westeuropa (1979)[329]	Anmerkungen
PPO[336]	General Electric, USA	1960	General Electric	Poly-2,6-dimethyl-*p*-phenylen-oxid wurde 1956 von A. S. Hay erfunden, 1960 als PPO® zur Marktorientierung ausgegeben. Modifizierte Typen mit geringerer Formbeständigkeit in der Wärme und leichterer Verarbeitbarkeit folgten ab 1964 unter dem Handelsnamen NORYL®
PETP[347]	ICI, England AKZO, Niederlande	1947 1966	Hersteller von PETP-Form-massen: AKZO, Bayer, Ciba-Geigy, ICI, Rhône-Poulenc, Montedison, Hoechst	PETP-Faser PETP-Formmassen
PBTP[347]	Celanese, USA	1970	AKZO, BASF, Bayer, Ciba-Geigy und in kleinerem Umfang: ATO, Chemische Werke Hüls, Dynamit Nobel, Montedison	PBTB-Formmassen, vorwiegend für das Spritzgießen
SI[348]	Dow-Corning USA	1946	Wacker-Chemie GmbH, TH. Goldschmidt AG, Bayer AG, Rôhne-Poulenc S. A., ICI	die großtechnische Entwicklung wurde durch die Auffindung eines Verfahrens zur Direktsynthese der Organochlorsilane durch E. G. Rochow (1941) ermöglicht
PTFE[349]	DuPont	1940–1945	DuPont, Hoechst, ICI, Montedison, Ugine-Kuhlmann	zunächst nur im militärischen Bereich, seit 1950 im Handel; 1979 mit über 60% der gesamten Fluorkunststoff-Produktion der wichtigste Fluorkunststoff

bleiben; ausführlichere Hinweise auf die Verarbeitungs- und Gebrauchseigenschaften werden im Teil B dieses Kapitels und in den Produktinformationen der Hersteller (s. Tab. 1.41) gegeben.

7.1.1 Polyamide

Herstellung

Polyamid 66 wird technisch sowohl kontinuierlich als auch diskontinuierlich durch Schmelzkondensation hergestellt[352], wobei man von 40 bis 60%igen AH-Salzlösungen (Tab. 1.42) ausgeht. Bei der Polykondensation müssen Verluste der flüchtigeren Hexamethylendiamin-Komponente möglichst gering und jedenfalls konstant gehalten werden (beachte die Stöchiometrie der Gl. (2) in Tab. 1.43). Die Temperatur und Wasserverdampfung müssen dabei so geführt werden, daß sich weder AH-Salz noch Polymeres abscheidet (Schmelzpunkt von PA 66 ca. 260 °C); bis auf die Endphase muß die Polykondensation daher unter Überdruck durchgeführt werden. Der Temperaturspielraum zwischen Erstarrung und thermischer Schädigung[353] ist sehr klein.

Polyamid 6 wird durch hydrolytische Polymerisation oder durch alkalische Schnellpolymerisation von Caprolactam (s. Tab. 1.42) hergestellt. Die hydrolytische Polymerisation, deren Chemismus aus Tab. 1.43 ersichtlich ist, wird sowohl konti-

Tab. 1.42 Monomere Grundstoffe für die Herstellung der volumenmäßig bedeutendsten, thermoplastischen technischen Kunststoffe

Kunststoff-Sorte s. Tab. 1.40	monomerer Grundstoff	Formel	Schmelzpunkt* FP (°C) Siedepunkt** KP (°C)
PA 66	Hexamethylendiamin	$H_2N-(CH_2)_6-NH_2$	FP = 41
	Adipinsäure	$HOOC-(CH_2)_4-COOH$	FP = 152
	bzw. das AH-Salz	$^-OOC-(CH_2)_4-COO^-$ $H_3\overset{+}{N}-(CH_2)_6-\overset{+}{N}H_3$	FP = 190–200
PA 6	ε-Aminocaprolactam	(Caprolactam-Ring)	FP = 70
PA 11	ω-Aminoundekansäure	$H_2N-(CH_2)_{10}-COOH$	FP = 189
PA 12	Laurinlactam	$(H_2C)_{11}$ mit C=O, NH (Lactam-Ring)	FP = 153
PMMA	Methylmethacrylat	$H_2C=\underset{\underset{\underset{OCH_3}{|}}{\underset{C=O}{|}}}{\overset{CH_3}{C}}$	KP = 100,5
POM-Homopolymer	Formaldehyd	$H-\underset{H}{\overset{O}{C}}$	KP = −21
	bzw. Paraformaldehyd	$HO-(CH_2O)_n-H$ $n = 10-100$	FP = 122
POM-Copolymer	Trioxan	(1,3,5-Trioxan-Ring)	FP = 60–62
	und in wesentlich kleinerem Umfang (Massengehalt 2–4%): Ethylenoxid, (Fortsetzung s. S. 137)	(Ethylenoxid-Dreiring)	KP = 11

* bei Stoffen, die bei Raumtemperatur fest sind
** bei Stoffen, die bei Raumtemperatur flüssig oder gasförmig sind

Tab. 1.42 Fortsetzung

Kunststoff-Sorte s. Tab. 1.40	monomerer Grundstoff	Formel	Schmelzpunkt* FP (°C) Siedepunkt** KP (°C)
POM-Co-polymer (Fortsetzung)	Dioxolan	(1,3-Dioxolan-Ring)	KP = 78
	bzw. Butandiolformal	(1,3-Dioxepan-Ring)	KP = 119
PC	Phosgen	Cl—C(=O)—Cl	KP = 8
	Diphenylcarbonat	C₆H₅—O—C(=O)—O—C₆H₅	FP = 81
	Bisphenol-A	HO—C₆H₄—C(CH₃)₂—C₆H₄—OH	FP = 157
	und in kleinem Umfang:	HO—C₆H₂X₂—C(CH₃)₂—C₆H₂X₂—OH mit X = Cl: Tetrachlor-bisphenol-A X = Br: Tetrabrom-bisphenol-A X = CH₃: Tetramethyl-bisphenol-A	
PPO	2,6-Dimethyl-Phenol	2,6-(CH₃)₂-C₆H₃-OH	FP = 49
PETP/PBTP	Dimethylterephthalat	H₃CO—C(=O)—C₆H₄—C(=O)—OCH₃	FP = 142
	Terephthalsäure	HO—C(=O)—C₆H₄—C(=O)—OH	sublimiert bei 300 °C
	Ethylenglykol	HO—CH₂—CH₂—OH	KP = 197
	Butandiol-1,4	HO—(CH₂)₄—OH	KP = 230

* bei Stoffen, die bei Raumtemperatur fest sind
** bei Stoffen, die bei Raumtemperatur flüssig oder gasförmig sind

Tab. 1.42 Fortsetzung

Kunststoff-Sorte s. Tab. 1.40	monomerer Grundstoff	Formel	Schmelzpunkt* FP (°C) Siedepunkt** KP (°C)
PTFE-Homopolymer und perfluorierte Copolymere	Tetrafluorethylen	F₂C=CF₂	KP = −76
	Hexafluorpropylen	F₂C=CF−CF₃	KP = −29
	Perfluoralkylvinylether R = perfluorierter Alkyl-Rest	F₂C=CF−OR	
	z. B. Perfluorpropylvinylether	F₂C=CF−O−(CF₂)₂−CF₃	KP = 36 °C

* bei Stoffen, die bei Raumtemperatur fest sind
** bei Stoffen, die bei Raumtemperatur flüssig oder gasförmig sind

nuierlich, z. B. nach dem VK-Rohr-Verfahren (VK = vereinfacht kontinuierlich), als auch diskontinuierlich durchgeführt[354]. Im VK-Rohr-Verfahren wird das geschmolzene Lactam unter Zusatz von 0,3 bis 5% Wasser einem senkrecht stehenden Rohrreaktor von oben kontinuierlich zugeführt und beim Durchströmen des Rohres allmählich auf 240 bis 260 °C unter Verdampfen des überschüssigen Wassers erhitzt (Verweilzeit im VK-Rohr 15 bis 30 Stunden). Neuere Verfahren haben wesentlich kürzere Verweilzeiten[355]. Die hydrolytische Polymerisation von Caprolactam zu PA 6 ist verfahrenstechnisch einfacher durchzuführen als die Polykondensation von AH-Salz zu PA 66, da die Schmelzpunkte von Caprolactam (69 °C) und PA 6 (220 °C) niedriger liegen, das Verhältnis von Amino- zu Carboxy-Gruppen sich nicht verändern kann und die thermische Beständigkeit von PA 6 in der Schmelze größer ist; im Vergleich zu PA 66 nachteilig ist der höhere Gehalt des PA 6 an monomerem Caprolactam (ca. 10% Massengehalt), der durch Extraktion des Granulats bei 90 bis 100 °C oder durch Verdampfen aus der Schmelze im Vakuum (0,1 bis 15 mbar) entfernt werden kann.

Bei der alkalischen Schnellpolymerisation (s. Chemismus in Tab. 1.43) geht man von wasserfreiem, geschmolzenem Caprolactam mit einem Zusatz von Katalysator und Aktivator aus[356]. Die Polymerisation wird bei ca. 120 °C durch Mischen der Komponenten in Gang gesetzt. Die Mischung polymerisiert innerhalb weniger Minuten nahezu vollständig (Massengehalt an Restmonomer ca. 2%) aus, wobei die Temperatur auf 160 bis 210 °C ansteigt. Die Polymerisation kann daher direkt mit der Formgebung verbunden werden; wegen der erzielbaren hohen rel. Molekülmasse und der damit verbundenen guten mechanischen Eigenschaften hat das Gußpolyamid-Verfahren für hochwertiges Halbzeug und technische Teile mit kleinerer Stückzahl besondere Bedeutung. In einer Weiterentwicklung dieses Verfahrens, dem **NBC-RIM- (n**ylon **b**lock **c**opolymer **r**eaction **i**njection **m**oulding)-Verfahren, erreicht man durch Blockcopolymerisation mit 20% Polypropylenglykol (s. S. 166) eine Reduktion der Schwindung, verminderte Wasseraufnahme (s. u.) und sehr gute Kälteschlagzähigkeit; das NBC-RIM-Verfahren eröffnet die Möglichkeit, großflächige, dünnwandige Teile mit guter

Tab. 1.43 Chemismus der Bildungsreaktion von Polyamiden bei verschiedenen Herstellungsverfahren

Polyamid/ Verfahren	Reaktionsgleichungen	Anmerkungen
Polyamid 66 durch Schmelzpolykondensation	$^{-}\underset{\|O\|}{\overset{O}{\|}}C-(CH_2)_4-\overset{O}{\underset{\|O\|}{\|}}C^{-} + H_3\overset{+}{N}-(CH_2)_6-\overset{+}{N}H_3 \longrightarrow$ $HOOC-(CH_2)_4-COOH + H_2N-(CH_2)_6-NH_2$ (1) $n\,HOOC-(CH_2)_4-COOH + n\,H_2N-(CH_2)_6-NH_2$ $\rightleftharpoons H-[NH-(CH_2)_6-NH-CO-(CH_2)_4-CO]_n\!-OH$ $+ (2n-1)H_2O$ (2)	beim Erhitzen über seinen Schmelzpunkt (FP = 190–200 °C) dissoziiert das AH-Salz (s. Tab. 1.42) nach Gl. (1). Die Bruttoreaktionsgleichung der Polykondensation ist in allgemeiner Form ($n = 1$ – maximaler Kondensationsgrad) in Gl. (2) dargestellt. Um hohe rel. Molekülmassen zu erreichen, müssen äquimolare Mengen an Adipinsäure und Hexamethylendiamin vorliegen und muß das abgespaltene Wasser aus dem Gleichgewicht entfernt werden
Polyamid 6 durch hydrolytische Polymerisation	$\overline{HN-(CH_2)_5-CO}OH + H_2O \rightleftharpoons H_2N-(CH_2)_5-COOH$ (3) $H-[NH-(CH_2)_5-CO]_m-OH$ $\quad + H-[NH-(CH_2)_5-CO]_n-OH$ $\rightleftharpoons H-[NH-(CH_2)_5-CO]_{m+n}-OH + H_2O$ (4) $\overline{HN-(CH_2)_5-CO} + H-[NH-(CH_2)_5-CO]_n-OH$ $\rightleftharpoons H-[NH-(CH_2)_5-CO]_{n+1}-OH$ (5)	die Ringöffnung Gl. (3) ist die Startreaktion. Die Polyadditionsreaktion Gl. (5) ist die mit dem höchsten Umsatz an Caprolactam verbundene Wachstumsreaktion; das Caprolactam wird hierbei jeweils an die Amino-Endgruppe angelagert. Gleichzeitig stellt sich auch hier das Polykondensationsgleichgewicht Gl. (4) ein, s. Gl. (2)

(Fortsetzung umseitig)

Oberflächenqualität in kurzen Zykluszeiten herzustellen (Kfz-Karosseriebau[357]).
Polyamid 11 (Schmelzpunkt ca. 190 °C) wird durch Polykondensation von 11-Aminoundecansäure hergestellt[358], die wegen ihrer geringen Löslichkeit in wäßriger Suspension eingesetzt wird. Die Polykondensation kann kontinuierlich in einem dem VK-Rohr ähnlichen Reaktor durchgeführt werden. PA 12 wird wie PA 6 durch hydrolytische Polymerisation[359] (s. Gl. (3) bis (5) in Tab. 1.43) hergestellt, jedoch bei höherem Druck und höherer Temperatur, da Laurinlactam (s. Tab. 1.42) weniger reaktionsfähig ist als Caprolactam. PA 12 weist einen Schmelzpunkt von ca. 180 °C auf.

Struktur und Eigenschaften

Die gebräuchlichsten Polyamide, PA 6, PA 66, PA 11 und PA 12 bestehen fast ausschließlich aus linearen Makromolekülen. Die Zahlenmittel-

Tab. 1.43 Fortsetzung

Polyamid/Verfahren	Reaktionsgleichungen	Anmerkungen
Polyamid 6 durch alkalische Schnellpolymerisation	**Start** $I + B^-M^+ \longrightarrow II + BH$ (6) $II + I \longrightarrow III$ (7) $III + I \longrightarrow IV + II$ (8) **Wachstum** $II + IV \longrightarrow V$ (9) $V + I \rightleftharpoons VI + II$ (10)	die anionische Polymerisation von Caprolactam (I) wird durch eine starke Base ($B^- M^+$), z. B. ein Metallamid oder ein Metallhydrid, ausgelöst Gl. (6). Der zweite Schritt der Startreaktion Gl. (7) verläuft sehr langsam, da das Anion (III) nicht durch Mesomerie stabilisiert ist, wie z. B. (II) und (V) $-\underline{\overline{N}}-C{\diagup \atop \diagdown O} \longleftrightarrow -\overline{N}=C{\diagup \atop \diagdown \underline{\overline{\underline{O}}}^-}$ Um die durch Reaktion Gl. (7) bedingte Induktionszeit zu eliminieren, muß man bei der alkalischen Schnellpolymerisation einen Aktivator, z. B. N-Acyllactam (IV), zusetzen. N-Acyllactame (IV, VI) reagieren sehr rasch mit (II), da das entstehende Amidanion (V) mesomeriestabilisiert ist (s. o.)

werte der rel. Molekülmasse $\overline{M}_n$ liegen bei 15 000 bis 50 000, die Molekülmassenverteilung ist meist sehr ähnlich einer Schulz-Flory-Verteilung mit $\overline{M}_w/\overline{M}_n = 2$[360]. Der Kristallisationsgrad dieser Polyamide liegt meist bei 30 bis 50%. Die Kettenmoleküle sind in den kristallinen und in den amorphen Bereichen durch Wasserstoff-Brücken zwischen den Carbonamid-Gruppen verbunden.

$$\diagup_{\diagdown}^{\diagup} C = \underline{O}| \cdots H - N_{\diagdown}^{\diagup}$$

Die teilkristallinen Polyamide sind aufgrund ihrer kristallinen Makrostruktur in dicker Schicht undurchsichtig. Ein amorphes und dadurch transparentes Polyamid (Polyamid 6-3-T) wird durch Polykondensation eines Gemisches aus 2,2,4- und 2,4,4-Trimethylhexamethylendiamin und Terephthalsäure (s. S. 137) hergestellt[361].

$$H_2N-CH_2-\underset{\underset{CH_3}{|}}{\overset{\overset{CH_3}{|}}{C}}-CH_2-\underset{\underset{H}{|}}{\overset{\overset{CH_3}{|}}{C}}-CH_2-CH_2-NH_2$$

2,2,4-Trimethylhexamethylendiamin

$$H_2N-CH_2-\underset{\underset{H}{|}}{\overset{\overset{CH_3}{|}}{C}}-CH_2-\underset{\underset{CH_3}{|}}{\overset{\overset{CH_3}{|}}{C}}-CH_2-CH_2-NH_2$$

2,4,4-Trimethylhexamethylendiamin

Hervorstechende mechanische Eigenschaften der Polyamide sind die große Zähigkeit, Härte und Abriebfestigkeit. Eine besondere Rolle spielt das hohe Wasseraufnahmevermögen der Polyamide, z.B. im Normklima (23 °C, 50% rel. Feuchte) 3,0% bei PA 6, 2,8% bei PA 66, 0,9% bei PA 11 und 0,7% bei PA 12 (Richtwerte) bzw. nach Wasserlagerung (20 °C) 10% bei PA 6, 9% bei PA 66, 1,8% bei PA 11 und 1,5% bei PA 12. Unter diesen Polyamiden zeigt PA 66 die größte Härte, Steifigkeit und Wärmeformbeständigkeit, z.B. Beständigkeit gegen kurzzeitige Temperaturbelastung bis 170 °C und Dauergebrauchstemperatur (5000 h) bei 85 bis 135 °C (unverstärkt). Die charakteristische hohe Zähigkeit von PA 66 stellt sich erst ein, wenn das Material etwas Feuchtigkeit aufgenommen hat, während PA 6 schon im trockenen Zustand und in der Kälte hohe Zähigkeit aufweist. Bei PA 11 und PA 12 sind die mechanischen Eigenschaften nahezu feuchteunabhängig[362]; diese Polyamide weisen besonders hohe Kältezähigkeit und Beständig-

keit gegen Spannungsrißkorrosion auf. Für quantitative Angaben über die Eigenschaften von Polyamiden sei auf die Literatur[363] verwiesen.

Polyamide sind beständig gegen Kraftstoffe, Öle und die meisten technisch gebräuchlichen organischen Lösungsmittel, wie Kohlenwasserstoffe, Chlorkohlenwasserstoffe, Alkohole, Ester und Ketone sowie gegen Alkalien. Sie sind in Säuren, besonders in konzentrierten, löslich und werden darin langsam hydrolytisch gespalten, z.B. in konzentrierter Schwefelsäure. Schädigungen in heißem Wasser sind erst nach sehr langer Einwirkung in Gegenwart von Luftsauerstoff möglich. Bezüglich des Permeationsverhaltens sei auf Literatur[364] verwiesen.

7.1.2 Polymethylmethacrylat

Herstellung

Polymethylmethycrylat (PMMA) wird technisch stets durch radikalische Polymerisation von Methylmethacrylat (s. S. 136) hergestellt, deren Chemismus in Tab. 1.44 dargestellt ist.

Gegossenes Halbzeug aus PMMA wird immer durch Polymerisation in Substanz erzeugt. Dabei wird zuerst bei der Siedetemperatur des Monomeren bis zu einem Umsatz von ca. 10 bis 30% vorpolymerisiert. Der dabei gewonnene Sirup (PMMA ist im Monomeren löslich), wird dann meist in Kammern mit beweglichen Kammerwandungen in einem Wasserbad vollständig polymerisiert (*Kammerverfahren*). Die Polymerisation ist mit einer besonders hohen Volumenkontraktion von ca. 20,5% (Dichte des Monomeren $\varrho_{20\,°C} = 0{,}943\,\text{g}\cdot\text{cm}^{-3}$, Dichte des Polymeren $\varrho_{20\,°C} = 1{,}18\,\text{g}\cdot\text{cm}^{-3}$), und mit einer recht hohen Polymerisationswärme ($\Delta H = 54\,\text{kJ}\,\text{mol}^{-1}$) verbunden; das Problem der Wärmeabfuhr wird durch den Gel- oder Trommsdorff-Effekt[365] erschwert, der hier schon nach Umsätzen von ca. 25% zu einem starken Anstieg der Polymerisationsgeschwindigkeit führt. Mit steigender Schichtdicke des Halbzeugs wird die Polymerisation bei geringerer Temperatur durchgeführt, weshalb bei den maximalen Schichtdicken von ca. 5 cm Polymerisationszeiten von mehreren Wochen in Kauf genommen werden müssen. Die Herstellung normaler Tafeln von 2 bis 8 mm Dicke erfordert 10 bis 20 Stunden. Weitere 4 bis 6 Stunden dauert die Nachpolymerisation (bei 115 bis 125 °C), die erforderlich ist, da die Polymerisation im Wasserbad bei Temperaturen zwischen 10 und 80 °C nur zu einem Umsatz von 93 bis 97% führt. Neben dem diskontinuierlichen Kammerverfahren[366] haben für Platten bis ca.

Grundstoffe

Tab. 1.44 Chemismus der radikalischen Polymerisation von Methylmethacrylat

Teilreaktion	Reaktionsgleichungen	Anmerkungen
Radikalbildung	$$\underset{I}{\underset{CH_3}{\overset{CH_3}{NC-C-N=N-C-CN}}}\underset{CH_3}{} \longrightarrow N_2 + 2\,\underset{II}{\underset{CH_3}{\overset{CH_3}{NC-C\bullet}}} \quad (1)$$	es sind verschiedene Initiatoren gebräuchlich, z. B. Azoisobutyronitril (I), Benzoylperoxid oder Lauroylperoxid für Polymerisationen bei höherer Temperatur und Redoxinitiatorsysteme für Polymerisationen bei tiefen Temperaturen. Der Initiator zerfällt unter Bildung von Radikalen Gl. (1), mit steigender Initiatorkonzentration nimmt die rel. Molekülmasse ab und die Polymerisationsgeschwindigkeit zu
Kettenwachstum	$$\underset{II}{\underset{CH_3}{\overset{CH_3}{NC-C\bullet}}} + \underset{III}{\underset{\underset{OCH_3}{C=O}}{\overset{CH_3}{H_2C=C}}} \longrightarrow \underset{IV}{\underset{CH_3}{\overset{CH_3}{NC-C-CH_2-}}\underset{\underset{OCH_3}{C=O}}{\overset{CH_3}{C\bullet}}} \quad (2a)$$ $$\underset{IV}{\underset{CH_3}{\overset{CH_3}{NC-C-CH_2-}}\underset{\underset{OCH_3}{C=O}}{\overset{CH_3}{C\bullet}}} + n\,\underset{III}{\underset{\underset{OCH_3}{C=O}}{\overset{CH_3}{H_2C=C}}}$$ $$\longrightarrow \underset{V}{\underset{CH_3}{\overset{CH_3}{NC-C}}-\left[CH_2-\underset{\underset{OCH_3}{C=O}}{\overset{CH_3}{C}}\right]_n CH_2-\underset{\underset{OCH_3}{C=O}}{\overset{CH_3}{C\bullet}}} \quad (2b)$$	das Initiatorradikal (II) addiert sich an ein Methylmethacrylat-Molekül (III) unter Bildung eines Radikals (IV Gl. (2a)). Eine Folge von n Reaktionsschritten, die analog zu Gl. (2a) verlaufen, führt über intermediäre Radikale in einer Kettenreaktion zum Makroradikal (V Gl. (2b))
Kettenabbruch	$$\underset{V}{R\!\sim\!\!CH_2-\underset{\underset{OCH_3}{C=O}}{\overset{CH_3}{C\bullet}} + \underset{\underset{H_3CO}{O=C}}{\overset{CH_3}{\bullet C}}-CH_2\!\sim\!\!R}$$ $$\longrightarrow R\!\sim\!\!CH_2-\underset{\underset{OCH_3}{C=O}}{\overset{CH_3}{C}}-\underset{\underset{H_3CO}{O=C}}{\overset{CH_3}{C}}-CH_2\!\sim\!\!R \quad (3a)$$	Kettenabbruch erfolgt durch Rekombination Gl. (3a), Disproportionierung Gl. (3b) oder durch Kettenübertragung Gl. (3c) in Gegenwart eines Molekülmassenreglers, z. B. Dodecylmercaptan (VIII), wobei das Wachstum einer neuen Kette gestartet wird Gl. (4)

Tab. 1.44 Fortsetzung

Teilreaktion	Reaktionsgleichungen	Anmerkungen
Kettenabbruch (Fortsetzung)	$2R\sim CH_2-\underset{\underset{OCH_3}{\mid}}{\underset{\mid}{C}=O}}{\overset{CH_3}{\mid}}{C}\cdot$ $\longrightarrow$ V $R\sim CH=\underset{\underset{OCH_3}{\mid}}{\underset{\mid}{C}=O}}{\overset{CH_3}{\mid}}{C}$ + $R\sim CH_2-\underset{\underset{OCH_3}{\mid}}{\underset{\mid}{C}=O}}{\overset{CH_3}{\mid}}{CH}$ VI VII (3 b) $R\sim CH_2-\underset{\underset{OCH_3}{\mid}}{\underset{\mid}{C}=O}}{\overset{CH_3}{\mid}}{C}\cdot$ + $H_3C-(CH_2)_{11}-SH$ V VIII $\longrightarrow$ $R\sim CH_2-\underset{\underset{OCH_3}{\mid}}{\underset{\mid}{C}=O}}{\overset{CH_3}{\mid}}{CH}$ + $H_3C-(CH_2)_{11}-S\cdot$ (3 c) $H_3C-(CH_2)_{11}-S\cdot$ + $H_2C=\underset{\underset{OCH_3}{\mid}}{\underset{\mid}{C}=O}}{\overset{CH_3}{\mid}}{C}$ $\longrightarrow$ $H_3C-(CH_2)_{11}-S-CH_2-\underset{\underset{OCH_3}{\mid}}{\underset{\mid}{C}=O}}{\overset{CH_3}{\mid}}{C}\cdot$ (4)	mit steigender Polymerisationstemperatur wird die Reaktion Gl. (3 b) gegenüber der Reaktion Gl. (3 a) in zunehmendem Maße begünstigt

6 mm Dicke auch kontinuierliche Verfahren[367] geringe Bedeutung. Rohre aus PMMA können durch Schleuderpolymerisation[368] hergestellt werden. Gegossenes Halbzeug weist meist einen Gewichtsmittelwert der rel. Molekülmasse $\overline{M}_w$ von $5 \cdot 10^5$ bis $1,5 \cdot 10^6$ auf; die Molekülmassenverteilung wird durch Werte von $\overline{M}_w/\overline{M}_n \approx 1,5$ (bei sehr tiefer Polymerisationstemperatur) und $\overline{M}_w/\overline{M}_n \approx 2,0$ (bei höherer Polymerisationstemperatur) gekennzeichnet.

PMMA-Formmassen werden vorwiegend durch Polymerisation in Substanz (= *Blockpolymerisation* sehr ähnlich der Kammerpolymerisation) und anschließendem Vermahlen der Blöcke und durch Perlpolymerisation[369] (= Polymerisation in wäßriger Suspension) hergestellt. In neuerer Zeit gewinnen kontinuierliche Verfahren an Bedeutung; dabei werden 60 bis 80%ige Lösungen von PMMA im Monomeren über einen Entgasungsextruder zu Granulat aufbereitet, und das abgesaugte Monomere wird rezykliert[370]. Neben dem Homopolymeren haben auch Copolymerisate von Methylmethacrylat mit niedrigen Acrylaten (<10% Massengehalt) Bedeutung erlangt. Das Perlpolymerisationsverfahren eignet sich besonders für die Produktion schlagzäher Formmassen, z. B. butylacrylathaltiger teilvernetzter Perlen nach einem mehrstufigen Verfahren[371]. Formmassen aus PMMA weisen einen Gewichtsmittelwert der rel. Molekülmasse von $\overline{M}_w \approx$ 120 000 (Spritzgußtypen) und $\overline{M}_w \approx 180 000$ (Extrusionstypen) auf; die Breite der Molekülmassenverteilung wird durch Werte von $\overline{M}_w/\overline{M}_n$ ca. 2 gekennzeichnet; bei der Herstellung von PMMA-Formmassen wird die rel. Molekülmasse durch Zusatz von Reglern, z. B. Dodecylmercaptan, gesteuert (s. Tab. 1.44).

Eigenschaften

Die augenfälligste Eigenschaft von PMMA ist seine außerordentliche Farblosigkeit und Klarheit, selbst in dicken Schichten (Transmissionsgrad bei 3 mm Dicke nach DIN 5036, Lichtart A: 92%). Diese Eigenschaft begründet die große Brillanz gedeckter und klarer Einfärbungen. Die Witterungsbeständigkeit übertrifft die aller anderen Kunststoffe, insbesondere der anderen glasklaren Kunststoffe bei weitem. PMMA ist hart und spröde, weist also einen hohen Elastizitätsmodul und eine vergleichsweise niedrige Schlag- und Kerbschlagzähigkeit auf. Die Wärmeformbeständigkeit und die maximale Gebrauchstemperatur sind deutlich niedriger als die der typischen *engineering plastics*, z. B. PC und PPO. Die maximale Gebrauchstemperatur ohne Belastung von gegossenem PMMA-Halbzeug liegt bei 100 °C, die Glasübergangstemperatur bei ca. 105 °C. Besonders vorteilhaft ist die problemlose mechanische Bearbeitbarkeit und die gute thermische Umformbarkeit bei ca. 150 °C. PMMA weist gute elektrische und dielektrische Eigenschaften auf. Es ist beständig gegen schwache Laugen und Säuren, unpolare organische Lösungsmittel, Fette, Öle und Wasser, unbeständig gegen starke Säuren und Laugen, Benzol und polare organische Lösungsmittel, z. B. Chlorkohlenwasserstoffe. Die Spannungsrißbeständigkeit nimmt mit steigender rel. Molekülmasse stark zu. Nachteilig ist die beschränkte Kratzfestigkeit von PMMA-Oberflächen (Ritzhärte nach Mohs: 2 bis 3) im Vergleich zu Silicatglas (Ritzhärte nach Mohs: 5 bis 7), die man z. B. durch Beschichtung mit geeigneten Siliconharzen verbessern kann[371]. Ausführlichere quantitative Beschreibungen der Eigenschaften von PMMA werden in der Literatur[372, 373] gegeben.

Eine besondere Eigenschaft von PMMA ist seine Neigung zur Depolymerisation, die durch die niedrige Ceilingtemperatur der Polymerisation von Methylmethacrylat von 220 °C bedingt ist[374]. Die Depolymerisation beginnt an der unstabilsten Stelle des Makromoleküls, häufig an einer endständigen Doppelbindung (s. (VI) in Gl. (3 b), Tab. 1.44) oder einer durch Rekombination (s. Gl. (3 a), Tab. 1.44) entstandenen Fehlerstelle. Die Depolymerisationsneigung kann durch den Einsatz von Molekülmassenreglern (s. Gl. (3 c) und Gl. (4), in Tab. 1.44) und Copolymerisation mit bestimmten Monomeren, z. B. Acrylsäuremethylester oder Acrylsäureethylester, zurückgedrängt werden; diese Möglichkeiten werden bei der Herstellung von PMMA-Formmassen genutzt, die bei Temperaturen von 200 bis 230 °C verarbeitet werden. Die Neigung zur Depolymerisation verringert die Wirksamkeit flammhemmender Zusatzstoffe und ermöglicht die Rückgewinnung von Methylmethacrylat aus PMMA-Abfällen.

7.1.3 Polyoxymethylen (POM)

Herstellung

POM-Homopolymer wird technisch durch anionische Polymerisation von Formaldehyd in Suspension und anschließende Endgruppenstabilisierung hergestellt[375], POM-Copolymer durch kationische Copolymerisation von Trioxan[376] mit geringen Anteilen cyclischer Ether bzw. Acetale (s. Tab. 1.42) meist in Substanz[375]. Bei beiden Verfahren bestehen extreme Reinheitsanforderungen an die eingesetzten Monomeren bzw. Lösungsmittel. Der Chemismus der Bildungsreaktionen von POM-Homopolymer und POM-Copolymer ist aus Tab. 1.45 ersichtlich.

Tab. 1.45 Chemismus der Bildungsreaktionen von Polyoxymethylen-Homopolymer und -Copolymer

POM-Typ/ Verfahren	Reaktionsgleichungen	Anmerkungen
POM-Homopolymer durch anionische Polymerisation in Suspension	**Start** $$H_2C=\overline{\underline{O}} + Na^+|\overline{\underline{O}}=CH_3 \longrightarrow H_3C-O-CH_2-\overline{\underline{O}}|^-Na^+$$ $$\text{I} \text{II} \hspace{3cm} (1)$$ **Wachstum** $$H_3C-O-CH_2-\overline{\underline{O}}|^-Na^+ + nH_2C=O$$ $$\longrightarrow H_3C-O-(CH_2-O)_n-CH_2-\overline{\underline{O}}|^-Na^+ \hspace{1cm} (2)$$ **Abbruch** $$\sim(CH_2-O)_n-CH_2\,\overline{\underline{O}}|^-Na^+ + H_2O$$ $$\longrightarrow \sim(CH_2-O)_n-CH_2OH + NaOH \hspace{1cm} (3a)$$ $$Na^+OH^- + H_2C=O \longrightarrow HO-CH_2-\overline{\underline{O}}|^-Na^+ \hspace{1cm} (3b)$$ **Depolymerisation** $$\sim(CH_2-O)_n-CH_2OH \longrightarrow \sim CH_2OH + nH_2C=O \hspace{1cm} (4a)$$ $$H_2C\begin{matrix}OH\\OR\end{matrix} \longrightarrow ROH + H_2C=O \hspace{1cm} (4b)$$ **Stabilisierung** $$\sim(CH_2-O)_n-CH_2OH + \begin{matrix}H_3C-C(=O)\\O\\H_3C-C(=O)\end{matrix} \longrightarrow$$ $$\sim(CH_2-O)_n-CH_2-O-CO-CH_3 + H_3C-COOH \hspace{1cm} (5)$$	die Polymerisation von Formaldehyd (I) kann durch verschiedene anionische Initiatoren, z. B. Tri-*n*-butylamin oder Natriummethylat (II) gestartet werden Gl. (1). Das Kettenwachstum Gl. (2) wird meist durch eine Übertragungsreaktion, z. B. mit Spuren von Wasser Gl. (3 a u. 3 b) oder Methylalkohol abgebrochen. POM-Homopolymere mit freien Hydroxy-Endgruppen depolymerisieren bei höherer Temperatur unter sukzessiver Formaldehyd-Abspaltung Gl. (4 a), da Halbacetale des Formaldehyds prinzipiell unbeständig sind Gl. (4 b). POM-Homopolymer kann z. B. durch Acetylierung der endständigen Hydroxyl-Gruppen mit Essigsäureanhydrid Gl. (5) stabilisiert werden (Fortsetzung umseitig)

146 Grundstoffe

Tab. 1.45 Fortsetzung

POM-Typ/Verfahren	Reaktionsgleichungen	Anmerkungen
POM-Copolymer durch kationische Polymerisation in Suspension	**Start** $F_3B + $ (Trioxan, II) $\rightleftharpoons F_3B^- - {}^+$(Trioxan) $\rightarrow$ I II $[F_3B^- - \overset{+}{\underset{}{O}}\text{–}\overset{H_2C}{\underset{O}{\diagup}}\longleftrightarrow F_3B^- - O - CH_2 - O - CH_2 - \overset{+}{O} = CH_2]$ (6) **Wachstum** $F_3B^- - \overset{+}{\underset{}{O}}\text{–}\overset{H_2C}{\underset{O}{\diagup}} + $ (Trioxan) $\longrightarrow F_3B^- - O - CH_2 - O - CH_2 - O - CH_2 - \overset{+}{O}$(Trioxan-Ring) $\longrightarrow F_3B^- - O \text{–}[CH_2 - O]_5 \overset{+}{C}H_2$ usw. (7) **Abbruch** $\sim\sim CH_2^+ + H_2O \longrightarrow \sim\sim CH_2OH + H^+$ (8a) $H^+ + $ (Trioxan) $\longrightarrow H - O - CH_2 - O - CH_2 - O - CH_2^+$ (8b) **Transacetalisierung** $R^1\!\sim\!\sim\! O - CH_2^+ + \overset{CH_2\sim\sim R^2}{\underset{CH_2\sim\sim R^3}{O\diagup}}$ $\longrightarrow R^1\!\sim\!\sim\! O - CH_2 - \overset{+}{\underset{CH_2 - O\sim\sim R^3}{O\diagdown CH_2 - O\sim\sim R^2}} \longrightarrow$ $R^1\!\sim\!\sim\! O - CH_2 - O - CH_2\sim\sim R^2 + R^3\!\sim\!\sim\! O - CH_2^+$ (9)	die Polymerisation von Trioxan (II) wird durch kationische Initiatoren, z. B. BF_3 (I) gestartet, wobei sich der Trioxan-Ring öffnet Gl. (6). Bei der Kettenwachstumsreaktion Gl. (7) werden die im Reaktionsgemisch vorliegenden Comonomeren (s. Tab. 1.42) ebenfalls unter Ringöffnung eingebaut, z. B. ein Ethylenoxid-Grundbaustein: $\sim\sim O-CH_2|-O-CH_2-CH_2|$ $\quad\quad\quad\quad\quad\quad\quad -O-CH_2\sim\sim$ Die Comonomeren polymerisieren viel rascher als Trioxan, so daß zu Beginn der Reaktion vorwiegend comonomerreiches POM-Copolymer mit blockartigen Comonomer-Sequenzen entsteht. Der Abbruch erfolgt meist durch Übertragungsreaktionen, z. B. mit Wasser Gl. (8a u. 8b) durch die Transacetalisierung Gl. (9), die neben der Wachstumsreaktion abläuft, erfolgt schließlich eine weitgehend statistische Verteilung der Comonomer-Bausteine entlang der Molekülketten

Tab. 1.45 Fortsetzung

POM-Typ/ Verfahren	Reaktionsgleichungen	Anmerkungen
POM-Copolymer durch kationische Polymerisation in Suspension (Fortsetzung)	**Thermische Nachbehandlung** $\sim\!\!\text{O}-\text{CH}_2-\text{O}-\text{CH}_2-\text{CH}_2-\text{O}-(\text{CH}_2-\text{O})_n-\underbrace{\text{CH}_2-\text{O}-\text{CH}_2\text{OH}}_{\text{III}}$ $\longrightarrow \underbrace{\sim\!\!\text{O}-\text{CH}_2-\text{O}-\text{CH}_2-\text{CH}_2\text{OH}}_{\text{IV}} + (n+2)\,\text{H}_2\text{C}=\text{O}$ (10) $\text{H}_2\text{C}=\text{O} + \text{ROH} \rightleftharpoons \underset{\text{III}}{\text{H}_2\text{C}(\text{OR})(\text{OH})}$ (11 a) $\underset{\text{III}}{\text{H}_2\text{C}(\text{OR})(\text{OH})} + \text{ROH} \longrightarrow \underset{\text{IV}}{\text{H}_2\text{C}(\text{OR})_2} + \text{H}_2\text{O}$ (11 b)	bei der thermischen Nachbehandlung der POM-Copolymeren wird von den unbeständigen halbacetalischen (s. Gl. (4 b)) Kettenenden (III) Formaldehyd sukzessive abgespalten, bis ein Comonomer-Baustein ein stabiles Vollacetal (IV) als Endgruppe bildet Gl. (10) im Gegensatz zum Halbacetal (III), das z. B. bei Addition eines Alkohols an Formaldehyd entsteht Gl. (11 a), ist ein Vollacetal (IV), das z. B. durch Kondensation des Halbacetals (III) mit einem Alkohol gebildet wird Gl. (11 b), gegen alkalische und oxidierende Agenzien verhältnismäßig stabil

Bei der *anionischen Polymerisation* erfolgt die Reinigung des Formaldehyds, der durch Depolymerisation von Paraformaldehyd (s. Tab. 1.42) gewonnen wird, meist durch partielle Polymerisation und/oder durch Herstellung eines Halbformals des Cyclohexanols, dessen destillative Reinigung und thermische Spaltung unter Freisetzung von Formaldehyd. Das Suspensionsmittel, meist ein aliphatischer oder cycloaliphatischer Kohlenwasserstoff, kann sehr wirkungsvoll durch Vorpolymerisation von störenden Verunreinigungen befreit werden; dabei wird das nach Einleiten einer kleinen Portion Formaldehyd gebildete Polymerisat in einer geschlossenen Apparatur abfiltriert. Die Polymerisation wird meist bei Raumtemperatur und Normaldruck durchgeführt. Das Suspensionsmittel mit dem Initiator (s. Tab. 1.45) wird vorgelegt, mit trockenem Stickstoff gespült und das gereinigte, unter geringem Überdruck stehende Formaldehyd-Gas unter Rühren eingeleitet. Das Polymere fällt als feines, suspendiertes Pulver an. Das anfallende Produkt wird durch Alkylierung oder Acylierung der Halbacetal-Endgruppen stabilisiert, wobei der Veresterung mit Essigsäureanhydrid (s. Gl. (5), Tab. 1.45) die größte Bedeutung zukommt. Dabei läßt man z. B. das Polymere mit Essigsäureanhydrid bei dessen Siedepunkt (138 °C) unter Einsatz von 0,1% Natriumacetat als Katalysator reagieren. Anschließend wird filtriert oder zentrifugiert und dann das Essigsäureanhydrid, der Formaldehyd und andere Verunreinigungen in mehreren Stufen ausgewaschen. Schließlich folgt Trocknung, Zumischen von Stabilisatoren und Granulierung.

Für die *kationische Polymerisation* muß Trioxan durch mehrere Extraktionsschritte mit Methylenchlorid, Benzol oder anderen mit Wasser nicht mischbaren Lösungsmitteln und schließlich durch sorgfältige Destillation von Verunreinigungen befreit werden, die zu Übertragungsreaktionen und damit zu einer unkontrollierten Beeinflussung der rel. Molekülmasse des Polymeren führen würden. Die Polymerisation wird in Gegenwart eines Massengehaltes von 2 bis 4% Ethylenoxid, Butandiolformal oder Dioxalan (s. Tab. 1.42) mit kationischen Initiatoren, z. B. Bortrifluorid, meist in Substanz bei 70 bis 90°C durchgeführt (s. Gln. (6) bis (8), Tab. 1.45). Die zur Stabilisierung erforderliche thermische Nachbehandlung (s. Gl. (10), Tab. 1.45) erfolgt unter Zusatz alkalischer Reagenzien, z. B. NH_3, entweder durch heterogene Hydrolyse (bei 100 bis 120°C) oder durch homogene Schmelzhydrolyse (bei 170 bis 220°C). Die endgruppenstabilisierten Produkte werden sorgfältig getrocknet, mit Stabilisatoren vermischt und granuliert.

Die Zahlenmittelwerte der rel. Molekülmasse liegen bei Homo- und Copolymeren im Bereich zwischen $\overline{M}_n = 20 000$ und $\overline{M}_n = 90 000$, die Molekülmassenverteilung wird durch Werte von $\overline{M}_w/\overline{M}_n \approx 2$ charakterisiert. Unter dem Einfluß von Hitze und Sauerstoff sind die Homo- und die Copolymeren instabil und können daher nur nach Zusatz von geeigneten Stabilisatoren verarbeitet werden[377] (s. Bd. II, S. 375 f).

Eigenschaften

POM zeichnet sich vor allem durch hohe Härte und Steifheit (Rückstellvermögen) hohe Zähigkeit (bis −40°C), hohe Formbeständigkeit in der Wärme und hohe Wärmestandfestigkeit, geringe Wasseraufnahme, gute elektrische und dielektrische Eigenschaften, günstiges Gleit- und Verschleißverhalten und leichte Verarbeitbarkeit aus. POM hat daher besondere Bedeutung als Konstruktionswerkstoff. Ausführlich und quantitative Angaben über die Eigenschaften von POM werden in der Literatur[378] gegeben.

Homopolymere weisen einen höheren Kristallinitätsgrad (bis 90%) und somit etwas höhere Härte, Steifigkeit und Festigkeit als Copolymere (ca. 75%) auf. Homopolymere mit veresterten Endgruppen sind im Gegensatz zu Copolymeren nicht für den Kontakt mit Laugen geeignet und gegen Heißwasser nur bis 85°C beständig. Der Kristallitschmelzpunkt von Homopolymeren liegt bei 175 bis 185°C, von Copolymeren bei 164 bis 167°C. POM-Homo- und -Copolymere sind gegen viele organische Lösungsmittel gut beständig, z. B. gegen Benzin und Mineralöle, Alkohole und Fluorchlorkohlenwasserstoffe. Unterhalb 50°C ist POM nur in perfluorierten Alkoholen oder Ketonen löslich. POM ist unbeständig gegen starke Säuren und oxidierend wirkende Agenzien.

7.1.4 Polycarbonat

Herstellung

Polycarbonat (PC) wird technisch vorwiegend durch Grenzflächenpolykondensation oder durch Umesterung (Polykondensation in der Schmelze) gewonnen; von geringerer und sinkender Bedeutung ist die Polykondensation in Lösung (Pyridin-Verfahren). Der Chemismus der dabei ablaufenden Bildungsreaktionen ist aus Tab. 1.46 ersichtlich.

Bei der *Grenzflächenpolykondensation*[379] wird die Lösung eines Diphenols, meist Bisphenol-A (s. S. 137), in wäßriger Natronlauge durch rasches Rühren in einem Lösungsmittel für PC, z. B. Dichlormethan, Chloroform, Ethylenchlorid oder Chlorbenzol, emulgiert. In diese Emulsion wird bei Raumtemperatur Phosgen (s. S. 137) eingeleitet, das mit dem bei pH-Wert ≥ 12 in der wäßrigen Phase vorliegenden Phenolatanion sehr rasch zu Arylchlorkohlensäureester (s. Gl. (1), Tab. 1.46) reagiert; die Hydrolyseverluste von Phosgen (s. Gl. (2), Tab. 1.46) betragen ca. 10 bis 20%. Der gebildete Arylchlorkohlensäureester ist in Wasser schlecht löslich und reagiert nur langsam mit dem Phenolat. Nach Übertritt in die organische Phase bildet Arylchlorkohlensäureester mit dem in dieser Phase gelösten Katalysator, z. B. einem tertiären Amin, ein salzartiges Adduct (s. Gl. (3) Tab. 1.46), das an der Phasengrenzfläche sehr rasch mit einem Phenolatanion zu einem längeren Phenolatanion kondensiert (s. Gl. (4), Tab. 1.46); dieses Phenolatanion reagiert dann wieder mit Phosgen (s. Gl.(1), Tab. 1.46) usw. Das Verfahren kann auch kontinuierlich[380] durchgeführt werden. Mit steigendem Polykondensationsgrad nimmt die Wasserlöslichkeit des Phenolats ab. Zur Regelung der rel. Molekülmasse setzt man monofunktionelles Phenol zu (s. Gl. (5), Tab. 1.46). Die anfallende Lösung des Polycarbonates, deren Viskosität vom Lösungsmittelvolumen und von der mittleren rel. Molekülmasse $\overline{M}_w$ abhängt und recht hoch ist, wird mit Wasser neutral und elektrolytfrei gewaschen; mit zunehmender Viskositätsdifferenz zwischen Polymer- und Waschlösung bereitet dieser Verfahrensschritt wachsende technische Schwierigkeiten. Das Polymere wird schließlich durch Ausfällen mit Fällungsmittel, z. B. Aceton oder Methanol, oder durch Verdampfen des Lösungsmittels gewonnen. Für die thermoplastische Verarbeitung wird PC durch Granulieren aufbereitet.

Beim *Umesterungsverfahren*, das auch kontinuierlich durchgeführt werden kann[381], geht

Tab. 1.46 Chemismus der Bildungsreaktionen von Polycarbonat bei den technisch gebräuchlichen Herstellungsverfahren

Kunststoff-Sorte/Verfahrenstyp	Reaktionsgleichungen	Anmerkungen
PC durch Grenzflächenpolykondensation	**in der wäßrigen Phase** $Na^+\bar{O}-C_6H_4-C(CH_3)_2-C_6H_4-\bar{O}Na^+ \;(I)\; + \;Cl-CO-Cl \;(II)$ $\longrightarrow Cl-CO-O-C_6H_4-C(CH_3)_2-C_6H_4-O-CO-Cl \;(III)\; + 2\,NaCl$ (1) $Cl-CO-Cl + H_2O \longrightarrow CO_2 + 2\,HCl$ (2)	die Reaktion Gl. (1) des Phenolations, z. B. des Dianions des Bisphenol-A (I) mit Phosgen (II) erfolgt wesentlich rascher als die konkurrierende Hydrolyse Gl. (2) von Phosgen (II). Der gebildete Arylchlorkohlensäureester (III) ist in Wasser schlecht löslich und reagiert nur langsam mit einem Phenolation
	in der organischen Phase $III \;+\; 2\,\bar{N}R_3 \;(IV) \longrightarrow$ $R_3\overset{+}{N}-CO-O-C_6H_4-C(CH_3)_2-C_6H_4-O-CO-\overset{+}{N}R_3 \quad 2\,Cl^-$ (V) (3)	in die organische Phase übergetretener Arylchlorkohlensäureester (III) bildet mit dem Katalysator, z. B. einem tertiären Amin (IV), ein salzartiges Addukt (V), s. Gl. (3)
	an der Grenzfläche $V + 2\,I \longrightarrow 2\,\bar{N}R_3 + 2\,NaCl$ $+\; Na^+\bar{O}-[C_6H_4-C(CH_3)_2-C_6H_4-O-CO-O]_2-C_6H_4-C(CH_3)_2-C_6H_4-\bar{O}Na^+$ (VI) (4)	das Addukt (V) reagiert an der Phasengrenzfläche nach Gl. (4) sehr rasch mit zwei Phenolationen (I) zum Kondensationsprodukt (VI). (VI reagiert dann analog wie (I) nach Gl. (1) zu einem höheren Arylchlorkohlensäureester usw.

(Fortsetzung umseitig)

Tab. 1.46 Fortsetzung

Kunststoff-Sorte/Verfahrenstyp	Reaktionsgleichungen	Anmerkungen
PC durch Grenzflächen-polykondensation (Fortsetzung)	[Reaktionsgleichung (5): Umsetzung eines Aryl-Carbamat-Chlorids mit Natriumphenolat zum Arylcarbonat + NaCl + INR_3]	zur Regelung der rel. Molekülmasse setzt man oft monofunktionelle Phenole, z. B. Phenol, zu (s. Gl. (5))
PC durch Umesterung in der Schmelze	[Reaktionsgleichung (6): n Bisphenol-A (I) + n Diphenylcarbonat (II) ⇌ Polycarbonat + $2n$ Phenol (III)] [Reaktionsgleichung (7): Zerfall von Bisphenol-A (I) → p-Isopropenylphenol (IV) + Phenol (III)] [Reaktionsgleichung (8): Kondensation von Oligomeren (V) mit Phenylcarbonat-Endgruppen unter Abspaltung von Diphenylcarbonat (II) zu hochmolekularem Polycarbonat]	die Umesterungsreaktion (6) zwischen Bisphenol-A (I) und Diphenylcarbonat (II) erfordert äquimolare Mengen und erfolgt unter Abspaltung von Phenol (III)
		in Gegenwart von Alkali, z. B. dem als Umesterungskatalysator eingesetzten Natriumbisphenolat (s. (I) in Gl. (1)) neigt Bisphenol-A (I) bei Temperaturen über 150 °C zum Zerfall (7) in p-Isopropenylphenol (IV) und Phenol (III). (IV) ist sehr reaktiv und verursacht Vergilbung
		Reaktion (7) kann durch einen Überschuß von Diphenylcarbonat zurückgedrängt werden, da hierdurch die Veresterung von (I) beschleunigt wird. Die dabei entstehenden oligomeren Bisphenol-A-Carbonate weisen Phenylcarbonat-Endgruppen (V) auf. Diese Oligomeren werden erst bei Temperaturen von 260–290 °C und Drücken von 10–0,5 mbar unter Abspaltung von Diphenylcarbonat (II) zu hochmolekularen Polycarbonaten kondensiert (s. Gl. (8))

Tab. 1.46 Fortsetzung

Kunststoff-Sorte/Verfahrenstyp	Reaktionsgleichungen	Anmerkungen
PC durch Lösungspolykondensation (Pyridin-Verfahren)	(siehe Gleichungen (9) und (10) unten)	Pyridin (I; KP = 115 °C) bildet mit Phosgen (II) ein reaktives ionisches Addukt (III), Gl. (9). (III) reagiert mit Bisphenol-A (IV) rasch nach Gl. (10) zu hochmolekularem Polycarbonat (V). Freigesetzter Chlorwasserstoff (HCl) wird als Pyridinhydrochlorid (VI) gebunden. Zur Regelung der rel. Molekülmasse werden auch hier oft monofunktionelle Phenole zugesetzt (s. Gl. (5))

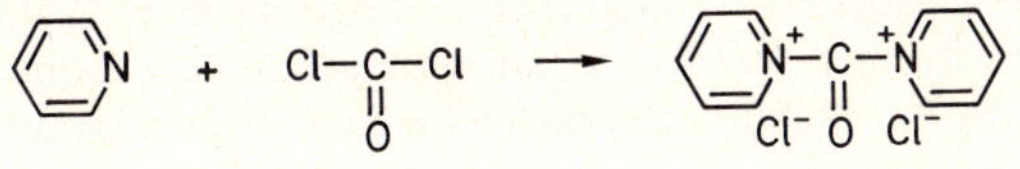

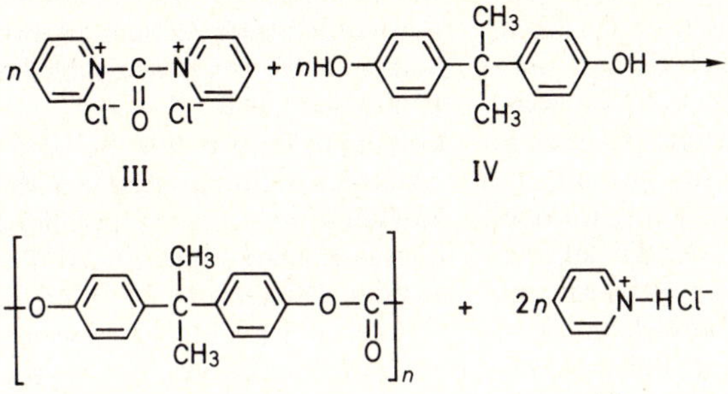

man von Bisphenol-A und Diphenylcarbonat (s. S. 137) aus. Die Umesterungsreaktion (s. Gl. (6) und (7) in Tab. 1.46) wird technisch unter allmählicher Temperaturerhöhung und Druckverringerung in Gegenwart von Katalysatoren, z. B. Natriumbisphenolat durchgeführt, beginnend bei 150 °C unter Stickstoff, dann bei 180 bis 210 °C und ca. 100 mbar (Entfernung der Hauptmenge des Phenols, s. Gl. (6), Tab. 1.46), bei 210 bis 260 °C und 50 bis 10 mbar (Entfernung des restlichen Phenols) und schließlich oft bei 290 °C und 0,5 bis 1 mbar (Entfernung von Diphenylcarbonat, s. Gl. (8), Tab. 1.46). Der letztere Verfahrensschritt ist erforderlich, wenn man einen molaren Überschuß an Diphenylcarbonat einsetzt, um die Reaktion (7) (s. Tab. 1.46) zurückzudrängen, die gelbliche Verfärbungen verursacht. Das Polymere fällt hierbei als Schmelze an und wird durch Granulierung aufgearbeitet.

Bei der *Lösungspolykondensation*[382] dient Pyridin zugleich als Lösungsmittel für die Ausgangsprodukte (Phosgen und Bisphenol-A, s. S. 137) und als Katalysator (s. Gln. (9) und (10), Tab. 1.46). Wegen der hohen Kosten von Pyridin werden im allgemeinen Mischungen von Pyridin und einem billigeren Lösungsmittel, z. B. Chloroform, Dichlormethan oder 1,1,2,2-Tetrachlorethan, eingesetzt. Meist wird Phosgen bei 25 bis 35 °C in eine Bisphenol-A-Lösung eingeleitet, wobei Pyridinhydrochlorid (s. Gl. (10), Tab. 1.46) ausfällt. Die gebildete Polymer-Lösung wird mit verdünnter Salzsäure gewaschen (Entfernung von restlichem Pyridin) und schließlich durch Waschen mit Wasser von ionischen Verunreinigungen befreit.

Gegenüber der direkten Phosgenierung im Phasengrenzflächenverfahren und im Pyridin-Verfahren hat die Umesterung die folgenden Vorteile:

– kein Lösungsmittel und damit verbundene Rückgewinnungsmaßnahmen,
– kein Auswaschen des Polymeren und einfachere Aufbereitung.

Nachteilig ist der größere apparative Aufwand zur Beherrschung der höheren Temperaturen und niedrigeren Drücke sowie die hohe Viskosität der Schmelze, insbesondere bei Typen mit sehr hoher rel. Molekülmasse, ($\overline{M}_w > 50\,000$). Die thermoplastisch verarbeitbaren Polycarbonate haben mittlere rel. Molekülmassen zwischen $\overline{M}_w = 20\,000$ und $40\,000$. PC-Typen mit $\overline{M}_w = 40\,000-150\,000$, die meist durch Phasengrenzflächenpolymerisation hergestellt werden, werden aus Lösungen zu Folien verarbeitet.

Eigenschaften

Polycarbonate gehören zu den teilkristallinen Kunststoffen. Aus der Schmelze aufgearbeitetes PC ist weitgehend amorph und erweicht ab 170 °C. Der Kristallisationsgrad von PC kann durch Tempern bei 190 °C und in stärkerem Maße durch Verstrecken in Lösungsmitteldampfatmosphäre und nachfolgendes Tempern wesentlich erhöht werden[383].

Für Polycarbonate charakteristisch ist die Kombination guter mechanischer, elektrischer, thermischer und optischer Eigenschaften. Es weist gute Maßhaltigkeit, hohe Zähigkeit (auch noch bei −40 °C) und einen hohen E-Modul auf und zeichnet sich durch eine hohe Wärmeformbeständigkeit (bis ca. 140 °C) aus. Die Dielektrizitätszahl und der dielektrische Verlustfaktor sind über einen weiten Temperaturbereich konstant und unabhängig von der Frequenz. Polycarbonate sind transparent und nahezu farblos und haben eine Lichtdurchlässigkeit von ca. 85% (DIN 5036, 3 mm Dicke, Lichtart A)[384]. Sie weisen auch ohne flammhemmende Additive ein sehr gutes Brandverhalten auf (Baustoffklasse B 1 nach DIN 4102 bei Innenanwendung). Durch Cokondensation von Bisphenol-A mit Tetrabrombisphenol-A oder Tetrachlorbisphenol-A (s. Tab. 1.42) kann das Brandverhalten noch weiter verbessert werden, während durch Cokondensation mit Tetramethylbisphenol-A (s. Tab. 1.42) die Wärmeformbeständigkeit und die Hydrolysebeständigkeit erhöht wird. Der Einsatzbereich von Polycarbonat wird durch die geringe Beständigkeit gegen starke wäßrige Alkalien, Ammoniak, Amine, Ester und aromatische Kohlenwasserstoffe begrenzt; auch bei dauernder Einwirkung von heißem Wasser ist PC nicht beständig. PC wird bei Temperaturen von ca. 320 °C thermoplastisch verarbeitet. Die zum Vergilben führende thermooxidative oder photooxidative (UV-Licht) Schädigung kann durch Thermostabilisatoren bzw. UV-Absorber verzögert werden. Für quantitative Angaben zu den Eigenschaften von Polycarbonat sei auf die Literatur[385] verwiesen.

7.1.5 Polyphenylenoxid

Polyphenylenoxid (PPO) wird durch oxidative Kupplung von 2,6-Dimethylphenol[386, 387] (s. S. 137) hergestellt. Der Chemismus der Bildungsreaktion von PPO ist in Tab. 1.47 dargestellt.

Die technische Herstellung von PPO erfolgt durch Einleiten von Sauerstoff in ein Gemisch aus 2,6-Dimethylphenol, Pyridin und Cu_2Cl_2. Das Molverhältnis Pyridin/Cu_2Cl_2 liegt im Bereich von 10 bis 100. Während der Reaktion steigt die Temperatur ohne Wärmezufuhr auf ca. 70 °C an. Das gebildete Polymere wird mit verdünnter Salzsäure ausgefällt und durch Filtration abgetrennt. Das Polymer fällt als beiges, opakes Pulver an; farblose Produkte können durch Auswaschen des Katalysators mit Komplexbildnern wie Thioharnstoff und Thiosemicarbazid gewonnen werden. Der Zahlenmittelwert der rel. Molekülmasse $\overline{M}_n$ von handelsüblichem PPO liegt bei 20 000 bis 30 000.

Polyphenylenoxid fällt bei der Herstellung mit einem Kristallinitätsgrad von 40 bis 50% an. Der Kristallitschmelzpunkt liegt bei 260 °C, die Glasübergangstemperatur bei 207 °C. Nach Abkühlen aus der Schmelze ist PPO jedoch amorph.

Handelsübliche PPO-Typen bestehen meist aus einer Mischung von Polystyrol (PS) mit PPO (*modifiziertes Polyphenylenoxid*). Diese Polymer-Mischungen stellen den seltenen Fall zweier Polymer-Sorten dar, die im gesamten Konzentrationsbereich miteinander verträglich sind. Bei Messungen der mechanischen bzw. dielektrischen Relaxation und bei kalorimetrischen Messungen ist nur eine einzige Glasübergangstemperatur nachweisbar[390], die als Funktion des Gehaltes an PPO auf S. 154 dargestellt ist. Das viskoelastische Verhalten von PPO/PS-Mischungen kann aus der Glasübergangstemperatur und dem freien Volumen der Komponenten berechnet werden. Schlagzähe PPO-Typen bestehen meist aus PPO/SB-Mischungen.

Typisch für alle modifizierten PPO-Typen sind die hohe Dimensionsfestigkeit und Maßhaltigkeit, die extrem geringe Wasseraufnahme, die guten elektrischen Eigenschaften über einen weiten Temperaturbereich und die ausgezeichnete Hydrolysebeständigkeit. Hervorzuheben ist auch die hohe Dauergebrauchstemperatur[336]. Für quantitative Angaben über die Werkstoffkenngrößen von PPO und PPO/PS-Mischungen wird auf die Literatur[391] verwiesen.

7.1.6 Polyalkylenterephthalate (PETP/PBTP)

Herstellung

Die Polyalkylenterephthalate, Polyethylenterephthalat (PETP) und Polybutylenterephthalat (PBTP), werden durch Schmelzpolykondensation hergestellt. Der Chemismus der Bildungsreaktionen ist in Tab. 1.48 dargestellt. Für die

Technische Kunststoffe

Tab. 1.47 Chemismus der Bildungsreaktionen von Poly (2,6-dimethyl-paraphenylenoxid) (PPO)

Kunststoff-Sorte/Verfahrenstyp	Reaktionsgleichungen	Anmerkungen
PPO durch oxidative Kupplung	(1), (2), (3)	ein detaillierter Mechanismus für den Initiierungsschritt Gl. (1) wurde von Price[388] vorgeschlagen. Es wird allgemein angenommen, daß die Polymerisation durch Kupplung freier Radikale erfolgt Gln. (2) u. (3), die durch Reaktion mit O_2 entstehen Gl. (1). Zur Deutung der Polymerisationskinetik wurde eine Reihe komplizierter Nebenreaktionen postuliert[389]

technische Herstellung von PETP und PBTP geht man meist von Dimethylterephthalat (s. S. 137) aus, das sich durch Destillieren bzw. Umkristallisieren leichter reinigen läßt als Terephthalsäure (s. S. 137). Die Direktveresterung von Terephthalsäure mit Ethylenglykol bzw. 1,4-Butandiol hat jedoch an Bedeutung gewonnen, seitdem wirtschaftliche Verfahren zur Herstellung von *fibergrade* Terephthalsäure zur Verfügung stehen[392].

Die Herstellung von *PETP aus Dimethylterephthalat* wird technisch sowohl kontinuierlich als auch diskontinuierlich durchgeführt[393]. Die 1. Stufe der Reaktion (s. S. 155, Gl. (1)) wird bei 150 bis 200 °C unter Normaldruck in Stickstoff-Atmosphäre durchgeführt; diese Reaktion wird

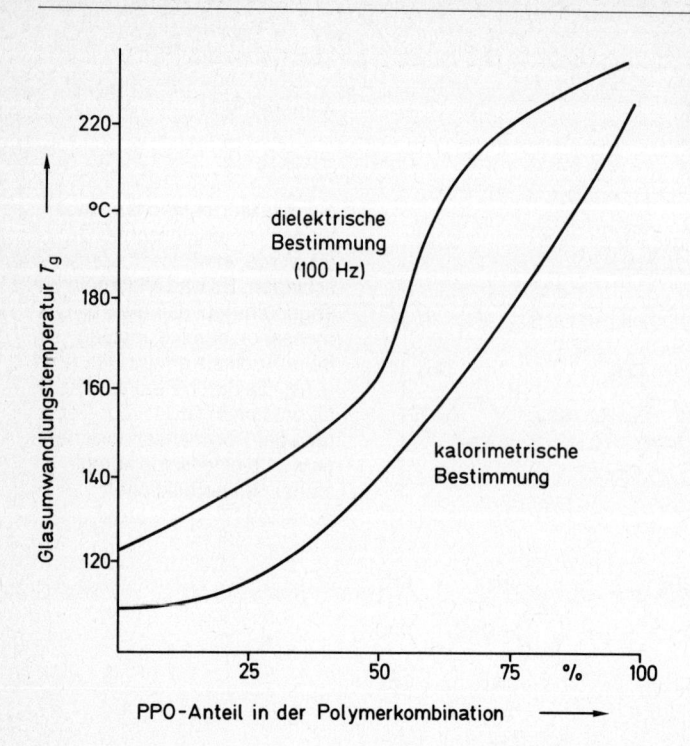

Abb. 1.67 Glasübergangstemperaturen von Mischungen aus PPO und PS in Abhängigkeit vom PPO-Anteil (Massengehalt in %)

meist mit schwach basischen Verbindungen, z. B. mit Calciumacetat, katalysiert[394]. Das frei werdende Methanol wird laufend abdestilliert, um einen möglichst vollständigen Umsatz des eingesetzten Dimethylterephthalates zu gewährleisten; restliche Methylester-Gruppen stören die 2. Reaktionsstufe[395]. In der 2. Stufe der Reaktion (s. Gl. (2), Tab. 1.48) wird die Temperatur auf über 250 °C angehoben, um überschüssiges Ethylenglykol abzudestillieren. Schließlich erfolgt durch weitere Temperaturerhöhung (bis auf 270 bis 280 °C) und Druckerniedrigung (bis < 1 mbar) die eigentliche Polykondensation; dabei werden oft andere Katalysatoren, z. B. Antimon-Verbindungen, eingesetzt als in der 1. Reaktionsstufe, da Umesterungskatalysatoren die thermische Stabilität von PETP herabsetzen[396].

Die *Direktveresterung von Terephthalsäure* erfolgt bei 220 bis 260 °C (s. Gl. (3), S. 156); sie wird oft durch basische Katalysatoren, z. B. Amine, beschleunigt, kann aber auch ohne Katalysator erfolgen. Nach einer Entspannungsstufe zur Entfernung des überschüssigen Ethylenglykols folgt die eigentliche Polykondensation, die wie bei der Herstellung von PETP aus Dimethylterephthalat (s. o) abläuft (s. Gl. (2), Tab. 1.48). Die Qualität des hergestellten PETP wird durch Nebenreaktionen beeinflußt (s. S. 156, Gl. (4)–(6)), die in der Polykondensationsstufe ablaufen: z. B. hat die Bildung von Diethylenglykol-Einheiten (4), negative Auswirkungen auf die thermische und die UV-Stabilität; durch Esterpyrolyse (5) können freie Carbonsäure-Gruppen entstehen, die die Fähigkeit zur Nachkondensation und die Hydrolysestabilität negativ beeinflussen, und ungesättigte Spaltprodukte, die Verfärbungen verursachen können.

Für thermoplastische Formmassen sind meist PETP-Typen mit höherer rel. Molekülmasse ($\overline{M}_n > 20\,000$) als für Fasern erforderlich. Die Herstellung dieser Typen erfordert die weitestgehende Entfernung von Ethylenglykol (s. Gl. (2), Tab. 1.48), z. B. durch Einsatz von Dünnschichtverdampfern oder durch *Festphasen-Nachkondensation;* bei letzterem Verfahren wird PETP in zerkleinerter Form (Schnitzel, Granulat) bei Temperaturen bis 250 °C in einem Inertgasstrom oder im Vakuum längere Zeit nachbehandelt, wobei die rel. Molekülmasse durch Abdiffundieren von Ethylenglykol zunimmt.

Die Herstellung von PBTP erfolgt analog der PETP-Herstellung[397]; die Reaktionsgleichungen der Bildungsreaktionen werden durch die Gl. (1) bis (3) in Tab. 1.48 beschrieben, wenn man jeweils statt eines Dimethylen-Bausteins

Tab. 1.48 Chemismus der Bildungsreaktionen von Polyethylenterephthalat

Kunststoff-Sorte/Verfahrenstyp	Reaktionsgleichungen	Anmerkungen
PETP aus Dimethylterephthalat durch Umesterung und Schmelzpolykondensation	$n\,H_3CO-CO-C_6H_4-CO-OCH_3$ (I) $+ (n+1)\,HOH_2C-CH_2OH$ (II) $\rightarrow HOH_2C-CH_2-O-[CO-C_6H_4-CO-O-CH_2-CH_2-O]_n-H$ (III) $+ 2n\,CH_3OH$ (1) $HOH_2C-CH_2-O-CO-C_6H_4-CO-O-CH_2-CH_2OH + HOH_2C-CH_2-O-CO-C_6H_4-CO-O-CH_2-CH_2OH \rightarrow HOH_2C-CH_2-O-CO-C_6H_4-CO-O-CH_2-CH_2-O-CO-C_6H_4-CO-O-CH_2-CH_2OH + HOH_2C-CH_2OH$ (2a) $n\,HOH_2C-CH_2-O-CO-C_6H_4-CO-O-CH_2-CH_2OH \rightarrow HOH_2C-CH_2-O-[CO-C_6H_4-CO-O-CH_2-CH_2O]_n-H + (n-1)\,HOH_2C-CH_2OH$ (2b)	in der 1. Verfahrensstufe erfolgt die Umesterung Gl. (1) von Dimethylterephthalat (I) mit Ethylenglykol (II); dabei wird meist ein Molverhältnis (II)/(I) = 1,5–2 eingesetzt, so daß neben Bis (2-hydroxyethyl)-terephthalat (III mit $n = 1$) auch geringe Mengen an Oligomeren (III mit $n = 2$–4) gebildet werden in der 2. Verfahrensstufe erfolgt die eigentliche Polykondensation unter Abspaltung von Ethylenglykol (II). Gl. (2a) zeigt den Chemismus eines Kondensationsschrittes, Gl. (2b) ist die Bruttogleichung für die Bildung eines PETP-Moleküls

Tab. 1.48 Fortsetzung

Kunststoff-Sorte/Verfahrenstyp	Reaktionsgleichungen	Anmerkungen
PETP aus Terephthalsäure durch Direktveresterung und Schmelzpolykondensation	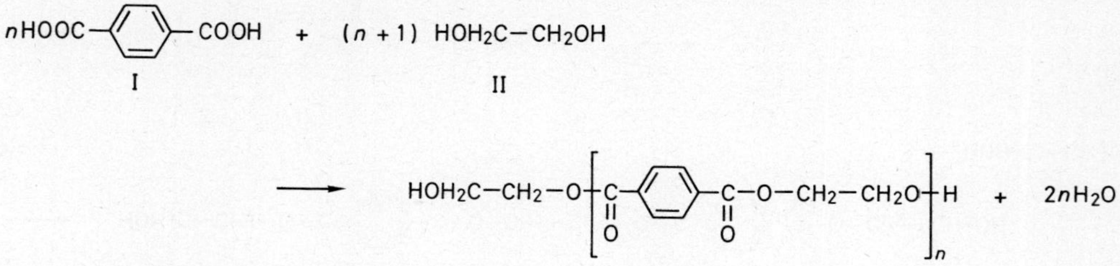 n HOOC–C$_6$H$_4$–COOH + $(n+1)$ HOH$_2$C–CH$_2$OH → HOH$_2$C–CH$_2$–O–[–CO–C$_6$H$_4$–CO–O–CH$_2$–CH$_2$–O–]$_n$–H + $2n$ H$_2$O (3)	in der 1. Verfahrensstufe erfolgt die Direktveresterung Gl. (3) von Terephthalsäure (I) mit Ethylenglykol (II), meist mit einem Molverhältnis (II)/(I) = 1,4–2,0. Neben (III mit $n = 1$) entsteht dabei auch etwas (III mit $n = 2$–4). Der Chemismus der 2. Verfahrensstufe (Polykondensation) wird durch die Gln. (2a) und (2b) beschrieben

Nebenreaktionen

2 Ar–CO–O–CH$_2$–CH$_2$OH → Ar–CO–O–CH$_2$–CH$_2$–O–CO–Ar + HOH$_2$C–CH$_2$OH   (4)

Ar–CO–O–CH$_2$–CH$_2$–O–CO–Ar → Ar–COOH + H$_2$C=CH–O–CO–Ar   (5)

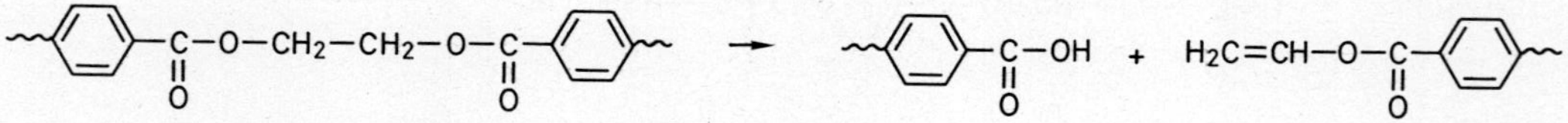

HOH$_2$C–CH$_2$OH → H$_3$C–CHO + H$_2$O   (6)

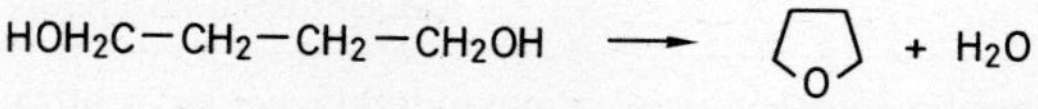

HOH$_2$C–CH$_2$–CH$_2$–CH$_2$OH → (tetrahydrofuran) + H$_2$O   (7)

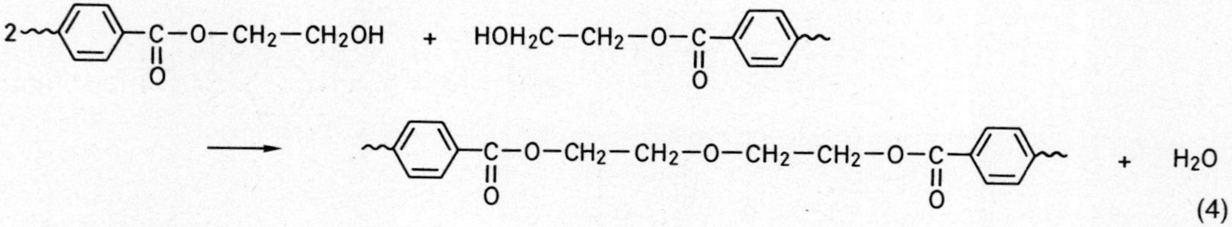

s. Text

(–CH$_2$–CH$_2$–) einen Tetramethylen-Baustein (–CH$_2$–CH$_2$–CH$_2$–CH$_2$–) einsetzt. Im Vergleich zur PETP-Herstellung ergeben sich verfahrenstechnische Besonderheiten aus dem höheren Siedepunkt von 1,4-Butandiol (s. S. 137), dem tieferen Kristallitschmelzpunkt von PBTP (ca. 220 °C gegenüber 255 °C bei PETP) und aus der Neigung zur Bildung von Tetrahydrofuran (s. Gl. (7) in Tab. 1.48). Die Umesterung wird bei 160 bis 220 °C bei Normal- oder Überdruck durchgeführt, wobei meist lösliche Titan-Verbindungen als Katalysatoren eingesetzt werden; die Polykondensation erfolgt bei Temperaturen bis zu 260 °C und einem Druck unter 1 mbar. Dabei können in der Regel etwas höhere Werte der mittleren rel. Molekülmasse $\overline{M}_n$ erreicht werden als bei PETP. Für bestimmte Anwendungen als thermoplastische Formmassen werden PBTP Typen mit höherer rel. Molekülmasse durch Festphasen-Nachkondensation (s. o.) hergestellt.

Eigenschaften

PETP und PBTB sind teilkristalline Kunststoffe. PETP weist eine sehr niedrige Kristallisationsgeschwindigkeit auf. Es kann daher auch zu amorphen Formkörpern mit guter Transparenz verarbeitet werden; beim Erwärmen auf 70 bis 100 °C erfolgt jedoch Nachkristallisation unter Verlust der Transparenz, außer wenn durch biaxiale Verstreckung und Thermofixierung orientiertes Material vorliegt (transparente Folien aus PETP). Bei der Verarbeitung im Spritzguß kann die Kristallisation durch hohe Formtemperatur (ca. 140 °C) und Zusatz von Nukleierungsmitteln, z. B. Talkum, fettsaure Salze oder Polyethylen, im erforderlichen Maße beschleunigt werden, um eine zu Verzug führende Nachkristallisation in der Kälte zu verhindern. Durch Einbau geeigneter Codiole, z. B. 3-Methyl-2,4-pentandiol, können PETP-Copolyester hergestellt werden, die eine wesentlich höhere Kristallisationsgeschwindigkeit aufweisen[398]. An technisch bedeutenden Modifizierungen der Molekülstruktur von PETP sind ferner zu nennen[399]: Cokondensation mit geringen Anteilen von Kettenverzweigern, z. B. drei- bis sechswertigen Alkoholen, in Kombination mit geeigneten Monocarbonsäuren als Kettenabbrecher (Erhöhung der Schmelzenfestigkeit beim Extrusionsblasen), und Austausch der Diolkomponente Ethylenglykol gegen 1,4-Cyclohexandimethanol bei gleichzeitigem partiellem Ersatz der Terephthalsäure durch Isophthalsäure (verbesserte Verarbeitbarkeit zu Folien und beim Spritzblasen, höhere Transparenz bei spritzgegossenen Formteilen); letztere Produkte sind eigentlich nicht mehr als Modifikationen von PETP, sondern als eigene Sorte von thermoplastischen Copolyestern anzusprechen.

Bei PBTP sind im Gegensatz zu PETP für das Erreichen optimaler Kristallinität beim Spritzgießen Werkzeugtemperaturen von 30 bis 60 °C ausreichend. Das hohe mechanische Eigenschaftsniveau von PETP wird von PBTP nicht ganz erreicht, z. B. weist PBTP eine wesentlich niedrigere Glasübergangstemperatur (35 bis 50 °C gegenüber 70 bis 80 °C bei PETP) auf. An technisch bedeutenden Modifizierungen der Molekülstruktur von PBTB sind zu nennen: partieller Austausch der Terephthalsäure gegen längerkettige aliphatische Dicarbonsäuren (Verbesserung der Kerbempfindlichkeit bei verringerter Wärmeformbeständigkeit und Steifigkeit) und PBTP-Blockcopolyetherester auf Basis von PBTP als Hartsegment und Polytetrahydrofurandiol ($\overline{M}_n$ = 650–2000) als Weichsegment, die ausgesprochenen Elastomercharakter haben.

PETP und PBTP zeichnen sich durch hohe Härte, Steifigkeit, gute Zeitstandfestigkeit, hohe Maßhaltigkeit (geringer thermischer Ausdehnungskoeffizient, niedrige Wasseraufnahme und Nachschwindung) und sehr günstiges Gleit- und Verschleißverhalten aus[400, 401]. PETP und PBTB sind beständig gegenüber Ölen und Fetten, jedoch unbeständig gegen starke Säuren und Alkalien und bei Dauerbeanspruchung durch heißes Wasser (hydrolytischer Abbau). An der Luft ist eine Dauergebrauchstemperatur (ohne mechanische Belastung) von maximal 100 °C zulässig; bei gleichzeitiger mechanischer Beanspruchung wird die maximale Gebrauchstemperatur durch die Höhe der Glastemperatur (s. o.) bestimmt. Eine ausführliche Beschreibung der Verarbeitungs- und Gebrauchseigenschaften von PETP und PBTP wurde von Asmus gegeben[402].

7.1.7 Polytetrafluorethylen

Herstellung

Polytetrafluorethylen (PTFE) wird technisch durch radikalische Polymerisation von Tetrafluorethylen (s. S. 138) vorwiegend in wäßriger Flotte hergestellt[403]. Tetrafluorethylen ist eine außerordentliche reaktionsfreudige Verbindung, die selbst in Abwesenheit von Sauerstoff unter Druck bei Temperaturen oberhalb –20 °C explosionsartig in Kohlenstoff und Tetrafluormethan zerfallen kann. Die wäßrige Flotte enthält das Katalysatorsystem, meist ein wasserlösliches Redoxsystem, z. B. Ammoniumpersulfat/Natriumhydrogensulfit mit Kupfer-Ionen als

Beschleuniger. Die zwei gebräuchlichen Verfahrenstypen, die Suspensions- und die Emulsionspolymerisation, liefern Polymerisate mit sehr unterschiedlicher Teilchengröße. Bei der Emulsionspolymerisation werden die sich bildenden PTFE-Teilchen durch perfluorierte Emulgatoren, z. B. Perfluoroctansäure in Schwebe gehalten, und man erhält milchig bis bläulich erscheinende Dispersionen mit einem Massengehalt von 20 bis 40% Feststoff und Teilchendurchmessern von 0,1 bis 0,3 μm. Bei der Suspensionspolymerisation fällt eine Suspension mit einem Massengehalt von 20 bis 30% Feststoff und ca. 2 bis 4 mm großen, meist unregelmäßig geformten runden oder länglichen Agglomeraten an. Das anfallenden PTFE besteht aus linearen Makromolekülen mit $\overline{M}_w = 5 \cdot 10^5 – 9 \cdot 10^6$.

Aufbereitung und Verarbeitung

Die bei der Suspensionspolymerisation anfallenden Agglomerate werden durch Waschen, Trocknen und Zerkleinern zu pulverförmigen Produkten aufbereitet. Pulver mit Schüttdichten von 400 bis 900 g·l^{-1} können direkt mit der für die PTFE-Verarbeitung typischen Preß-Sintertechnik zu Halbzeug verarbeitet werden.

PTFE-Pulver mit einem mittleren Korndurchmesser von < 100 μm sind meist nicht rieselfähig und weisen Schüttdichten von 300 bis 400 g·l^{-1} auf. Sie haben gegenüber gröberen Pulvern den Vorteil, porenärmere Formkörper zu ergeben, und können zu gut rieselfähigem Pulver mit hohen Schüttdichten (600 bis 900 g·l^{-1}) umgewandelt werden. Für die Ram-Extrusion[404] werden rieselfähige Pulver durch thermische Behandlung bei 300 bis 400°C in druckstabile Agglomerate überführt.

Die bei der Emulsionspolymerisation anfallenden Dispersionen werden oft auf ca. 60% (Massengehalt) PTFE aufkonzentriert; solche wäßrige PTFE-Dispersionen, die 3 bis 5% (Massengehalt) eines Emulgators enthalten, dienen als Grundstoff für Formulierungen zum Imprägnieren und Beschichten von Metallen sowie von Geweben aus Glas-, Asbest- oder Graphitfasern. Die anfallenden Dispersionen werden auch oft durch Rühren oder durch Elektrolytzusatz ausgefällt und zu Pulver für das Pastenextrusionsverfahren aufbereitet[405].

Eigenschaften

Formkörper aus PTFE weisen einen Kristallinitätsgrad von 50 bis 70% entsprechend einer Dichte $\varrho_{20°C}$ von 2,14 bis 2,20 g·cm^{-3} (DIN 53479) auf. PTFE kristallisiert oberhalb 19°C hexagonal, darunter triklin[406]. Der Kristallitschmelzpunkt liegt bei 320 bis 345°C. PTFE weist nahezu unbegrenzte Chemikalienbeständigkeit auf. Stoffe wie Königswasser, Flußsäure, rauchende Salpetersäure, kochende Natronlauge, gasförmiges Chlor, hochkonzentriertes Wasserstoffperoxid und die gebräuchlichen organischen Lösungsmittel greifen PTFE nicht an. PTFE wird jedoch z. B. von geschmolzenen Alkalimetallen oder auch von Naphthalin-Natrium angegriffen und quillt z. B. bei Einwirkung von Fluorchlorkohlenwasserstoffen etwas an. Bei Einwirkung ionisierender Strahlung, besonders in Gegenwart von Sauerstoff, erfährt es jedoch stärkeren molekularen Abbau als z. B. PMMA. PTFE bildet beim Erhitzen erst oberhalb 400°C größere Mengen gasförmiger Zersetzungsprodukte, von denen besonders Perfluorisobutylen toxische Eigenschaften besitzt (Rauchverbot beim Umgang mit PTFE, insbesondere mit PTFE-Pulver). PTFE ist unbrennbar und kann im Bereich von -200 bis $+260°C$ (Dauergebrauchstemperatur) verwendet werden. Es ist antiadhäsiv, zeigt ein gutes Gleitverhalten und ist extrem beständig gegen Licht und Wetter (nach 20 bis 30 Jahren keine Veränderungen).

PTFE ist aufgrund der hohen Schmelzviskosität (ca. 10^{10} Pa·s bei 380°C) für die gebräuchlichen Methoden der Thermoplastverarbeitung ungeeignet. Dieser Nachteil konnte durch radikalische Copolymerisation mit perfluorierten Monomeren bei weitgehender Erhaltung des dem PTFE eigenen Niveaus der Gebrauchseigenschaften behoben werden. Besondere Bedeutung haben statistische Copolymere von Tetrafluorethylen mit einem Stoffmengengehalt bis zu 5% Perfluorpropylvinylether[407] (s. S. 138) oder mit einem Stoffmengengehalt von 15 bis 25% Perfluorpropylen erlangt[407]. Für quantitative Angaben über die Eigenschaften von PTFE und perfluorierten PTFE-Copolymeren sei auf die Literatur[408, 409] verwiesen.

7.2 Duroplaste

7.2.1 Polyurethane

Von den verschiedenen Polyurethan-Strukturtypen werden hier nur die vernetzten Polyether- und Polyester-Polyurethane behandelt. Bezüglich der segmentierten Polyether- und Polyester-Polyurethane und der Polyurethan-Polyharnstoffe wird auf Kap. 2, S. 371, verwiesen. Lineare Polyurethane aus Diisocyanaten und kurzkettigen Diolen, z. B. aus 1,6-Diisocyanatohexan und 1,4-Butandiol, standen zu Beginn der techni-

Tab. 1.49 Grundreaktionen von Isocyanaten mit verschiedenen Reaktionspartnern, die bei der Herstellung von PUR von Bedeutung sind. Vereinfachte Darstellung anhand monofunktioneller Verbindungen

Reaktionspartner	Reaktionsgleichungen (Reaktionsprodukte)	Anmerkungen
Alkohole	$R-N=C=O + R^1OH \longrightarrow R-NH-\underset{\underset{O}{\|}}{C}-OR^1$ (Urethane) (1)	primäre Alkohole reagieren leicht schon bei 25–50 °C, die Reaktivität nimmt über die sekundären zu den tertiären Alkoholen hin ab
primäre Amine	$R-N=C=O + R^1NH_2 \longrightarrow R-NH-\underset{\underset{O}{\|}}{C}-NH-R^1$ (symmetrisch disubstituierte Harnstoffe) (2 a)	die Reaktivität der Amine nimmt im allgemeinen mit steigender Basizität zu. Primäre aliphatische Amine sind schon bei 25 °C äußerst reaktiv
sekundäre Amine	$R-N=C=O + \underset{R^2}{\overset{R^1}{\diagdown}}NH \longrightarrow R-NH-\underset{\underset{O}{\|}}{C}-N\underset{R^2}{\overset{R^1}{\diagup}}$ (trisubstituierte Harnstoffe) (2 b)	geringere Reaktivität zeigen sekundäre aliphatische Amine, die geringste Reaktivität weisen aromatische Amine auf.
Carbonsäure	$R-N=C=O + R^1-COOH$ $\longrightarrow R^1-NH-\underset{\underset{O}{\|}}{C}-R + CO_2$ (Carbonsäureamide und Kohlendioxid) (3)	Carbonsäuren sind weniger reaktiv als Alkohole und Wasser. Die Reaktivität nimmt mit steigender Dissoziationskonstante der Säure ab
Wasser	$R-N=C=O + H_2O \longrightarrow R-NH_2 + CO_2$ (primäre Amine und Kohlendioxid) (4)	als Zwischenprodukt der Reaktion (4) wird eine N-substituierte Carbaminsäure, R–NH–COOH, angenommen, die sofort in ein primäres Amin und Kohlendioxid zerfällt. Das entstehende primäre Amin ist reaktiver als Wasser und reagiert rasch nach Gl. (2 a)
Phenole	$R-N=C=O + \text{C}_6\text{H}_5\text{OH}$ $\longrightarrow R-NH-\underset{\underset{O}{\|}}{C}-O-\text{C}_6\text{H}_5$ (Urethane) (5)	Phenole reagieren langsamer mit Isocyanat als aliphatische Alkohole

Tab. 1.49 Fortsetzung

Reaktions-partner	Reaktionsgleichungen (Reaktionsprodukte)	Anmerkungen
Urethane s. Gl. (1)	$R-N=C=O$ + $R^1-NH-\underset{\underset{O}{\|\|}}{C}-OR^2$ $\longrightarrow$ $R^1-\underset{\underset{O=C-NH-R}{\|}}{N}-\underset{\underset{O}{\|\|}}{C}-OR^2$ (Allophanate) (6)	die Reaktionen (6), (9) und (10) spielen vor allem bei der Herstellung modifizierter Polyisocyanate (s. Tab. 1.50) eine Rolle. Reaktion (6) erfolgt in stärkerem Ausmaß erst bei Temperaturen von 120–140 °C
symmetrisch disubstituierte Harnstoffe s. Gl. (2 a)	$R-N=C=O$ + $R^1-NH-\underset{\underset{O}{\|\|}}{C}-NH-R^2$ $\longrightarrow$ $R^1-\underset{\underset{O=C-NH-R}{\|}}{N}-\underset{\underset{O}{\|\|}}{C}-NH-R^2$ (Biurete) (7)	Reaktion (7) erfolgt in der Regel erst über 100 °C
Carbonsäure-amide s. Gl. (3)	$R-N=C=O$ + $R^1-NH-\underset{\underset{O}{\|\|}}{C}-R^2$ $\longrightarrow$ $R^1-\underset{\underset{O=C-NH-R}{\|}}{N}-\underset{\underset{O}{\|\|}}{C}-R^2$ (Acylharnstoffe) (8)	N-alkylierte Carbonsäureamide sind etwas reaktiver als symmetrisch disubstituierte Harnstoffe (s. Gl. (7))
Isocyanate a) Dimeri-sierung	$2\,R-N=C=O \rightleftharpoons$ R-N⟨ring⟩N-R (Uretdione) (9)	Uretdione sind verkappte Isocyanate; sie zerfallen bei höherer Temperatur (meist > 150 °C) unter Freisetzung von Isocyanat-Gruppen, Gl. (9); aliphatische Isocyanate bilden keine Uretdione
b) Trimeri-sierung	$3\,R-N=C=O \longrightarrow$ (Isocyanurate) (10)	die Uretdion-Bildung (9) wird durch Phosphine katalysiert, die Trimerisierung (10) z. B. durch Kaliumacetat und die Carbodiimidisierung (11 a) z. B. durch P-methyl-phospholinoxid,

	Anmerkungen
CO_2 (11 a)	Carbodiimide reagieren sehr leicht mit Carbonsäuren nach $$R-N=C=N-R + R^1COOH$$ $$\longrightarrow R-NH-\underset{\underset{O}{\|}}{C}-\underset{\underset{R}{\|}}{N}-\underset{\underset{O}{\|}}{C}-R^1$$
=O (11 b)	zu Acylharnstoffen, die verhältnismäßig stabil sind; sie können daher den hydrolytischen Abbau von Polyesterurethanen inhibieren

schen Entwicklung im Mittelpunkt des Interesses, sind jedoch z. Z. technisch bedeutungslos; technisch bedeutend sind jedoch segmentierte, lineare Polyurethane, die als thermoplastische Polyurethan-Elastomere (TPU) bezeichnet werden (s. Kap. 2, S. 371 f).
Polyurethane (PUR) werden technisch ausschließlich durch Addition von mehrwertigen Hydroxy-Verbindungen (*Polyole*) an mehrwertige Isocyanate (*Polyisocyanate*) hergestellt. Bei den Additionsreaktionen entstehen aus der Isocyanat-Gruppe neben der Urethan-Gruppierung vielfach auch Carbonsäureamid-, Harnstoff-, Biuret-, Allophanat- und Isocyanurat-Strukturen (s. Tab. 1.49); die Reaktion (1) in Tab. 1.49 verläuft mit nahezu vollständigem Umsatz, so daß sie bei Einsatz mehrfunktioneller Isocyanate und Hydroxy-Verbindungen stufenweise zur Bildung makromolekularer Strukturen führt (*Polyaddition*). Die Polyadditionsreaktionen lassen sich durch geeignete Katalysatoren sehr stark beschleunigen (s. S. 169). Zum Unterschied von den Polyamiden oder den Polyestern (s. S. 135 und 123) enthalten die wichtigsten Polyurethane die charakteristische Gruppe nur in untergeordnetem Maße; man sollte die Polyurethane daher eigentlich als Polyisocyanat-Addukte bezeichnen.

Polyisocyanate
Ca. 95% der PUR-Produktion basiert auf aromatischen Polyisocyanaten, nur ca. 5% auf aliphatischen (s. S. 162 ff). Die aromatischen Polyisocyanate sind wesentlich reaktiver (s. Grundreaktionen in Tab. 1.49) als die aliphatischen. Dominierende Bedeutung haben **Toluylendi**isocyanat (**TDI**, Kapazität in Westeuropa 1979: 310 000 jato) und Diphenyl**m**ethan**di**isocyanat (**MDI**, Kapazität in Westeuropa 1979: 305 000 jato), wobei Modifikationen dieser monomeren Grundstoffe (s. Tab. 1.50) zunehmend an Bedeutung gewinnen. Aus aliphatischen Polyisocyanaten, z. B. aus HDI (s. Tab. 1.50, S. 164), hergestellte Polyurethane erleiden durch Licht- und Wärmeeinwirkung keine Verfärbung[410].
Alle Isocyanate gelten als Produkte, die akute oder chronische gesundheitsschädliche Eigenschaften aufweisen können[411]. Isocyanate haben eine mäßige akute orale und kutane Toxizität; besondere Gefahr ist bei Inhalation von Isocyanat-Dämpfen und -Aerosolen gegeben. Recht hohen Dampfdruck weist TDI auf ($3 \cdot 10^{-2}$ mbar bei 25 °C); die Dampfdrücke von MDI-Polymertypen (s. Tab. 1.50) sind wesentlich niedriger (ca. $1{,}25 \cdot 10^{-4}$ mbar bei 25 °C). Der MAK-Wert wurde für alle Isocyanate einheitlich auf 0,02 ppm festgelegt.

Polyole
Als mehrwertige Hydroxy-Verbindungen (*Polyole*) werden vorwiegend Polyether (Polyetherpolyole) und Polyester mit endständigen Hydroxy-Gruppen (Polyesterpolyole) eingesetzt. Niedermolekulare Polyole, z. B. Ethylenglykol, 1,4-Butandiol und 1,6-Hexandiol, werden oft zur

Tab. 1.50 Wichtige Polyisocyanate[412]

Bezeichnung	Formel	Schmelzpunkt FP (°C) Siedepunkt KP (°C) η = Viskosität	Anmerkungen
2,4-Diisocyanatotoluol	(CH₃, N=C=O, N=C=O auf Benzolring)	FP = 22	die 4ständige NCO-Gruppe ist viel reaktionsfähiger als die 2ständige
TDI 80	80% 2,4-Isomer / 20% 2,6-Isomer	FP = 13,5	vorwiegend für Weichschaum, Hartschaum und z. T. auch für Elastomere — Toluylendiisocyanat (TDI)-Isomerengemische sind die billigsten Diisocyanate; nachteilig ist das Vergilben daraus hergestellter Polyaddukte und der relativ hohe Dampfdruck (s. S. 161)
TDI 65	65% 2,4-Isomer / 35% 2,6-Isomer	FP = 5	vorwiegend für Weichschaum
1,5-Diisocyanato-naphthalin (NDI)	(Naphthalin mit N=C=O in 1,5-Stellung)	FP = 127	sehr reaktionsfähig; vorwiegend für mechanisch hochwertige Elastomere
4,4'-Diisocyanatodi-phenylmethan (4,4'-MDI)	O=C=N–C₆H₄–CH₂–C₆H₄–N=C=O	FP = 39,5	vorwiegend zur Herstellung von Elastomeren

Tab. 1.50 Fortsetzung

Bezeichnung	Formel	Schmelzpunkt FP (°C) Siedepunkt KP (°C) η = Viskosität	Anmerkungen
polymeres MDI; Zweikern Anteil 30–70%, Dreikern Anteil 15–40%, Höherkern Anteil 15–30% (Massengehalt)	(allgemeine Strukturformel)	η = 50–20 000 mPa·s	*polymeres* (*rohes*) MDI wird vorwiegend für Hartschäume, harte Integralschäume und mit TDI für Kaltschäume eingesetzt
Uretdion des 2,4-Diisocyanatotuluols (s. Gl. (10), Tab. 1.49)		FP = 153	dieses Uretdion reagiert bei Raumtemperatur wie ein normales aromatisches Diisocyanat; bei höherer Temperatur (ca. 120 °C) bildet sich mit Hydroxy-Verbindungen eine Allophanat-Struktur: Verwendung zur Vernetzung thermoplastischer Polyaddukte durch Erhitzen bei der Formgebung
Triisocyanatotriphenylmethan		z. B. 20%ige Lösung in Methylenchlorid $\eta_{20°C} \simeq 1$ mPa·s	zur Herstellung von Klebstoffen

Tab. 1.50 Fortsetzung

Bezeichnung	Formel	Schmelzpunkt FP (°C) Siedepunkt KP (°C) η = Viskosität	Anmerkungen
Addukt aus TDI und Trimethylolpropan (s. Gl. (1), Tab. 1.49)	$H_3C-CH_2-C\left[CH_2-O-\underset{\underset{O}{\|\|}}{C}-NH-\underset{N=C=O}{\bigcirc}-CH_3\right]_3$	75%ige Lösung in Ethylacetat $\eta_{20°C}$ = 2000 ± 500 mPa·s	vorwiegend für Lackharze
Trimerisat aus TDI (s. Gl. (10), Tab. 1.49)	(idealisiert)	50%ige Lösung in Butylacetat $\eta_{20°C}$ = 2000 ± 500 mPa·s	die Isocyanurat-Struktur ist thermisch sehr stabil
1,6-Diisocyanatohexan HDI	$O=C=N-(CH_2)_6-N=C=O$	KP (bei 133 mbar) = 187	vorwiegend für nicht vergilbende Elastomere

Tab. 1.51 Gebräuchliche Starter für Polyetherpolyole

Verbindungsname	Funktionalität des gestarteten Polyetherpolyols	Formel	Schmelzpunkt* FP (°C) Siedepunkt** KP (°C)
1-Butanol	1	$H_3C-CH_2-CH_2-CH_2-OH$	KP = 100
Ethylenglykol	2	HOH_2C-CH_2OH	KP = 197
1,2-Propylenglykol	2	$HO-CH_2-CH_2-OH$ mit CH_3 Seitenkette	KP = 188
Bisphenol-A	2	$HO-C_6H_4-C(CH_3)_2-C_6H_4-OH$	FP = 157
Wasser	2	$H-O-H$	KP = 100
Ethylendiamin	2	$H_2N-CH_2-CH_2-NH_2$	KP = 118
Trimethylolpropan	3	$H_3C-CH_2-C-(CH_2OH)_3$	FP = 58
Trimethylolethan	3	$H_3C-C-(CH_2OH)_3$	FP = 190
Glycerin	3	$HOH_2C-CH(OH)-CH_2OH$	KP = 290
Pentaerythrit	4	$HOH_2C-C(CH_2OH)_2-CH_2OH$	FP = 258
Sorbit	bis zu 6	$HOH_2C-CH(OH)-CH(OH)-CH(OH)-CH(OH)-CH_2OH$	FP = 110
Saccharose (Rohrzucker)	bis zu 8	(Strukturformel Saccharose, α-β-glykosidisch verknüpft)	FP = 188

* bei Stoffen, die bei Raumtemperatur fest sind
** bei Stoffen, die bei Raumtemperatur flüssig sind

Tab. 1.52 Chemismus der Herstellung von Polyetherpolyol

Reaktionsgleichungen	Anmerkungen
ROH + KOH ⇌ R$\overline{O}$⁻K⁺ + H$_2$O I II III (1)	im Gemisch von Starter (I) und Katalysator, z. B. KOH, liegt das Gleichgewicht (1) vor. Das Alkoholatanion (III) greift den Oxiranring (IV), z. B. EO (R^1 = H) oder PO (R^1 = CH_3) unter Ringspaltung an, wobei sich ein Oxiran-Baustein, z. B. EO oder PO, unter Bildung des reaktiven Anions (V) addiert [Gl. (2) mit n = 1]; dieses Anion (V) kann weitere Oxiran-Bausteine addieren [(V) mit $n > 1$]. Schließlich wird das Kettenwachstum durch die Reaktion (3) unterbrochen
R$\overline{O}$⁻K⁺ + n △—R^1 → R⟦O—CH$_2$—CH(R^1)⟧$_n$ $\overline{O}$⁻K⁺ III IV V (2)	
R⟦O—CH$_2$—CH(R^1)⟧$_n$ $\overline{O}$⁻K⁺ + H$_2$O V → R⟦O—CH$_2$—CH(R^1)⟧$_n$ OH + KOH VI II (3)	Da die zugegebene Basenmenge (0,1–1% der Starterkonzentration) gering ist, liegen mehr Hydroxy-Gruppen, s. (VI), als Alkoholat-Gruppen, s. (V), vor. Zwischen diesen beiden Arten von Kettenenden findet laufend Protonenaustausch statt, Gl. (4). Daher addiert sich hinzugefügtes Oxiran an alle Polyether-Moleküle mit annähernd gleicher Wahrscheinlichkeit (sehr enge Molekülmassenverteilung, $\overline{M}_w/\overline{M}_n \approx 1{,}1$). Die Kettenlänge und die gewünschte Struktur (EO-Block, PO-Block, Mischblock) kann durch sukzessives Zudosieren von Oxiran eingestellt werden
R⟦O—CH$_2$—CH(R^1)⟧$_x$ $\overline{O}$⁻ + R⟦O—CH$_2$—CH(R^1)⟧$_y$ OH → R⟦O—CH$_2$—CH(R^1)⟧$_x$ OH + R⟦O—CH$_2$—CH(R^1)⟧$_y$ $\overline{O}$⁻ (4)	

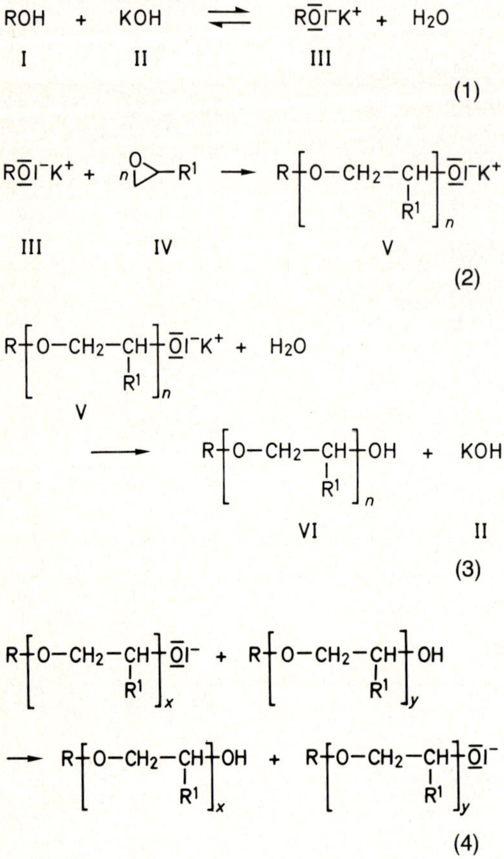

Verknüpfung von Prepolymeren *(Kettenverlängerer)* verwendet.
Die westeuropäische Produktionskapazität für Polyetherpolyole lag 1979 bei 890 000 jato. Die größte Bedeutung haben Polyetherpolyole, die durch Addition von Oxiranen (Epoxiden), z. B. 1,2-Propylenoxid (PO) und Ethylenoxid (EO),

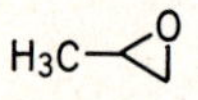

H_3C—△O

Propylenoxid, KP = 34 °C

△O

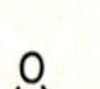

Ethylenoxid, KP = 10,7 °C

an mehrfunktionelle *Starter* (s. Tab. 1.51) hergestellt werden[413]. Die ringöffnende Polymerisation von EO und PO erfolgt technisch meist mit basischen Katalysatoren, z. B. Kalilauge und in Gegenwart eines Starters bei Temperaturen um 150 °C; der Chemismus dieser Reaktion ist aus Tab. 1.52 ersichtlich. Endständige EO-Bausteine weisen primäre Endgruppen und damit höhere Reaktivität als PO-Bausteine auf, die bei Anwendung basischer Katalysatoren vorwiegend sekundäre Hydroxy-Endgruppen haben. Polyetherpolyole weisen ein Zahlenmittel der rel. Molekülmasse von $\overline{M}_n$ = 180–8000 und eine enge Molekülmassenverteilung ($\overline{M}_w/\overline{M}_n \approx 1{,}10$) auf. Sie werden vor allem für die Herstellung von Schaumstoffen verwendet (s. Tab. 1.53).
Die westeuropäische Kapazität für Polyesterpolyole lag 1979 bei ca. 220 000 jato. Polyesterpolyole werden durch Polykondensation von di- und trifunktionellen Alkoholen mit Dicarbon-

Tab. 1.53 Kennzeichnende Eigenschaften gebräuchlicher Polyetherpolyole für verschiedene Anwendungen[414]; Hydroxy-Zahl = 33 · (Hydroxy-Massengehalt in %), η = Viskosität bei 25 °C/mPa · s

Starter	Oxiran	Funktionalität	$\overline{M}_n$	Hydroxy-Zahl	η	Verwendung
Propylenglykol (PG)	PO	2	2000	56	300	Elastomere
Trimethylolpropan (TMP)	PO/EO	3	4800	35	825	Kaltschaum
PG/TMP	PO/EO	2,78	3180	49	550	Weichschaum
TMP	PO	3	306	550	40	Hartschaum
Saccharose/PG/Wasser	PO	5,8	856	380	13 000	Hartschaum

Tab. 1.54 Gebräuchliche Komponenten für die Herstellung von Polyesterpolyolen

Verbindungsname	Funktionalität	Formel	Schmelzpunkt* FP (°C) Siedepunkt** KP (°C)
a) Polyole			
Ethylenglykol	2	HOH_2C-CH_2OH	KP = 197
1,2-Propylenglykol	2	$HO-CH(CH_3)-CH_2-OH$	KP = 188
1,4-Butandiol	2	$HOH_2C-CH_2-CH_2-CH_2OH$	KP = 197
1,6-Hexandiol	2	$HOH_2C-CH_2-CH_2-CH_2-CH_2-CH_2OH$	FP = 43
Neopentylglykol	2	$(H_3C)_2-C-(CH_2OH)_2$	FP = 128
Diethylenglykol	2	$HOH_2C-CH_2-O-CH_2-CH_2OH$	KP = 245
Glycerin	3	$HOH_2C-CH(OH)-CH_2OH$	KP = 290
Trimethylolpropan	3	$H_3C-CH_2-C-(CH_2OH)_3$	FP = 58
b) Dicarbonsäuren bzw. Anhydride			
Bernsteinsäure	2	$HOOC-CH_2-CH_2-COOH$	FP = 187
Adipinsäure	2	$HOOC-CH_2-CH_2-CH_2-CH_2-COOH$	FP = 151
Phthalsäureanhydrid	2	Phthalsäureanhydrid (Strukturformel)	FP = 130

* bei Stoffen, die bei Raumtemperatur fest sind
** bei Stoffen, die bei Raumtemperatur flüssig sind

168 Grundstoffe

Tab. 1.54 Fortsetzung

Verbindungsname	Funktionalität	Formel	Schmelzpunkt* FP (°C) Siedepunkt** KP (°C)
Hexahydrophthalsäureanhydrid	2	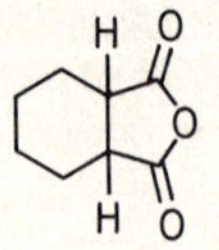	FP = 36
HET-Säureanhydrid	2	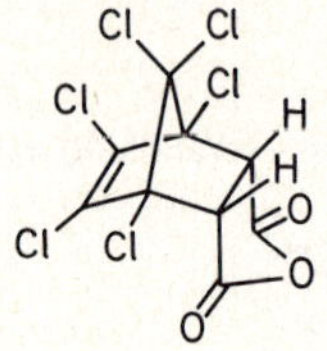	FP = 234
Isophthalsäure	2	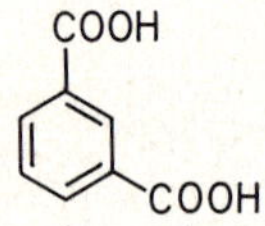	FP = 348
c) Lactone			
Caprolacton	2	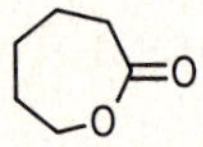	KP (16 mbar) = 98–99
Pivalolacton	2	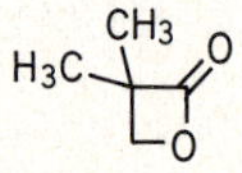	KP = 160

* bei Stoffen, die bei Raumtemperatur fest sind
** bei Stoffen, die bei Raumtemperatur flüssig sind

säuren bzw. deren Anhydriden hergestellt[415] (s. Tab. 1.54). Auch Polyester der Kohlensäure mit Ethylenglykol bzw. Bisphenol-A (s. Polycarbonat, S. 148) und OH-funktionelle Polylactone, die durch ringöffende Polyaddition von Caprolacton bzw. Pivalolacton (s. Tab. 1.54, unten) an niedermolekulare Diole gewonnen werden, haben beschränkte technische Bedeutung erlangt. Polyesterpolyole weisen meist einen Zahlenmittelwert der rel. Molekülmasse $\overline{M}_n$ zwischen 1000 und 4000 und eine breite Molekülmassenverteilung ($\overline{M}_w/\overline{M}_n \approx 2$) auf.
Polyesterpolyole sollen einen möglichst geringen Gehalt an Carboxy-Endgruppen aufweisen (Säurezahl nach DIN 53402 < 1), da freie Carboxy-Gruppen mit Isocyanat viel träger reagieren als Hydroxy-Gruppen und dabei Kohlendioxid freigesetzt wird (s. S. 159, Gl. (3)), und weil die Acidität freier Carboxy-Gruppen die Katalyse der Polyaddition (s. S. 169) und die Hydrolysebeständigkeit des damit hergestellten Polyurethans negativ beeinflußt. Kennzeichnende Eigenschaften verschiedener gebräuchlicher Polyesterpolyole sind in Tab. 1.55 zusammengefaßt.

Tab. 1.55 Kennzeichnende Eigenschaften gebräuchlicher Polyesterpolyole für verschiedene Anwendungen[416]
Hydroxy-Zahl = 33 · (Hydroxy-Massengehalt in %), η = Viskosität/mPa·s

Chemische Zusammensetzung	$\overline{M}_n$	Hydroxy-Zahl	η	Anwendung
Adipinsäure/Ethylenglykol	2000	56	500–600	Elastomere
Adipinsäure/Diethylenglykol	2370	60	925–1075	Weichschaumstoffe
Adipinsäure/Phthalsäureanhydrid/ Ethylenglykol	1750	64	2200–3140	Ledergrundierung
verschiedene Anhydride*/Adipinsäure/ Diethylenglykol	2850	260	–	Lack
Hexandiol-polycarbonat	2000	56	2200–2400	hochwertige Elastomere

* Phthalsäure-, Maleinsäure- und Hexahydrophthalsäureanhydrid

Katalysatoren und Blockierungsmittel

Die Reaktionen von Isocyanaten (s. S. 149 ff) können durch Katalysatoren außerordentlich beschleunigt werden. Als Katalysatoren sind sowohl Lewis-Basen als auch Lewis-Säuren wirksam. Die wichtigsten katalytisch wirkenden Lewis-Basen sind tertiäre Amine, z. B. **Dia**za-**b**icyclo-**o**ctan (Dabco®)

$$\mathrm{N}\begin{pmatrix}CH_2-CH_2\\CH_2-CH_2\\CH_2-CH_2\end{pmatrix}\mathrm{N}$$

Dabco®, FP = 158 °C

Triethylamin und Dimethylbenzylamin. Die wichtigsten katalytisch wirksamen Lewis-Säuren sind zinnorganische Verbindungen, z. B. Zinndioctoat, eigentlich Zinn-di-(2-ethylhexoat), Dibutylzinn-dilaurat, Dibutyl-zinn-bis-dodecylmercaptid und Blei-phenyl-ethyl-dithiocarbaminat. Der Mechanismus der Katalysatorwirkung ist noch nicht aufgeklärt[417]; die in Lösung durchgeführten kinetischen Untersuchungen haben für die Praxis der lösungsmittelfreien PUR-Herstellung nur beschränkte Aussagekraft.
Durch Blockieren (*Verkappen*) der Isocyanat-Gruppe mit bestimmten wasserstoff-aciden Verbindungen lassen sich lagerstabile thermolabile Addukte (*Abspalter*) herstellen, die bei Raumtemperatur gegenüber Polyolen und Wasser (Luftfeuchtigkeit) inert sind[418]. Bei Temperaturen zwischen 140 und 180 °C reagieren die verkappten Polyisocyanate unter Freisetzung des Blockierungsmittels wie die entsprechenden Polyisocyanate. Als Blockierungsmittel von Polyisocyanaten werden vor allem Phenol, Kresol, Nonylphenol (nicht flüchtig), Caprolactam, Methylethylketoxim und Acetessigester verwendet. Auch Uretdione und Uretonimine können als verkappte Isocyanate reagieren. Auch primäre Amine lassen sich durch Umsetzung mit Carbonyl-Verbindungen zu Bis-Aldiminen bzw. Bis-Ketiminen verkappen, die unter Einfluß von Wasser bzw. Luftfeuchtigkeit mit Diisocyanaten zu den entsprechenden Polyharnstoffen (s. S. 159) reagieren.

Herstellungsverfahren

Bei der Herstellung von PUR aus den Komponenten (s. oben) unterscheidet man das one-shot-Verfahren und das Prepolymer-Verfahren.
Beim one-shot-Verfahren werden sämtliche Reaktionskomponenten auf einmal vermischt, und dieses Gemisch härtet in einem Zuge aus. Dieses Verfahren, das vor allem zur Herstellung geschäumter Artikel mit kurzer Taktzeit eine wichtige Rolle spielt, setzt annähernd gleiche Geschwindigkeit der Reaktionen zwischen den verschiedenen Komponenten mit aktivem Wasserstoff und dem Polyisocyanat voraus und führt zu einer weitgehend statistischen Netzwerkstruktur.
Beim Prepolymer-Verfahren geht man von Prepolymeren aus, worunter man in der Polyurethanchemie Zwischenstufen der Isocyanat-Polyaddition versteht[419]. Bei der Reaktion von einem Diisocyanat mit einem Diol können durch geeignete Wahl des Molverhältnisses Zwischenstufen mit bestimmter mittlerer rel. Molekülmasse und bestimmter Häufigkeit von Hydroxy- bzw. Isocyanat-Endgruppen hergestellt werden. Besondere Bedeutung haben Prepolymere, die ausschließlich Isocyanat-Endgruppen aufweisen (NCO-Prepolymere) und durch Umsetzung von Polyolen mit einem molaren Überschuß an Polyisocyanat erhalten werden. Die dabei entstehenden homologen Gemische enthalten oft

noch einen beträchtlichen Anteil an monomerem Polyisocyanat; NCO-Prepolymere mit enger Molekülmassenverteilung und nur geringem Anteil an monomerem Ausgangsisocyanat können mit Diisocyanaten hergestellt werden, die Isocyanat-Gruppen mit unterschiedlicher Reaktivität aufweisen, z. B. 2,4-Di-isocyanatotoluol (s. Tab. 1.50). Überschüssiges monomeres Diisocyanat muß für bestimmte Anwendungen durch Destillation (Dünnschichtdestillation) oder durch Extraktion entfernt werden.

Durch das Prepolymer-Verfahren werden vor allem PUR-Elastomere hergestellt (s. Kap. 2, S. 371 f), da es die gezielte Herstellung eines segmentierten Kettenaufbaus ermöglicht. Das Prepolymer-Verfahren gewährleistet auch die vollständige Umsetzung selbst reaktionsträger Polyetherdiole in Abwesenheit von Katalysatoren.

Vernetzte Polyether- und Polyester-Polyurethane

Die vernetzten Polyether-Polyurethane enthalten Polyether, die überwiegend aus Propylenoxid-Bausteinen aufgebaut sind, da ein höherer Gehalt an Ethylenoxid-Bausteinen wegen deren Hydrophilie nachteilig ist; andererseits sind Ethylenoxid-Bausteine an den Kettenenden der Polyetherpolyole vorteilhaft, da sie mit ihren primären Hydroxy-Gruppen rascher reagieren. Zur Herstellung von hochelastischen Weichschäumen werden langkettige Polyetherpolyole mit einer Funktionalität von 2 bis 3 mit bifunktionellen Isocyanaten, vor allem TDI, zu einem weitmaschigen Netzwerk umgesetzt. Starre Hartschaumstoffe werden durch Reaktion von kurzkettigen und hochfunktionellen Polyetherpolyolen mit MDI-Typen der Funktionalität 2,2 bis 2,6 (s. Tab. 1.50) erzeugt, wobei ein sehr engmaschiges Netzwerk entsteht. Zwischen diesen Extremen sind alle Übergänge möglich.

Neben der Herstellung im one-shot-Verfahren (s. S. 169), haben auch Voraddukte aus Polyethern und Diisocyanaten mit endständigen Isocyanat-Gruppen Bedeutung erlangt. Diese Voraddukte werden in Lösung eingesetzt und härten an der Luft unter Feuchtigkeitsaufnahme aus; bei Einsatz eines flüssigen Treibmittels als Lösungsmittel können hieraus 1-Komponenten-Schaumformulierungen hergestellt werden.

Polyether-Polyurethane zeichnen sich durch gutes Tieftemperaturverhalten und hohe Hydrolysebeständigkeit aus. Nachteilig ist ihre Anfälligkeit für thermooxidativen und lichtinduzierten Abbau; diese Anfälligkeit ist besonders ausgeprägt bei Polyaddukten aus Polyetherpolyolen und aliphatischen Polyisocyanaten, die andererseits den besonderen Vorteil aufweisen, bei Licht- oder Wärmeeinwirkung keine Verfärbung zu erleiden.

Polyester-Polyurethane haben gegenüber den Polyether-Polyurethanen den Nachteil geringerer Hydrolysebeständigkeit und den Vorteil besserer Resistenz gegen Licht, UV-Strahlung, Heißluftalterung, Lösungsmittel und Abrieb. Die Hydrolysebeständigkeit wird durch die Zusammensetzung der eingesetzten Polyesterpolyole bestimmt; sie nimmt mit steigender Hydrophobie der Polyester-Segmente ab. Sehr hohe Hydrolysebeständigkeit wird z. B. mit 1,6-Hexandiol-Adipinsäure-Polyester erzielt. Die durch Hydrolyse gebildeten freien Carbonsäuregruppen katalysieren den weiteren hydrolytischen Abbau um so stärker, je höher die Dissoziationskonstante der betreffenden Dicarbonsäure ist. Die höchste Hydrolysefestigkeit zeigen aus 1,6-Hexandiol-polycarbonat hergestellte Polyester-Polyurethane, da bei diesen der durch freie Carbonsäure-Gruppen ausgelöste autokatalytische Abbau stark zurückgedrängt ist.

Polyester-Polyurethane werden bevorzugt auf dem Lack- und Beschichtungsgebiet eingesetzt. Auf dem Lacksektor spielen vor allem verzweigte Phthalatpolyester eine wichtige Rolle, die mit nichtflüchtigen Isocyanat-Addukten, die eine Funktionalität von ca. 3 besitzen, auf dem Substrat reagieren.

7.2.2 Epoxidharze

Unter Epoxidharzen versteht man Duroplaste, die durch Reaktionen an Epoxid-Gruppen

vernetzt werden. Die Epoxid-Gruppe wird auch oft als Oxiran- und mitunter als Ethoxilin-Gruppe bezeichnet.

Herstellung von Epoxidharzen

Bei der Herstellung der Epoxidharze wird die Epoxid-Gruppe fast immer durch Glycidylierung mit Epichlorhydrin (ECH)

Epichlorhydrin, KP = 115 °C

eingeführt (s. Tab 1.57); nur im Fall bestimmter cycloaliphatischer Epoxidharze (s. z. B. XII und XIII, in Tab. 1.56) erfolgt die Epoxidierung der entsprechenden Cycloolefine durch Einwirkung von Persäuren, z. B. Peressigsäure[420].

Unter den technisch gebräuchlichen Epoxidharzen (s. Tab. 1.56) kommt den Diglycidylethern des Bisphenol-A (s. allgemeine Formel (I), Tab. 1.56) mit ca. 85% der gesamten EP-Produktion dominierende Bedeutung zu, gefolgt von den epoxidierten o-Kresol- und Phenol-Novolaken (s. (II) und (III), Tab. 1.56), die fast 10% der EP-Produktion ausmachen. Die anderen in Tab. 1.56), angeführten Epoxidharze haben den Charakter von Spezialharzen und werden sehr oft in Mischung mit Diglycidyl-Bisphenol-A-Ethern eingesetzt.

Der Chemismus der Bildungsreaktionen von Di-

Tab. 1.56 Technisch bedeutende Epoxidharze

Harztyp	Formel	Anmerkungen
aromatische Epoxidharze Diglycidyl-Bisphenol-A-Ether	I	Chemismus der Herstellung in Tab. 1.57; physikalische Eigenschaften in Abhängigkeit von n in Tab. 1.58, Funktionalität = 2; Basis von ca. 85% der EP-Produktion
epoxidierte Kresol-Novolake (ECN)	II	hergestellt durch Glycidylierung von o-Kresol-Novolaken (s. S. 109 ff) mit $n = 1{,}7$–$4{,}4$ (s. Formel); feste Harze mit einer Funktionalität von $3{,}7$–$6{,}4$. Oft als Zusatz zu (I) zur Erhöhung der Vernetzungsdichte
epoxidierte Phenol-Novolake	III	hergestellt durch Glycidylierung von Phenol-Novolaken (s. S. 109 ff) mit $n \approx 0{,}2 \rightarrow$ hochviskoses flüssiges Harz, mit $n > 3 \rightarrow$ festes Harz; Funktionalität von $2{,}2$ bis > 5. Oft als Zusatz zu (I) zur Erhöhung der Vernetzungsdichte
Tetrabrombisphenol-A-haltige Harze	IV	flüssige Harze mit ca. 50% Br (Massengehalt) durch direkte Glycidylierung von Tetrabrombisphenol-A oder feste Harze mit ca. 20% Br (Massengehalt) durch Zugabe von Tetrabrombisphenol-A im Advancement-Prozeß (s. Tab. 1.57) zur Herstellung höherer Diglycidyl-Bisphenol-A-Ether (I); für schwerentflammbare EP-Harze

Tab. 1.56 Fortsetzung

Harztyp	Formel	Anmerkungen
Bisphenol-F-Harze	V	$n \approx 0{,}15$; flüssiges Harz mit niedriger Viskosität (ca. 4 Pa·s bei 20 °C) Meist in Mischung mit (I) zur Erhöhung der Lagerstabilität (keine Kristallisationsneigung der Mischung) und Erniedrigung der Viskosität gegenüber (I)
Tetraglycidylether von Tetrakis(4-hydroxyphenyl)ethan	VI	FP = 80 °C, Funktionalität = 4; meist als Zusatz zu (I) zur Erhöhung der Vernetzungsdichte
Triglycidyl-p-aminophenol-Harz	VII	flüssiges Harz (ca. 1,5–5 Pa·s bei 20 °C); größere Reaktivität bei Aminhärtung als (I). Funktionalität = 3; meist als Zusatz zu (I) zur Erhöhung der Vernetzungsdichte
N,N,N′,N′-Tetraglycidyl 4,4′-diaminodiphenylmethan	VIII	flüssiges Harz (ca. 25 Pa·s bei 50 °C); oft als Bindemittel in faserverstärkten Verbundstoffen eingesetzt. Funktionalität = 4; erhöhte Vernetzungsdichte

Tab. 1.56 Fortsetzung

Harztyp	Formel	Anmerkungen
reaktive Verdünner		die *reaktiven Verdünner* werden Epoxidharzen vor allem zur Erniedrigung der Viskosität (leichtere Handhabung und Anwendung, höheres Füllstoffaufnahmevermögen und Kostensenkung) zugesetzt[421]; (IX) für formulierte Produkte mit erhöhter Säurebeständigkeit nach Härtung
Kresylglycidylether	(IX)	
Butandiol-1,4-diglycidylether	(X)	hohe Effizienz als reaktiver Verdünner
glycidylierte, lineare, aliphatische (C$_{12}$–C$_{14}$) primäre, einwertige Alkohole	z. B. H$_3$C–(CH$_2$)$_{10}$–CH$_2$–O–CH$_2$–△ (XI)	längere Topfzeit (bei der Härtung) und höhere Flexibilität (nach der Härtung)
cycloaliphatische Epoxidharze		
epoxidierte Cycloolefine	z. B. (XII), (XIII)	(XII) und (XIII) werden durch Epoxidierung der entsprechenden Cycloolefine mit Peressigsäure hergestellt. Verwendung dieser Harze vorwiegend in der Elektrotechnik (Starkstrom-Bauteile, s. Tab. 1.61)
Hexahydrophthalsäurediglycidylester	(XIV)	XIV wird durch Glycidylierung von Hexahydrophthalsäure hergestellt. Dieses sehr niederviskose Harz wird vorwiegend in Abmischung mit anderen cycloaliphatischen Harzen in der Starkstromtechnik eingesetzt

Tab. 1.56 Fortsetzung

Harztyp	Formel	Anmerkungen
heterocyclische Epoxidharze Triglycidylisocyanurat	XV	kristallines Pulver (Erweichungsbereich 85–110 °C), das durch Glycidylierung von Cyanursäure mit Epichlorhydrin hergestellt wird. Funktionalität = 3; vorwiegend für die Herstellung wetterbeständiger Pulverlacke eingesetzt (s. Tab. 1.61)
Hydantoinharze[422] z. B. Triglycidylbishydantoin	XVI	die hohe Polarität des Hydantoin-Ringes verleiht gute Adhäsion zu Füllstoff-Partikeln, Verstärkungsfasern und anderen Substraten. Hohe Lichtbogenfestigkeit der ausgehärteten Harze auch in feuchtem Zustand (Elektrotechnik). Nach Härtung mit Anhydriden besonders hohe Wärmeform- und Außenbewitterungsbeständigkeit; verhältnismäßig hohe Feuchtigkeitsaufnahme (polare Struktur)

Tab. 1.57 Chemismus der Herstellung von Diglycidyl-Bisphenol-A-Ethern (s. (I) in Tab. 1.56)

a) Grundreaktionen bei der Umsetzung von Epichlorhydrin mit einem Phenol in Gegenwart von Natriumhydroxid

Reaktionsgleichungen		Anmerkungen
Ar–OH + OH⁻ ⟶ Ar–O⁻ + H_2O	(1)	Bildung eines Phenolat-Anions
Ar–O⁻ + (epoxid)–CH_2Cl ⟶ Ar–O–CH_2–CH(O⁻)–CH_2Cl	(2)	Reaktion der Epoxid-Gruppe von Epichlorhydrin mit einem Phenolat-Anion
Ar–O–CH_2–CH(O⁻)–CH_2Cl ⟶ Ar–O–CH_2–(epoxid) + Cl⁻	(3)	Eliminierung eines Chlorid-Ions unter Bildung eines Glycidylethers
Ar–O–CH_2–(epoxid) + ⁻O–Ar ⟶ Ar–O–CH_2–CH(O⁻)–CH_2–O–Ar	(4)	Reaktion der Epoxidgruppe eines Glycidylethers mit einem Phenolat-Anion
Ar–O–CH_2–CH(O⁻)–CH_2–O–Ar + H^+ ⟶ Ar–O–CH_2–CH(OH)–CH_2–O–Ar	(5)	Bildung einer Hydroxy-Gruppe durch Protonisierung einer Alkoholat-Gruppe

b) Chemismus der Bildungsreaktion von Diglycidyl-Bisphenol-A-Ether

bei der Herstellung flüssiger Harze und im Taffy-Prozeß

HO–C₆H₄–C(CH_3)(CH_3)–C₆H₄–OH + 2 (epoxid)–CH_2Cl + 2 NaOH ⟶
    I   II   III

(epoxid)–CH_2–O–C₆H₄–C(CH_3)(CH_3)–C₆H₄–O–CH_2–(epoxid) + 2 NaCl + 2 H_2O
    IV   V

(6) Reaktion (6) von Bisphenol-A (I) mit Epichlorhydrin (II) erfordert die Zugabe der stöchiometrischen Menge Natriumhydroxid (III); Reaktion (6) setzt sich aus den Reaktionsschritten (1) bis (3) (s. Tab. 1.57 a) zusammen

Tab. 1.57 Fortsetzung

Reaktionsgleichungen	Anmerkungen
[Struktur IV: Diglycidylether des Bisphenol-A] + [Struktur I: Bisphenol-A] $\xrightarrow{(NaOH)}$ [Struktur VI]	(7) Reaktion (7) von Bisphenol-A (I) mit dem Diglycidylether des Bisphenol-A (IV; s. S. 171, I mit $n = 0$) wird basisch katalysiert. Reaktion (7) besteht aus den Teilreaktionen (1), (4) und (5) (s. Tab. 1.57 a)
[Struktur VI] + [Struktur II: Epichlorhydrin] + NaOH $\longrightarrow$ [Struktur VII, $n=1$] + NaCl	(8) Reaktion (8) ist analog der Reaktion Gl. (6) und führt zu einem Diglycidyl-Bisphenol-A-Ether mit $n = 1$ (s. (I), S. 171) weitere Aufeinanderfolge von Reaktionen analog zu (7) und (8) führt schließlich zu höhermolekularen Diglycidyl-Bisphenol-A-Ethern (VII mit $n > 1$)

glycidyl-Bisphenol-A-Ethern ist in Tab. 1.57 dargestellt. Die technische Herstellung dieser Harze erfolgt kontinuierlich, halbkontinuierlich und diskontinuierlich.

Flüssige Harze werden durch Umsetzung von Bisphenol-A (s. Tab. 1.42, S. 137) mit einem molaren Überschuß an Epichlorhydrin bei ca. 60 °C hergestellt, wobei die zur Neutralisation des freiwerdenden Chlorwasserstoffes erforderliche Menge an pulverisiertem Natriumhydroxid laufend zugegeben wird (s. Gl. (6), Tab. 1.57). Nach Abschluß der exothermen Reaktion wird der Überschuß an Epichlorhydrin und das Reaktionswasser bei ca. 100 mbar unter allmählicher Temperaturerhöhung auf ca. 120 °C abdestilliert. Das auf ca. 110 °C abgekühlte Reaktionsgemisch wird dann zur Entfernung des Kochsalzes (NaCl) mit Wasser versetzt und wiederholt gewaschen. Schließlich wird das Reaktionsprodukt ca. eine halbe Stunde lang bei ca. 140 °C und 30 mbar gehalten, um die niedrig siedenden Anteile restlos zu entfernen, und filtriert. Typische flüssige Epoxidharze sind Mischungen von homologen Diglycidyl-Bisphenol-A-Ethern mit 87% $n=0$, 11% $n=1$ und 1,5% $n=2$ (s. Formel (VII), Tab. 1.57), die bei 25 °C eine Viskosität von 9–16 Pa·s haben; der Epoxid-Gruppengehalt (Menge der Epoxid-Gruppen in mol/kg Harz) beträgt ca. 5 Äquivalente/kg.

Höhermolekulare Diglycidyl-Bisphenol-A-Ether werden technisch nach zwei verschiedenen Verfahren hergestellt. Im *Taffy-Prozeß* wird Bisphenol-A direkt mit Epichlorhydrin in Gegenwart einer stöchiometrischen Menge an Natriumhydroxid umgesetzt; die rel. Mole-

Tab. 1.57 Fortsetzung

Reaktionsgleichungen	Anmerkungen
im Advancement-Prozeß	(9) Reaktion (9) erfolgt erst bei höherer Temperatur ($> 120\,°C$) und setzt sich aus den Reaktionsschritten (1), (4) und (5) zusammen

külmasse des Reaktionsproduktes hängt dabei vom Molverhältnis Epichlorhydrin/Bisphenol-A ab (s. Tab. 1.58). Der Taffy-Prozeß wird im allgemeinen für Harze des mittleren Molekülmassenbereiches (Zahlenmittel von n, $\bar{n}$, < 4) verwendet. Das Reaktionsprodukt ist eine sehr zähe Emulsion von Kochsalzlösung in Harz (*taffy*), woraus das Harz durch technisch recht aufwendige Reinigungsschritte abgetrennt wird, wie mehrmaliges Waschen mit Wasser, gefolgt von Phasentrennung, und schließlich Entfernung des Wassers im Vakuum.
Im Advancement-Prozeß geht man hingegen von flüssigem Harz (Diglycidylether des Bisphenol-A mit $n \approx 0$) aus und setzt dieses in Gegenwart eines Katalysators, z. B. 50%ige wäßrige Natronlauge mit Bisphenol-A um. Die mittlere rel. Molekülmasse des gebildeten Harzes ist dabei eine Funktion des Molverhältnisses zwischen flüssigem Harz und Bisphenol-A. Die Endgruppen der gebildeten Harzmoleküle sind vorwiegend Epoxid-Gruppen. Beim Advancement-Prozeß werden im Gegensatz zum Taffy-Prozeß keine aus dem Reaktionsgemisch zu entfernenden Nebenprodukte gebildet. Der Advancement-Prozeß hat besondere Vorteile im Bereich höherer rel. Molekülmasse ($\bar{n} > 4$), da hierbei auch Nebenreaktionen, die zu Verzweigungen der Molekülketten führen (Anstieg des Erweichungspunktes und der Viskosität) in geringerem Maße auftreten als im Taffy-Prozeß.

Tab. 1.58 Abhängigkeit des Zahlenmittels der rel. Molekülmasse $\bar{M}_n$ und des Erweichungspunktes von Diglycidyl-Bisphenol-A-Ethern (s. (I), Tab. 1.56) vom Molverhältnis Epichlorhydrin/Bisphenol-A[423] im Taffy-Prozeß (s. Tab. 1.57 b)

Molverhältnis Epichlorhydrin/ Bisphenol-A	$\bar{M}_n$	Erweichungspunkt (°C)
10,0 : 1	370	9
2,0 : 1	451	43
1,4 : 1	791	84
1,33 : 1	802	90
1,25 : 1	1133	100
1,2 : 1	1420	112

Tab. 1.59 Wichtige Härter für Epoxidharze

Formel	Anmerkungen
a) tertiäre Amine Benzyldimethylamin (BDMA): C$_6$H$_5$–CH$_2$–N(CH$_3$)$_2$ 2-(Dimethylaminomethyl)phenol (DMP-10): 2-HO-C$_6$H$_4$–CH$_2$–N(CH$_3$)$_2$ 2,4,6-Tris(dimethylaminomethyl)phenol (DMP-30) Triethanolamin: N(CH$_2$–CH$_2$OH)$_3$ N-n-Butylimidazol	tertiäre Amine werden allein als Härter vor allem in den Anwendungsbereichen Klebstoffe und Oberflächenschutz eingesetzt. Oft werden sie auch als Beschleuniger bei der Anhydrid-Härtung zugegeben
b) polyfunktionelle Amine H$_2$N–(CH$_2$)$_2$–NH–(CH$_2$)$_2$–NH$_2$ Diethylentriamin (DTA) H$_2$N–(CH$_2$)$_2$–NH–(CH$_2$)$_2$–NH–(CH$_2$)$_2$–NH$_2$ Trimethylentetramin (TET) m-Phenylendiamin (MPD) H$_2$N–C$_6$H$_4$–CH$_2$–C$_6$H$_4$–NH$_2$ 4,4′-Diaminodiphenylmethan (DDM)	neben den polyfunktionellen Aminen (mit mindestens 3 aktiven Wasserstoff-Atomen) haben vor allem die Polyamidamine (*fatty polyamides*) Bedeutung erlangt; diese polymeren Aminhärter ($M = 2000–5000$) werden durch Umsetzung von dimerisierten und trimerisierten höheren Fettsäuren mit Ethylendiamin und DTA hergestellt; sie ergeben flexiblere Produkte und werden in den Anwendungsbereichen Klebstoffe und Oberflächenschutz eingesetzt
	auch Amine mit weniger als 3 aktiven Wasserstoff-Atomen, z. B. Diethanolamin und Piperidin, werden als Härter eingesetzt; diese reagieren zuerst wie ein polyfunktionelles Amin und dann wie ein tertiäres Amin (s. S. 181, Gl. (5))
	zur Verringerung der Toxizität (z. B. Hautausschläge) und zur Erleichterung einer genauen (stöchiometrischen) Dosierung werden oft auch Aminaddukte, z. B. Addukte aus DTA und Diglycidyl-Bisphenol-A-Ether ($n \approx 0$) eingesetzt

Tab. 1.59 Fortsetzung

Formel	Anmerkungen
4,4′-Diaminodiphenylsulfon (DDS)	im allgemeinen bewirken aliphatische polyfunktionelle Amine eine rasche Härtung schon bei Raumtemperatur, während aromatische polyfunktionelle Amine etwas weniger reaktiv sind und Produkte mit höherer Wärmeformbeständigkeit ergeben. Polyfunktionelle Amine werden in den Anwendungsbereichen Klebstoffe, Gießharze (nicht in der Elektrotechnik) und Laminierharze eingesetzt
c) Säureanhydride Dodecyl-bernsteinsäure(=succin)-anhydrid (DDSA) Hexahydrophthalsäureanhydrid (HPA) Phthalsäureanhydrid (PA) Pyromellithsäureanhydrid (PMDA) Methylnadicanhydrid HET-Säureanhydrid	die Härtung mit Anhydriden verläuft schwächer exotherm als jene mit polyfunktionellen Aminen. Die Anhydrid-Härtung erfolgt stets bei höherer Temperatur (Heißhärtung) und ergibt gehärtete Harze mit im allgemeinen besserer thermischer Stabilität, besseren elektrischen Isolationseigenschaften und höherer chemischer Beständigkeit (ausgenommen gegenüber Alkali → Hydrolyse der Esterbindung, s. S. 182) Phthalsäureanhydrid ist das billigste Anhydrid, hat jedoch den Nachteil, daß es sich erst bei ca. 120 °C im Harz löst. Flüssige Anhydride (DDSA und Methylnadicanhydrid) und bei tiefer Temperatur schmelzende Anhydride, z. B. Hexahydrophthalsäureanhydrid, erleichtern die Abmischung mit dem Harz. DDSA wirkt flexibilisierend, HET-Säureanhydrid flammhemmend. Pyromellithsäureanhydrid ergibt durch seine höhere Funktionalität enger vernetzte Produkte Anhydrid-Härter werden in den meisten wichtigen Anwendungsbereichen eingesetzt, insbesonders in Gießharzen und in Laminierharzen

Tab. 1.60 Chemismus der Härtung von Epoxidharzen

Reaktionsgleichungen	Anmerkungen
a) tertiäre Amine (s. Tab. 1.59a) $$R_3N: + \overset{O}{\triangle}\!\!\sim \longrightarrow R_3\overset{+}{N}-CH_2-\overset{\overset{\displaystyle\bar{|O|^-}}{|}}{CH}\!\!\sim$$ I II (1)	das tertiäre Amin (I) bildet in Reaktion (1) mit einer Epoxid-Gruppe ein quaternäres Ammoniumalkoholat (II)
$$R_3\overset{+}{N}-CH_2-\overset{\overset{\displaystyle\bar{|O|^-}}{|}}{CH}\!\!\sim + HO-\varphi \longrightarrow$$ $$R_3\overset{+}{N}-CH_2-\overset{\overset{\displaystyle OH}{|}}{CH}\!\!\sim + \bar{|O|^-}\!-\varphi$$ (2a) $$R_3\overset{+}{N}-CH_2-\overset{\overset{\displaystyle\bar{|O|^-}}{|}}{CH}\!\!\sim + H_2O \longrightarrow$$ $$R_3\overset{+}{N}-CH_2-\overset{\overset{\displaystyle OH}{|}}{CH}\!\!\sim + OH^-$$ (2b)	das quaternäre Ammoniumalkoholat (II) wird durch phenolische Hydroxy-Gruppen, Gl. (2a), z. B. bei Verwendung phenolischer tertiärer Amine (s. DMP-10 und -30, Tab. 1.59a) oder durch anwesendes Wasser, Gl. (2b), unter Bildung eines Anions (Phenolat-anion bzw. Hydroxyl-Ion) protoniert
$$\varphi-\bar{|O|^-} + \overset{O}{\triangle}\!\!\sim \longrightarrow \varphi-O-CH_2-\overset{\overset{\displaystyle\bar{|O|^-}}{|}}{CH}\!\!\sim$$ $$\varphi-O-CH_2-CH-\bar{O|^-} + n\left(\overset{O}{\triangle}\!\!\sim\right) \longrightarrow$$ $$\varphi-O-CH_2-CH-O\!\!\left[\!CH_2-CH-O\!\right]_{n-1}\!\!CH_2-CH-\bar{O|^-}$$ (3)	das in Reaktion (2a) oder (2b) gebildete Anion initiiert die anionische, vernetzende Polymerisation des Epoxidharzes über die Epoxid-Gruppen, Gl. (3) tertiäre Amine werden als *katalytische* Härter bezeichnet, da sie die Epoxid-Polymerisation initiieren, zum Unterschied von *koreaktiven* Härtern, die als Brücken zwischen Epoxid-Gruppen eingebaut werden. Wenn tertiäre Amine allein als Härter eingesetzt werden, sind mehr als *katalytische* Mengen erforderlich, da die Kettenreaktion (3) oft abgebrochen wird

Härtung und Eigenschaften nach Härtung

Je nach dem Einsatzgebiet werden Epoxidharz-Systeme kalt, z. B. mit aliphatischen polyfunktionellen Aminen oder speziell beschleunigten aromatischen Aminen, oder heiß, z. B. mit Anhydriden oder aromatischen Aminen gehärtet. Die chemische Struktur technisch gebräuchlicher Härter ist aus Tab. 1.59 ersichtlich, worin auch Hinweise auf die Eigenschaften und die Anwendungsgebiete gegeben werden. Die Chemismen der wichtigsten Härtungsreaktionen werden in Tab. 1.60 wiedergeben; neben den dort angeführten Härtungsreaktionen hat auch die katalytische Härtung mit Lewis-Säuren[424, 425] eine beschränkte Bedeutung erlangt.

In den sogenannten Einkomponenten-Systemen, z. B. Preßmassen, Anstrichpulver, Einkomponentenklebstoffe, sind die Epoxidharze mit Härtern und anderen Zusatzstoffen (oft insgesamt 10 bis 12) vermischt und können so direkt vom Verbraucher verarbeitet werden; in anderen Fällen, z. B. Herstellung von Isolatoren im Gießverfahren, werden dem Harz Härter, Füllstoffe und eventuelle weitere Zusätze erst beim Verarbeiter zugegeben (s. Teil B dieses Kapitels).

Ein wesentlicher Vorteil der EP-Harze gegen-

Tab. 1.60 Fortsetzung

Reaktionsgleichungen	Anmerkungen
b) polyfunktionelle Amine (s. Tab. 1.59 b) 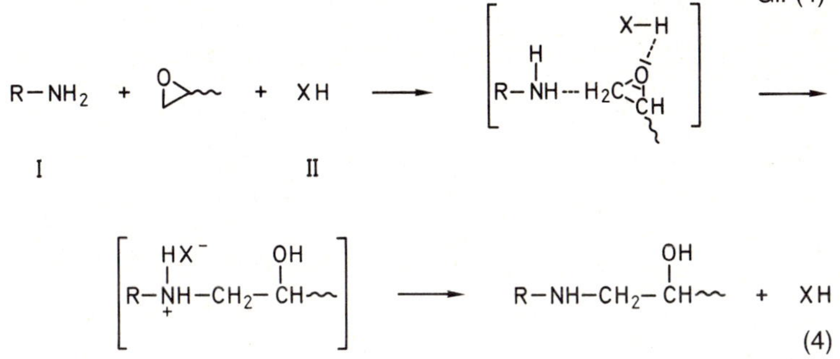	die Addition eines primären (oder sekundären) Amins (I) an eine Epoxid-Gruppe wird durch die Gegenwart eines Protonenspenders (II, z. B. im Harz enthaltene Hydroxy-Gruppen oder Spuren von Wasser) katalysiert, Gl. (4)

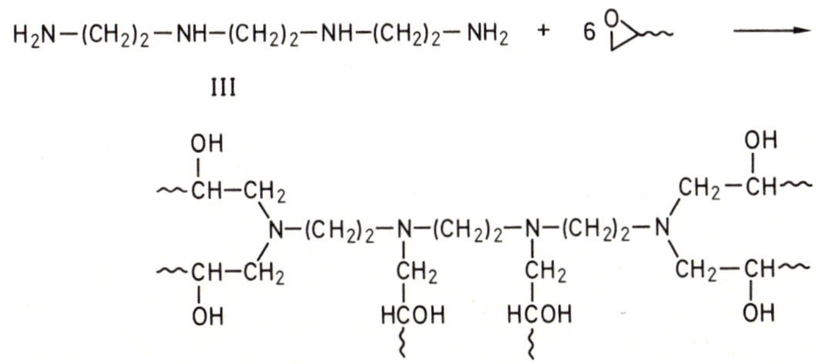

$$R-NH_2 \;+\; \underset{II}{\overset{O}{\triangle}} \;+\; XH \;\longrightarrow\; \left[R-NH\cdots H_2C\overset{H}{\underset{CH}{-}}\overset{X-H}{\underset{O}{\cdots}} \right] \longrightarrow$$

I

$$\left[R-\overset{+}{\underset{H}{N}}H-CH_2-\overset{OH}{\underset{}{C}}H\sim \;\;HX^- \right] \longrightarrow R-NH-CH_2-\overset{OH}{\underset{}{C}}H\sim \;+\; XH \quad (4)$$

Gl. (5) illustriert die Bruttoreaktion der Vernetzung am Beispiel von Triethylentetramin (III). Das Reaktionsprodukt kann als tertiäres Amin weiterreagieren (s. o.)

$$H_2N-(CH_2)_2-NH-(CH_2)_2-NH-(CH_2)_2-NH_2 \;+\; 6\,\overset{O}{\triangle} \longrightarrow$$

III

(structure showing the crosslinked product with OH, CH–CH₂ and N–(CH₂)₂–N–(CH₂)₂–N–(CH₂)₂–N linkages)

(5)

(Fortsetzung umseitig)

über anderen Duroplasten, z. B. Aminoplasten und Phenoplasten (s. S. 103 und 114f), besteht darin, daß ihre Aushärtung ohne Abspaltung niedermolekularer Produkte durch eine Polyadditionsreaktion erfolgt. EP-Harze zeichnen sich auch durch besonders geringen Schwund nach Erreichen des Gelpunktes aus[426, 427].
Die Eigenschaften des ausgehärteten Harzes werden sehr stark von der Struktur der Reaktionspartner und somit auch von der Art des Härters beeinflußt[428, 429]; auch die Härtungszeit und die Härtungstemperatur haben einen wesentlichen Einfluß. Mit zunehmender Vernetzungsdichte nimmt vor allem die Temperaturbeständigkeit und die Chemikalienbeständigkeit zu. Die thermische Stabilität von Systemen, die mit Anhydriden (s. Tab. 1.59c) gehärtet wurden, ist höher als von jenen mit aminischen Härtern. Vernetzte Epoxidharze sind nicht löslich, quellen jedoch besonders in polaren organischen Lösungsmitteln, z. B. chlorierten Kohlenwasserstoffen und Alkoholen, in einem mit sinkender Vernetzungsdichte zunehmenden Maß. Die Beständigkeit gegenüber Säuren und Alkalien wird weitgehend vom Härter bestimmt. Mit katalytischen Härtern gebildete Etherbrücken sind ge-

Tab. 1.60 Fortsetzung

Reaktionsgleichungen	Anmerkungen
c) Säureanhydride (s. Tab. 1.59 c)	
Phthalsäureanhydrid (I) + H_2O → Phthalsäure (II) (6 a)	der Anhydrid-Ring kann geöffnet werden, z. B. durch Reaktion mit Spuren von Wasser, Gl. (6 a), oder durch Reaktion mit sekundären Hydroxy-Gruppen (s. S. 171, I) des Harzes, Gl. (6 b); sekundäre Hydroxy-Gruppen entstehen auch durch Reaktion (7 a)
Phthalsäureanhydrid (I) + ~CH₂–CH(OH)–CH₂~ → Halbester (6 b)	der Epoxid-Ring kann durch Reaktion mit freien Carbonsäure-Gruppen geöffnet werden, Gl. (7 a), die durch Reaktion (6 a) oder (6 b) gebildet werden, oder durch Reaktion mit sekundären Hydroxy-Gruppen, Gl. (7 b)
Halbester + Epoxid → Diester mit OH-Gruppe (7 a)	die nicht katalysierte Reaktion zwischen aliphatischen Hydroxy- und Epoxid-Gruppen, Gl. (7 b), verläuft sehr langsam; die Reaktion wird durch Protonenspender katalysiert, z. B. durch freie Carbonsäure-Gruppen
~CH₂–CH(OH)–CH₂~ + Epoxid → Ether mit OH-Gruppe (7 b)	

Tab. 1.60 Fortsetzung

Reaktionsgleichungen	Anmerkungen
c) Säureanhydride (Fortsetzung)	die Härtung von Epoxidharzen mit Anhydriden verläuft recht langsam und wird oft durch Zusatz eines tertiären Amins (s. S. 178) in katalytischer Menge beschleunigt. Die katalytische Wirkung der tertiären Amine beruht auf der Reaktion (8 a) des Anhydrids zu einem Carboxylat-Ion (III), das mit einer Epoxid-Gruppe rasch ein Alkoholat-Ion (IV) bildet, Gl. (8 b), das wiederum einen Anhydrid-Ring unter Bildung eines Carboxylat-Ions (V) spaltet, Gl. (8 c), usw.

gen die meisten anorganischen und organischen Säuren und Alkalien beständig. Esterbrücken, die bei der Härtung mit Anhydriden gebildet werden, sind hingegen unbeständig gegen starke Alkalien und Säuren. Die C-N-Bindungen, die bei Härtung mit Polyaminen gebildet werden, sind im allgemeinen gegen anorganische Säuren und Alkalien beständig, nicht jedoch gegen organische Säuren.

Für quantitative Angaben über die Eigenschaften von gehärteten EP-Harzen wird auf die Zitate (54) bis (60) der allgemeinen Literatur verwiesen. Vergleiche der Eigenschaften von formulierten EP-Harzsystemen mit anderen Duroplasten werden im Teil B dieses Kapitels gegeben.

Hinweise zur Typenauswahl

Tab. 1.61 gibt Hinweise zur Typenauswahl in den Anwendungsgebieten Oberflächenschutz und Elektrotechnik/Elektronik. Diese Hinweise haben beispielhaften Charakter und sind nicht als Empfehlungen bestimmter Produkte aufzufassen.

Tab. 1.60 Fortsetzung

Reaktionsgleichungen	Anmerkungen
d) sonstige Härtungsreaktionen	

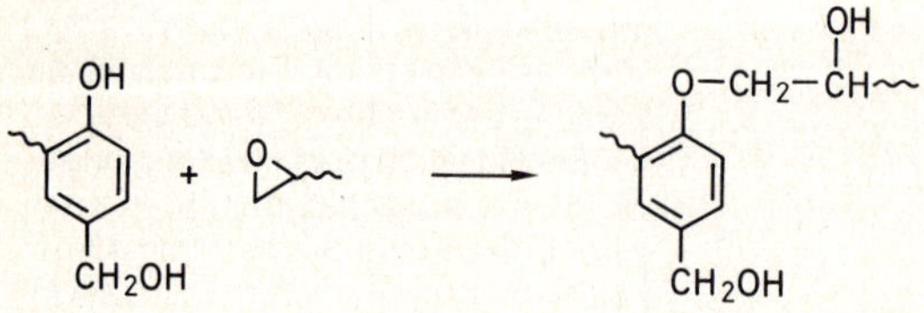

(9 a)

(9 b)

(10 a)

(10 b)

Epoxidharze können auch mit PF-Harzen (s. S. 109 ff) gehärtet werden, wobei bei Temperaturen von 180–200 °C sowohl die Phenol-Gruppen des PF-Harzes mit der Epoxid-Gruppe, Gl. (9 a), als auch die Methylol-Gruppen des PF-Harzes mit den sekundären Hydroxy-Gruppen des Epoxidharzes, Gl. (9 b), reagieren. Oft werden auch butylierte Resole eingesetzt, die analog zu butylierten UF-Harzen reagieren (s. Gl. (10 a) und Gl. (10 b))

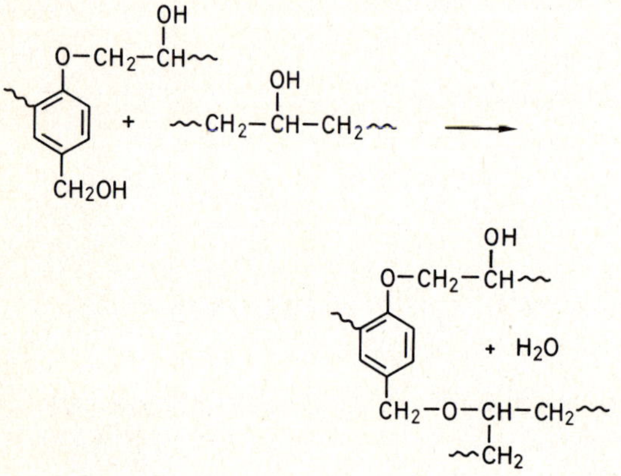

die Härtung mit butylierten UF-Harzen kann bei 200 °C (mit sauren Beschleunigern bei 150 °C) erfolgen Gl. (10 a) und Gl. (10 b)

auch MF-Harze (s. S. 95 ff) werden als Härter eingesetzt und reagieren analog

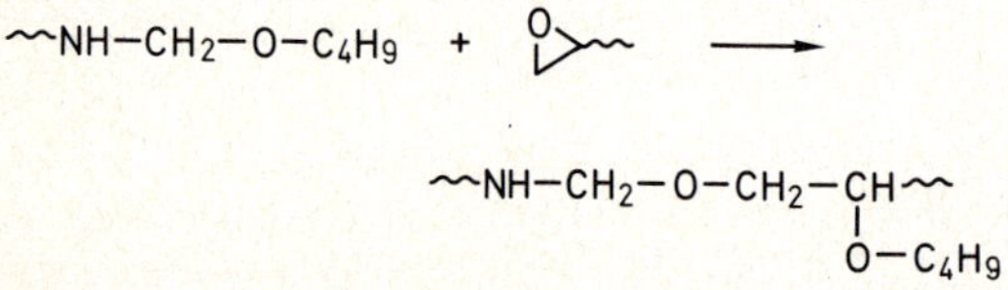

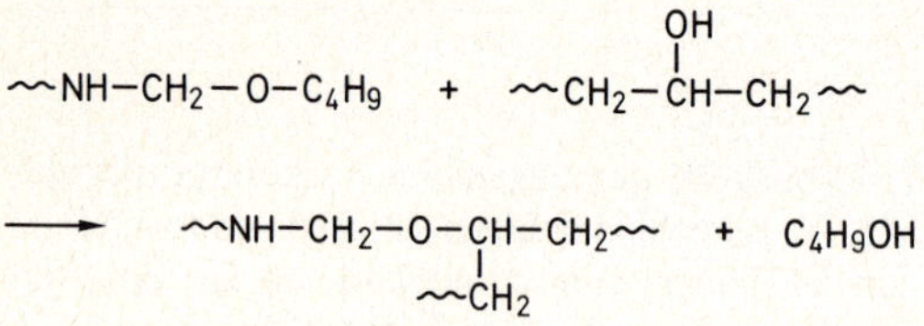

Tab. 1.61 Hinweise zur Typenauswahl bei Epoxidharzen für den Oberflächenschutz und die Elektrotechnik/Elektronik

Anwendungsgebiet	Harz, Härter, Härtungsbedingungen
schwerer Korrosionsschutz z. B. im Schiffsbau, Industrieanlagen, Tanks, Brückengeländer u. ä.; insbesondere für Grundierungen	flüssiges oder in Lösungsmitteln, z. B. Xylol oder Butanol, gelöstes halbfestes ($\overline{M}_n \approx 1000$) Harz, meist kalt gehärtet mit Aminen, z. B. Polyamidamin (s. Tab. 1.59 b)
Pulverlacke für Industrielackierung z. B. Stahlblechlackierung von Waschmaschinen, Eisschränken u. ä.	höhermolekulare Harze ($\overline{M}_n \approx 2500$), die z. B. mit gesättigten Polyestern ($\overline{M}_n \approx 1000$) mit endständigen Carboxy-Gruppen und unter Zusatz von Derivaten des Dicyandiamids bei Temperaturen über 150 °C gehärtet werden
wetterbeständige Pulverlacke	90–95% (Massengehalt) gesättigte Polyester ($\overline{M}_n \approx 1000$) mit endständigen Carboxy-Gruppen, z. B. auf Basis von Terephthalsäure, Isophthalsäure und Neopentylglykol, und Triglycidylisocyanurat (10–5%); hier ist eigentlich die Epoxidharz-Komponente der Härter. Die Härtung erfolgt bei Temperaturen von ca. 150 °C
Pulverlacke für Emballagen z. B. für Fässer mit techn. Gütern	höhermolekulare Harze ($\overline{M}_n \approx 4000$–5000), die mit veretherten, meist butylierten PF-, UF- und MF-Harzen bei Temperaturen über 150 °C gehärtet werden
kataphoretische Tauchlackierung Automobilindustrie; ca. 5% der EP-Harzproduktion	Einsatz von Flüssigharzen als zu modifizierende Komponente
Niederdruck-Preßmassen zum Umpressen elektronischer Bauteile	feste o-Kresol-Novolak-Epoxidharze (ECN), die mit Phenol- oder Kresol-Novolak unter Zusatz von Dicyandiamid bei Temperaturen von ca. 120–160 °C gehärtet werden
Gießharze für – unbewitterte Hochspannungsbauteile	flüssige Bisphenol-A-Harze, die mit Anhydriden bei Temperaturen von 80–160 °C gehärtet werden; beim Aushärten großer Bauteile sind besondere Vorkehrungen erforderlich, um große innere Spannungen zu vermeiden (sehr langsames Aushärten oder Druckgelierverfahren, s. S. 306 f). Für freibewitterte Hochspannungsbauteile wegen zu geringer Kriechstrom- und Lichtbogenfestigkeit im feuchten Zustand und zu geringer UV-Beständigkeit nicht verwendbar
– freibewitterte Hochspannungsbauteile	cycloaliphatische Epoxidharze, z. B. (XII), S. 173, gehärtet bei 80–160 °C mit nicht aromatischen Anhydriden, z. B. Hexahydrophthalsäure, unter Zusatz von Beschleunigern, z. B. Polyolalkoholat

7.2.3 Siliconharze

Siliconharze werden durch Hydrolyse eines Gemisches von Organochlorsilanen hergestellt (*Cohydrolyse*), das einen Stoffmengengehalt von mehr als 50% an trifunktionellen Einheiten enthält, während bei HTV Silicon-Kautschuk der Anteil an höherfunktionellen Einheiten unter einem Stoffmengengehalt von 0,1% gehalten werden muß und bei RTV Silicon-Kautschuk tri- und tetrafunktionelle Silane nur zur Vernetzung der SiOH-Endgruppen zugesetzt werden (s. Kap. 2). Die durch Hydrolyse entstehenden Silanole (s. Gl. (1), Tab. 1.63) kondensieren meist sehr rasch unter Bildung von Siloxan-Bindungen (s. Gln. (3) und (4)), wodurch sich engvernetzte Strukturen bilden, die aus den in Tab. 1.62 dargestellten M-, D-, T- und Q-Bausteinen bestehen, z. B. D-T-Harze, M-Q-D-Harze oder M-Q-Harze.

Die Cohydrolyse wird technisch stets unter Verdünnung der Organochlorsilane durch Lösungsmittel durchgeführt, wodurch die intramolekulare Siloxan-Brückenbildung gegenüber der intermolekularen begünstigt ist (Vermeidung vorzeitiger Gelbildung). Sehr oft bedient man sich dabei solcher organischer Lösungsmittel, die mit Wasser nicht oder nur sehr beschränkt mischbar sind, z. B. Toluol, Xylol oder Tri-

Tab. 1.62 Wichtige monomere Grundstoffe für die Herstellung von Siliconharzen

Funktionalität Reaktionen zu M, D, T, Q-Bausteinen	monomerer Grundstoff	Formel	Siedepunkt KP (°C)
monofunktionell M-Baustein R_3Si-O-	Trimethylchlorsilan	$H_3C-Si(CH_3)_2-Cl$	KP = 57,3
difunktionell D-Baustein $-O-R_2Si-O-$	Dimethyldichlorsilan	$Cl-Si(CH_3)_2-Cl$	KP = 69
	Diphenyldichlorsilan	$Cl-Si(C_6H_5)_2-Cl$	KP = 132 (bei 0,6 mbar)
	Phenylmethyldichlorsilan	$Cl-Si(C_6H_5)(CH_3)-Cl$	KP = 82,5 (bei 17 mbar)
trifunktionell T-Baustein $-O-RSi(O)-O-$	Methyltrichlorsilan	$Cl-Si(CH_3)(Cl)-Cl$	KP = 65
	Phenyltrichlorsilan	$Cl-Si(C_6H_5)(Cl)-Cl$	KP = 201
tetrafunktionell Q-Baustein $-O-Si(O)(O)-O-$	Tetrachlorsilan	$Cl-Si(Cl)(Cl)-Cl$	KP = 58

Tab. 1.63 Chemismus wichtiger Bildungsreaktionen, Härtungsreaktionen und Verknüpfungsreaktionen von Siliconharzen

	Reaktionsgleichungen	Anmerkungen
Herstellung von Siliconharzen durch Cohydrolyse von mono-, di-, tri- und tetrafunktionellen Organohalogensilanen	**Hydrolyse** $$\mathrm{\backslash Si{-}Cl + H_2O \longrightarrow \backslash Si{-}OH + HCl} \quad (1)$$ $$\mathrm{\backslash Si{-}Cl + ROH \longrightarrow \backslash Si{-}OR + HCl} \quad (2\,a)$$ $$\mathrm{\backslash Si{-}OR + H_2O \longrightarrow \backslash Si{-}OH + ROH} \quad (2\,b)$$	die Hydrolyse (1) bzw. Alkoholyse (2a) von Organochlorsilanen (s. Tab. 1.62) erfolgt unter Abspaltung von Chlorwasserstoff (Bildung von Salzsäure). Die gebildeten Silanol-Gruppen sind nur in neutralem Milieu stabil. Die Alkoxysilane können durch Wasser unter Zusatz von Säuren oder Alkali rasch hydrolysiert werden, Gl. (2 b)
	Kondensation $$\mathrm{\backslash Si{-}OH + HA \rightleftharpoons \backslash Si{-}\overset{+}{O}(H)(H) + A^-} \quad (3\,a)$$ $$\mathrm{\backslash Si{-}OH + \backslash Si{-}\overset{+}{O}H_2 \longrightarrow \backslash Si{-}O{-}Si/ + H_3O^+} \quad (3\,b)$$ $$\mathrm{\backslash Si{-}OH + OH^- \rightleftharpoons \backslash Si(OH)(OH) \rightleftharpoons \backslash Si{-}\bar{O}| + H_2O} \quad (4\,a)$$ $$\mathrm{\backslash Si{-}\bar{O}| + HO{-}Si/ \rightleftharpoons \backslash Si{-}O{-}\bar{Si}/(OH)}$$ $$\mathrm{\longrightarrow \backslash Si{-}O{-}Si/ + OH^-} \quad (4\,b)$$	Die Kondensation von Silanolen erfolgt nach Gl. (3) und Gl. (4) sehr rasch unter Bildung von Siloxan- (= Si–O–Si)-Bindungen. Reaktion (3) wird von Wasserstoffsäuren und von Lewis-Säuren katalysiert. Die Bildung von Siloxan-Bindungen kann auch durch Basen katalysiert werden, Gl. (4)
	Umlagerung $$\mathrm{\backslash Si{-}O{-}Si/ + H^+ \rightleftharpoons \backslash Si{-}\overset{\pm}{O}(H){-}Si/} \quad (5\,a)$$ $$\mathrm{\backslash Si^1{-}\overset{\pm}{O}(H){-}Si^2/ \; + \; \backslash Si^3{-}O{-}Si^4/ \;\rightleftharpoons\; \backslash Si^1{-}O{-}Si^3/ \; + \; \backslash Si^2{-}O{-}Si^4/ \; + \; H^+} \quad (5\,b)$$	saure Katalysatoren fördern auch Umlagerungsreaktionen (5)

(Fortsetzung umseitig)

Tab. 1.63 Fortsetzung

Reaktionsgleichungen	Anmerkungen
Verknüpfung mit organischen Harzen: $\equiv$Si—OR + HO—C$\equiv$ ⟶ $\equiv$Si—O—C$\equiv$ + ROH (6) $\equiv$Si—OH + HO—C$\equiv$ ⟶ $\equiv$Si—O—C$\equiv$ + H_2O (7)	Reaktionen nach Gln. (6) und (7) ermöglichen die Herstellung von Kombinationsharzen aus Siliconharzen und Polyester- bzw. Alkydharzen
Härtung: $\equiv$Si—OH + HO—Si$\equiv$ ⟶ $\equiv$Si—O—Si$\equiv$ + H_2O (8) $\equiv$Si—OR + HO—Si$\equiv$ ⟶ $\equiv$Si—O—Si$\equiv$ + ROH (9) $\equiv$Si—CH=CH_2 + H—Si$\equiv$ ⟶ $\equiv$Si—CH_2—CH_2—Si$\equiv$ (10)	die Reaktion (8) entspricht den Reaktionen (3) bzw. (4)

chlorethylen, aber die Organohalogensilane als auch die daraus gebildeten Polyorganosiloxane sehr gut lösen. Nach Einbringen der Lösung des Gemisches von Organohalogensilanen in einen Überschuß von Wasser findet die Umsetzung der Organohalogensilane mit Wasser an der Phasengrenzfläche statt und die gebildeten Siloxan-Bindungen bleiben vor der Einwirkung wäßriger Säure bewahrt. Oft wird die Cohydrolyse auch unter Einsatz von mit Wasser mischbaren Lösungsmitteln durchgeführt; z. B. können mit Alkoholen auch Gemische von di-, tri- oder tetrafunktionellen Grundstoffen, die mit Wasser allein nur Gele geben würden, in stark vernetzte, noch lösliche Siloxane überführt werden, da die Si-OR-Bindung schwerer hydrolysierbar (s. Gl. (2b), Tab. 1.63) ist; dabei werden auch Unterschiede in der Hydrolysegeschwindigkeit verschiedener Monomerer ausgeglichen, wodurch eine gleichmäßigere Cokondensation der einzelnen Bausteine erfolgt.

Für die Cohydrolyse von Organochlorsilanen mit stark unterschiedlicher Hydrolysegeschwindigkeit, z. B. Dimethyldichlorsilan und Diphenyldichlorsilan, wird oft die *umgekehrte Hydrolyse* angewendet. Dabei trägt man die berechnete Wassermenge in das vorgelegte Halogensilan-Gemisch ein; der Erfolg dieser Arbeitsweise ist wahrscheinlich auf die hohe lokale Salzsäure-Konzentration zurückzuführen, die Umlagerungen an den Siloxan-Bindungen bewirkt (s. Gl. (5), Tab. 1.63) und somit zu einer gleichmäßigeren Verteilung der einzelnen Bausteine führt.

Die Verknüpfung der Siliconharze mit organischen Harzen, z. B. Polyester-Harzen, kann durch Reaktionen der im Siliconharz vorhandenen freien Silanol-Gruppen erreicht werden (s. Gln. (6) und (7), Tab. 1.63); diese Kombinationsharze werden in Gegenwart eines Lösungsmittels hergestellt, um eine innige Vereinigung des Siliconharzes und der organischen Harzkomponente zu gewährleisten.

Die Härtung von Siliconharzen erfolgt meist unter Zugabe wirksamer Katalysatoren, z. B. Salzen von Pb, Fe, Co, Zr, Sn, Ti, Mn, Al und Ca sowie Aminen und quartären Ammoniumhydroxiden bei Temperaturen von 150 bis 250 °C (s. Gln. (8) und (9), Tab. 1.63). Dabei werden die Harze meist in einem organischen Lösungsmittel gelöst eingesetzt, das vor dem eigentlichen Härtungsvorgang bei tieferen Temperaturen durch Verdampfen entfernt wird. Lösungsmittelfreie, flüssige Harze, die nach Gl. (10) in Tab. 1.63 aushärten, werden als Gießharze eingesetzt; elastische Gießmassen dieses Typs härten bei Raumtemperatur, während die hochvernetzten harten Gießharze mindestens 150 °C zur Härtung benötigen.

Siliconharze werden wegen ihrer Temperaturbeständigkeit, ihrem Trennverhalten, der geringen

Abhängigkeit der elektrischen und mechanischen Werte von der Temperatur und der Witterungsbeständigkeit geschätzt[430, 431]. Spezielle Typen zeigen zwischen −60°C und 230°C keine Haarrißbildung. Methylsiliconharze (aus Monomeren, die als organische Reste nur Methylgruppen enthalten, s. Tab. 1.62) sind wegen ihres geringen Kohlenstoff-Gehaltes praktisch unbrennbar; sie weisen geringe Thermoplastizität und hohe Härte auf. Ersatz von Methyl- durch Phenyl-Gruppen (s. Tab. 1.62) verbessert die Elastizität und Pigmentverträglichkeit. Produkte, die einen Stoffmengengehalt an trifunktionellen Einheiten von mehr als 90% aufweisen, sind spröde.

Siliconharze sind gegen wäßrige Säuren gut, gegen bestimmte organische Lösungsmittel, wie Aromaten, Ester und Ketone, schlecht beständig. Die gute Beständigkeit gegen Fette und Öle ermöglicht den Einsatz von Siliconharzen für Glasuren von Backformen (Trennmittel).

Danksagung

Der Autor dankt den vielen hilfsbereiten Kollegen aus der Industrie, die ihn durch wertvolle Hinweise auf neuere technische Entwicklungen und durch kritische Durchsicht des Manuskriptes unterstützt haben, insbesondere den Herren Dr. A. Echte, Dr. H. Mittnacht, Dr. E. Priebe, Dr. J. Schmidtchen und Dr. L. Schwiegk (BASF, Ludwigshafen), Dr. J. Imhof (Bleiberger Bergwerksunion, Arnoldstein), Dr. H. P. Frank† und Dr. F. Kügler (Chemie Linz AG, Linz/Donau), Dr. J. Rigler (Chemische Werke Hüls), Dr. H. Gempeler, Dr. B. Gilg, Dr. H. F. Lauterbach, Dr. K. Leu und Dr. K. H. Rembold (CIBA-Geigy, Basel), Prof. Dr. P. B. Stark (CIBA-Geigy, Duxford), Dipl.-Ing. H. Leder (Dow Chemical Europe, Horgen), Dr. L. Böhm, Dr. D. Fleischer, Dr. M. Fleißner, Dr. G. Heufer, Dr. H. Lang, Dipl.-Chem. E. Schmidt und Dr. H. Strametz (Hoechst AG, Frankfurt-Hoechst), Dipl.-Ing. E. Zimmer† (Krems-Chemie, Krems), Dr. A. Casale (Tecnopolimeri, Ceriano Laghetto), Dr. K. Nordberg (Vianova Kunstharz AG, Graz), Dr. H. Barth und Dr. W. Graf (Wacker-Chemie, Burghausen). Mit ihrer Hilfe konnte der im universitären Bereich tätige Autor seinen technologischen Horizont wesentlich erweitern. Besonderer Dank gebührt Herrn Univ. Ass. Dr. J. K. Fink, Montanuniversität Leoben, für mühevolles und aufmerksames Korrekturlesen. Die Fehler, die noch zu finden sind, sind ausschließlich jene des Autors.

Literatur

Spezielle Literatur
Styrolpolymerisate

[1] Pohlemann, H. G., Echte, A. (1981), Am. Chem. Soc. Symp. Ser. **175,** Washington D. C., 265.
[2] (Jan. 1982), Modern Plastics Int., 39.
[3] (1979), Kunststoffe, **69,** 676.
[4] (Jan. 1980), Modern Plastics Int., 23.
[5] Ott, K. H., Röhr, H., in[5] der allgemeinen Literatur, 290.
[6] Bevington, J. C., Melville, H. W., Taylor, R. P. (1954), Proc. R. Soc. **A221,** 453.
[7] Henrici-Olivé, G., Olivé, S., Schulz, G. V. (1959), Z. Phys. Chem. N. F. **20,** 176.
[8] Mayo, F. R. (1953), J. Am. Chem. Soc. **75,** 6133.
[9] Olaj, O. F., Kauffmann, H. R., Breitenbach, J. W. (1977), Makromol. Chem. **178,** 2707.
[10] Gerrens, H. (1980), Chem. Ing. Tech. **52,** 477.
[10a] DeGrave, I. (1980), Kunststoffe **70,** 625.
[11] DeLand, D. L., Purdon, J. R., Schoneman, D. P. (1967), Chem. Eng. Prog. **63,** 118.
[12] Yemalyev, V. D., Noshova, N. A., Kravchenko, B. P. (1973), Polym. Prepr. Am. Chem. Soc., **16,** 308.
[13] Molau, G. E., Keskkula, H. (1966), J. Polym. Sci. Polym. Chem. Ed. **4,** 1595.
[14] Stein, D. J., Fahrbach, G., Adler, Hj. (1974), Angew. Makromol. Chem. **38,** 67.
[15] Echte, A. (1977), Angew. Makromol. Chem. **58/59,** 175.
[16] Freeguard, G. F., Karmarkar, M. (1971), J. Appl. Polym. Sci. **15,** 1657.
[17] Rumscheidt, F. D., Mason, S. G. (1961), J. Colloid Sci. **16,** 238.
[18] Echte, A., Gausepohl, H., Lütje, H. (1980), Angew. Makromol. Chem. **90,** 95.
[19] Binder, J. L. (1954), Ind. Eng. Chem. **46,** 1727.
[20] Placek, C. (1970), Chem. Proc. Rev. 46.
[21] Locatelli, J. L., Riess, G. (1973), J. Polym. Sci. Polym. Lett. Ed. **11,** 257.
[22] Refregier, J. L., Locatelli, J. L., Riess, G. (1974), Eur. Polym. J. **10,** 139.
[23] Polymer Handbook (1975), 2. Aufl., Brandrup, J., Immergut, E. H. (Herausgeb.), J. Wiley, New York, II/306.
[24] Molau, G. E. (1965), J. Polym. Sci. Polym. Lett. Ed. **3,** 1007.
[25] Schmitt, B. J. (1979), Angew. Chem. **91,** 286.
[26] Huguet, M. G., Paxton, T. R. (1971), in Colloidal and Morphological Behaviour of Block and Graft Copolymers, Molau, G. E. (Herausgeb.), Plenum Press, New York, S. 183.
[27] Kromolicki, Z., Robinson, J. G. (1967), Soc. Chem. Ind. (London) Monogr. 26, 16.
[28] Jenne, H. (1976), Kunststoffe **66,** 581.
[29] Moslé, H. G., Schmidt, H. F., Schröder, J. (1977), Kunststoffe **67,** 220.
[30] Hyun, K. S., Boyer, R. F. in[2] der allgemeinen Literatur, 349.
[31] Rudd, J. F. (1960), J. Polym. Sci. **44,** 459.
[32] Hellwege, K. H., Knappe, W., Paul, F., Semjonow, V. (1967), Rheol. Acta **6,** 165.
[33] Stange, K., Gajek, C., Vogel, H. (1969), Kunststoffe **59,** 565.
[34] Schmitt, B. (1969), Kunststoffe **59,** 309.
[35] Stabenow, J., Haaf, F. (1973), Angew. Makromol. Chem. **29/30,** 1.

36 Casale, A., Moroni, A., Spreafico, C. (1975), in Copolymers, Polyblends and Composites, Platzer, N. A. J. (Herausgeb.), Am. Chem. Soc. Adv. Chem. Ser. **142,** 172.
37 Zahn, E., Wiebusch, K. (1966), Kunststoffe **56,** 773.
38 McCormick, H. W., Brower, F. M., Kim, L. (1959), J. Polym. Sci. **39,** 87.
39 Rincema, L. C. (1978), Kunstst. Plast. (Solothurn, Switz.) **25**/2, 31.
40 Echte, A., private Mitteilung.
41 Eagleton, S. D. (1978), Kunstst. Plast. (Solothurn, Switz.) **25**/2, 33.
42 Platzer, N. (1977), Chem. Tech. **7,** 634.
43 Turley, S. G., Keskkula, H. (1980), Polymer **21,** 466.
44 Sternstein, S. S., Ongchin, L., Silverman, A. (1968), J. Appl. Polym. Symposia **7,** 175.
45 Bohn, L. (1971), Angew. Makromol. Chem. **20,** 129.
46 Cigna, G., Matarrese, S., Biglione, G. F. (1976), J. Appl. Polym. Sci. **20,** 2285.
47 Zahn, E., Otto, H. W. (1967), Kunststoffe **57,** 921.
48 Frazer, W. J. (1966), Chem. Ind. (London) **33,** 1399.
49 Morbitzer, L., Kranz, D., Humme, G., Ott, K. H. (1976), J. Appl. Polym. Sci. **20,** 2691.
50 Bubeck, R. A., Arends, C. B., Hall, E. L., Vander Sande, J. B. (1981), Polym. Eng. Sci. **21,** 624.
51 Orthmann, H. J., Schmitt, B. (1965), Kunststoffe **55,** 779.
52 Ramsteiner, F. (1977), Kunststoffe **67,** 517.
53 BGA-Empfehlung (1976), 118. Mitteilung, Bundesgesundheitsblatt **19,** 48.

Polyolefine

54 Sailors, H. R., Hogan, J. P. (1981), Polymer News **7,** 152.
55 Pedersen, R. S., (March 1979), Technical Symposium, SPE, Quebec Section, Montreal.
56 Bird, C. (December 1981), Plast. World, 69.
57 (January 1982), Modern Plastics International, 39.
58 (1979), Kunststoffe **69,** 503.
59 Luft, G. (1979), Chem. Ing. Tech. **51,** 960.
60 (1979), Kunststoffe **69,** 500.
61 (1979), Kunststoffe **69,** 506.
62 (January 1981), Modern Plastics International, 31.
63 Rubin, I. D. (1968), Poly(1-butene) – Its Preparation and Properties, Gordon and Breach, New York.
64 Vandenberg, E. J., Repka, B. C. in[11] der allgemeinen Literatur, 395.
65 Abbink, B. (1978), Chem. Techn. (Heidelberg) **7,** 97.
66 Dittmann, W., Goldbach, G. in[16] der allgemeinen Literatur, 196.
67 Roedel, M. J. (1953), J. Amer. Chem. Soc. **75,** 6110.
68 Ehrlich, P., Mortimer, G. A. (1970), Fortschr. Hochpolym. Forsch. **7,** 386.
69 Luft, G., Bitsch, H. (1973), Angew. Makromol. Chem. **32,** 17.
70 Gemassmer, A. M. (1977), High Temp. High Pressures **9,** 507.
71 Kuhn, R., Krömer, H., Roßmanith, G. (1974), Angew. Makromol. Chem. **40/41,** 361.
72 DOS 2422546 (1978), BASF.
73 Peters, E. F., Zeitz, A., Evering, B. L. (1957), Ind. Eng. Chem. **49,** 1879.

74 Boor, J. in[14] der allgemeinen Literatur, 325 ff.
75 Böhm, L. L. (1978), Polymer **19,** 545.
76 Smith, D. C. (1956), Ind. Eng. Chem. **48,** 1161.
77 Axelson, D. E., Levy, G. C., Mandelkern, L. (1979), Macromolecules **12,** 41.
78 Gloor, W. E. in[8] der allgemeinen Literatur, 259.
79 Böhm, L. L. (1981), Makromol. Chem. **182,** 3291.
80 Krauss, H. L., Stach, H. (1968), Inorg. Nucl. Chem. Lett. **4,** 393.
81 Witt, D. R. (1974), in Reactivity, Mechanism and Structure in Polymer Chemistry, Jenkins, A. D., Ledwith, A. (Herausgeb.), John Wiley and Sons, New York, 431.
82 Hogan, J. P. (1970), J. Polym. Sci. Polym. Chem. Ed. **8,** 2637.
83 Hogan, J. P. in[15] der allgemeinen Literatur, 421.
84 Rasmussen, D. M. (1972), Chem. Eng., 18, 104.
85 Hayes, R., Webster, W. (1964), Plast. Inst. Trans. **32,** 219.
86 DT 1023766 (1955), Hoechst AG.
87 DT 1019466 (1955), Hoechst AG.
88 Wesslau, H. (1956), Makromol. Chem. **20,** 111.
89 Schmeal, W. R., Street, J. R. (1972), J. Polym. Sci. Polym. Phys. Ed., **10,** 2173.
90 Singh, D., Merill, R. P. (1971), Macromolecules **4,** 599.
91 Wesslau (1958), Makromol. Chem. **26,** 102.
92 Kircheva, R. S., Radenkov, F. D., Petkov, L. I., Mikhailov, M. K., Karanev, S. S., Prodanov, P. K., Shestak, N. P. (1971), Plast. Massy 7, 3.
93 JA 080663 (1974), Sumitomo.
94 DAS 2615390 (1980), Solvay.
95 US 3491073 (1970), Dow Chemical.
96 DE-OS 30 03 327 (1980), Sumitomo.
97 Karol, F. J. (1976), Supported Catalysts, in Encyclopedia of Polymer Science and Technology, Mark, H. F. (Herausgeb.), Suppl. Vol. 1, Wiley Interscience, New York, 120.
98 Nishitani, K. (1975), Chem. Econ. & Eng. Rev. **7,** 37.
99 Böhm, L. L. (1980), Angew. Makromol. Chem. **89,** 1.
100 Graff, R. J. L., Kortleve, G., Vonk, C. G. (1970), J. Polym. Sci. Polym. Lett. Ed. **8,** 735.
101 Sommer, S., Wagener, S., Ebner, H. (1959), Kunststoffe **49,** 500.
102 Kreuter, H., Diedrich, B. (1974), Chem. Eng., 5. August, 67.
103 Stevens, J. (1972), Kunststoffe, 62, 551.
104 Heath, A. (1972), Chem. Eng., 3. April, 66.
105 US 3491073 (1970), Dow Chemical.
106 Forsman, J. P. (1972), Hydrocarbon Process. **51,** 130.
107 de Bree, S. (1972), Chem. Eng., 11. Dezember, 72.
108 (1979), Hydrocarbon Process., November, 225.
109 Hogan, J. P., Myerholtz, R. W. in[8] der allgemeinen Literatur, 242.
110 Sinclair, K. B. (Februar 1981) SPE Regional Technical Conference, Houston, Texas.
111 (1979), Chem. Eng., 3. Dezember, 80
112 DOS 2714743 (1977) Mitsui Toatsu Chemicals.
113 Bird, C. (Dezember 1981), Plast. World, 69.
114 Short, J. N. in[15] der allgemeinen Literatur, 385.
115 DOS 2350795 (1973), CDF Chimie Ethylene et Plastiques.
116 (1982), Eur. Plast. News **9,** H. 3, 16
117 Chem. Systems: Studie über Polyethylen (1982).
118 Imhausen, K. H., Hippenstiel-Imhausen, J., Newman, Ph., Berndt, R., Schöffel, F., Zink, J. (März

1981), 181st National Meeting, Am. Chem. Soc., Atlanta, Georgia, USA.
[119] Ziegler, K., Holzkamp, E., Breil, H., Martin, H. (1955), Angew. Chem. **67**, 426 und 541.
[120] Natta, G., Pino, P., Corradini, P., Danusso, F., Mantica, E., Mazzanti, G., Moraglio, G. (1955), J. Am. Chem. Soc. **77**, 1708.
[121] ISO Methode DIS 1873/3, Annex A.
[122] Boor, Jr., J., Youngman, E. A. (1966), J. Polym. Sci. Polym. Chem. Ed. **4**, 1861.
[123] Zambelli, A., Pasquon, I., Signorini, R., Natta, G. (1968), Makromol. Chem. **112**, 160.
[124] Boor, J., in[14] der allgemeinen Literatur, 382 ff.
[125] Pino, P., Mülhaupt, R. (1980), Angew. Chem. **92**, 869.
[126] Zambelli, A. (1975), in Coordination Polymerization, (J. C. W. Chien, Herausgeb.), Academic Press, New York, 15 ff.
[127] Natta, G., Pasquon, I. (1959), Adv. Catal. **11**, 1.
[128] Wolfsgruber, C., Zannoni, G., Rigamonti, E. (1975), Makromol. Chem. **176**, 2765.
[129] Galli, P., Luciani, L., Cecchin, G. (1981), Angew. Makromol. Chem. **94**, 63.
[130] Wilchinsky, Z. W., Looney, R. W., Tornquist, E. G. M. (1973), J. Catal. **28**, 351.
[131] Boor, Jr., J. in[14] der allgemeinen Literatur, 227 ff.
[132] FR 2130231 (1972), Solvay.
[133] DOS 2643143 (1977), Montedison und Mitsui Petrochemical.
[134] Crespi, G., Luciani, L. in[15] der allgemeinen Literatur, 453 ff.
[135] (1969), Hydrocarbon Process., November, 230.
[136] Resinotes, Firmenschrift der Rexene Company, Paramus, New Jersey (Juni 1980).
[137] Br. Pat. 940178 (1963), Phillips Petroleum Co.
[138] Oku, M. (Oktober 1975), Chem. Econ. & Eng. Rev. **7**, 31.
[139] Wisseroth, K. (1977), Chem. Ztg. **101**, 271.
[140] US 3304295 (1967), Eastman Kodak.
[141] Frank, H. P. in[13] der allgemeinen Literatur, 31.
[142] Martino, R. (Mai 1982), Modern Plastics International, 84.
[143] Heggs, T. G. (1973), in Block-Copolymers, Allport, D. C., Janes, W. H. (Herausgeb.), John Wiley and Sons, New York, 105 ff, 493–529.
[144] Dörrscheidt, W., Hahmann, O., Kehr, H., Nising, W., Potthoff, P. (1976), Kunststoffe **66**, 567.
[145] Hollrichter, O., Lochner, D., Zimmermann, H. (1980), Kunststoffe **70**, 2.
[146] Berzen, J., Braun, B. (1979), Kunststoffe **69**, 62.
[147] Boes, D. (1970), Kunststoffe **60**, 294.
[148] Gebler, H., Schiedrum, H. O., Oswald, E., Kamp, W. (1980), Kunststoffe **70**, 390.
[149] Schiedrum, H. O., Oswald, E., Kamp, W. (1980), Kunststoffe **70**, 170.
[150] Siebrecht, M. (1975), Kunststoffe **65**, 229.
[151] Reiher, M. (1980), Kunststoffe **70**, 606.
[152] Beijen, J. M., Oepkes, J. (1975), Kunststoffe **65**, 666.
[153] Hotz, A., Leuzinger, H.-H. (1979), Kunstst. berat. **24**, 582.
[154] Anders, D. (1976), Kunststoffe **66**, 250.
[155] Payer, W., Wicke, W., Cornils, B. (1981), Angew. Makromol. Chem. **94**, 49.
[156] Schnell, G. in[9] der allgemeinen Literatur, 208.
[157] Fleißner, M. (1981), Angew. Makromol. Chem. **94**, 197.
[158] Frank, H. P. (1968), Rheol. Acta **7**, 344.
[159] Berry, G. C., Fox, T. G. (1968), Fortschr. Hochpolym. Forsch. **5**, 261.
[160] Small, P. A. (1975), Fortschr. Hochpolym. Forsch. **18**, 1.
[161] Wild, L., Ranganath, R., Knobeloch, D. C. (1976), Polym. Eng. Sci. **16**, 811.
[162] Raju, V. R., Smith, G. G., Marin, G., Knox, J. R., Graessley, W. W. (1979), J. Polymer Sci. Polym. Phys. Ed. **17**, 1183.
[163] Frank, H. P. (1966), Rheol. Acta **5**, 89.
[164] Meissner, J. (1981), Skriptum zum GDCh-Fortbildungskurs 93/81, Rheologie von Polymer-Schmelzen, ETH-Zürich, 16/9.
[165] Mendelson, R. A. (1968), Polym. Eng. Sci. **8**, 235.
[166] Meissner, J. (1981), Skriptum zum GDCh-Fortbildungskurs 93/81, Rheologie von Polymer-Schmelzen, ETH-Zürich, 12/1.
[167] Münstedt, H., Laun, H. M. (1981), Rheol. Acta **20**, 211.
[168] Humphreys, I. G. (1982), Shell Polymers **6**, H. 2, 43.
[169] van Krevelen, D. W. (1978), Chimia **32**, 279.
[170] Samuels, R. J. (1974), Structured Polymer Properties, John Wiley and Sons, New York, 9.
[171] Wunderlich, B., Arakawa, T. (1964), J. Polym. Sci. Polym. Phys. Ed. **2**, 3697.
[172] Pennings, A. J., van der Mark, J., Kiel, A. M. (1970), Kolloid Z. **237**, 336.
[173] Capaccio, G., Gibson, A. G., Ward, I. M. (1979), Ultra-High Modulus Polymers, Ciferri, A., Ward, I. M. (Herausgeb.), Applied Science Publ., London, 1. Kapitel.
[174] Hendus, H. in[9] der allgemeinen Literatur, 243.
[175] Miller, R. L. (1975), in Polymer Handbook, 2. Aufl., Brandrup, J., Immergut, E. H. (Herausgeb.), John Wiley and Sons, New York, III-1.
[176] Samuels, R. J. (1975), J. Polym. Sci. Polym. Phys. Ed. **13**, 1417.
[177] Turner-Jones, A., Aizlewood, J. M., Beckett, D. R. (1964), Makromol. Chem. **75**, 134.
[178] Varga, J. (1982), Angew. Makromol. Chem. **104**, 79.
[179] Leugering, H. J. (1967), Makromol. Chem. **109**, 204.
[180] Moos, K. H., Tilger, B. (1981), Angew. Makromol. Chem. **94**, 213.
[181] Leugering, H. J., Kirsch, G. (1973), Angew. Makromol. Chem. **33**, 17.
[182] Dragaun, H., Hubeny, H., Muschik, H. (1977), J. Polym. Sci. Polym. Phys. Ed. **15**, 1779.
[183] Morrow, D. R., Newman, B. A. (1968), J. Appl. Phys. **39**, 4944.
[184] Natta, G. (1959), SPE J. **15**, 368.
[185] Renfrew, A., Morgan, Ph. (1957), Polythene, Iliffe and Sons Ltd., London, 101.
[186] Natta, G., Corradini, P. (1960), Nuovo Cimento **15**, Suppl. No. 1; 9, 40.
[187] Cole, E. A., Holmes, D. R. (1960), J. Polym. Sci. **46**, 245.
[188] Swan, P. R. (1962), J. Polym. Sci. **56**, 409.
[189] Martuscelli, E., Pracella, M., Zambelli, A. (1980), J. Polym. Sci. Polym. Phys. Ed. **18**, 619.
[190] Keller, A. (1957), Phil. Mag. **2**, 1171.
[191] Fischer, E. W. (1957), Z. Naturforsch. Teil A **12**, 753.
[192] Niegisch, W. D., Swan, P. R. (1960), J. Appl. Phys. **31**, 1906.
[193] Ranby, B. G., Morehead, F. F., Walter, N. M. (1960), J. Polym. Sci. **44**, 349.

[194] Barham, P. J., Chivers, R. A., Jarvis, D. A., Martinez-Salazar, J., Keller, A. (1981), J. Polym. Sci., Polym. Lett. Ed., **19**, 539.
[195] Voigt-Martin, I. G., Mandelkern, L. (1981), J. Polym. Sci. Polym. Phys. Ed. **19**, 1769.
[196] Beuschel, H., Peters, H. (1961), Kunststoffe **51**, 182.
[197] Wilkinson, R. W., Dole, M. (1962), J. Polym. Sci. **58**, 1089.
[198] Danusso, F., Gianotti, G. (1964), Makromol. Chem. **80**, 1.
[199] Strobl, G. R., Schneider, M. J., Voigt-Martin, I. G. (1980), J. Polym. Sci. Polym. Phys. Ed. **18**, 1361.
[200] Voigt-Martin, I., Fischer, E. W., Mandelkern, L. (1980), J. Polym. Sci. Polym. Phys. Ed. **18**, 2547.
[201] Mandelkern, L., Maxfield, J. (1979), J. Polym. Sci. Polym. Phys. Ed. **17**, 1913.
[202] Maxfield, J., Mandelkern, L. (1977), Macromolecules **10**, 1141.
[203] Mandelkern, L., Glotin, M., Popli, R., Benson, R. S. (1981), J. Polym. Sci. Polym. Lett. Ed. **19**, 435.
[204] Padden Jr., F. J., Keith, H. D. (1959), J. Appl. Phys. **30**, 1479.
[205] Mandelkern, L. (1959), SPE J. **15**, 63.
[206] Maier, J., Belusa, J., Lanikova, J. (1960), Kunstst. Rundsch. **7**, 39.
[207] Griffith, J. H., Ranby, B. G. (1959), J. Polym. Sci. **38**, 107.
[208] v. Falkai, B. (1960), Makromol. Chem. **41**, 86.
[209] Beck, H. N., Ledbetter, H. D. (1965), J. Appl. Polym. Sci. **9**, 2131.
[210] Beck, H. N. (1966), J. Polym. Sci. Polym. Phys. Ed. **4**, 631.
[211] Rybnikar, F. (1967), J. Polym. Sci. Polym. Symp. **16**, 129.
[212] Reinshagen, J. H., Dunlap, R. W. (1975), J. Appl. Polym. Sci. **19**, 1037.
[213] Paschke, E., Ullrich, E. in[9] der allgemeinen Literatur, 472.
[214] Woebcken, W., Seus, E. (1967), Kunststoffe **57**, 719.
[215] Paschke, E., Zimmer, K. P. (1969), Kunststoffe **59**, 578.
[216] Rideal, G. R., Padget, J. C. (1976), J. Polym. Sci. Polym. Symp. **57**, 1.
[217] Schwarzenbach, K. (1979), in Taschenbuch der Kunststoff-Additive, Gächter, R., Müller, H. (Herausgeb.), Carl Hanser Verlag, München, 31.
[218] Holmström, A., Sörvik, E. M. (1974), J. Appl. Polym. Sci. **18**, 761.
[219] Holmström, A., Sörvik, E. M. (1974), J. Appl. Polym. Sci. **18**, 3153.
[220] Schott, H., Kaghan, W. S. (1963), Soc. Plast. Eng. Trans. **3**, 145.
[221] Poller, D., Kotliar, A. M. (1965), J. Appl. Polym. Sci. **9**, 501.
[222] Behr, E. (1963), Kunststoffe **53**, 502.
[223] Köhnlein, E. (1975), Kunststoffe **65**, 583.
[224] Berg, A. L. (1979), in Taschenbuch der Kunststoff-Additive, Gächter, R., Müller, H. (Herausgeb.), Carl Hanser Verlag, München, 201.
[225] Bloor, R. (1981), Plast. Technol., 83.
[226] van der Linden, R. (1979), Kunststoffe **69**, 71.
[227] Mehnert, K., Paschke, E., in[9] der allgemeinen Literatur, 269.
[228] Plester, D. W. (1978), Kunstst. Plast. (Solothurn, Switz.), 42.
[229] Schwarz, R. J. (1973), in Flame Retardancy of Polymeric Materials, Kuryla, W. C., Papa, A. J. (Herausgeb.), Bd. II, Marcel Dekker Inc., New York, Basel, 83.
[230] Lind, H. (1979), in Taschenbuch der Kunststoff-Additive, Gächter, R., Müller, H. (Herausgeb.), Carl Hanser Verlag, München, 91.
[231] Müller, H. (1979), in Taschenbuch der Kunststoff-Additive, Gächter, R., Müller, H. (Herausgeb.), Carl Hanser Verlag, München, 69.
[232] Hostalen LD, Firmenschrift der Hoechst AG, D-6230 Frankfurt, 15 (Jan. 1980).
[233] Hostalen PP, Firmenschrift der Hoechst AG, D-6230 Frankfurt, 33 (Dez. 1975).
[234] Mehnert, K., Paschke, E. in[9] der allgemeinen Literatur, 311.
[235] DIN 7740, Blatt 1 Beiblatt, 4.
[236] Fleißner, M. (1982), Angew. Makromol. Chem. **105**, 167.
[237] DeCoste, J. B., Malm, F. S., Wallder, V. T. (1951), Ind. Eng. Chem. **43**, 117.
[238] Mehnert, K., Paschke, E. in[9] der allgemeinen Literatur, 280.
[239] Braun, G., Theyßen, J. (1979), Kunststoffe **69**, 434.
[240] Levett, C. T., Pritchard, J. E., Martinovich, R. J. (1970), SPE Tech. Pap. **16**, 625.
[241] Dowlex, Firmenschrift der Dow Chemical Europe, CH-8810 Horgen (1982).
[241a] Leder, H. (1983), Kunststoffe **73**, 251.
[242] Betty, R. W., Bell, T. E. J. (1982), Shell Polymers **6**, 40.
[243] Streib, H., Pump, W., Rieß, R. (1977), Kunststoffe **67**, 118.
[244] Kinsey, R. H. (1969), Appl. Polym. Symp. **11**, 77.
[245] Repka Jr., B. C. in[8] der allgemeinen Literatur, 282.
[246] Shearer Jr., N. H., Guillet, J. E., Coover, A. W. (1961), SPE J. **17**, 83.
[247] Kügler, F. (1982), Chemie Linz AG, A-4020 Linz, private Mitteilung.
[248] Schoene, W. (1978), Kunststoffe **68**, 626.
[249] Heufer, G. (1978), Kunststoffe **68**, 145.
[250] Laus, Th. (1977), Angew. Makromol. Chem. **60/61**, 87.
[251] Birnkraut, H.-W., Payer, W., in[16] der allgemeinen Literatur, 192.
[252] Dittmann, W., Plenikowski, J., in[16] der allgemeinen Literatur, 208 ff.
[253] Krässig, H. (1977), J. Polym. Sci. Macromol. Rev. **12**, 321.

Polyvinylchlorid

[254] Wick, G. in[17] der allgemeinen Literatur, Teil 1, 1.
[255] Kunststoffe **69**, (1979) 497.
[255a] (Jan. 1983), Modern Plastics International, 29, 41, 44.
[256] Berens, A. R. (1975), Angew. Makromol. Chem. **47**, 97.
[257] VC/PVC: Beispiel einer Problemlösung, Herausgeber: Verband der kunststofferzeugenden Industrie (VKE), D-6000 Frankfurt, September 1975.
[258] Lyngaae-Jørgensen, J. (1971), J. Polym. Sci. Polym. Symp. **33**, 39.
[259] Abbås, K. B., Bovey, F. A., Schilling, F. C. (1975), Makromol. Chem. **Suppl. 1**, 227.
[260] Schröter, G., in[17] der allgemeinen Literatur, Teil 1, 85.
[261] Rückert, A. (1978), Kunstst. Plast. (Solothurn, Switz.), Heft 2, 25.

[262] Gäbler, J. (1977), Chem.-Anlagen + Verfahren, Heft 3, S. 118, Heft 4, S. 82.
[263] Peitscher, G., Holtrup, W. (1975), Angew. Makromol. Chem. **47**, 111.
[264] Thielert, R., Schliemann, G., Figge, K. (1975), Angew. Makromol. Chem. **47**, 129.
[265] Braun, D. (1971), Pure Appl. Chem. **53**, 549.
[266] Thinius, K. (1969), Stabilisierung und Alterung von Plastwerkstoffen, Bd. 1, Akademie Verlag, Berlin, 656.
[267] Pezzin, G. (1971), Pure Appl. Chem. **25**, 241.
[268] Berens, A. R., Folt, V. L. (1968), Polym. Eng. Sci. **8**, 5.
[269] Mennig, G. (1976), Rheol. Acta **15**, 199.
[270] Münstedt, H. (1977), J. Macromol. Sci. **B14**, 195.
[271] Riethmayer, S. A. (1972), Seifen, Öle, Fette, Wachse **98**, 193, 227, 322, 399.
[272] Kuhn, B. (1977), Rheometrische Untersuchungen am System PVC-Weichmacher, Fortschr. Ber. VDI Z., Reihe 5, Nr. 33.
[273] Kaltwasser, H., Kirillow, A. J., Feicke, H., Schirge, H. (1975), Plaste Kautsch. **22**, 770.
[274] Hostalit, Firmenschrift der Hoechst AG, D-6230 Frankfurt 1974, 33.
[275] Plato, G., in[17] der allgemeinen Literatur, Teil 1, 100.
[276] Ehrenstein, G. W. (1978), Polymerwerkstoffe, Carl Hanser Verlag, München, 163.
[277] Hostalit, Firmenschrift der Hoechst AG, D-6230 Frankfurt 1974, 35.
[278] Mair, H. J., Meier, L. (1970), Kunststoffe **60**, 301.
[279] Weiß, R., in[17] der allgemeinen Literatur, Teil 1, 165.
[280] Michl, K. H. (1980), Kunststoffe **70**, 591.
[281] Barth, H. (1982), Plastverarbeiter **33**, 1047.
[282] Fleischer, D., Kloos, F., Brandrup, J. (1977), Angew. Makromol. Chem. **62**, 69.
[283] Fleischer, D. (1978), Hoechst AG, persönl. Mitteilung.
[284] Flatau, K., in[20] der allgemeinen Literatur, 353.

Aminoplaste

[285] Eisele, W., Wittmann, O. (1980), Kunststoffe 70, 687.
[286] Götze, Th., Keller, K. (1980), Kunststoffe 70, 10.
[287] Petersen, H. in[24] der allgemeinen Literatur, 39.
[288] Wegler, R., Herlinger, H. (1963) in Houben-Weyl, Methoden der Organischen Chemie, Bd. XIV/2, Georg Thieme Verlag, Stuttgart, 348.
[289] Tomita, B., Hirose, Y. (1976), J. Polym. Sci. Polym. Chem. Ed. **14**, 387.
[290] Zigeuner, G. (1955), Fette, Seifen, Anstrichm. **57**, 14.
[291] Wegler, R., Herlinger, H., in[288], 329.
[292] Zigeuner, G., Hanus, F. (1952), Monatsh. Chem. **83**, 250.
[293] Braun, D., Legradič, V. (1974), Angew. Makromol. Chem. **36**, 41.
[294] Dunky, M., Lederer, K., Zimmer, E. (1981), Holzforsch. Holzverwert. **33**/4, 61.
[295] Dunky, M., Lederer, K. (1982), Angew. Makromol. Chem. **102**, 199.
[296] Petersen, H., Reuther, W., Eisele, W., Wittmann, O., Holz Roh-Werkst. **30** (1972) 429, ib. **31** (1973) 463, ib. **32** (1974) 402.
[297] Wiegand, H., Wallhäußer, H. (1961), Kunststoffe **51**, 7.
[298] Baumann, H. (1967), Leime und Kontaktkleber, Springer Verlag, Berlin, Heidelberg, New York, 209–256.
[299] Bille, H., Petersen, H. (1976), Melliand Textilber. **57**, 155.
[300] Lawrence, A. W. (April 4, 1974), Foundry Trade Journal, 369.
[301] Baumann, H. (1976), Plastverarbeiter **27**, 235.

Phenoplaste

[302] (Dec. 1981), Chemical Economics Handbook, Stanford Research Institute, Menlo Park, CA 94025, USA.
[303] Knop, A., Scheib, W. in[28] der allgemeinen Literatur, 10.
[304] de Jong, J. I., de Jonge, J. (1953), Rec. Trav. Chim. **72**, 497.
[305] Peer, H. G. (1959), Rec. Trav. Chim. **78**, 851.
[306] Yeddanapalli, L. M., Francis, D. J. (1962), Makromol. Chem. **55**, 74.
[307] Rodia, J. S., Freeman, J. H. (1959), J. Org. Chem. **24**, 21.
[308] Keutgen, W. A. in[27] der allgemeinen Literatur, 33.
[309] Ziegler, E., Hontschik, J. (1948), Monatsh. Chem. **78**, 327.
[310] Zinke, A., Pucker, S. (1948), Monatsh. Chem. **79**, 26.
[311] Zigeuner, G., Schaden, W., Wiesenberger, E. (1950), Monatsh. Chem. **81**, 1017.
[312] Martin, R. W. in[25] der allgemeinen Literatur, 157.
[313] Societa Italiana Resine S. P. A., US-PS 3687896 (1972).
[314] Knop, A., Scheib, W. in[28] der allgemeinen Literatur, 61.
[315] Keutgen, W. A. in[27] der allgemeinen Literatur, 34.
[316] Keutgen, W. A. in[27] der allgemeinen Literatur, 45.
[317] Holz, E. in[26] der allgemeinen Literatur, 63.
[318] Holz, E. in[26] der allgemeinen Literatur, 68.

Ungesättigte Polyester-Harze

[319] (Jan. 1983), Modern Plastics International 31, 45.
[320] Schik, J. P. (1980), Kunststoffe **70**, 695.
[321] Schik, J. P. (1982), Plastverarbeiter **33**, 1123.
[322] Vijayakumar, C. T., Fink, J. K., Lederer, K. (1983), Angew. Makromol. Chem. **113**, 121.
[323] Funke, W. (1965), Fortschr. Hochpolym. Forsch. **4**, 157.
[324] Mayo, F. R., Lewis, F. M., Walling, Ch. (1948), J. Am. Chem. Soc. **70**, 1529.
[325] Finn, E. (1979), Kunststoffe **69**, 531.
[326] Viapal-Handbuch (1979), Firmenschrift der Vianova Kunstharz AG, Graz.
[327] Demmler, K., Lawonn, H. (1970), Kunststoffe **60**, 955.
[328] Demmler, K. (1965), Kunststoffe **55**, 443.

Technische Kunststoffe

[329] (1979) Kunststoffe **69**, 496.
[330] Palm, R., Schwenke, W. (1980), Kunststoffe **70**, 665.
[331] Michael, D. (1980), Kunststoffe **70**, 629.

332 Buck, M., Schreyer, G. (1980), Kunststoffe **70**, 656.
333 Lohse, F., Batzer, H. (1980), Kunststoffe **70**, 690.
334 Sabel, H.-D. (1980), Kunststoffe **70**, 641.
335 Müller, P. R. (1980), Kunststoffe **70**, 636.
336 Vogtländer, U. (1980), Kunststoffe **70**, 645.
337 Fischer, W., Gehrke, J., Rempel, D. (1980), Kunststoffe **70**, 650.
338 Fitz, H. (1980), Kunststoffe **70**, 659.
339 Wick, M., Kreis, G., Kreuzer, F.-H. in[63] der allgemeinen Literatur, 532.
340 Bayer, O. in[50] der allgemeinen Literatur, 1.
341 Schwartz, E. in[33] der allgemeinen Literatur, 2.
342 Kautter, C. T. in[37] der allgemeinen Literatur, 1.
343 Meyerhans, K. in[56] der allgemeinen Literatur, 99.
344 Kubens, R. in[57] der allgemeinen Literatur, 250.
345 Schmidt, H., van Spankeren, U. in[39] der allgemeinen Literatur, 1.
346 Krimm, H. in[42] der allgemeinen Literatur, 1.
347 Asmus, K.-D. in[44] der allgemeinen Literatur, 695.
348 Noll, W. in[61] der allgemeinen Literatur, 15.
349 Reiher, M. in[46] der allgemeinen Literatur, 276.
350 Weissermel, K., Arpe, H.-J. (1978), Industrielle Organische Chemie, 2. Aufl., Verlag Chemie, Weinheim.
351 Saunders, K. J. (1973), Organic Polymer Chemistry, Chapman and Hall, London.
352 Jacobs, D. B., Zimmermann, J. (1977), in Polymerization Processes, Herausgeber Schildknecht C. E., Interscience Publ., New York, 424.
353 Wiloth, F. (1971), Makromol. Chem. **144**, 283.
354 Klare, H. (1963), Synthetische Fasern aus Polyamiden, Akademie-Verlag, Berlin.
355 Mochizuki, S., Ito, N. (1973), Chem. Eng. Sci. **28**, 1139.
356 Hemmel, H., Kessler, H., Zendath, J. (1969), Kunststoffe **59**, 405.
357 Modern Plastics International, September 1981, 16.
358 Genas, M. (1962), Angew. Chem. **74**, 535.
359 Chem. Werke Hüls, DAS 2152194 (1971).
360 Henrici-Olivé, G., Olivé, S. (1969), Polymerisation, Verlag Chemie, Weinheim, 216.
361 Schneider, J. (1974), Kunststoffe **64**, 365.
362 Gude, A. (1970), Kunstst. Rundsch. **17**, 6.
363 Schneider, K. in[33] der allgemeinen Literatur, 437.
364 Weiske, C. D. (1971), Kunststoffe **61**, 518.
365 Henrici-Olivé, G., Olivé, S. (1969), Polymerisation, Verlag Chemie, Weinheim, 45.
366 Kautter, C. T. in[37] der allgemeinen Literatur, 15.
367 Swedlow Corp., BE 687405 (1966), 687406 (1966).
368 Röhm & Haas, DT 673394 (1936).
369 Trommsdorff, E. in[37] der allgemeinen Literatur, 22.
370 Mitsubishi, DOS 2341318 (1973).
371 Buck, M. (1982), Plastverarbeiter **33**, 1080.
372 Buck, M., Diem, C.-J., Schreyer, G., Szigeti, P. R. in[37] der allgemeinen Literatur, 57.
373 (1977) Plastverarbeiter **28**, 289.
374 Wall, L. A. (1960), SPE J. **16**, 1.
375 Haddeland, G. E. (1971) in Process Economics Program, Report No 69: Acetal Resins, Stanford Research Institute, Menlo Park, CA 94025, USA.
376 Kern, W., Cherdron, H., Jaacks, V. (1961), Angew. Chem. **73**, 183.
377 Schwarzenbach, K. (1979) in Taschenbuch der Kunststoffadditive, Gächter, R., Müller, H. (Herausgeb.), Carl Hanser, München-Wien, 62.
378 Schmidt, H., van Spankeren, U. in[39] der allgemeinen Literatur, 26.
379 Schnell, H. in[41] der allgemeinen Literatur, 33.
380 Bayer AG, DT 1300266 (1960).

381 Mitsubishi Gas Chemical Co., DT 2334852 (1973).
382 (1960), Chem. Eng., 14. November, 174.
383 Bonart, R. (1966), Makromol. Chem. **92**, 149.
384 Buck, M. (1978), Kunststoffe **68**, 587.
385 Peilstöcker, G. in[42] der allgemeinen Literatur, 24.
386 Hay, A. S. (1967), Fortschr. Hochpolym. Forsch. **4**, 496.
387 Lee, H., Stoffee, D., Neville, K. (1967), New Linear Polymers, Kapitel 3: Polyphenylenoxid, McGraw-Hill Book Comp., New York.
388 Price, C. (1971), Macromolecules **4**, 362.
389 Cooper, G. D., Katchman, A. (1969) in Addition and Condensation Polymerization Processes, ACS, Washington, D. C., Kap. 43.
390 Prest, W. M., Porter, R. S. (1972), J. Polym. Sci. Polym. Phys. Ed. **10**, 1639.
391 Bühler, K. U. (1978), Spezialplaste, Akademie-Verlag, Berlin, 224.
392 Chem. Eng. News **49**, (1971) H1, 31.
393 Ludewig, H. (1975), Polyester-Fasern, 2. Aufl., Akademie-Verlag, Berlin, 146.
394 Tomita, K., Ida, H. (1975), Polymer **16**, 185.
395 Zimmermann, H., Schaaf, E. (1969), Faserforsch. Textiltech. 20, 185.
396 Tomita, K. (1976), Polymer **17**, 221.
397 Mitsubishi, DOS 2539249 (1974).
398 Bier, P., Binsack, R., Vernaleken, H., Rempel, D. (1977), Angew. Makromol. Chem. **65**, 1.
399 Fischer, W., Gehrke, J., Rempel, D. (1980), Kunststoffe **70**, 651.
400 Asmus, K.-D. (1972), Kunststoffe **62**, 635.
401 Breitenfellner, F., Habermeier, J. (1976), Kunststoffe **66**, 610.
402 Asmus, K.-D. in[44] der allgemeinen Literatur, 704.
403 Fitz, H. in[47] der allgemeinen Literatur, 89.
404 Steininger, A., Stamprech, P. (1973), Kunststoffe **63**, 558.
405 Snelling, G. R., Lontz, J. F. (1960), J. Appl. Polym. Sci. **3**, 257.
406 Sperati, C. A., Starkweather, H. W. (1961), Fortschr. Hochpolym. Forsch. **2**, 465.
407 O'Neill (1976), Kunststoffe **66**, 602.
408 Reiher, M. in[46] der allgemeinen Literatur, 291.
409 (1975), Plastverarbeiter **26**, 355.
410 Horacek, H., Volkert, O. (1980), Angew. Makromol. Chem. **90**, 109.
411 Empfehlungen für den Umgang mit aromatischen Isocyanaten, Technische Information 1, Internationales Isocyanat Institut (III), Inc., 30 Rockefeller Plaza, New York, Januar 1976.
412 Uhlig, K., Dieterich, D. in[51] der allgemeinen Literatur, 303.
413 Maassen, D., Becker, G., Brocker, U. in[52] der allgemeinen Literatur, 31.
414 Uhlig, K., Dieterich, D. in[51] der allgemeinen Literatur, 305.
415 König, K., Köpnik, H. in[53] der allgemeinen Literatur, 62.
416 Uhlig, K., Dieterich, D. in[51] der allgemeinen Literatur, 305.
417 Reegen, S. L., Frisch, K. C. (1970), Adv. Urethane Sci. Technol. **1**, 1.
418 Müller, P., Wagner, K., Müller, R., Quiring, B. (1977), Angew. Makromol. Chem. **65**, 23.
419 Dieterich, D. (1979), Angew. Makromol. Chem. **76/77**, 79.
420 Batzer, H., Lohse, F. in[59] der allgemeinen Literatur, 563.
421 Pilny, M., Mleziva, J. (1977), Kunststoffe **67**, 783.

422 Habermeier, J. (1977), Angew. Makromol. Chem. **63**, 63.
423 Shell, US Pts. 2575558 (1951), 2643239 (1953).
424 Lee, H., Neville, K., in[54] der allgemeinen Literatur, Kap. 11, 2.
425 Harris, J. J., Temin, S. C. (1966), J. Appl. Polym. Sci. **10**, 523.
426 Fisch, W., Hofmann, W., Schmid, R. (1969), J. Appl. Polym. Sci. **13**, 295.
427 Lottanti, G., Simeoni, R. (1969), Kunststoffe-Plastics (Solothurn) **16**, 293.
428 Schmid, R., Lohse, F., Fisch, W., Batzer, H. (1970), J. Polym. Sci. Polym. Symp. **30**, 339.
429 Batzer, H., Lohse, F., Schmid, R. (1973), Angew. Makromol. Chem. **29/30**, 349.
430 Deubzer, B., Graf, W. (1972), Kunststoffe **62**, 667.
431 Deubzer, B., Kreuzer, F.-H. (1976), Kunststoffe **66**, 629.

Allgemeine Literatur

Styrolpolymerisate

1 Kunststoff-Handbuch (1969), Bd. V, Polystyrol, Vieweg, R., Daumiller, G. (Herausgeb.), Carl Hanser Verlag, München.
2 Encyclopedia of Polymer Science and Technology (1970), Mark, H. F., Gaylord, N. G., Bikales, N. M. (Herausgeb.), John Wiley and Sons, New York, 128–447.
3 Albright, L. F. (1974), Processes for Major Addition-Type Plastics and their Monomers, McGraw-Hill, Inc., New York, 312–376.
4 Bucknall, C. B. (1977), Toughened Plastics, Applied Science Publishers Ltd., London.
5 Simon, G., Hambrecht, J., Ott, K. H., Röhr, H. (1980), Polystyrol einschließlich ABS und SAN, in Ullmanns Encyklopädie der technischen Chemie, Bd. 19, Verlag Chemie, Weinheim, Deerfield Beach, Florida, Basel, 265–295.
6 Echte, A., Haaf, F., Hambrecht, J. (1981), Fünf Jahrzehnte Polystyrol-Chemie und Physik einer Pioniersubstanz im Überblick, Angew. Chem. **93**, 372–388.

Polyolefine

7 Crystalline Olefin Polymers, Teil 1 und Teil 2 (1965), Herausgeber Raff, R. A. V., Doak, K. W., Bd. XX der Reihe High Polymers, Interscience Publ., New York.
8 Kirk-Othmer Encyclopedia of Chemical Technology, Bd. XIV (1967), 2. Auflage, Herausgeber Mark, H. F., McKette Jr., J. J., Othmer, D. F., Interscience Publ., New York.
9 Kunststoff-Handbuch, Bd. IV; Polyolefine (1969), Herausgeber Vieweg, R., Schley, A., Schwarz A., Carl Hanser Verlag, München.
10 Albright, L. F. (1974), Processes for Major Addition-Type Plastics and their Monomers, McGraw-Hill, New York, 72–172.
11 Vandenberg, E. J., Repka, B. C. (1975), Ziegler-Type Polymerizations in Polymerization Processes, Herausgeber Schildknecht, C., Bd. XXIX der Reihe High Polymers, Interscience Publ., New York, 337–423.
12 Boenig, H. V. (1966), Polyolefins: Structure and Properties, Elsevier Publ. Comp., Amsterdam.
13 Frank, H. P. (1969), Polypropylene, Bd. II der Reihe Polymer Monographs, Herausgeber Morawetz, H., MacDonald Co., Publ., London.
14 Boor Jr., J. (1979), Ziegler-Natta Catalysts and Polymerizations, Academic Press, New York.
15 Kirk-Othmer Encyclopedia of Chemical Technology, Bd. XVI (1981), 3. Auflage, Herausgeber Mark, H. F., Interscience Publ. New York.
16 Polyolefine (1980) in Ullmanns Encyklopädie der technischen Chemie, Bd. 19, Verlag Chemie, Weinheim, 167–226.

Polyvinylchlorid

17 Kunststoff-Handbuch, Bd. II (Teil 1 und Teil 2) (1963), Polyvinylchlorid, Herausgeber Krekeler, K., Wick, G., Carl Hanser Verlag, München.
18 Kainer, H. (1965), Polyvinylchlorid und Vinylchlorid-Mischpolymerisate, Springer Verlag, Berlin, Heidelberg, New York.
19 Encyclopedia of PVC, Bd. 1–3 (1976), Herausgeber Nass, L. I., Marcel Dekker Inc., New York.
20 Flatau, K. (1980), Polyvinylchlorid in Ullmanns Encyklopädie der technischen Chemie Bd. 19, Verlag Chemie, Weinheim, 343–358.

Aminoplaste

21 Widmer, G. (1969), Amino Resins, in Encyclopedia of Polymer Science and Technology (Mark, H., Herausgeber), Bd. 2, John Wiley and Sons, New York, 1–91.
22 Bachmann, A., Bertz, T. (1970), Aminoplaste, VEB Deutscher Verlag für Grundstoffindustrie, Leipzig.
23 Meyer, B. (1979), Urea-Formaldehyde Resins, Addison-Wesley Publishing Co., Advanced Book Program, London.
24 Petersen, H. (1968), Grundzüge der Aminoplastchemie, in Kunststoff-Jahrbuch 10. Folge, Wilhelm Pansegrau Verlag, Berlin, 30–107.

Phenoplaste

25 Martin, R. W. (1956), The Chemistry of Phenolic Resins, John Wiley and Sons, New York.
26 Kunststoff-Handbuch, Band X (1968), Duroplaste, Herausgeber Vieweg, R., Becker, E., Carl Hanser Verlag, München.
27 Keutgen, W. A. (1969), Phenolic Resins, in Encyclopedia of Polymer Science and Technology, Vol. 10, Herausgeber Mark, H., John Wiley and Sons, New York, S. 1–73.
28 Knop, A., Scheib, W. (1979), Chemistry and Application of Phenolic Resins, Springer Verlag, Berlin, Heidelberg, New York.

Ungesättigte Polyester-Harze

29 Kunststoff-Handbuch, Bd. 8 (1973), Polyester, Herausgeber Vieweg, R., Goerden, L., Carl Hanser Verlag, München, S. 247–694.

30 Glasfaserverstärkte Kunststoffe (1967), Hrsg. Selden, P. H., Springer Verlag, Berlin, Heidelberg, New York.
31 Boenig, H. V. (1964), Unsaturated Polyesters: Structure and Properties. Elsevier Publ. Comp., Amsterdam.
32 Unsaturated Polyester Technology (1976), Herausgeber Bruins, P. F., Gordon and Breach Science Publishers, New York.

Technische Kunststoffe

33 Kunststoff-Handbuch (1966), Bd. VI Polyamide, Herausgeber Vieweg, R., Müller, A., Carl Hanser Verlag, München.
34 Nylon Plastics (1973), Herausgeber Kohan, M. I., John Wiley and Sons, New York.
35 Matthies, P. (1980), Polyamide, in Ullmanns Encyklopädic der technischen Chemie, Bd. 19, Verlag Chemie, Weinheim, 39–54.
36 Rauch-Puntigam, H., Völker, T. (1967), Acryl- und Methacrylverbindungen, Springer Verlag, Berlin, Heidelberg, New York.
37 Kunststoff-Handbuch, Bd. IX (1975), Polymethacrylate, Herausgeber Vieweg, R., Esser, F., Carl Hanser Verlag, München.
38 Wenzel, F. (1980), Polymethacrylate, in Ullmanns Encyklopädie der technischen Chemie, Bd. 19, Verlag Chemie, Weinheim, 22–30.
39 Schmidt, H., van Spankeren, U. (1971), Polyacetale in Kunststoff-Handbuch, Bd. XI, Herausgeber Vieweg, R., Reiher, M., Scheurlen, H., Carl Hanser Verlag, München, 1–97.
40 Burg, K. H. (1980), Polyoxymethylen, in Ullmanns Encyklopädie der technischen Chemie, Bd. 19, Verlag Chemie, Weinheim, 227–232.
41 Schnell, H. (1964), Chemistry and Physics of Polycarbonates, Interscience Publ., New York.
42 Krimm, H., Peilstöcker, G. (1973), Die Polycarbonate, in Kunststoff-Handbuch, Bd. VIII, Herausgeber Vieweg, R., Goerden, L., Carl Hanser Verlag, München, 1–245.
43 Margotte, D. (1980), Polycarbonate, in Ullmanns Encyklopädie der technischen Chemie, Bd. 19, Verlag Chemie, Weinheim, 55–59.
44 Asmus, K.-D. (1973), Polyalkylenterephthalate, in Kunststoff-Handbuch, Bd. VIII, Herausgeber Vieweg, R., Goerden, L., Carl Hanser Verlag, München, 695–742.
45 Rüter, J. (1980), Thermoplastische Polyester, in Ullmanns Encyklopädie der technischen Chemie, Bd. 19, Verlag Chemie, Weinheim, 65–75.
46 Reiher, M. (1971), Fluorhaltige Polymerisate, in Kunststoff-Handbuch, Bd. XI, Herausgeber Vieweg, R., Reiher, M., Scheurlen, H., Carl Hanser Verlag, München, 271–402.
47 Fitz, H. (1980), Polymerisate, fluorhaltige, in Ullmanns Encyklopädie der technischen Chemie, Bd. 19, Verlag Chemie, Weinheim, 89–106.
48 Saunders, J. H., Frisch, K. C. (1962, 1964), Polyurethanes, Part I: Chemistry, Part II: Technology, Interscience Publ., New York.
49 Müller, E. (1963), Polyurethane, in Methoden der Organischen Chemie (Houben-Weyl), 4. Aufl. Bd. XIV/2, Georg Thieme Verlag, Stuttgart, 57–98.
50 Kunststoff-Handbuch, 2. Aufl., Bd. VII (1983), Polyurethane, Herausgeber Oertel, G., Carl Hanser Verlag, München.
51 Uhlig, K., Dieterich, D. (1980), Polyurethane, in Ullmanns Encyklopädie der technischen Chemie, Bd. 19, Verlag Chemie, Weinheim, 301–341.
52 Maassen, D., Becker, G., Brocker, U., Kiessling, D. (1980), Polyalkylenglykole, in Ullmanns Encyklopädie der technischen Chemie, Bd. 19, Verlag Chemie, Weinheim, 31–38.
53 König, K., Köpnik, H. (1980), Polyester als Vorprodukte für Polyurethane, in Ullmanns Encyklopädie der technischen Chemie, Bd. 19, Verlag Chemie, Weinheim, 62–65.
54 Lee, H., Neville, K. (1967), Handbook of Epoxy Resins, McGraw-Hill, New York.
55 Jahn, H. (1969), Epoxidharze, VEB Deutscher Verlag für die Grundstoffindustrie, Leipzig.
56 Meyerhans, K. (1971), Epoxidharze auf der Basis von Epichlorhydrin, in Kunststoff-Handbuch, Bd. XI, Herausgeber Vieweg, R., Reiher, M., Scheurlen, H., Carl Hanser Verlag, München, 99–246.
57 Kubens, R. (1971), Cycloaliphatische Epoxidharze, in Kunststoff-Handbuch, Bd. XI, Herausgeber Vieweg, R., Reiher, M., Scheurlen, H., Carl Hanser Verlag, München, 247–270.
58 May, C. A., Tanaka, Y. (1973), Epoxy Resins, Chemistry and Technology, Marcel Dekker Inc., New York.
59 Batzer, H., Lohse, F. (1975), Epoxidverbindungen, in Ullmanns Encyklopädie der technischen Chemie, Bd. 10, Verlag Chemie, Weinheim, 563–580.
60 Sherman, S., Gannon, J., Buchi, G., Howell, W. R. (1980), Epoxy Resins, in Kirk-Othmer Encyclopedia of Chemical Technology, 3. Ed. Vol. 9, John Wiley and Sons, New York, 267–290.
61 Noll, W. (1968), Chemie und Technologie der Silicone, 2. Aufl., Verlag Chemie, Weinheim.
62 Reuther, H. (1981), Silicone – eine Einführung in Eigenschaften, Technologien und Anwendungen, VEB Verlag für die Grundstoffindustrie, Leipzig.
63 Wick, M., Kreis, G., Kreuzer, F.-H. (1982), Silicone, in Ullmanns Encyklopädie der technischen Chemie, Bd. 21, Verlag Chemie, Weinheim, 511–543.

Quellenverzeichnis

Abb. 1.1 bis 1.14 (Styrolpolymerisate)

Abb. 1.1	aus Chem. Ing. Tech. **52** (1980), 480.
Abb. 1.2	aus Angew. Makromol. Chem. **58/59** (1977), 180.
Abb. 1.3	aus Albright, L. F. (1974), Processes for Major Addition-Type Plastics and Their Monomers, McGraw-Hill Comp., New York, Fig. 8–12, 366.
Abb. 1.4	aus Kato, K. (1967), Kolloid Z. Z. Polym. **220**, 24.
Abb. 1.5 a, b	Aufnahmen des Autors
Abb. 1.5 c, 1.9	aus Bucknall, C. B. (1977), Toughened Plastics, Applied Science Publishers, London, Fig. 4.1, 103, Fig. 11.12, 325.
Abb. 1.6, 1.7	aus Encyclopedia of Polymer Science and Technology, Wiley-Interscience, New York 1970, Vol. 13, 351, 357.

Abb. 1.8	Casale, A., et al. (1975), in Copolymers, Polyblends and Composites, Adv. Chem. Ser. No. 142, Am. Chem. Soc., 176, 177, 180.	Abb. 1.44, 1.47 1.49	aus Firmenschriften der Hoechst AG, D-6230 Frankfurt; Hostalen LD, Januar 1980, 15, Hostalen PP, Dezember 1975, 33, 176, 180, 224.
Abb. 1.10 a–c	aus McCormick, H. W., et al. (1959), J. Polym. Sci. **39**, Fig. 3., 92, Fig. 4, 94, Fig. 8, 98.	Abb. 1.45	a), b), d) aus Kirk-Othmer, Encyclopedia of Chemical Technology, 2. Ed., Bd. XIV (1967), 248. c) DIN 7740, Blatt 1 Beiblatt, 4. e) aus Angew. Makromol. Chem. **105** (1982), 178.
Abb. 1.11	Cigna, G., et al. (1976), J. Appl. Polym. Sci. **20**, Fig. 1, 2287.		
Abb. 1.12	Stabenow, J., Haaf, F. (1973), Angew. Makromol. Chem. **29/30**, Abb. 17, 20.	Abb. 1.46	a), b) aus Angew. Makromol. Chem. **94** (1981), 56, 58.
Abb. 1.13, 1.14	Orthmann, H.J., Schmitt, B. (1965), Kunststoffe **55**, 782 Abb. 4, 6, 7, 9.	Abb. 1.48	a) aus The Plastic Institute Transactions **32** (1964), 223. b) aus Sinclair, K. B. (1981), Vortragsmanuskript, SPE Regional Technical Conference, Houston, Texas.

Abb. 1.15 bis 1.52 (Polyolefine)

Abb. 1.15, 1.16 1.17	aus Chem. Ing. Tech. **51** (1979) 963, 964.	Abb. 1.50	a) aus Shell Polymers **6** (1982) H. 2, 42.
Abb. 1.18, 1.20	aus Ullmanns, Encyklopädie der technischen Chemie, Bd. 19 (1981), Verlag Chemie, Weinheim, 184, 185.	Abb. 1.51	aus Kunststoff-Handbuch, Polyolefine, Bd. IV (1969), Carl Hanser Verlag, München, 321.
		Abb. 1.52	aus Hostalen PP, Dezember 1975, Firmenschrift der Hoechst AG, D-6230 Frankfurt, 33.
Abb. 1.19	nach Appl. Polym. Symp. **26** (1975) 2, 5.		
Abb. 1.21	aus Kirk-Othmer, Encyclopedia of Chemical Technology, Vol. 16 (1981), Interscience Publ., New York, 392.		

Abb. 1.53 bis 1.60 (Polyvinylchlorid)

Abb. 1.22	aus Boor Jr., J. (1979), Ziegler-Natta Catalysts and Polymerization, Academic Press, New York, 205.	Abb. 1.53	Zeichnung des Autors.
		Abb. 1.54, 1.55	aus Fortschr. Ber. VDI Z., Reihe 5, Nr. 33 (1977); Abb. 46, 87, Abb. 48, 89, Abb. 43, 82, Abb. 44, 84.
Abb. 1.23, 1.25	aus Sinclair, K. B. (Febr. 1981), Polyolefin Process Technology Update, SPE Regional Technical Conference, Houston, Texas.	Abb. 1.56 a, 1.58	aus Hostalit, Firmenschrift der Hoechst AG, D-6230 Frankfurt 1974, Abb. 13, 33, Abb. 16, 35, Abb. 18, 35.
Abb. 1.24	aus Kirk-Othmer, Encyclopedia of Chemical Technology, Vol. 16 (1981), Interscience, New York, 461.	Abb. 1.56 b	aus Kunststoff-Handbuch, Bd. II (1963), PVC, Carl Hanser Verlag, München, Teil 1, 100.
Abb. 1.26	aus Angew. Makromol. Chem. **94** (1981), 53.	Abb. 1.57	aus Ehrenstein, G. W. (1978), Polymerwerkstoffe, Carl Hanser Verlag, München, 163, Abb. 139.
Abb. 1.27	aus Angew. Makromol. Chem. **94** (1981), 205.	Abb. 1.59	aus Kunststoffe **60** (1970) Abb. 8, 305.
Abb. 1.28	Zeichnung des Autors.	Abb. 1.60	Zeichnung des Autors.
Abb. 1.29	aus Polym. Eng. Sci. **8** (1968), 239.		
Abb. 1.30	aus Rheol. Acta **20** (1981), 219.		
Abb. 1.31	aus Samuels, R. J. (1974), Structured Polymer Properties, John Wiley and Sons, New York, 9.	**Abb. 1.61 (Aminoplaste)**	
Abb. 1.32	aus Kolloid Z. **237** (1970), 347.	Abb. 1.61	Zeichnung des Autors.
Abb. 1.33, 1.34, 1.41, 1.42	aus Kunststoff-Handbuch, Bd. IV (1969), Polyolefine, Carl Hanser Verlag, München, 233, 237, 238, 248, 255.	**Abb. 1.62 bis 1.65 (Phenoplaste)**	
Abb. 1.35	aus Polymer Science and Materials (1971), Herausgeber Tobolsky, A. V., Mark, H. F., Wiley-Interscience, New York, 167.	Abb. 1.62	aus Encyclopedia of Polymer Science and Technology, Wiley-Interscience, New York 1969, Bd. 10, 32, Fig. 5.
Abb. 1.36	aus J. Polym. Sci. Polym. Phys. Ed. **19** (1981), 1784, 1786.	Abb. 1.63	aus Knop, A., Scheib, W. (1979), Chemistry and Application of Phenolic Resins, Springer Verlag, Berlin, Heidelberg, New York, Fig. 4.3.
Abb. 1.37	Zeichnung des Autors.		
Abb. 1.38, 1.39	aus J. Polym. Sci. Polym. Phys. Ed. **18** (1980), 1380, 2365.		
Abb. 1.40	aus J. Polym. Sci. Polym. Phys. Ed. **17** (1979), 1916.	Abb. 1.64, 1.65	aus Encyclopedia of Polymer Science and Technology, Wiley-Interscience, New York 1969, Bd. 10, 34, Fig. 9, 45, Fig. 26.
Abb. 1.43	aus J. Polym. Sci. Polym. Symp. **57** (1976), 5.		

Abb. 1.66 (Ungesättigte Polyester-Harze)

Abb. 1.66a   Zeichnung des Autors
Abb. 1.66b   aus VIAPAL-Handbuch (1979), Vianova Kunstharz AG, Graz.

Abb. 1.67 (Technische Kunststoffe)

Abb. 1.67   aus Bühler, K. U. (1978), Spezialplaste, Akademie-Verlag, Berlin, 209.

B   Formulierte Produkte

E. Forster

1. Formulierte Produkte

Im folgenden Teil B, Formulierte Produkte, werden nur solche Produkte behandelt, die eine größere Bedeutung erlangt haben. Die ausgewählten Beispiele dienen der Anschaulichkeit, sie sind nicht als Wertung zu verstehen. Viele Einzelheiten mußten der Übersichtlichkeit und Kürze geopfert werden. Auf einige Teilaspekte, die aus Raummangel nicht erwähnt wurden, gibt das Literaturverzeichnis Hinweise. Maschinen zur Herstellung und Verarbeitung formulierter Produkte sind im Bd. II, Kap. 3, S. 133 ff, näher beschrieben und wir werden auf die dortigen Beschreibungen verweisen.

Formulierte Produkte – im Sinne dieses Buches – enthalten neben Grundstoffen (Polymeren bzw. Bausteinen zur Herstellung von Polymeren) mindestens einen physikalisch zugemischten Zusatzstoff.

Es ist höchst unwahrscheinlich, daß ein völlig neuer Kunststoff-Grundstoff mit ähnlichem Volumen wie die Standard-Kunststoffe Polyolefine, Styrolpolymere oder PVC in naher Zukunft auf den Markt kommen wird – einerseits, weil man alle preisgünstigen Rohstoffe sorgfältig untersucht hat, anderseits wegen der enormen Kosten, ein derartiges Produkt auf dem Markt einzuführen[432]. Dagegen wird man auch weiterhin Kunststoffe mit noch günstigeren Eigenschafts-Kosten-Verhältnissen durch Formulierung der vorhandenen Grundstoffe z. B. mit Füllstoffen, Verstärkungsfasern und Additiven, und durch Kombinieren der Grundstoffe miteinander entwickeln. Auch durch kostengünstigere Verarbeitungsverfahren und neue Anwendungsgebiete wird die Bedeutung der Kunststoffe als Werkstoffe weiter ansteigen.

1.1 Zusammensetzung

Die Fortschritte bei der Entwicklung von Verarbeitungsmaschinen haben dazu geführt, daß immer mehr Kunststoffe nach den verschiedensten Verfahren verarbeitbar werden. Dennoch kann man die Grundstoffe, so wie sie bei der Herstellung anfallen, nur in Ausnahmefällen direkt zu Halbzeug oder Fertigteilen optimal verarbeiten und anwenden. Meist sind Zusatzstoffe erforderlich, um die Verarbeitbarkeit oder die Materialeigenschaften zu verbessern. Zwar könnte man

Tab. 1.64 Modifizieren von Thermoplasten[433]

Grundstoff	erwünschte Verbesserung	angewendete Modifizierungsmittel
LDPE	Steifigkeit	HDPE
	Spannungsrißbeständigkeit	PIB, EVA
HDPE	Zähigkeit dicker Folien	PIB
PP	Kälteschlagzähigkeit	PIB, EPM, EPDM
PVC	Schlagzähigkeit	MBS, ABS, AMBS, EVA, PEC, MBA, P-Acryl, EPDM
	Plastifizierung	MMA, AMA
	Wärmeformbeständigkeit	SAN, αMSt-AN, PVCC
	Chemikalienbeständigkeit von Weich-PVC	NBR
PS, SAN	Schlagzähigkeit	EPDM, SB
	Wärmeformbeständigkeit	PPO
ABS	Wärmeformbeständigkeit	PC, PPSU
	Brandverhalten	PVC
PA	kürzere Zykluszeiten	PE
	Schlagzähigkeit (trocken)	PE, EPDM
POM	Gleiteigenschaften	PTFE
PMMA	Schlagzähigkeit	MBS, AMBS, P-Acryl

Neben den in DIN 7728 bzw. ASTM-D 1418-67 genormten Kennzeichen wurden folgende Abkürzungen verwendet

Abkürzung	Chemische Produktbezeichnung
AMA	Ethylacrylat-Methylmethacrylat-Copolymerisat
AMBS	Acrylnitril-Methylmethacrylat-Butadien-Styrol-Copolymerisat
AN	Acrylnitril
BU	Butadien
MBA	Methylmethacrylat-Butylacrylat-Copolymerisat
MMA	Methylmethacrylat
P-Acryl	Polyacrylat
St	Styrol
VC/VA	Vinylchlorid-Vinylacetat-Copolymerisat
α-MSt	α-Methylstyrol

grundsätzlich einige Thermoplaste, z. B. LDPE, PS, PMMA, PIB, unstabilisiert verarbeiten; aber auch hier hat die Stabilisierung Vorteile, weil sie eine Verarbeitung unter härteren Bedingungen, z. B. bei höheren Temperaturen, ermöglicht und zu besseren Gebrauchseigenschaften führt.

PVC besitzt im Vergleich zu anderen Polymeren eine besonders geringe Stabilität: Wärme, Licht, mechanische Beanspruchung führen zum Abbau des Polymeren. Seine heutigen hohen Verkaufszahlen wären ohne geeignete Additive undenkbar. Naturfarbene oder bunte Einstellungen bei PE oder PP benötigen Stabilisatoren, z. B. Benzophenone, Benzotriazole oder sterisch gehinderte Amine – HALS, gegen UV-Strahlung. Flammwidrige Formstoffe erfordern bei den meisten Grundstoffen entsprechende Additive.

Während bei neueren duroplastischen formulierten Stoffen die Zahl der Komponenten nicht selten 10 oder mehr beträgt, ist sie bei den Thermoplasten gering – von einigen Ausnahmen, z. B. PVC-Formulierungen, abgesehen. Den Grundstoffen zugegeben werden einerseits Füll- oder Verstärkungsstoffe, anderseits Funktions-Zusatzstoffe. Diese Zusatzstoffe sind entweder niedermolekulare Stoffe, z. B. Wärmestabilisatoren, Lichtschutzmittel, Weichmacher, Pigmente, Flammhemmer, Antistatika und Treibmittel, oder ebenfalls makromolekulare Substanzen.

Unter **Modifizierung** versteht man üblicherweise die Verbesserung der Verarbeitungs- und Endeigenschaften durch polymere Zusatzstoffe[433], wobei man die chemische Produktmodifizierung (Copolymerisation) von der physikalischen Produktmodifizierung (Polymer-Blends, -Legierungen) unterscheidet[434].

Beispiele für die Modifizierung von Thermoplasten gibt die Tab. 1.64. Die Menge der angewandten Modifizierungsmittel beträgt meist weniger als 20% des Grundstoffes. Oft werden vollständig oder teilweise mit dem Grundstoff verträgliche Modifizierungsmittel gewählt. Wenn die Verträglichkeit nicht ausreichend ist, z. B. bei Elastomer-Komponenten zur Erhöhung der Schlagzähigkeit von Thermoplasten, hilft man

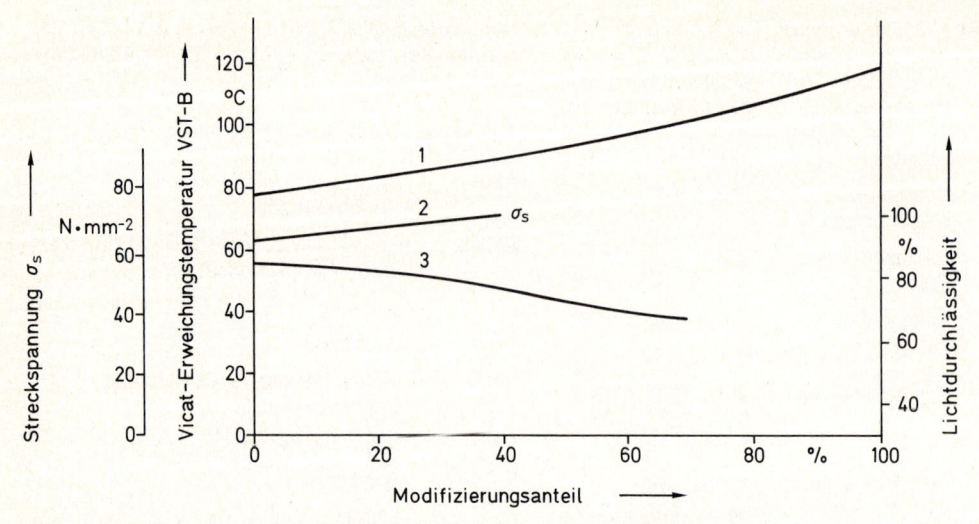

Abb. 1.68 Wärmeformbeständigkeit (1), Streckspannung (2) und Lichtdurchlässigkeit (3) von PVC mit erhöhter Wärmeformbeständigkeit in Abhängigkeit vom Anteil eines zugegebenen Modifizierungsmittels (Massengehalt in %)[433]

sich durch Aufpolymerisieren eines Polymeren (»*Pfropfen*«), das mit dem Grundstoff (Matrix) und dem Basis-Elastomer gut verträglich ist, z. B. Pfropfen von Elastomer-Typen auf Basis von Butadien mit SAN oder MMA zur Verbesserung der Schlagzähigkeit von ABS oder PVC. Derartige Modifizierungsmittel sind manchmal ziemlich kompliziert aufgebaut.

Gelegentlich wird ein bestimmtes Maß von Unverträglichkeit jedoch angestrebt, um Mehrphasensysteme zu erhalten und z. B. bei ABS eine höhere Schlagfestigkeit zu erreichen. In manchen Fällen hat man bei der Verbesserung einer Eigenschaft die Wahl zwischen der Modifizierung eines Basis-Polymeren (physikalisches Gemisch) und der Verwendung eines Copolymeren anstelle des Basis-Polymeren (chemische Modifizierung des Grundstoffes). So kann man in der Kälte schlagzähes PP einerseits durch Zugabe von PIB, EPM oder EPDM herstellen, andererseits durch Copolymerisation mit Ethylen.

Die Wahl des günstigsten Modifizierungsmittels und die Ermittlung der optimalen Zugabemenge ist oft schwierig, weil die Zusätze neben den erwünschten positiven Wirkungen häufig ungünstige Nebenwirkungen haben.

Als Beispiel dafür zeigt Abb. 1.68[433] wie α-Methylstyrol-Acrylnitril als Modifizierungsmittel für PVC die Wärmeformbeständigkeit (1) und die Streckspannung (2) erhöht, die Lichtdurchlässigkeit (3) jedoch vermindert. Auch die thermische Stabilität und die Witterungsbeständigkeit werden durch dieses Modifizierungsmittel negativ beeinflußt.

Die meisten Thermoplaste enthalten Stabilisatoren und andere Additive; diese haben eine oder mehrere Aufgaben zu erfüllen[435–439].

1.2 Herstellung[440]

Um aus dem Grundstoff und den Zusatzstoffen formulierte Produkte herzustellen, sind meist folgende Verfahrensschritte erforderlich:

– Zerkleinern der Rohstoffe, s. Abb. 3.51 und 3.52 auf S. 106 im Bd. 2
– Mischen, s. Abb. 3.58 auf S. 111 im Bd. 2
  a) im pulverförmigen Zustand oder
  b) im plastischen Zustand,
– Verdichten.

Die dafür erforderlichen Maschinen sind in Kap. 3, Bd. 2 ausführlich beschrieben.
Für das Plastifizieren werden diskontinuierliche und kontinuierliche Verfahren herangezogen (s. a. Abb. 3.66, 3.67 u. 3.68):

diskontinuierlich
– Kneter mit Z-förmigen gegeneinander laufenden Knetarmen,
– Walzwerke,

kontinuierlich
– Einschneckenmaschinen, z. B. Kokneter mit rotierender Schneckenwelle, die sich gleichzeitig axial hin und her bewegt.

- Doppelschneckenmaschinen mit kämmenden Schnecken
- Planetwalzenextruder.

Abweichungen von diesem Schema zur Herstellung formulierter Produkte bzw. ergänzende Angaben sind in den folgenden Abschnitten beschrieben.

1.3 Entwicklung neuer formulierter Stoffe

Auf dem Kunststoffgebiet verschiebt sich der Schwerpunkt der industriellen Forschungsarbeiten immer mehr von der Synthese in die Richtung Verfahrensentwicklung, Applikation und Ökologie. Die Entwicklung neuer formulierter Produkte fällt dabei den Chemikern und Ingenieuren der Produktentwicklung (PE) bzw. der Anwendungstechnischen Abteilung (ATA) zu.

Aufgabe der PE und ATA ist es
- aussichtsreiche Anwendungsmöglichkeiten für neue Produkte der synthetischen Forschung aufzufinden,
- neue Produkte zu entwickeln, die wichtige Bedürfnisse des Marktes befriedigen wie z. B. höhere Qualität, günstigere Verarbeitbarkeit, Forderungen des Umweltschutzes,
- Sortimentsprodukte zu optimieren, z. B. Verbesserung wichtiger Verarbeitungs- oder Endeigenschaften wie Entformungsverhalten, Flammschutz, Wärmebeständigkeit, Verminderung der Herstellungskosten, z. B. durch Substitution einzelner Komponenten,
- optimale Anwendungsbedingungen zu ermitteln,
- technische Probleme der Kunden zu lösen,
- das technische Wissen zu erweitern, z. B. durch Aufklärung der chemischen und physikalischen Vorgänge bei der Applikation, durch Auffinden von Zusammenhängen zwischen Struktur und Eigenschaften.

Um die Zusammenarbeit zwischen der Produktentwicklung bzw. der Anwendungstechnischen Abteilung und anderen Abteilungen (Synthese, Analytik, Physik, Produktion, Marketing, Toxikologie u. a.) zu fördern, die Entwicklungsarbeiten zu beschleunigen und sie mit den sich gelegentlich ändernden Anforderungen des Marktes in Übereinstimmung zu halten, gibt es für größere Entwicklungsprojekte sogenannte Produktewerdegänge[441-443]. Das folgende Schema zeigt einen solchen (vereinfachten) Produktewerdegang.

Schema eines (vereinfachten) Produktewerdegangs

1. Phase Suche und Bewertung von Ideen für neue Produkte

1.1 Suche nach Produktideen für formulierte Produkte
a) aus dem Unternehmen: Forschung und Entwicklung, Produktion, Marketing u. a.
b) außerhalb des Unternehmens: Kunden, Endverbraucher, Hochschulen, Forschungsinstitute, Konkurrenten (neue Produkte, Publikationen), Lieferanten u. a.

1.2 Bewertung der Produktideen (*Ideenscreening*)
Die Bearbeitung größerer Entwicklungsprojekte erfordert Zeit und Geld. Daher kommt der Bewertung dieser Projekte vor und während der Dauer der Entwicklungsarbeiten große Bedeutung zu. Vorschläge zur systematischen Evaluierung von Projekten sind in der Literatur zu finden, z. B.[444]

a) einfache Formeln, z. B. die Rangzahl R

$$R = \frac{P_T \cdot P_C \cdot V \cdot (P - C) \cdot t}{K}$$

P_T Wahrscheinlichkeit für den technischen Erfolg
P_C Wahrscheinlichkeit des kommerziellen Erfolgs
V erwartetes jährliches Verkaufsvolumen (in t/Jahr)
P erwarteter Verkaufspreis (in DM/t) des Produktes
C geschätzte Herstellungs- und Vertriebskosten (DM/t)
t geschätzte Nutzungsdauer des Produktes (in Jahren) = Zeit, während der das Produkt auf dem Markt sein wird
K geschätzte Gesamtkosten des Projektes (F & E, Produktion, Marketing) in DM

Die Rangzahl ist also der Quotient aus dem voraussichtlichen Gewinn geteilt durch die geschätzten Kosten. Sinnvolle Projekte sollten Rangzahlen über 2 haben.

b) teilweise umfangreiche Bewertungstabellen, z. B.
Frech, B. E. (1977), Scoregard for New Products, Management Review, S. 4–11.
Freudenmann, H. (1965), Planung neuer Produkte, Stuttgart.
Freund, P. (1975), Allgemeine Probleme der chemischen Industrie, Alfred Hüthig Verlag, Heidelberg, S. 121–122.
Harris, J. S. (1961), New Product Profile Chart, Chem. & Eng. News. 17.4., S. 110–118; (deutsche Übersetzung: Kölbel, H., Schulze, J. [1970]. Der Absatz in der Chemischen Industrie, Springer Verlag, Berlin, Heidelberg, New York, S. 371–373).

Tab. 1.66 Bewertungstabelle für F & E-Vorhaben[445]

	Gewichtungsfaktor (G)	Thema I f	Thema I P	Thema II f	Thema II P	Thema III f	Thema III P
Vorhandenes chemisches Wissen	8	7	56	5	40	8	64
Vorhandenes verfahrenstechnisches Wissen	6	9	54	9	54	6	36
Anpassungsfähigkeit an vorhandene Anlagen	4	9	36	7	28	8	32
Patentlage	8	2	16	8	64	6	48
Rohstofflage	2	8	16	7	14	2	4
Abfallprobleme	5	10	50	10	50	4	20
Größe des Marktes	6	7	42	5	30	8	48
Eignung für den Markt	8	8	64	9	72	5	40
Ergänzung der vorhandenen Palette	1	8	8	5	5	5	5
Anwendungstechnische Entwicklung	7	4	28	5	35	4	28
Wahrscheinlichkeit des technischen Erfolges	10	9	90	8	80	7	70
Wahrscheinlichkeit des kommerziellen Erfolges	10	5	50	8	80	7	70
Personalkapazität F & E	2	6	12	7	14	5	10
Laboreinrichtungen	2	6	12	4	8	4	8
Pilotanlagen	7	2	14	8	56	8	56
Scale-up Möglichkeiten	7	2	14	8	56	7	49
Dauer des Projektes	10	4	40	7	70	6	60
Gesamtpunktzahl			602		756		648

f = Bewertung der Kriterien   P = Punktzahl   P = G · f

Jantsch, E. (1967), Technological Forecasting in Perspective, Paris, S. 214–220.
Kotler, Ph. (1972), Marketing Management, Prentice-Hall, Englewood Cliffs N. J., S. 479–490.
Miller, T. T. (1955), Projecting the Profitability of New Products, The Controller.
O'Meara, J. T. (1963), Selecting Profitable Products in Bursk-Chapman (Herausgeber), New Decision Making Tools for Management, Harvard University Press, Cambridge, Mass.
Pessemier, E. A. (1966), New Product Decisions – An Analytical Approach, McGraw Hill Book Comp., New York, S. 86–196.

Ein relativ einfaches Bewertungsschema für drei Additivtypen für Synthesefasern ist in Tab. 1.66 angegeben. Nähere Erklärungen dazu findet man bei Freund[445]. Ein weiteres ebenfalls recht nützliches Schema zeigt Tab. 1.67.
Bewertungsmethoden erleichtern – kombiniert mit Erfahrung, Weitblick, einem Gefühl für Chancen und Gefahren und der Bereitschaft zu sorgfältiger Analyse – die Aufgabe, einzelne Projekte in ihrer Priorität einigermaßen richtig einzustufen. Es wäre falsch, einfach die Summe aller Minus- und Pluspunkte nach einer Bewertungsmethode zu bestimmen und einzig nach dieser Zahl Projekte einzustufen. Sorgfalt bei der Analyse und Auswahl der F & E-Vorhaben erspart kostspielige Enttäuschungen bei der experimentellen Bearbeitung.

1.3 Erarbeitung eines technischen *Produkteprofils*
Das Produkteprofil gibt an, welche Eigenschaften das zu entwickelnde Produkt unbedingt aufweisen muß (Festforderungen) und welche es nach Möglichkeit haben sollte (Wunschforderungen), z. B. mechanische, elektrische, thermische Eigenschaften, Herstellungskosten, Eigenschaften von daraus herzustellenden Artikeln, Verarbeitbarkeitskriterien.

1.4 Erarbeitung der – hauptsächlich technischen und ökonomischen – Argumente, die für bzw. gegen eine Aufnahme des Entwicklungsprojektes sprechen
Einige der unter 1.2 angegebenen Bewertungsmethoden erweisen sich für diese Arbeit als nützlich. Soweit als möglich sollte dabei versucht werden, die Rentabilität des Projektes abzuschätzen. In diesem Stadium ist auch zu überlegen, ob es ratsam erscheint, statt einer Entwicklung im eigenen Unternehmen ganz oder teilweise die Hilfe anderer Firmen oder Institutionen in Anspruch zu nehmen, z. B. Lizenznahme oder Zusammenarbeit.

1.5 Entscheidung über Aufnahme des Projektes in den F & E-Plan
Ein spezielles Komitee, in dem neben der Forschung und Entwicklung auch andere Abteilun-

Tab. 1.67 Bewertungsschema für neue Produkte[446]

1. Bewertungsfaktoren des Entwicklungsbereichs
   a) Erfahrungen auf verwandten Gebieten
   b) Beitrag zur Entwicklung anderer Projekte
   c) Vorsprung vor der Konkurrenz
   d) Sicherheit vor Nachahmung

2. Bewertungsfaktoren des Beschaffungsbereichs
   a) Kenntnis des neuen Beschaffungsmarktes
   b) Benutzung bewährter Lieferantenverbindungen
   c) Zahl der leistungsfähigen Lieferanten
   d) Möglichkeit für Gegenseitigkeitsgeschäfte
   e) Liefermöglichkeit in Krisenzeiten
   f) Preisvorteil infolge größerer Abnahmemengen
   g) Preisstabilität am Beschaffungsmarkt

3. Bewertungsfaktoren des Produktionsbereichs
   a) Beschäftigung vorhandener Arbeitskräfte
   b) Körperliche Beanspruchung der Arbeitskräfte
   c) Erschütterungen, Lärm-, Staub-, Feuchtigkeitsentwicklung
   d) Unfallgefahr
   e) Beitrag zum Ausgleich saisonaler Beschäftigungsschwankungen
   f) Beitrag zur Abschwächung konjunktureller Beschäftigungsschwankungen
   g) Umstellungsschwierigkeiten
   h) Anpassungsfähigkeit der Anlagen an Produkt- oder Verfahrensänderungen
   i) Nutzung spezieller Verfahrenskenntnisse
   j) Kapazitätsreserven der Anlagen
   k) Reparaturanfälligkeit der Anlagen
   l) Risiko der technischen Überholung der Anlagen
   m) Erforderliche Produkttypen
   n) Belästigung der Umgebung

4. Bewertungsfaktoren des Absatzbereichs
   a) Benutzung der vorhandenen Verkaufsorganisation
   b) Nutzung des Goodwill bisheriger Erzeugnisse
   c) Beitrag zum Verkauf der übrigen Erzeugnisse
   d) Substitutionsrisiko
   e) Modische Aktualität
   f) Einkaufsmacht der Kunden
   g) Möglichkeit des Exports

gen vertreten sind, ist für derartige Entscheidungen zuständig.

2. Phase Bearbeitung des Entwicklungsprojektes

2.1 Analyse des vorhandenen Wissens, Ergänzung durch Literaturstudium u. a.

In Chemical Abstracts wurden 1976 und 1977 jährlich mehr als 26 000 Publikationen auf dem Gebiet der Kunststoffe und Lacke zusammenfassend referiert. Im Gegensatz zu Publikationen über Synthesen chemischer Produkte oder die Eigenschaften und Anwendungen von Verkaufsprodukten ist die Zahl der Veröffentlichungen über die Entwicklung von formulierten Produkten relativ gering. Große auf diesem Gebiet tätige Unternehmen besitzen jedoch ein bedeutendes Wissen aufgrund langjähriger eigener Arbeiten.

2.2 Versuchsplanung
Formulierte Produkte enthalten in vielen Fällen zahlreiche Komponenten (s. z. B. Tab. 1.125). Durch Versuche soll nun eine optimale Kombination dieser Komponenten aufgefunden werden. Dabei ist zu berücksichtigen:

– Für jede der erforderlichen Komponenten gibt es meist mehrere Möglichkeiten hinsichtlich Art und Menge.
– Die Komponenten wirken selten unabhängig voneinander, sondern stehen in Wechselwirkung zueinander.
– Das Produkteprofil enthält oft Forderungen, die miteinander im Widerspruch stehen.
– Die Frage des Gesamtoptimums verschiedener Eigenschaftskombinationen läßt sich häufig nur willkürlich bestimmen, da das Optimum für eine bestimmte Eigenschaft selten mit dem Optimum für eine andere Eigenschaft zusammenfällt.
– Neben den technischen Eigenschaften sind die Herstellungskosten eines formulierten Produktes von entscheidender Wichtigkeit. Oft gilt die Regel »ein Produkt soll nicht so gut wie möglich, sondern so gut wie nötig sein«, weshalb man bei den Rohstoffen möglichst vorhandene Standardprodukte und keine exotischen einzusetzen versucht. Hier erweist sich die Wertanalyse als nützlich[447–459].

Üblicherweise werden Entwicklungsarbeiten nach der *Einfaktormethode* durchgeführt: man variiert einen Faktor und ist bestrebt, alle übrigen Faktoren möglichst konstant zu halten.
Ursprünglich von R. A. Fisher für biologische Experimente verwendete statistische Versuchspläne, bei denen mehrere Faktoren nach einem bestimmten Versuchsplan (z. B. Faktorenexperimente, lateinische Quadrate) variiert werden, bringen ein günstigeres Verhält-

nis zwischen Versuchsaufwand und Versuchsergebnissen. Sie ermöglichen es, mehrere Variablen gleichzeitig auf ihre Einzel- und Wechselwirkungen quantitativ zu untersuchen (s. Allgemeine Literatur, Formulierte Produkte, S. 314). Sie werden jedoch in der Kunststoff-Entwicklung nur wenig angewendet (z. T. weil es an entsprechend geschulten Fachleuten fehlt).
Für Probleme der *Verfahrenstechnik*, z. B. Anpassung eines Pilot-Verfahrens an die größeren Apparaturen des Fabrikationsbetriebs, läßt sich oft durch Anwendung der Dimensionsanalyse[460–464] die Zahl der Einzelversuche vermindern.

2.3 Versuchsdurchführung

Jedes in sich abgeschlossene Experiment gibt Hinweise über weitere sinnvoll erscheinende Experimente, bis das gewünschte Produkteprofil oder eine optimale Eigenschaftskombination erreicht wird oder die technische Realisierung als wenig aussichtsreich erkannt wird.

2.4 Weitere Tätigkeiten während der Entwicklungsarbeiten

– Die Vorprüfungen sind durch umfangreichere Untersuchungen zu ergänzen, z. B. Langzeitverhalten, Witterungsbeständigkeit,
– toxikologische Prüfungen,
– zunehmend genauere Kostenschätzungen,
– Patentlage, evtl. Patentanmeldung,
– in bestimmten Abständen: Überprüfung, ob Projekt fortzusetzen ist und mit welcher Priorität, evtl. Modifizierung des Projektes,
– Überprüfung von Laboratoriumsmustern durch Praxisversuche im eigenen Unternehmen oder bei interessierten Kunden,
– Verfahrensentwicklung, Rohstoffsicherung, Sicherheitsaspekte bei der Fabrikation, Abklärung ökologischer Fragen,
– Erarbeitung von Eigenschaftstabellen mit Verarbeitungshinweisen für Merkblatt zur Markteinführung des neuen Produktes.

2. Thermoplastische Spritzgußmassen

Unter dem Oberbegriff Formmassen werden Rohstoffe für das spanlose Fließformen von Kunststoff-Erzeugnissen unter Druck und Wärmeeinwirkung (Spritzgießen, Spritzpressen, Pressen, Strangpressen, Hohlkörperblasen) zusammengefaßt (vgl. DIN 7708, Blatt 1 und DIN 16 700). Formmassen aus thermoplastischen Kunststoffen werden vorwiegend als Spritzguß- oder Strangpreßmassen, duroplastische Formmassen als Preßmassen oder duroplastische Spritzgußmassen bezeichnet. Die daraus spanlos geformten Erzeugnisse heißen Formstoffe, wobei man zwischen Formteilen (hergestellt in allseitig geschlossenen Formen) und Halbzeug unterscheidet. Anstelle der Bezeichnung »Formmassen für die Spritzgießverarbeitung« wird hier der in der Praxis übliche kurze Ausdruck »Spritzgußmassen« verwendet.

Durch Spritzgießen werden Formteile von unter 1 g bis zu derzeit 30 kg Stückgewicht in industrieller Massenproduktion hergestellt (s. Tab. 1.68).

Das grundlegende Patent über Spritzgußmassen (DRP 393.873, Priorität 26. 1. 1919) wurde am 10. 4. 1924 für die Herstellung von Formstücken aus Acetylcellulose erteilt[466]. Die erste Anlage zur Herstellung von PS in Ludwigshafen hatte eine Kapazität von 60 t/Jahr (1930). 1933 kamen die ersten Spritzgußteile aus Polystyrol auf den Markt. Die wirtschaftliche und technische Bedeutung der thermoplastischen Spritzgußmassen geht aus Tab. 1.69 hervor.

Während PVC und LDPE nur in einem relativ geringen Umfang im Spritzguß verarbeitet werden, gehen etwa dreiviertel der Polyamide und die Hälfte des Polystyrols durch Spritzgießmaschinen. Noch höher ist dieser Prozentsatz bei den Spezialkunststoffen PC, POM, PPO und PBTP[468].

Unter den Kunststoffverarbeitungsmaschinen nehmen die Spritzgießmaschinen eine Spitzenstellung ein: sowohl zahlenmäßig wie nach ihrem Umsatz liegen sie weit vor den Extrudern. Während Spritzgießmaschinen ursprünglich für Thermoplaste entwickelt wurden, kann man heute auch die Duroplaste (s. Preßmassen), Kautschuk-Mischungen und schäumende Massen (TSG-Verfahren) im Spritzgießverfahren verarbeiten.

2.1 Herstellung

Die Eigenschaften eines Spritzgußartikels hängen von vier Faktoren ab[469]:

– der Formmasse, d. h. vom polymeren Grundstoff und Art und Menge der Zusatzstoffe,
– der Verarbeitung der Formmasse (Spritzgießmaschine, Werkzeugkonstruktion, Fertigungs- und Nachbehandlungsbedingungen),
– der Gestaltung des Fertigteils, z. B. Wanddicke, Seitenschräge, Abrundungen[470],
– den Umgebungseinflüssen, denen der Fertigteil ausgesetzt ist.

Die heute im Handel erhältlichen Spritzgußmassen sind weitgehend optimiert, das heißt einerseits angepaßt an die Spritzgießmaschinen, andererseits an die Wünsche der Verarbeiter und der Endverbraucher. Dazu waren in manchen Fällen beträchtliche Entwicklungsarbeiten erforderlich, bei denen die Hersteller von Polymeren mit den Produzenten von Zusatzstoffen, der Maschinen-

Tab. 1.68 Kennwerte der verschiedenen Spritzgießmaschinengrößen (Schneckenmaschinen)[465]

Spritzgieß-maschinengröße	Einspritz-arbeitsvermögen (mm · MN)	Schließkraft (MN)	Schnecken-durchmesser (mm)	max. Teile-masse (kg)	Maschinen-gewicht (t)
klein	0,10– 6	0,007– 0,3	8– 30	unter 0,05	0,1–1,3
mittel	8 –120	0,4 – 3	30– 70	0,06–0,3	bis 10
groß	140 –600	3,5 –30	60–120	bis 30	bis 100

Tab. 1.69 Spritzgußteile aus Thermoplasten in den USA (in 10^3 t)[467]

	1979	1980	1981	1982	1983
PE-LD	295	236	238	230	289
PE-HD	488	426	453	501	548
PE-LLD	14	30	40	59	68
PP	554	509	565	488	539
PVC	162	130	143	119	135
PS	864	725	745	622	684
ABS	264	185	205	155	215
PA	90	76	81	64	79
PETP	5	5	6	6	12

Tab. 1.70 Richtwerte von Einsatzkonzentrationen der Antistatika[472]

Kunststoff	Antistatikum (%)
LDPE	0,05–0,1
HDPE	0,2 –0,3
PP	0,5
PVC-h	0,5 –1,5
PS	1,5 –4

Tab. 1.71 Beispiele für die Flammschutz-ausrüstung

PP	PP	PE
60% PP	81% PP	90,5% PE
27% Dechloran*	12% Octabrom-diphenyl	6,0% Chlor-paraffin
13% Antimon-trioxid	7% Antimon-trioxid	3,5% Antimon-trioxid

* hochchloriertes Paraffin

industrie, den Verarbeitern und den Verwendern der Spritzgußartikel zusammenarbeiten.

Spritzgußmassen müssen in der Spritzgießmaschine thermisch stabil (keine Zersetzung), in kurzen Zykluszeiten verarbeitbar und leicht entformbar sein. Die Zykluszeiten hängen stark von der Abkühldauer im Werkzeug ab. Die Kühlzeit ist eine Funktion der Massetemperatur beim Einspritzen in das Werkzeug, der Werkzeugtemperatur, der spezifischen Wärme der Formmasse, der Wärmeleitfähigkeit und der Gestalt des Formteils (größere Wanddicken bedingen längere Kühlzeit). Bei teilkristallinen Polymeren hängt die Kühlzeit überdies von der Kristallisationsgeschwindigkeit und der Schmelzwärme ab.

Für Spritzgußmassen werden vielfach Polymere mit niedrigeren rel. Molekülmassen eingesetzt als für Extrusionsmassen, und damit mit einer günstigeren Schmelzviskosität und Fließfähigkeit.

Um das Eigenschaftsbild einer Spritzgußmasse auf Basis eines bestimmten Grundstoffes (z. B. PS) zu beeinflussen, kann man Variationen am Grundstoff oder an den Zusätzen vornehmen. Um z. B. kürzere Zykluszeiten beim Spritzgießen zu erzielen, kann man einerseits leichter fließende, also nicht zu hochmolekulare, Typen des Grundstoffes verwenden; andererseits kann man durch Zusatz von (polymeren) Fließhilfen/Gleitmitteln das Fließvermögen verbessern. Dabei muß man jedoch stets die Auswirkungen solcher Maßnahmen auf andere Eigenschaften im Auge behalten: eine Herabsetzung der rel. Molekülmasse des Polymeren vermindert die mechanischen Eigenschaften, Gleitmittelzusätze senken die Erweichungstemperatur.

Bei PVC ist eine Stabilisierung in jedem Fall notwendig. Hart-PVC kann praktisch nur unter Zusatz von Gleitmitteln verarbeitet werden (Bd. II, S. 330).

Die Zahl und Menge der Zusätze zur Herstellung von Spritzgußmassen ist sehr verschieden: während z. B. LDPE und PS der Standardqualität meist unstabilisiert geliefert werden oder nur mit

Antioxidantien in einer Menge unter 0,1% ausgerüstet werden, enthalten PVC-Formmassen zahlreiche Zusätze. Der Mengenverbrauch an PVC-Stabilisatoren beträgt ca. 2% des gesamten PVC-Verbrauchs; bei den anderen Polymeren liegt die Stabilisatormenge um 1 bis 2 Größenordnungen niedriger[471]. Die Lichtstabilisierung wird bei Artikeln für Außenanwendung erforderlich (besonders für dünnwandige Artikel wie Folien oder Fasern). Spritzgußmassen mit hohem Schmelzindex benötigen im allgemeinen eine geringere Wärme- und Oxidationsstabilisierung als Extrusionsmassen mit niedrigem Schmelzindex. Es ist einleuchtend, daß Spezialtypen für Anwendungen bei höheren Temperaturen entsprechend stärker zu stabilisieren sind.

Die Einsatzkonzentration von Antistatika ist von Kunststoff zu Kunststoff sehr unterschiedlich (s. Tab. 1.70[472]).

Antistatika vermindern die Oberflächenwiderstände von ca. 10^{12} bis $10^{14}\,\Omega$ auf ca. $10^9\,\Omega$, um eine störende elektrische Aufladung zu verhindern.

Zur Flammschutzausrüstung sind oft beträchtliche Zusatzmengen erforderlich, z.B. 15 bis 20% bei ABS-Spritzgußmassen. Das sind meist Bis-tribromphenoxy-ethan, Octabromdiphenylether oder Tetrabrombisphenol A, manchmal kombiniert mit speziellen Abtropfmitteln wie chloriertem PE und synergistisch wirksamen Füllstoffen wie Antimontrioxid (s. Tab. 1.71).

Die Wirkung von Füllstoffen faßt Tab. 1.72 am Beispiel PP zusammen:

Tab. 1.72 Wirkung von Füllstoffen[474]

Änderung	vorteilhaft	nachteilig
Erhöhung	Härte Steifigkeit Wärmeformbeständigkeit Verarbeitungsgeschwindigkeit	Dichte Maschinenverschleiß Formenverschleiß
Verminderung	Schwindung Wärmedehnung Materialkosten	Zähigkeit Dehnung Fließfähigkeit Fließnahtfestigkeit

Unter den Füllstoffen für thermoplastische Spritzgußmassen hat Kreide die größte Bedeutung (weich, daher geringer Verschleiß der Maschinen und Formen, billig). Organische Füllstoffe werden selten verwendet (z.B. PP mit Holzmehl). Glasfasern (Durchmesser 10–15 μm) erhöhen den E-Modul und die Zugfestigkeit; sie vermindern den thermischen Ausdehnungskoeffizienten und die Schwindung. Über den Einfluß von Füllstoffen orientiert Tab. 1.73 am Beispiel von PP-Spritzgußmassen[474].

Tab. 1.74 gibt einen Überblick über wichtige PVC-Zusatzstoffe.

Tab. 1.73 Einfluß der Verstärkungs- und Füllstoffe auf die Eigenschaften von Polypropylen[474]

Struktur	Eindimensional				Zweidimensional			Dreidimensional		
	gemahl. Glasfaser	Glasfaser	Glasfaser + Haftv.	Asbestfaser	Talkum		Glimmer	Glaskugel		Kreide
Gehalt (%)	20	30	30	40	20	40	40	20	40	60
Härte[1]	+20	+45	+55	+45	+15	+20	+10	0	+15	+15
Biege-E-Modul[1]	+100	+350	+350	+300	+70	+150	+150	+25	+70	+150
Torsions-Modul[1]	+10	+30	+300	+110	+40	+120	+40	+20	+35	+80
Heat-Distortion[1]	+15	+20	+50	+20	+20	+30	–	+5	+15	–
Zugfestigkeit[1]	0	+20	+110	0	0	0	−10	−20	−35	−50
Dichte[1]	+12	+25	+25	+40	+12	+25	+25	+10	+25	+55
Schlagzähigkeit[2] (N/mm²)	50	15	15	10	40	20	20	35	oB	40

[1] Änderung in % gegenüber unverstärktem PP, Werte abgerundet
[2] Schlagzähigkeit PP-Homopolymerisat ohne Bruch
Basis Hostalen PP-Typen (Hoechst)

Tab. 1.74 Zusatzstoffe für PVC[475, 477–480]. Als Grundstoff wird ein PVC mit einem K-Wert von 50 bis 60 gewählt (mittl. rel. Molekülmasse $\overline{M}_w$ = 40 000 bis 62 000)

Modifizierungsmittel	Beispiele
Wärmestabilisatoren	Organozinn-Verbindungen, Blei-, Cadmium-, Barium-, Calcium-, Zink-Salze, organ. Säuren, Epoxide, organ. Phosphite
Lichtschutzmittel	Derivate des Benzophenons oder des Benztriazols, sterisch gehinderte Amine (HALS)
Weichmacher	– Monomerweichmacher: vorwiegend Ester der Phthalsäure sowie der Adipin-, Sebazin-, Acelain- und Phosphorsäure – Polymerweichmacher: Butadien-Copolymere mit Acrylnitril bzw. mit Fumarsäure- oder Acrylsäureethylester, Polyester, Polyurethane – Sonstige: epoxidierte Öle
Gleitmittel	Wachse, Fettsäureester, Metallseifen, Fettsäuren
Verarbeitungshilfsmittel	Methylmethacrylat-Copolymere, SAN
Schlagzähigkeitsverbesserer	ABS, E/VAC, CPE, MBS, modifizierte Acrylate
Pigmente[1]	anorganische Pigmente (Titandioxid, Zinksulfid, Eisenoxide, Chromoxid, Cadmium-Pigmente, Chromate) organische Pigmente (z. B. Bisazo-, Chinacridon-, Isoindolinon-, Kupferphthalocyanin-Pigmente)
Füllstoffe	Kreide, evtl. mit Stearinsäure gecoatet, Kaolin, Ruß, Silicagel, Schwerspat, Kieselgur, Aluminiumoxidtrihydrat (ATH)
Verstärkungsstoffe	Glasfasern, Asbest

[1] Zur Erleichterung der Dosierung und Einarbeitung werden häufig Pigment-Präparationen eingesetzt, die Pigmente in hoher Konzentration im Kunststoff, Bindemittel, Weichmacher, Hilfsmittel oder Lösemittel gelöst oder dispergiert enthalten und pastös, grobkörnig oder granulatförmig sein können. Das Dispergierungs- bzw. Bindemittel muß mit der einzufärbenden Spritzgußmasse gut verträglich sein

Tab. 1.74 Fortsetzung

Modifizierungsmittel	Beispiele
Flammschutzausrüstung	Phosphate, halogenierte Kohlenwasserstoffe, Titanate, Aluminiumoxidtrihydrat, Antimontrioxid, Barium- oder Zinkborat
Antistatika	Amine, Polyglykolester und -ether, Ruß, quartäre Ammonium-Verbindungen
Bakterizide, Biostabilisatoren	10,10′-Oxy-bis-phenoxarsin, N-(Trihalogen-methylthio)-phthalimid, Tributylzinn und Derivate
Treibmittel[2]	Azodicarbonamid
Kicker	organische Zink- und Zinn-Verbindungen

[2] Aus Spritzgußmassen mit eingemischten Treibmitteln kann man Schaumstoffteile mit glatter Außenhaut herstellen (TSG = Thermoplast-Schaumspritzguß, s. S. 215)[476]

Tab. 1.75 enthält einige Beispiele typischer Rezepturen für Spritzgußmassen.

Teilkristallinen Polymeren werden Nukleierungsmittel zugesetzt, um die Kristallisation der Spritzgußmasse in der Spritzgußform zu beschleunigen und damit die Entformung verbessern und die Zykluszeit verkürzen zu können.

Die Zusatzstoffe werden oft in Form von Konzentraten (Masterbatches) zugegeben, die zum Teil mehrere Stoffe enthalten, z. B. Pigment, UV-Stabilisator und Antioxidantien mit PP als Trägersubstanz zur Herstellung von Abfalleimern aus Polyolefinen.

Die meisten Spritzgußmassen kommen als Granulate (max. Abmessung der Körner 2 bis 5 mm) in den Handel. Eine Ausnahme macht weichmacherfreies PVC, das vorwiegend als Pulver verkauft wird und dann vom Verarbeiter für verschiedenartige Anwendungen formuliert wird.

Aus wirtschaftlichen Gesichtspunkten (z. B. vereinfachte Lagerhaltung) kann es für den Verarbeiter vorteilhaft sein, die Einfärbung selbst durchzuführen. Hinweise dazu geben Hersteller von Spritzgußmassen oder Pigmenthersteller durch technische Merkblätter (z. B. BASF, Technische Information Spritzgußmassen 1.5.1) oder durch Beratung des Technischen Verkaufs.

Pigmente beeinflussen nicht nur die Farbe des Fertigteils, unter Umständen können sie das Schwindungs- und Verzugsverhalten spritzgegossener Teile so stark verändern, daß größere Teile (z. B. Flaschenkasten aus HDPE) unbrauchbar werden[485].

Zum Granulieren werden die entsprechenden Vorgemische aus Roh- und Hilfsstoffen mit Schneckenstrangpressen, Planetwalzen-Extrudern oder Schneckenknetern in plastischem Zustand homogenisiert und durch

Tab. 1.75 Beispiel für Richtrezepturen von Spritzgußmassen

PVC-Formmasse für den Spritzguß von Rohrfittings[481]
physiologisch unbedenklich, pigmentiert

S- bzw. M-PVC, K-Wert 58–64	100,0
epoxidiertes Sojabohnenöl	0,5–1,0
Dioctylzinn-Stabilisator	1,3–1,5
Isobutylstearat	0,8–1,0
höhermolekulare Fettsäureester	0,8–1,0
Polymethylmethacrylat (Verarbeitungshilfsmittel)	1,0–2,0
Calciumstearat	0,3–0,5
Titandioxid	2,0–3,0
Kreide	1,0–2,0

Wärmestabilisierte PA 6-Spritzgußmasse (hellgrau)[482]

Das von der Polymerisation anfallende, monomerhaltige Granulat mit $\eta_{rel} \approx 2{,}8$ wird mit Heißwasser extrahiert, dann im Trockenturm bei 70 °C unter Stickstoff-Umwälzung auf 0,08% Wassergehalt getrocknet. Dem Granulat werden dann im Schnellmischer zugegeben:

Metallstearat (Gleitmittel)	0,2 . . . 0,8 %
Kupfersalz (Wärmestabilisator)	0,05 . . . 0,01%
Kaliumbromid (Wärmestabilisator)	0,05 . . . 0,2 %
Natriumphosphat (Wärmestabilisator)	0,1 . . . 0,3 %
Titandioxid	0,8 %
Ruß	0,01%

PP für die Herstellung von Bedarfsgegenständen im Sinne des deutschen Lebensmittelgesetzes, Stand vom 1. 8. 1982[483]

- Polymeres PP bzw. Copolymerisate mit insgesamt höchstens 10% Ethylen, Butylen, 4-Methylpenten, 3-Methylbuten. Bei ausschließlicher Verwendung von Butylen als Comonomeres darf dieses bis zu 12%, bei ausschließlicher Verwendung von Ethylen als Comonomeres darf dieses bis zu 15% verwendet werden
- Schmelzindex des PP nicht über 100 dg · min^{-1} (2,16 Kp 230 °C, DIN-Entwurf 53 735), T_m mindestens 155 °C
- Katalysatorreste: Ca-, Al-, Si-, Ti-, Cr- und V-oxide, insgesamt höchstens 0,1%, wasserlösliche Chrom-Verbindungen höchstens 0,005 mg% (berechnet als Cr) und höchstens 0,002% V (berechnet als V_2O_5)
- Emulgatorreste: Anlagerungsprodukte von Ethylenoxid an natürlichen Fettsäuren höchstens 0,2% oder höchstens 0,2% Polyoxyethylen(20)sorbitanmonooleat oder ≤ 0,01% Nonylphenoxypoly-(ethylenoxy)-ethanol
- Stabilisatoren insgesamt ≤ 1%
- Kristallisationsregler: ≤ 0,1% Natriumbenzoat
- Gleitmittel: Glycerinmonostearat ≤ 0,5%
  Ca- und Mg-stearat ≤ 0,4%, SiO_2 ≤ 0,2%
  Insgesamt höchstens 0,2% von Stearinsäureamid, Ölsäureamid und Erucasäureamid
- Andere Hilfsstoffe sind in[483] mit ihren Grenzwerten spezifiziert
- Die Fertigerzeugnisse dürfen die Lebensmittel weder geruchlich noch geschmacklich beeinflussen. Natriumbenzoat darf keine konservierende Wirkung auf Lebensmittel ausüben

Polybutylenterephthalat-Spritzgußmasse
verstärkt, mit Flammschutzmittel, mit verbesserter Kriechstrom- und Lichtbogenfestigkeit[484]

PBTP mit $[\eta]$ = 0,90 dl/g*	54,6%
Decabromdiphenyl	3,6%
Antimontrioxid	1,8%
Glasfasern	20,0%
China-Clay (Kaolinsorte)	20,0%

* gemessen in 1%iger Lösung in Phenol/Tetrachlorethan (1 : 1) bei 30 °C

Vielfach-Lochplatten-Unterwassergranulatoren ausgepreßt, durch Kontakt mit Wasser gekühlt und zu Granulat zerhackt. Linsenförmiges Granulat wird im Heißabschlagverfahren, zylindrisches Granulat durch Kaltgranulierung hergestellt (s. Bd. II, S. 106).
Granulate möglichst einheitlicher Korngröße haben gegenüber Pulvern bei der Verarbeitung auf Spritzgußmaschinen oder Extrudern einige Vorteile, z. B. gleichmäßigere, weniger störungsanfällige Förderung, höheres Schüttgewicht, geringeres Risiko einer elektrostatischen Aufladung und einer Staubexplosion.
In den letzten Jahren kommen in zunehmendem Maß glasfaserverstärkte Spritzgußmassen in den Handel, meist mit Kurzglasfasern (unter 1 mm) oder mit Glasfasern bis zu 3 mm Länge ausgerüstet. Die Verstärkung erhöht die Steifheit und Festigkeit erheblich.
1978 wurden in der Bundesrepublik Deutschland 42 000 t glasfaserverstärkte Thermoplaste produziert[486].
In den USA werden derzeit jährlich ca. 10^5 t verstärkte Thermoplaste verbraucht, wie Tab. 1.76 zeigt.

2.2 Einteilung

Nach dem Preis (Preise Anfang 1983) lassen sich die Spritzgußmassen in vier Klassen einteilen (s. Tab. 1.77).
Die Spritzgußmassen der beiden höheren Preisklassen werden oft als Technische Formmassen (*Engineering Plastics*) bezeichnet.
Formmassen mit Spezialausrüstung sind jeweils etwas teurer. Für Flammschutzausrüstung (meist aromatische oder aliphatische Halogen-Verbindungen kombiniert mit Antimontrioxid) muß man z. B. mit einem Aufschlag von 1 bis 2 DM/kg rechnen.

2.3 Verarbeitung (s. a. Bd. II, Kap. 3)

Es sind vier (bzw. fünf) Phasen zu unterscheiden:

1. Transportieren der Formmasse von der Aufgabestelle zur Spritzdüse; dabei gleichzeitig plastifizieren,
2. Einspritzen in das Spritzgießwerkzeug,
3. Abkühlen in der Form unter Nachdruck,
4. Ausstoßen des Formteils (= Entformen),
5. (Evtl. nachträgliches Tempern).

Während bei der Verarbeitung von Thermoplasten die Temperatur der Formwand relativ niedrig ist – unterhalb T_G oder T_m der Masse – wird bei Duroplast-Spritzgußmassen eine heiße Form verwendet. Bei Thermoplasten erfolgt das Festwerden durch einen physikalischen Vorgang (Abkühlung bzw. Kristallisation), bei Duroplasten durch einen chemischen Vorgang (Vernetzung, Härtungsreaktion).

Tab. 1.76 Verbrauch an faserverstärkten Thermoplasten in den USA[487] (in 10^3 t)

Matrix	1979	1980	1981	1982	1983
PP	38	30	32	28	32
PS u. ä.	17	12	13	11	13
PA	25	30	34	40	48
PC	8	7	8	7	8
PETP, PBTP	24	19	21	23	28
andere	10	11	12	10	11
Summe	122	109	120	119	140

Tab. 1.77 Einteilung der Spritzgußmassen in Preisklassen (Preise Anfang 1983)

1. Preisklasse	unter 2,50 DM/kg	PVC, LDPE, LLDPE, PP, HDPE, PS, SB
2. Preisklasse	2,50– 5 DM/kg	SAN, ABS; PMMA
3. Preisklasse	5 –10 DM/kg	PA, PC, POM, PBTP, PPO modif.
4. Preisklasse	über 10 DM/kg	PCTFE

Die rheologischen Eigenschaften der Schmelze sind von größter Bedeutung für die Verarbeitung eines Kunststoffes (s. J. Meißner, Bd. I). Die Viskosität einer Schmelze läßt sich zwar durch Temperaturerhöhung herabsetzen, dabei muß jedoch auf die Zersetzungstemperatur Rücksicht genommen werden, außerdem führt eine Erhöhung der Verarbeitungstemperatur zu einer unerwünschten Verlängerung der Kühlzeit.
Durch die Wahl der optimalen Schneckendimensionen lassen sich die verschiedenen Spritzgußmassen günstiger verarbeiten.
Bei der Dimensionierung der Werkzeuge für thermoplastische Spritzgußmassen ist die Schwindung der Spritzgußmasse zu berücksichtigen. Sie ist relativ gering für Hart-PVC (0,2–0,4%), mittel für PS (0,5–0,7%), hoch bei Polyolefinen (1,5–2,5%), Weich-PVC (1,5–2,0%) und PA (1,0–1,5%). Orientierungseffekte bewirken eine etwas geringere Schwindung senkrecht zur Einspritzrichtung.
Die optimale Einstellung der Spritzgießmaschine hat wesentlichen Einfluß auf die Qualität der Fertigteile. Tab. 1.78 gibt allgemeine Beispiele für die Spritzgußverarbeitung einiger thermopla-

Tab. 1.78 Richtwerte für das Spritzgießen von ungefüllten Thermoplasten[491]

Formmasse	Temperaturen (°C) Masse	Werkzeug	Spritzdruck (bar)	Rückströmsperre	Verschlußdüse	Bemerkungen
LDPE*	180–220	30– 70	600–1500	(+)	+	Drücke vom Fließverhalten (Schmelzindex) abhängig
HDPE	240–280					
PP	200–300	30– 60	800–1800	(+)	+	niederviskos > 270 °C
TPX (PMP)	270–300	70				
PVC hart	180–210	20– 60	1000–1800	–	–	langsam evtl. Intrusion. Nur Schneckenspritzgießmaschinen geeignet. Spritzeinheit korrosionsfest
weich	170–200	15– 50	300–1500			
PS	200–250	5– 60	600–1800	+	(+)	ABS langsam bei hoher Temperatur, aber nicht überhitzen
SAN	220–260	50– 85				
ABS	200–280	60– 90				
ASA	200–250	50– 85				
PA alle Sorten	230–290	40– 60 evtl. 120	700–1200	+	+	evtl. vortrocknen, rasch einspritzen, weite Angüsse. Feinkristallin bei hohen Werkzeugtemperaturen
PC	280–320	85–120	> 800	+	(+)	evtl. vortrocknen
PPO mod.	250–300	80–100	1000–1400	(+)	(+)	langsam, weite Düse kristallisieren wie PA
POM und Cop	180–230	60–120	800–1700	+	+	
PETP	260–280	120–140	1200–1400	(+)	(+)	evtl. vortrocknen, besondere Sorte mit gekühltem Werkzeug (20–40 °C glasklar amorph)
PBTP	235–270	30– 70	1000–1200	+	+	
PCTFE	200–280	80–130	ca. 1500	(+)	(+)	Spritzeinheit korrosionsfest
PFA, FEP	340–360	120–180	300– 700			
PMMA	150–230	50– 90	700–1800	(+)	(+)	evtl. vortrocknen, für hohe Ansprüche Spritzeinheit verchromen, Höchstdruck für optisches Gerät

+ zu empfehlen, (+) kann zweckmäßig sein, – nicht möglich
* für dünnwandige Teile Massetemperatur um 20–40 °C höher

stischer Formmassen; genauere Angaben kann man den Verarbeitungshinweisen der Rohstoffhersteller entnehmen.
Abb. 1.69 vergleicht die Druckbereiche der Verarbeitung für verschiedene Produkte und Verarbeitungsverfahren.

Die mechanische Beanspruchung während der Verarbeitung ist bei Spritzgußmassen besonders hoch. Für die Schergeschwindigkeit bei der Verarbeitung von Kunststoffen gelten etwa folgende Werte[489]:
Spritzgießen $10^3 - 10^4$ s^{-1}
Extrudieren $10^2 - 10^3$ s^{-1}
Kalandrieren $10 - 10^2$ s^{-1}
Pressen $1 - 10$ s^{-1}

Aufschluß über den Zeitablauf während eines Spritzzyklus gibt Abb. 1.70.
Um maßgenaue Spritzgußteile herzustellen, ist neben einer zweckmäßigen Gestaltung des Werkzeuges die Einhaltung der optimalen Verarbeitungsbedingungen von größter Wichtigkeit; deshalb werden in immer stärkerem Maß Steuer- und Regelvorrichtungen an Spritzgießmaschinen eingesetzt.
Früher konzentrierte man sich auf den Druck in der Hydraulik sowie die Temperatur des Temperiermediums und des Zylindermantels als ausreichende Krite-

Thermoplastische Spritzgußmassen 211

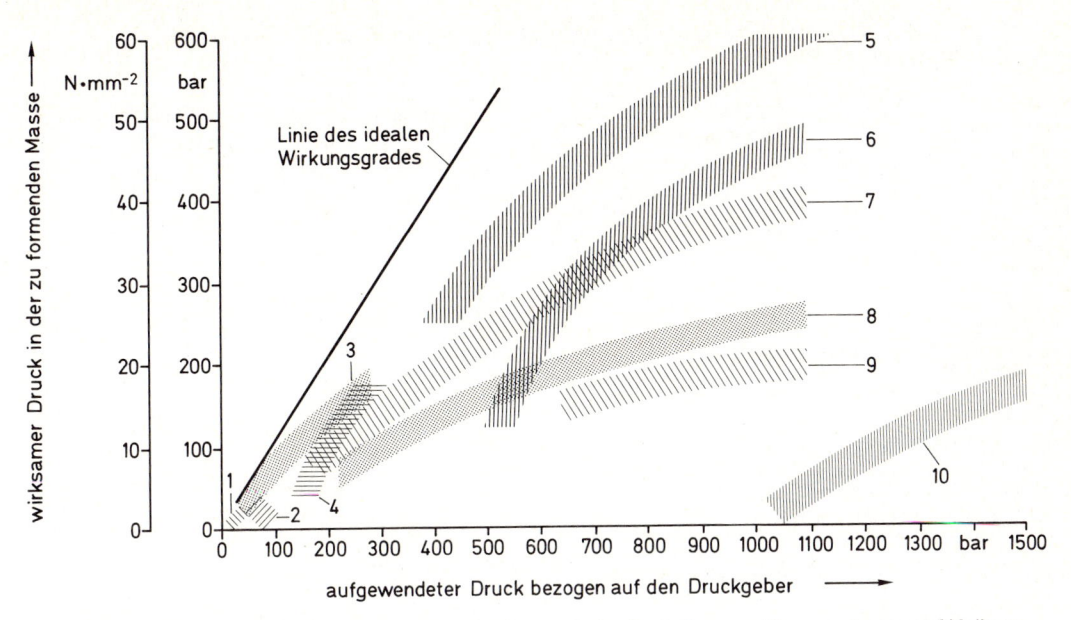

Abb. 1.69 Druckbereiche der Verarbeitung. Der in Wirklichkeit im Kunststoff wirkende Druck ist immer kleiner als der von außen angewendete[488].

1. Tiefziehen, Vakuumformen, Warmformen
2. Pressen von duroplastischen Niederdruck-Preßmassen
3. Metall-Spritzguß
4. Extrudieren
5. Spritzgießen von Thermoplasten auf Schneckenmaschinen
6. Spritzgießen von Thermoplasten auf Kolbenmaschinen
7. Pressen von duroplastischen Preßmassen und von Elastomeren
8. Metall-Preßguß mit zunehmend zäherer Schmelze
9. Spritzpressen von duroplastischen Preßmassen und von Elastomeren
10. Mechanische Bearbeitung

Duroplaste und Elastomere   Thermoplaste   Metall-Preßguß

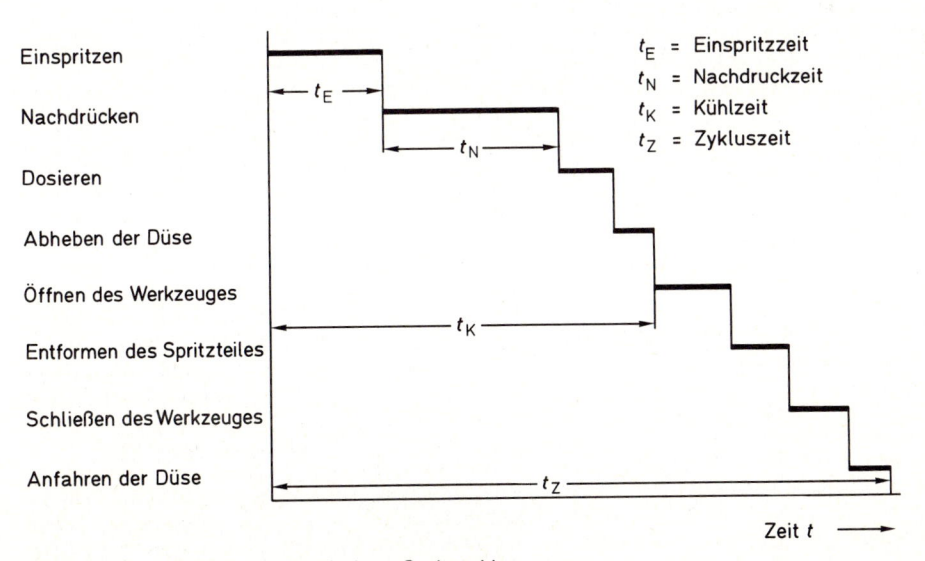

t_E = Einspritzzeit
t_N = Nachdruckzeit
t_K = Kühlzeit
t_Z = Zykluszeit

Abb. 1.70 Zeitablauf während eines Spritzzyklus

Tab. 1.79 Wirkung einer Erhöhung von Verarbeitungsparametern auf Zykluszeit und Formteilgüte von Spritzgußartikeln aus PP[497]

	Masse-temperatur	Werkzeug-temperatur	Spritzdruck	Einspritz-geschwindigkeit	Nachdruckzeit
Zykluszeit	–	–	O	+	O
Schlagzähigkeit	++	++	+	+	+
Maßhaltigkeit	+	+	+	+	O
Verzug	+	+	–[1]	+	+
Einfallstellen[2+]	–	–	+	–	++
Bindenähte	++	+	++	+	O
Schwimmhäute[2–]	–	–	–	–	–
Oberflächengüte	++	++	–	–	+
Schwindung	↗	↗	↘	↘	↘
Nachschwindung	↘	↘	↗	↗	↗

+ günstig   (++ sehr günstig)
O ohne wesentlichen Einfluß
– ungünstig
↗ zunehmend
↘ abnehmend
[1] formteilabhängig / [2] evtl. Dosierung erhöhen ([2+]) oder vermindern ([2–])

rien für die Beurteilung des Spritzgießverfahrens; heute verwendet man zusätzlich die Messung der Temperatur der Spritzgußmasse und der Werkzeugwand und des Druckverlaufs im Werkzeug, um den Spritzvorgang zu optimieren. Damit kann man Rüst- und Anfahrzeiten sparen, den Ausschuß vermindern und die Qualität erhöhen.

So kann man durch die »closed loop (prozeßgekoppelt-geschlossen-)Steuerung« die Maschinenfunktionen und -positionen kontinuierlich kontrollieren, Abweichungen von vorgegebenen Parametern (derzeit bis zu 38 separate Parameter) registrieren und erforderliche Funktionskorrekturen durchführen.

Das Entformen läßt sich neuerdings für große und spezielle Formteile mit Handhabungsgeräten (Handlinggeräten, Entnahmegeräten) sicher und ohne Beschädigung automatisch durchführen[492–496].

Einige Spritzgußmassen können flüchtige Anteile (Feuchtigkeit oder Monomere) enthalten. Die Feuchtigkeit kann zu Oberflächenstörungen (Schlieren, Blasen) führen oder zum Abbau des Polymeren während der Verarbeitung. Monomere können sich u. a. beim Einsatz der Werkstoffe im Kontakt mit Lebensmitteln negativ auswirken. Deshalb sind derartige Spritzgußmassen vorzutrocknen (Feststofftrocknung oder Schmelztrocknung).

Je nach dem gewünschten Eigenschaftsprofil muß man sich häufig für einen Kompromiß unter den gegebenen Möglichkeiten entscheiden. Tab. 1.79 gibt für den Fall von PP die Wirkung der Verarbeitungsparameter auf die Formteilgüte von Spritzgußartikeln wieder, Tab. 1.80 gibt Hinweise für die Überwindung von Verarbeitungsschwierigkeiten beim Spritzgießen von PS und SB.

Bei einigen amorphen Spritzgußteilen ist ein Tempern nützlich, um Eigenspannungen zu vermindern (z. B. PC, PMMA, PS und SAN), bei teilkristallinen Teilen um Oberflächenhärte und Abrieb (PA) zu verbessern oder um die Nachschwindung vorwegzunehmen (POM).

Zur Herstellung von Funktionselementen für die Feinwerktechnik hat sich die *Outsert-Technik* bewährt: eine Festigkeit und Steifheit gebende Platine, meist aus Metall oder Hartgewebe, wird in das Spritzgußwerkzeug eingelegt und in einem einzigen Arbeitsgang mit allen aus Kunststoff herstellbaren Funktionselementen umspritzt. Auf diese Art lassen sich multifunktionale technische Bauteile in vielen Fällen rationeller herstellen[499–502].

Mit speziellen Zweifarben-Spritzgießmaschinen können in einem Zyklus zweifarbige Teile (z. B. Teller, Schüsseln, Schalen) hergestellt werden.

Eine Kombination von Heißprägen mit Tiefziehen und Spritzgießen stellt das neue *Insert-Molding-Verfahren* dar: eine tiefziehfähige Kunststoff-Folie (derzeit meist ABS) wird im Heißprägeverfahren mit einem bestimmten Dessin (z. B. Holz, Aluminium, Marmor) dekoriert, dann tiefgezogen. Dieses Teil wird dann in die Spritzgießmaschine eingelegt und hinterspritzt. Hauptanwendungen liegen gegenwärtig bei Automobilteilen (Armaturenbretter, Ablageflächen, Armlehnen)[503].

Für UHMWPE (s. S. 39) hat sich das Ram-Spritzgießverfahren bewährt. Das Material wird zuerst von pulsierenden Stößeln kalt verdichtet (bei Drücken bis zu 3000 bar) und dann durch beheizte Kanäle in den heißen Spritzzylinder gepreßt, von wo es mit Drücken bis zu 1000 bar in das Werkzeug eingespritzt wird[504].

Forschungsarbeiten mit Flüssig-Kristall-Copolymeren haben erwiesen, daß man auch ohne Verstärkungsfasern hohe mechanische Werte erreichen kann (*Self-reinforcing-plastics*, SRP, selbstverstärkende Kunststoffe). Das Wissen über Orientierungsphänomene und

Thermoplastische Spritzgußmassen

Tab. 1.80 Verarbeitungsschwierigkeiten beim Spritzgießen von PS und SB und Abhilfemaßnahmen

Einfallstellen	Ungenügende Füllung	Rillen in der Oberfläche	Poren und Lunker	Gratbildung	Verbrennungen	Dunkle Stellen	Schwache Nähte	Sprödigkeit	Ringe um den Anguß	Schlieren, Schieferung	Matte Oberfläche	Verwerfen nach Entformen	Entformungsspuren	Entformungsschwierigkeiten	Einzugsschwierigkeiten	Abhilfemaßnahmen
	x	x	(x)				x	x	(x)		x			(x)		Zylindertemperatur erhöhen
			x	(x)	x				x	x		x	x	x	(x)	Zylindertemperatur erniedrigen
x		x					x	x	x	x			x	x		Werkzeugtemperatur erhöhen
x												x				Werkzeugtemperatur erniedrigen
x	x	x	x					x	(x)	x						Einspritzdruck erhöhen
			x	x	(x)		x		(x)				x	x		Einspritzdruck erniedrigen
x			x					x	(x)							Nachdruckzeit verlängern
				x				x				(x)	x	x		Nachdruckzeit verkürzen
	x	x					x	x	x	x	x					Spritzgeschwindigkeit erhöhen
			x	x	x	(x)			(x)				x	x		Spritzgeschwindigkeit erniedrigen
x												x				Kühlzeit verlängern
													x	x		Kühlzeit verkürzen
	x	x					x									Dosierung erhöhen
			x										x	x		Dosierung erniedrigen
			x	x	x	x	x	x						x		Material trocknen

Tab. 1.80 Fortsetzung

Einfallstellen	Ungenügende Füllung	Rillen in der Oberfläche	Poren und Lunker	Gratbildung	Verbrennungen	Dunkle Stellen	Schwache Nähte	Sprödigkeit	Ringe um den Anguß	Schlieren, Schieferung	Matte Oberfläche	Verwerfen nach Entformen	Entformungsspuren	Entformungsschwierigkeiten	Einzugsschwierigkeiten	Abhilfemaßnahmen
					x	x	x		x	x					x	Material auf Verunreinigungen prüfen
	x														x	Gleitmittelfreien Typ verwenden
x	x	x			x	x	x		x	x	x					Anguß oder Kanäle erweitern
x	x				x	x	x		x	x	x					Größere Düse verwenden
x	x		x		x		x	x						x		Anguß verlegen
									x		x		x	x		Werkzeugoberfläche polieren
				x												Schließdruck erhöhen
				x												Werkzeugtrennebene nacharbeiten
			x		x	x	x									Entlüftungskanäle anbringen
x	x	x								x	x			x		Schroffe Querschnittsübergänge vermeiden
							x	x		x	x					Überschuß an Formtrennmittel vermeiden
x		x											x	x		Querschnitt verkleinern
													x	x		Entformungsschräge vergrößern
									x							Staudruck erniedrigen

deren Beeinflussung beim Spritzgießen reicht jedoch noch nicht aus, um diesen Forschungsergebnissen einen kommerziellen Erfolg zu sichern[505]. Von anderer Seite[506] wird berichtet, daß einige Firmen SRP's auf der Basis von Polyestern auf den Markt bringen wollen.

Nur selten werden thermoplastische Formmassen im Kompressionspreßverfahren verarbeitet, weil aus den hier erforderlichen langen Aufheiz- und Abkühlzeiten ein ungünstiger Preßzyklus resultiert. Eine gewisse Bedeutung hat dieses Preßverfahren bei der Erzeugung von Blöcken, dickwandigen Tafeln und geschäumtem Halbzeug, die man nicht mit der Spritzgießmaschine, dem Extruder oder Kalander herstellen kann. Thermoplaste, die so verarbeitet werden, sind Polyacrylate, Celluloseester und hochmolekulares vernetzbares PE.

Da Reck- bzw. Verstreckprozesse bei Thermoplasten zu beachtlichen Verbesserungen mechanischer Eigenschaften in einer Belastungsrichtung führen (s. die Technologie der Fasern, Folien und von Hohlkörpern), wird versucht, Reckprozesse in die Spritzgießtechnik einzubauen (sogenannte Spritzgießpreßrecken)[507].

Beim Hohlkörperblasen mit Spritzgießmaschinen (Spritzblasen) wird zuerst ein Vorformling gespritzt, der dann mit Druckluft aufgeblasen wird. Das Verfahren ermöglicht eine abfallfreie Fertigung von Hohlkörpern, deren Hals und Boden keine Naht aufweisen.

Im TSG-(Thermoplast-Schaum-[Spritz]-Guß-)Verfahren werden aus treibmittelhaltigen Spritzgußmassen dickwandige Schaumstoffe großer Abmessungen hergestellt. Treibmittelhaltige Formmassen können als Granulate vom Rohstoffhersteller bezogen werden oder durch Zumischen des pulverförmigen Treibmittels zu einer Spritzgußmasse vom Verarbeiter selbst hergestellt werden. Pastenförmige Treibmittel kann man im Schneckenvorraum der Spritzgießmaschine direkt zudosieren.

Seit einigen Jahren sind neben den ursprünglichen Hochdruckspritzgießmaschinen auch Niederdruckspritzgießmaschinen im Handel, die speziell für das TSG-Verfahren entwickelt wurden. Die Herstellung von Strukturschaumformteilen erfolgt damit in fünf Stufen:

1. Plastifizieren und Dosieren
2. Einspritzen mit hoher Einspritzgeschwindigkeit in das Werkzeug
3. Aufschäumen im Werkzeug bis zur vollständigen Werkzeugfüllung
4. Abkühlen des Formteils
5. Entformen des Formteils

(Näheres über Schaumstoffe s. S. 285).

Eine spezielle Form des TSG-Verfahrens ist das Gegendruck-Verfahren zur Herstellung von Teilen mit glatter porenfreier Oberfläche. Wie der Name andeutet, wird nach dem Schließen des (gasdichten) Werkzeuges in dessen Hohlraum mit einem inerten Gas (meist Stickstoff) ein Druck von 25 bis 50 bar aufgebaut. Dieser Druck verhindert zunächst das Aufschäumen der treibmittelhaltigen Schmelze, die statt dessen an der Wandung des Werkzeuges mit glatter Oberfläche erstarrt. Erst danach wird der Gasgegendruck stufenweise reduziert, so daß sich im Innern des Teils eine Schaumstruktur bilden kann.

Gewissermassen als Grenzgebiet zwischen dem ursprünglichen Spritzgießverfahren mit relativ aufwendigen Maschinen und dem (ursprünglich) drucklosen Gießverfahren sind neue Verfahren entstanden wie das Druckgelieren oder das RIM (Reaction Injection

Abb. 1.71 Prinzip-Beispiele für das Gestalten von Formteilen[512].

a) falsche	b) richtige	Detail-Gestaltungen
a 	b	a) falsch: In ganzer Länge voller Fuß b) richtig: Ausgesparter Fuß
c	d	c) falsch: Zu dicke Wand d) richtig: Wand ausgespart u. verrippt.
e 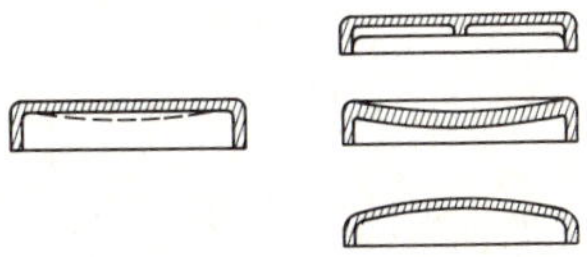	f	e) falsch: Ebene Fläche fällt ein f) richtig: Fläche verrippt, betont nach innen oder nach außen gewölbt
g 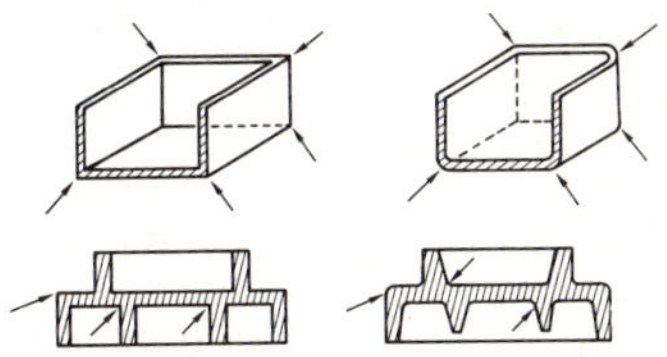	h	g) falsch: Scharfe Außen- und Innenkanten h) richtig: Abrundung der Außen- und Innenkanten
i 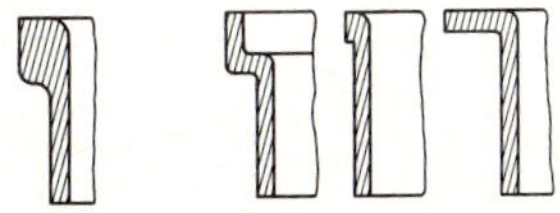	j	i) falsch: Zu dicker Rand j) richtig: Rand nur wenig dicker als übrige Wand

Tab. 1.81 Richtwerte physikalischer Eigenschaften bekannter Kunststoffe[515]

Kunststoff	Kurzbezeichnung DIN 7728 Bl. 1 abbreviation	Rohdichte g/cm³ DIN 53479 density	mechanische / mechanical							elektrische / electrical		Dielektrizitätszahl DIN 53483 dielectric constant	
			Zugfestigkeit N/cm² DIN 53455 tensile strength	Reißdehnung % DIN 53455 ultimate elongation	Zug-E-Modul N/mm² DIN 53457 tensile elastic modulus	Kugeldruckhärte 10-sec-Wert N/mm² DIN 53456 ball indentation hardness	Schlagzähigkeit Nmm/mm² DIN 53453 impact strength	Kerbschlagzähigkeit notched impact strength Nmm/mm² DIN 53453	ASTM D256 ft.-lb. inch	spezifischer Durchgangswiderstand Ω cm, DIN 53482 volume resistivity	Oberflächenwiderstand Ω DIN 53482 surface resistivity	50 Hz	10⁶ Hz
Hochdruckpolyethylen	PE weich	0,914/0,928	8,23	300/1000	200/500	13/20	o. Br.	o.Br.	–	>10¹⁷	10¹⁴	2,29	2,28
Niederdruckpolyethylen	PE hart	0,94/0,96	18/35	100/1000	200/1400	40/65	o. Br.	o. Br.	–	>10¹⁷	10¹⁴	2,35	2,34
Ethylen/Vinylacetat-Copolym.	EVA	0,92/0,95	10/20	600/900	7/120	–	o. Br.	o. Br.	o. Br.	<10¹⁵	10¹³	2,5/3,2	2,6/3,2
Polypropylen	PP	0,90/0,907	21/37	20/800	1100/1300	36/70	o. Br.	3/17	0,5/20	>10¹⁷	10¹³	2,27	2,25
Polybuten-I	PB	0,905/0,920	30/38	250/280	250/350	30/38	o. Br.	4/o. Br.	o. Br.	>10¹⁷	10¹³	2,5	2,2
Polyisobutylen	PIB	0,91/0,93	2/6	>1000	–	–	o. Br.	o. Br.	o. Br.	>10¹⁵	10¹³	2,3	–
Poly-4-methylpenten-I	PMP	0,83	25/28	13/22	110/1500	–	–	–	0,4/0,6	>10¹⁶	10¹³	2,12	2,12
Ionomere		0,94/0,96	28/35	250/4501	180/210	–	–	–	6/15	>10¹⁶	10¹³		
Hart-Polyvinylchlorid	PVC hart	1,38/1,55	50/75	10/50	1000/3500	75/155	o. Br./>20	2/50	0,4/20	>10¹⁵	10¹³	3,5	3,6
Weich-Polyvinylchlorid	PVC weich	1,16/1,35	10/25	170/400	–	–	o. Br.	o. Br.	–	>10¹¹	10¹¹	4/8	4/4,5
Polystyrol, normal	PS	1,05	45/65	3/4	3200/3250	120/130	5/20	2/2,5	0,25/0,6	>10¹⁶	>10¹³	2,5	2,5
Styrol/Acrylnitril-Copolym.	SAN	1,08	75	5	3600	130/140	8/20	2/3	0,35/0,5	>10¹⁶	>10¹³	2,6/3,4	2,6/3,1
Styrol/Polybutadien-Pfropfpolym.	SB	1,05	26/38	25/60	1800/2500	80/130	10/80	5/13	o. Br.	>10¹⁶	>10¹³	2,4/4,7	2,4/3,8
Acrylnitril/Polybut./Styrol-Pfropfpolym.	ABS	1,04/1,06	32/45	15/30	1900/2700	80/120	70/o. Br.	7/20	2,5/12	>10¹⁵	>10¹³	2,4/5	2,4/3,8
AN/AN-Elastomeren/Styrol-Pfropfpolym.	ASA	1,04	32	40	1800	75	o. Br.	18	6/8	>10¹⁵	>10¹³	3/4	3/3,5
Polymethylmethacrylat	PMMA	1,17/1,20	50/77	2/10	2700/3200	180/200	18	2	0,3/0,5	>10¹⁵	10¹⁵	3,3/3,9	2,2/3,2
Polyvinylcarbazol		1,19	20/30	–	3500	200	5	2	–	>10¹⁶	10¹⁴	–	3
Polyacetat	POM	1,41/1,42	62/70	25/70	2800/3200	150/170	100	8	1/2,3	>10¹⁵	10¹³	3,7	3,7
Polytetrafluorethylen	PTFE	2,15/2,20	25/36	350/550	410	27/35	o. Br.	13/15	3,0	>10¹⁸	10¹⁷	<2,1	<2,1
Tetrafluorethylen/Hexafluorprop.-Cop.	PFEP	2,12/2,17	22/28	250/330	350	30/32	–	–	o. Br.	>10¹⁸	10¹⁷	2,1	2,1
Polytrifluorchlorethylen	PCTFE	2,10/2,12	32/40	120/175	1050/2100	65/70	o. Br.	8/10	2,5/2,8	>10¹⁸	10¹⁶	2,3/2,8	2,3/2,5
Ethylen/Tetrafluorethylen	PETFE	1,7	35/54	400/500	1100	65	–	–	o. Br.	>10¹⁴	10¹³	2,6	2,6
Polyamid 6	PA6	1,13	70/85	200/300	1400	75	o. Br.	o. Br.	3,0	10¹²	10¹²	3,8	3,4
Polyamid 66	PA 66	1,14	77/84	150/300	2000	100	–	15/20	2,1	10¹²	10¹⁰	8,0	4,0
Polyamid 11	PA 11	1,04	56	500	1000	75	–	30/40	1,8	10¹³	10¹¹	3,7	3,5
Polyamid 12	PA 12	1,02	56/65	300	1600	75	–	10/20	2/5,5	10¹³	10¹⁴	4,2	3,1
aromat. Polyamid		1,12	70/84	70/150	2000	100	–	13	–	10¹¹	10¹⁰	4,0	4,0
Polycarbonat	PC	1,2	56/67	100/130	2100/2400	110	o. Br.	20/30	12/18	>10¹⁷	>10¹⁵	3,0	2,9
Polyethylenterephthalat	PETP	1,37	47	50/300	3100	200	o. Br.	4	0,8/1,0	10¹⁶	10¹⁶	4,0	4,0
Polybutylenterephthalat	PHTP	1,31	40	15	2000	180	o. Br.	4	0,8/1,0	10¹⁶	10¹³	3,0	3,0
Polyphenylenoxid, modif.	PPO	1,06	55/68	50/60	2500	–	o. Br.	–	4	10¹⁶	10¹⁴	2,6	2,6
Polysulfon	PSU	1,24	50/100	25/30	2600/2750	–	–	–	1,3	>10¹⁴	–	3,1	3,6
Polyphenylensulfid	PPS	1,34	75	3	3400	–	–	–	0,3	>10¹⁴	–	3,1	3,2
Polyarylsulfon	PAS	1,36	90	13	2600	–	–	–	1/2	>10¹⁶	–	3,9	3,7
Polyethersulfon	PES	1,37	85	30/80	2450	–	–	–	1,6	>10¹⁷	–	3,5	3,5
Polyarylether	PAE	1,14	53	25/90	2250	–	–	–	8,0	>10¹⁰	–	3,14	3,10
Phenol/Formaldehyd Typ 31	PF	1,4	25	0,4/0,8	5600/12000	250/320	>6	>1,5	0,2/0,6	10¹¹	>10⁸	6	4,5
Harnstoff/Formaldehyd Typ 131	UF	1,5	30	0,5/1,0	7000/10500	260/350	>6,5	>1,5	0,5/0,4	10¹¹	>10¹⁰	8	7
Melamin/Formaldehyd Typ 152	MF	1,5	30	0,6/0,9	4900/9100	260/410	>7,0	>1,5	0,2/0,3	10¹¹	>10⁸	9	8
unges. Polyesterharz Typ 802	UP	2,0	30	0,6/1,2	14000/20000	240	>4,5	>3,0	0,5/16	>10¹²	>10¹⁰	6	5
Polydiallylphthalat (GF)-Formm.	PDAP	1,51/1,78	40/75	–	9800/15500	–	–	–	0,4/5	10¹³/10¹⁶	10¹³	5,2	4
Siliconharz-Formm.	SI	1,8/1,9	28/46	–	6000/12000	–	–	–	0,3/0,8	10¹⁴	10¹²	4	3,5
Polyimid-Formstoff	PI	1,43	75/100	4/9	23000/28000	–	–	–	0,5/1,0	>10¹⁶	>10¹⁵	3,5	3,4
Epoxidharz Typ 891	EP	1,9	30/40	4	21500	–	>8	>3	2/30	>10¹⁴	>10¹²	3,5/5	3,5/5
Polyurethan-Gießharz	PUR	1,05	70/80	3/6	4000	–	–	–	0,4	10¹⁶	10¹⁴	3,6	3,4
thermopl. PUR Elastomer	PUR	1,20	30/40	400/450	700	–	o. Br.	o. Br.	o. Br.	10¹²	10¹¹	6,5	5,6
lineares Polyurethan (U₅₀)	PUR	1,21	30 (σ_s)	35 (ε_s)	1000	–	–	3	–	10¹³	10¹²	5,8	4,0
Chlorierter Polyether	–	1,4	42	130	1050	–	140	100	0,4	10¹⁶	10¹⁴	2,8	2,5
Vulkanfiber	VF	1,1/1,45	85/100	–	–	80/140	20/120	–	–	10¹⁰	10⁸	–	–
Celluloseacetat, Typ 432	CA	1,30	38 (σ_s)	3 (ε_s)	2200	50	65	15	2,5	10¹³	10¹²	5,8	4,6
Cellulosepropionat	CP	1,19/1,23	14/55	30/100	420/1500	47/79	o. Br.	6/20	1,5	10¹⁶	10¹⁴	4,2	3,7
Celluloseacetobutyrat Typ 413	CAB	1,18	26 (σ_s)	4 (ε_s)	1600	35/43	o. Br.	30/35	4/5	10¹⁶	10¹⁴	3,7	3,5

Thermoplastische Spritzgußmassen

elektrische / electrical							thermische / thermal									optische / optical		Wasseraufnahme / water absorption	
dielektr. Verlustfaktor tan δ DIN 53483 dissipation (power) factor		Durchschlagfestigkeit DIN 53481 dielectric strength		Kriechstromfestigkeit DIN 53480 Stufe tracking resistance			Gebrauchstemp. °C temperature of practical use			Form- best. °C resistance to heat	lineare Wärmedehnzahl $K^{-1} \cdot 10^6$ linear thermal expansion	Wärmeleitfähigkeit W/mK thermal conductivity	spezifische Wärme, kJ/kg K specific heat	Brechungsindex, n_D^{20} DIN 53491 refractive index	Klarheit clearity		
50 Hz	10^6 Hz	kV/25 μm ASTM D149	kV/cm DIN 53481	KA	KB	KC	max. kurzzeitig max. short time	max. dauernd max. continuous	min. dauernd min. continuous	VSP (Vicat 5 kg) DIN 53460						mg (4 d) DIN 53492	% (24 h) ASTM D570
$1,5 \cdot 10^{-4}$	$0,8 \cdot 10^{-4}$	>700	–	3b	>600	>600	80/90	60/75 – 50	–	250	0,32/0,40	2,1/2,5	1,51	bis transp.	<0,01	<0,01
$2,4 \cdot 10^{-4}$	$2,0 \cdot 10^{-4}$	>700	–	3c	>600	>600	90/120	70/80 – 50	60/70	200	0,38/0,51	2,1/2,7	1,53	bis opak	<0,01	<0,01
0,003/0,02	0,03/0,05	–	620/780	–	–	–	65	55 60	–	160/200	0,35	2,3	–	transp./opak	–	0,05/0,13
$<4 \cdot 0^{-4}$	$<5 \cdot 10^{-4}$	800	500/650	3c	>600	>600	140	100 0/-30	85/100	150	0,17/0,22	2,0	1,49	transp./opak	<0,01	0,01/0,03
$7 \cdot 10^{-4}$	$6 \cdot 10^{-4}$	700	–	3c	>600	>600	130	90 0	70	150	0,20	1,8	–	bis opak	<0,01	<0,02
0,0004	–	230	–	3c	>600	>600	80	65 – 50	–	120	0,12/0,20	–	–	bis opak	<0,01	<0,01
$7 \cdot 10^{-9}$	$3 \cdot 10^{-5}$	280	700	3c	>600	>600	180	120 0	–	117	0,17	2,18	1,46	bis opak	–	0,01
–	–	–	–	–	–	–	120	100 –100	–	120	0,25	2,20	1,51	transp.	–	0,1/1,4
0,011	0,015	200/400	350/500	2/3b	600	600	75/100	65/85 – 5	75/110	70/80	0,14/0,17	0,85/0,9	1,52/1,55	transp./opak	3/18	0,04/0,4
0,08	0,12	150/300	300/400	–	–	–	55/65	50/55 0/–20	40	150/210	0,15	0,9/1,8	–	transp./opak	6/30	0,15/0,75
$1/4 \cdot 10^{-4}$	$0,5/4 \cdot 10^{-4}$	500	300/700	1/2	140	150/250	60/80	50/70 – 10	78/99	70	0,18	1,3	1,59	transp.	–	0,03/0,1
$6/8 \cdot 10^{-3}$	$7/10 \cdot 10^{-3}$	500	400/500	1/2	160	150/260	95	85 – 20	–	80	0,18	1,3	1,57	transp.	–	0,2/0,3
$4/20 \cdot 10^{-4}$	$4/20 \cdot 10^{-4}$	500	300/600	2	>600	>600	60/80	50/70 – 20	77/95	70	0,18	1,3	–	opak	–	0,05/0,6
$3/8 \cdot 10^{-3}$	$2/15 \cdot 10^{-3}$	400	350/500	3a	>600	>600	85/100	75/85 – 40	95/110	60/110	0,18	1,3	–	opak	–	0,2/0,45
0,02/0,05	0,02/0,03	350	360/400	3a	>600	>600	85/90	70/75 – 40	92	80/110	0,18	1,3	–	transp./opak	–	–
0,04/0,06	0,004/0,04	300	400/500	3c	>600	>600	85/100	65/90 – 40	70/100	70	0,18	1,47	1,49	transp.	35/45	0,1/0,4
$6/10 \cdot 10^{-4}$	$6/10 \cdot 10^{-4}$	500	–	3b	>600	>600	170	160 –100	180	–	0,29	–	–	opak	0,5	0,1/0,2
0,005	0,005	700	380/500	3b	>600	>600	110/140	90/110 – 60	160/173	90/110	0,25/0,30	1,46	1,48	opak	20/30	0,22/0,25
$<2 \cdot 10^{-4}$	$<2 \cdot 10^{-4}$	500	480	3c	>600	>600	300	250 –200	–	100	0,25	1,0	1,35	opak.	–	0
$<2 \cdot 10^{-4}$	$<7 \cdot 10^{-4}$	500	550	3c	>600	>600	250	205 –100	–	80	0,25	1,12	1,34	transp./transl.	–	<0,1
$1 \cdot 10^{-3}$	$2 \cdot 10^{-2}$	500	550	3c	>600	>600	180	150 – 40	–	60	0,22	0,9	1,43	transp./opak	–	0
$8 \cdot 10^{-4}$	$5 \cdot 10^{-3}$	380	400	3c	>600	>600	220	150 –190	–	50	0,23	0,9	1,40	transp./opak	–	0,03
0,01	0,03	350	400	3b	>600	>600	140/180	80/100 – 30	180	80	0,29	1,7	1,53	transp./opak	–	1,3/1,9
0,14	0,08	400	600	3b	>600	>600	170/200	80/120 – 30	200	80	0,23	1,7	1,53	transp./opak	–	1,5
0,06	0,04	300	425	3b	>600	>600	140/150	70/80 – 70	175	130	0,23	1,26	1,52	transp./opak	–	0,3
0,04	0,03	300	450	3b	>600	>600	140/150	70/80 – 70	165	150	0,23	1,26	–	transp./opak	–	0,25
0,03	0,04	250	350	3b	>600	>600	130/140	80/100 – 70	145	80	0,23	1,6	1,53	transp.	–	0,4
$7 \cdot 10^{-4}$	$1 \cdot 10^{-2}$	350	380	1	120/160	260/300	160	135 –100	138	60/70	0,21	1,17	1,58	transp.	10	0,16
$2 \cdot 10^{-3}$	$2 \cdot 10^{-2}$	500	420	2	–	–	200	100 – 20	188	70	0,24	1,05	–	transp./opak	18/20	0,30
$2 \cdot 10^{-3}$	$2 \cdot 10^{-2}$	500	420	3b	420	380	165	100 – 30	178	60	0,21	1,30	–	opak	–	0,08
$4 \cdot 10^{-3}$	$9 \cdot 10^{-4}$	500	450	1	300	300	150	80 – 30	148	60	0,23	1,40	–	opak	–	0,06
$8 \cdot 10^{-4}$	$3 \cdot 10^{-3}$	–	425	1	175	175	200	150 –100	–	54	0,28	1,30	1,63	transp./opak	–	0,02
$4 \cdot 10^{-4}$	$7 \cdot 10^{-4}$	–	595	–	–	–	300	200 –	–	55	0,25	–	–	opak	–	0,02
$3 \cdot 10^{-3}$	$13 \cdot 10^{-3}$	–	350	–	–	–	300	260 –	–	47	0,16	–	1,67	opak	–	1,8
$1 \cdot 10^{-3}$	$6 \cdot 10^{-3}$	–	400	–	–	–	260	200 –	–	55	0,18	1,10	1,65	transp.	–	0,43
$6 \cdot 10^{-3}$	$7 \cdot 10^{-3}$	–	430	–	–	–	160	120 –	–	65	0,26	1,46	–	transp./opak	–	0,25
0,1	0,03	50/100	300/400	1	140/180	125/175	140	110 –	–	30/50	0,35	1,30	–	opak	<150	0,3/1,2
0,04	0,3	80/150	300/400	3a	>400	>400	100	70 –	–	50/60	0,40	1,20	–	opak	<300	0,4/0,8
0,06	0,03	80/150	290/300	3b	>500	>600	120	80 –	–	50/60	0,50	1,20	–	opak	<250	0,1/0,6
0,04	0,02	120	250/530	3c	>600	>600	200	150 –	–	20/40	0,70	1,20	–	opak	<45	0,03/0,5
0,04	0,03	–	400	3c	>600	>600	190/250	150/180 – 50	–	10/35	0,60	–	–	opak	–	0,12/0,35
0,03	0,02	–	200/400	3c	>600	>600	250	170/240 50	–	20/50	0,3/0,4	0,8/0,9	–	opak	–	0,2
$2 \cdot 10^{-3}$	$5 \cdot 10^{-3}$	–	560	1	>300	>380	400	260 –200	–	50/63	0,6/0,65	–	–	opak	–	0,32
0,001	0,01	–	300/400	3c	>300	200/600	180	130 –	–	11/35	0,88	0,8	–	opak	<30	0,05/0,2
0,05	0,05	–	240	1	–	–	100	80 –	–	10/20	0,58	1,76	–	transp	–	0,1/0,2
0,03	0,06	–	300/600	3a	>600	>600	110	80 – 40	–	150	1,7	0,5	–	transp./opak	–	0,7/0,9
0,12	0,07	330	–	–	–	–	80	60 – 15	100	210	1,8	0,4	–	transp./opak	130	–
0,01	0,01	400	400	–	–	–	150	120 – 60	–	150	0,15	–	–	opak	–	0,9
0,08	–	70/180	–	–	–	–	180	105 – 30	–	–	–	–	–	opak	–	7/1
0,02	0,03	320	400	3a	>600	>600	70	40 – 70	50/63	120	0,22	1,6	1,50	transp.	130	6
0,01	0,03	350	400	3a	>600	>600	80/120	60/115 – 40	100	110/130	0,21	1,7	1,47	transp.	40/60	1,2/2,8
0,06	0,021	380	400	3a	>600	>600	80/120	60/115 – 40	60/75	120	0,21	1,6	1,47	transp.	40/60	0,9/3,2

2.4 Eigenschaften von thermoplastischen Spritzgußteilen

Moulding). Diese neueren Techniken werden im Abschnitt Gieß- und Imprägniersysteme behandelt.
Über das auch bei Thermoplasten übliche Spritzprägen s. S. 230.

Der Meßwert einer Eigenschaft E wird bestimmt durch

- die Formmasse M,
- die Konstruktion (oder Gestalt) K des Teiles bzw. Probekörpers,
- dessen Zustand bzw. seine Vorgeschichte (Verarbeitung) V,
- den Prüfmodus P,
  kurz ausgedrückt
  $E = f(M, K, V, P)$[508, 509].

An genormten Prüfkörpern gemessene Werte lassen sich daher nicht ohne weiteres auf Spritzgußteile anderer Gestalt übertragen. Dies gilt vor allem für die mechanischen Eigenschaften, die stark von den Herstellungsbedingungen und der Form des Teiles abhängen (Orientierungseffekte, innere Spannungen, Wanddickenunterschiede u. a. m.). Der Gebrauchswert eines Spritzgußartikels kann oft nur durch praktische Erprobung (Gebrauchsprüfung) festgestellt werden[510]. Bei der kunststoffgerechten Gestaltung von Spritzgußteilen sind die Regeln für optimales Gestalten von Spritzguß-Formteilen zu berücksichtigen[511], z. B.

- keine starken übergangslosen Unterschiede in der Wanddicke,
- Kerbstellen, scharfe Kanten, zu kleine Radien vermeiden,
- Schwindungsausgleich durch entsprechende Wandform,
- ausreichende Konizität, um ein leichtes Entformen der Spritzgußteile sicherzustellen.

Abb. 1.71 gibt einige Prinzip-Beispiele für das Gestalten von Formteilen.
Für die Wahl einer Spritzgußmasse ausschlaggebend sind vor allem

Tab. 1.82 Eigenschaften, die für den Einsatz von Spritzgußmassen wichtig sind[516]

	LD-PE	HD-PE	PP	PVC-U	PVC-P	PS	ABS	PA6	PC	PPO	POM	PB-TP	PCT-FE	PM-MA	PSU
Steifigkeit	2	1	1	1	2	1	1	3	1	1	1	1	3	1	1
Zähigkeit	1	1	1	3	1	2	1	1	1	1	1	1	2	2	1
Biegsamkeit	1	2	2	2	1	2	2	2	2	2	2	2	2	2	–
Abriebfestigkeit	3	3	3	3	1	2	3	1	2	2	1	1	1	2	–
Widerstand gegen Kriechen	2	2	2	1	2	2	2	1	1	1	1	1	3	3	1
Ermüdungsfestigkeit	1	1	1	3	3	2	1	1	1	3	1	1	2	3	1
Temperaturbeständigkeit	2	2	1	2	2	3	2	3	1	1	1	1	1	2	1
Dielektrische Eigenschaften	1	1	1	3	1	1	3	3	1	1	3	1	1	2	1
Transparenz	2	2	2	1	1	1	2	2	1	2	2	2	2	1	–
Chemikalienbeständigkeit	1	1	1	1	1	3	3	1	2	3	1	1	1	3	1
Beständigkeit gegen Feuchte	1	1	1	3	3	1	1	2	3	3	2	1	1	1	1
Witterungsbeständigkeit	2	2	2	1	1	2	3	3	2	2	1	1	1	1	–

1 wichtigste Gründe für den Einsatz
2 nicht ausschlaggebende Eigenschaften
3 noch wichtige, aber sekundäre Eigenschaften für den Einsatz

- erforderliche Eigenschaften des Spritzgußteiles,
- vorhandene bzw. einsetzbare Spritzgießmaschinen (Maschinengröße muß in Relation zum Formteilgewicht stehen),
- Herstellungskosten des Spritzgußteiles.

Die Herstellungskosten hängen ab vom

- Preis der Formmasse (DM/l Spritzgußteil),
- erforderliche Formmassenmenge je Spritzgußartikel,
- Maschinen- und Werkzeugkosten, in denen die direkten Lohnkosten bereits berücksichtigt sind,
- Periodenkosten-Anteil.

Je höher die Zahl der in einer Serie herzustellenden Teile, desto stärker fällt bei den Stückkosten der Preis der Formmasse ins Gewicht. Kunststoffabfall (»Regenerat«) kann in Mengen bis zu 20% der Originalware zugegeben werden, wodurch man die Materialkosten vermindern kann[513].

Wenn es gelingt, durch Umkonstruktion eines aus Kunststoff bestehenden Teiles die Gesamtzahl der Einzelteile zu vermindern, lassen sich die Kosten für den Zusammenbau des Gesamtteiles oft erheblich reduzieren.

Eine ausführliche Methode zur Wahl der optimalen Formmasse zur Herstellung eines Fertigproduktes, die sehr generell anwendbar ist, ist in den VDI-Richtlinien VDI 2220 (Produktplanung, Ablauf, Begriffe und Organisation) angegeben. Methoden um Massenartikel billiger herzustellen beschreibt Rheinfeld[514]. Es kommt darauf an, Mehrfachwerkzeuge einzusetzen, Wanddicken, Einspritzzeiten und Kühlzeiten zu verringern, die Massetemperatur zu senken, die Plastifizierleistung zu erhöhen und Maschinen mit schneller und energiesparender Fahrbewegung zu wählen.

In Tab. 1.81 sind Richtwerte für die Eigenschaften von Probekörpern aus Spritzgußmassen zusammengestellt. Zum Vergleich sind auch entsprechende Werte von Duroplasten angegeben. Tab. 1.82 faßt die Eigenschaften zusammen, die für die Wahl eines bestimmten Formmassentyps von Bedeutung sind.

Tab. 1.83 weist auf Schwächen einiger Spritzgußmassen hin, die den Einsatz begrenzen können.

2.5 Anwendungen

In Tab. 1.84 sind einige wichtige Anwendungen für Spritzgußmassen als Beispiel zusammengestellt.

Tab. 1.83 Eigenschaften, die den Einsatz von Spritzgußmassen begrenzen[516]

LDPE	spannungsrißempfindlich, schwierig zu verkleben und zu bedrucken
HDPE	spannungsrißempfindlich, schwierig zu verkleben und zu bedrucken
PP	Versprödung beginnt schon bei 0 °C
PVC-U	Wärmestandfestigkeit
PVC-P	je nach Typ Verspröden/Brüchigwerden in der Kälte
PS	spannungsrißempfindlich, spröde, Lichtbeständigkeit
ABS	Witterungsbeständigkeit
PA	hohe Wasseraufnahme, säureempfindlich
PC	Beständigkeit gegen Lösemittel und Knicken
PPO	wird über 105 °C brüchig
POM	Beständigkeit gegen Säuren und Basen
PBTP	Kochwasserbeständigkeit
PMMA	im Vergleich zu Glas geringe Kratzfestigkeit
PCTFE	Preisklasse 4!
PSU	Beständigkeit gegenüber polaren organ. Lösemitteln

Tab. 1.84 Anwendungen für thermoplastische Spritzgußteile aus unverstärkten oder glasfaserverstärkten Materialien.

Kunststoff	Anwendungen
LDPE	Schraubkappen, Deckel, Behälter, Trichter, Sport- und Campingartikel, Spielwaren, Fittings, elektr. Isolierteile
HDPE	Haushaltartikel wie Eimer, Mülltonnen, Schüsseln, Flaschenkästen und andere Behälter, kleinere Kasten (Mini-, Bubikasten), Kfz-Luftführungsteile, Bremsflüssigkeitsbehälter, Schraubkappen, Sport- und Campingartikel, Spielwaren

Tab. 1.84 Fortsetzung

Kunststoff	Anwendungen
PP	Fittings, Armaturen, Gehäuse, Stuhlsitze, Gartenmöbel Bauteile für die Elektroindustrie Verpackungen, Becher, Werkzeug- und Reisekoffer, Konturenverpackungen Abflußpumpen für Geschirrspülmaschinen, Waschmaschinenteile, z. B. Waschlaugenbehälter Kfz-Heizungsgehäuse, Luftführungsdüsen, Luftfiltergehäuse, Ventilatorflügel, Starterbatteriekästen, Stoßstangen, Kühlerblenden, Armaturentafeln, selbsttragende Pkw-Dachhimmel Haushaltmaschinenteile Einmalinjektionsspritzen Schuhabsätze
PS	transparente Teile: Klarsichtverpackungen, Becher, Schalen, Schüsseln. Dosen, Haushaltwaren, techn. Teile, Campingartikel Spielzeug, Autozubehör wie Innen- und Außenleuchten, Werbeartikel opak: Stapelkästen, techn. Verpackungen, techn. Teile, Möbelteile, Kühlschrankbehälter, Innenverkleidung für Kühlschränke Radio-, Phono-, Fernsehteile
SB	Gehäuse für Staubsauger, Mixgeräte, Becher, Geschirr, Kühlschrankteile, techn. Teile besonders für Radio, Phono und Fernsehen, Filter- und Rieseleinbauten, Schuhabsätze
ABS	Küchenmaschinen, Gehäuse für Elektrogeräte, Büromaschinen, Staubsauger, Haartrockner Nähmaschinenteile, Telefonapparate, z. B. postgraue Kfz-Armaturenbretter, Frontspoiler, Blenden für Pkw-Heckfenster, Front- und Heckteile metallisierte Autoteile, z. B. Lampengehäuse, Kühlergitter Spielwaren, Sportartikel, Transportbehälter mit Flammschutzausrüstung für Radio-, Fernseh- und Phonogehäuse, Computer, Dunstabzugshauben, Büromaschinen

Tab. 1.84 Fortsetzung

Kunststoff	Anwendungen
SAN	Teile für das Radio-, Phono- und Fernsehgebiet, z. B. Skalen, Abdeckhauben für Plattenspieler (glasklar), Schilder, Akkugehäuse Geschirr für Haushalt und Camping wie Schalen, Schüsseln, Krüge, Salatbestecke, Saftpressen, Kaffeefilter spezielle Verpackungen für Pharmazeutika und Kosmetika
PVC – hart	Dosen, Fittings, Armaturen, Bauteile für Haushalts- und Büromaschinen, Rundfunk- und Fernsehgeräte, Spielwaren und Gebrauchsartikel
PVC – weich	Dichtungen und Pufferungen, Schutzkappen, Bedienungsknöpfe, Haftsauger, Fahrrad- und Motorradgriffe, Elektrostekker, Schuhsohlen, Stiefel, Sandalen
PMMA	Schreib- und Zeichengeräte, Leuchtenabdeckungen, Lichtkuppeln, Rückstrahler, Tasten und Druckknöpfe, Teile von Radio-, Phono- und Fernsehgeräten, Optik, Meßgeräte, Videoplatten, Automobil-Scheinwerfer
PA	Zahnräder, Lager, Laufrollen, Schrauben, Dichtungen, Sitzmöbelbeschläge Gehäuse und Armaturen, Lüfterräder, Schiffsschrauben, Kühlwasserkästen für Autokühler, Ölwannen, Kühlergitter, Stoßfänger, Radkappen, Spoiler Medizin: Knochenersatz Spielwaren PA/PE-Legierungen für Baudübel
PC	Gehäuse, Schaugläser, Geschirr, Kaffeefilter, Straßenleuchten, Verkehrsampeln, Fahrzeugsignallichter Diodenumhüllungen und Abdeckplatten in der Optoelektronik Skibindungen, Schlittschuhkufenträger, Beschläge für Windsurfer Schutzhelme, -gläser, -abdeckungen Steckerleisten für den Radio-, Fernseh- und Phonobereich Bügeleisengriffe Medizin, Bedarfsartikel

3. Preßmassen

Formmassen sind ungeformte oder vorgeformte thermoplastische oder duroplastische Einkomponentensysteme*, die man durch spanloses Formen (»Urformen«) innerhalb bestimmter Temperaturbereiche zu Formteilen und Halbzeug verarbeiten kann.

Unter Preßmassen versteht man solche Formmassen, die gepreßt, spritzgepreßt oder stranggepreßt werden können. Der Ausdruck Preßmassen wird ausschließlich für härtbare Formmassen verwendet. Seit einigen Jahren gibt es auch Preßmassen, die spritzgießbar sind.

Die bei der Verarbeitung von Preßmassen erhaltenen Erzeugnisse werden als Preßteile, die entsprechenden Werkstoffe als Preßstoffe bezeichnet.

1909 stellte L. H. Baekeland aus Phenol und Formaldehyd ein vollsynthetisches Harz her, das man, mit Füllstoffen vermischt, unter Druck in der Wärme zu einem Preßteil verarbeiten konnte.

Preßmassen werden nach ihrer Harzbasis eingeteilt. Wichtige Gruppen sind:

Preßmassentyp	Harzbasis
1. Phenoplaste	Phenolharze (PF)
2. Aminoplaste	Harnstoff (UF)
	Melamin (MF)
	Dicyandiamidharze
3. MP-Preßmassen	Melamin-Phenol-Harze (MPF)
4. UP-Preßmassen	ungesättigte Polyester (UP)
5. EP-Preßmassen	Epoxidharze (EP)

Ohne Rücksicht auf die chemische Zusammensetzung werden Preßmassen auch nach anderen Gesichtspunkten eingeteilt, so z. B.:

– nach der Lieferform: Pulver-, Granulat-, Teig-Preßmassen, Schnitzelpreßmassen, Stäbchenpreßmassen, Preßmatten (Folienpreßmassen) – meist als SMC (sheet moulding compounds) bezeichnet.
– nach besonders ausgeprägten Eigenschaften: schlagfeste (hochfeste) Preßmassen, Preßmassen für elektrisch hochwertige Teile. Innerhalb dieser Gruppen gibt es eine Unterteilung in

---

Tab. 1.84 Fortsetzung

Kunststoff	Anwendungen
PBTP	Gehäuseteile, Tastaturen, Kassetten, Steckerleisten oder Steckschienen bei elektronischen Bauteilen Funktionsteile für Küchen- und Textilmaschinen, Feinwerktechnik, Laufrollen, Lager, Gleitführungen, Zahnräder, Isolierstoffträgerteile, Reflektoren und Abdeckkappen in der Radartechnik, Steuer- und Kurvenschreiber, Vergaser-Bauteile, Zündverteilerkappen, Türöffnerteile, Scheinwerferreflektoren, Diodenumhüllungen, Abdeckplatten in der Optoelektronik Spulenkörper, Kondensatordeckel, Steckleisten für die Elektrotechnik
PETP	Wegwerf-Flaschen (besonders in den USA für Kohlendioxid enthaltende Getränke), Lager, Zahnräder, Nockenscheiben, Kaltwasserarmaturen, Beschläge, Schrauben, Muttern
POM	Zahnräder, Gehäuse, Armaturen im Kfz-, Büromaschinen- und Haushaltgerätebau, Teile für Feinwerktechnik und Textilmaschinen, Elektrotechnik, Beschläge, Spraydosenventile, Gasfeuerzeugtanks
PCTFE und PFEP	kälte- und wärmebeständige Isolierteile der Elektrotechnik, korrosionsbeständige Teile im chem. Apparatebau und im Maschinenbau
PPO	Medizin. Geräte, Teile, die mit (heißem) Wasser und Waschmitteln in Berührung kommen, z. B. Waschmaschinenteile, Pumpen, Bauteile für Elektro- und Elektronikindustrie, Haushaltgeräte, Büromaschinen, Armaturenbretter für Kfz, Kühler-Wasserkästen, Heizluftverteiler

---

* Einkomponentensysteme sind gebrauchsfertige formulierte Produkte, die man ohne Beimischung eines Zusatzstoffes verarbeiten kann

Tab. 1.85 Statistische Daten über Preßmassen in der Bundesrepublik Deutschland (in 10^3 t)[517]

Harz-basis		1979	1980	1981	1982
PF	Produktion	39,6	37,7	34,5	29,9
	Import	11,7	11,1	9,3	7,7
	Export	9,4	9,4	9,7	8,9
	Verbrauch	41,9	39,5	34,1	28,7
UF	Produktion	10,4	9,7	15,8	(1)
	Import	13,4	14,5	13,9	11,6
	Export	1,7	2,0	1,9	1,9
	Verbrauch	22,1	22,2	27,8	(1)
MF	Produktion	13,4	16,0	17,5	14,0
	Import	0,6	0,6	0,9	0,8
	Export	7,6	8,7	10,2	7,0
	Verbrauch	6,5	8,0	8,1	7,8

(1) Zahlen nicht erhältlich

Tab. 1.86 Verbrauch von Harnstoff-, Melamin- und Phenolpreßmassen in Westeuropa (in 10^3 t)[518]

Land	1975	1976	1977	1978	1979
Deutschland	54	64	60	62	64
Benelux	4	6	5	6	6
Frankreich	26	33	31	27	31
England	45	51	52	52	52
Italien	43	48	38	49	50
Österreich	1	2	2	2	2
Schweiz	7	6	7	8	8
Skandinavien	8	11	9	9	9
Spanien	15	16	17	18	18
insgesamt	203	237	221	233	240

Einige Zahlen sind geschätzt

Typen, die weitgehend nach DIN genormt sind (s. Tab. 1.87).

Über die wirtschaftliche Bedeutung der Preßmassen geben die Tab. 1.85 und 1.86 Auskunft.
Auffallend ist der hohe Importanteil bei den billigen UF-Preßmassen und die beträchtliche Ausfuhr bei den teuren MF-Preßmassen.

Während die thermoplastischen Spritzgußmassen (noch) nicht typisiert sind, werden die meisten Preßmassen und einige Halbzeuggruppen typisiert, das heißt, es wurden wichtige Daten über Zusammensetzung (z. B. Harzgehalt, Harzart, Füllstoffe, Verstärkungsstoffe) und Eigenschaften in Zusammenarbeit zwischen Preßmassenherstellern und -Verarbeitern festgelegt. Einige Beispiele:

DIN	Produktgruppe
7 708	Härtbare Formmassen PF, UF, MF, MPF (s. Tab. 1.87)
16 911	Härtbare Formmassen UP (s. Tab. 1.93)
16 912	Epoxidharz-Formmassen (s. Tab. 1.93, derzeit zurückgezogen)
16 913	Härtbare Formmassen UP-Matten (s. Tab. 1.93)
16 946	Gießharz-Formstoffe (s. Gießharzsysteme, Tab. 1.89)
7 735	Schichtpreßstoffc

Preßmassenhersteller, die Mitglieder der Technischen Vereinigung der Hersteller und Verarbeiter typisierter Kunststoff-Formmassen e.V. (Sitz in D-6451 Mainhausen) sind, können ihre Produkte bei den Materialprüfungsämtern (Berlin oder Darmstadt) zur Typisierung anmelden. Sind die erforderlichen Bedingungen erfüllt, kann ein Überwachungsvertrag mit einer der beiden Prüfstellen abgeschlossen werden. Für derartig überprüfte Preßmassen darf das Überwachungszeichen benutzt werden.
Analog können auch Verarbeiter derartiger Preßmassen ein Überwachungszeichen verwenden, wenn sie ihre Formteile überwachen lassen.

3.1 Herstellung

Preßmassen müssen verschiedene Anforderungen erfüllen, die z. T. gegensätzlich sind.
Die wichtigsten sind:

1. Gute Lagerbarkeit*
2. Günstige Verarbeitungseigenschaften
   a) Struktur, z. B. Granulat mit gleichmäßigem Korn und geringem Staubanteil
   b) Fließvermögen (erforderlicher Preßdruck)
   c) Härtungsgeschwindigkeit (Härtungszeit bei bestimmter Temperatur – abhängig vom Preßmassentyp und der Wandstärke des herzustellenden Teiles)

---

* Zeitspanne zwischen Herstellung und Zeitpunkt, bis zu dem die Preßmasse – bei vorschriftsmäßiger Lagerung – brauchbar bleibt (DIN 16921)

Tab. 1.87 Formmassen-Gruppen nach DIN 7708, Teil 2 und 3 (10.75)

Phenoplaste		Aminoplaste und Aminoplaste/Phenoplaste		
Typ	Füllstoffe	Typ	Harz-art	Füllstoffe
Gruppe I: Typen für allgemeine Verwendung				
31	Holzmehl	131	UF	Zellstoff
		150	MF	Holzmehl
		180	MP	Holzmehl
Gruppe II: Typen mit erhöhter Kerbschlagzähigkeit				
85	Holzmehl und/oder Zellstoff			
51	Zellstoff und/oder andere org. Füllstoffe			
83	Baumwollkurzfasern und/oder Holzmehl			
71	Baumwollfasern (u. Zusätze)	153	MF	Baumwollfasern
84	Baumwollgewebeschnitzel und/oder Zellstoff			
74	Baumwollgewebeschnitzel (und Zusätze)	154	MF	Baumwollgewebeschnitzel
75	Kunstseidenstränge			
Gruppe III: Typen mit erhöhter Warm-Formbeständigkeit				
		155	MF	Gesteinsmehl
12, 15	Asbestfasern	156, 158	MF	Asbestfasern
16	Asbestschnur	157	MF	Asbestfasern und Holzmehl
Gruppe IV: Typen mit erhöhten elektrischen Eigenschaften				
11.5	Gesteinsmehl	182	MP	Holzmehl und Gesteinsmehl
13.13.5	Glimmer	183	MP	Zellstoff und Gesteinsmehl
30.5, 31.5	Holzmehl	131.5	UF	
51.5	Zellstoff	152	MF	Zellstoff
		181, 181.5	MP	
Gruppe V: Typen mit sonstigen zusätzlichen Eigenschaften				
13.9.	Glimmer			
32	Holzmehl (u. a. org. Füllstoffe)			
51.9, 52, 52.9	Zellstoff	152.7	MF	Zellstoff

»Holzmehl und/oder Zellstoff« bedeutet, daß die beiden genannten Füllstoffe allein oder in beliebigem Mischungsverhältnis vorhanden sein können, »(und Zusätze)«, daß der vorher genannte Füllstoff überwiegen muß.
Die Zusatzziffern der »Punkt«-Typen kennzeichnen:
.5 = elektrisch hochwertig, .7 = für Lebensmittelgebrauch, .9 = ammoniakfrei.
Typ 32 ist ammoniak- und säurefrei.

    d) Entformungssteifigkeit
    e) Schüttdichte
3. Sonstige Anforderungen
    a) Preis (je kg Preßmasse bzw. je Liter Formstoff)
    b) Gleichmäßigkeit der Qualität von Lieferung zu Lieferung

4. Anforderungen an die Formstoffe
    a) mechanisch: (Kerb)schlagzähigkeit, Biegefestigkeit, Zugfestigkeit, *E*-Modul
    b) thermisch: Wärmeformbeständigkeit, Wärmebeständigkeit (max. Gebrauchstemperatur)
    c) elektrisch: spez. Durchgangswiderstand,

Oberflächenwiderstand, Dielektrizitätszahl, tan δ, Kriechstromfestigkeit
d) optisch: Aussehen, Glanz, Schlierenfreiheit, Lichtbeständigkeit
e) chem. Beständigkeit: in Säuren, Basen, Lösungsmitteln, Wasser
f) sonstige: Haftung an evtl. Umpreßteilen, Schwindung, Nachschwindung, Alterungsbeständigkeit, Dichte

3.1.1 Komponenten

Preßmassen enthalten im allgemeinen folgende Substanzen:

- reaktive Harze ⎱ Bindemittel
- Härter, evtl. Beschleuniger ⎰ (Matrix)
- Füllstoffe und/oder Verstärkungsstoffe
- Gleit- und Trennmittel
- Pigmente
- sonstige Zusätze, z. B. (evtl.) Stabilisatoren, Flexibilisatoren, Härtungsverzögerer, nichtreaktive Harze

Das Bindemittel (= Harz + Härter) beeinflußt weitgehend Eigenschaften, die in Tab. 1.88 zusammengefaßt sind.
Als Füllstoffe und Verstärkungsstoffe dienen hauptsächlich

- anorganische: Bolus alba, Molochit (Bolus alba, geglüht), Asbest, Kreide, Quarzmehl, Gesteinsmehl, Wollastonit, Glimmer, Glasfasern.
- natürliche organische Stoffe: Holzmehl, Zellstoff.
- synthetische organische Stoffe: synthetische Fasern (Polyester, Polyamide), Kohlenstoff-Fasern (C-Fasern).

Tab. 1.88 Eigenschaften, die weitgehend durch das eingesetzte Bindemittel bestimmt sind

Eigenschaft	Bindemittel					
	PF	UF	MF	MPF	UP	EP
Lagerstabilität	2	2–3	2	2–3	2	3–4
Fließvermögen	2	2–3	2–3	2–3	2	1
Entformungssteifigkeit	2	1	1	1	2	3
Maßhaltigkeit	2	4	4	4	1	1
Wärmebeständigkeit	2	4	2–3	2	1	1
Dielektrische Eigenschaften	2	2	2	2	1	1
Kriechstromfestigkeit	4	2	2	2–3	2	2–3
Wasseraufnahme*	3	3	2	2	1	1

1 sehr gut 2 gut 3 mäßig 4 schlecht
* die Note 1 bedeutet, daß die während des Tests aufgenommene Wassermenge sehr gering ist.

Holzmehl ist der bevorzugte Füllstoff für Phenol-Preßmassen, die meisten Aminoplast-Preßmassen enthalten Cellulose, die übrigen Preßmassen vorwiegend anorganische Füllstoffe oder Fasern. Die Eigenschaften, die weitgehend von den Füllstoffen abhängen, faßt Tab. 1.89 zusammen.
Gleit- und Trennmittel verbessern das Fließvermögen der Preßmassen und ermöglichen das einwandfreie Entformen der Preßlinge. Als Gleit- und Trennmittel werden hauptsächlich Wachse (z. B. Erdwachs, Carnaubawachs) oder Stearate

Tab. 1.89 Eigenschaften, die weitgehend von den Füllstoffen abhängen

Eigenschaft	Füllstoffart						
	Holzmehl	Cellulose	mineral. Zusatzstoffe	Asbestfasern	Textilfaser-Schnitzel	synth. Fasern	Glasfasern
Fließvermögen	3	4	2	3	3	2–3	3
Entformungssteifigkeit	2	2	2–3	3	2	4	2
mechanische Eigenschaften	3	2–3	2–3	2–3	1–2	1–2	1
Wärmebeständigkeit	2–3	2	1	1	2	3	1
elektrische Eigenschaften	2–3	2	2	2–3	2	2	2
Feuchtebeständigkeit	3	2–3	1	3–4	3–4	3	2

1 sehr gut 2 gut 3 mäßig 4 schlecht

Tab. 1.90 Preßmassen-Rezepturen

Phenol-Preßmasse, Typ 31

Phenolnovolak-Harz	40
Hexamethylentetramin (HMTA)	6
Magnesiumoxid	1
Holzmehl	50
Pigmente	2
Gleit- und Trennmittel	1

Melaminharz-Preßmasse, cellulosegefüllt

Melaminharz (Molverh. F : M = 1,6)	65,5
Cellulose (92%ig)	24,0
Gleitmittelkombination	0,5
Härterkombination	0,05
Lithopone	8,0
Bariumsulfat	1,6
Pigment	0,3

Diallylphthalat-Preßmasse, glasfaserverstärkt

DAPON 35 (Diallylphthalat-Präpolymer[1])	32,0
DAPON M (Diallylisophthalat-Präpolymer[1])	0,9
Diallylphthalat-Monomer	3,0
t-Butylperbenzoat (50%)	1,4
Calciumstearat	1,5
Cerechlor 70[2]	1,3
Antimontrioxid	3,7
Talkpulver	5,6
Pigment (Cromophtalblau 4 G)[3]	0,6
Glasfasern 6 mm	50,0

[1] Osaka Soda [2] I.C.I. [3] Ciba-Geigy

(Zink-, Calciumstearat, Glycerinmonostearat) eingesetzt (s. Beispiele in Tab. 1.90 und für UP-Typen in Tab. 1.95).

3.1.2 Herstellungsverfahren

Ein typisches Herstellungsverfahren für Preßmassen umfaßt sechs Stufen.
1. Harzherstellung
2. Vermischen der Füllstoffe mit dem Harz
   a) Flüssigharzverfahren (Imprägnierverfahren):
      Vorteile: schonende Einarbeitung von verstärkenden Füllstoffen, tel quel-Verwendung in Lösung hergestellter Harze (z. B. UF, MF)
      Nachteile: Entfernung der Lösungsmittel
   b) Schmelzverfahren (Melt-Blend): für pulverförmige und verstärkende Füllstoffe
      Vorteile: billig, kontinuierlich, günstige Lieferform der fertigen Preßmasse
      Nachteil: Schädigung der verstärkenden Füllstoffe
   c) Trockenmischverfahren (Dry Blend): für wenig lagerstabile Bindemittel, mineralische Füllstoffe
      Vorteile: ermöglicht Herstellung relativ lagerstabiler Preßmassen
      Nachteile: kaum geeignet für verstärkende Füllstoffe
3. Trocknung der Rohmasse falls nach 2. a) (Imprägnierverfahren) hergestellt (dabei Weiterkondensation des Harzes)
4. Mahlen der Rohmasse
5. Evtl. Zumischen weiterer Komponenten, Homogenisieren
6. Granulieren (z. B. auf eine gut rieselfähige Korngröße von 0,2 bis 3 mm).

Das Schema eines Produktionsverfahrens ist in Abb. 1.72 beschrieben.
Die Stufe 3 (Trocknung der Preßmasse) entfällt, wenn man Stufe 2 nicht mit einer Harzlösung durchführt, sondern mit einem festen, eventuell aufgeschmolzenen Harz. In diesem Fall kann man unter Umständen die Stufen 2, 4 und 5 kombinieren.
Je nach dem Herstellungsverfahren werden verschiedene Maschinen und Apparaturen benötigt, die im Prinzip im Kapitel 3 des 2. Bandes beschrieben sind.

Fertige Anlagen zur Produktion von Preßmassen können heute betriebsfertig bezogen werden. Als ein Beispiel einer solchen Anlage zeigt Abb. 1.73 eine Produktionslinie der Fa. H. Stüdli, Winterthur.

3.2 Verarbeitung duroplastischer Preßmassen

Für die Verarbeitung duroplastischer Formmassen sind drei Verfahren von Bedeutung (vgl. Abb. 1.74):

– das Formpressen (Kompressionspressen)
– das Spritzpressen (Transferpressen)
– das Spritzgiessen (Injektionspreßverfahren)

Unter den Verarbeitungsverfahren steht heute das neueste – das Spritzgießen – mit einem Anteil von 60% am Gesamtverbrauch an erster Stelle[519].

Bei diesen Verfahren sind sechs bis neun Phasen zu unterscheiden.
1. Dosieren der Preßmasse, eventuell Tablettieren
2. Vorwärmen, besonders bei PF und Aminoplast-Preßmassen, selten bei UP-Massen

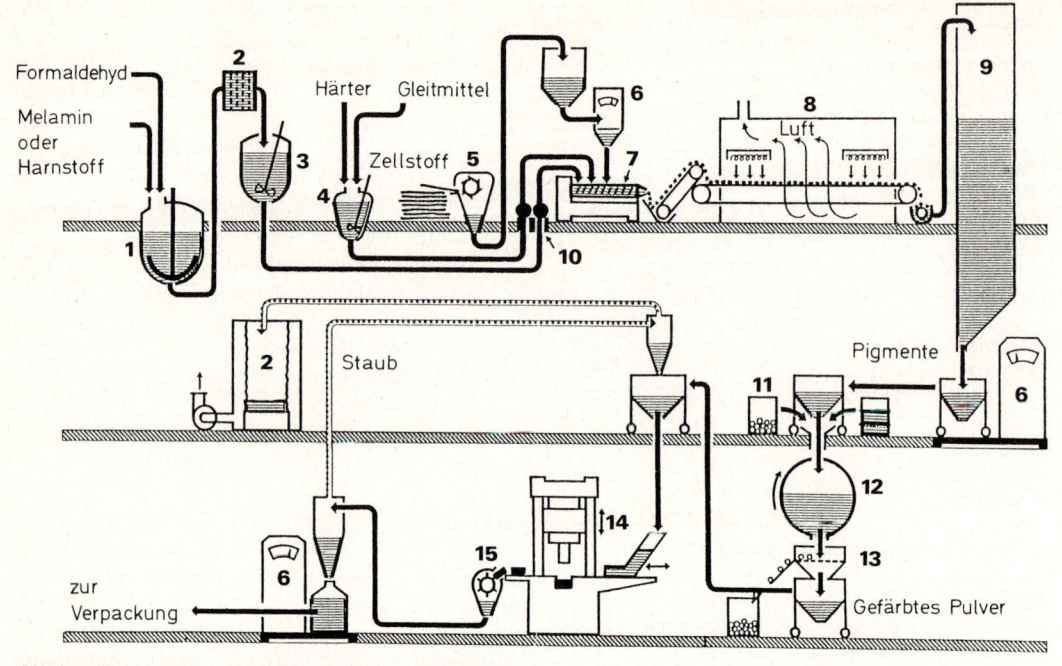

Abb. 1.72 Verfahren zur Herstellung von Preßmassen

1 Kessel	4 Mischer	7 Extruder	10 Dosierpumpen	13 Sieb
2 Filter	5 Zerfaserer	8 Bandtrockner	11 Kugeln	14 Presse
3 Rührer	6 Waage	9 Behälter	12 Kugelmühle	15 Brecher

3. Einfüllen der Preßmasse in das Werkzeug
4. Aufschmelzen (Plastifizieren), Fließen und Ausfüllen des Werkzeughohlraumes
5. Härten (= Vernetzung des Bindemittels) unter Druck und erhöhten Temperaturen
6. Entformen der heißen Formteile und Reinigen der Form durch Ausblasen
7. Nachbearbeitung (Entgraten)
8. Evtl. Nachhärten: erhöht bei einigen Duroplasten die Festigkeit und die Formbeständigkeit in der Wärme
9. Evtl. Feinvermahlen von ausgehärteten Formmasseabfällen: das feine Pulver kann in bestimmten Fällen in Mengen bis zu 10% der Original-Preßmasse zugesetzt werden.

Je nach dem Verfahren und dem Automatisierungsgrad wird das Vorwärmen entweder im Preßautomaten, in speziellen Vorwärmegeräten (z. B. Hochfrequenzgerät, Infrarotgerät, Mikrowellengerät, Ofenvorwärmung) oder in Plastifiziergeräten durchgeführt (s. Kap. 3, Bd. 2, S. 148 f). Man wärmt vor, um

– die Preßmasse bei niedrigerem Druck
– mit kürzerer Härtezeit
– zu mechanisch günstigeren Formteilen

verarbeiten zu können.

Für das automatische Einbringen von z. B. UP-Harzmatten sind neuerdings spezielle Einlegegeräte im Handel, die eine streng reproduzierbare Materialverteilung im Werkzeug bewirken und damit zu einer gleichmäßigen Fertigteilqualität beitragen und manchmal überdies zu einer Verkürzung der Zykluszeit führen[520–524].

Preßmassen enthalten reaktive Harze und Härter, deren Reaktivität so eingestellt ist, daß sie bei Raumtemperatur mehrere Monate lagerbeständig sind. Die wichtigsten Preßmassentypen werden in verschiedenen Fließgraden geliefert.

Beim Verpressen in der Wärme (Werkzeugtemperatur meist über 140 °C) erfolgt ein Aufschmelzen des Bindemittels. Unter der Einwirkung des Preßdruckes fließt die Preßmasse und füllt die Höhlung der Preßform aus (Fließvorgang). Gleichzeitig beginnt die Aushärtung (Vernetzung). Innerhalb weniger Minuten, bei besonders schnellhärtenden Massen und Teilen mit geringer Wandstärke häufig sogar in wenigen Sekunden, kann das Preßteil entformt werden.

Tab. 1.91 gibt einen Überblick über Richtwerte für die Verarbeitung wichtiger Formmassentypen. Optimale Verarbeitungsbedingungen sind experimentell zu bestimmen. Die durch Polykondensation unter Abspaltung niedermolekularer Produkte (z. B. Wasser) härtenden Phenol- und Aminoplast-Preßmassen benötigen

Abb. 1.73 Preßmassen-Produktionslinie

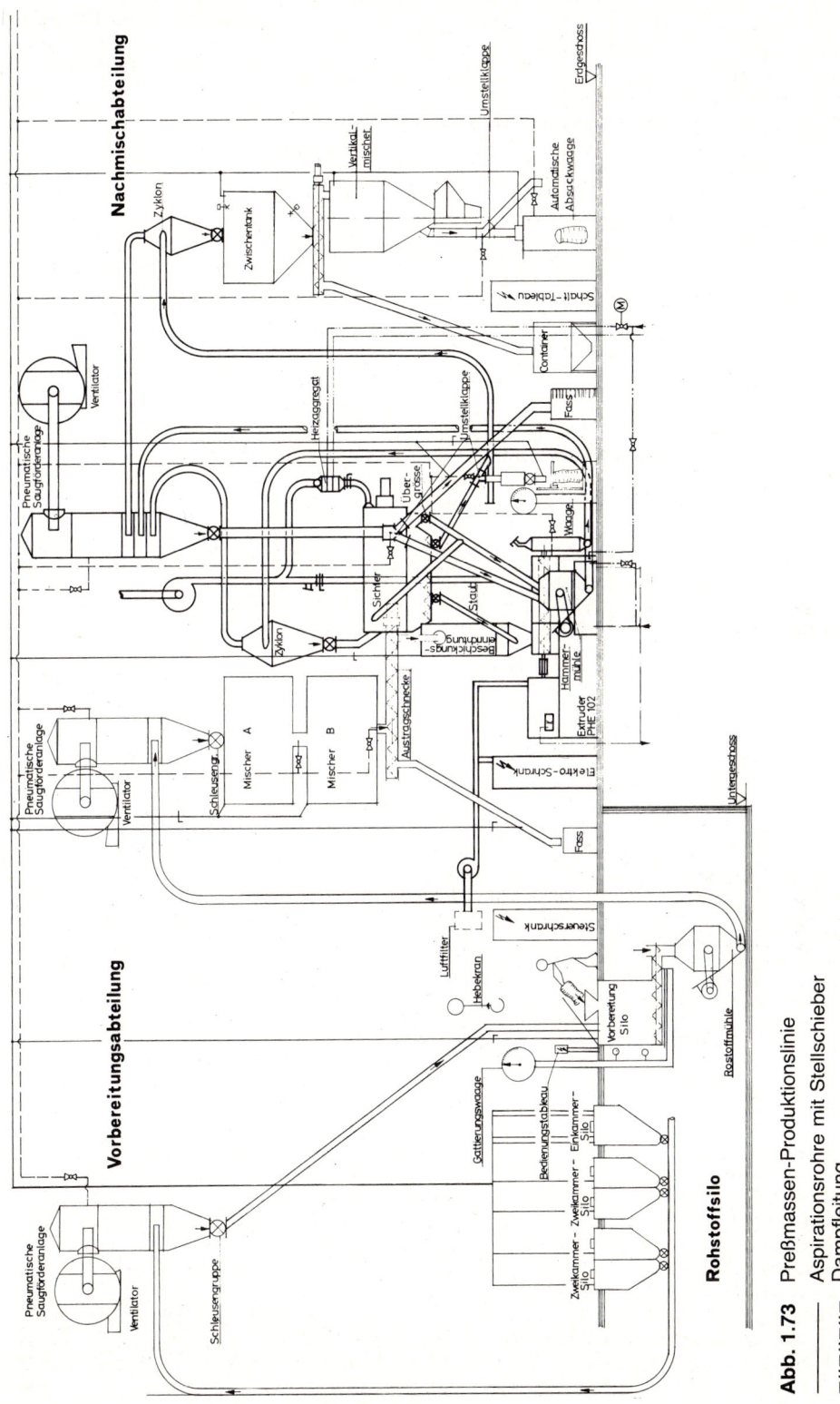

— · · — Aspirationsrohre mit Stellschieber
— · · · — Dampfleitung
— · · · — Kondensatableitung
— · · · — Kühlwasser Zulauf
— · · · — Kühlwasser Ablauf
— · · · — Zirkulationswasser
—— —— Druckluft

Pressen

beschicken
Form schließen
lüften
Härtezeit
Form öffnen
entformen
Form ausblasen

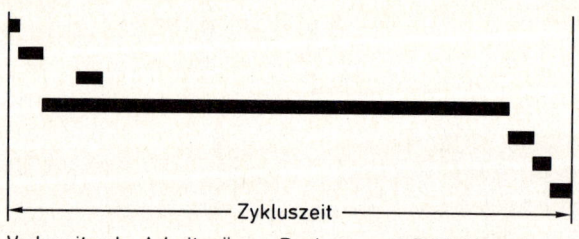

|← Zykluszeit →|

Vorbereitende Arbeitsgänge: Dosieren, evtl. Tablettieren und Vorwärmen

Spritzpressen

beschicken
Form schließen
spritzen
Härtezeit
Form öffnen
entformen
Form ausblasen

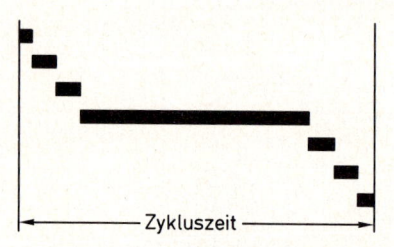

|← Zykluszeit →|

Vorbereitende Arbeitsgänge: Dosieren, Tablettieren, Vorwärmen

Spritzgießen

Form schließen
Spritzeinheit vor
spritzen
Härtezeit
Nachdruck
plastifizieren
Spritzeinheit zurück
Form öffnen
entformen
Form ausblasen

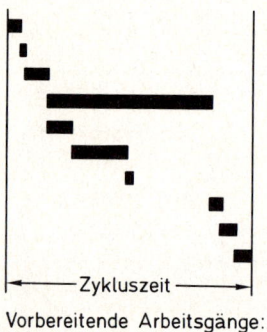

|← Zykluszeit →|

Vorbereitende Arbeitsgänge: keine

Abb. 1.74
Arbeitstaktzeiten beim Pressen, Spritzpressen und Spritzgießen

im allgemeinen höhere Preßdrücke als die UP- und EP-Preßmassen.
Abb. 1.75 stellt einen Preßzyklus schematisch dar. Abb. 1.76 veranschaulicht die Viskositäts-Zeit-Abhängigkeit bei verschiedenen Werkzeugtemperaturen. Höhere Temperaturen beschleunigen einerseits das Erreichen einer niedrigen Viskosität, andererseits ein schnelleres Einsetzen der Vernetzung und damit einen Anstieg der Viskosität. Im Bereich A liegt der optimale Zeitabschnitt zum Ausfüllen der Preßform.

Die Härtezeit – und damit ein wesentlicher Faktor der Wirtschaftlichkeit – hängt ab von
– Preßmassentyp (UP und EP schnell, Aminoplast mittel, PF langsam)
– Vorwärmung der Preßmasse (verkürzt die Härtezeit),
– Werkzeugtemperatur (heißes Werkzeug → schnellere Härtung),
– Wandstärke des Preßteils (dünner → kürzere Preßzeit),

Tab. 1.91 Richtwerte für die Verarbeitung vernetzender Formmassen[525]

Verfahren	Pressen		Spritzgießen					
Formmassentyp	Preß-temperatur	Preß-druck	Zylindertemp.[1] Förderzone	Düse	Werkzeug-temperatur	Stau-druck	Spritz-druck	Nachdruck
	(°C)	(bar)	(°C)	(°C)	(°C)	(bar)	(bar)	(bar)
PF 11–13	150–165	150–400	60–80	85–95	170–190	bis 250	600–1400	600–1000
31 u. ä.	155–170	150–350	70–80	90–100	170–190	300–400	600–1400	800–1200
51, 83, 85	155–170	250–400	70–80	95–110	170–190	bis 250	600–1700	800–1200
15, 16, 57, 74, 77	155–170	300–600						
UF 131	130–160	250–500	70–80	95–125	140–160	300–400	1500–2500	1000–1400
MF 131	135–160	250–500	70–80	95–120	150–165	300–400	1500–2500	1000–1400
150–152	145–170	250–500	70–80	95–105	160–180	bis 250	1500–2500	800–1200
156, 157	145–170	300–600	65–75	90–100	160–180	bis 150	1500–2500	800–1200
MF/PF 180, 182	160–165	250–400	60–80	90–110	160–180		1200–2000	
UP 802 u. ä.	130–170	50–250	40–60	60–80	150–170	ohne	200–1000	600–800
EP 871 u. ä.	160–170	100–200	ca. 70	ca. 70	160–170	ohne	bis 1200	600–800

[1] Masse-Temperaturen sind wegen des Beitrages der Reibungswärme nicht genau bestimmbar.

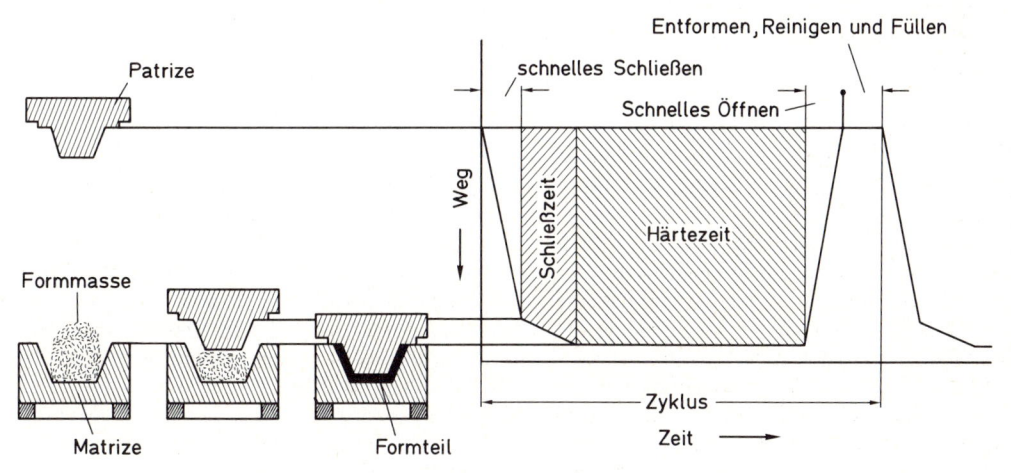

Abb. 1.75 Schematische Darstellung eines Preßzyklus[526]

- Größe und Gestalt des Preßteils (für große Teile ist eine gut fließende, langsamer härtende Masse zu wählen),
- Verarbeitungsverfahren und Maschinentyp.

Preßmassen aus UF und MF, in geringerem Maß auch aus PF, sind empfindlich gegen Überhärtung, EP und UP-Massen sind in dieser Hinsicht problemlos. Überhärtung von Aminoplast-Preßmassen kann zu Blasen und Rissen führen; sie bewirkt eine Versprödung und damit schlechtere mechanische Eigenschaften gegenüber optimal ausgehärteten Preßteilen. Unterhärtete Aminoplaste haben eine matte Oberfläche und erhöhte Wasseraufnahme; stark unterhärtete Teile lassen sich schwer entformen (Klebetendenz!) sie zeigen die typischen Unterhärtungsbläschen. Abb. 1.77 gibt schematisch den Bereich an, bei dem Preßteile mit optimalen Eigenschaften erzielt werden.

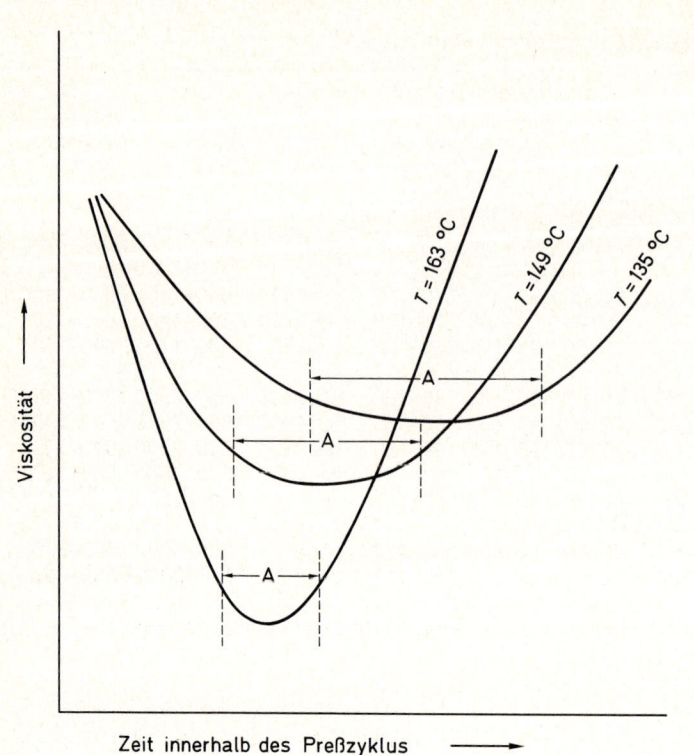

Abb. 1.76 Typische Viskositätskurven in Abhängigkeit von Temperatur und Zeit[527]
T = Preßtemperatur

Tab. 1.92 gibt Hinweise über Fehler beim Verarbeiten von Preßmassen und deren potentielle Ursachen.

Bei einigen Duroplasten (EP, UP) war die Entwicklung von Spritzgußmassen schwierig. Die Spritzgießmaschinen für Duroplaste haben geringere L/D-Verhältnisse (12 bis 15:1) gegenüber solchen für Thermoplaste (16 bis 30:1, teilweise noch höher), um den Aufenthalt des erwärmten Materials im Zylinder der Spritzgießmaschine möglichst kurz zu halten. Sie arbeiten mit Spritzdrücken bis (z. T. über) 2000 bar und sind entsprechend stabil gebaut. (Über Fehlerquellen s. Tab. 1.92)

Eine Sonderform des Spritzgießens ist das Spritzprägen. Hier wird in das etwa 0,5 bis 1,5 mm geöffnete Werkzeug gespritzt. Kurz nach dem Füllen wird das Werkzeug mit voller Schließkraft geschlossen (*Prägen*). Für das Spritzprägen kommt man mit niedrigerem Spritzdruck aus und hat eine bessere Entlüftung als beim konventionellen Duroplast-Spritzgießen; man kann durch entsprechende Werkzeugkonstruktion den Anschnitt beim Prägen zum Verschwinden bringen und Teile mit geringeren inneren Spannungen und schönerer Formteiloberfläche erzielen[529, 530].

3.3 Eigenschaften duroplastischer Formteile

Die charakteristischen Eigenschaften von Formteilen werden nach genormten Prüfverfahren an genormten Prüfkörpern bestimmt. Die schon bei den thermoplastischen Spritzgußartikeln erwähnten Warnungen vor einer vorschnellen Übertragung dieser Prüfwerte auf völlig anders gestaltete Fertigteile (s. S. 216) sind auch hier von Wichtigkeit, ebenso wie die Regeln für eine optimale Gestaltung von Formteilen.

Zur Sicherstellung einer bestimmten Qualität von Preßmassen haben sich schon früh – meist auf freiwilliger Basis – Gütegemeinschaften gebildet. Preßmassen wurden nach festgelegten Richtlinien geprüft und bewertet. Neutrale Prüfstellen führen derartige Prüfungen im Rahmen von Gütegemeinschaften bzw. aufgrund von Spezifikationen der Zulassungsinstanzen durch. Die älteste deutsche Gütegemeinschaft auf dem Kunststoff-Gebiet ist die »Technische Vereinigung der Hersteller und Verarbeiter typisierter Formmassen e.V. Bad Mergentheim«. Ähnliche Überwachung gibt es u. a. in der DDR, in Frankreich und Österreich.

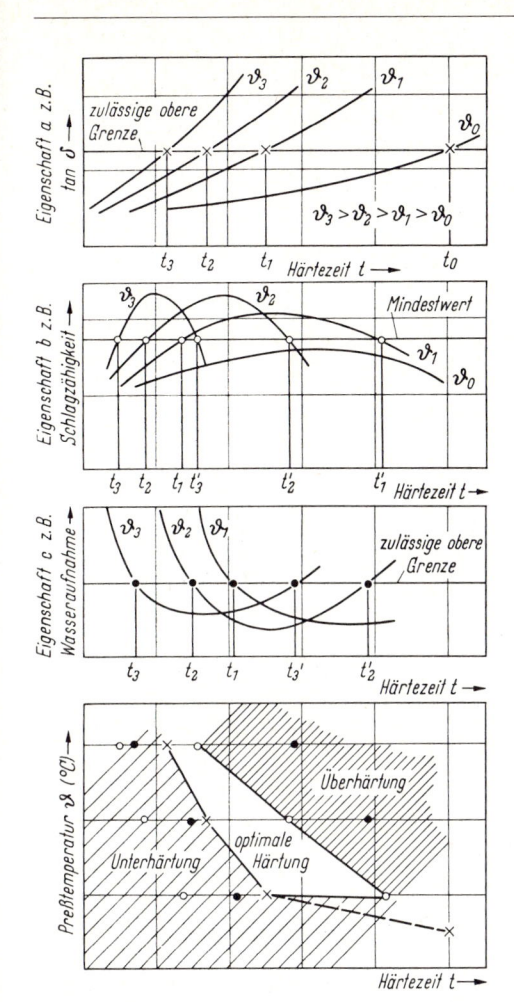

Abb. 1.77 Einfluß der Härtungszeit auf verschiedene Endeigenschaften des Preßteils[528a]

Genormte Preßmassen müssen bestimmte Mindestanforderungen erfüllen. Tab. 1.93 gibt Richtwerte für einige Preßmassentypen.

Neben den nach DIN genormten Preßmassen gibt es Spezialpreßmassen, bei denen bestimmte Eigenschaften hochgezüchtet werden.

Für die Wahl der günstigsten Preßmasse sind neben den in Tab. 1.93 angegebenen Eigenschaften vielfach zusätzliche Anforderungen zu berücksichtigen, z. B.:

- Preis (je kg bzw. je Liter) der Preßmasse bzw.
  - noch wichtiger – Kosten des fertigen Preßteils[532]
- Dimensionsstabilität
- Alterungsverhalten bei verschiedenen Temperaturen in feuchter Umgebung, in Lösungsmitteln, evtl. zusätzlich unter mechanischer Belastung
- Aussehen (Farbe, Oberflächenbeschaffenheit, Glanz)
- Optimales Herstellungsverfahren (z. B. Preßdauer)

Beim Alterungsverhalten können verschiedene Anforderungen im Vordergrund stehen (s. dazu Tab. 1.94), so z. B.:

- Formveränderungen
- Festigkeitsabfall durch Versprödung
- Änderungen des Aussehens (Lichtbeständigkeit, evtl. Glanzverlust)
- Änderungen der elektrischen Eigenschaften

Formveränderungen durch Nachschwindung sind besonders bei Preßteilen aus Phenoplast- und Aminoplast-Preßmassen zu berücksichtigen. Weitgehend ohne Nachschwindung sind Teile aus Polyadditions- und Polymerisationsprodukten (EP und UP-Massen).

3.4 Die einzelnen Preßmassenklassen

Phenol-Preßmassen sind nicht nur die ältesten vollsynthetischen, sondern nach wie vor die billigsten und meistverwendeten Duroplast-Formmassen. Da jedoch PF-Harze eine gelbbraune Eigenfarbe haben und sich im Licht verfärben, gibt es PF-Preßmassen fast nur in kräftigen dunkleren Farbtönen (z. B. rot, grün, braun, schwarz)[536, 537].

Nach der DIN 7708 T12 werden die PF-Preßmassen in fünf Gruppen eingeteilt:

I   für allgemeine Verwendung
II mit erhöhter Kerbschlagzähigkeit
III mit erhöhter Formbeständigkeit in der Wärme
IV mit erhöhten elektrischen Eigenschaften
V   mit sonstigen zusätzlichen Eigenschaften

Als Füllstoffe werden verwendet:

	Typen
– anorganische (Asbest, Glasfasern, Gesteinsmehl, Glimmer)	11–16
bei Kaltpreßmassen	212 und 214
– Holzmehl	31
– Zellstoff	51
– Baumwollfasern, -gewebeschnitzel	71 und 74

Für thermisch besonders hoch belastete Elektroteile und Geschirrbeschläge wurden in neuerer Zeit sogenannte HT-Preßmassen für Grenztemperaturen um 300 °C entwickelt.

Tab. 1.92 Fehler beim Verarbeiten duroplastischer Formmassen[528]

Fehlerort		Formmasse						Spritz- bzw. Preß-Einheit										Werkzeug und Schließeinheit						
				Fließeinstellung		Härtungsgeschw.		Masse-Temperatur		Dosierung		Spritzgeschw.		Spritzdruck		Nachdruck	Fließwege	Werkzeugkonstruktion			Werkzeug-Temperatur		Härtezeit		Schließdruck
Fehlerursache		zu feucht	zu viel Gleitmittel u.a.	zu hart	zu weich	zu hoch	zu niedrig	zu hoch	zu niedrig	zu hoch	zu niedrig	zu hoch	zu niedrig	zu hoch	zu niedrig	zu wenig	zu eng	sonst ungünstig	Auswerfer nicht richtig	Entlüftung ungenügend	zu hoch	zu niedrig	zu lang	zu kurz	zu niedrig
1. Materialfehler																									
1.1. Entmischung		bei grobem Füllstoff inhomogene Masse																							
1.2. Porosität		+	+		+			+			+	+		+	+	+	+			+		+			+
1.3. Wolken und Schlieren					+		+	+	+			+	+	+			+				+				
1.4. Große Blasen, Teile matt, verformt		+							+															+	
1.5. Kleine Blasen, aufgeplatzt, Teile glatt		+						+				+		+			+				+		+		
2. Oberflächenfehler																									
2.1. Unruhig (Orangenhaut)		+	+															+							
2.2. Zu geringer Glanz		+	+															+							
2.3. Matte Stellen		+						+														+			
2.4. Helle Flecken			+ z.T. überhärtet wärmeempfindlich			+		+				+		+			+				+		+		
2.5. Brandflecken												+		+			+			+					
2.6. Klebrig		+					+																	+	

Tab. 1.92 Fortsetzung

Fehlerortung	Formmasse				Spritz- bzw. Preß-Einheit											Werkzeug und Schließeinheit								
	Fließeinstellung				Härtungs-geschw.-keit		Masse-Temperatur		Dosierung		Spritz-geschw.-keit		Spritz-druck		Nachdruck zu wenig	Fließwege zu eng	Werkzeugkonstruktion sonst ungünstig	Auswerfer nicht richtig	Entlüftung ungenügend	Werkzeug-Temperatur		Härtezeit		Schließdruck zu niedrig
Fehlerursache	zu feucht	zu viel Gleitmittel u.a.	zu hart	zu weich	zu hoch	zu niedrig	zu hoch	zu niedrig	zu hoch	zu niedrig	zu hoch	zu niedrig	zu hoch	zu niedrig						zu hoch	zu niedrig	zu lang	zu kurz	
3. Gestaltfehler																								
3.1. Einfallstellen		+				+									+		+				+			
3.2. Lunker		+	+		+			+							+	+				+	+		+	
3.3. Teile nicht voll					+			+		+				+	+	+								
3.4. Fließmarkierungen	+							+			+										+			
3.5. Rippen durchmarkiert	+					+																		
3.6. Kleben an der Form	+			+													+			+			+	
3.7. Klemmen in der Form	+			+									+					+		+			+	
3.8. Übermäßiger Grat				+		+			+				+											+
4. Strukturfehler																								
4.1. Teile verzogen	+			+											+		+			+	+	+	+	
4.2. Teile gerissen	+			+							+		+						+	+		+	+	
4.3. Metalleinlagen beschädigt oder verbogen			+								+		+				+							
4.4. Masse in Metalleinlagen				+							+		+											+

Tab. 1.93 Richtwerte für Reaktionsharz-Formmassen[531]

Typ	Reaktionsharz und Füllstoff (Harzträger)	Biegefestigkeit (N·mm^{-2})	Schlagzähigkeit (kJ·m^{-2})	Kerbschlagzähigkeit (kJ·m^{-2})	Formbeständigkeit nach Martens (°C)	Glutbeständigkeit, Gütegrad	Wasseraufnahme (mg)	Oberflächenwiderstand, Vergleichszahl	Spez. Durchgangswiderstand (Ω cm)	Diel. Verlustfaktor bei 1 kHz (tan δ)	Kriechstromfestigkeit, Stufe
	Mindestanforderungen an die Eigenschaften von Probekörpern										
801	UP-Harz-Preßmassen nach DIN 16911	60	22	22	125	2	100	10	10^{12}	0,1	KA 3c
802		55	4,5	3	140	3	45	12	10^{12}	0,03	KA 3c
803	Glasfasern und andere anorganische Füllstoffe	60	22	22	125	2	100	10	10^{12}	0,1	KA 3c
804	UP + MF, org.	55	4,5	3	140	3	45	12	10^{12}	0,03	KA 3c
GH	u. anorg. kurzfaserig	60	6,0	2	100	2c[3]	200	11			KC 600
830.5[1]	Polyester-Harzmatten nach DIN 16913	120	50	40	–[2]	2	100	11	10^{14}	0,05	KA 3c
831.5		120	50	40	–	3	100	10	10^{12}	0,05	KA 3c
832.5	(Vornorm und Entwurf):	160	70	60	–	2	100	11	10^{14}	0,05	KA 3c
833.5	Glasseidenmatten und	160	70	60	–	3	100	10	10^{12}	0,05	KA 3c
834.5	andere organische Füllstoffe	140	70	60	–	4	100	10	10^{12}	0,05	KA 3c
nicht typisiert	UP-Glasseidengewebe, ca. 59% Glasgehalt, heiß gehärtet	310	130	120	–						
870	EP-Harz-Preßmassen nach DIN 16912. anorg. körnig (Gesteinsmehl)	50	5	1,5	110	2	30	12	10^{14}	0,1	KA 3b
871	anorg. kurzfaserig (Glasfasern)	80	8	3	120	3	30	12	10^{14}	0,03	KA 3c
872	anorg. faserig (Glasfasern)	90	15	15	125	3	30	12	10^{14}	0,03	KA 3c
	Diallylisophthalat-Preßmassen	80	5–6	2–3	180	2–3	30–60	>13	>10^{14}	0,01	KA 3c
	Silikon-Preßmassen	60			>250		ca. 20		10^{14}	0,002	

[1] Für die Typen ohne .5 werden keine elektrischen Werte gefordert
[2] Verfahren für Schichtpreßstoffe nicht sinnvoll, praktische Formbeständigkeit ≧ 200 °C
[3] VDE 0304

Tab. 1.94 Temperatur-Zeit-Grenzen (Grenztemperaturen) von duroplastischen Formstoffen (in °C, Mittelwerte) Abnahme nach 5000 bzw. 25 000 Stunden[533–535]

Eigenschaft Abnahme der Werte um:	Biegefestigkeit 30%		50%	Schlagzähigkeit 30%		50%	Oberflächenwiderstand 1 Zehnerpot.		2 Zehnerpot.	Masse 5%		10%	Länge 0,5%		1%	Gesamtmittel	
h	A	B	A	B	A	B	A	B	A	B	A	B	A	B	A	B		
PF, anorganisch 5000	150	180	155	200	110	165	145	180	145	185	140	180						
z. B. FS 12 25 000	130	150	130	170	90	135	120	160	125	165	120	155						
DIN 7708																		
PF, organisch 5000	150	160	125	145	145	155	120	160	<90	140	125	150						
z. B. FS 31 25 000	135	145	115	130	110	125	105	145	<90	120	110	135						
DIN 7708																		
MF, anorganisch 5000	145	175	115	145	135	190	105	175	<90	170	115	170						
z. B. FS 156 25 000	130	160	95	130	115	130	90	155	<90	145	100	150						
DIN 7708																		
MPF, organisch 5000	120	160	110	150	130	155	<90	150	<90	170	105	155						
z. B. FS 180 25 000	100	135	95	115	105	140	<90	130	<90	145	90	135						
DIN 7708																		
UP, anorganisch 5000	155	200	170	210	125	170	155	210	145	180	150	195						
z. B. FS 801 25 000	140	180	150	175	100	145	135	190	125	155	130	170						
DIN 16911																		

(FS = Formstoff)

Harnstoff-Preßmassen werden vorwiegend in hellen Pastelltönen verwendet[538]. UF-Preßteile haben harte Oberflächen und hohen Glanz. Sie werden hauptsächlich für Elektroisoliermaterialien, Schraubverschlüsse von Flaschen, Deckel und für Sanitärteile eingesetzt.
Melamin-Preßmassen basieren – ebenso wie die UF-Preßmassen – auf farblosen Harzen. Auch MF-Preßteile können in hellen Farbtönen hergestellt werden. Sie sind lichtbeständig, wärmebeständiger als UF-Produkte, kriechstrom- und lichtbogenfest, ziemlich unempfindlich gegen Feuchtigkeit und zur Geschirrherstellung (Teller, Tassen, Schüsseln, Trinkbecher) zugelassen. Wegen des stickstoffreichen Bindemittels sind sie schwer brennbar (Eignung z. B. für Aschenbecher). Es gibt Spezialpreßmassen für das Spritzprägeverfahren[538]. MF-Preßteile können dauerhaft verziert werden, wenn mit MF-Harzen imprägnierte Folien auf das teilweise gehärtete Teil in der Form aufgelegt werden und die Aushärtung dann zu Ende geführt wird.
Melamin-Phenol-Preßmassen stellen eine Kombination der guten Eigenschaften beider Typen (MF und PF) dar. MP-Preßmassen mit guter Kriechstromfestigkeit (MF!) bei unkritischer Verarbeitung und guten mechanischen Eigenschaften (PF!) sind auf dem Markt erhältlich.

UP-Formmassen (engl. meist alkyd-mo(u)lding compounds)[539, 540] sind in verschiedenartiger Lieferform im Handel: teigartig (DMC = dough moulding compounds), als rieselfähige trockene Granulate (BMC = bulk moulding compounds) oder als Harzmatten (SMC = sheet moulding compounds). Fast alle UP-Formmassen enthalten Glasfasern als Verstärkungsmaterial.
Ihre schnelle Härtung und die gute Lagerstabilität haben sich von Anfang an positiv auf ihre Entwicklung ausgewirkt; hemmend waren die Einfallstellen (*Sinkmarks*) und der Styrolgeruch bei einigen dieser Massen.
UP-Formmassen basieren meist auf Polyestern aus Ethylen- und Propylenglykol und Malein- und Phthalsäureanhydrid. (Seltener werden als Säurekomponente Fumarsäure, Tetrahydrophthalsäure, Tere- oder Isophthalsäure, Adipin- oder Sebacinsäure verwendet; als Diole kommen auch Neopentylglykol, Diethylen- und Dipropylenglykol und 1,3-Butandiol in Frage). Das Molverhältnis ungesättigter Säuren zu gesättigten ist bei der Polyester-Herstellung mindestens 1:1 (s. Kap. UP-Harze, S. 123).
Als Monomer wird meist Styrol eingesetzt – wegen seines günstigeren Preises und mancher Vorteile, z. B. hohe Reaktivität, relativ niedrige Viskosität. Nachteile sind der relativ hohe Dampf-

druck und die Geruchsbelästigung bei der Verarbeitung.
Rieselförmige UP-Preßmassen mit hohem Gehalt an anorganischen Füllstoffen beginnen neuerdings technische Keramik zu verdrängen (z. B. in Schalterteilen und für Sicherungspatronen), seit für derartige Anwendungen nicht mehr ausschließlich keramische Isolierstoffe vorgeschrieben sind.
Neuere Typen erfüllen die hohen Anforderungen der VDE 0636 für Schalter- und Sicherungsbauteile im Niederspannungsbereich[541, 542].
Formmassen aus einer Kombination von UP- mit MF-Harzen, die überwiegend mit organischen Fasern verstärkt sind, haben Anwendungen im Sektor elektrische Haushaltgeräte erobert.
In den letzten Jahren haben Harzmatten (auch als Preßmassen in Plattenform bezeichnet[543], engl. sheet moulding compounds, SMC) stark an Bedeutung gewonnen. Sie werden aus Glasfaser-Rovings oder aus Glasmatten hergestellt. Durch Verbesserung der Bindemittel durch spezielle Thermoplaste als schwundmindernde Zusätze (in schwundarm härtenden UP-Harzen, LP = low-profile-Harze) und durch Eindickungsmittel (Erdalkalioxide oder -hydroxide), aber auch durch verbesserte Verarbeitungsverfahren können heute großflächige Teile in kurzen Zykluszeiten aus Harzmatten gefertigt werden.
Low-profile-Harze sind Kombinationen von UP-Harzen mit speziellen Thermoplasten, z. B. Polyolefine, PS und Copolymere oder Polyacrylate, die im monomeren Anteil des Gemisches (meist Styrol) dispergiert sind. Während des Härtungsvorganges scheidet sich der Thermoplast als disperse Phase ab, die monomeres Styrol einschließt (oder gelöst enthält). Dieses Styrol kann zunächst nicht mit dem UP-Harz copolymerisieren; mit zunehmender Temperatur steigt sein Dampfdruck, was eine Volumenvergrößerung der dispersen Phase bewirkt und somit eine Schwindungsverminderung des Gesamtsystems. Neben den LP-Harzen, die zu einer weitgehenden Kompensation der Schwindung führen, gibt es auch sogenannte LS-Harze (low shrink), die hinsichtlich Schwindungskompensation die LP-Harze nicht erreichen, jedoch wesentlich günstiger einfärbbar sind. Wenn SMC-Formteile nachträglich lackiert werden, wie z. B. bei Karosserieteilen, zieht man LP-Systeme vor[543].

Hersteller von Harzmatten erwarten, daß die Autoindustrie, um Gewicht einzusparen, in Zukunft in verstärktem Maße von dieser Technologie Gebrauch machen wird, da sie zur rationellen Herstellung von Großteilen mit über 1 m^2 projizierter Fläche geeignet ist[544]. Die dafür erforderlichen Pressen mit 1500 bis 2000 t Preßkraft sind auf dem Markt.
Die Herstellung von Harzmatten aus Glasmatten bzw. Glasrovings zeigt schematisch die Abb. 1.78. UP-Harzmatten größerer Dicke (TMC = thick moulding compound) werden ähnlich wie die konventionellen Harzmatten hergestellt (Abb. 1.79), jedoch in einer Stärke von bis zu 5 cm. In Tab. 1.95 sind zum Vergleich Rezepturen für TMC, SMC und BMC Typen angegeben und Meßwerte an daraus hergestellten Prüfkörpern.
Diallylphthalat (DAP) gibt besonders lagerstabile und dimensionsstabile Preßmassen; Diallylisophthalat (DAIP) zusätzlich noch höhere Wärmeformbeständigkeit. Einer breiteren Verwendung steht der Preis entgegen.

Epoxidharz-Preßmassen kamen in den fünfziger Jahren auf den Markt. Seither wurden vier Generationen von EP-Formmassen entwickelt[546–549]:

Tab. 1.95 Vergleich von TMC mit SMC und BMC[545]

	SMC	TMC	BMC 1	BMC 2	TMC 2	TMC 3
UP-Harz	70	70	70	70	70	70
Low shrink additive	30	30	30	30	30	30
Calciumcarbonat	120	120	180	180	180	180
t-Butylperbenzoat	1	1	1	1	1	1
Inhibitor	–	–	–	–	0,03	0,03
Zinkstearat	4	4	7	7	5	5
Verdickungsmittel	3	3	0,4	0,4	0,8	0,8
Glasfasern						
25 mm (%)	28	28	–	–	15	20
6 mm (%)	–	–	15	20	–	–
Biegefestigkeit (N·mm^{-2})	200	185	69	98	107	139
Zugfestigkeit (N·mm^{-2})	92	98	28	29	47	56

Abb. 1.78 a Herstellen von Harzmatten, ausgehend von Textilglasmatten

a Textilglasmatte
b Rakelkasten mit Harzansatz
c Trichter mit Harzansatz
d PE-Folie
e Walzen mit rauher Oberfläche
f Harzmatte
g Aufwicklung[544a]

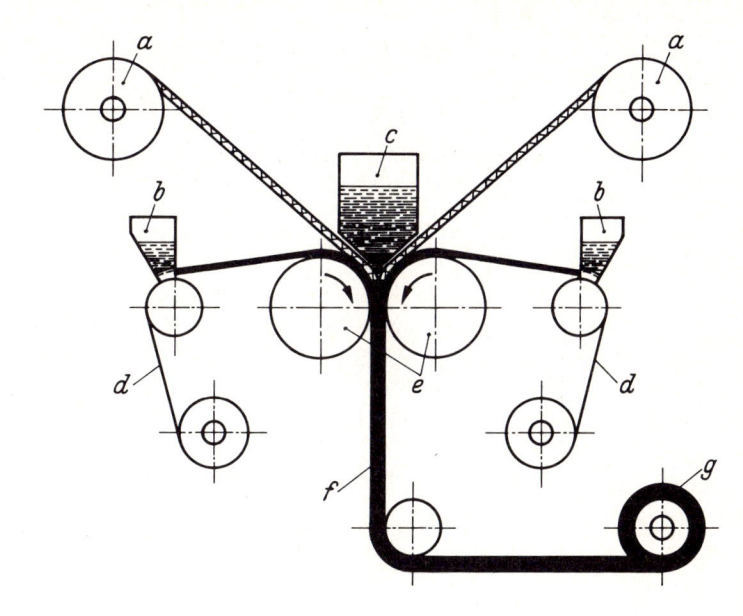

Abb. 1.78 b Herstellen von Harzmatten, ausgehend von Glasfaser-Rovings

a Roving-Spulen
b Roving-Führung
c Cutter
d Rakelkasten mit Harzansatz
e PE-Folie
f Andrückwalzen
g Knetwalzen
h Egalisierwalzen
i Umlenkrolle
k Harzmatte
l Aufwicklung[544a]

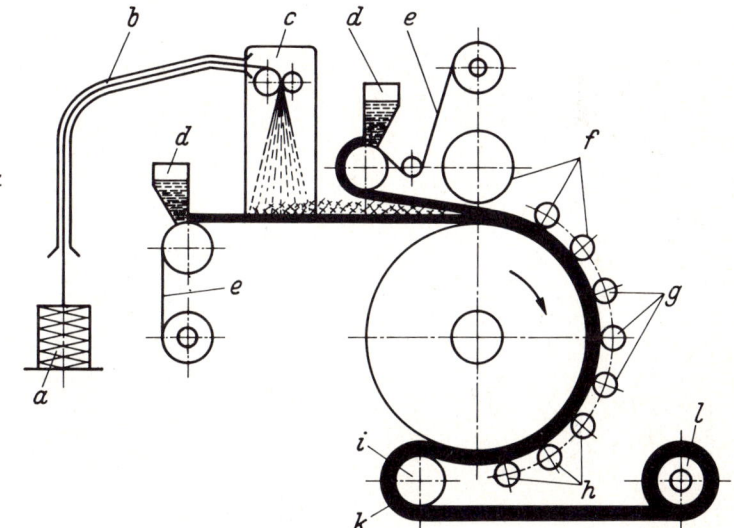

1. Sogenannte B-Stufen-Massen (B-stage epoxies), die im Formpreß- und Spritzpreßverfahren zu verarbeiten sind. Bei vielen Vorzügen ist ihre geringe Lagerstabilität ein beträchtlicher Nachteil. Als Bindemittel dienen Bisphenol-A-EP-Harze mit aromatischen Aminen als Härter.
2. Niederdruckpreßmassen, vorwiegend für die Umhüllung von Bauteilen in der Mikroelektronik. Sie enthalten Epoxidharze auf Basis von Phenol- oder Kresolnovolaken und ausgewählte Füllstoffe. Sie werden bei Drucken von 3 bis 30 bar und kurzen Taktzeiten verarbeitet (Abb. 1.80).
3. Lagerstabile granulierte Formmassen als Weiterentwicklung der B-Stufen-Massen der 1. Generation.

Sie sind nicht nur im Kompressions- und Transferverfahren verarbeitbar, sondern auch im Spritzgießverfahren.

4. Hochschlagfeste Stäbchenpreßmassen mit langen Glasfasern. Sie haben besonders geringen Formschwund und niedrige thermische Ausdehnungszahl.

Trotz ihres Preises steigt die Anwendung von Epoxidharz-Preßmassen kontinuierlich an, bedingt durch ihre Vorzüge:

– unempfindlich gegen Überhärtung beim Verpressen (im Gegensatz zu den Amino- und Phenoplasten). Dadurch können auch Formteile mit stark unter-

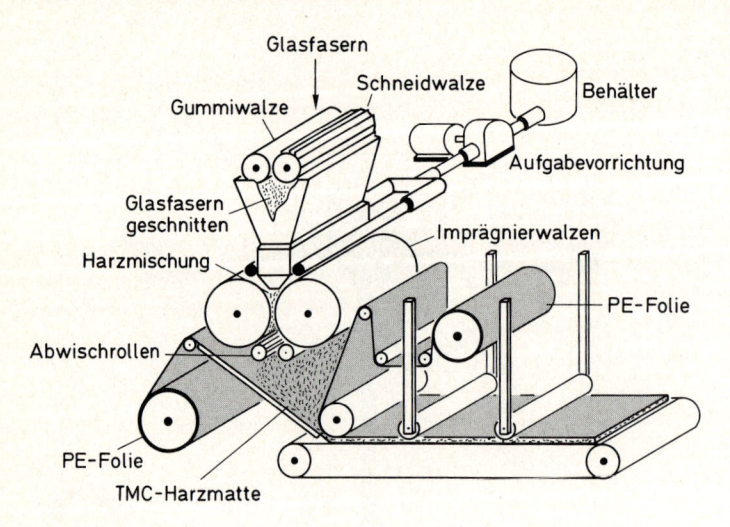

Abb. 1.79 Herstellung von UP-Harzmatten größerer Dicke[545]

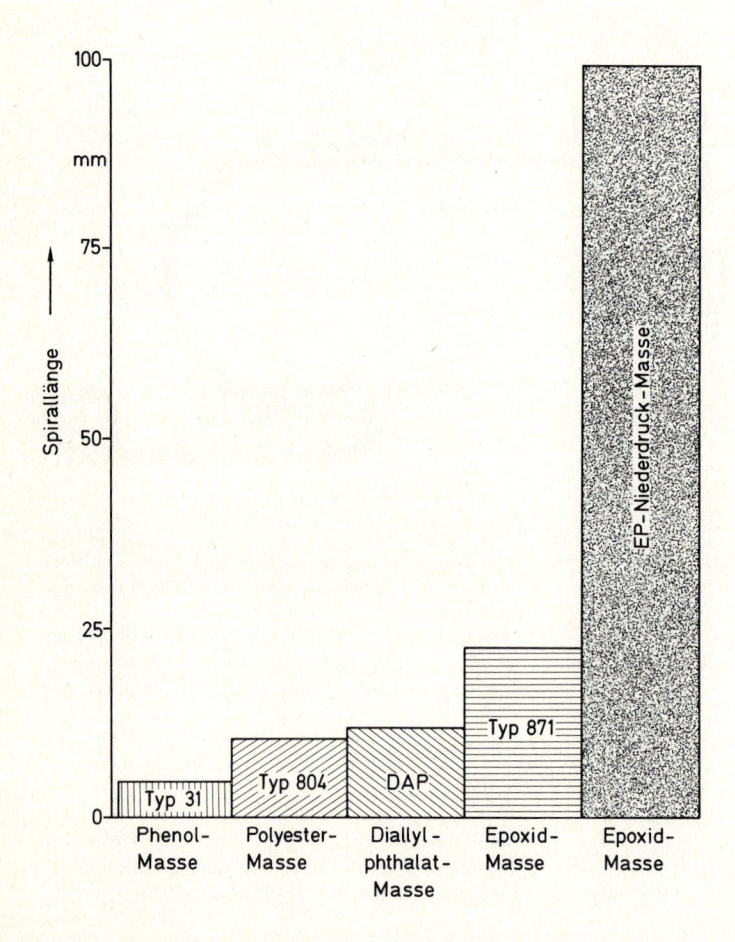

Abb. 1.80 Vergleich des Fließweges einer Niederdruckmasse mit anderen leicht fließenden Formmassen[550]

EMMI-Spiraltest, Methode 1–66:
Prüftemperatur 150 °C
Prüfdruck 70 bar
Einwaage 20 g

schiedlichen Wandstärken mit optimalen Eigenschaften hergestellt werden,
- praktisch ohne Nachschwindung, unempfindlich gegen Mikrorißbildung, hohe Dimensionsstabilität, Verzugsfreiheit,
- Adhäsion zu umpreßten Metallteilen,
- hohe Wärmealterungsbeständigkeit (180 bis 190°C lt. DIN 53446 für Typ 870-EP-Formmasse),
- günstige elektrische Isolationswerte, hohe Kriechstrom- und Lichtbogenfestigkeit,
- Chemikalienbeständigkeit,
- hohe Härtungsgeschwindigkeit (für Formkörper mit 4 bis 10 mm Wandstärke aus Formmassen der 3. Generation, ca. 30 Sekunden im Spritzgießverfahren, 50 Sekunden beim Spritzpressen, 80 Sekunden beim Formpressen),
- gutes Fließvermögen (besonders bei Niederdruckpreßmassen), dadurch geringer Preßdruck bei der Verarbeitung, geringerer Werkzeugverschleiß, keine Beschädigung von druckempfindlichen Einpreßteilen (s. Abb. 1.80).

Duroplastische Silicon-Preßmassen werden aus anorganischen Füllstoffen und stark verzweigten Methyl- oder Methylphenylsiloxanen hergestellt. Sie dienen der Herstellung von hochtemperaturbeanspruchten Formteilen und als Umhüllungsmaterial für Halbleiter-Bauteile. Ihre chemische Beständigkeit und Temperaturstabilität verhelfen ihnen trotz des höheren Preises zu immer neuen Anwendungen. Sie sind inhärent flammfest. Hervorragend ist auch ihre Feuchtigkeitsbeständigkeit.

Neuere Silicon-Epoxid-Preßmassen sind mechanisch stabiler als die reinen Silicon-Preßmassen. Auch ihre Hauptanwendung liegt auf dem Gebiet der Ummantelung elektronischer Bauteile.

Poly-bis-maleinimid-Preßmassen bestehen aus bis-Maleinimiden und aromatischen Diaminen als Bindemittel. Ihre Härtung erfolgt als Polyadditionsreaktion, das heißt ohne Abspaltung

Tab. 1.96 Anwendungen duroplastischer Formmassen

Basis	Typ, Harzträger	Anwendung
PF	11–16 mineral. gefüllt	Massenartikel, z. B. Aschenbecher Konstruktionsteile, z. B. Waschmaschinenteile Elektroindustrie – auch für Einsatz in feuchten Räumen und erhöhter Temperatur, z. B. Schalterteile, Starkstromstecker Pfannenstiele, Griffe für Wasserhähne, Armaturengriffe, Messergriffe, Griffe für Schweißzangen Autoindustrie, Zündverteilerköpfe, Ventilatorenflügel
	30,5–33 Holzmehl	Massenartikel, z. B. Flaschenverschlüsse, billige Hosenknöpfe, Griffe Konstruktionsteile ohne besondere Anforderungen an mech. Festigkeit, z. B. Gehäuse Elektroindustrie wie Schalterteile, Telefongehäuse, Klemmen mit eingepreßten Metallteilen, Spulenkörper Autoindustrie, z. B. Zündverteilerköpfe, Ventilatorenflügel
	51–85 Org. Fasern Schnitzel Bahnen	Konstruktionsteile, die einer mechanischen Beanspruchung ausgesetzt sind, z. B. Tragrollen, Gehäuse für Kranschalter, schlagfeste Gehäuse, Tragbügel
UF	131 Zellstoff	Elektroinstallationsmaterial, z. B. weiße Schalter, Stecker, Kupplungssteckdosen, Decken- und Wandarmaturen Haushaltartikel Campingartikel, Flaschenverschlüsse Griffe, Handräder, Drehknöpfe Knöpfe und Schnallen – einfarbig oder hornartig gemustert Verschlüsse und Deckel, Verpackungen Toiletten- und Sanitärteile Abdeckplatten

Tab. 1.96 Anwendungen duroplastischer Formmassen (Fortsetzung)

Basis	Typ	Anwendung
MF		Tischgeschirr und Haushaltartikel, z. B. Teller, Schüsseln, Töpfe, Tassen, Kannen, Griffe, Knöpfe – einfarbige und gemusterte »Hornknöpfe« Handräder Aschenbecher Reklameartikel Elektroindustrie, z. B. kriechstromfeste Isolierteile in hellen Farben, Schaltergehäuse, Funkenlöschkammern, Fassungen
MPF	180 Holzmehl	Apparateteile. z. B. Gehäuse Flaschenkapseln Elektroindustrie, z. B. hellfarbige Schalterteile, spannungstragende Teile, Stecker
	181 Cellulose	Haushaltgegenstände, evtl. Trinkgeschirr Elektroindustrie, z. B. Schalterteile
	Sonder-PM Linterfasern Textilfasern	Konstruktionsteile, z. B. Gehäuse für Haushaltgeräte, Mixer, Föngriffe Elektroindustrie, z. B. Schalterteile, hellfarbige Stecker und Steckdosen, Schaltergehäuse
	Sonder-PM mineral- **und** organ. Fasern	Elektroindustrie, z. B. Schalterteile, Funkenkammern, Klemmenträger Haushalt, z. B. Bügeleisengriffe
UP	Glasfasern	elektrische Hochspannungsartikel schlagunempfindliche Kappen und Hauben, Gehäuse bei Maschinen Karosserieteile, Kugelköpfe für Schreibmaschinen oder Datenausgabegeräte
UP	Harzmatten	Karosserieteile, z. B. Kühlerhauben, Türen, Lkw-Fahrerhausaufbauten Boote Behälter, Wannen Lichtkuppeln Kabelverteilerschränke
DAP		Elektro- und Elektronikindustrie, z. B. Stecker, Spulenkörper, Schalterteile
EP		Elektro- und Elektronikindustrie, z. B. Vielfach-Stecker, Anker und Kollektoren von Dynamos und Motoren, Stützisolatoren, Schalterteile zur Ummantelung von Spulen, Kondensatoren, Transistoren, Dioden, Transformatoren Automobilbau, z. B. Stromverteiler, Zündkerzenstecker mechanisch hochwertige Konstruktionsteile, z. B. Pumpenteile, Filterplatten, Schaltstangen für Leistungsschalter, Teile für Geschirrspülmaschinen aus Stäbchenpreßmassen Niederdruck-Preßmassen: rasch steigender Bedarf für das Einkapseln von integrierten Schaltungen und anderen Halbleiterbauteilen der Elektronik
SI		Elektronikindustrie: Ummantelung von Bauteilen, z. B. Dioden, Transistoren, Kondensatoren

flüchtiger Nebenprodukte. Sie ergeben Formkörper mit hoher Formbeständigkeit in der Wärme (über 300 °C) und hoher Gebrauchstemperatur (kurzzeitig bis 250 °C, dauernd bis 190 °C). Die Verarbeitung erfolgt im Formpreß- oder Spritzpreßverfahren.

(Anmerkung: **Thermoplastische Formmassen** werden nur selten im Kompressionspreßverfahren verarbeitet, weil aus den hier erforderlichen Aufheiz- und Abkühlzeiten ein langer Preßzyklus resultiert. Im Falle von Polymethacrylaten kann man nach diesem Verfahren große Teile oder Fresnel-Linsen in beachtlicher Genauigkeit herstellen.)

Tab. 1.97 Produktion dekorativer Hochdruckschichtstoffplatten in Europa[552] (in $10^6 \cdot m^2$)

	1979	1980	1981	1982
Alpenländer	6,0	5,9	5,7	5,2
BR Deutschland + Niederlande	23,7	24,3	22,5	22,0
England	12,8	10,3	10,2	9,3
Frankreich	14,1	13,3	14,3	13,3
Italien	78,8	66,7	62,7	54,8
Skandinavien	14,3	12,4	10,9	10,6
Portugal	3,2	3,5	4,0	3,0
Summe	153,0	137,0	130,4	118,9

3.5 Anwendungen für duroplastische Formmassen

Um Preßteile mit den für den vorgesehenen Verwendungszweck (Funktion) erforderlichen Eigenschaften rationell herzustellen, sind folgende Faktoren zu berücksichtigen:

- Materialwahl der günstigsten Preßmasse,
- Verarbeitungsmaschinen (Pressen, Werkzeuge),
- Verarbeitungsbedingungen (Temperatur, Druck, Preßdauer),
- kunststoffgerechte Gestaltung der Preßteile (Neigung der Flächen, Wanddicken, Abrundungen, Versteifungen u. a. m)[551].

Tab. 1.96 gibt einen Überblick über einige Anwendungen duroplastischer Preßmassen.

4. Dekorative Schichtstoffplatten* (dks-Platten)

Schichtstoffplatten (Dekorlaminate) sind Platten (Stärke 0,5 bis 1,6 mm) mit einer harten, abriebfesten Oberfläche, die beständig ist gegenüber den meisten Haushaltschemikalien und sich leicht reinhalten läßt.
Über die in Westeuropa produzierten dekorativen Schichtstoffplatten (Millionen m²) gibt Tab. 1.97[552] Aufschluß.

4.1 Herstellung

Schichtstoffplatten hoher Qualität werden hergestellt durch Verpressen mehrerer beharzter Papierlagen (s. Abb. 1.81), z. B.:

1. Overlaypapier: gebleichtes α-Zellulosepapier mit niedrigem Flächengewicht (meist 18–40 g/m²), ungefüllt, hoher MF-Harzgehalt (ca. 66%), transparent (selten bedruckt). Schützt nach der Aushärtung die 2. Schicht vor vorzeitigem Abrieb und Kratzern.
2. Dekorpapier: hoch gefüllt, Flächengewicht ca. 180 g/m², eingefärbt (*uni*) oder bedruckt, MF-Anteil (z. B. 50%) geringer als bei 1.
3. Barriere-Papier: gefüllt, 80–120 g/m², mit MF- oder MF/UF-Harz imprägniert, weiß, verhindert das Durchscheinen der braunen Kernlagen 4.
4. Mehrere (3–8) Kernpapiere je nach Dicke der Schichtpreßstoffplatte: hellbraunes Natronkraftpapier (150 g/m²) getränkt mit Phenol-Kresolharz (Harzgehalt ca. 33%).
5. Ausgleichspapier: mit MF- oder MF/UF-Harz imprägniert. Soll das Verziehen und Werfen der Platte in feuchter oder warmer Umgebung verhindern (*Gegenzug*).

Für die Schichten 1 und 2 verwendet man MF-Harze wegen ihrer Härte (Abriebfestigkeit),

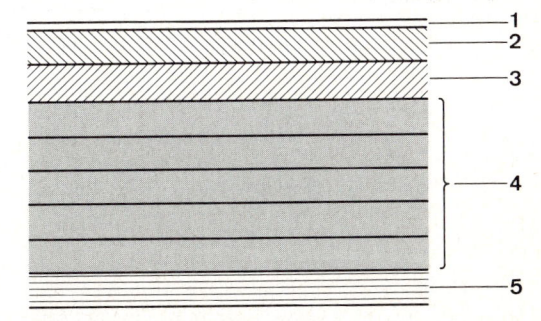

Abb. 1.81 Aufbau einer dekorativen Schichtpreßstoffplatte (1–5 s. Text)

---

* Schichtpreßstoffe mit Glasfasern oder Kohlenstoffasern werden im Kapitel Verbundwerkstoffe behandelt

Klarheit und Fleckenunempfindlichkeit (*stain resistance*) und wegen ihrer Lichtbeständigkeit; die billigeren rotbraunen Phenolharze werden für den Kern 4 verwendet.

Die Produktion von Schichtpreßstoffplatten erfordert fünf Stufen:

1. Die Herstellung der erforderlichen Harze (MF und PF, eventuell zusätzlich MF/UF).
2. Imprägnieren der Papierbahnen und Trocknen.
3. Aufbau der zu verpressenden Papierbahnen in der richtigen Anzahl und Reihenfolge (Abb. 1.81).
4. Verpressen in Mehretagenpressen zwischen hochglanzverchromten Blechen.
5. Fertigstellen (Finishing) der Platten, Besäumen, Schleifen der Rückseiten.

Man kann die Produzenten von Schichtpreßstoffplatten in drei Gruppen einteilen – je nach dem Grad ihrer Rückwärtsintegration:

a) Die imprägnierten Papierbahnen werden bezogen und im Betrieb verpreßt (Stufe 3 bis 5).
b) Die erforderlichen Harze werden vom Harzlieferanten zugekauft, die Stufen 2 bis 5 mit eigenen Anlagen durchgeführt.
c) Alle 5 Stufen – von der Harzherstellung bis zum Fertigstellen der Dekorplatten – werden im eigenen Betrieb durchgeführt.

1. Die Harzherstellung ist auf S. 102 beschrieben. Selbst hergestellte MF-Harze werden direkt in wäßriger Lösung, wie sie im Harzkessel anfallen, weiterverarbeitet. Zugekaufte MF-Harze werden entweder als Harzlösung vom Hersteller bezogen oder als sprühgetrocknetes Pulver, aus dem die Imprägnierlösung durch Auflösen in Wasser hergestellt wird. Für nachformbare (*postforming*) Schichtstoffplatten werden plastifizierte MF-Harze benötigt (Modifizierungsmittel sind z. B. Polyole, *p*-Toluolsulfonsäureamid oder Caprolactam).
2. Imprägnieren (Lackieren) und Trocknen: Dem MF-Harz können Härter und Modifizierungsmittel zugesetzt werden, um die spätere Härtung zu beschleunigen oder sogenannte nachverformbare (*postforming*)-Laminate für gekrümmte Flächen herzustellen.

Um eine gute Durchtränkung mit der Harzlösung zu erreichen, verwendet man Papiere mit guter Saugfähigkeit (d. h. ohne Leimungsmittel). Diese Papiere sind naßfest ausgerüstet (durch Zugabe von Naßfestmitteln bei der Papierherstellung).

Das Trocknen erfolgt in einem Trockenkanal von 20 bis 30 m Länge (Temperatur in den einzelnen Zonen zwischen 90 bis 150 °C), wobei die Warenbahn berührungsfrei auf einem Luftkissen schwebt. Vor dem Aufrollen oder Schneiden wird das imprägnierte Material gekühlt, damit die einzelnen Schichten nicht zusammenkleben. Während der Beharzung werden laufend Harzgehalt (an verschiedenen Stellen der Bahn), flüchtige Anteile (*Restfeuchte*) und Fließvermögen überprüft.

In Spezialfällen ist eine Doppelimprägnierung von Vorteil: auf zwei hintereinandergeschalteten Imprägniermaschinen wird die Warenbahn nach der Tauchtränkung im 1. Trockenkanal getrocknet, dann im 2. Imprägnierwerk ein- oder beidseitig beharzt und anschließend in der 2. Trockenpartie auf die gewünschte Restfeuchte getrocknet.

4.2 Pressen

Die in richtiger Reihenfolge übereinander geschichteten beharzten Papiere werden mittels einer Spezialvorrichtung in Mehretagenpressen eingeschoben und dort unter Hitze (Temperatur der Heizplatten 130 bis 170 °C) und Druck (8 bis 10 N/mm^2) ausgehärtet. Die Preßbleche sind meist hartverchromte Messing- oder Stahlplatten.

Bei jedem Preßzyklus wird die Presse aufgeheizt und vor dem Öffnen wieder abgekühlt. Durch genügend langsames Abkühlen unter Druck erhält man verzugsfreie Schichtstoffplatten.

Eine Pressung dauert (einschließlich Aufheizen und Rückkühlen) zwischen 20 und 100 Minuten. Es gibt Pressen mit zum Teil über 36 Etagen mit Preßkräften bis ca. 200 MN, wobei je Etage meist 10 bis 14 Platten hergestellt werden. Beim Aufheizen erreichen die äußersten Laminate eines Preßpakets schneller die Höchsttemperatur als diejenigen in der Mitte; dafür bleiben beim Abkühlen die inneren Laminate länger heiß, so daß die Temperaturkurven der einzelnen Laminate zwar zeitlich verschoben, aber sonst weitgehend ähnlich sind (s. Abb. 1.82). Das Aufheizen der Etagenpressen erfolgt meist durch Heißwasser oder Hochdruckdampf, wobei das Heizmedium durch Bohrungen in den Stahlplatten geleitet wird, deren richtige Bemessung und Anordnung für eine gleichmäßige Temperaturverteilung wichtig ist. Durch diese Bohrungen kann Kühlwasser geleitet werden, um das Abkühlen zu beschleunigen.

4.3 Eigenschaften und Anwendung, Spezialprodukte

Dekorlaminate gibt es in verschiedenen Ausführungen: von matt bis hochglänzend, in Uni-Farben oder mit verschiedenartigen Mustern (z. B. Holzdessin); Spezialtypen können nachverformt werden (*postforming*) zum Abdecken gekrümmter Oberflächen; andere sind feuerhemmend oder besonders abriebfest oder enthalten einen Aluminiumkern.

Schichtpreßstoffplatten können auf Sperrholz,

Abb. 1.82 Preßzyklus für Hochdruckschichtpreßstoffe (12 Stück je Etage). Temperaturverlauf im Preßpaket

— · — Heizplatte Oberfläche
——— Laminate 1 und 12
– – – Laminate 4 und 9
------ Preßpaket Mitte (Laminate 6 und 7)

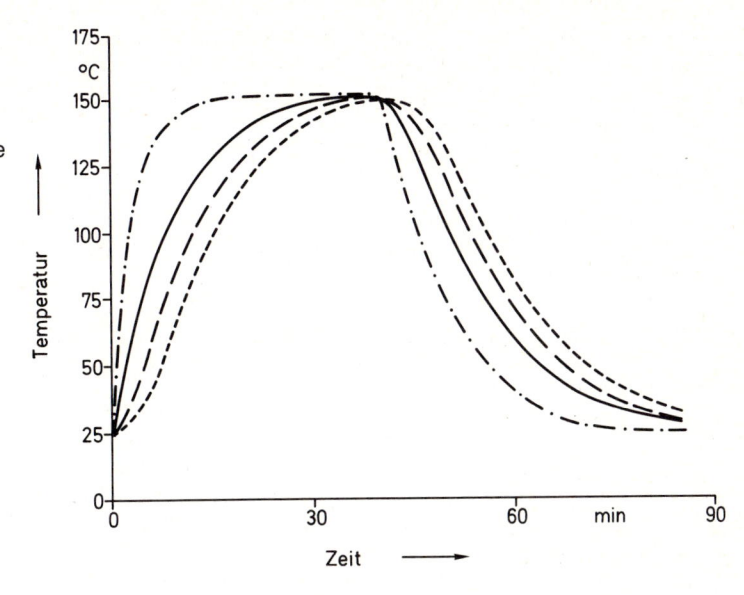

Faserplatten, Tischlerplatten, Spanplatten oder Metalle aufgeklebt werden. Daneben gibt es auch beschichtete Platten, die direkt durch Verpressen mehrerer beharzter Papiere mit einer Trägerplatte (Spanplatte, Hartfaserplatte) hergestellt werden. Eine derartige Platte hoher Qualität hat folgenden Aufbau:

Overlaypapier	MF-Harz
Dekorpapier	MF/UF
Kernpapier	PF
Klebefolie	PF
Trägerplatte	
Klebefolie	PF
Kernpapier	PF
Dekorpapier	MF/UF
Overlaypapier	MF

Billige Sorten sind beidseitig nur mit Dekor- und Kernmaterial beschichtet.

Beim Beschichten der Platten muß der Preßdruck dem Trägermaterial angepaßt werden (statt 8–10 N/mm² nur 1,5–2 N/mm² bei Spanplatten, 3–5 N/mm² bei Hartfaserplatten).
Nichtdekorativen Zwecken dienen Hartpapiere (Kurzzeichen Hp), die aus Papier und härtbaren Kunstharzen (meist Resole) – ähnlich wie die dekorativen Schichtstoffplatten – hergestellt und für Platten, Rohre und Profile eingesetzt werden. Hartpapier wird besonders in der Bauindustrie und in der Elektroindustrie (z. B. in der Nachrichtentechnik) verwendet. Kupferkaschiertes Hartpapier (CuHp) dient zur Herstellung gedruckter Schaltungen für den Rundfunk, für die Fernseh- und Phonoindustrie, in der Fernmeldetechnik und für elektrische Geräte. Für höherwertige gedruckte Schaltungen sind Epoxidharze, in einigen Fällen auch SI- und PI-Harze als Bindemittel erforderlich[553].

Speziell für die **Direktbeschichtung von Spanplatten** mit MF-Harzfilmen wurde das Schnellpreß- oder Kurztaktverfahren ohne Rückkühlung geschaffen. Dafür sind schnellhärtende flexibilisierte Spezialharze erforderlich, der Harzgehalt beim Imprägnieren ist höher einzustellen (z. B. im Overlay 75–78% statt 65–70% für Hochdruckschichtpreßstoffe, 50–52% im Dekorpapier statt 46–48%, 41–45% in den Kernpapieren statt 32–35%). Die Preßzyklen sind äußerst kurz (z. B. 2 Minuten), wobei mit Einetagenpressen gearbeitet wird, deren Heizplatten immer auf Preßtemperatur gehalten werden. Mit neuen Pressen, die die drucklose Kontaktzeit des MF-Films auf den heißen Preßblechen vermeiden oder verkürzen, und durch schnellhärtende MF-Systeme sind heute Standzeiten von 25 bis 35 Sekunden möglich, was einem Ausstoß von 50 bis 70 Platten pro Stunde entspricht.

Die Hochdrucklaminate bzw. beschichteten Faser- oder Spanplatten müssen Anforderungen erfüllen, die in verschiedenen Normen festgehalten sind[554].
Neu neben der dks-Platte und der beschichteten Spanplatte ist die Entwicklung von sogenannten Dünnfolien (Finish- oder Fertigfolien): Dekorpapiere von 40 bis 100 g/m² Rohgewicht werden mit preisgünstigen Harzen (vorwiegend UF-Harze) imprägniert und mit einem farblosen Deckstrich (meist wasserverdünnbare teilver-

etherte MF-Harze) versehen. Dadurch entfällt beim Verarbeiten das bisher erforderliche Lackieren der mit Grundierfolie beschichteten Möbelteile[556].

Über die Hauptabnehmer für dks s. Tab. 1.98.

Vorzüge der dks-Platten sind vor allem:

– gute Kratz- und Abriebfestigkeit
– hohe Wärmebeständigkeit
– gute Lichtechtheit
– reiche Möglichkeiten der Dekorwahl
– ausgezeichnete Beständigkeit gegen Getränke, Haushaltchemikalien und Lösungsmittel

Aussichtsreich scheinen auch die sogenannten Melamin-Endloslaminate, das sind auf Doppelbandanlagen[557] kontinuierlich hergestellte dekorative Schichtstoffe.

Derartige Bahnen können in einer Dicke zwischen 0,2 und 1,2 mm und einer Breite von 65 cm, 1,30 m oder 1,55 m gefertigt werden. Ähnlich wie bei der direkten Beschichtung von Spanplatten nach dem Kurztaktverfahren sind speziell modifizierte MF-Harze erforderlich.

Über ihre Verarbeitungseigenschaften informiert Tab. 1.99 – im Vergleich zu Systemen für die Kurztaktverpressung.

Tab. 1.98 Anteil der Hauptabnehmergruppen am Verbrauch dekorativer Hochdruckschichtstoffplatten (in %)[555]

	Bundesrepublik Deutschland		Europa*	
	1979	1982	1979	1982
Küchenmöbel	54,0	48,0	33,0	31,0
andere Wohnmöbel	5,0	5,0	7,0	6,0
Möbel und Einrichtungen für gewerblichen und öffentlichen Bedarf	20,0	26,0	34,0	35,0
Innenausbau	15,0	15,0	16,0	17,0
Fahrzeugbau	4,0	4,0	6,0	6,0
Sonstige	3,0	2,0	4,0	5,0

* Durchschnittswerte aus zehn Ländern

Tab. 1.99 Verarbeitungseigenschaften[558]

	Kurztaktbeschichtung in Einetagenpressen	Endloslaminate, Doppelbandanlage	
		Praxiswerte	Auslegung der Presse
Preßdruck	18–28 bar	12–15 bar	3–20 bar
Temperatur	130–160 °C	150–170 °C	200 °C
Preßzeit	30–100 s	18–30 s	6–60 s
Durchlaufgeschw.		4–6 m/min	2–20 m/min

5. Thermoplastische Extrusionsmassen

Nach DIN 16 700 (Sept. 1967) wurden Formmassen, bei denen die plastifizierte Masse durch ein Profilwerkzeug ins Freie gepreßt wird, als Strangpreßmassen, die dafür verwendeten Maschinen als Schnecken- und Kolbenstrangpressen bezeichnet. Heute hat sich jedoch auch im deutschen Sprachraum der englische Ausdruck Extruder (s. Kap. 3, Bd. 2) eingebürgert, weshalb in diesem Abschnitt die Bezeichnung Extrusionsmassen statt des kaum mehr gebräuchlichen Wortes Strangpreßmassen bzw. des umständlicheren Ausdruckes »extrudierbare Kunststoff-Formmassen« gewählt wurde.

Schneckenextruder sind heute vorherrschend. Kolbenextruder werden nur noch für Thermoplaste extrem hoher Schmelzviskosität eingesetzt (PTFE) und – in geringem Ausmaß – zur Extrusion von Duroplasten; Zwillingskolbenextruder für vernetzte PE-Rohre.

Vorwiegend im Einsatz stehen einwellige Schnecken mit einem Verhältnis von wirksamer Länge zu Durchmesser $L/D = 20$–30*; für thermisch weniger beständige Extrusionsmassen (z. B. PVC-hart) und für schwierige Homogenisierungsaufgaben (z. B. Granulaterzeugung aus pulverförmigen Massen mit gleichzeitigem Einfärben) werden Doppelschnecken (L/D zwischen 12 und 16) verwendet. (Kennwerte von Produktionsextrudern s. Tab. 1.100)

Wegen des kontinuierlichen Ablaufs ist das Extrudieren ein sehr wirtschaftliches Verfahren. Unter allen Verarbeitungsverfahren für die Standard-Thermoplaste nimmt das Extrudieren dem Durchsatz nach den wichtigsten Platz ein. Aus Tab. 1.101 geht die wirtschaftliche Bedeutung einzelner Extrusionsmassen hervor.

Die Daten der Tab. 1.102 demonstrieren die Bedeutung der Extrusionsmassen für die jeweiligen Thermoplaste.

5.1 Herstellung

Bei der Herstellung von Extrusionsmassen aus einem bestimmten Thermoplasten sind die rel. Molekülmasse (bzw. der Schmelzindex) des poly-

---
* Im Gegensatz dazu werden Elastomere in Extrudern mit kurzen Schnecken (L/D zwischen 4 bis 12) verarbeitet.

Tab. 1.100 Kennwerte von Extrudern[559]

Extrudergröße	Schneckendurchmesser (D) (mm)	wirksame Schneckenlänge L/D	Schnecken-Drehzahl (min^{-1})	max. Ausstoß (kg · h^{-1})	Antriebsleistung (kW)
klein	20– 45	15–30	0–500	15	60
mittel	50– 90	15–30	0–400	50	300
groß	100–400	10–25	10–100	300	5000

meren Grundstoffes und die Art und Menge der Zusatzstoffe der Kunststoffsorte dem gewünschten Endprodukt (s. Tab. 1.109) und dessen eventuell erforderlichen Spezialeigenschaften (z. B. Flammschutzausrüstung, Außenbewitterungsbeständigkeit) anzupassen.

Extrusionsmassen haben häufig eine höhere rel. Molekülmasse und damit eine höhere Schmelzviskosität als Spritzgußmassen aus den gleichen Thermoplasten. Doch gibt es Produkte, die vom Rohstoffhersteller sowohl für Extrusions- wie für Spritzgußverarbeitung angeboten werden (z. B. die meisten PS-, SB- und SAN-Typen[561]). Die höhere Schmelzviskosität der Extrusionsmassen bewirkt ein besseres *Stehvermögen* nach dem Austritt aus der Düse bis zum Kalibrierwerkzeug. Höhere rel. Molekülmasse und damit höhere Schmelzviskosität ist außerdem mit besseren mechanischen Werten verbunden, jedoch mit schwierigerer Verarbeitung im Spritzguß, weshalb man dort häufig solche Typen auswählt, deren Schmelzindex gerade noch ausreicht, um eine sichere Verarbeitung mit den vorhandenen Maschinen zu gewährleisten. Über volumenmäßig bedeutende Grundstoffe für Extrusionsmassen s. Tab. 1.103.

Tab. 1.101 Extrusionsmassen in den USA (in 10^3 t)[560]

	1979	1980	1981	1982	1983
PE-LD	2484	2250	2341	2347	2517
PE-HD	459	393	491*	443*	540*
PE-LLD	68	232	339	543	691
PP	650	628	670	576	741
PVC	1619	1394	1480	1473	1673
PS	598	492	519	482	530
ABS	225	178	182	130	180
PA	30	29	35	32	38
EVA	288	222	258	293	316

* Nach dem Blasverfahren wurden 771 · 10^3 t (1981), 779 · 10^3 t (1982) und 817 · 10^3 t (1983) verarbeitet, meistens nach dem Extrusionsblasverfahren

Tab. 1.102 Anteil der Extrusionsmassen* bei Thermoplasten an den Gesamtanwendungsbereichen dieser Kunststoffe (in %)

	USA 1976	USA 1978	USA 1980
LDPE	78	80	79
HDPE	60	61	61
PP	48	47	48
PVC	56	60	68
PS + ABS	32	38	35

* Hier wurden die im Extrusionsblasverfahren verarbeiteten Thermoplaste zu den Extrusionsmassen gerechnet

Tab. 1.103 Thermoplastische Grundstoffe für Extrusionsmassen

Grundstoff	Kurzzeichen	Verarbeitungstemperatur (°C)
Polyethylen LD	LDPE	130–200
Polyethylen HD	HDPE	160–260
Polypropylen	PP	220–300
Polyvinylchlorid hart	PVC	200–220
Polyvinylchlorid weich	PVC	170–200
PVC-Copolymerisate		180–210
Standard-Polystrol	PS	170–210
Styrol-Butadien-Copol.	SB	170–220
Acrylnitril-Butadien-Styrol-Terpolymerisat	ABS	170–220
Polyamid	PA	220–300
Polycarbonat	PC	300–340
Polyacetal	POM	170–200
Polymethylmethacrylat	PMMA	160–190

Für Rohre, Profile und Platten werden höhermolekulare Typen verwendet. Tab. 1.104 demonstriert dies für das Beispiel Polypropylen:

Tab. 1.104 Schmelzindex (MFI)[1] von PP-Extrusionsmassen für bestimmte Anwendungen

Anwendungsbereich	Optimaler MFI (230/2,16)
Rohre, Profile, Platten	0,2– 1
Bändchen	2 – 6
Folien	2 –10
Tiefziehfolien	2 – 6
Beschichtungen	20 –40

Anmerkung: Für Fasern wird PP mit hohem MFI (10–20), für Spritzgußmassen PP mit mittlerem MFI (1–12) eingesetzt, wobei für technische Artikel mit hohen mechanischen Anforderungen der untere Bereich (1–2) bevorzugt wird (s. Tab. 1.22).
[1] s. S. 51

Die Art der Zusatzstoffe und ihre Menge ist ebenfalls vom Grundstoff (z. B. Antioxidantien meist unter 0,07%, bei PP aber ca. 0,4%), vom Einsatzgebiet (z. B. PP für Rohre enthält relativ viel thermischen Stabilisator, für Folien Gleitmittel und Antiblockmittel) und von den gewünschten Endeigenschaften abhängig, z. B. Flammschutzausrüstung bei PP meist aus drei Komponenten bestehend: 3 bis 10% halogenorganische – eigentliche Flammhemmer –, ca. 1% synergistisch wirkendes Antimontrioxid und ca. 0,5% eines *Säurefängers*, um den durch die Zersetzung des Flammhemmers gebildeten Halogenwasserstoff zu binden.

Für bestimmte Folien und Hohlkörper wird eine gute Transparenz verlangt, die man auf drei Arten erreichen kann:

- Die Brechzahl des Modifizierungsmittels wird so eingestellt, daß sie mit der des Grundpolymeren übereinstimmt.
- Das Modifizierungsmittel wird so fein zerteilt zugegeben, daß die Teilchengröße der Primärteilchen unter der Wellenlänge des sichtbaren Lichtes liegt.
- Bei teilkristallinen Polymeren (z. B. Polypropylen) kann die Transparenz durch entsprechende Nucleierungsmittel und durch biaxiales Recken erhöht werden.

Die Zusatzstoffe werden häufig als Konzentrate (master batches) zugegeben, die in manchen Fällen mehrere Additive enthalten; z. B. Pigment + Antistatikum + Antiblockmittel für dünne Verpackungsfolien.
Ähnlich wie bei Spritzgußmassen haben auch Extrusionsmassen mit PVC als Grundstoff relativ komplizierte Rezepturen.
Während beim Herstellen von Spritzgußteilen und Hohlkörpern aus PVC zum überwiegenden Teil verarbeitungsfertige Granulate von den Verarbeitern bezo-

Tab. 1.105 Beispiele für Richtrezepturen von Extrusionsmassen[562]

1. PVC für Trinkwasserrohre, physiologisch unbedenklich

PVC	100,0 Tle.
schwefelhaltiger Di-*n*-octylzinn- oder Methylzinn-Stabilisator	0,3–0,5 Tle.
Calciumstearat	0,6–1,0 Tle.
Paraffinwachs	0,6–0,8 Tle.
Polyethylenwachs	0,1–0,2 Tle.

2. PVC für weiße Außenprofile

PVC	100,0 Tle.
Schlagfestzusatz	6,0–12,0 Tle.
Ba/Cd-Stabilisator, pulverförmig	2,5– 3,0 Tle.
Phosphit	0,5– 0,7 Tle.
epoxidiertes Sojaöl	1,0– 1,5 Tle.
12-Hydroxystearinsäure	0,4– 0,6 Tle.
Stearylstearat	0,4– 0,6 Tle.
Antioxidans	0,1– 0,2 Tle.
Titandioxid	2,0– 4,0 Tle.
Kreide	0,0–10,0 Tle.

3. PVC für transparente Platten für Außenanwendungen

PVC	100,0 Tle.
schwefelhaltiger Butylzinn-Stabilisator	2,0–2,5 Tle.
Fettalkohol	0,5–0,8 Tle.
Fettsäureester	0,5–0,8 Tle.
Polyethylenwachs	0,1–0,2 Tle.
Fließhilfsmittel	1,0–2,0 Tle.
UV-Absorber (Benztriazol-Typ)	0,3–0,5 Tle.

4. PVC für Mineralwasser-Flaschen

PVC	100,0 Tle.
epoxidiertes Sojaöl	3,0 –5,0 Tle.
Calcium/Zink-Stabilisator	0,8 Tle.
metallfreier Stabilisator	0,2 –0,4 Tle.
Glycerinester	0,5 –0,8 Tle.
Fettalkohol	0,3 –0,5 Tle.
Polyethylenwachs	0,05–0,1 Tle.
Fließhilfe	0,5 Tle.
Modifizierungsmittel	6,0 –8,0 Tle.

5. PP für Rohre

PP-Homopolymer MFI 0,3 g/10 min	100,0 Tle.
DSTDP, Antioxidans (Distearylthiodipropionat)	0,40 Tle.
Irganox 1010, Antioxidans	0,15 Tle.
BHT (Butylhydroxytoluol), Antioxidans, 2,6-Ditertiär-butyl-4-methylphenol	0,0075 Tle.
Calciumstearat	0,10 Tle.

Tab. 1.106 Typische Betriebsdaten für das Extrudieren von Kunststoffen[563]

Material	Extrudiertes Produkt bzw. Verarbeitungsverfahren	Temperaturen (°C)* Zylinder-Zonen 1	2	3	4	Kopf	Düse	Massendrücke (N/mm^2)
LDPE*	Rohre, Hohlkörper	125	125	130	130	130	135	8–15
	Blasfolien	125	135	135	145	140	140	10–17
	Flachfolien	160	170	185	200	200	200	15–25
	Beschichtung von Trägerbahnen	230	290	300	325	325	340	25–30
	Drahtmäntel	160	210	230	240	230	235	5–35
	Monofile, Fäden	160	210	230	240	230	240	25–35
HDPE	Rohre, Hohlkörper	140	160	165	165	165	170	10–17
	Tafeln	220	190	170	165	165	170	10–17
	Blasfolien	140	160	170	180	180	185	15–20
	Drahtmäntel	200	210	240	250	240	245	25–40
	Monofile, Fäden	200	210	240	250	240	250	25–40
PP	Rohre	180	200	215	225	225	235	15–20
	Flachfolien	190	220	245	265	265	265	20–30
	Monofile, Fäden	200	230	250	270	270	270	30–40
Hart-PVC-Pulvermischung	Compoundieren	185	175	165	165	160	160	8–15
	Rohre, Profile	190	180	170	165	170	180	10–20
Hart-PVC-Granulat	Rohre, Tafeln, Profile	155	165	175	190	180	185	10–20
Weich-PVC-Pulvermischung	Compoundieren und ggfs. Granulieren	140	150	150	160	155	155	5–10
		170	160	155	150	155	155	5–10
	Drahtmäntel	210	185	175	155	180	190	15–25
Weich-PVC-Granulat	Schläuche, Profile	180	170	160	150	160	160	6–12
	Kabelmäntel	200	180	170	150	175	185	12–25
	Drahtmäntel	200	180	170	150	180	190	15–25
SB	Tafeln	175	185	200	205	200	210	15–25
	Monofile, Borsten	175	220	220	230	230	240	25–30
ABS	Rohre	175	195	205	205	200	210	15–20
PMMA	Tafeln	160	165	170	170	170	180	5–10
PA 6	Schläuche	275	255	235	225	225	225	15–25
	Drahtmäntel	260	270	280	290	290	300	25–30
	Monofile, Fäden	260	275	290	300	300	305	27–32
POM	Rohre, Rundstäbe	170	190	205	200	200	200	4–8

* Die Temperaturen gelten für europäische Produkte, für US-Produkte sind die Temperaturen um 20–40 °C höher einzustellen

gen werden, wird auf dem Extruder- und Kalandergebiet meist Pulver eingesetzt; in speziellen Aufbereitungsanlagen werden die Mischungen hergestellt. Beispiele für Rezepturen, auf die Applikation abgestellt, gibt Tab. 1.105 wieder.

5.2 Verarbeitung

Die meisten Extrusionsmassen werden in Schneckenextrudern verarbeitet. Scher- und temperaturempfindliche Kunststoffe wie PVC-hart oder einige Fluorkunststoffe werden bei niedrigen Drehzahlen mit vorwiegend äußerer Beheizung meist in Doppelschneckenextrudern

Tab. 1.107 Verarbeitungsschwierigkeiten beim Extrudieren von PS und SB und Abhilfemaßnahmen[565]

Schwierigkeit / Fehler → Abhilfemaßnahme ↓	Längsmarkierungen	Quermarkierungen	Oberfläche unruhig	Oberfläche matt	Oberfläche schuppig bzw. narbig	matte Stellen bzw. Streifen	Bläschen im Tafelinnern	Verwerfungen	Massenwülste vor Walze	Durchhängen vor Walze	Dickentoleranz in Tafelbreite zu groß	Dickentoleranz in Extrusionsrichtung zu groß	zu große Schrumpfwerte
Zylindertemperatur			H	H									
Temperatur der Einfüllzone		T											
Düsentemperatur			H	H	T		T						
Gleichmäßige Beheizung der Düse überprüfen						X					X		
Walzentemperatur		T	H	H			T	X					
Schneckendrehzahl		T	T	T				HT	T				
Walzengeschwindigkeit		H							H	H		H	
Abzugsgeschwindigkeit		HT								H		H	T
Walzenspalt		H	T						H			H	H
Anpreßdruck der Abzugswalzen													
Staubalken regulieren						X		X	X		X		
Breitschlitzdüse reinigen/ Lippenspalt polieren	X												
längere Düsenlippen verwenden			X	X				X			X		
Siebpaket erneuern	X												
Drosselventil optimal einstellen		X	X	X			X						
Walzenoberfläche auf Beschädigung prüfen					X	X						X	
Material vortrocknen	X			X	X		X						
mit Vakuumentgasung arbeiten	X			X	X		X						

H – erhöhen/vergrößern, T – vermindern, X – sonstige Abhilfemaßnahmen

verformt; für PVC mit erhöhter Schlagzähigkeit, das leichter fließt, sowie für PVC-weich verwendet man Einschneckenextruder.
Beim Extrudieren von Thermoplasten sind vier Phasen zu unterscheiden:

1. Transportieren der Extrusionsmasse in das Innere des Zylinders (Einziehen)
2. Erwärmen, Verdichten und Schmelzen (= Plastifizieren, Homogenisieren) der Masse
3. Transport der Schmelze durch die Düse
4. Abkühlen und Abziehen des Extrudates

In manchen Fällen wird das noch warme Extrudat sofort weiterverarbeitet, z. B. im Inline-Verfahren, einem Warmverformen von Folien direkt aus der Extrusionswärme, z. B. bei PS und SB.
Die für die Verarbeitung von Extrusionsmassen für spezielle Anwendungen erforderlichen Werkzeuge sind in Kap. 3, Bd. 2, S. 134 ff beschrieben: Werkzeuge zur Herstellung von Rohren, Profilen, Flachfolien und Tafeln, Blasfolien, Werkzeuge zum Ummanteln, z. B. von Kabeln.
Die Wahl der Temperaturen in den Zylinderzonen, im Kopf und in der Düse richtet sich

– nach dem zu verarbeitenden Kunststoff, z. B. besonders niedrig bei LDPE, höher bei PVC, HDPE und PP, besonders hoch bei PA,

Tab. 1.108 Durchlässigkeit q von Folien aus verschiedenen Kunststoffen (bestimmt nach DIN 53 122 bzw. DIN 53 380)

Kunststoff-Sorte	Temperatur (°C)	Foliendicke (μm)	Wasserdampf (g/m^2·d)	N_2	Luft	O_2	CO_2	H_2
				(cm^3/m^2·d·bar)				
LDPE	23	100	1	700	1100	2000	10 000	8000
HDPE (ρ = 0,95 g/cm^3, ungereckt)	25	40	0,9	525	754	1890	7150	6000
HDPE (ρ = 0,95 g/cm^3, gereckt)	25	40	1,0	430	680	1210	5900	5000
PP (ungereckt)	25	40	2,1	430	700	1900	6100	15700
PP (gereckt)	25	40	0,81	200	350	1000	3300	6700
PVC-hart (unger.)	20	40	7,6	12	28	87	200	–
PVC-hart (gereckt)	20	40	4,4	13	13	43	110	–
PVC-weich	20	40	20	350	550	1500	8500	–
PS (gereckt)	25	50	14,0	27	80	235	800	1260
PA 6	25	25	80/110	14	–	40	200	1500
PA 66	25	25	15/30	11	–	80	140	–
PA 11	25	25	1,5/4	50	–	540	2400	5000
PA 12	25	25	0,35	200/280	–	800/1400	2600/5300	–
PC	23	25	4	680	–	4000	14500	22000
POM	20	40	2,5	10	16	50	96	420
PETP (gereckt)	23	25	0,6	9/15	–	80/110	200/340	1500
PSU	23	25	6	630	–	3600	15000	28000
E/TFE-Copolymer	23	25	0,6	470	–	1560	3800	–
E/CTFE-Copolymer	23	25	9,0	150	–	39	1700	–
PVF	23	25	50	3,8	–	4,7	170	900

d: Formelzeichen für 24 Stunden, d. h. einen Tag

– nach den herzustellenden Artikeln, Zunahme der Temperatur in der Reihenfolge: Rohre und Schläuche < Blasfolien < Flachfolien < Kabel- und Drahtmäntel < Monofile, Fäden ≪ Beschichtungen von Trägerbahnen.

Die bei diesen Temperaturen anzuwendenden Drücke hängen ebenfalls sowohl vom Thermoplast (PVC < LDPE < HDPE < PP < PA 6) als auch vom Verarbeitungszweck (Rohre, Profile, Hohlkörper, Tafeln < Blasfolien < Flachfolien < Beschichtungen von Trägerbahnen < Kabel- und Drahtmäntel < Monofils) ab.

Tab. 1.106 gibt typische Betriebsdaten für die Verarbeitung von Extrusionsmassen, die man für die einzelnen Produkte den Verarbeitungsrichtlinien der Lieferanten entnehmen kann.

Zur Produktion von Schaumstoffen nach dem Extrusionsverfahren (Direktbegasungsverfahren) werden die meist physikalische Treibmittel enthaltenden Extrusionsmassen direkt zu geschäumten Platten, Folien, Profilen oder Partikeln extrudiert. Das Aufschäumen der Masse erfolgt unmittelbar nach dem Verlassen der Düse.

Durch das TSE-Verfahren (Thermoplast-Schaum-Extrusionsverfahren), bei dem meist chemische Treibmittel eingesetzt werden, kann man Strukturschaumstoffe herstellen. Die kompakte Randzone (s. Abschnitt Schaumstoffe) wird durch entsprechende Kühlung der Düsenwandung erzielt.

Polytetrafluorethylen (PTFE) wird nach speziellen Verfahren verarbeitet:

a) Pulverpastenextrusion: entsprechende Pulver werden zunächst in der Kälte mit 20 bis 25% eines Kohlenwasserstoffes (z. B. Benzin) vermischt. Aus den feuchten Pulvern stellt man Vorformen her, die in einem Kolbenextruder bei Raumtemperatur zu Profilen verarbeitet werden, die anschließend getrocknet und gesintert (bei 360 bis 380°C) werden[564].

b) Ram-Extrusion (ein Preß-Sinterverfahren): eine bestimmte PTFE-Pulvermenge wird in einem Extrusionsrohr bzw. -profil mit einem Stempel verdichtet und bei 380 bis 400°C gesintert. Die einzelnen Dosierchargen verschmelzen im Extrusionsrohr.

Tab. 1.107 gibt Hinweise für die Überwindung von Verarbeitungsschwierigkeiten bei Extrusionsmassen auf Basis von PS und SB[565].

5.3 Eigenschaften von Artikeln aus thermoplastischen Extrusionsmassen

Je nach dem gewählten Anwendungsgebiet (z. B. Rohre, Folien oder Monofilamente) sind bestimmte Eigenschaftskombinationen von besonderer Bedeutung.

Als Beispiel gibt Tab. 1.108 einen Überblick über die Durchlässigkeit von Folien für Wasserdampf, Luft und einige Gase.

Tab. 1.109 Wichtige Anwendungsgebiete für Extrusionsmassen

Kunststoff-Sorte	Rohre	Schläuche	Profile	Borsten, Fäden	Ummantelungen von Kabeln und Drähten	Folien	Platten, Schalen, Tafeln	Hohlkörper
LDPE	X				X	X	X	X
HDPE	X			X	X	X	X	X
PP	X			X	X	X	X	X
PB	X					X	X	
PVC – hart	X		X	X		X	X	X
PVC – weich		X	X		X	X	X	(X)
PS						X		X
SB	X		X	X			X	X
ABS	X		X				X	
PMMA	X		X				X	
PA	X	X	X	X	X	X		X
PC	X		X				X	X
POM	X		X					X
PETP				X	X	X	X	X
PBTP	X		X	X	X	X		
Fluorkunststoffe	X	X		X				

5.4 Anwendungen

Tab. 1.109 gibt einen zusammenfassenden Überblick darüber, welche Thermoplaste vorwiegend mit Hilfe des Extruders zu bestimmten Artikeln bzw. Produkten verarbeitet werden.

Besonders vielfältige Einsatzmöglichkeiten haben Folien gefunden: auf dem Verpackungssektor (Schwergutsäcke, Tragetaschen, Müllsäcke), für die Landwirtschaft (z. B. Isolierfolien für Gewächshäuser), Luftpolsterfolien, Folien für Hygiene-Anwendungen u. a. m.[566]

6. Kalandermassen*

Thermoplaste, die einen ausgeprägten plastischen Bereich mit hoher Schmelzviskosität (ca. 10^2 bis 10^3 Pa·s) besitzen, können mit Kalandern verarbeitet werden. Unter ihnen nimmt das PVC eine beherrschende Stellung ein. Andere Kunststoffe, die man auf dem Kalander verarbeiten kann, sind

- Copolymere des Vinylchlorids mit Vinylacetat,
- schlagzähes PS und ABS,
- mit Gleitmitteln ausgerüstetes PE, PP, Polybutylen, chloriertes PE,
- Ionomere und
- Celluloseester sowie
- Mischungen aus Natur- und Synthesekautschuken.

Teilkristalline Kunststoffe mit engem Erweichungsbereich (z. B. PE und PP) sind schwierig, Kunststoffe mit niedriger Schmelzviskosität (z. B. PA) kaum kalandrierbar.

Der Kalander spielt für PVC eine bedeutendere Rolle in der Verarbeitung als z. B. die Spritzgießmaschine.

PVC wird auf dem Kalander zu Folien (meist 70 bis 200 μm, gelegentlich bis 500 μm) und zu Fußbodenbelägen verarbeitet. Dickere Folien (z. B. 1 bis 4 mm) werden üblicherweise im Extruder mit Breitschlitzdüse hergestellt. Während ein Kalander mit 4 oder 5 Walzen derzeit 3 bis 4 Mill. DM (mit Zusatzanlagen 8 bis 10 Mill. DM) kostet, beträgt der Preis für Extruder mit Breitschlitzdüsen ca. 0,5 Mill DM (für eine Extruderstraße ca. 1 Mill. DM). Kalander haben jedoch eine wesentlich höhere Durchsatzleistung und ermöglichen eine direkte Nachbehandlung der Folien, so daß sie trotz des hohen Investitionsaufwandes wirtschaftlich sind.

Heute werden in Deutschland mehr als 90% der PVC-Folien auf Kalandern erzeugt, der Rest mit Extrudern. Unter den Kalander herstellenden Maschinenbaufirmen nehmen die deutschen (z. B. Berstorff, Krauss Maffei, Kleinewefers) eine führende Rolle ein.

Am gebräuchlichsten sind Vierwalzenkalander, insbesondere auch im mittleren Größenbereich. Großkalander dienen meist Spezialfertigungen und weisen oft nur 2 oder 3, aber auch 5 Walzen auf. Für die Unterscheidung der Kalandergrößen und ihre Charakterisierung sind in Tab. 1.110 die wichtigsten Kennwerte, unabhängig von der Walzenanzahl, zusammengestellt[567].

6.1 Formulierung

Für die PVC-hart-Verarbeitung auf dem Kalander muß die Masse bestimmte Anforderungen hinsichtlich des polymeren Grundstoffes und der Zusatzstoffe erfüllen:

- Im großen und ganzen gilt die Regel, daß man für Spritzgußmassen PVC mit niedrigem K-Wert (um 58) verwendet, für die Extrusion solche mit hohem K-Wert (um 60 für Folien, 65 für Profile, um 68 für Rohre), während man für den Kalander einen K-Wert von 60 (für weichgemachtes PVC 70)* bevorzugt (s. Tab. 1.25). Um optimale mechanische Eigen-

---

* Der Ausdruck *Kalandermassen* wird seiner Kürze wegen der Bezeichnung *Kunststoff-Formmassen zum Kalandrieren* vorgezogen.

* Eine »Ausnahme« zu dieser Regel machen Extrusionsmassen für die Hohlkörperherstellung nach dem Extrusionsblasverfahren, wofür man PVC mit besonders niedrigem K-Wert (um 57) einsetzen muß.

Tab. 1.110 Kennwerte für Kalander[567]

Kalandergröße	Walzen-durchmesser (mm)	Arbeitsbreite (mm)	maximaler Preßdruck (N/mm^2)	Antriebsleistung pro Walze (kW)	Kalandergewicht pro Walze (t)
klein	100– 300	150– 700	3–100	2– 9	0,2–2
mittel	350– 800	700–2500	10–120	10–20	3–30
groß	800–2000	1300–2700	10–200	15–25	10–50

Tab. 1.111 PVC-Rezepturen, bezogen auf 100 Teile S-PVC (oder auch M-PVC für Rezeptur 1, 2 u. 6)[562]

Rezeptur*	1	2	3	4	5	6	7A	7B
PVC K-Wert (DIN)	60	60	60	65–70	70	60–65	65–70	65–70
Weichmacher	–	–	–	15–25	40–60	–	0–40	0–40
Butyl-Zinn-Stabilisator	1–1,5	–	–	–	–	–	–	1–2
Schwefelhaltiger Di-n-octyl-Stabilisator	–	1,0–1,5	–	–	–	–	–	–
Calcium/Zink-Stabilisator	–	–	1,0	–	–	–	–	–
Barium/Cadmium-Stabilisator	–	–	–	–	–	2,0–3,5	2,0–2,5	–
Ba/Cd/Zn-Stabilisator	–	–	–	1,5–3,0	1,5–2,5	–	–	–
metallfreier Stabilisator	–	–	1,0–1,5	–	–	–	–	–
epoxidiertes Sojaöl	–	–	2,0	2,0–3,0	2,0–5,0	2,0–5,0	2,0–5,0	2,0–5,0
Chelator-Costabilisator	–	0,5[1]	–	–	–	–	0,3–0,7	0,3–0,7
Antioxidans (sterisch gehindertes Phenol)	–	–	0,2	–	–	0,1–0,3	0,2–0,4	0,2–0,4
UV-Absorber (Benztriazol-Typ)	0,3–0,5[2]	–	–	0,2–0,4	0,2	–	–	–
Paraffin (Gleitmittel)	–	–	–	–	–	0,2–0,5	–	0,2–0,4
Stearinsäure (Gleitmittel)	–	–	–	–	0,2	0,2–0,5	–	–
Calciumstearat (Gleitmittel)	–	–	–	–	–	–	0,2–0,4	–
Fettsäureamid (Gleitmittel)	0,0–0,3	0,0–0,3	–	0,2–0,4	(0,2–0,6)	–	–	–
Glycerinester (Gleitmittel)	0,5–0,8	0,5–0,8	0,3–0,6	–	–	–	–	–
Montansäureester (Gleitmittel)	0,2–0,4	0,1–0,4	0,2–0,4	–	–	–	–	–
ABS oder MBS (Schlagfestzusatz)	(6–10)	(6–10)	–	(5)	–	–	50–30	50–30
Nitrilkautschuk (Schlagfestzusatz)	–	–	–	–	–	–	10	10
PMMA (Fließhilfsmittel)	1–2	1–2	2	1	–	0,5–2,0	–	–

[1] für Hochtemperatur-Anwendungen   [2] für Außeneinsatz

* Rezeptur 1: Technische Hartfolie, transparent und pigmentiert, z. B. Möbel- und Verpackungsfolie
Rezeptur 2: Hartfolie, nontox, transparent und pigmentiert, Lebensmittelverpackungsfolie
Rezeptur 3: Hartfolie, transparent und pigmentiert, Lebensmittelverpackungsfolie
Rezeptur 4: Halbhartfolie, techn., transluzent und gedeckt, z. B. Büro- und Möbelfolie
Rezeptur 5: Weichfolie, techn., transparent, lichtstabil
Rezeptur 6: Folie, innerlich weichgemacht, z. B. Abdeck- und Dichtungsfolie
Rezepturen 7A und 7B: Crash-pad-Folie

schaften zu erreichen, wählt man den K-Wert so hoch, wie es die Verarbeitbarkeit auf den vorgegebenen Maschinen gestattet.
– Die Zusatzstoffe für PVC wurden in Tab. 1.74 zusammenfassend aufgezählt. Im Gegensatz zur Verarbeitung mit dem Extruder und der Spritzgießmaschine ist für Kalandermassen nur eine relativ geringe thermische Stabilisierung erforderlich, weil sie im Kalander nur sehr kurzzeitig thermisch beansprucht werden. Bei Verwendung der Randabfälle ist entsprechend stärker zu stabilisieren.

Ein Festkleben der PVC-Schmelze an den Metallflächen wird durch Zugabe von Gleitmitteln verhindert. Innere Gleitmittel (z. B. Fettalkoholester von langen Fettsäuren – C_{14} bis C_{18}) verringern auf physikalischem Weg die Reibung der PVC-Teilchen beim Schmelzen und bei Bewegungen in der Schmelze. Sie verbessern den Massefluß.
Äußere Gleitmittel (z. B. Paraffine und Wachse wie Hoechst Wachse E oder OP) wirken an den Grenzflächen von Schmelze und Metall. Sie erleichtern die Trennung der Kalandermasse von den Kalanderwalzen.

Tab. 1.112 Richtrezepturen für PVC-Kalandermassen für Bodenbeläge

	A BaCdZn-Stabilisator	B BaCd-Stabilisator	C SnS-Stabilisator
S-PVC (K-Wert 70)	70	100	100
E-PVC (K-Wert 70)	30	–	–
Weichmacher	40–60	40–60	40–60
Stabilisator	2–5	2–5	2–3
epoxidiertes Sojaöl	1,5–2,5	1,5–2,5	0,5–1,5
Stearinsäure	0,1–0,4	0,1–0,4	–
Calciumstearat	–	–	0,5–1,0
Polyethylenwachs	–	–	0,2–0,3
Kreide	–	50–200	50–200

Einige Acrylat-Copolymerisate, die mit PVC nur teilweise verträglich sind, vermindern die Klebeneigung des PVC und verbessern das Gleitverhalten. Das ist bei sog. Kalanderschnellauftypen sehr wichtig[568]. Die einzelnen Komponenten werden im Extruder oder Mischwalzwerk compoundiert. Einige PVC-Rezepturen für die Kalanderverarbeitung geben Tab. 1.111 und 1.112.

6.2 Verarbeitung von PVC-Kalandermassen

Moderne Kalanderanlagen sind über mehrere Stockwerke gehende Komplexe, die mit Hilfe von Computern und Fernsehanlagen gesteuert und überwacht werden.
Für Hart-PVC werden meist L-Kalander, für Weich-PVC meist F-Kalander verwendet.
Bei der oben liegenden Beschickungswalze der F-Kalander lassen sich die Weichmacherdämpfe günstig absaugen. Bei den von unten beschickten L-Kalandern können herabfallende Krümel der Kalandermasse nicht auf die folgenden Walzen gelangen.
Die Kalanderwalzen werden meist mit steigender Temperatur (für Hart-PVC ca. 180 bis 205 °C) und zunehmender Umfangsgeschwindigkeit betrieben. Im ersten Spalt wird die Folie vorgeformt. Dabei bildet sich ein umlaufender Knet, der unter dem Druck der Walzen durch Ausweichen zur Seite eine Verteilung der Masse über die gesamte Walzenbreite bewirkt. Auch in den darauffolgenden – engeren – Durchgängen bildet sich wieder ein Knet und es kommt zu einer neuerlichen Durchmischung. Das Band wird von der jeweils folgenden heißeren Walze mitgenommen. Folien besserer Qualität erfordern mindestens vier Walzen (drei Walzenspalte zur Vorformung und Ausbildung beider Oberflächen).
Zur Folienherstellung verwendet man meist Walzenbreiten von 1,5 bis 3 m und erreicht Abzugsgeschwindigkeiten von 40 bis 100 m/min.
Häufig folgen auf den Kalander Druckmaschinen oder Präge-Kalander (z. B. zur Herstellung von Dekor-, Polster- und Täschner-Folien aus Weich-PVC) oder es werden mehrere Folien übereinandergeschichtet und in Etagenpressen zu Tafeln oder Blöcken verpreßt. Auf Warmformmaschinen werden Folien zu Formteilen verarbeitet.
Zur Erzeugung mechanisch besonders hochwertiger Hartfolien wird das Luvitherm-Verfahren[569, 570] angewendet, bei dem aus speziellen PVC-Typen bei mäßigen Temperaturen, aber hohem Druck, auf dem Kalander hergestellte Folien durch kurzes starkes Erhitzen vergütet werden. Das Schema von Kalanderstraßen ist in Kap. 3, Bd. 2 wiedergegeben.
Beim Kalandrieren wird das Material einer weit geringeren Scherbeanspruchung unterworfen (10–100 s^{-1}) als beim Extrudieren (10^2–10^3 s^{-1}) oder Spritzgießen (10^3–10^4 s^{-1}).

6.3 Anwendungen kalandrierter Folien

Mit dem Kalander hergestellte Folien haben meist eine Stärke zwischen 0,05 und 1 mm.
Die wichtigsten Anwendungsgebiete kalandrierter Folien sind[571]:

Hart-PVC-Folien
– Warmform-Folien für Verpackungen und Verpackungsdeckel, Warmform-Folien für Displayartikel, Verpackungsbänder (Klebebänder), Faltverpackungen
Hart- und Halbhart-PVC-Folien
– Dekorfolien (Holz- und Spanplattenbeschichtung), Büroartikel (Klarsichthüllen usw.)
Weich-PVC-Folien
– Polsterfolien, Täschnerfolien, Schweißfolien (Etuis, Abdeckungen, Büroartikel usw.), Schweißfolien für Aufblasartikel, Windelhosenfolien, Vorhangfolien (u. a. Duschvorhänge), Bauisolier- und Dachfolien, Schwimmbadauskleidungen, Tankliner, Tapetenfolien, Bodenbeläge, Automobilbau (Himmelfolien, Türverkleidung, Kofferraumauskleidungen usw.)

Folien aus ABS bzw. PVC/ABS-Mischungen
– Automobilbau (Armaturenbrett, Armlehnen usw.), Kofferschalen
Polyisobutylen-Folien
– Bauisolier- und Dachfolien

7. Beschichtungsmassen

Nach DIN 8580 versteht man unter Beschichten ein Fertigungsverfahren zum Aufbringen einer fest haftenden Schicht aus formlosem Stoff auf ein Werkstück oder eine Trägerbahn. Man kann vier Gruppen von Beschichtungsverfahren unterscheiden:

	Zustand des Beschichtungsstoffes vor der Beschichtung	Beispiele
1	gas- oder dampfförmig	Aufdampfen Metallisierung
2	flüssig, breiig oder pastenförmig	Anstreichen Streichen, Lackieren Dispersions- oder Schmelzbeschichten Gießen, Tauchen
3	ionisierter Zustand	Galvanotechnik Eloxal-Verfahren elektrophoretische Lackierung Chemiphorese
4	fester Zustand (körnig oder pulverig)	Pulverbeschichtung Flammspritzverfahren Sinterverfahren

Das Kaschieren, d.h. Aufbringen von ausgeformten flächigen Gebilden (z. B. Folien, Furniere) auf Werkstücke oder Träger rechnet man nicht zu den Beschichtungsverfahren.

Der vorliegende Abschnitt Beschichtungsmassen behandelt das Aufbringen einer Kunststoff-Schicht auf flexible Trägerbahnen aus z. B. Textilien, Papier und Pappe, Metall- und Kunststoff-Folien. Der Abschnitt Anstrichstoffe (s. S. 271) beschreibt einige andere formulierte Produkte, die zum Beschichten verwendet werden.

Durch Beschichten dieser Substrate stellt man Planenstoffe, Förderbänder, Fußbodenbeläge, Wandtapeten und Kunstleder her; Papier- und Kunststoff-Verbundstoffe werden als Verpackungspapiere verwendet.

Als Beschichtungsmassen dienen meist Thermoplaste oder – in geringerem Maße – Elastomere. Die größte Bedeutung unter den thermoplastischen Beschichtungsmassen haben die PVC-Pasten. Andere Beschichtungsrohstoffe sind Polyvinylidenchlorid (PVDC), Polystyrol (PS), Polyethylene niedriger und hoher Dichte (LDPE, HDPE), Mischungen von PVC mit Ethylenvinylacetat-Pfropfpolymerisation (EVAC/VC), Polyurethane und spezielle Elastomere.

7.1 Herstellung

Die Beschichtung von Trägerbahnen wird oft in mehreren Schritten durchgeführt, wobei für die einzelnen Schichten verschiedene Beschichtungsmassen eingesetzt werden[572]. Bei mehrschichtigem Aufbau wird jeder einzelne Pastenstrich vorgeliert (140 bis 160 °C) und eventuell geglättet, bevor der nächste Aufstrich erfolgt. Nach dem Auftragen des letzten Striches wird das Gesamtsystem ausgeliert (bei 170 bis 190 °C). Eventuell treibmittelhaltige Zwischenschichten werden erst bei diesem abschließenden Gelieren aufgeschäumt. Den Aufbau eines geschäumten Kunstleders zeigt Abb. 1.83.

Bei den PVC-Pasten unterscheidet man die am meisten eingesetzten PVC-Plastisole neben den Organosolen. Organosole enthalten im Gegensatz zu den Plastisolen organische Lösemittel, wodurch sie eine geringere Viskosität aufweisen. Die Beschichtungsmassen werden durch Einrühren von pulverförmigen PVC-Pastentypen (meist auf E-, gelegentlich auch S-PVC-Basis) und Additiven (Stabilisatoren), Pigmenten und Füllstoffen in Weichmacher hergestellt. Etwa 10% des in Deutschland verarbeiteten PVC werden im Sektor PVC-Plastisole (Pasten PVC) verarbeitet – das entspricht ca. 100 kt/Jahr. 75% davon werden nach dem Streichverfahren verarbeitet, zum größten Teil für Fußbodenbeläge[573]. Für niedrigviskose Pasten werden meist Schnellmischer (Intensivmischer) eingesetzt, wobei man darauf ach-

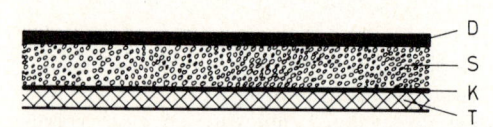

Abb. 1.83 Schnittbild durch ein PVC-Schaumkunstleder[572]

D: Deckstrich, S: Schaumstrich, K: evtl. Kaschierstrich, T: textiles Trägermaterial

Tab. 1.113 Formulierungskomponenten für PVC-Beschichtungsmassen

Komponente	Beispiele
1. PVC	– Suspensions-PVC – Emulsions-PVC – PVC-Copolymere, z. B. mit PVAC
2. (Primär)-Weichmacher	meist Phthalate von Alkoholen mit Kettenlänge C_6–C_{11} (besonders DOP = Di-2-ethylhexylphthalat), Benzylbutylphthalat; Alkylsulfonsäureester; Organische Phosphate; Epoxid-Weichmacher
3. Viskositätserniedriger	– Sekundärweichmacher, z. B. Octylfettsäureester – Verdünner, z. B. Testbenzin, Alkylbenzole – »eigentliche Viskositätserniedriger«, z. B. PMMA-Copolymerisate ($\bar{M}_w$ 1–4 · 10^5) – Extender PVC (= Filler PVC): nicht verpastbares feinkörniges PVC (nimmt bei Raumtemperatur nur wenig Weichmacher auf und reagiert mit dem Weichmacher erst bei relativ hohen Geliertemperaturen)
4. Viskositätserhöher (Verdickungsmittel)	kolloidale Kieselsäure, Aluminium- und Magnesium-Silikate, Metallseifen, PVC-Copolymere
5. Wärmestabilisatoren	Organozinn-, Cadmium/Zink-, Barium/Cadmium-, Barium/Zink-, Calcium/Zink-Stabilisatoren, Epoxide
6. Lichtschutzmittel	Benzophenone, Benztriazole
7. Haftvermittler	verbessern Haftung zwischen der Beschichtung und dem Trägermaterial
8. Pigmente	spezielle PVC-Pigmente, z. B. – anorganische: Titandioxid, Zinksulfid, Eisen-, Chromoxid, Chromate – organische: Phthalocyanine, Isoindolinon-, Chinacridon-, Bisazopigmente
9. Füllstoffe	fast immer Kreide
10. Flammschutzausrüstung	Phosphate, Brom-Verbindungen, Aluminiumoxidtrihydrat, Antimontrioxid, Molybdäntrioxid
11. Antistatika	Amine, quaternäre Ammonium-Verbindungen
12. Biozide	Fungizide Bakterizide
13. Treibmittel	fast ausschließlich Azodicarbonamid; Diphenylsulfon-3,3′-disulfohydrazid
14. Kicker	senken Zersetzungstemperatur oder erhöhen Zersetzungsgeschwindigkeit des Treibmittels: Blei-, Zink, Cadmium-Verbindungen

ten muß, daß die Temperatur nicht zu stark ansteigt, um ein Angelieren zu vermeiden. Höherviskose Pasten werden in langsam laufenden Mischern (z. B. Planetenrührwerken), neuerdings auch in speziellen schnellaufenden Misch- und Dispergiermaschinen hergestellt. Tab. 1.113 zeigt einige Beispiele für die Rezeptur.

Während man für Spritzgußmassen ein PVC mit einem K-Wert von 50 bis 60 wählt (was einem Gewichtsmittelwert der rel. Molekülmasse von 40 000 bis 62 000 entspricht), werden für die Pastenverarbeitung PVC-Typen mit einem K-Wert von 65 bis 80 (Gewichtsmittel der rel. Molekülmasse von 75 000 bis 130 000) eingesetzt. Pasten aus PVC mit niedrigem K-Wert sind *gelierfreudiger* (können also bei niedrigerer Temperatur geliert werden, somit mit geringerem Energieaufwand), andererseits jedoch weniger lagerstabil. Für das Verschäumen unter Verwendung chemischer Treibmittel (meist Azodicarbonamid) sind PVC-Typen mit niedrigem K-Wert vorteilhaft; um jedoch hohe Reißfestigkeit und Reißdehnung zu erreichen (z. B. bei Kompaktstrichen auf Kunstleder oder für Planen) sind PVC-Pasten mit höherem K-Wert günstiger.

Für Endprodukte mit hohen mechanischen Werten, guter Abriebfestigkeit und chemischer Beständigkeit wählt man Rezepturen mit geringem Weichmachergehalt; das erfordert sogenannte niedrigviskose-Pasten-PVC-Typen, also PVC-Pulver, das mit einer gegebenen Menge Weichmacher vermischt relativ niedrige Viskosität aufweist. Derartiges PVC-Pulver besteht oft aus einem Gemisch von zwei in ihrer Teilchengröße stark unterschiedlichen Primärteilchen (z. B. 0,2 μm und

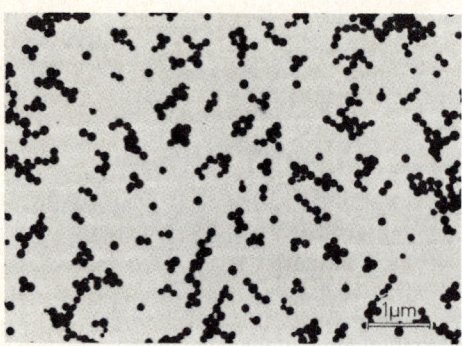

Abb. 1.84 Elektronenmikroskopische Aufnahme der Primärteilchen eines PVC-Pastentyps mit monomodaler Verteilung (links) bzw. mit bimodaler Verteilung (rechts)[573]

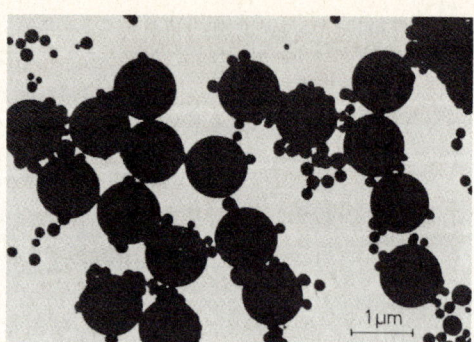

Tab. 1.114 Rezepturen für Beschichtungsmassen

1. PVC Beschichtungsmassen für Planenstoffe[562], technisch

	Grundstrich	Deckstrich*
Pasten-PVC (K-Wert 65–70)	100	100**
Weichmacher	40–80	40–80
epoxidiertes Sojaöl	2–3	2–5
Füllstoff	0–20	0–5
Barium/Cadmium/Zink-Stabilisator	1–2	2–3
oder Barium/Zink-Stabilisator	1–2	2–3
oder Dibutylzinncarboxylat-Stabilisator	–	1–1,5
Hydroxyphenylbenztriazol-Lichtschutzmittel	–	0,2–0,5

bei Verwendung synthetischer Gewebe sind im Grundstrich Isocyanat-Haftvermittler erforderlich

* transparent
** Mikrosuspensionstype

2. PVC Beschichtungsmassen für Kunstleder, kompakt bzw. geschäumt[562]

	Grundstrich kompakt technisch	geschäumt	Deckstrich transluzent
Pasten-Emulsions-PVC (K-Wert 65–70)	100	100	100*
Weichmacher	50–70	30–70	40–60
epoxidiertes Sojaöl	2–3	2–3	2–5
Füllstoff	1–20	0–30	0
Treibmittel	0	1–2	0
evtl. Hydroxyphenylbenztriazol-Lichtschutzmittel	0	0	0,2–0,5
Barium-Cadmium-Stabilisator	1,5–2	0	1,5–2
Calcium/Zink-Stabilisator	0	1–3	0

* Mikrosuspensionstyp

1 μm) – s. Abb. 1.84. Diese hinsichtlich ihrer Teilchengrößenverteilung bimodalen PVC-Typen ergeben auch lagerstabilere Pasten als solche mit monomodaler Verteilung.
Um ein Agglomerieren beim Zusatz pulverförmiger Zusatzstoffe zu vermeiden, wird die Paste häufig auf einem gekühlten Walzenstuhl abgerieben.
Je nach dem gewünschten Endprodukt sind also ganz spezielle Rezepturen zu wählen. Tab. 1.114 gibt einige Beispiele.

7.2 Verarbeitung

Die Verarbeitung der Beschichtungsmassen erfolgt in drei bzw. vier Stufen.

7.2.1 Aufbringung

Das Aufbringen der Beschichtungsmasse auf die Trägerbahn erfordert meist mehrere Auftragungen – z. B.:

Die 1. Beschichtung schafft einen günstigen Haftgrund (Haftschicht).
Die 2. Beschichtung bringt günstige Festigkeit und Weichheit (Mittelschicht).
Die 3. Schicht (Deckschicht) bewirkt das gewünschte Aussehen (Einfärbung), den geforderten Griff (z. B. trockener Griff) und eine entsprechende Verschleißfestigkeit der Oberfläche.

Je nach der Art der Auftragung unterscheidet man verschiedene Verfahren und benutzt unterschiedliche Maschinen, s. Kap. 3, Bd. 2 und Abb. 3.162 und 3.163 als mögliche Verfahrensanordnung.

7.2.2 Gelieren

Die mit PVC-Pasten beschichteten Trägerbahnen werden anschließend durch einen 10 bis 25 m langen Gelierkanal (Trockner) geführt. Die Geliertemperaturen liegen bei verschäumbarem PVC bei bis zu 200 °C, bei kompakten PVC-Strichen bei ca. 170 bis 180 °C. Drei typische Viskositäts-Temperatur-Diagramme von PVC-Pasten zeigt Abb. 1.85.
Üblicherweise wird – wie bereits erwähnt – eine Trägerbahn mit mehreren Schichten (*Strichen*) beschichtet (z. B. Haft-, Mittel-, Deckstrich). In solchen Fällen folgt jedem Auftragen eines Strichs die Gelierung, ehe der nächste Strich aufgebracht wird.

7.2.3 Kühlung

Um ein Zusammenkleben der beschichteten Bahnen zu vermeiden, werden sie vor dem Aufwickeln gekühlt, meist mit 2 bis 6 wassergekühlten Walzen.

7.2.4 (Eventuelle) Oberflächenbehandlung beschichteter Trägerbahnen

Als Lederimitation verwendete beschichtete Gewebe erhalten eine spezielle zusätzliche Oberflächenbehandlung durch Prägen (mit Hilfe von Prägewalzen) und Überfärben (Schattierung mit einer speziellen Druckfarbe im Flachdruck- oder Tiefdruckverfahren).

Spezielle PVC-beschichtete Textilbahnen werden mit einem Abschlußlack versehen, um einen angenehmen trockenen Griff der Oberfläche zu erzielen. Dieser Abschlußlack wirkt auch als Sperrschicht gegenüber dem im PVC enthaltenen Weichmacher.

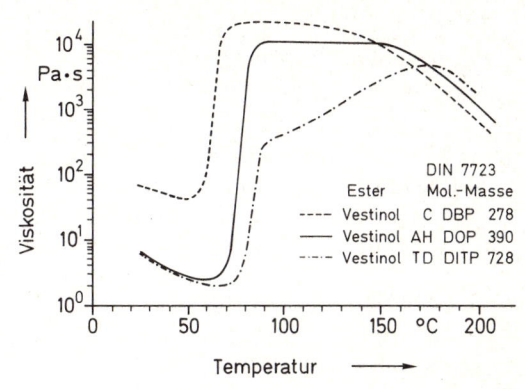

Abb. 1.85 Gelierkurven von PVC-Pasten auf Basis von Vestolit E 7031, gemessen im Mechanical Spectrometer der Fa. Rheometrics
Aufheizgeschwindigkeit $10 \, \text{K} \cdot \text{min}^{-1}$
Oszillationsfrequenz $f = 1$ Hz
Weichmacher: (1) Vestinol C (DBP), (2) Vestinol AH (DOP), (3) Vestinol TD (DITP)

7.3 Anwendungen von beschichteten Werkstoffen und Folien

– Planenstoffe meist beschichtete hochfeste Textilien aus Polyester oder Polyamidfasern, z. B. Lkw- und Waggonplanen, Traglufthallen, Großzeltdächer, flexible Behälter, Arbeitsschutzbekleidungen, Wetterlutten im Bergbau

– Fußbodenbeläge Trägermaterial früher meist Jute oder Filz, jetzt Glasfaser- oder Mineralfaservlies

– Rückseitenbeschichtung von Bodenbelägen a) kompakt
b) Schaumrücken

– Kunstrasen z. B. für Sportplätze

– Abwaschbare Teppich- und Wandbeläge	a) kompakt b) Schaumtapeten (z. B. Schlagschaum-Rückseitenbeschichtung)
– Gewebe-Kunstleder	Täschnerwaren, Sitzbezüge und Verkleidungen in Fahrzeugen, Polstermöbel, Schuhinnen- und -obermaterialien
– Förderbänder	für Industrie- und Bergbaubedarf
– Gewächshausdächer	
– Auskleidungen	von Schwimmbädern, Trinkwasserbehältern, Bewässerungskanälen
– Schläuche	
– Verpackungspapiere (Papier-Kunststoff-Verbundfolien)	aus Papier und Karton durch Extrusionsbeschichten mit LD-PE, z. B. für Milchverpackungen
– Säcke	aus im Extrusionsverfahren beschichteten Geweben

Tab. 1.115 gibt einen Überblick über übliche Kunststoffe für Papierbeschichtung[575].

Gewebekunstleder (Textilleder) sind mit Kunststoffen beschichtete Textilgewebe oder -gewirke, z. B. aus Baumwolle, Hanf, Jute oder Synthesefasern. Neben der Beschichtung durch Pasten, Dispersionen oder Lösungen wird Gewebekunstleder auch durch Aufkaschieren von Folien erzeugt. Die Beschichtung besteht häufig aus mehreren Schichten:

– Grundierung: geschmeidig, bewirkt gute Haftung der Beschichtung auf dem Substrat,
– Mittelschicht: Filmmasse enthält Bindemittel mit Füllstoffen und Farbstoffen, z. B. aufgeschäumtes PVC,
– Deckschicht (Schlußstrich): widerstandsfähig gegen Licht und Wetter; heute meist Weich-PVC oder PUR oder Copolymere von Acrylaten, Vinylchlorid, Vinylacetat, Vinylidenchlorid, Styrol; gelegentlich Polyamide.

Die Deckschicht kann mit Prägewalzen oder durch Aufrauhen oder Schleifen speziell zugerichtet werden. Poromere sind mikroporös, luft- und wasserdampfdurchlässig (atmungsaktiv). Sie enthalten als Bindemittel meist PVC oder PUR und werden hauptsächlich als Schuhoberleder verwendet.
Andere Arten von Kunstleder werden nicht durch Beschichten von Geweben oder Gewirken, sondern ähnlich wie Papier aus einem Faserbrei (Faserkunstleder) oder ohne Fasereinlagerung, meist auf Kalandern (Folienkunstleder), hergestellt.
Häufig wird zwischen Kunstleder und poromeren Materialien unterschieden: Textilien mit Beschichtungen aus geschlossenen, kompakten Filmen werden als Kunstleder im engeren Sinn, solche mit mikroporöser Struktur als poromere Materialien bezeichnet.

Tab. 1.115 Übliche Kunststoffe für Papierbeschichtung und -kaschierung[575]

Kunststoff	Dichte	Siegeltemp. (Richtwerte) (°C)	Dichtigkeit gegen				Eignung für			
			Wasserdampf	Fett	Gas	Aroma	E	D	L	K
Polyethylen	0,92	120	+	– –	– –	– –	++	– –	– –	+
Polyethylen	0,96	130	+	–	–	– –	+	– –	– –	+
Polypropylen	0,90	150	+	–	–	– –	+	– –	– –	+
Polyvinylchlorid	1,4	130	–	+	+	+	+	++	+	+
Polyvinylidenchlorid	1,7	130	++	+	++	++	– –	++	+	+
Polyvinylacetat	1,1	120	– –	+	– –	– –	– –	++	+	–
Polyacrylat	1,0	120	– –	+	– –	– –	– –	++	+	– –
Polyester	1,4	200	–	+	+	+	–	– –	– –	++
Polyamid	1,1	200	– –	+	+	+	–	– –	– –	++

++ sehr gut, + gut, – bedingt brauchbar, – – schlecht.
E Extruderbeschichtung, D Dispersionsbeschichtung, L Lackierung, K Kaschierung

8. Klebstoffe

Als Klebstoff bezeichnet man nach DIN 16920[576] einen »nichtmetallischen Stoff, der Fügeteile durch Flächenhaftung und innere Festigkeit (Adhäsion und Kohäsion) verbinden kann«.

Das Kleben ermöglicht im Vergleich zu anderen Fügeverfahren (Löten, Schweißen, Schrauben, Nieten) oft eine sehr schnelle, rationelle und wirtschaftliche Verbindung von Fügeteilen mit einer sehr gleichmäßigen Spannungsverteilung über die gesamte Klebfläche (Vorteil gegenüber Schrauben und Nieten) – s. Abb. 1.86.

Neuerdings werden die Vorteile verschiedenartiger Fügeverfahren miteinander verbunden (z. B. Punktschweißen und Kleben). Fugenfüllende Klebstoffe ermöglichen auch die Verbindung von Fügewerkstoffen mit unebener Oberfläche. Klebstoffe, die bei Raumtemperatur oder wenig darüber aushärten, sind auch für temperaturempfindliche Fügewerkstoffe geeignet. Zahlreiche Kunststoffe (z. B. Duroplaste, PTFE und hochwarmfeste aromatische Thermoplaste) lassen sich nicht schweißen, jedoch – bei geeigneter Vorbehandlung ihrer Oberflächen – befriedigend verkleben.

Die Wirkung der Klebstoffe wird auf Adhäsion (Haftvermögen des Klebstoffes an der Oberfläche des Fügeteils) und auf Kohäsion (Eigenfestigkeit, innere Festigkeit) des Klebstoffes zurückgeführt. Die Adhäsion kann durch Nebenvalenz-Anziehungskräfte (Dipolkräfte, Induktionskräfte, Dispersionskräfte) oder durch chemische Hauptvalenzbindungen bedingt sein. Es wurden verschiedene Erklärungen für die Haftung vorgeschlagen (Mechanische Theorie, Adsorptionstheorie, Diffusionstheorie, Elektrostatische Theorie), doch existieren noch immer zahlreiche offene Probleme[578–600].

Damit Oberflächen fest aneinander haften, müssen ihre Moleküle in engen Kontakt zueinander gebracht werden. Voraussetzung dafür ist die Fähigkeit des Klebstoffes, die Oberfläche des Fügeteiles intensiv zu benetzen (niedriger Kontaktwinkel). Benetzen kann aber ein Klebstoff nur dann, wenn seine Oberflächenspannung kleiner oder gleich derjenigen des zu benetzenden Festkörpers ist. Daher lassen sich für Stoffe mit hoher (Glas, Porzellan, Metalle) oder mittlerer Oberflächenenergie (Holz, Papier) leichter geeignete Klebstoffe finden als für solche mit geringer Oberflächenenergie (Kunststoffe, besonders PE, PP und fluorhaltige).

Tab. 1.116 stellt die Oberflächenspannung bekannter Kunststoffe derjenigen von Klebstoffen gegenüber. Bei porösen, saugfähigen Stoffen (z. B. Holz oder Papier) kann eine mechanische Verankerung des Klebstoffes in den Poren und Kapillaren (*mechanische Adhäsion*) zur Haftfestigkeit beitragen.

Metalle, deren Oberflächen Oxide oder Hydroxide aufweisen, können mit bestimmten Reaktionsklebstoffen chemische Bindungen eingehen, die eine erhöhte Adhäsion bewirken. Derartige Veränderungen der Metalloberfläche erreicht man durch entsprechende Vorbehandlung der Fügeteiloberflächen. Wieweit dabei gebildete *Mikroporen* zusätzlich einen mechanischen Ver-

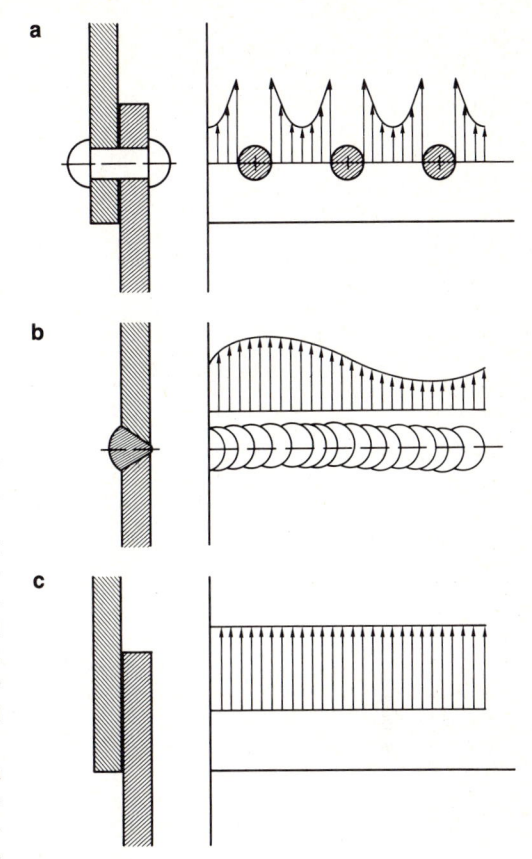

Abb. 1.86 Spannungsverteilung bei Fügeverbindungen[577]

a Nieten
Spannungsspitzen an den Nietlochrändern
b Schweißen
Ungleichmäßige Spannungsverteilung durch überlagerte Schweißspannungen
c Kleben
Gleichmäßige Spannungsverteilung

Tab. 1.116a Oberflächenspannungen von Polymeren bei 20 °C[594]

Polymere	$N \cdot mm^{-1}$
Polytetrafluorethylen	18,5
Polydimethylsiloxan	24
Polychlortrifluorethylen	31
Polyethylen	31
Polyethylenterephthalat	32–36
Polystyrol	33–35
Poly(methylmethacrylat)	33–44
Polycarbonat	34–37
Polyvinylalkohol	37
Polyvinylchlorid	40
Polyester	43
Zellglas	45
Polyamid 66	46
(Metall)	(500)

Tab. 1.116b Oberflächenspannungen einiger Klebstoffe[590a]

Klebstoffe	$N \cdot mm^{-1}$
Säurehärtendes Phenolharz	78
Harnstoff-Formaldehyd	71
Phenol-Resorcinharz	48
Caseinharz	47
Epoxidharze	30–47
Polyvinylacetat Latex	38
Nitrocellulose	26

klammerungseffekt bewirken, bleibt noch zu untersuchen.

Um das Alterungsverhalten von Klebverbindungen besser zu verstehen, muß man berücksichtigen, daß die Adhäsion zwischen Klebstoff und Substrat (z. B. Metall) häufig inhomogen ist. Daher kann an Stellen geringerer oder fehlender Adhäsion eindiffundierendes Wasser chemische Veränderungen der Metalloberfläche bewirken oder die Kunststoff-Haftstellen durch Quellung schwächen.

Kommt es bei entsprechender Einwirkung von Kräften zur Zerstörung einer Verklebung, so unterscheidet man zwischen Adhäsionsbruch (Ablösen der Klebeschicht von der Fügeteiloberfläche) und Kohäsionsbruch (Trennung in der Klebeschicht oder im Fügeteil).

Um unpolare Kunststoffe mit niedriger Oberflächenspannung (besonders PTFE und Polyolefine) verkleben zu können, müssen ihre Oberflächeneigenschaften durch entsprechende Vorbehandlungsmethoden in gewünschter Richtung verändert werden.

Tab. 1.117 gibt Rezepturen für die Oberflächenbehandlung von PE, PP und PTFE[590a].

Polyolefine werden häufig auch mit Oberflächenentladungen vorbehandelt[601].

Tab. 1.117 Rezepturen für die Oberflächenbehandlung[590a]

Polyethylen (PE)
1. 10 Minuten in 100 Gew.-T. H_2SO_4 $\gamma = 1,82$
   5 Gew.-T. $K_2Cr_2O_7 \cdot H_2O$
   8 Gew.-T. H_2O
   bei 70 °C spülen, trocknen
2. ca. 10 Sekunden abflammen mit Propanflamme und Luftüberschuß bis zu leichter Mattierung der Oberfläche

Polypropylen (PP)
1. 2 Minuten in Beize wie PE
   bei 90 °C spülen, trocknen
2. Wie PE

Polytetrafluorethylen (PTFE)
1. 40 Sekunden in mit Petrolether abgedeckte Ex-T 9 Lösung (Natrium-Naphthalin-Gemisch, Hersteller: Synthetica, Altena)
   bei Raumtemperatur spülen, trocknen
2. 3 Minuten sputtern mit Gold bei 0,8 kV

Anmerkung: neu ist die Verklebung von PTFE ohne Vorbehandlung – mit Hostaflon TFA-Schmelzkleber (Hoechst)

8.1 Wirtschaftliche Bedeutung

1973 wurden insgesamt gegen 1 Mio. Tonnen Klebstoffe in der Bundesrepublik Deutschland produziert. In den darauffolgenden drei Jahren ging die Klebstoffproduktion stark zurück – eine Wirkung der Rezession der Industrie- und Handwerkszweige, in denen Klebstoffe verwendet werden – der Bauindustrie, Holz-, Möbel-, Schuh- und Verpackungsindustrie, um nur die wichtigsten zu nennen. Sie erreichte 1975 mit 760 t ihren Tiefstwert, um von da an Jahr für Jahr bis 1979 wieder anzusteigen. Auf dem Klebstoffgebiet haben die Duroplaste eine überragende Bedeutung: 1960 waren 30,1% aller Klebstoffe Duroplaste, 1980 49,1%. Beträchtich zugenommen haben in diesem Zeitraum die Thermoplaste mit einem Anteil von 11,7% im Jahre 1960, aber 23,1% 1980. Eine starke relative Abnahme erlitt die Gruppe der natürlichen organischen Klebstoffe (Anteil 1960 noch 24,4%, 1980 nur 9,5%).

8.2 Anforderungen

Klebeverbindungen sind je nach Anwendung verschiedenen mechanischen Beanspruchungen ausgesetzt: (s. Abb. 1.87).
Je nach Einsatzgebiet werden verschiedene Anforderungen an Klebstoffe bzw. Klebeverbindungen gestellt:

1. Gute Lagerbeständigkeit (shelf life)
2. Günstige Verarbeitungseigenschaften
   a) bestimmte Viskosität bzw. rheologische Eigenschaften
   b) Benetzungsfähigkeit
   c) geeignete Verarbeitungszeit und Topfzeit (pot life)
   d) offene bzw. geschlossene Wartezeit
   e) Thixotropie (nicht in allen Fällen erforderlich)
   f) Abbindezeit
   g) Klebrigkeit (tack)
   h) erforderlicher Preßdruck beim Verkleben
   i) erforderliche Oberflächenbehandlung des Fügeteiles (Entfetten, Sandstrahlen, chemische Vorbehandlung)
   j) erforderliche Anlagen zur Durchführung der Verklebung
3. Sonstige Klebstoff-Eigenschaften
   a) Ergiebigkeit (Auftragsmenge je m² bzw. je Verklebung)
   b) Preis (je kg, je Verklebung)
   c) Sicherheitseigenschaften (Giftigkeit, Brennbarkeit)
4. Anforderungen an die Klebeverbindung
   a) Anfangshaftung (green strength, initial tack)
   b) (End-)Klebfestigkeit (bond strength) bei Einwirkung mech. Kräfte (s. Abb. 1.87), bei bestimmten Temperaturen. Mit guten Konstruktionsklebstoffen (z. B. EP-Systemen) lassen sich Zugscherfestigkeiten von über 30 N/mm² erreichen
   c) Wärmestandfestigkeit
   d) Beständigkeit gegenüber chemischen Umgebungseinflüssen (z. B. Feuchtigkeit, Lösungsmittel, Öle, Treibstoffe)
   e) Alterungsverhalten (Langzeitbeständigkeit z. B. gegenüber Temperatur, Luftfeuchtigkeit, Luftsauerstoff evtl. bei gleichzeitigem Einwirken einer Last)
   f) Kriechfestigkeit, kalter Fluß
   g) Beständigkeit gegenüber biologischen Einflüssen (Termiten, Pilze)

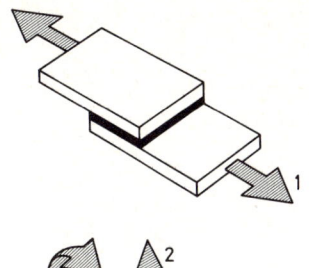

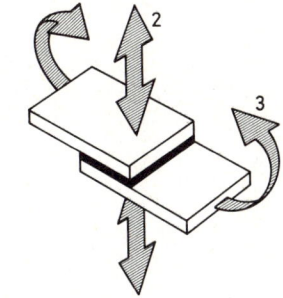

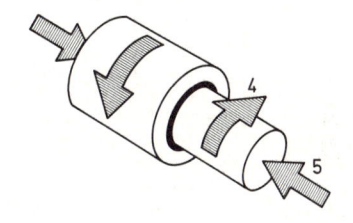

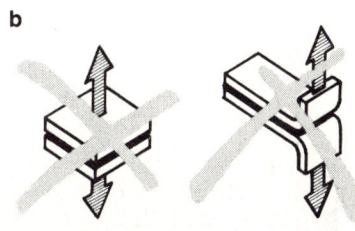

Abb. 1.87 Beanspruchungsarten für Klebeverbindungen (schematisch)[577]

a Mögliche mechanische Beanspruchungen
 1 Zugscherbeanspruchung (eben überlappte Fügeverbindungen)
 2 Zug- und Druckbeanspruchung
 3 Biegebeanspruchung
 4 Verdrehscherbeanspruchung
 5 Druckscherbeanspruchung (zylindrische Fügeteile)

b Ungünstige mechanische Beanspruchungen

262 Formulierte Produkte

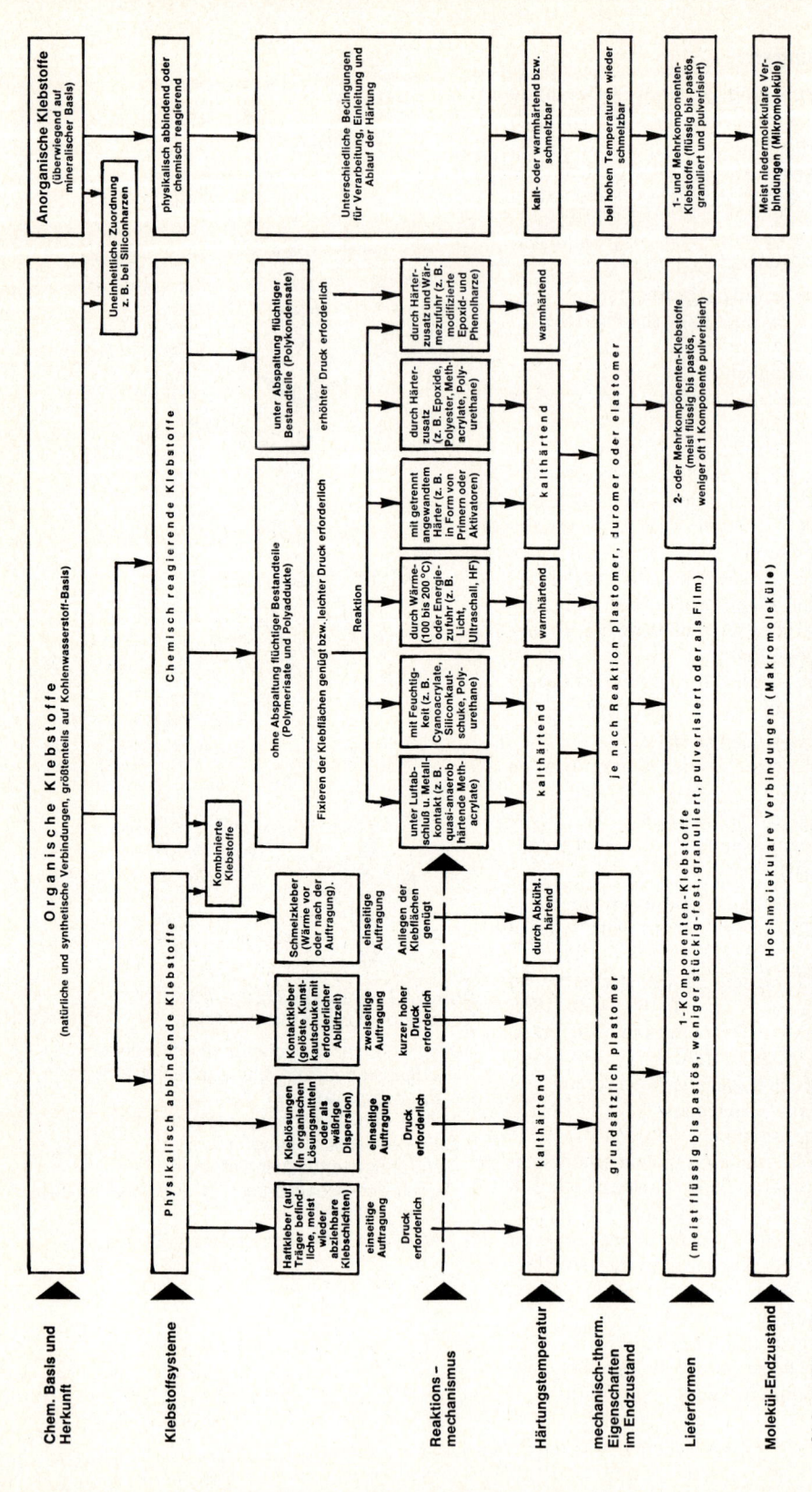

Abb. 1.88 Allgemeines Einteilungsschema für Klebstoffe, das mehrere Einteilungskriterien verwendet[577]

8.3 Einteilung

Diese Anforderungen können selten durch eine Substanz allein gelöst werden. Klebstoffe bestehen daher meist aus Grundstoffen und Hilfsstoffen. Nach den Grundstoffen kann man die Klebstoffe in folgende fünf Gruppen einteilen:

1. Anorganische Klebstoffe — Wasserglaskitte, Schwefelkitte
2. Natürliche organische Klebstoffe — Caseinleime, Tierleime, Stärke u. a.
3. Thermoplastische Klebstoffe — Polyvinyl-, Polymethacrylverbindungen, Polystyrole, Polyester, Polyamide
4. Elastomer-Klebstoffe — Naturkautschuk, Synthesekautschuk, z. B. PUR-Silicon-Kautschuk
5. Duroplast-Klebstoffe — UF, MF, PF, UP, EP, duroplastische Acrylate

Von diesen fünf Gruppen werden in diesem Abschnitt nur die thermoplastischen und die duroplastischen Klebstoffe behandelt. Über Elastomer-Klebstoffe (z. B. Kontaktkleber) s. S. 385. Ein Einteilungsschema, das mehrere Einteilungskriterien verwendet, zeigt Abb. 1.88.

8.4 Formulierung von Klebstoffen auf Basis von Kunststoffen

Neben den eben erwähnten Grundstoffen enthalten Klebstoffe vielfach Hilfsstoffe, um günstige Verarbeitungs- und Endeigenschaften zu erreichen (s. Tab. 1.118).

In Spezialklebstoffen (z. B. 2-Komponenten-Systeme auf Basis von Epoxidharzen) kann die Zahl der Komponenten ein Dutzend übersteigen, die in Art und Menge genau aufeinander abzustimmen sind.

Eine umfangreiche Sammlung von Klebstoffrezepturen (504 moderne Klebstoff- und Dichtungsmassenformulierungen) enthält eine Monographie von E. W. Flick[602].

8.5 Wichtige Klebstoffe

8.5.1 Thermoplastische Klebstoffe

Thermoplastische Klebstoffe werden hauptsächlich für Nichtmetalle verwendet, häufig für poröse Stoffe wie Holz, Papier, Textilien oder Leder. Einige haben beachtliche Festigkeiten bei Raumtemperatur, doch ist ihre Wärmestandfestigkeit gegenüber duroplastischen (oder anorganischen)

Tab. 1.118 Hilfsstoffe bei der Herstellung von Klebstoffen

Art des Hilfsstoffes	Beispiele
Lösungsmittel*	Aromatische Kohlenwasserstoffe (z. B. Toluol, Xylol), Chlorkohlenwasserstoffe (Methylenchlorid, Trichlorethan, Trichlorethylen), Ester (Ethylacetat), Ketone (Aceton, MEK, Methylisobutylketon, Cyclohexanon), Ether (Glykolmonoethylether, Glykolmonobutylether), Alkohole (4-Methyl-2-Pentanol, Propanol)
Füllstoffe	Kreide, Bariumsulfat, Calciumsulfat, Aluminiumsilicat, Talk, Titandioxid
Härter, Beschleuniger, Verzögerer	je nach dem auszuhärtenden Duroplast-Klebstoff
Weichmacher	meist Phthalate, z. B. Dibutylphthalat, Adipate, Phosphate, z. B. Triarylphosphat, Epoxide, Phenolsulfonsäureamide, niedermolekulare PE, PP
Thixotropie-Mittel	pyrogene und gefällte Kieselsäuren, Siliciumdioxid (Teilchengröße meist < 0,02 μm), Asbest
Pigmente	Titandioxid, Eisenoxidbraun, Ruß, Lithopone
Alterungsschutzmittel	je nach dem eingesetzten Grundstoff
Haftvermittler	Silane
nicht reaktive Harze	Kolophoniumharze, Kohlenwasserstoffharze, Cyclohexanonharze

* Lösungsmittel enthalten vor allem Haushaltklebstoffe, (»Alleskleber«), Haft-, Kontakt- und Folienkaschierklebstoffe. Aus ökologischen (Belastung der Abluft) und ökonomischen Gründen versucht man, lösungsmittelfreie Klebstoffe zu entwickeln

Klebstoffen niedriger, besonders bei gleichzeitiger mechanischer Beanspruchung.
Die Hauptvertreter sind Polyvinyl-Verbindungen (z. B. PVAC, PVAL), Polyacrylate, Cellulose-Derivate, Polyamide, lineare Polyester und Cyanoacrylate.

a) Poly(vinylacetat) – PVAC – hat seit 1940 immer stärker die natürlichen Klebstoffe verdrängt, besonders als Dispersionsklebstoff (mit 50 bis 60% Festkörpergehalt). PVAC-Klebstoffe werden für Papier, Holz (Weißleime) aber auch für Metalle verwendet. An Bedeutung zugenommen haben besonders copolymere Kunstharzdispersionen, besonders die Vinylacetat-Ethylen-Copolymerisate (EVA). PVAC-Pulver werden auch mit Duroplastpulvern (z. B. Phenolharz) vermischt, wodurch man hohe Festigkeit bei günstiger Flexibilität und gute Wasserfestigkeit erreichen kann.
b) Poly(vinylalkohol) – PVAL – wird durch Hydrolyse von PVAC hergestellt. Es gibt teilweise hydrolysierte PVAL-Typen, die in Wasser bei Raumtemperatur löslich sind, und vollständig hydrolysierte, die für Schnellkleber eingesetzt werden und wasserbeständige Verklebungen ergeben. PVAL wird zum Verkleben von Papier, Karton, Textilien, Leder und poröser Keramik verwendet.
c) PVC-Plastisole zeichnen sich durch hohe Schälfestigkeit und Alterungsbeständigkeit aus; sie können ohne spezielle Oberflächenvorbehandlung eingesetzt werden.
d) Poly(vinylacetale), z. B. Poly(vinylformal) und Poly(vinylbutyral) haften gut auf Metallen, Glas und vielen Kunststoffen. Kombiniert mit Phenolharzen waren sie die ersten synthetischen Klebstoffe für die Metallverklebung. Polyvinylbutyral dient zur Herstellung von Verbundgläsern (Sicherheitsgläser).
e) Acrylat- und Methacrylat-Klebstoffe enthalten meist sowohl monomere wie polymere (Meth)acrylate; häufig werden Copolymere verschiedener Acrylsäureester eingesetzt, die zusätzlich freie funktionelle Gruppen (z. B. Carboxy-, Hydroxy-, Hydroxymethyl-, Amino- oder Amid-Gruppen) enthalten können. Die funktionellen Gruppen erhöhen die Polarität und verbessern dadurch die Haftfestigkeit oder ermöglichen eine gezielte Vernetzung – führen in diesem Fall also zu duroplastischen Klebstoffen.
Acrylat-Klebstoffe gibt es in Lösung (Monomere als Lösungsmittel, besonders zum Verkleben poröser Oberflächen), als Pulver (Polymer, Schmelzkleber) oder als Haftkleber für Klebstoffbänder. Spezielle durch UV-Licht härtende Acrylat-Klebstoffe eignen sich zur Verklebung von Glas und/oder transparenten Kunststoffen.
f) Cyanoacrylat-Klebstoffe, lösemittelfreie, kalthärtende Einkomponentenklebstoffe, polymerisieren anionisch sehr schnell in Gegenwart einer Mindestfeuchte zu hochmolekularen Produkten mit guter Haftung auf Glas, Keramik, Holz, Metall, Gummi und einigen Kunststoffen. Sie sind durch Stabilisatoren gegen eine unerwünschte vorzeitige Polymerisation geschützt.
Sauer reagierende Werkstückoberflächen verzögern oder verhindern u. U. die Polymerisation. Cyanacrylat-Klebstoffe ermöglichen eine hohe Fertigungsgeschwindigkeit. Sie werden in der Optik, Elektrotechnik und Schmuckindustrie verwendet.
Meist genügen die auf den Werkstoffoberflächen vorhandenen Feuchtigkeitsspuren zur Einleitung der Polymerisation, wenn die Fügeteile vorher bei einer relativen Luftfeuchte von 40 bis 70% gelagert wurden.

$$H_2C=C\begin{smallmatrix}CN\\|\\|\\COOR\end{smallmatrix} \longleftrightarrow H_2C-\overset{(+)}{C}l(-)\begin{smallmatrix}CN\\|\\|\\COOR\end{smallmatrix}$$

$$\xrightarrow{A(-)} A-CH_2-\overset{CN}{\underset{COOR}{C}}l(-)$$

$$A-CH_2-\overset{CN}{\underset{COOR}{C}}l(-) + H_2C-\overset{(+)}{\underset{COOR}{C}}l(-)\,{}^{CN}$$

$$\longrightarrow A-CH_2-\overset{CN}{\underset{COOR}{C}}-CH_2-\overset{CN}{\underset{COOR}{C}}l(-) \quad \text{usw.}$$

A(−) = Base

Durch wirtschaftlichere Herstellung konnten die Preise dieser Klebstoffe gesenkt werden. Wegen ihrer hohen Abbindegeschwindigkeit werden sie als *Blitzkleber* oder *Wunderkleber* gerne für Reparatur- und Bastelarbeiten verwendet, neuerdings auch in der medizinischen

Technik bei Operationen an Gefäßen oder Knochen.

g) Klebstoffe auf Basis von Cellulose-Derivaten können in hydrophobe (Cellulosenitrat, Celluloseacetat, Cellulosebutyrat, Ethylcellulose) und in hydrophile (Methylcellulose, Hydroxyethylcellulose und Carboxymethylcellulose) eingeteilt werden.
Cellulosenitrat, gelöst in organischen Lösemitteln, gibt vielseitig anwendbare Klebstoffe, die klare, wasserfeste, flexible Verklebungen mit Holz, Papier, Leder aber auch Metallen und Glas ergeben.
Celluloseacetat und -butyrat werden in Spezialklebstoffen eingesetzt. Die wasserlösliche Methylcellulose wird als Lederklebstoff und als Tapetenkleister verwendet.

h) Polyamid-Klebstoffe (meist Copolyamide) werden als hochwertige Schmelzklebstoffe oder in Lösung auf den Markt gebracht. Ihre geringe Schmelzviskosität erleichtert die Verarbeitung. Schmelzklebstoffe (Hot melts) sind lösungsmittelfrei. Sie erstarren beim Abkühlen und bewirken so eine sofortige Haftung; dadurch kann man mit ihnen hohe Arbeitsgeschwindigkeiten erreichen. Sie sind fugenfüllend. Es gibt sie als Pulver, Granulat, Strang und Folie. Sie führen schnell zu einer festen Verklebung von Papier, Zellophan, Holz, Keramik, PE und Metallen. Spezialtypen (z. B. auf Basis von PA 12) werden in der Bekleidungsindustrie zum Verbinden des Einlegestoffes mit dem Oberstoff verwendet. Sie bewirken eine Versteifung des Gewebes ohne Verlust des textilen Griffes.

i) Andere Polymerkomponenten in Schmelzklebstoffen. Von Bedeutung sind Vinylacetat-Ethylen-Copolymerisate (EVA), niedermolekulare PE-Typen, ataktisches PP und SBS- bzw. SIS-Blockcopolymerisate[603]. Sie werden besonders in der Verpackungsindustrie (schnelle Verschlußklebstoffe) und zum fadenlosen Binden von Katalogen, Büchern und Broschüren verwendet. Hochwertige Schmelzklebstoffe – vor allem wärmebeständige Typen – haben meist Polyamide oder (thermoplastische) Polyester als Basis.

k) Klebstoffe auf Basis thermoplastischer Polyester ergeben ausgezeichnete Verklebungen, die zäh und flexibel sind und eine gute Lösemittelbeständigkeit aufweisen. Sie haften sehr fest auf Metallen, Holz, Papier, vielen Stoffen und einigen Kunststoffen. Wegen ihrer chemischen Verwandtschaft mit Mylar (Polyesterfolie der DuPont) sind sie für dieses Material sehr geeignet.

8.5.2 Duroplastische Klebstoffe

Duroplastische Klebstoffe werden meist als Flüssigkeiten oder Pasten geliefert mit einer oder mehreren Komponenten, die erst kurz vor der Verarbeitung vermischt werden dürfen, da sonst die Reaktion zu früh einsetzen würde. Sie enthalten einen Härter und benötigen Druck, eventuell auch höhere Temperatur zur Aushärtung. Ihre Wärmestandfestigkeit ist meist gut, sie erreichen hohe Festigkeitswerte. Die meisten duroplastischen Verklebungen sind beständig gegen Feuchtigkeit und organische Lösemittel. Typische Vertreter dieser Gruppe haben folgende Harzbasis:

a) Amidharze (Harnstoff- oder Melaminharze)
b) Phenol- und Resorcinharze
c) Ungesättigte Polyester und anaerobe Systeme
d) Epoxidharze
e) Polyurethane

Die Gruppen a) und b) härten nach einem Kondensationsprozeß unter Abgabe von Wasser(dampf) aus; die Polyester, Epoxidharze und Polyurethane spalten keine niedermolekularen flüchtigen Substanzen bei der Härtung ab.

a) Amidharze
Unter den Kunstharzen zählen die UF-Harze zu den preisgünstigsten. Etwa 85% der gesamten UF-Produktion werden als Leim oder Klebstoff in der Spanplatten-, Sperrholz- und Möbelindustrie verarbeitet. Sie werden als Pulverleime oder als meist ca. 65%ige wäßrige Lösung geliefert. Mit geeigneten Härtern kann man sie bei Raumtemperatur einsetzen; in den meisten Fällen (Herstellung von Spanplatten und Sperrholz, Möbel, Türen, Boote) werden sie bei höherer Temperatur ausgehärtet.
Härter enthalten häufig Ammoniumchlorid; daneben aber auch Ameisensäure, Phosphate und Sulfate, die oft mit anorganischen (z. B. Kaolin) oder organischen Füllstoffen (z. B. Holzmehl) und eventuell mit Pigmenten (z. B. Umbra) formuliert sind. Neue behördliche Verordnungen verlangen UF-Harze, die bei ihrer Verarbeitung und ihrer Verwendung im Wohnbereich besonders wenig Formaldehyd abgeben.
Melaminharzleime können nur bei höherer Temperatur (ca. 100 °C) gehärtet werden. Sie sind teurer als die UF-Leime, geben jedoch wetterbeständigere Verleimungen. Die Außenlagen von Dekorlaminaten werden mit MF-Harzen hergestellt (s. S. 241). Als Leim-

harze für Holzspanplatten und Sperrholz werden zu 90% UF-Harze, daneben aber auch Melaminharze, meist Mischkondensate mit Harnstoff (MUF-Harze) oder mit Harnstoff und Phenol (MUPF-Harze) eingesetzt[604, 605].

b) Phenol- und Resorcinharzleime

Phenolharzleime (oder auch Formaldehyd-Kondensate mit Alkylphenolen) haben sich zum Verkleben von Holz, Metallen, Glas, Gummi oder von Duroplasten bewährt. Alkaliarme Phenolharze werden zur Fertigung von Spanplatten mit verbesserter Witterungsbeständigkeit (Qualität V 100 nach DIN 68 761) in steigendem Ausmaß verwendet. Spezielle Phenolharze eignen sich als Bindemittel für thermisch hochbeanspruchte Bremsbeläge und Kupplungsbeläge im Autobau. Sie werden unter Druck, meist bei höherer Temperatur (130 bis 180 °C) ausgehärtet. Die Kernlagen von Dekorlaminaten enthalten PF-Harze, ebenso verschiedene Elektro-Schichtpreßstoffe für die Radio-, Fernseh- und Phonotechnik. Für Anwendungen im Flugzeugbau haben sich PF-Klebefilme bewährt (z. B. Tegofilm M 12 B der Fa. Th. Goldschmidt, Essen).

Mit geeigneten Härtern (z. B. p-Toluolsulfonsäure) ist unter bestimmten Voraussetzungen die Aushärtung bei Raumtemperatur möglich. Verleimungen mit geeigneten PF-Harzen sind wetterbeständig.

Für viele Anwendungen werden die PF-Harze mit anderen Stoffen (z. B. PVAL, PVAC, PVFM [Polyvinylformal], EP, PA, natürlicher oder synthetischer Kautschuk) modifiziert, in einigen Fällen auch gefüllt. Modifizierte Phenolharz-Klebstoffe finden Einsatzgebiete als Haftklebstoffe, Kontaktklebstoffe, Gummi-Metallkleber.

Bindemittel auf Basis von PF-Harzen werden zur Herstellung von Mineralfaserdämmstoffen (aus Glas-, Stein- und Schlackenwolle), von Gießereiformen und -Kernen (im Metallguß) und für Schleifmittel (Schleifscheiben, Schleifpapier, Schleifgewebe u. a.) eingesetzt.

Resorcinharzleime sind teurer als PF-Leime, aber für Raumtemperatur-Verklebungen wesentlich besser geeignet. Die Klebfugen sind dauerhaft und wasserfest, weshalb sie häufig für große tragende Holzkonstruktionen (z. B. Lagerhallen, Sporthallen) eine wichtige Rolle spielen. Ähnlich den PF-Leimen sind sie von dunkler (rötlich-brauner) Farbe.

c) Klebstoffe auf Basis von Acrylaten, ungesättigten Polyestern (UP) und anaerobe Klebstoffe

Acrylate und ungesättigte Polyester werden in Monomeren (meist Styrol) gelöst. Als Initiatoren für die Härtung dienen Peroxide. Ungefüllte UP-Klebstoffe werden wegen ihrer Transparenz besonders in der optischen Industrie verwendet (Verkleben von Glaslinsen). Nach den in Deutschland entwickelten Acrylat-Klebstoffen der 1. Generation wurden in den letzten Jahren von USA ausgehend sogenannte SGA (Second Generation Acrylics) eingeführt, die leichter verarbeitbar sind (getrenntes Auftragen der beiden Komponenten, sog. Non-mix-Verfahren) und die höhere Bindefestigkeiten erreichen.

Gefüllte UP-Systeme mit kittartiger Konsistenz werden als Dichtungsmassen angewendet.

Die anaeroben Klebstoffe (z. B. auf Basis von Polyethylenglykoldimethacrylat) sind Flüssigkeiten, die zwischen zwei Metallteilen (deren Ionen als Initiator wirken) ohne Zusatz von Peroxiden auch bei Raumtemperatur in Abwesenheit von Luft (daher die Bezeichnung *anaerob*) in kurzer Zeit abbinden. In Gegenwart von Luft sind anaerobe Klebstoffe lagerstabil (deshalb Aufbewahrung in nur teilweise gefüllten PE-Flaschen). Sie werden in der Maschinenindustrie zum Sichern von Muttern, Befestigen von Bolzen und zum Abdichten von Gewinden, Muffenverbindungen und ebenen Flächen, neuerdings auch für konstruktive Verklebungen in zunehmendem Maß herangezogen.

Neue Beschleuniger ermöglichen Abbindezeiten von 1 bis 2 Stunden (statt früher 24 Stunden). Störend an den heutigen Methacrylat-Systemen ist der starke, stechende Geruch der Monomeren und deren im allgemeinen niedriger MAK-Wert. Deshalb versucht man, reaktive Monomere ohne diesen Nachteile zu entwickeln[603].

d) Als Epoxidharz-Komponente werden meist niedermolekulare Glycidylether des Bisphenol-A verwendet, seltener Epoxidphenolnovolake oder teurere EP-Typen. Als Härter für kalthärtende Klebstoffe dienen aliphatische oder cycloaliphatische Amine, Härteraddukte oder Polyaminoamide. Heißhärtende Klebstoffe enthalten Dicyandiamid, aromatische Amine oder Dicarbonsäureanhydride.

EP-Klebstoffe haben einige gewichtige Vorteile, die ihre führende Stellung unter den Struktur-Klebstoffen erklären:

– hohe Klebfestigkeit gegenüber vielen Substraten,

Tab. 1.119 Überblick über wichtige Aspekte bei Klebstoffen[606]

	Klebstoffsystem	Abbinden durch	Grundstoffe z. B.	Fügeteilbeispiele
Physikalisches Abbinden	Lösungsmittelklebstoffe	Verdunstung des Lösungsmittels	PVC, PS, PVAC, PMMA, PVCC, Nitrilkautschuk	PVC, PS, ABS, PMMA, SAN, PC, CAB, Holz
	Dispersionsklebstoffe	Verdunstung des Wassers (Dispersionsmittel)	PMMA, E/VAC	Schaumstoffe, Holz
	Schmelzklebstoffe	Schmelzen und Abkühlen des Klebstoffes	E/VAC, PVCC PA, PTP	ABS, PMMA, PS, PVC, Holz, Glas, Stein, Metall
	Kontaktklebstoffe	einmaliges Andrücken (Klebstoffe sind dauerelastisch)	Chlorkautschuk PUR	ABS, PVC, PUR, PF, MF, PS, Holz, Stein, Metall
Chemisches Abbinden, Reaktionsklebstoffe	Polymerisationsklebstoffe	Polymerisation		
	1 Komponente		Cyanoacrylat	PVC, PMMA, PS, PC, SAN, Chlorkautschuk, PF, MF, PUR, EP, UP, Metall, Glas
	2 Komponenten		Nitrilkautschuk, UP, PMMA	ABS, PUR, PVC, EP, PMMA, UP, PF, MF, Holz, Stein, Glas, Metall
	Polyadditionsklebstoffe, 1 oder 2 Komponenten	Polyaddition	EP, PUR	PVC, PMMA, ABS, PF, MF, EP, UP, PUR, Metall, Holz, Glas, Stein, Schaumstoffe
	Polykondensationsklebstoffe 1 oder 2 Komponenten	Polykondensation	PF, UF	EP, UP, Schaumstoffe, Holz, Metall

- Härtung durch Polyaddition, d. h. ohne Abspaltung flüchtiger Substanzen. Daher
- unter geringem Preßdruck aushärtbar,
- geringe Schwindung während des Aushärtens, daher
- weniger innere Spannungen in der Klebfuge,
- gute Dimensionsstabilität,
- Beständigkeit gegenüber Feuchtigkeit und vielen Chemikalien-Lösemitteln.

Es sind vorwiegend drei Arten von EP-Klebstoffen im Handel, die beiden ersten als Pasten oder Lösungen, die dritte in Form von Folien (*Filmen*):

1. Pastenförmige 2-Komponentenklebstoffe, bestehend aus Komponente A (Harz, Füllstoff, Flexibilisator, evtl. Thixotropiemittel, Pigment) und Komponente B (Härter, Füllstoffe, evtl. weitere Zusätze wie Pigmente). Um das homogene Vermischen der beiden Komponenten zu erleichtern, sind sie z. T. verschiedenfarbig. 2-Komponenten-Klebstoffe werden vorwiegend für Raumtemperatur-Härtung verwendet.
2. 1-Komponenten-Klebstoffe enthalten sogenannte latente Härter (z. B. Dicyandiamid). Sie werden für Verklebungen bei höheren

Temperaturen eingesetzt. In geringerem Umfang werden auch bei RT härtende EP-Systeme formuliert, die man bei entsprechend tiefer Temperatur lagern muß.
3. Epoxidharz-Klebstoff-Folien (mit oder ohne Glasfaserverstärkung) – bequem in der Anwendung, jedoch teurer als die beiden vorherigen Typen. Aushärtung bei höheren Temperaturen.
e) Die PUR-Klebstoffe sind als lösungsmittelfreie (bzw. lösungsmittelarme) Klebstoffe zum Verbinden von halbharten und harten Werkstoffen auf dem Markt und als lösungsmittelhaltige (meist 2-Komponenten-)Klebstoffe, die besonders in der Schuhindustrie (z. B. Sohlenklebung) wichtige Einsatzgebiete gefunden haben.

Tab. 1.119 faßt einige besonders wichtige Punkte über Klebstoffe (Abbindearten, Klebstoffsysteme, Grundstoffe, Fügeteile) zusammen.

8.6 Verarbeitung

Um optimale Ergebnisse bei Verklebungen zu erzielen, sind die Lager- und Verarbeitungsvorschriften der Klebstoffhersteller sorgfältig zu berücksichtigen. Man kann neun Stufen bei der Klebstoffverarbeitung unterscheiden:

1. Vorbereiten der Fügeteile (Entfernung von Schmutz, Fettschichten, Trennmittelresten und anderen die Verklebung verhindernden oder erschwerenden Substanzen) durch Reinigen, Entfetten, mechanisches Aufrauhen (Schleifen, Sandstrahlen).
2. Vorbereiten des Klebstoffes (je nach den Angaben des Herstellers): z. B. Dosieren und Mischen der Komponenten bei 2-Komponenten-Klebstoffen (z. B. EP, PUR, UP)
3. Auftragen des Klebstoffes
    a) manuell (z. B. Aufstreichen, -gießen, -spachteln, Aufbringen mit Klebeband)
    b) Spritzauftrag
    c) Walzenauftrag
    d) Gießauftrag/Schmelzauftrag
    e) Fließdüsenauftrag
4. Trocknen, Ablüften (besonders bei Lösungsmittel oder Dispergiermittel enthaltenden Klebstoffen auf nicht porösen Fügeteilen)
5. Erwärmen (Aktivieren) bei heißhärtenden Klebstoffen
6. Fügen, Fixieren, evtl. Pressen (in Schraubstock, in Presse)
7. Abbinden (bei Raumtemperatur, bei erhöhter Temperatur, in speziellen Fällen durch UV-Bestrahlung)
8. Evtl. Entfernen der verklebten Teile aus der Presse (Entformen) manuell oder mit Entnahmevorrichtung (Roboter)
9. Evtl. Nacharbeiten, Prüfen
    In manchen Fällen muß man eine bestimmte *Wartezeit* verstreichen lassen, ehe man die Klebverbindung voll belasten darf

Über die für die Klebstoffverwendung erforderlichen Maschinen orientiert Bd. II, Kap. 3.
Voraussetzung für bestmögliche Ergebnisse mit dem Fügeverfahren Kleben ist die Beachtung konstruktiver Empfehlungen wie klebgerechte Konstruktion der zu fügenden Bauteile.

8.7 Anwendungsgebiete

Klebstoffe werden in zahlreichen Industrien verwendet, im Gewerbe und im Haushalt. Wichtige Applikationen, geordnet nach den Substraten, faßt Tab. 1.120 zusammen.

Tab. 1.120 Anwendungen von duroplastischen und thermoplastischen Klebstoffen

Substrat	Beispiele V = Verklebung, H = Herstellung	Klebstoffe auf Kunststoffbasis
Papier und Pappe (Cellulose)	Kaschierung	PVAC-Dispersionen
	Beschichtung	Schmelzklebstoffe
	Buchbinderei	PVAC + Schmelzklebstoffe
	Tapeten-Verklebung	Kleister auf Stärkebasis und PVAC
	Schichtpreßstoffe	MF (UF) für Decklagen, PF für Kernlagen
	Faltschachtelherstellung	PVAC
Zellglas	Zellglasfolien V	PVAC u. a.
Holz	Sperrholz H	UF, PF
	Holzfaserplatten H	UF, PF, Alkydharze
	Spanplatten H	UF, MF, (PUR)
	Montageverleimung	PVAC, UF, Schmelzklebstoffe
	PVC- und PS-Folien V	Acrylate
	Kantenanleimen	Schmelzkleber

Tab. 1.120 Fortsetzung

Substrat	Beispiele V = Verklebung, H = Herstellung	Klebstoffe auf Kunststoffbasis
Leder	Schuhoberteile Schuhmontage	Schmelzkleber Polyester- und PA-Schmelzkleber
Kunststoffe Hart-PVC	Rohre, Platten, Folien V	PVC gelöst in Tetrahydrofuran
Weich-PVC	Folien auf Metall V (Coil Coating)	PMMA
Polyolefine	Skiindustrie (Beläge)	(nach Vorbehandlung der Polyolefine): EP, Schmelzklebstoffe
Polyamide	V mit Metallen	EP, PUR
Schaumplatten (PS, PUR)	Dekorations- oder Isolierplatten V	Dispersionsklebstoffe (PVAC, Acrylate, SBR)
GFK	Rohre, Platten V	EP, UP
Fluorpolymere		nach Vorbehandlung: EP, PUR
Duroplaste	Formkörper V Schichtpreßstoffe V	EP EP, PUR, Kontaktklebstoffe
Metalle	a) starre Verklebung b) elastische Verklebung Beispiele: Autoindustrie (Karosseriebau) Bremsbeläge verklebt Flugzeugindustrie (z. B. Sandwich- böden) Hochbau (z. B. Fensterrahmen) Brückenbau (z. B. Verklebungen vorgespannter Bauteile) Elektroindustrie (Verkleben von Blechpaketen, Fixierung von Klein- teilen, Ferritkerne) Maschinen-, Geräte-, Werkzeugbau Reparaturkits Skiherstellung Hochtemperaturbeständige Verklebungen	EP, PF, Acrylate PVC-Plastisole, PUR EP, PVC-Plastisole PF, Resorcinharze EP, EP-PA-Klebfilme, PF-PVFM EP EP, UP EP, Cyanoacrylate EP, Acrylate, Cyanoacrylate, anaerobe Klebstoffe Glasseidengewebe + EP oder UP EP, PF Polyimide
Mineralfasern Keramik	Mineralfaserplatten H Wandkachel V	Polyvinyldispers., PF (Zementmörtel- kleber), Dispersionsklebstoffe (SBR, Acrylate)
Glas Glasfasern Elastomere	Optische Industrie Glasfaserplatten H Kesselauskleidungen mit Elasto- meren Verkleben mit starren Substraten Gummi/Gewebe-Bindung z. B. Autoreifen a) Reyoncord b) Polyestercord	Cyanoacrylate Polyvinyldispers., UF Elastomerklebstoffe (z. B. Polychloropren-Kautschuk) EP, PUR (Spezialfälle: Cyanoacrylate) Resorcinharze Resorcinharze + Polyvinylpyridin-Latex

8.7.1 Verkleben von Kunststoffen

Auf S. 269 wurde darauf hingewiesen, daß Kunststoffe je nach ihrer Oberflächenspannung leicht oder schwierig verklebbar sind. Dabei geht die Oberflächenspannung weitgehend parallel mit der Polarität. Tab. 1.121 gibt einen Überblick über die Abhängigkeit der Klebbarkeit von der Polarität und Löslichkeit einiger Kunststoffe[590 a, 607].

Literatur zur Frage »Was klebt man womit?« s. S. 322.

Tab. 1.121 Abhängigkeit der Klebbarkeit von Polarität und Löslichkeit[590 a]

Konstitution		Polarität	Löslichkeit	Klebbarkeit
Polyethylen	$[-CH_2-CH_2-]_x$	unpolar	sehr schwer löslich	schlecht
Polypropylen	$\left[-CH_2-\underset{CH_3}{CH}-\right]_x$	unpolar	schwer löslich	schwierig
Polytetrafluorethylen	$[-CF_2-CF_2-]_x$	unpolar	unlöslich	sehr schlecht
Polyisobutylen	$\left[-CH_2-\underset{CH_3}{\overset{CH_3}{C}}-\right]_x$	unpolar	leicht löslich	gut
Polystyrol	$\left[-CH_2-\underset{C_6H_5}{CH}-\right]_x$	unpolar	löslich	gut
Polyvinylchlorid	$\left[-CH_2-\underset{Cl}{CH}-\right]_x$	polar	löslich	gut
Polyethylenterephthalat	$[-OOC-(C_6H_5)-COO-CH_2-CH_2-]_x$	stark polar	unlöslich	schwierig
Polymethylmethacrylat	$\left[-CH_2-\underset{COO-CH_3}{\overset{CH_3}{C}}-\right]_x$	polar	löslich	gut
Polyamid -6,6, -6,10	$[-HN-(CH_2)_n-NH-CO-(CH_2)_n-CO-]_x$	polar	schwer löslich	schwierig
Polyamid -6, -11	$[-HN-(CH_2)_n-CO-]_x$	polar	schwer löslich bis unlöslich	schwierig bis sehr schlecht

8.7.2 Klebstoffbänder (Klebebänder)[608]

Definitionsgemäß müssen »druckempfindliche Klebebänder«, mit geringem Fingerdruck auf eine Oberfläche gebracht, ohne weiteres haften.

Sie bestehen aus mehreren Schichten:
- Träger
- Grundschicht (primer) } auf der Vorderseite
- Klebmasse } des Trägers
- Trennstrich (release) auf der Rückseite des Trägers

Der Trennstrich bewirkt, daß man die Klebebänder auf Rollen aufwickeln kann, ohne daß sie in aufgerolltem Zustand zusammenkleben.
Als Träger werden Papier, Gewebe, Kunststoff-Folien (besonders PVAC und PVC), Metallfolien (Al, Pb) oder – bei elastisch verformbaren Klebebändern – Schaumstoffe (PUR, synth. und Naturkautschuk, PVC, PE oder PP) verwendet.
Die Grundschicht (Vorstrich) dient der Verankerung der Klebmasse auf dem Träger. Sie besteht aus dem Filmbildner (meist Kautschukbasis) und einem hohen Prozentsatz (bis 80%) von Füllstoffen (z. B. Kaolin). Die Klebmasse enthält meist neben den Bindemitteln (Kautschuk, Harze) Füllstoffe, Weichmacher und Alterungsschutzmittel. Als Trennstriche werden neben Siliconen und PTFE nach wie vor hauptsächlich Harnstoffharze verwendet.
Klebebänder werden zum Verpacken und Fixieren, zum Isolieren (Isolierbänder), zum Kennzeichnen (z. B. von Rohrleitungen und Kabeln), zum äußeren Korrosionsschutz (Rohrleitungen) und zum Abdecken (Abdeckmasken beim Lackieren) verwendet.
Daneben haben sie zahlreiche Anwendungen in der Medizin gefunden (Heftpflaster z. B. Leukoplast, Wundverbände, Rheumapflaster).
Transferbänder haben auf beiden Seiten des Klebebandes Klebstoffschichten.

9. Anstrichstoffe

Anstrichstoffe sollen eine Oberfläche schützen (z. B. gegen mechanische Einflüsse – Abrieb, Kratzer –, gegen Chemikalien oder Witterungseinflüsse) oder verschönen (Dekorbeschichtungen).
Nach der Definition in DIN 53945 sind Anstrichmittel »flüssige bis pastenförmige, physikalisch und/oder chemisch trocknende Stoffe oder Stoffgemische, die durch Streichen, Spritzen, Tauchen, Fluten und andere Verfahren auf Oberflächen aufgebracht werden und einen Anstrich ergeben«. Diese Definition ist heute zu eng – in diesem Abschnitt werden auch die Pulverlacke behandelt, also *feste* Stoffe; das Wort Anstrichstoffe erinnert an die einstige Hauptapplikationsmethode, das (An)streichen, das heute von untergeordneter Bedeutung ist.
Unter Lacken versteht die gleiche DIN 53945 Anstrichmittel, »die Anstriche mit speziellen Eigenschaften ergeben, z. B. einen gut verlaufenden, einwandfrei durchhärtenden Anstrich und einen je nach dem Verwendungszweck zu fordernden Widerstand gegen Witterungs- oder mechanische Einflüsse«.
Anstrichstoffe bestehen im Normalfall aus Bindemitteln, Lösemitteln, Farbstoffen und Zusatzstoffen. Mit Bindemittel bezeichnet man nach DIN 55945 die nichtflüchtigen Anteile eines Anstrichstoffes, ohne Pigmente bzw. Füll- und Farbstoffe, jedoch einschließlich der Weichmacher, Trockenstoffe und anderer nichtflüchtiger Hilfsstoffe.
Dem Bindemittel (Filmbildner) kommen zwei Aufgaben zu:

1. die Bestandteile des Anstrichstoffes zusammenzuhalten und
2. die Haftung auf dem Untergrund (Substrat) zu gewährleisten.

Je nach Einsatzgebiet werden an Anstrichstoffe verschiedene Anforderungen gestellt, doch müssen sie in jedem Fall geeignet sein, dünne Filme zu bilden, die auf der Substratoberfläche fest haften und entsprechende Eigenfestigkeit aufweisen – vieles was für Klebstoffe gilt, hat daher auch für Anstrichstoffe große Bedeutung. Über Ähnlichkeiten und Unterschiede zwischen Lacken und Klebstoffen siehe z. B. Brushwell[609]. Weitere wichtige Anforderungen an die Anstrichstoffe faßt folgende Übersicht zusammen:

1. Gute Lagerstabilität,
2. Günstige Verarbeitungseigenschaften: das bedeutet geeignete
   a) Viskosität bei flüssigen bzw. Schmelzviskosität bei festen Anstrichstoffen,
   b) Benetzungsfähigkeit (*Verlauf*),
   c) Verarbeitungszeit und Topfzeit (pot life),
   d) Thixotropie (bei Aufbringen auf schräge bzw. senkrechte Flächen),
   e) Abbindezeit,
   f) keine oder nur einfache Vorbehandlung des Substrats erforderlich (Entfetten, Oxidieren der Oberfläche, Sandstrahlen),
   g) Eignung für die vorhandenen Applikationseinrichtungen.

3. Sonstige Anforderungen an die Anstrichstoffe:
   a) Ergiebigkeit,
   b) Preis (je kg, je m² Substratoberfläche).
4. Anforderungen an den fertigen Anstrich:
   a) Haftung auf dem Untergrund, auch an scharfen Kanten,
   b) Wärmestabilität (maximale Gebrauchstemperatur),
   c) chemische Beständigkeit (gegenüber Säuren, Basen, organ. Lösemitteln, Wasser),
   d) Alterungsverhalten: Wetterbeständigkeit, Lichtbeständigkeit (Farbe, Glanz), nicht kreidend*,
   e) Aussehen: Glanz (glänzend, matt oder seidenmatt), geschlossene Oberfläche der Schutzschicht,
   f) mechanische Eigenschaften.

9.1 Einteilung der Anstrichmittel

Man kann die Anstrichmittel nach verschiedenen Gesichtspunkten einteilen:

Einteilungs-kriterien	Beispiele
Bindemittel	Wasserglaslacke, Nitrolacke, Alkydharzlacke, Epoxidharzlacke, Polyurethanlacke
Lösemittel	Spirituslack, Esterlack, Wasserlack
Applikations-methode	Gießlack, Spritzlack, Tauchlack, Elektrotauchlack
Trocknungs-weise	Lufttrocknung, Ofentrocknung (Einbrennlacke), chemisch bzw. physikalisch trocknend**
Chem. Aufbau-prinzip	thermoplastisch, duroplastisch; Polyaddition, Polykondensation, Polymerisation

---

* Unter Kreiden versteht man – nach DIN 53 159 – das Freilegen von Pigmenten an der Oberfläche eines Anstriches, bedingt durch die Zerstörung des Bindemittels

** Die chemisch trocknenden Anstrichstoffe härten unter Molekülvergrößerung – durch Polymerisation, Polykondensation, Polyaddition – oder durch Oxidation. Die physikalisch trocknenden Anstrichstoffe bilden Filme ohne Änderung der chemischen Struktur – durch Verdunsten der Lösemittel oder der Dispersionsmittel. Manche physikalisch trocknenden Anstrichstoffe können nach der Filmbildung durch Zugabe von Lösungsmitteln wieder in Lösung gebracht werden

Einteilungs-kriterien	Beispiele
Aufbau des Anstrich-systems	Grundierung, Zwischenanstrich (Vorlacke, Füller), Decklackierung; Einschichtlack
Verwendungs-zweck	Autolack, Bootslack, Holzlack, Malerlack, Fußbodenlack, Heizkörperlack
Spezial-eigenschaften	Rostschutzlack, Mattlack, Klarlack, Transparentlack, chemikalienfester Lack, Elektroisolierlack

9.2 Wirtschaftszahlen

Die wirtschaftliche Bedeutung der Anstrichstoffe geht aus den Zahlen für die Produktion an Anstrichstoffen hervor. Der Weltverbrauch betrug 1976 16 Mio. Tonnen. Der Pro-Kopf-Verbrauch liegt besonders hoch in den Ländern USA, Kanada (21,5 kg), Bundesrepublik Deutschland (21 kg), Schweden (19 kg) und in der Schweiz (18,5 kg).

Die Entwicklung wird durch die Zahlen der Tab. 1.122 demonstriert; die Angaben der Tab. 1.123 geben einen Hinweis auf die Bedeutung der zum Einsatz kommenden Bindemittel.

9.3 Herstellung

Um ein bestimmtes Anforderungsprofil zu erfüllen, müssen verschiedene Grundstoffe und Hilfsstoffe beitragen.

Nach den Grundstoffen bzw. Bindemitteln kann man Anstrichstoffe in fünf Gruppen einteilen:

Gruppe	Beispiele
1. Anorganische	Wasserglasfarben
2. Natürliche organische	Kopale, Balsamharze oder Terpentine, Schellack
3. Duroplastische	UF, MF, PF, Alkyd-UP, EP, PUR, SI, duroplastische Acrylate
4. Thermoplastische	thermopl. Acrylate, gesättigte Polyester, PA, fluorhaltige Kunststoffe, PS, PVAC, PVC, PV/Cellulose-Derivate
5. Elastomere	Chlorkautschuk, Cyclokautschuk

Die Gruppen 3 und 4 werden in diesem Abschnitt behandelt, die Gruppe 5 auf S. 355 ff. Tab. 1.124 zählt einige (nicht in allen Fällen erforderliche) Hilfsstoffe auf.

Tab. 1.122 Entwicklung der Farben- und Lackindustrie in der Bundesrepublik Deutschland 1970–1982 (Produktion, Außenhandel, Marktversorgung)[610]

	Einheit	1970	1971	1972	1973	1974	1975	1976	1977	1978	1979	1980	1981	1982
Produktion	1000 t	1108	1182	1271	1337	1244	1208	1313	1265	1290	1331	1325	1317	1285
Produktion	Mio DM	2572	2723	2898	3112	3326	3376	3780	3794	4030	4201	4395	4640	4865
Durchschn.-preise	DM/t	2322	2304	2279	2328	2673	2796	2879	2999	3124	3156	3317	3523	3786
Import	1000 t	27	35	37	40	39	39	46	48	48	51	52	56	57
Export	1000 t	79	83	90	104	112	98	121	127	130	145	149	156	171
Marktversorgung	1000 t	1056	1134	1218	1273	1171	1149	1238	1186	1208	1237	1228	1217	1171

Tab. 1.123 Bindemittelbedarf 1973–1981 für Anstrichstoffe in den USA (in 10^3 t)[610]

Harze	1973	1975	1977	1979	1981
Alkydharze	345	315	324	324	291
Acrylharze	164	158	195	214	202
Vinylharze	187	166	183	196	180
Epoxidharze	43	38	57	66	63
Urethanharze	38	33	47	58	55
Aminoharze	34	29	39	38	33
Cellulose-Derivate	28	24	27	29	26
Polyester	12	11	20	27	31
Phenolharze	13	11	11	12	11
Elastomere	7	6	7	8	8
Styrol-Butadien	14	11	9	8	6
Natürl. Harze	10	9	9	8	8
Pflanzl. Öle	38	23	39	37	34
Andere Harze	83	77	71	71	67
Weichmacher	22	20	20	20	19
Summe	1038	931	1058	1116	1034

Die Formulierung eines Anstrichstoffes aus neuen synthetischen Harzen ist keine leichte Aufgabe. Das ist der Grund, weshalb oft mehrere Jahrzehnte verstreichen mußten, ehe auf neuen Kunstharzen basierende Industrielacke in die Lacktechnik Eingang fanden.

Von einigen Ausnahmen abgesehen gelten für die Wahl der Lösemittel folgende Regeln:

a) Lösemittel sind miteinander gut mischbar, wenn die Differenz ihrer Löslichkeitsparameter $\Delta\delta$ höchstens 4 bis 6½ $J^{1/2} \cdot cm^{-3/2}$ beträgt.
b) Polymere sind in solchen Lösemitteln gut löslich, deren Löslichkeitsparameter dem des betreffenden Polymeren ähnlich sind; auch hier sollte das $\Delta\delta \leq 6$ $J^{1/2} \cdot cm^{-3/2}$ betragen. Durch Zusatz von Lösevermittlern lassen sich jedoch auch miteinander nicht mischbare Lösemittel in eine homogene Lösung bringen. Als Lösevermittler eignen sich Lösemittel mit mittleren Löslichkeits- und Wasserstoff-Bindungsparametern, z. B. Ketone, Glykole und Glykolether wie Butylglykol, Butyldi- und -triglykol.

Meist werden mehrere Lösemittel miteinander kombiniert, die nach ihren Siedepunkten und ihrer Flüchtigkeit ausgewählt werden. Da Lösemittel meist feuergefährlich und zum Teil gesundheitsgefährdend sind, ist man bemüht sie zu

Tab. 1.124 Hilfsstoffe in Anstrichstoffen

Hilfsstoff	Beispiele
Löse- bzw. Verdünnungsmittel	– mit schwacher Wasserstoff-Bindung: aromatische oder aliphatische Kohlenwasserstoffe, Chlorkohlenwasserstoffe
	– mit mäßig starker Wasserstoff-Bindung: Ketone, Ester
	– mit starker Wasserstoff-Bindung: Alkohole (z. B. »Sprit«, Glykole), Wasser
Härter (evtl. mit Beschleuniger) Verzögerer	} je nach dem eingesetzten Reaktivharzsystem
Farbstoffe oder Pigmente	anorganisch: z. B. Titandioxid, Eisenoxidrot, Eisenoxidschwarz, Chromoxidgrün
	organisch: z. B. Azo-, Anthrachinon-, Phthalocyanin-, Chinacridonpigmente
Flexibilisatoren	werden bei der Vernetzung eingebaut, z. B. Polyglycole, Polysulfide für EP-Systeme
Weichmacher	werden bei der Vernetzung nicht eingebaut, z. B. Phthalate
Thixotropiemittel	spezielles Siliciumdioxid (Teilchengröße < 0,02 μm) oder Produkte auf organischer Basis
reaktive Verdünner	werden bei der Vernetzung eingebaut, z. B. niedermolekulare aliphatische oder aromatische Glycidyl-Verbindungen für EP
Füllstoffe	Talkum, Kreide, Kieselgur, Schwerspat, evtl. Metallpulver (im Bauwesen Quarzsand, Quarzmehl)
Streckmittel (Extender)	(evtl. für dickere Beschichtungen z. B. im Bauwesen), niedrigviskose Steinkohlenteere, bituminöse Stoffe
Korrosionsinhibitoren (bei Wasserlacken)	Barium-, Strontiumchromat, Bleisilicochromat
Antischaummittel	bei einigen Wasserlacken
Effekt-Komponenten	zur Erzeugung eines besonderen Aussehens, z. B. Lederlackstruktur, Hammerschlageffekt, Reißlackbild
sonstige Zusatzstoffe	Verlauf-, Dispergier-, Verdickungs-, Mattierungs-, Entlüftungs-, Schwebe- (Antiabsetz-), Lichtschutz-, Alterungsschutzmittel

vermeiden (Entwicklung festkörperreicher Flüssiglacke [»High-Solids«], wasserverdünnbarer Lacke und der Pulverlacke, s. S. 283).

Farbige deckende Anstriche erhält man durch Pigmente, d. h. in dem betreffenden Anstrichstoff-System unlösliche, feste, feindisperse Farbmittel. Klarlacke enthalten keine Pigmente.

Sogenannte Intumeszenz-Farben werden für spezielle Anstrichstoffe verwendet, die durch Schaumbildung (Aufblähen) und Verkohlen den Untergrund gegen Verbrennung schützen sollen. Sie bestehen meist aus Ammoniumphosphat, einem Treibmittel und leicht zersetzlichen Stoffen, z. B Casein oder Stärke, die schon bei relativ niedriger Temperatur Wasser, Kohlendioxid und nichtbrennbare Gase bilden.

Füllstoffe dienen nicht nur der Verbilligung von Anstrichstoffen, sondern auch dazu, bestimmte Eigenschaften zu erreichen, z. B. Matteffekte. Sie werden in starkem Maße bei Grundierungen und Vorlacken eingesetzt.

Um eine ausreichende Lackadhäsion zu erreichen, ist für manche Substrate (PP, EPDM) ein Auftrag eines Spezialprimers vor dem eigentlichen Lackiervorgang erforderlich.

Bei der Produktion der Anstrichmittel werden das Bindemittel, die Pigmente und sonstigen Zusatzstoffe vermischt; über die dazu verwendeten Anlagen s. Bd. II, Kap. 3.

Einige Speziallacksysteme enthalten mehr als ein Dutzend Komponenten. Tab. 1.125 bringt einige Formulierungsbeispiele.

Tab. 1.125 Rezeptur-Beispiele für Lacke[611-613]

Rezeptur 1
Doseninnenschutzlacke auf Epoxidharzbasis (Araldit GT 7008)[613]
(Gew.teile)

Araldit/Phenolharz-Verhältnis	80:20	70:30	80:20	70:30	50:50
Araldit GT 7008	28,8	26,0	28,8	25,0	19,0
Cibamin H 53[1]	–	–	–	0,5	0,5
Ethylglykol[3]	23,2	20,5	23,5	21,0	22,0
Ethylglykolacetat[4]	5,0	6,0	5,0	6,0	6,5
Methylethylketon	3,0	2,5	3,0	2,5	2,0
Harzlösung	60,0	55,0	60,0	55,0	50,0
Härter HZ 945, 50%	14,4	22,0	14,4	–	–
Varcum 5416 (29-112)[2]	–	–	–	10,7	19,0
Phosphorsäure 10% in Ethylglykol	–	–	1,8	–	–
Ethylglykol[3]	19,2	18,5	17,8	24,3	19,5
Ethylglykolacetat[4]	6,4	4,5	6,0	4,5	2,0
Butanol	–	–	–	5,5	9,5
Härterlösung	40,0	45,0	40,0	45,0	50,0
Walzlack (gebrauchsfertig)	100	100	100	100	100

[1] Harnstoff-Formaldehydharz (Ciba-Geigy)
[2] Phenol-Formaldehydharz (Beck, Koller)
[3] Ethylenglykolmonoethylether
[4] Ethoxyethylacetat

Rezeptur 2
Hellblaue Bassinfarbe auf Basis von Epoxidharz
Araldit 6071/Härter HT 834 (in Gew. Tle.)[613]

Anreibepaste		
Araldit 601 KX-75	150,0	
Xylol	47,0	
Methylisobutylketon	14,0	
Butanol	7,0	
Ethylglykol	7,0	
Titandioxyd RN 56	114,0	
Chromoxydhydratgrün LLN	8,4	
Cromophtalblau G	0,6	
Blanc fixe	185,0	
Wollastonite P 1	49,0	
Bentone 27 (Kronos-Titan)	9,0	
Silicon Oel SF 69, 1%ig in Toluol	9,0	600

unpigmentierte Harzkomponente		
Araldit 601 KX-75	370,0	
Xylol	74,0	
Butanol	10,0	
Butylglykol[1]	10,0	
Cibamin H 53	36,0	500

Härterkomponente		
Härter HT 834	156,0	
Xylol	122,0	
Butanol	122,0	400
streichfertiger Ansatz insgesamt		1500

Mischungsverhältnisse:

Araldit 6071 : Härter HT 843 = 8:3
Pigment (+Füllstoffe) : Bindemittel = 40:60

[1] Ethylenglykolmonobutylether

Tab. 1.125 Fortsetzung

Rezeptur 3
Streichlacke[611] (Massengehalt in %)

	1	2
Komponente I: Desmophen-Anreibungen[1]		
Desmophen A 160, 60%ig in Solventnaphta 100 (Bayer)	37,11	–
Weichharz P 65[2], 65%ig in EGA[3]	3,80	–
Desmophen A 360, 60%ig in Xylol : EGA 2 : 1	–	41,04
Modaflow[4], 1%ig in EGA	1,61	1,79
Cellit BP 300[5], 10%ig in EGA	–	0,71
Ethylglykolacetat (EGA)	0,54	1,13
Solventnaphta 100	11,17	6,60
Desmorapid PP[6], 10%ig in EGA	0,48	–
Dabco[7], 10%ig in EGA	–	1,79
Bentone 34, 10%iger Aufschluß[8]	2,41	2,68
Tinuvin 292[9], 100%ige Lieferform	0,32	0,36
Byk 141[10], 100%ige Lieferform	0,32	0,36
Byk 303[11], 50%ige Lieferform	0,19	0,21
Bayertitan R-KB-4[12]	32,16	28,56
Komponente II: Desmodur-Lösung		
Desmodur N 75	9,89	14,77
	100,00	100,00
Mischungsverhältnis Komponente I : II	100 : 11	100 : 17

Rezeptur 4:
Klarlack[612] (Massengehalt in %)

Komponente I: Desmophen-Lösung	
Desmophen A 160, 60%ig in Solventnaphta 100 (Pt. 007 001)	64,20
Modaflow[4], 1%ig in EGA[3]	1,00
Byk 303[11], 50%ige Lieferform	0,30
Tinuvin 900[9], 10%ig in Xylol	5,00
Tinuvin 292[9], 10%ig in Xylol	2,50
Byk 141[10], 100%ige Lieferform	0,50
Zinkoctoat, 10%ig in EGA	1,00
Solventnaphtha 100	10,09
Komponente II: Desmodur-Lösung	
Desmodur N 75	15,41
	100,00
Mischungsverhältnis Komponente I : II	ca. 100 : 18

Tab. 1.125 Fortsetzung

Anmerkungen zu den Rezepturen 3 und 4
[1] Wird auf einer Sand- oder Perlmühle dispergiert, kann der Lösungsmittelanteil reduziert werden
[2] Nichtreaktiver Polyester zur Verbesserung der Verstreichbarkeit (Bayer)
[3] EGA = Ethylglykolacetat
[4] Entlüftungsmittel (Monsanto)
[5] Verlaufmittel (Bayer)
[6] Katalysator (Bayer)
[7] Katalysator (Houdry-Hüls, Marl) s. S. 294
[8] Schwebemittel (Kronos Titan GmbH, Leverkusen)

10%iger Aufschluß	Gew.-Tle.	
Bentone 34	10	
Solvesso 100	85	5 min Dissolver bei 15 m/s Rühren bis zum Gelpunkt
Antiterra U	5	
	100	

[9] Lichtschutzmittel: Benztriazol-Derivat (900) bzw. sterisch gehindertes Amin (HALS) (Ciba-Geigy)
[10] Entlüftungsmittel (Byk-Mallinckrodt, Wesel)
[11] Additiv zur Erhöhung der Kratz- und Ritzfestigkeit (Byk-Mallinckrodt, Wesel)
[12] Nachbehandelte Rutiltype mit höchsten Ansprüchen an die Wetterhaltung, d. h. lange Glanzhaltung und Kreidungsbeständigkeit (Bayer)

Rezeptur 5:
Wasserverdünnbare Einbrenntauchgrundierung
(Bayer: Alkynol 1363 W, RR 1655/2)

	%
Alkynol 1363 W, neutralisiert*	35,40
Sacopal M 232, Lff.[1]	3,30
Bayertitan R-KB-2	14,10
Zinkphosphat mikronisiert[2]	3,00
Flammruß 101	0,25
Mikro Talkum AT extra	3,00
ASP 400	10,05
EWO-Pulver (feinstvermahlener, natürlicher Schwerspat)	9,10
Dehydran 671[3]	0,60
Isopropanol	2,00
Butylglykol	2,00
Butyldiglykol	0,50
Wasser	16,70
	100,00

* Zur Neutralisation von Alkynol 1363 W werden zu 100 Teilen Harzlieferform 4,3 Teile Dimethylethanolamin benötigt

[1] Chemia Gesellschaft, Wien
[2] Burrel Colours Ltd., London
[3] Henkel KGaA, Düsseldorf 1

Tab. 1.125 Fortsetzung

Viskosität/20 °C (Auslaufzeit DIN 53 211)	100 s DIN-Becher 4
Dichte/20 °C	1,36 g/cm³
Verdünnung	17% Wasser
Tauchviskosität/20 °C (Auslaufzeit DIN 53 211)	30 s DIN-Becher 1
Einbrennbedingung	30 min – 120 °C

Grundierungen nach dieser Rezeptur lassen sich an senkrechten Flächen einwandfrei und ohne Ablaufneigungen verarbeiten. Haftfestigkeit, Elastizität und Naßschleifeigenschaften sind sehr gut. Die Überspritzbarkeit mit konventionellen luft- und ofentrocknenden sowie wasserverdünnbaren Spritzfüllern und Decklacken ist gegeben.

Tab. 1.125 Fortsetzung

Rezeptur 6:
Lösungsmittelfreies niederviskoses Beschichtungssystem (für Filmdicke ca. 200 µm)[613]

A. Harzkomponente
Epoxidharz Typ Araldit GY 260 (Ciba-Geigy)	100
Titandioxid RN 56 (Titangesellschaft)	43
Aerosil 380 (Degussa)	4
Borchigol VL 73 S (Gebr. Borchers)	1,5

B. Härterkomponente
Härter HY 2964 (Ciba-Geigy)	48

Rezeptur 7:
Pulverlacke auf Basis von Polyestern mit endständigen Carboxy-Gruppen (Uralac) und Triglycidylisocyanurat (Araldit PT 810)[613]

	weiß	gelb	braun	grau
Uralac P 2400 (Synthetic Resins Ltd.)	56,0	62,5	76,5	–
Uralac P 2200 (Synthetic Resins Ltd.)	–	–	–	66,8
Araldit PT 810 (Ciba-Geigy)	4,2	4,7	5,7	7,0
Titandioxid Cl 310 (Titangesellschaft)	39,0	–	1,3	24,0
Mineralfeuerrot 5 GGS (Siegle)	–	0,5	–	–
Chromgelb 70 CF (Bayer)	–	21,5	4,2	–
EWO-Pulver normal (Deutsche Baryt)	–	9,9	–	–
Durcal 5 Kreide (Plüss-Stauffer)	–	–	7,9	–
Russ Coral (Degussa)	–	–	0,6	1,2
Eisenoxidrot 130 M (Bayer)	–	–	2,8	0,1
Modaflow Powder II (Monsanto)	0,6	0,7	0,8	0,7
Benzoin (BASF)	0,2	0,2	0,2	0,2
Summe	100	100	100	100

9.4 Verarbeitung

9.4.1 Aufbringen der Anstrichstoffe

1. Auftragen mit Pinsel und Rolle: sehr lohnintensiv.
2. Spritzverfahren: besonders vielseitig einsetzbare Verfahren für Flüssiglacke (s. Bd. II, S. 228).

a) Spritzen mit Druckluft für Lacke mit niedriger Viskosität (Hochdruckverfahren 1,5–6 bar, Niederdruck 0,2–0,5 bar).
b) Luftloses Spritzen (Airless-Spray) auch für Lacke mit höherer Viskosität.
c) Air-mix-Spritzen: eine Kombination von a und b.

Für Lacke mit zu hoher Viskosität bei Raumtemperatur wurden das Warm- (Temp. 35–40 °C) und das Heißspritzen (Temp. über 50 °C) entwickelt. Für hochreaktive 2-Komponentenlacke (z. B. EP- und PUR-Systeme) gibt es Spritzgeräte, bei denen die beiden Komponenten erst in der Spritzpistole vermischt werden. Mit »Spritzrobotern« lassen sich auch unregelmäßig geformte Teile (z. B. Leder) rationell beschichten.

d) Elektrostatischer Auftrag von Flüssiglacken (s. Bd. II, S. 238). Beim Verlassen des Spritzgerätes werden die Lackteilchen elektrisch negativ aufgeladen. Den elektrischen Feldlinien folgend kommen sie auch auf die Rückseite des positiv aufgeladenen zu beschichtenden Werkstückes.

e) Luft- und Airless-Elektrostatiksysteme sind Kombinationen des elektrostatischen mit dem normalen Spritzverfahren.

3. Tauchen und Fluten (s. Bd. II, S. 229 und 239)
   a) konventionelles Tauchen
   b) Elektrotauchlackieren (ETL) für »Wasserlacke« (s. S. 283) und elektrisch leitfähige Werkstücke. Die ursprünglichen Wasserlacke wurden für die Anaphorese (ATL, anodische Tauchlackierung; Werkstücke mit 50–300 V positiv geladen) entwickelt. Später kamen Wasserlacke für die Kataphorese (KTL = kathodische TL; Werkstücke negativ geladen) dazu.
   c) Fluten (Flow-Coating): besonders für große, sperrige Werkstücke.

4. Gießen: nur für flache Teile geeignet, hauptsächlich in der Möbelindustrie gebräuchlich.

5. Walzen: nur für ebene Flächen (Metallbänder, Tafeln). Ein neues Verfahren ist das Bandbeschichten (Coil-Coating), bei dem 0,2–1,5 mm starke aufgerollte Metallbänder (coils) zuerst vorbehandelt werden (Phosphatierung), dann eine einseitige oder beidseitige Beschichtung erhalten (Schichtdicke zwischen 25 und 400 μm). Das Verfahren ist auch für strahlungshärtende Lacksysteme gut geeignet (s. Bd. II, S. 235).

6. Pulverbeschichten (Wirbelsintern, elektrostatisch, Flammspritzen, s. S. 283 und Bd. II, S. 298).

7. Sonstige Verfahren:
   a) Das »In-Mould-Coating-Verfahren« (IMC) ist eine Kombination von Lackier- und Preßverfahren. Harzmatten (SMC, s. S. 235) werden zunächst in einer Presse bei etwa 150 °C gehärtet; das Werkzeug wird wenige mm geöffnet und ein Reaktionslack unter Druck auf das Werkstück aufgebracht. Das Werkzeug wird geschlossen, der erwärmte Lack verteilt sich über die Werkstückoberfläche (Schichtdicke 50–100 μm) und kann in Inhomogenitäten des SMC-Teiles eindringen. Nach der Härtung (ca. 1 min) wird das lackierte Werkstück aus der Form entnommen.
   b) Das APS-Verfahren arbeitet mit wäßrigen Pulversuspensionen (s. S. 284).

9.4.2 Härtung der Lackfilme

Die Härtung ist bestimmt durch das Bindemittelsystem.
Man unterscheidet:

Härtungsverfahren	Beispiele
a) nach physikal. Gesichtspunkten	
Lufttrocknung (= Härtung bei Raumtemperatur)	physikalische Trocknung, oxidative Vernetzung, Vernetzung kalthärtender Systeme (z. B. EP + Amin)
Ofentrocknung (= Härtung bei höherer Temperatur)	Vernetzung heißhärtender Systeme (z. B. Polyisocyanat + Polyol)
Härtung durch energiereiche Strahlung (meist bei Raumtemperatur)	UV-Strahlen, Elektronenstrahlen } für polymerisierbare Anstrichsysteme, *Photolacke*
b) nach chem. Gesichtspunkten	
Polyaddition	EP/Amin-Systeme, Polyisocyanat + Polyhydroxy-Verbindung → PUR
Polykondensation	MF, UF, PF, Alkyd- bzw. Acrylharze mit Formaldehydkondensationsprodukten
Polymerisation	UP/Styrol + Peroxide

9.4.3 Aufbau von Anstrichen

In vielen Fällen werden mehrere Schichten auf ein Substrat aufgebracht, z. B. in der Autoindustrie:

	a) Normallackierung	b) Metallic-Lackierung
oberste Schicht	3. Decklack, pigmentiert	4. Klarlack
		3. Metallic-Basislack, pigmentiert
	2. Füller	2. Füller
unterste Schicht	1. Grundierung	1. Grundierung
	Metall-Substrat	Metall-Substrat

Die Grundierung wird heute meist durch Elektrotauchlackierung aufgebracht. Ihre beiden Hauptaufgaben sind Korrosionsschutz für das darunterliegende Metall und gute Adhäsion. Der Füller soll eventuelle Unebenheiten des Untergrundes ausgleichen.

9.4.4 Häufig verwendete Anstrichmittel

Duroplastische Lacke (Polykondensations- oder Polyadditionsharze) sind vor der Filmbildung meist niedermolekulare Stoffe mit relativ niedriger Viskosität, deren rel. Molekülmasse erst bei der Vernetzung stark ansteigt. Thermoplastische Anstrichstoffe (Polymerisationsharze) dagegen haben schon vor der Filmbildung eine hohe rel. Molekülmasse. Hier muß man einen Kompromiß finden zwischen einer genügend niedrigen Viskosität in Lösung (wofür ein Polymerisat mit einer niedrigen Molekülmasse vorteilhaft wäre) und guten mechanischen Eigenschaften des Films (was lange Fadenmoleküle mit höherer Molekülmasse erfordert). Häufig hilft man sich aus diesem Dilemma durch die Verarbeitung der Polymerisationsharze in Dispersionen oder verwendet ein Pulverlackverfahren.

Thermoplastische Anstrichmittel

Etwa 25 bis 30% aller heute für Anstrichmittel eingesetzten Produkte sind Thermoplaste. Besonders häufig verwendete Homo- und Copolymere sind:

- Polyvinylacetat und Copolymere (für Latexfarben)
- PVC-Copolymere (chemikalienbeständige Anstrichmittel)
- Polyacrylate (Latexfarben, Industrie- und Pulverlacke)
- Polyvinylpropionate (Latexfarben)

PVAC-Festharze zeichnen sich durch gute Haftfestigkeit auf verschiedenen Substraten aus. Die Typen mit niedrigem bis mittlerem Polymerisationsgrad werden als Selbstbindemittel für Metallüberzüge, Spachtel, Holz- und Schutzlacke eingesetzt oder als Zusatzkomponente zu Nitro-, Chlorkautschuk- und Celluloseacetobutyratlacken um Füllkraft, Glanz, Lichtechtheit oder Haftfestigkeit zu erhöhen.
PVAC-Dispersionen werden seit Jahren mit großem Erfolg zur Herstellung für wisch- und waschfeste Bautenanstriche, als Isoliergrund auf saugenden Materialien, für den Holzanstrich aber auch für Beschichtung auf Papier, Textilien sowie als Zusatz zu Mörtel und Verputz verwendet.
Thermoplastische Poly(meth)acrylate werden meist als Copolymerisate (mit Vinylestern, Styrol und Vinylchlorid) eingesetzt. Sie gewinnen allmählich größere Bedeutung für Dispersionsanstriche.
Polyvinylidenfluorid (PVDF)-Lacksysteme werden wegen ihrer hervorragenden Außenbewitterungsbeständigkeit für Spezialanwendungen in der Bautechnik eingesetzt.

Duroplastische Anstrichmittel

Über 70% der Anstrichstoffe haben Duroplaste als Grundstoffe. Mengenmäßig überwiegen die Polykondensationsharze (Phenol-, Harnstoff-, Melaminharze, ungesättigte Polyesterharze). Die Additionsharze (Epoxid- und Polyurethan-Systeme) sind teurer und werden dementsprechend nur bei besonderen Anforderungen verwendet.

Phenolharze werden aus Phenol und Formaldehyd hergestellt. In saurem Medium und mit Phenol-Überschuß entstehen die sogenannten Novolake (nicht – Lacke!), die zur Aushärtung einen Zusatz von Formaldehyd (z. B. in Form von Hexamethylentetramin) benötigen. Resole werden in alkalischem Medium hergestellt; zur Härtung werden meist Säuren (z. B. Phosphorsäure oder Toluolsulfonsäure) verwendet (s. Phenoplaste, S. 109 ff).
Nach dem Aushärten sind vernetzte Resole zwar sehr chemikalienfest, jedoch ziemlich spröde. Daher werden sie meist mit anderen duroplastischen oder thermoplastischen Lackbindemitteln kombiniert.
Alkylphenole, teilweise veretherte Phenolharze oder solche auf Basis von Bisphenol A geben plastifizierte Resole, die man jedoch länger und/oder bei höherer Temperatur aushärten muß.
Als Innenschutzlacke z. B. für chemisch und mechanisch hochbeanspruchte Emballagen, Behälter, Kessel und Rohrleitungen werden heute in beachtlichen Mengen PF-EP-Kombinationen verwendet.
Spezielle Phenolharze wurden für Photolacke für das Positivverfahren und in der Drucktechnik zur Erhöhung der Abriebfestigkeit entwickelt.
Amidharze entstehen durch Reaktion von Amino- und Carbonyl-Gruppen. Als Carbonyl-Gruppenträger wird meist Formaldehyd eingesetzt; Amino-Gruppen folgender Rohstoffe sind von Bedeutung:

- Harnstoff
- Melamin
- Benzoguanamin
- Sulfonamid
- Anilin

Die Umsetzung der Amino-Gruppe mit Formaldehyd erfolgt nach dem Schema:

$R^1-NH_2 + H-CHO \rightleftharpoons R^1-NH-CH_2OH$

Methylol-Bildung

$R^1-NH-CH_2OH$

$-H_2O \mid +R^2-NH-CH_2OH$ ↙   ↘ $-H_2O \mid +R^2-NH_2$

$R^1-NH-CH_2-O-CH_2-NH-R^2$
Dimethylenether-Brückenbildung

$R^1-NH-CH_2-NH-R^2$
Methylen-Brückenbildung

Schließlich entstehen hochvernetzte, nicht mehr schmelzbare Produkte.

Durch Verethern von Methylol-Gruppen mit *n*-Butanol oder *i*-Butanol kann die Netzwerkdichte der ausgehärteten Filme vermindert werden, wodurch man die Sprödigkeit herabsetzen kann. Die Veretherung führt außerdem dazu, die Harze in organischen Systemen löslich zu machen.

Harnstoffharze werden oft mit Cellulosenitrat (*Nitrocellulose*) oder Hydroxy-gruppenhaltigen Alkydharzen kombiniert und dadurch plastifiziert.

Neue Verordnungen (z. B. durch die TA-Luft und die Arbeitsstättenverordnung in der Bundesrepublik Deutschland) haben zur Entwicklung umweltfreundlicherer Lacksysteme geführt und damit zu einem stärkeren Einsatz von mit Methanol veretherten Harnstoffharzen, die in wäßrigen Systemen verwendbar sind. Neuere Lacksysteme haben einen geringeren Gehalt an freiem Formaldehyd.

Melaminharze – vor allem die butylveretherten Typen – zeichnen sich durch hervorragende Lichtechtheit aus; sie werden oft mit Alkydharzen, Cellulosenitrat oder mit Epoxidharzen, neuerdings auch mit Polyester- und Acrylatharzen kombiniert.

Auch Sulfonamidharze werden vorwiegend mit Nitrocellulose kombiniert. Benzoguanaminharze werden wegen ihres höheren Preises für Spezialzwecke (Chemikalienbeständigkeit) eingesetzt – z. B. in Abmischung mit Epoxidharzen.

Duroplastische Polyester umfassen eine große Anzahl chemisch zum Teil stark verschiedener Produkte mit den gemeinsamen Merkmalen der Estergruppen in der Molekülkette. Ihre Fähigkeiten zu vernetzen haben sie entweder Doppelbindungen oder freien reaktiven Gruppen zu verdanken.

UP-Bindemittel enthalten drei bis vier Hauptkomponenten:

1. Polykondensat mit reaktionsfähigen Stellen
2. Ungesättigte Monomere, z. B. Styrol
3. Initiator, z. B. Peroxide
4. evtl. Beschleuniger, z. B. tertiäre Amine, Metallverbindungen

Wichtige Gruppen faßt Tab. 1.126 zusammen; die mengenmäßig bedeutende Gruppe der Alkyde unterscheidet man gemäß Tab. 1.127.

Ihr Anwendungsgebiet ist entsprechend breit: Für lufttrocknende, ofentrocknende und säurehärtende Lacke, als lösungsmittelhaltige oder wäßrige Systeme, in Grundierungen, Decklacken (für innen und außen) und in zahlreichen Kombinationen mit anderen Bindemitteln (z. B. Chlorkautschuk, Cyclokautschuk, Phenol-, Harnstoff-, Melamin-, Kohlenwasserstoff-, Keton-, Epoxid-, Cumaron-, Natur-, Vinylharzen).

Tab. 1.126 Aufbau der Polyester, die im Oberflächenschutz zum Einsatz kommen

Polyesterart	Komponenten
Glyptale	Glycerin + Phthalsäure
Alkydharze	Polyalkohole + Polycarbonsäure + langkettige Fettsäure* (evtl. modifiziert mit Epoxid-, Diisocyanat-, Acrylat- oder Phenolharz) ölfreie Alkydharze entstehen aus mindestens 3 difunktionellen Komponenten (jedoch ohne Fettsäuren)
ungesättigte Polyester	ungesättigte Dicarbonsäure (z. B. Fumar- oder Maleinsäure) + Polyole enthalten zusätzlich Monomere (z. B. Styrol), mit denen sie copolymerisieren können
gesättigte duroplastische Polyester	Dicarbonsäure + Polyalkohole (mit mindestens 3 Hydroxy-Gruppen je Molekül)

* in der angelsächsischen Literatur wird der Ausdruck *alkyds* auch für nicht mit Fettsäuren umgesetzte Polyester verwendet

Tab. 1.127 Alkydharztypen

Alkydharztyp	Ölgehalt %	Hauptanwendungsgebiete
fette Alkydharze (langölig)	≥ 60	Malerlacke, Heimwerkerlacke
halbfette Alkydharze (mittelölig)	40–60	lufttrocknende Industrielacke, besonders spritzbare Rostschutz- und Autoreparaturlacke
magere Alkydharze (kurzölig)	≤ 40	ofentrocknende Industrielacke, besonders Möbellacke

Sie werden in Lacken für Holz, Metall, Mauerwerk, Leder, Papier, Gewebe, Kunststoff und in Korrosionsschutzsystemen eingesetzt.

Ölfreie Polyester haben sich in der Breitbandbeschichtung (*Coil-coating*) bewährt. Bei einigen ölfreien Alkydharzen sind die (Vergilbung verursachenden) Fettsäuren durch Substanzen ersetzt worden, die mit den freien Hydroxy-Gruppen reagieren können; auf diese Weise läßt sich eine höhere Elastifizierung (z. B. durch Adipinsäure) erreichen oder eine verbesserte chemische Beständigkeit (z. B. durch Trimellithsäureanhydrid).

Die ungesättigten Polyester mit Styrolmonomer und Peroxiden als Polymerisationsinitiatoren sind Basis zahlreicher Möbellacke und Spachtelprodukte. Sie können als festkörperreiche Flüssigkeit in dicken Schichten aufgebracht werden.

Die duroplastischen Typen der gesättigten Polyester verdanken ihre Vernetzbarkeit den Tri- und Polyolen, wobei die Vernetzungsdichte durch Art und Anteil der höherwertigen Alkoholkomponenten eingestellt wird. Ihre Hauptanwendungsgebiet sind Pulverlacke mit guter chemischer Beständigkeit. Diese Polyester basieren meist auf Terephthalsäure als Dicarbonsäure-Komponente.

Epoxid-Systeme (s. Teil 1 A, 7.22) sind in hochwertigen Anstrichstoffen enthalten, die drei Hauptanforderungen erfüllen müssen:

– ausgezeichnete chemische Beständigkeit, auch gegenüber Alkalien,
– gute Haftung (Adhäsion),
– gute mechanische Eigenschaften, z. B. hohe Schlagfestigkeit.

Von den zahlreichen Anwendungsgebieten für Epoxidharze ist der Oberflächenschutz mengenmäßig das wichtigste: ca. 50% aller EP-Harze gehen in dieses Applikationsgebiet[614].

Epoxid-Systeme werden sowohl für kalthärtende Anstriche wie auch für Einbrennemaillen verwendet. Neben ihren ausgeprägten Vorzügen ist der Tendenz aromatischer Epoxide zu kreiden, ein Nachteil für Außenanwendungen. Kalthärtende Systeme enthalten als Härter Amine, Polyaminoamide oder Polyisocyanate. Sie werden hauptsächlich für Korrosionsschutzanstriche, stark beanspruchte Bodenbeläge in der Industrie, in Garagen und Werkstätten und für Auskleidungen von Lebensmittelbehältern verwendet. Die heißhärtenden Systeme haben Phenol-, Harnstoff- oder Melaminharze als Reaktionspartner. Sie sind den kalthärtenden Systemen meist qualitativ überlegen. Ihre Haupteinsatzgebiete sind Lacke für Waschmaschinen, Rohre, Lebensmittelbehälter (z. B. Tubenlacke) oder Apparate der Elektroindustrie.

Bei den heutigen elektrostatisch applizierten Anstrichpulvern haben die Epoxidharze eine dominierende Stellung. Sie enthalten meist die üblichen Bisphenol-A-Epoxidharze und als Härter Dicyandiamid, Anhydride oder Biguanide mit geeigneten Beschleunigern. Andere, wetterbeständige Anstrichpulver basieren auf einer Kombination von Carboxy-gruppenhaltigen Polyestern mit Triglycidylisocyanurat.

Epoxidharze eignen sich auch für lösungsmittelfreie (oder lösungsmittelarme) und wäßrige Anstrichsysteme sowie für durch UV-Strahlen härtbare Lacke (s. S. 285).

Wärmehärtende Acrylharze. Copolymere von (Meth)-acrylsäure mit Styrol, Acrylamid, Butadien werden entweder durch Einbau reaktiver Gruppen als eigenhärtende Systeme oder in Kombination mit anderen reaktiven Harzen als indirekt härtende Systeme eingesetzt. Von größerer praktischer Bedeutung sind Mischungen von

– Hydroxy-gruppenhaltigen Acrylharzen mit Melaminharzen,
– Carboxy-gruppenhaltigen Acrylharzen mit Epoxidharzen,
– Glycidyl-gruppenhaltigen Acrylharzen,
– mit Formaldehyd umgesetzte Acrylamid-Systeme (enthalten reaktive Methylol-Gruppen oder deren Alkylether), die dann mit Alkoholen umgesetzt werden.

Vorzüge der wärmehärtenden Acrylharze sind ihre Wetter- und Chemikalienbeständigkeit, Haftfestigkeit und Helligkeit. Haupteinsatzgebiete: Lackierung von Fahrzeugen, Haushaltsgeräten (z. B. Wasch- und Geschirrspülmaschinen) und die Beschichtung von Endlosblechen.

Isocyanat-Systeme. Isocyanate reagieren mit Hydroxy-Gruppen unter Bildung von Urethanen, mit Aminen zu N-substituierten Harnstoffen (s. Teil 1 A, 7.21). Als Hydroxy-gruppenhaltige Reaktionspartner werden meist Polyester oder Polyether mit unterschiedlicher Kettenlänge und Hydroxyl-Zahl verwendet; aber auch Epoxidharze, Acrylate und Alkydharze können über ihre Hydroxy-Gruppen die Isocyanate vernetzen.

Für Anstrichstoffe werden sowohl aromatische Isocyanate (z. B. TDI – Toluylendiisocyanat) verwendet wie auch aliphatische (z. B. Hexamethylendiisocyanat). Aromatische Diisocyanate reagieren schneller und sind billiger; ähnlich den Epoxidharzen auf aromatischer Basis zeigen aromatische Isocyanat-Systeme Tendenz zum Kreiden und Vergilben.

Aliphatische Isocyanate ergeben Anstriche mit hoher Lichtechtheit, Wetter- und Chemikalienbeständigkeit. Monomere Isocyanate werden wegen ihrer Flüchtigkeit und Toxizität nicht unmittelbar als Vernetzungspartner in Anstrichstoffen eingesetzt, sondern erst durch Reaktion mit mehrwertigen Alkoholen (z. B. Trimethylolpropan) zu Addukten umgesetzt. Die reaktive Isocyanat-Gruppe kann überdies durch Anlagerung bestimmter Verbindungen (z. B. Phenol) blockiert werden (*verkappte Isocyanate*), wodurch bei Raumtemperatur stabile Systeme entstehen, die erst bei höherer Temperatur (z. B. über 150 °C) aufspalten und dann vernetzen. Kalthärtende Isocyanat-Lacke (2-Komponenten-Lacke) finden hauptsächlich als Industrielacke Verwendung. Sie trocknen bei Raumtemperatur in 4 bis 6 Stunden und sind nach einem Tag durchgehärtet. Ihre volle Chemikalienfestigkeit erreichen sie nach 1 bis 2 Wochen.

Wärmehärtende Isocyanat-Lacke haben eine bessere

Haftfestigkeit, Härte und Beständigkeit als die lufttrocknenden Systeme. Anstrichstoffe mit langer Topfzeit enthalten verkappte Isocyanate.

Schließlich gibt es noch Isocyanat-Lacke, die unter dem Einfluß der Feuchtigkeit härten. Die Isocyanat-Gruppe reagiert mit Wasser unter Abspaltung von Kohlendioxid zu Harnstoff-Derivaten. Diese Isocyanat-Systeme eignen sich zum Imprägnieren und Versiegeln von Beton und als Anstriche für stark beanspruchte Holzfußböden.

9.4.5 Neuere Entwicklungen im Oberflächenschutz[615]

Seit der Erdölkrise 1974 ist Energie wesentlich teurer geworden; die Lohnkosten stiegen und an die heutigen Lacksysteme werden schärfere Sicherheitsanforderungen gestellt. All dies führte dazu, daß an der Entwicklung umweltfreundlicher, energie- und arbeitskraftsparender Systeme mit verstärkter Intensität gearbeitet wird. Man hat hier vier Richtungen eingeschlagen:

1. »Lösungsmittelfreie« (oder besser »lösungsmittelarme«) Systeme: Festkörperreiche Flüssiglacke (»High Solids Systems«)
2. Wäßrige Systeme: »Wasserlacke«, APS-Systeme (= aqueous powder systems)
3. Anstrichpulver (Pulverlacke)
4. Durch Strahlung härtbare Lacke

Tab. 1.128 zeigt, nach einer Überschlagsrechnung von Hansmann[616], in welchem Ausmaß diese neueren Anstrichsysteme weniger Energie erfordern gegenüber den konventionellen Lacken.

Vielfach war die Entwicklung dieser neuen Anstrichstoffe verknüpft mit der Erarbeitung neuer Applikationsverfahren:

- Elektrotauchlackierung für wasserverdünnbare Lacke (s. Bd. II, S. 229),
- elektrostatisches Pulverspritzverfahren für Anstrichpulver (s. Bd. II, S. 228),
- Strahlungshärtungsgeräte für durch Strahlen härtbare Lacke

Festkörperreiche Flüssiglacke

Festkörperreiche Flüssiglacke mit einem Festkörpergehalt von ca. 80% (und trotzdem ausreichend tiefer Viskosität) haben hohe Füllkraft und ergeben im Vergleich zu den konventionellen lösungsmittelreichen Lacken dickere Filme je Auftrag.

Zur ihrer Herstellung sind niedermolekulare Bindemittel erforderlich (oder Zusätze von niedermolekularen reaktiven Verdünnern). Sie werden meist mit 2-Komponenten-Spritzapparaturen appliziert, doch gibt es bereits Epoxid-Systeme, die man auch mit 1-Komponenten-Apparaturen verarbeiten kann.

Derartige lösungsmittelfreie Systeme haben sich auch für Bodenbeläge, Wandbeschichtungen, Versiegelungen und für den Schutz von Abwasserreinigungsanlagen bewährt (s. Rezeptur-Beispiel 6 in Tab. 1.125).

Tab. 1.128 Erforderliche Energie bei der Verarbeitung unterschiedlicher Lacksysteme[616]

Lacksysteme	Konv. Lacke	Wasserlack	High Solid	Pulver
Feststoff (%)	50	50	80	100
Org. Lösungsmittel (%)	50	15 (35 H_2O)	20	–
Auftragswirkungsgrad (%)	90	85	90	98
Verluste »Schadstoffe« (%)	55	23	28	3
Material Lackfilm (%)	45	42	72	97
Die Relationen – bezogen auf 1 kg Trockenfilm – sind folgende:				
Material Lackfilm (kg)	1,00	1,00	1,00	1,00
Verluste »Schadstoffe« (kg)	1,22	0,55	0,39	0,03
»Schadstoffe« in Erdöl Äquivalenten (MJ)	116	52	37	3
Erforderliche Wärmeenergie (MJ)*	24	10	8	6

* Bemerkung: Bei den Berechnungen ist die Menge der erforderlichen Frischluft eingesetzt, die notwendig ist, um die Sicherheit zu gewährleisten (10 g Lösungsmittel/m^3 Luft). Bei Einhaltung der Frischluftmenge nach T-A Luft würden die Relationen zugunsten von Pulver weiter verschoben.

Wäßrige Systeme, Wasser (verdünnbare) Lacke

Die grundlegenden Arbeiten auf diesem Gebiet liegen schon lange zurück: Hönel[617] gelang es, verschiedene lipophile Anstrichbindemittel durch chemische Reaktion wasserlöslich zu machen. Dabei sind vorwiegend drei Wege üblich: Einbau von

- Carboxy-Gruppen, die nach Zugabe von Aminen wasserlösliche Systeme ergeben,
- Hydroxy-Gruppen (meist in Verbindung mit Carboxy-Gruppen), die man mit UF oder MF-Harzen aushärtet,
- Ether-Gruppen, die zu einer ausreichenden Hydrophilierung führen können.

Beispiele solcher »Wasserlacke«, die ab etwa 1960 auf den Markt kamen, sind wasserlösliche Alkyde, Öle (meist Maleinatöle), Epoxidester und Acrylate. Als Vernetzungskomponente dienen wasserlösliche Amidharze oder Phenole. Während die konventionellen Lacke aus ca. 50% Feststoff und ca. 50% Lösemittel bestehen, enthalten »Wasserlacke« nur noch ca. 15% Lösemittel neben 50% Feststoffen und 35% Wasser.

Mit ihnen lassen sich besserer Korrosionsschutz und gute Kantendeckung erreichen.
Bei der Elektrotauchlackierung werden die als Anode geschalteten metallischen Werkstücke in einem wasserhaltigen Tauchbad (Festkörpergehalt ca. 10%) mit einem gut haftenden, dichten, gleichmäßigen Lackfilm überzogen. Für die Lackabscheidung wird Gleichstrom von 50 bis 300 V und einer Stromdichte von 30 bis 40 A/m^2 verwendet. Tauchzeit 1 bis 3 Minuten. Die Tauchbecken fassen 100 bis 500 000 Liter.
Nach dem Verlassen des Bades werden die Werkstücke abgespült, mit Preßluft abgeblasen und im Trockenofen eingebrannt.
An Wasserlacken für die Beschichtung von Lebensmittelbehältern, z. B. Konservendosen, sowie an Systemen, die man an der Kathode des Tauchbades abscheiden kann, z. B. Cathodip-Verfahren, wird bei verschiedenen Rohstoffherstellern und Lackfabriken gearbeitet. Die kataphoretische Tauchlackierung hat bereits Eingang in die Automobilindustrie gefunden.

Pulverlacke

Pulverlacke[618–620] gibt es heute auf Basis von Thermoplasten (Celluloseester, Polyamide, PVC, Polyethylen, Polyfluorkohlenwasserstoffe) und auf Basis von Duroplasten (Epoxid-, Polyester-, Polyacrylat- und Polyurethan-Systeme). Auch verschiedenartige Bindemittel werden miteinander kombiniert (z. B. Epoxidharze und verkappte Polyisocyanate, Polyester und Epoxidharz). Die meisten Pulverlacke enthalten Epoxidharze, meist mit Dicyandiamid, Anhydriden oder Biguaniden. Für besonders außenbewitterungsbeständige Anstriche haben sich Kombinationen carboxygruppenhaltiger Polyester mit Triglycidylisocyanurat (TGIC) bewährt. Unter den thermoplastischen Beschichtungspulvern sind die Polyamide (PA 11 und PA 12) von größerer Bedeutung.

Zwei Applikationsmethoden für Pulverlacke sind häufig:

1. Das Wirbelsintern (WS-Verfahren): der zu beschichtende heiße Gegenstand wird in eine Wirbelschicht eingetaucht; die Pulverteilchen haften auf dem heißen Substrat. Die Vorwärmtemperaturen liegen für die Beschichtung mit thermoplastischen Sinterpulvern ca. 100 bis 200 °C über dem Schmelzbereich des Kunststoffes (s. Tab. 1.129). Die erforderliche Eintauchzeit hängt von der gewünschten Schichtdicke ab; sie beträgt meist zwischen 3 und 10 Sekunden für Schichtdicken zwischen 0,3 und 0,8 mm.
Um porenfreie Überzüge zu erzielen, müssen die überzogenen Teile evtl. nochmals (außerhalb des Pulverbades) erwärmt werden. Bei nicht ausreichend ausgehärteten duroplastischen Anstrichpulvern ist eine Nacherwärmung auf jeden Fall erforderlich. Die fertig beschichteten Werkstücke werden in einem Wasserbad oder mit Luft abgekühlt.
2. Das elektrostatische Pulverspritzen (EPS-Verfahren) ist die wichtigste Pulverbeschichtungsmethode: die elektrisch aufgeladenen Pulverteilchen werden vom geerdeten Werkstück angezogen, setzen sich an dessen Oberfläche an und bilden dort einen geschlossenen Überzug.

Tab. 1.130 vergleicht einige verfahrenstechnische Merkmale beider Prozesse.
Die Schichtdicke des Überzugs hängt von der Korngröße des Pulvers ab. Feinpulver sind jeweils teurer wegen der höheren Kosten beim Mahlen (Tab. 1.131).

Die Vorteile beider Verfahren mit entsprechenden modernen Anlagen sind:

- geringer Energieverbrauch
- Lösemittel sind nicht erforderlich (Umweltfreundlichkeit, Arbeitssicherheit),
- Wiederverwendbarkeit von vorbeigesprühtem Material,

Tab. 1.129 Vorwärmtemperaturen für das Wirbelsintern

Thermoplast	Vorwärmtemperatur (°C)
HDPE	220–300
PVC	300–350
PA 6	300–400
PA 11	280–350

Tab. 1.130 Verarbeitungsverfahren für Pulverlacke[619]

Verfahren	WS		EPS
Korngrößen	(50) 80...300 µm		40...100 µm
Schichtdicken	(75) 200...500 (1000) µm		(20) 70...150 (300) µm
Werkstückoberfläche	gesandstrahlt		glatt
Pulverlacke	UP + EP		Acrylharze + PUR
	PP, PE, PVC, PA 11		
	EVA, PVDF, PA 6 + 12		CAB

( ) = Ausnahmefälle

Tab. 1.131 Abhängigkeit der Schichtdicke von der Korngröße des Pulvers[622]

Pulverart	Korngröße (µm)	Schichtdicke (µm)
Feinpulver	0– 70	bis 40
Normalpulver	0–120	bis 80
Wirbelsinterpulver	0–300	ab 300

– in einem Arbeitsgang können relativ dicke, porenfreie Überzüge aufgebracht werden.

Als Nachteile der Pulverlacke sind zu nennen:
– Investitionskosten der Beschichtungsanlage,
– Reinigungsprobleme bei Farbumstellungen.

Weniger verbreitet ist das Flammspritzverfahren. Dabei werden Pulverlacke (hauptsächlich verzweigtes PE) beim Durchgang durch eine Flamme erweicht und auf eine heiße Unterlage gespritzt, deren Temperatur unterhalb der Schmelztemperatur des betreffenden Polymeren liegt. Es entsteht ein lückenloser Überzug (meist 0,1 bis 1 mm dick, durch mehrmaliges Spritzen können auch höhere Schichtdicken erzielt werden). Hauptanwendungsgebiet ist das Auskleiden (größerer) Behälter.

Eine besonders umweltfreundliche Lackiermethode basiert auf der Applikation pulverförmiger Lacksysteme aus wäßriger Suspension (APS-Systeme), auf die nachstehend hingewiesen wird.

Die Herstellung eines EP-Pulverlackes erfolgt in fünf Stufen:

1. Zerkleinern und Vormischen der festen Rohstoffe (Teilchengröße meist ≤ 3 mm)
2. Homogenisieren der Rohstoffe bei 80 bis 120 °C
   – diskontinuierlich (z. B. in Z-Knetern)
   – kontinuierlich (in Extrudern)
3. Abkühlen und Grobmahlung (Teilchengröße ca. 2 mm)
4. Feinmahlen und Absieben (Teilchengröße meist 30 bis 60 µm, für das Wirbelsintern werden gröbere Pulver [60 bis 250 µm] eingesetzt).
5. Rückführung zu grober Anteile in Stufe 2

APS-Systeme

Unter der Bezeichnung APS (aqueous powder suspension)[623, 624] wurde ein neues vollständig lösemittelfreies Lackiersystem entwickelt, mit dem das hohe Qualitätsniveau von Pulverlacken auf wäßrige Systeme übertragen wird. Die wichtigsten Auftragsmethoden sind diverse Spritzverfahren (Luft, airless, HR-Zerstäubung*, elektrostatisch). Sie können mit konventionellen Geräten und Anlagen durchgeführt werden, wie sie für Lösungsmittellacke verwendet werden.

Schichtdicken zwischen 10 und 150 µm lassen sich erreichen. Als Vorteil gegenüber Wasserlacken wird die höhere Anstrichqualität angegeben. Nach dem APS-Verfahren kann man auch schwer zugängliche Hohlräume beschichten – ein Fortschritt gegenüber dem Pulverlackverfahren. Die heutigen APS-Systeme sind jedoch teurer als konventionelle (= lösungsmittelhaltige) oder Pulverlacksysteme.

Das Herstellungsverfahren für APS ähnelt in den ersten Stufen dem für EPS-Pulver. Ein Gemisch aus Bindemittel, Pigment und Additiven wird extrudiert, abgekühlt, gemahlen und anschließend auf ca. 100 µm ausgesiebt.

Im Unterschied zu den EPS-Pulvern folgt dann die Feinmahlung in wäßriger Aufschlämmung (Festkörpergehalt ca. 45%) auf eine Korngröße von ca. 5 µm. Bei geeigneter Formulierung ist die so erhaltene Suspension unmittelbar gebrauchsfähig.

---

* Hochrotationszerstäubung = Zerstäubung mit hoher Rotationsgeschwindigkeit

Strahlungshärtung

Strahlungshärtung ist für eine schnellaufende Beschichtung flacher Oberflächen wärmeempfindlicher Materialien (z. B. Holz, Papiere oder Kunststoffe) ausgezeichnet geeignet. Weitere Vorteile sind die Vermeidung von Lösemitteln, der geringe Energieverbrauch, die erreichbare hohe Anstrichqualität und der geringe Platzbedarf.

Durch Strahlung härtbare Lacke basieren auf ungesättigten Verbindungen (Monomere, Oligomere, Polymere), bei denen die Reaktion (meist Polymerisation) durch energiereiche Strahlen bewirkt wird.

Zwei Typen strahlungshärtbarer Systeme beherrschen heute den Markt:

1. Systeme für die Aushärtung durch Elektronenstrahlen, die in Bruchteilen einer Sekunde aushärten. Einer breiteren Anwendung stehen die hohen Investitionskosten für die Strahlungsgeräte entgegen.
2. UV-härtbare Systeme: sie vernetzen langsamer, benötigen aber nur relativ geringen Kapitaleinsatz bei ihrer Einführung in Lackierbetriebe.

Mit Elektronenstrahlen kann man Klarlackfilme (bis zu 500 μm dick) aushärten, mit Gammastrahlen lassen sich auch größere Schichtdicken durchhärten.

Ein typisches UV-strahlungshärtbares System enthält:

1. Harze (ursprünglich UP, später kamen ungesättigte Acryl-Präpolymere, acrylierte Polyester und acrylierte Epoxide dazu).
2. Monomere (wirken als Verdünner und zusätzliche Vernetzer): fast in allen Fällen Acrylester.
3. Photoinitiatoren, die unter der Wirkung von Licht bestimmter Wellenlänge Radikale bilden, die zur Einleitung der Polymerisation dienen.
4. Verschiedene Spezialadditive, z. B. Sensibilisatoren oder Stabilisatoren.

Die Härtung mit UV-Strahlen gewinnt in letzter Zeit auch in der Drucktechnik und bei der Herstellung von Photoresists (z. B. zur Produktion von gedruckten Schaltungen) erhöhte Bedeutung.

10. Schaumkunststoffe

Nach DIN 7726 sind Schaumstoffe künstlich hergestellte Werkstoffe mit zelliger Struktur und niedriger Rohdichte[625].

Schaumstoffe aus Kunststoff werden wegen ihrer geringen Rohdichte (meist zwischen 8 kg/m^3 und 100 kg/m^3) verwendet, wegen ihres Wärmedämmungsvermögens (s. Abb. 1.89) (Wärmeleitzahl zwischen 0,08 und 0,17 kJ/mhK), als schalldämpfender (besonders die offenzelligen) oder als stoßdämpfender Werkstoff. In gekörnter Form dienen sie als Bodenverbesserer in der Landwirtschaft. Da ihr Literpreis wesentlich geringer ist als der von kompakten Kunststoffen, werden sie auch immer stärker eingesetzt, um ein bestimmtes Volumen zu niedrigen Kosten auszufüllen, wenn ihre mechanischen Eigenschaften ausreichen.

Da zum Verschäumen in vielen Fällen kein größerer Druck erforderlich ist, genügen häufig Werkzeuge aus Holz oder Reaktionsharzen statt der teuren (verchromten) Stahlwerkzeuge für das Preßverfahren.

Schaumstoffe kann man nach verschiedenen Gesichtspunkten einteilen:

a) nach ihrer »Härte« (Verformungswiderstand bei Druckbeanspruchung)
   Hartschaumstoffe: PS, PVC (hart), PUR (hart), UF, MF, PF, UP, EP, PIR, PMI
   Weichschaumstoffe: PUR (weich), PVC-weich, PE und Halbhartschaumstoffe.

b) nach ihrer Zellstruktur
   geschlossenzellige, offenzellige und gemischtzellige.

c) nach der Gestalt der Zellen
   Kugel-, Waben und Polyeder.

d) nach den Zellwänden
   doppelschichtige = echte Schaumstoffe, einschichtige = unechte Schaumstoffe.

e) nach dem mittleren Zellendurchmesser
   Mikrozellen < 0,3 mm, feinzellig 0,2...2 mm, grobzellig > 2 mm.

f) nach der Dichte
   leichte (< 100 kg/m^3), schwere (> 100 kg/m^3).

g) nach der Dichteverteilung
   Schaumstoffe mit gleichmäßiger Dichteverteilung, Struktur- oder Integralschaumstoffe: enthalten eine geschäumte Kernzone zwischen kompakten Randzonen (Abb. 1.90).

h) nach den Grundstoffen
   Anorganische, Thermoplaste, Duroplaste, Elastomere *.

---

* In diesem Abschnitt werden nur Schaumstoffe auf Basis von Thermoplasten und Duroplasten behandelt; über Elastomere s. S. 386.

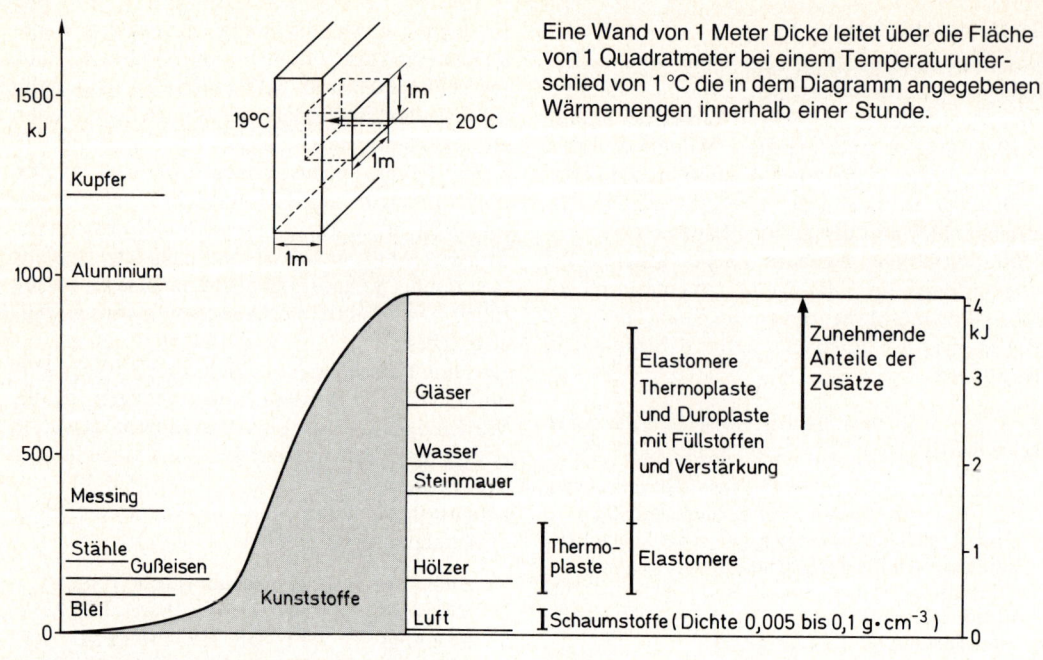

Eine Wand von 1 Meter Dicke leitet über die Fläche von 1 Quadratmeter bei einem Temperaturunterschied von 1 °C die in dem Diagramm angegebenen Wärmemengen innerhalb einer Stunde.

Abb. 1.89 Wärmedämmung. Kunststoffe sind sehr gute Wärmedämmstoffe, d. h. schlechte Wärmeleiter (1 kJ = 0,239 kcal)[626]. Für die Metalle gilt die linke Skala, für die übrigen Stoffe die rechte Skala

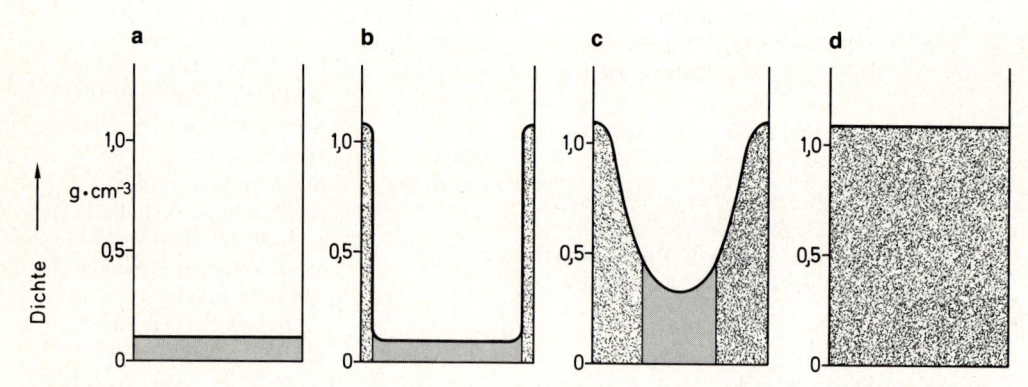

Abb. 1.90 Dichteverteilung bei verschiedener Rohdichte

a Schaumstoff ohne Haut
  Rohdichte 0,1 g · cm^{-3}
b Integral-Schaumstoff
  Rohdichte 0,2 g · cm^{-3}
c Integral-Schaumstoff
  Rohdichte 0,6 g · cm^{-3}
d Massiver Chemiewerkstoff
  Rohdichte 1,1 g · cm^{-3}

In den Schaumstoffen mit geschlossenen Zellen ist jede Gaszelle vollständig von einer Kunststoff-Wandung umschlossen. Die Porengröße wird durch Art und Menge oberflächenaktiver Stoffe beeinflußt.

Offenzellige Schaumstoffe werden für die akustische, geschlossenzellige für die thermische Isolation bevorzugt.

Syntaktische Schäume sind keine Schaumstoffe im strengen Sinn, jedoch ebenfalls Produkte mit geringerer Dichte durch eingeschlossene Gase (hier Luft). Sie werden durch Einrühren von vorgefertigten Hohlkügelchen (Durchmesser 5 bis 100 μm) aus Glas, Keramik oder Kunststoff in ein meist duroplastisches Bindemittel (z. B. EP, PF, UP oder PUR) und Aushärtung des Bindemittels hergestellt, erfordern also kein Treibmittel. Sie ändern ihr Volumen nur wenig bei Änderung des Außendruckes. Hauptanwendungsgebiete sind die Tiefseetechnik (Auftriebskörper für Meßgeräte und Tauchboote) und die Raumfahrt.

Einen Überblick über die wirtschaftliche Bedeutung der Schaumstoffe gibt Tab. 1.132.

10.1 Herstellung

Heute hat man gelernt, fast alle Kunststoffe zu verschäumen, wofür zahlreiche Verfahren entwickelt wurden. In diesem Abschnitt wird nicht über das Extrudieren, Kalandrieren oder Spritzgießen zur Herstellung von Schaumstoffen berichtet – vgl. die entsprechenden vorhergehenden Abschnitte – sondern versucht, Gemeinsamkeiten in der Formulierung von Schaumstoffsystemen aufzuzeigen. Im folgenden werden nur einige wichtigere Schaumstoffe kurz behandelt, wobei auch auf den Reaktionsschaumguß (RSG) bei den Reaktionsharzen hingewiesen wird.

Es gibt verschiedene Prinzipien zur Herstellung von Schaumstoffen, z. B. (s. auch Bd. II, S. 182):

a) Schäumen durch Vermischen mit Gasen: Einrühren von Luft (Schaumschlagverfahren) z. B. bei der Ausschäumung von Hohlräumen (besonders in Altbauten) mit UF-Systemen zur Wärmedämmung.

b) Schäumen mit physikalischen Treibmitteln (= verdampfenden Flüssigkeiten): s. Tab. 1.133.

c) Schäumen mit chemischen Treibmitteln (= Substanzen, die das Treibgas durch chemische Reaktion bilden): s. Tab. 1.134.

Die flüssigen physikalischen Treibmittel lassen sich meistens homogener mit den anderen Komponenten mischen als die oft pulverförmigen chemischen Treibmittel. Sie sieden meist unter 120 °C. Da die Verdampfung ein endothermer Vorgang ist, kann ihre Verdampfungswärme dem

Tab. 1.132 Verbrauch von Schaumstoffen in Westeuropa (in 1000 t)[627, 560, 643]

	1970	1977	1979	1982
Schaumstoffe, Dichte < 200 kg/m³				
Polystyrol-Schaumstoffe	230	415	425	445
– Expandiertes Polystyrol (EPS)	190	360	370	380
– Extruderschaum (Platten)	12	25	25	33
– Extruderschaum (Folie)	28	30	30	32
Polyethylen-Schaumstoffe	1	11	14	20
Polyvinylchlorid-Schaumstoffe	2	3	3	3
Harnstoff-Formaldehyd-Schaumstoffe	10	20[1]	20[1]	20[1]
Phenol-Formaldehyd-Schaumstoffe	5	7	5	5
Schaumstoffe, Dichte > 200 kg/m³				
Polystyrol-Schaumstoffe		10	40	40	40
Kunstleder[2] (nur PVC)	30	20	22	17
Thermoschaumextrusion[2] (PVC)[3]	0	20	22	25
PUR-Schaumstoffe	377	885	870	809
– Weichschaumstoffe			549	446
– Halbhartschaumstoffe			92	89
– Hartschaumstoffe			229	274

[1] Einschließlich 2000 t Hygromull. – [2] Grobe Schätzung – [3] ohne Rohre

Tab. 1.133 Physikalische Treibmittel zur Herstellung von Schaumstoffen[629]

Treibmittel	rel. Molekülmasse	Dichte 25 °C (g/cm³)	Siedepunkt oder -bereich (°C)
Pentan	72,15	0,616	30– 38
Isopentan (2-Methylbutan)	72,15	0,615	28
Neopentan (2,2-Dimethylpropan)	72,15	0,613	9,5
Hexan	86,17	0,658	65– 70
Isohexan (2-Methylheptan)	86,17	0,655	55– 62
Heptan	100,20	0,680	96–100
Isoheptan (2-Methylhexan)	100,20	0,670	88– 92
Benzol	78,11	0,874	80– 82
Toluol	92,13	0,862	110–112
Methylchlorid	50,49	0,952	–23,8
Methylenchlorid	84,94	1,325	40,0
Trichlorethylen	131,40	1,466	87,2
Dichlorethylen	98,97	1,245	83,5
Dichlortetrafluorethan (R 114)	170,90	1,440	3,6
Trichlorfluormethan (R 11)	137,38	1,476	23,8
Trichlortrifluorethan (R 113)	187,39	1,565	47,6
Dichlordifluormethan (R 12)	120,90	1,311	–29,8

Tab. 1.134 Chemische Treibmittel (Blähmittel)

	Chemische Bezeichnung	Schmelz- bzw. Zersetzungs- temperatur (°C)	effektive Gas- ausbeute (ml/g)	vorzugsweise Verwendung in
1.	Stickstoffabspaltende Treibmittel			
1.1	Azo-Verbindungen			
	Azodicarbonamid* (= Azobisformamid)	210	220	PS, ABS, PVC, PE, PP, PA
	Bariumazodicarbonat	250	177	ABS, PP
1.2	Hydrazine			
	Diphenylsulfon-3,3-disulfohydrazid	155	110	PE
	4,4′-Oxy-bis-(benzolsulfohydrazid)	150	125	PE, PVC, PUR, EP, PF
	Trihydrazintriazin	235	240	ABS, PE, PP, PA
	Acryl-bis(sulfohydrazid)	175	120	PE
1.3	Semicarbazide			
	p-Toluylensulfonyl-semicarbazid	235	146	ABS, PE, PP, PA
	4,4′-Oxy-bis(benzolsulfonylsemicarbazid)	215	145	ABS, PE, PP, PA
1.4	Tetrazole			
	5-Phenyltetrazol	210–215	190	ABS, PPO, PC, PA, POM
1.5	N,N'-dimethyl-N,N'-dinitrosoterephthalamid	115	126	PUR

* das weitaus am häufigsten angewandte chemische Treibmittel

Tab. 1.134 Fortsetzung

	Chemische Bezeichnung	Schmelz- bzw. Zersetzungs- temperatur (°C)	effektive Gas- ausbeute (ml/g)	vorzugsweise Verwendung in
2.	Kohlendioxidabspaltende Treibmittel			
	Isatosäureanhydrid	210	125	ABS, PPO, PE, PP, PA, PBTP
	Isophthalsäure-bis-kohlensäureethylester-anhydrid	190	75	PC
	Bis-benzoesäure-bis-kohlensäure-1,4-butandiolesteranhydrid	185	70	PPO, PC, PA, PBTP
	Citronensäure + Natriumhydrogencarbonat			PS
3.	Wasserstoffabspaltendes Treibmittel			
	Natriumborhydrid (10%)		237	PS, PC, PE, PP, PPO

thermischen Abbau des Polymeren während des Schäumvorganges entgegenwirken.
Erfordert der Grundstoff jedoch hohe Verschäumungstemperaturen, sind Treibmittel mit hohen Zersetzungstemperaturen zu wählen.
Über den Einfluß von Art und Menge des Treibmittels auf die Eigenschaften von Thermoplast-Strukturschaum-Formteilen, s.[628].
Die Zusatzkonzentrationen liegen meist zwischen 0,2 und 0,5%. Häufig werden *Kicker* beigemischt, die die Zersetzungstemperatur vermindern und die Zersetzung beschleunigen, so daß man eine schnelle und gleichmäßige Gasabgabe erzielen kann. Als Kicker wirken Harnstoff, Polyole, Amine und bestimmte metallhaltige Verbindungen, z. B. Zinkoxid für Azodicarbonamid.

Als Beispiele für die Bildung bzw. Wirkung der Gase sind angeführt:

– Bildung eines Gases durch Zersetzung eines (chemischen) Treibmittels, z. B. Nitroso- oder Azo-Verbindungen bilden Stickstoff, der PE aufschäumt.
– Bildung eines Gases durch Reaktion der Harzkomponente, z. B. Isocyanate und Wasser bilden Kohlendioxid bei der Herstellung von PUR-Schaumstoffen.
– Expandieren von mit Treibmittel (meist Pentan) beladenen PS-Perlen (EPS = expandierbares Polystyrol).

Schaumsysteme müssen so aufgebaut sein, daß das Aufschäumen gerade im richtigen Moment erfolgt, bei der dafür optimalen Viskosität. Bei duroplastischen Schaumsystemen müssen speziell das Aufschäumen und die Aushärtung des Systems genau aufeinander abgestimmt sein, bei Thermoplasten muß der Druck des Treibmittels so lange wirksam bleiben bis die Thermoplastschmelze beim Abkühlen eine genügende Festigkeit erreicht hat, so daß der Schaum nicht mehr zusammenfallen kann.

Tab. 1.135 gibt einen Überblick über wichtige Schäumverfahren und schäumbare Formmassen[630].
Schaumstoff-Stabilisatoren – meist Emulgatoren oder Silicon-Verbindungen – stabilisieren bei der Herstellung von PVC- und PUR-Schaumstoffen den sich bildenden Schaum. Ihre praktische Bedeutung ist hoch, das Wissen über ihre genaue Wirkungsweise derzeit noch gering.
Abb. 1.91 zeigt das Schema eines wichtigen Verfahrens zur Verarbeitung von Reaktionsschaum-Kunststoffen.

10.2 Bekannte Schaumstoffe

Neben Schaumstoffen auf anorganischer Basis oder solchen aus Elastomeren (s. S. 386) gibt es

– thermoplastische Schaumstoffe: PS, PE, PVC, Cellulose-Derivate, PMI,
– duroplastische Schaumstoffe: UF, (MF), PF, PUR, PIR, EP, SI, Maleinimide.

10.2.1 Thermoplastische Schaumstoffe

Polystyrol-Schaumstoffe

Polystyrol-Schaumstoffe werden von allen thermoplastischen Schaumstoffarten in der größten Menge hergestellt. Sie sind billig, haben gute thermische Dämmeigenschaften und sind außer-

Formulierte Produkte

Tab. 1.135 Einteilung der Schäumverfahren und wichtiger schäumfähiger Formmassen[630]

Schaumstoffe	Schaumstoffe mit gleichmäßiger Dichteverteilung		Integralschaumstoffe	
Ausgangsstoff	Verfahren	Formmasse	Verfahren	Formmasse
Thermoplastschmelzen	Extrudieren, Kalandrieren, Pressen	PS, SB, ABS, PVC, PE	Extrudieren Kalandrieren Spritzgießen Formschäumen	PS, SB, ABS, PVC, PE, PC, modifiziertes PPO
blähfähige Einzelteilchen	Styropor[1]-Verfahren	PS	–	–
Pasten	Trovipor[2]-Verfahren	PVC		
reaktionsfähige flüssige Ausgangskomponenten	kontinuierliches oder diskontinuierliches Schäumen (Gießen) in Werkzeugen oder auf Transportbänder	PF, UF, PUR,	Reaktions-Schaumguß (RSG)	PUR
	Verspritzen am Ort	PUR, UF	–	–

[1] BASF
[2] Dynamit Nobel

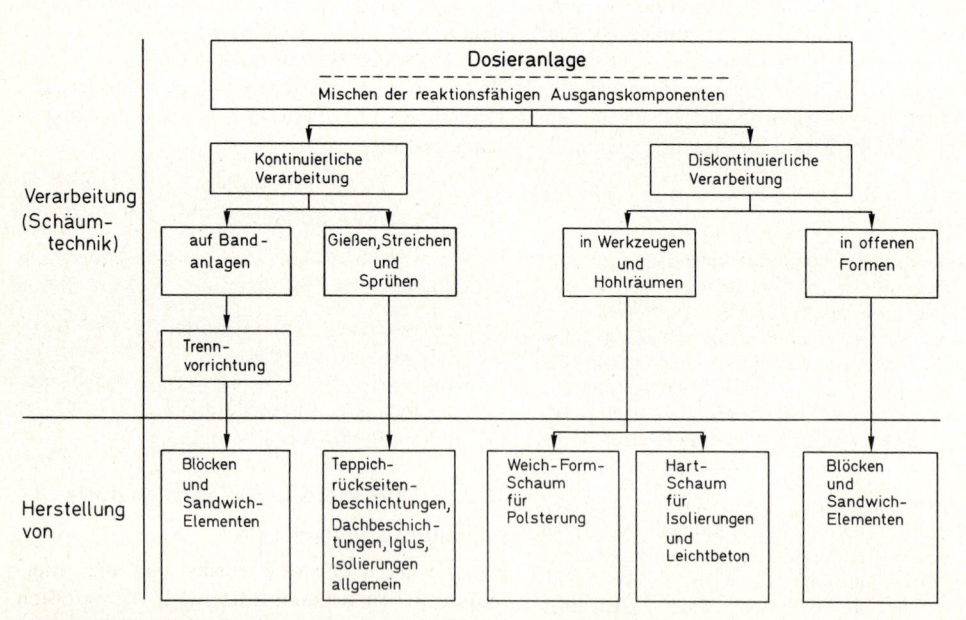

Abb. 1.91 Schema der Verarbeitung von Reaktionsschaum-Kunststoffen am Beispiel von PUR. Beispiele der Herstellung von Halbzeugen und Formteilen[630]

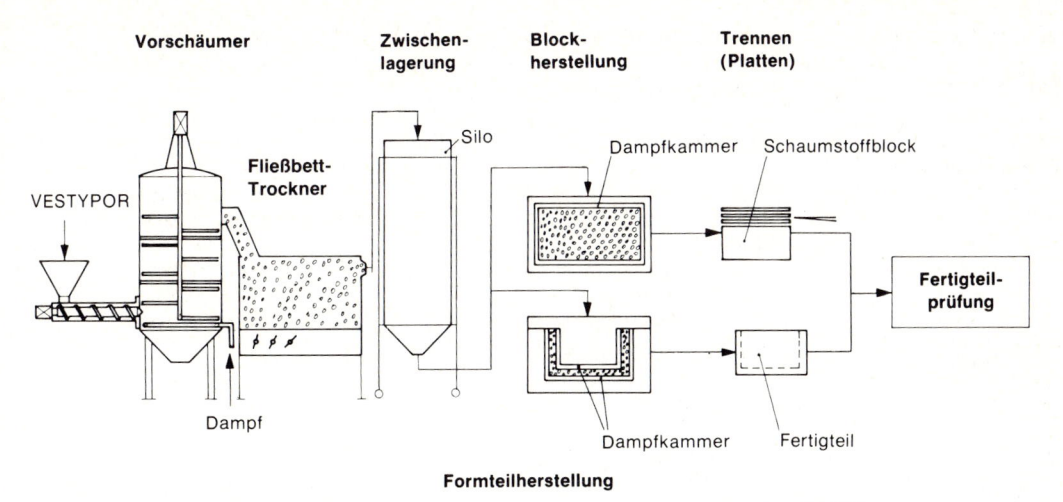

Abb. 1.92 Fließschema für die Herstellung von Platten bzw. Formteilen aus EPS[632]

ordentlich wasserfest. Ihre Schwächen sind die geringe Lösungsmittel- und UV-Beständigkeit.
Im Handel sind sie als Platten oder als Formteile, z. B. Becher.

Platten werden aus mit physikalischen Treibmitteln (meist 4 bis 7% n-Pentan) beladenen Polystyrol-Perlen (EPS = expandierbares Polystyrol) erzeugt. In einer ersten Stufe (Vorschäumen) werden die Perlen (Durchmesser von 0,3 bis 2,5 mm) in großen Behältern unter Rühren durch Dampf bei ca. 110 °C zu kleinen Kugeln (Schüttdichten von 10 bis 14 g/l) vorgeschäumt. Nach einer Zwischenlagerung in Silos – meist 12 bis 24 Stunden – wird in einer zweiten Stufe (Fertigschäumen) durch Dampf von ca. 120 °C in Formen ausgeschäumt (»Partikelschaum«). Um den Forminhalt schnell auf die Nachexpansionstemperatur aufzuheizen, sind die Wände der Formen mit vielen kleinen Öffnungen versehen, durch die der heiße Dampf in das Forminnere eindringen kann (Dampfstoßverfahren)[631].
Ca. 60% des EPS wird in Blockformen zu Blöcken (z. B. 6 m · 1 m · 0,5 m mit einer Rohdichte von 10 bis 40 kg/m^3) ausgeschäumt, die dann zu Platten gewünschter Abmessungen zerteilt werden.
In der Abb. 1.92 wird das Fließschema für die Herstellung von Platten bzw. Formteilen aus EPS gezeigt. Tab. 1.136 gibt Hinweise für die Fehlerbeseitigung bei der Herstellung von PS-Schaumblöcken.
Verschäumbare Granulate können durch Spritzgießen und Extrudieren verarbeitet werden. Bei Spritzgußteilen sind wegen der geringen Wärmeleitfähigkeit des Schaumstoffes längere Abkühlzeiten erforderlich als bei kompakten Teilen. Beim Extrudieren wird das Granulat im Heizzylinder unter Druck auf die Verschäumungstemperatur erhitzt; hinter der Düse erfolgt das Aufschäumen.

Als Flammschutzmittel für PS-Schaumstoffe werden meist organische Brom-Verbindungen (z. B. Hexabromcyclododecan, Pentabromphenylallylether) eingesetzt.
Treibmittelhaltige PS-Pulver werden auch mit duroplastischen Systemen kombiniert und in Formen ausgeschäumt, um leichte Behälter und Platten mit Duroplastoberflächen zu erzeugen. Durch das neue Coextrusionsblasen kann man außen kompaktes und innen geschäumtes Material herstellen.

PE-Schaumstoffe

PE-Schaumstoffe werden heute nach zahlreichen Verfahren durch Extrusion oder Spritzguß unter sorgfältig einzuhaltenden Bedingungen (Druck, Temperatur) hergestellt. Haupteinsatzgebiet: Kabelisolation (z. B. »schwimmende Kabel«), Verpackung stoßempfindlicher Güter, Auftriebskörper, zur Wärmedämmung, Abdichtung von Fugen u. a. m.
Durch Zusammenschweißen vorexpandierter Schaumstoffteilchen wird sogenannter »Partikelschaumstoff« erzeugt. Neuerdings sind auch vernetzte Partikelschaumstoffe (Rohdichte 30 bis 50 kg/m^3) mit Flammschutzausrüstung im Handel. Vernetzte Bahnware kann in 3 bis 30 mm Stärke (Rohdichte von 20 bis 200 kg/m^3) in endloser Rolle gefertigt werden[633].
Neu ist ein Verfahren zur Herstellung von Formteilen aus PE-Schaumstoff mit einer Rohdichte von 20 bis 100 kg/m^3 [633].

Tab. 1.136 Fehler und deren Abhilfe bei der Herstellung von PS-Schaumblöcken aus EPS[632]

Fehler	Ursache	Abhilfe
Keine Verschweißung über den gesamten Querschnitt des Blocks	Dampf zu naß ungenügende Bedampfung ungleichmäßige Treibkraft wegen a) zu kurzer bzw. zu langer Zwischenlagerung b) zu niedrigem Raumgew.	Dampfhauptleitung überprüfen und ebenso Dampfgeschwindigkeit Ventile an der Form überprüfen Schlitzdüsen reinigen bzw. ersetzen a) geeignete Zwischenlagerung b) nicht zu weit herabschäumen
Gute Verschweißung in den Randzonen, nicht aber in der Blockmitte	zu hoher Dampfdruck zu wenig vorgeschäumt zu kurz zwischengelagert unzureichende Entlüftung zu feuchter Vorschaum	Dampfdruck reduzieren niedrigeres Raumgewicht vorgeben längeres Zwischenlagern, womöglich bei leicht erhöhter Temperatur bessere Entlüftung Vorschaum besser trocknen
Hohe Dichte in den Randzonen, geringe in der Blockmitte	zu hoher Dampfdruck in der Form zu kurze Bedampfung	Dampfdruck senken, Verlängerung der Zwischenlagerungszeit leichte Steigerung der Bedampfzeit, Einsatz von Paraffinöl bzw. Regenerat
Schrumpfen des Blockes	Unterfüllung der Form ungenügende Zwischenlagerung, zu hoher Bedampfungsdruck zu niedriges Raumgewicht	Vollständiges Füllen Verlängern der Zwischenlagerung Dampfdruck senken Raumgewicht erhöhen
Ungenügende Verschweißung an den Ecken	ungenügend gefüllte Form unzureichende Luftverdrängung ungleichmäßige Treibkraft	Vollständiges Füllen länger Dampf bei geöffneten Ventilen durchströmen lassen zu langes Zwischenlagern unter ungünstigen Bedingungen, Ventile der Form überprüfen
Aufreißen der Seitenflächen	Dichte des Vorschaumes zu hoch, ungenügende Kühlung	Dichte verringern Kühlzeit verlängern
Viel Innenfeuchte	Dampf zu naß, Vorschaum zu naß Bedampfung zu lang Dampfdruck zu hoch Luftverdrängung ungenügend Form zu kalt	Dampfleitung und Dampfgeschwindigkeit überprüfen Bedampfungszeit reduzieren Dampfdruck senken kräftig Dampf bei geöffneten Ventilen durchleiten
Block verzieht sich	zu kalte Umgebungsluft zu ungleichmäßige Bedampfung	Block abschirmen gegen zu starken Luftzug Form überprüfen

PVC-Schaumstoffe

PVC-Schaumstoffe gibt es je nach zugesetzter Weichmachermenge von sehr weichen bis zu steifen Typen. Sie werden hauptsächlich nach zwei Verfahren produziert:

1. Mechanisches Verschäumen aus Plastisol (= PVC Dispersion mit einem Weichmacher) und Gas (meist CO_2 oder Luft) unter Druck. Ergibt offenporige Schaumstoffe geringer Dichte (ca. 60 bis 160 kg/m³) Das Schema der Schlagschaumherstellung zeigt Abb. 1.93.

2. Chemisches Verschäumen: bei atmosphärischem Druck werden offenzellige, bei höherem Druck (z. B. 300 bis 700 bar) geschlossenzellige Schaumstoffe hergestellt. Weiche Schaumstoffe werden meistens im Niederdruckverfahren (bei ca. 5 bar) erzeugt; sie enthalten einen hohen Anteil offener Zellen. Eine geschlossene Außenhaut erreicht man, wenn man die

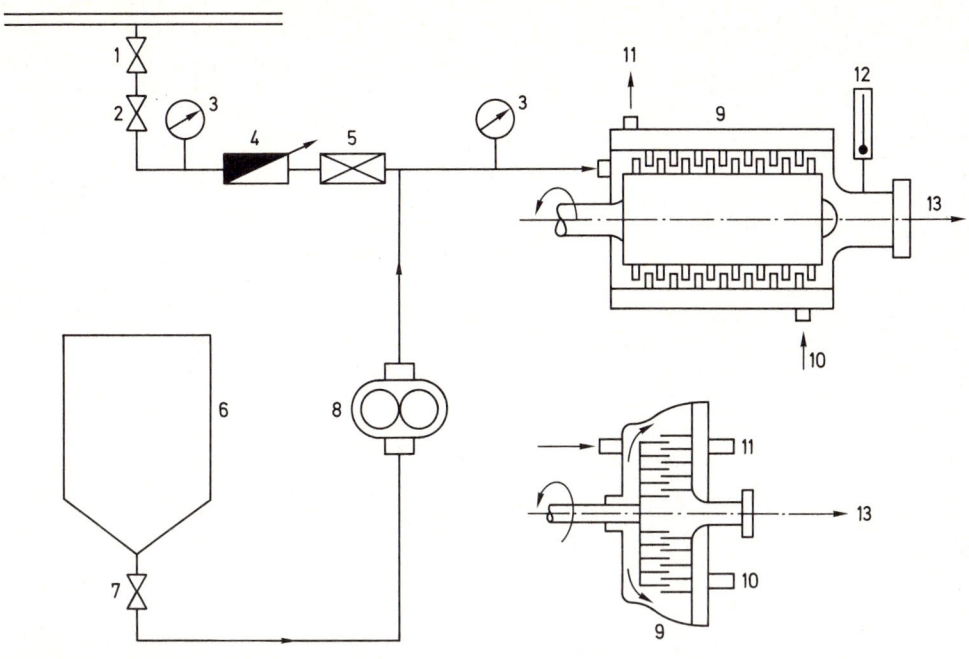

Abb. 1.93 Schema der Schlagschaumherstellung[634]

1 Absperrventil
2 Reduzierventil
3 Manometer
4 Gasmengenmesser
5 Rückschlagventil
6 Pastenbehälter
7 Absperrventil
8 Pastenpumpe
9 Mischkopf
10 Kühlwasser-Eintritt
11 Kühlwasser-Austritt
12 Thermometer
13 Druckschlauch z. Streichmaschine

Form vor dem Einfüllen der treibmittelhaltigen Paste mit einer Schicht treibmittelfreier Paste überzieht oder durch sehr schnelles Abkühlen nach der Formgebung (wodurch man die Zersetzung des Treibmittels in der Randzone weitgehend verhindert).

Schaumkunstleder besteht aus einer Gewebeunterlage, einer Grundschicht aus Weich-PVC, der Schaumstoffschicht und einer kompakten Deckschicht. Die Schaumstoffschicht bewirkt den angenehm weichen Griff (s. S. 254).
Spezielle extrudierte Typen enthalten mit Nitrilkautschuk flexibilisiertes PVC.
PVC-Schaumstoffe zeichnen sich aus durch Zähigkeit, chemische und Alterungsbeständigkeit; sie sind relativ schwer brennbar.

Polymethacrylimid (PMI-)Schaumstoffe[635]

PMI-Schaumstoffe sind besonders wärmebeständig, fest und steif. Sie haben sich als Kernmaterial für hochwertige Sandwichplatten bewährt, mit Deckschichten aus Aluminium, Edelstahl, GF-EP und GF-UP oder Acrylglas. Ihrer breiteren Verwendung steht ihr hoher Preis entgegen.

10.2.2 Duroplastische Schaumstoffe

UF-Schaumstoffe

UF-Schaumstoffe haben von den Isolationsschäumen die geringste Dichte (um 12 kg/m^3 für Bauwesen und Bergbau, ca. 25 kg/m^3 für die Bodenverbesserung). Ihre mechanische Festigkeit

Tab. 1.137 Rezeptur-Beispiele für PUR-Weichschaumstoffe[644]

Literatur[644]		Weichschaumstoff		Weichtextil-schaumstoffe		Heiß-schaum	Standard-Weich-schaumstoffe			HR-Schaumstoffe[3] (Kaltblockschaumstoffe)	
		S. 68	S. 68	S. 68	S. 68	S. 82	S. 69	S. 69	S. 69	S. 71	S. 71
Desmophen 2200	Pes (60)[1]	100	70	–	–	–	–	–	–	–	–
Desmophen 2381	Pes (50)	–	–	100	–	–	–	–	–	–	–
Desmophen 2400	Pes (213)	–	30	–	–	–	–	–	–	–	–
Desmophen 3411	Pet (56)	–	–	–	–	100	–	–	–	–	–
Desmophen 7963	Pet	–	–	–	–	–	–	–	–	100	100
Polyetherpolyol	Pet (45)	–	–	–	–	–	100	100	–	–	–
Desmodur MT 58	TDI	–	–	–	–	–	–	–	–	53,0	55,0
Desmodur T 65	TDI (48,2)	52,3	53,2	–	–	–	–	–	–	–	–
Desmodur T 80	TDI (48,2)	–	–	36,6	48,0	39	35,8	58,4	–	–	–
Kennzahl[2]		95	100	95	95	100	105	112	–	98	90
Wasser (insgesamt)	Wasser	4,5	3,6	3,0	4,2	3,0	2,7	4,5	–	2,3	2,6
N-Methylmorpholin Vernetzer 74	N-Methylmorpholin (Alkanolamin)	–	–	–	1,4	–	–	–	–	4,4	5,0
Desmorapid DB	(Amin)	1,4	1,5	–	–	–	–	–	–	0,15	0,2
Dabco 32 LV	Triethylendiaminlösung (Amin)	–	–	–	–	–	–	–	–	–	–
Desmorapid PV	Triethanolamin	–	–	–	0,1	–	–	–	–	1,5	2,0
Triethanolamin	(Amin)	–	–	–	–	–	–	–	–	–	–
Desmorapid PS 207	(Halogenalkylphosphat)	–	–	–	–	0,25	–	–	–	2,0	2,0
Disflamoll TCA	(Sn-org. Verbindung)	–	–	–	–	–	–	–	–	–	–
Desmorapid SO	DABCO[4]	–	–	–	–	0,1	–	–	–	–	–
tert Amin		–	–	–	–	–	0,15	0,15	–	–	–
Zinndioctoat	Zinndioctoat	–	–	–	–	–	0,15	0,2	–	–	–
Dispergiermittel EM	Emulgator	–	–	1,5	2,0	–	–	–	–	–	–
Dispergiermittel RM	Emulgator	0,4	–	–	–	–	–	–	–	–	–
Dispergiermittel WM	Emulgator	1,5	1,6	–	–	–	–	–	–	–	–
Schaumstabilisator	(Silicon-Stabilisator)	–	–	–	–	–	0,6	1,3	–	0,5	0,5
Stabilisator OS 32	Fettsäuresalz	–	–	–	–	0,8	–	–	–	–	–
Zusatzmittel SM	Fettsäureester	3,8	2,1	–	–	–	–	–	–	–	–
Zusatzmittel TX	Fettsäureester	–	–	1,5	2,0	–	–	–	–	–	–
Treibmittel	Trichlorfluormethan	–	–	–	–	–	–	10,0	–	–	10,0

[1] Pes = Polyesterpolyol Pet = Polyetherpolyol   Zahl in Klammern = Hydroxyl-Zahl bei Desmophen-, NCO-Gehalt bei Desmodurprodukten
[2] Kennzahl = 100 · praktisch eingesetzte Isocyanatmenge/berechnete Isocyanatmenge (s.[644])
[3] HR = high resilient.   [4] DABCO = 1,4-Diazobicyclo[2,2,2]octan = Triethylendiamin

ist niedrig. Sie werden *in situ* gebildet, indem man eine wäßrige Lösung von UF-Harz (Harzkomponente) und eine wäßrige Lösung des Schäummittels und des Härters im Wirbelkopf eines transportablen Sprühgerätes vermischt und den aus der Düse austretenden Schaumstoff unmittelbar an den Verwendungsort, z. B. in den Zwischenraum zwischen Holz- oder Ziegelwänden, bringt, wo er erstarrt und trocknet (»am Ort«-Verschäumung). Die Härtung beginnt nach wenigen Sekunden und ist bei Raumtemperatur nach 12 bis 14 Stunden beendet. Wegen ihrer Sprödigkeit werden UF-Schaumstoffe nur selten als Halbzeug verwendet.

PF-Schaumstoffe

Es gibt sogenannte reaktive und syntaktische Typen.

a) Die reaktiven werden aus einem Phenol-Formaldehyd-Vorkondensat mit einem physikalischen Treibmittel (Isopropylether oder Chlorkohlenwasserstoffe), Netzmittel und einem Härter (starke Säure wie z. B. Phosphorsäure, Schwefelsäure oder Salzsäure) in einer exothermen Reaktion hergestellt. Solche Schaumstoffe sind relativ steif und bis ca. 120 °C wärmebeständig. Ihr Hauptvorteil ist der geringe Preis, Nachteile sind hohe Wasseraufnahme und Korrosion bei Berührung mit Metallen (wegen der sauren Härter). PF-Schaumstoffe nehmen derzeit an Bedeutung zu, weil sie eine gute thermische Stabilität und eine sehr niedrige Rauchgasdichte aufweisen. Spezielle Typen erreichen die Baustoffklasse B 1 (»schwer entflammbar«) der DIN 4102. Als Dämmstoffe im Brandfall haben sie den Vorteil, nicht abzutropfen[636].

b) Syntaktische Schaumstoffe enthalten winzige hohle PF-Kugeln, die durch andere Kunststoffe (z. B. EP, PUR und UP) zusammengeklebt sind. Ihre Rohdichte liegt zwischen 160 und 650 kg/m^3. Wegen ihrer hohen Festigkeit werden sie im Flugzeugbau und zur Dachisolierung eingesetzt. Das pastöse Vorprodukt dient als »Flüssiges Holz« zum Verspachteln und Ausbessern von Holzkonstruktionen.

PUR-Schaumstoffe[637–642]

Sie sind die am meisten verbreiteten duroplastischen Schaumstoffe. 1981 lag der Weltverbrauch an PUR-Schaumstoffen bei 2,4 Mio. t, wovon 73% auf Weichschaum (einschließlich Halbhartschaum) entfielen[643].

Die verschäumbaren Gemische enthalten Diisocyanate (z. B. TDI) und Polyole. Meist werden sie an den Verarbeiter als 2-Komponenten-Systeme geliefert, wobei eine Komponente nur Isocyanat, die andere Polyol(gemisch), Katalysator, oberflächenaktive Zusätze, Treibmittel und evtl. andere Additive (z. B. Flammhemmer) enthält. Als Polyole werden Polyester mit Hydroxy-Endgruppen oder Polyetherpolyole verwendet, als Katalysator meist *tert* Amine und/oder zinnorganische Verbindungen.

Einige PUR-Weichschaumstoff-Rezepturen sind in Tab. 1.137 zusammengefaßt.

Ob ein Schaumstoff flexibel (weich), halbhart oder hart ist, hängt von seiner Netzwerkdichte ab, die vorwiegend durch das Verhältnis Diol zu Tri- oder Polyol einstellbar ist.

Heute werden bei den PUR-Formschaumsystemen mit speziellen Einstellungen Formstandzeiten von 2 Minuten (Kaltschaum) bzw. 6 bis 7 Minuten (Heißschaum) erreicht[645]. Über das Schallschluckverhalten von PUR-Weichschaumstoffen orientiert Abb. 1.94.

Harte-PUR-Schaumplatten haben ähnliche Anwendungen wie Polystyrol-Schaumplatten; sie sind jedoch

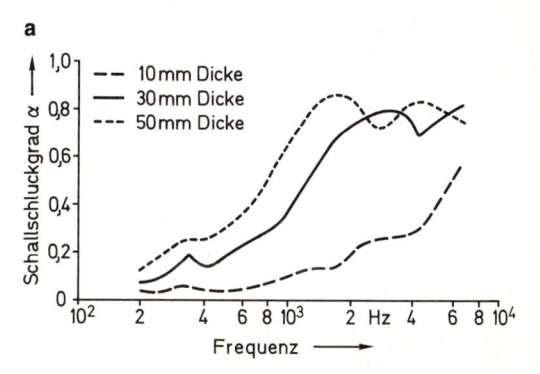

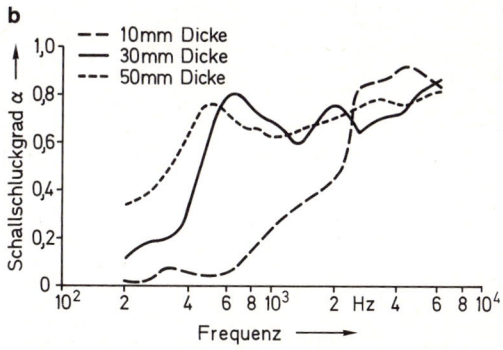

Abb. 1.94 Schallschluckverhalten von PUR-Weichschaumstoff (für Rohdichte 25 kg/m^3) bei verschiedenen Dicken gemessen im Impedanzrohr[644]

a Polyetherschaum
b Polyesterschaum

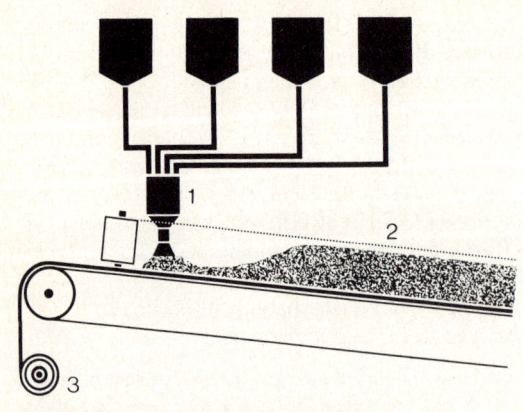

Abb. 1.95 a Prinzip einer Anlage zum kontinuierlichen Herstellen von Schaumstoffblöcken
1 Mischer, 2 Seitenpapier, 3 Bodenpapier[647]

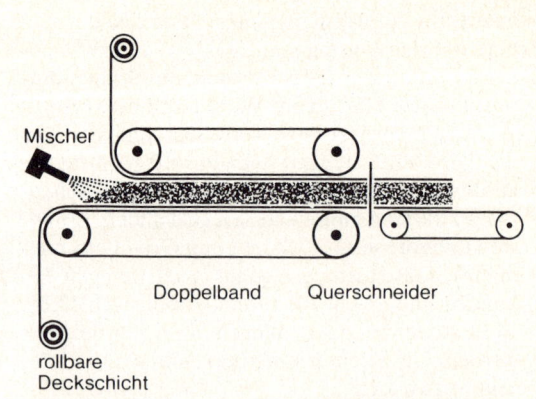

Abb. 1.95 b Prinzip einer Doppelbandanlage zur kontinuierlichen Herstellung kaschierter Schaumstoffplatten. Länge der Anlage meist 12–30 m[647]

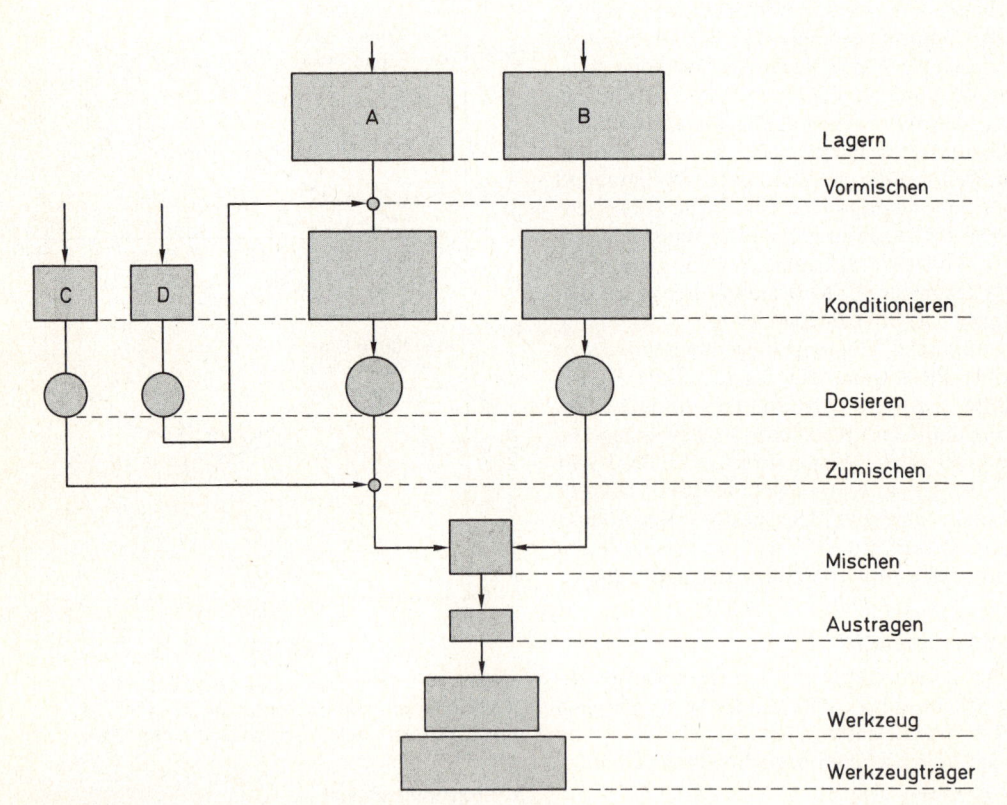

Abb. 1.96 Blockschema einer PUR-Schäumanlage[647]

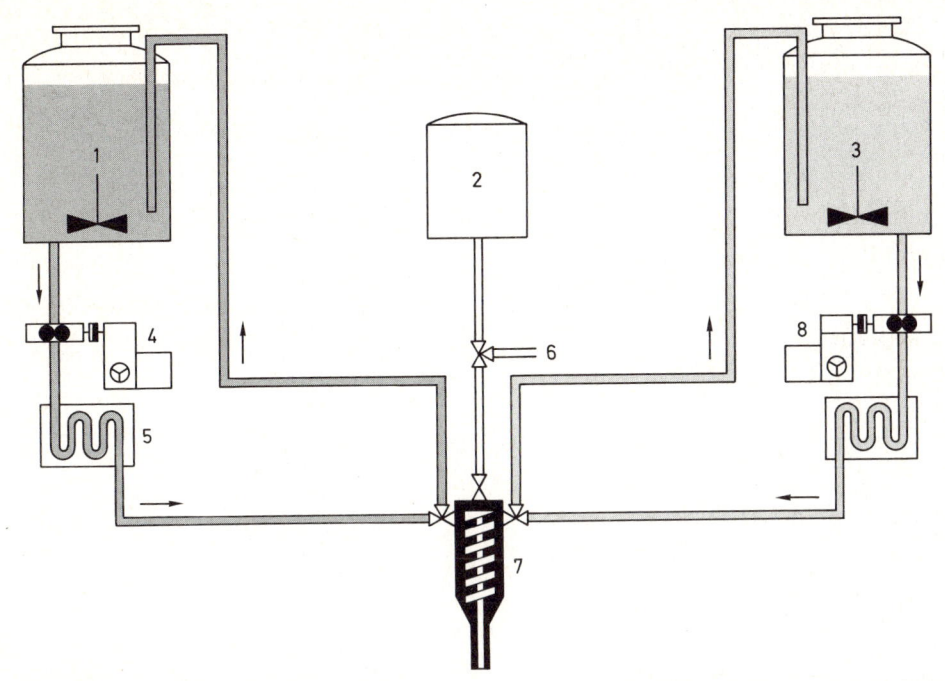

Abb. 1.97 Schema einer Niederdruck-Schäummaschine[630] mit Rezirkulation der Komponenten

1 Polyol, 2 Spülmittel, 3 Isocyanat, 4 Dosierpumpe, 5 Heizen/Kühlen, 6 Luft, 7 Mischkopf, 8 Regelgetriebe

weniger spröde, mechanisch fester und lösungsmittelresistenter. Als Duroplaste sind sie überdies wärmebeständiger. Die Abb. 1.95 stellt schematisch die kontinuierliche Produktion von Schaumstoffblöcken und -platten dar.

Hartschaumstoffe sind besonders wirksame thermische Isolationsstoffe. Ihre Rohdichte liegt zwischen 15 und 500 kg/m^3. Hauptanwendung ist die Wärmedämmung. Schäume höherer Dichte werden im Flugzeug- und Schiffsbau eingesetzt.

PUR-Schaumstoffe können nach dem *Frothing-Verfahren* (*Vorschäumverfahren*) in zwei Stufen hergestellt werden:

Der Polyol-Komponente wird ein bei Raumtemperatur gasförmiges Lösemittel (z. B. Difluordichlormethan) zugesetzt. Das zu verschäumende Gemisch wird unter Vordruck der Mischkammer einer Verschäumungsmaschine zugeführt und dort entspannt, wobei das Treibmittel ausgast. Dabei entsteht vorgeschäumtes, sahneartiges Gemisch, das dann zum eigentlichen Schaumstoff weiterreagiert[646].

Der *Reaktionsschaumguß* (*RSG*)*, in USA RIM-Technology (= Reaction Injection Moulding) genannt, wurde in der 2. Hälfte der 60iger Jahre ursprünglich zur Herstellung von flexiblen Intergralschaumstoffen aus PUR-Elastomeren entwickelt; aber erst in den letzten Jahren hat die Maschinenindustrie geeignete verlustfrei dosierende Hochdruckmaschinen und spezielle Mikroprozessor-Steuersysteme geschaffen, die eine Anwendung in großem Stil für flexible PUR-Integralschaumstoffe ermöglichen (z. B. große PUR-Teile als flexible Karosserieteile im Automobilbau). Ein wichtiges Einsatzgebiet ist die Schuhindustrie (Schuhsohlen) mit einem Verbrauch von ca. 100 000 t/Jahr weltweit. Das allgemeine Blockschema von PUR-Schäumanlagen ist in Abb. 1.96 dargestellt.

Die flüssigen Komponenten werden auf verarbeitungsfähigen Zustand gebracht, im richtigen Mengenverhältnis dosiert, in einer Mischkammer homogen vermischt. Das Reaktionsgemisch wird dem Werkzeughohlraum zugeführt und dort aufgeschäumt. Nach dem Aufschäumungs- und Härtungsvorgang wird der Schaumstoff dem Werkzeug entnommen.

Mit besonderen neueren Hochdruckmaschinen ist auch die Herstellung glasfaserverstärkter Schaumstoffe möglich. Die Glasfasern erhöhen den *E*-Modul, die Steifigkeit, Zugfestigkeit und Wärmeformbeständigkeit und vermindern die Wärmeausdehnungszahl und Bruchdehnung.

Eine moderne Niederdruck-Schäummaschine zeigt Abb. 1.97 im Schema. Tab. 1.138 bringt einen Vergleich von HD- und ND-Schäummaschinen.

Mikrozellulare PUR-Elastomere werden im Kapitel Elastomere ausführlich behandelt.

---

* Die Abkürzung RSG wird auch für Reaktionsharzspritzguß verwendet, s. S. 305.

Tab. 1.138 Gegenüberstellung von Hoch- und Niederdruckmaschinen[630, 647–650]

	Hochdruck-Injektions-Maschinen	Niederdruckmaschinen
Pumpen zur Förderung der Komponenten	Kolbenpumpen (Tauchkolbenpumpen)	Zahnradpumpen (meist), Schraubenspindelpumpen, Verdrängerkolbenpumpen
Arbeitsdrücke	150–350 bar	2 bis 100 bar
Viskositätsbereich	3 bis 2500 mPa·s (mit Speisepumpen bis 5 Pa·s)	größer als 50 mPa·s (üblich bis 5 Pa·s, möglich bis 60 Pa·s)
Vermischbare Viskositätsunterschiede	gering	groß
one-shot-Verarbeitung	möglich	möglich
Präpolymer-Verarbeitung	möglich (bis 1500 mPa·s)	möglich
Mischungsverhältnis	max. 100:30	bis 100:1
Füllstoffverarbeitung	Sonderausrüstung	teilweise möglich
Vordruck auf Pumpen	notwendig	meistens notwendig und empfehlenswert
Druckverlust bei langen Druckleitungen	gering	groß
Ausstoßmengenregelung	Arbeitshub	Drehzahl (Arbeitshub)
Förderleistung	0,5 bis 200 kg/min	bis 500 kg/min
Vermischungsprinzip	Rührwerksvermischung Vermischung in Sekundenbruchteilen auf engstem Raum	Rührwerksvermischung Rührgeschwindigkeit 200–8000 U/min
Mischkammervolumen bei 2 l/min bei 200 l/min	0,5 cm³ } relativ klein 2,5 cm³	ca. 30 cm³ } relativ groß ca. 750 cm³
Aussteuerung von Vor- und Nachlauf	bei einfachen Injektionsmischvorrichtungen mittels Speicherkolben und Entlastungsventilen, bei zwangsgesteuerten Mischvorrichtungen nicht notwendig	über Druck
Arbeitszyklus	kurz bei selbstreinigenden Mischköpfen	ohne Zwischenspülung kurz, sonst lang (Lösungsmittelspülung)
Zusatzmittelzugabe	möglich über Vormischkammer	nur über Zumischung vor Tagesbehälterbefüllung, ausgenommen Verdrängerpumpen
Erweiterungsmöglichkeit	möglich, da Baukastensystem	sehr schwierig
Bauprinzip	Baukasten, Einzelaggregate, Behälter getrennt	kompakt, alle Aggregate und Behälter auf einer Lafette
automatischer Fertigungsablauf	möglich	technisch aufwendig
Materialverlust	niedrig	hoch
Reinigung der Mischkammer	leicht (die kleine Mischkammer wird durch einen kräftigen Luftstoß gereinigt)	aufwendig, durch Lösungsmittel und Preßluft

EP-Schaumstoffe

Es gibt zwei Typen von EP-Schaumharz-Systemen:

a) Chemisch getriebene, zur Erzeugung homogener Schaumstoffe mit einer Rohdichte zwischen 300 bis 700 kg/m^3. Diese EP-Schaumstoffe zeichnen sich durch Hydrolysebeständigkeit und gute Adhäsion auf verschiedenen Substraten aus. Sie können kalt gehärtet werden (z. B. auf Baustellen) oder bei höherer Temperatur (z. B. 70 °C). Sie eignen sich zum Ausschäumen von Niederspannungs bzw. Telefonkabelverbindungsmuffen, von Verbindungsmuffen von vorisolierten Rohren (z. B. für Fernwärmerohrleitungen), von Hohlräumen (z. B. in Sportbooten) oder zum Formschäumen von Platten.

b) Physikalisch getriebene EP-Schaumstoff-Systeme, meist mit Kohlenwasserstoffen oder Fluorkohlenwasserstoffen als Treibmittel: sie haben hohe Glasumwandlungstemperaturen (um 125 °C), gute Dauerwärmebeständigkeit, gute Feuchtigkeitsbeständigkeit und Dimensionsstabilität und haften auf den meisten Substraten.
Als homogene Isolationsschaumstoffe geringer Rohdichte (30 bis 100 kg/m^3) werden sie für fabrikgeschäumte Isolationen für Fernwärmerohre aus GFK oder Stahl oder für ortsgeschäumte Isolationen in chemischen Betrieben (z. B. Rohre, Reaktionskessel, Trockner) eingesetzt.
Auch EP-Schaumstoffe können auf den für PUR üblichen Hoch- oder Niederdruck-Verschäumungsmaschinen verarbeitet werden.

Silicon-Schaumstoffe

Sie haben als hervorstechende Eigenschaft hohe thermische Stabilität (langzeitig bis ca. 180 °C, kurzzeitig bis 300 °C). Sie sind unbrennbar, jedoch teurer als die anderen hier behandelten Schaumsysteme. Deshalb finden sie dort Anwendung, wo die Eigenschaften der anderen Schäume nicht ausreichen – als Kernmaterial in hochwertigen Sandwichkonstruktionen oder im Flugzeugbau zur Isolation von Instrumenten.
Es gibt bei niedriger Temperaturen härtende Systeme (RTV = bei Raumtemperatur vulkanisierbar) und unter Druck und Hitze härtende SI-Systeme. Während die ursprünglichen RTV-Systeme mit organischen Zinn-Verbindungen katalysiert waren und meist nur eine Geschlossenzelligkeit von 50% erreichten, erzielen neuere, mit organischen Platin-Verbindungen katalysierte

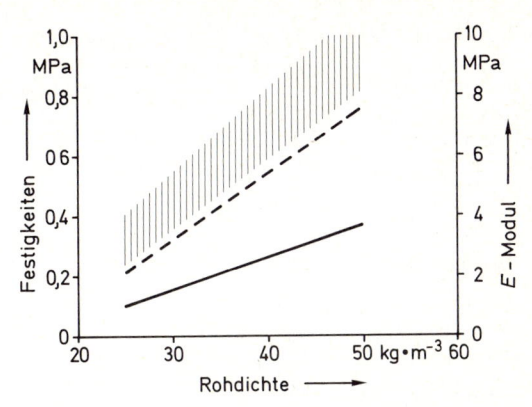

Abb. 1.98 Zusammenhang zwischen typischen Eigenschaften und Rohdichte von PUR-Hartschaumstoff (Werte bei Raumtemperatur[638])
—— Druckfestigkeit
– – – Zugfestigkeit
|||| E-Modul

Produkte einen Anteil von ca. 90% geschlossenen Zellen. Überdies sind sie wesentlich einfacher zu verarbeiten.
Unter Druck und Hitze gehärtete Silicon-Schaumstoffe enthalten 100% geschlossene Zellen. Als chemisches Treibmittel dienen stickstoffabgebende Azoverbindungen.

10.3 Eigenschaften

Tab. 1.139 gibt einen Überblick über einige Eigenschaften wichtiger Schaumstoffe. Abb. 1.98 stellt am Beispiel der PUR-Hartschaumstoffe die Abhängigkeit mechanischer Eigenschaften von der Rohdichte schematisch dar.

10.4 Anwendung von Schaumkunststoffen

Tabelle 1.140 gibt einen Überblick über Anwendungen von Schaumkunststoffen.

Tab. 1.139 Eigenschaften von Schaumstoffen[651,652]

Schaumstoffbildender Kunststoff	Rohdichte (kg/m^3) DIN 53420	Verformungsverhalten DIN 7726	Druckfestigkeit (Druckspannung bei 10% Stauchung in N/mm^2) DIN 53421	Wärmeleitfähigkeit ($\lambda_{10\,tr}$) W·m^{-1}K^{-1} DIN 52612	Zellstruktur
PS					
Partikelschaum	10– 100	hh bis h[1]	0,03 bis 1,3	0,031–0,036	geschlossen
extrudierter Schaum, Platten	25– 60	h	0,1 bis 0,8	0,027–0,033	geschlossen
Folien	40– 200	h	0,2 bis 1,5		geschlossen
Integralschaum Spritzguß und Extrusion	500– 900	h			geschlossen
PVC					
plastifiziert	50– 100	h	4		geschlossen
Integralschaum	500–1200	h	4		geschlossen
Weichschaum ohne Träger	50– 100	w, e	13–15%$^\triangle$	ca. 0,036	geschl. u. gemischtzellig
auf Träger	100– 500	w, e		ca. 0,040	geschl. b. offenzellig
sonstige	100– 500	w, e			do.
PE	25– 200	w bis h	0,02–0,25	0,040–0,050^2	geschlossen
PUR					
weichelastische Schaumstoffe	25– 200	w, e–hh	0,003–0,12$^\triangledown$	0,035–0,045	offen
harte Schaumstoffe	10– 300	h	0,2–6	0,016–0,03	geschlossen
Integralschaumstoffe	200–1000	w, e h	0,01–0,04$^\triangledown$ 6–25	0,025–0,045	offen geschlossen
UF	10– 20	w bis hh s, unel.	0,1–0,2	0,030–0,034	überwiegend offen
PF	40– 100	h, s, unel.	0,2–0,9	0,030–0,035	do.
EP	30– 100	h	0,15–0,95	0,018–0,025	geschlossen
Integralschaum	400– 700	sh	6,5	0,04	geschlossen
chemisch getriebener Schaum	100– 700	h	7,5–12	0,05	geschlossen

$\lambda_{10\,tr}$ gemessen bei 10 °C Mitteltemperatur an trockenen Probekörpern
[1] h hart
  hh halbhart
  w weich
  e elastisch
s spröde
unel. unelastisch
sh sehr hart
[2] Dichtebereich von 25–60 kg/m^3
$\triangle$ nach DIN 53 572
$\triangledown$ nach DIN 53 577 (Jan. 1976) bei 40% Kompression

Tab. 1.140 Anwendung von Schaumkunststoffen

Kunststoff	Anwendungen
PS	Elastifizierter Hartschaum mit gröberem Kornspektrum: als Dämmstoff im Bausektor, z. B. Wärmedämmung von Wänden, Decken und Dächern, als Trittschallmaterial, zur Bekleidung von Außenfassaden, als Dämmstoff in der Kühltechnik (Kühlhäuser, Kühltransportfahrzeuge, Kühlhaltefässer, Rohrisolation); mit feinem Kornspektrum für Formteile im Verpackungssektor, z. B. Obst-, Gemüse-, Fischkästen, Eierkartons oder für Sesselschalen, Bojen, Blumengefäße, Schuheinlagen, Schuhsohlen, Windsurfbrettkerne Leichtschalkörper im Bauwesen Spielwaren, Dekorationsartikel, Schaufensterfiguren, EPS-Becher (in USA und GB) Schüttverpackung (Loosefill-Verpackung) Vorschauperlen bzw. gemahlener Abfall aus Schaumstoffteilen (Flocken) als Bodenlockerungsmittel im Gartenbau. Vorgeschäumte Teilchen mit Zement für Schaumstoff-Leichtbeton
ABS	Möbelteile, Gehäuse für Fotokopiergeräte, Fernschreiber, Rechenmaschinen, Filmprojektoren
PE	Kabelisolation (z. B. »schwimmende Kabel«), Polsterstoff, Verpackungsmaterial, Auftriebskörper, Fugendichtungen im Bauwesen, Futter für Skischuhe, Bodenbelag-Unterlagen, Teppichunterlagen, in der Medizin als Fußstützen, Halskragen u. a., Abdeckfolien für Schwimmbassins, im Straßenbau
PVC	Hart-PVC: Verkleidung im Möbel- und Bausektor, Türrahmen, Zaunlatten, Balkonverkleidungen Weich-PVC: geschäumtes Kunstleder für Koffer, Handtaschen; Bodenbeläge, z. B. Relieffußbodenbeläge, geschäumte Rohre (Armosig-Verfahren)
PMI	Kernmaterial für hochwertige Sandwichplatten
UF	zum Ausschäumen (Wärmedämmung) von Hohlräumen, z. B. bei zweischaligem Außenmauerwerk von Gebäuden, in Schächten und Kanälen, neben Isolationsleitungen, zur Gebirgsverfestigung, im Bergbau unter Tage UF-Flocken als Bodenlockerungsmittel, zum Begrünen von Halden oder Ödflächen Zerkleinerter offenporiger Schaumstoff als Wundpuder oder Medikamententräger zur Herstellung von Feueranzündern aus flüssigen Erdölprodukten und UF-Schaumstoff
PF	vorwiegend zur Wärmedämmung, wegen der guten Temperaturbeständigkeit, z. B. für Dachkonstruktionen Spezialtypen (Baustoffklasse B 1) sind schwer entflammbar
PUR	Weichschaum-Systeme: Automobilsitze und Rückenlehnen, Auskleidung von Motor- und Kofferraum (Entdröhnung), Matratzen, Polster und Verpackungssektor, Verbesserung der Raumakustik (Schallschutz), Wärmedämmung, Kunstschwämme, zur Fütterung von Kleidungsstücken Halbhartschäume im Automobilbau als Schutzpolster zur Erhöhung der Sicherheit (innen: Lenkrad- und Seitenverkleidungen, Dachhimmel, außen: Stoßfänger), flexible Front- und Heckteile, (»Soft-face-Konstruktionen«) Spoiler, PUR-Al-Fensterprofile Schallschluckplatten durch Verbinden von weichelastischem Schaum mit Hartschaum Hartschaumstoffe zur Isolierung von Bauten, z. B. Verbundelemente aus PUR-Schaum mit Asbestzementplatten, wärmegedämmte Flachdächer und Fußböden, mit Zement als Hartschaumleichtbeton, Wärmedämmung von Rohrleitungen, Kühlanlagen, PUR-Stützverbände in der Chirurgie und Orthopädie, Kernmaterial, z. B. zwischen Außen- und Innenschalen aus glasfaserverstärktem EP oder UP, für Bootskörper oder zwischen Aluminiumfolien für Dämmplatten, Schaufensterfiguren Halbharte Integralschaumstoffe: Autoindustrie (Stoßfänger, Front/Heckverkleidungen, Spoiler, Polsterungen für Armaturentafeln), Schuhindustrie Hartintegralschaumstoffe: Möbelindustrie, z. B. Vollkunststoffmöbel, Tongeräte-Gehäuse, Elektroindustrie (Kabelmuffen, Kabelverteilerschränke), Büromaschinen, (Gehäuse für Computer oder Kopierautomaten), Bauwesen, z. B. Fensterrahmen, -profile, Sportgeräte, z. B. Skikerne, Windsurferkerne, Tennisschläger, Wasserskis, Surfboardschwerter

Tab. 1.140 Fortsetzung

Kunststoff	Anwendungen
EP	Ausschäumen von Kabelmuffen, Wandlern, Kondensatoren, Verbindungsmuffen, vorisolierten Rohren, Hohlräumen in Booten Platten Isolationen von Fernwärmerohren Leichtbaustoffe (Hartschaumleichtbeton) Teile von Windsurfbrettern Absorption von Öl aus Öl/Wassergemischen
SI	Kernmaterial für hochwertige Sandwichplatten, z. B. im Flugzeugbau, Isolation von Instrumenten Wärmedämmung bei hoher Temperatur als Hitzeschild in der Raumfahrt Dichtungsmaterial (in Form von Profilen, Schnüren, Ringen) Prothesenmaterial in der plastischen Chirurgie

11. Gieß- und Imprägniersysteme

Gießharze sind lösungsmittelfreie flüssige oder durch Erwärmen leicht verflüssigbare, vorwiegend härtbare Harze, die in offene Formen gegossen und darin ohne (wesentliche) Druckanwendung zu festen Formteilen gehärtet werden. Das ausgehärtete Material wird als Gießharzformstoff bezeichnet[653]. Imprägnierharze sind ähnlich wie Gießharze flüssig oder durch Erwärmen leicht verflüssigbar. Mit ihnen werden poröse oder aufsaugende Stoffe getränkt. Sie verfestigen und vergüten nach dem Härten die mit ihnen imprägnierten Materialien wie Papier, Gewebe, Faservliese oder Holz.

Die ersten Gießharze (PF) kamen um 1930 in den Handel. Das Eingießen elektrischer Teile wurde damals mit Teeren, Asphaltprodukten und Wachsen durchgeführt, die bald zum Großteil von den PF-Harzen verdrängt wurden, die später ihrerseits weitgehend UP- und EP-Gießharzen weichen mußten.

Hauptanforderungen an Gieß- und Imprägnierharze sind:

– Ausfüllen eines bestimmten Volumens
– Schutz (elektrischer) Bauteile oder metallischer Leiter gegen Umgebungseinflüsse (mechanische, chemische, elektrische Beanspruchung)
– Isolationswirkung
– Bei Imprägnierharzen zusätzlich Ausfüllen von Hohlräumen

Sie ermöglichen technisch neuartige, kosten- und raumsparendere Konstruktionen, z. B. ölfreie Schaltsysteme.

In vielen Fällen (Elektrotechnik, Elektronik) werden zusätzliche oder härtere Anforderungen an Gieß- und Imprägnierharz-Systeme gestellt:

– hohe Maßhaltigkeit
– höhere Wärmebeständigkeit bzw. Wärmealterungsbeständigkeit
– geringer Schwund
– Reinheit
– Chemikalienbeständigkeit

Manchmal wird unterschieden zwischen:

– Gießen (casting), wobei ein Formkörper entsteht, der über entsprechend hohe mechanische Werte verfügen muß
– Umgießen, Umhüllen (encapsulation), wobei ein Teil (meist ein elektr(on)isches Bauteil) mit Gießharz umgeben wird
– Einbetten (potting), eine Kombination von Imprägnieren und Umgießen des Bauteiles
– Imprägnieren von Papier oder Gewebe bzw. Ausfüllen von Hohlräumen

Während man für die verschiedenen Arten des Gießverfahrens eine Form benötigt, trifft dies für das Imprägnieren (Tränken) nicht immer zu. Zum Imprägnieren sind niederviskose Systeme erforderlich. Imprägniert werden z. B. Kondensatoren oder die Spulen von Transformatoren, Dynamos und Motoren und andere Wickelkörper.

11.1 Gießverfahren für Thermoplaste

Neben duroplastischen Systemen werden auch Thermoplaste im Gießverfahren verarbeitet. Man unterscheidet folgende sechs typische Verfahren:

a) ausgehend von Monomeren
1. Monomerguß. Direkte Massepolymerisation in entsprechenden Formen aus Metall, z. T. auch aus Holz, Keramik oder Glas zur Herstellung von Tafeln, Blöcken, Stäben, Einbettungen und dickwandigen Teilen aus PMMA oder PA 6. Da die Aufbereitung des Monomeren zur Spritzguß- oder Extrusionsmasse (Polymerisation, Granulieren) entfällt, ist das Gießharz billiger als Granulate; auch die Gießformen kosten nur einen Bruchteil gleich großer Spritzgußformen. Kleine Serien großer Teile werden daher gern im Monomerguß hergestellt.
2. Schleuderguß. Dickwandige rotationssymmetrische Teile (z. B. PA-Rohre mit einem Durchmesser bis zu 0,85 m und 6 m Länge) werden durch Polymerisation von Monomeren in einer nur zum Teil gefüllten schnell rotierenden Form gefertigt.

b) ausgehend von Polymersystemen mit niedriger Viskosität (< 1 Pa·s)
3. Formgießen. Dickwandige massive Formteile (z. B. Stopfen oder Modellabgüsse) kann man aus PVC-Pasten herstellen (Ausgelieren bei 150 bis 200 °C). Das Verfahren ist heute von geringer Bedeutung.
4. Ausgießverfahren zur Herstellung von Hohlkörpern ohne Schweißnähte aus PVC-Pasten. Die Form (meist aus Metall) wird auf Geliertemperatur erwärmt und dann mit PVC-Paste gefüllt.
5. Rotationsguß. Ebenfalls zur Herstellung von Hohlkörpern unter Verwendung von PVC-Pasten. Im Unterschied zum Ausgießverfahren wird die Form nicht vorgeheizt.
6. Foliengießen. Polymer-Schmelzen, -Lösungen oder -Dispersionen werden entweder direkt auf rotierende Metalltrommeln oder umlaufende Bänder oder auf ein Trägermaterial (z. B. Papier, Textil) aufgebracht. Folien aus Zellglas werden durch Einbringen in ein Fällbad hergestellt. Gegossene Folien haben eine gleichmäßige, weitgehend orientierungsfreie Struktur und dadurch eine geringere Tendenz zum Verziehen als durch Extrusion oder Kalandrieren hergestellte Folien.

11.2 Herstellung und Verarbeitung von duroplastischen Gießharzmassen

11.2.1 Wichtigere Gießharztypen

Duroplastische Gießharzmassen bestehen meist aus nur wenigen Komponenten:

– Harz (evtl. modifiziert mit (reaktivem) Verdünner)
– Härter
– evtl. Beschleuniger
– evtl. Füllstoffe (für sogenannte gefüllte Gießharzmassen) und Pigmente
– evtl. Flexibilisatoren

Da der Trend in Richtung besonders schnell härtender Gießharz-Systeme geht (deren Lagerstabilität entsprechend gering ist), ist das Zusammenmischen der Komponenten beim Verarbeiter der Normalfall.

Die Lieferanten von Harz und Härter kommen diesem Bestreben entgegen, indem sie z. T. Harze und Härter anbieten, die bereits aus mehreren dieser Rohstoffe bestehen. In einigen Fällen liefern sie auch fertig gefüllte Gießharzmischungen (1-Komponenten-Systeme), wodurch – ähnlich wie bei der Verarbeitung von Preßmassen – das Abwiegen und Zusammenmischen der Komponenten beim Verarbeiter entfallen.

In der Hauptsache werden heute vier Harztypen eingesetzt:

1. Epoxidharze: meist Glycidylether auf Basis von Bisphenol-A, daneben glycidylierte Phenol- und Kresolnovolake, in geringerem Umfang cycloaliphatische oder stickstoffhaltige Epoxidharze – meist mit Anhydriden als Härtern, häufig zusätzlich mit Beschleunigern.
2. Ungesättigte Polyester: vorwiegend Mischkondensate von Phthalsäure- und Maleinsäureanhydrid mit Diolen (bes. 1,2-Propylenglykol), gelöst in einem Vinylmonomeren (meist Styrol). Nach Zusatz des Initiators (z. B. Peroxid) kommt es durch Propf- bzw. Copolymerisation des Monomeren zur Gelierung und Härtung.
3. Polyurethane: durch Addition von Di- oder Triisocyanaten an Di- oder Polyhydroxy-Verbindungen (lineare und/oder verzweigte Polyester oder Polyether).
4. Silicone: meist Methylphenylpolysiloxane, kombiniert mit reaktiven Härtern, z. B. organischen Peroxiden für die sogenannte Heißvulkanisation oder Di- oder Oligosiloxanen für die Kalthärtung.

Als Füllstoffe werden vorzugsweise eingesetzt:

– Quarzmehl
– Microdol
– Kreidemehl
– Aluminiumoxid und sein Trihydrat

Im Gegensatz zu Preßmassen enthalten Gießharzmassen keine Trennmittel. Um ein Kleben an den Formen zu vermeiden, werden die Formoberflächen mit Trennmittel (Silicone, Wachse, spezielle Thermoplaste) vorbehandelt.

1. **EP-Systeme** sind die am meisten verwendeten duroplastischen Gieß- und Imprägnierharze, vor allem in der Elektroindustrie, aber auch zur Herstellung von Modellen, Formen und Werkzeugen. Ihre Vorteile liegen in ihrer leichten Verarbeitung (günstige Verarbeitungsviskosität, ausreichende Gebrauchsdauer), geringerem Volumenschrumpf und guter Haftung. EP-Gießharzmassen werden in Vergußmengen bis zu einigen hundert Kilogramm eingesetzt. Bei Beachtung der Verarbeitungshinweise (Sauberkeit, Abzugsvorrichtung, Schutzhandschuhe) ist ihre Verarbeitung gefahrlos. Unsachgemäße Verarbeitung kann zu Dermatose (Hautkrankheit) führen. Geeignete Systeme können bis zu einer Dauertemperatur von 155 °C (gemäß IEC – International Electrotechnical Commission – 216) verwendet werden.

Als Neuentwicklung wurden rieselfähige Epoxidharze als Granulat auf den Markt gebracht. Gegenüber den üblichen Flüssigharzen verursachen sie weniger Entsorgungsprobleme. Die Verarbeitung ist arbeitshygienisch vorteilhaft. Sie führen überdies zu besseren mechanischen und elektrischen Eigenschaften[662].

2. **Ungesättigte Polyesterharze** sind preisgünstig und können sehr schnellhärtend eingestellt werden. Über 70% des Gesamtverbrauches an UP-Systemen gehen heute in den GF-UP-Sektor[654], s. Kapitel über Verbundwerkstoffe (S. 530) und über Preßmassen (S. 235). Wegen ihrer günstigen Verarbeitungseigenschaften eignen sie sich besonders für Imprägniersysteme. Ihre Schwächen gegenüber EP-Systemen sind hohe Schwindung, geringere Adhäsion und die höhere Feuchtigkeitsempfindlichkeit.

Um eine Gefährdung von Arbeitskräften und eine Beeinträchtigung der Umwelt durch Styrol möglichst zu vermeiden, wurden verschiedene Wege eingeschlagen; so die Verwendung sog. *Milieuharze* bei mit handwerklichen Techniken verarbeiteten Harzen (Zugabe von Additiven – meist Paraffine – zur letzten Lage von Laminaten), verstärkte Absaugvorrichtungen und geeignete Nachverbrennungsanlagen[654]. Für GF-UP wurden spezielle UV-härtbare Systeme entwickelt.

Vinylesterharze (aus Bisphenol-A- oder Novolak-EP und (Meth)acrylsäure) in Styrol gelöst haben sich wegen ihrer hohen Bruchdehnung (5 bis 6%) für Gelcoats und Deckschichten bewährt. Ihrer guten Chemikalienbeständigkeit verdanken sie den Einsatz für korrosionsfeste Teile (meist für GFK).

3. **Polyurethane** haben gute Abriebfestigkeit und Zähigkeit. Hochreaktive Systeme müssen maschinell, langsam reagierende Systeme können auch manuell verarbeitet werden.
In der Adhäsion übertreffen sie die Silicone, erreichen jedoch nicht die EP-Systeme. PUR-Systeme sind feuchtigkeitsempfindlich, doch kann durch Einarbeitung von geeigneten Zusatzstoffen oder Verwendung spezieller Polyester die Hydrolysefestigkeit verbessert werden. Um eine Gefährdung der Gesundheit zu vermeiden, sind die Hinweise der Harzlieferanten genau zu beachten. PUR finden besonders im Verguß von Niederspannungsteilen Verwendung und im Maschinen- und Fahrzeugbau.

4. **Silicone** übertreffen die drei vorher genannten Produkte an thermischer Beständigkeit; sie haben sehr niedrige dielektrische Werte. Die geringe Exothermie während der Härtung erleichtert die Verarbeitung. Nachteilig sind der hohe Preis und die geringe Adhäsion zu Metallen, Glas und den meisten Kunststoffen und ihre niedrige mechanische Festigkeit. Silicone werden besonders zur Isolation von Traktionsmotoren eingesetzt, wo ihre Flexibilität und die gute Wärmealterungsbeständigkeit erforderlich sind. Einige Typen zeigen auch vorzügliches Freiluftverhalten.

5. Wenn auch nicht als Gießharze in der Elektrotechnik von Bedeutung, so sind lösungsmittelhaltige **Phenolharze** nach wie vor als Imprägnierharze im Elektromotorenbau von großer Wichtigkeit. Sie werden als homogene Lösung (Ein-Komponenten-System) zu relativ niedrigen Preisen angeboten. Ihre Schwächen liegen in der Notwendigkeit, mit Lösungsmitteln zu arbeiten, die man bei der Verarbeitung durch Verdunsten entfernen muß, ihrer geringen Feuchtigkeits- und Chemikalienbeständigkeit und den langen Härtungszeiten.

11.2.2 Herstellungs- und Verarbeitungsverfahren

Während bei den meisten formulierten Produkten die Herstellung und die Verarbeitung üblicherweise in verschiedenen Firmen (Rohstofflieferant bzw. Kunststoff-Verarbeiter) erfolgt, werden Gießharzmassen, wie bereits erwähnt, zum allergrößten Teil beim Verarbeiter hergestellt und sofort verarbeitet.

Tab. 1.141 faßt einige wichtige Unterschiede zwischen duroplastischen Gießharz-Systemen und duroplastischen Preßmassen zusammen.

Die Herstellung und Verarbeitung von Gießharzmassen erfolgt in fünf Stufen:

1. Zubereitung der Gießharzmasse, meist bei erhöhter Temperatur (z. B. 40 bis 120 °C). Für füllstoffhaltige luftblasenfreie Gießharzmischungen ist ein Vakuummischer erforderlich
2. Füllen der – meist vorgewärmten – Formen mit der Gießharzmasse
3. Härtung der Gießharzmasse in der Form (»Anhärtung«). Zu hohe Anhärtungstemperaturen führen zu größerem Schwund und erhöhtem Risiko der Riß- und Lunkerbildung
4. Entformen
5. (Evtl.) Nachhärtung des Gießlings im Wärmeschrank

Das Gießverfahren wurde noch vor kurzem als »druckloses Verfahren zur Herstellung geformter Gegenstände« definiert.

Neuere Verfahren ermöglichen eine wesentlich rationellere und schnellere Verarbeitung von Gießharzmassen. Einige arbeiten mit geringem Druck (meist unter 10 bar). Sie sind unter folgenden, nicht immer klar voneinander abgegrenzten Bezeichnungen bekanntgeworden:

ADG = Automatisches Druckgelieren[655–657] (s. Abb. 1.99)
RSG = Reaktions(harz)-Spritzgießen[658]
LRM = Liquid Resin Moulding
LIM = Liquid Injection Moulding

Die Abkürzung RSG wird auch für Reaktionsschaumguß verwendet.

Tab. 1.141 Vergleich duroplastischer Gießharz-Systeme mit Preßmassen

	Gießharz-System	Preßmasse
Herstellung	beim Verarbeiter	beim Preßmassenhersteller
Rohstoffe beim Verarbeiter	mehrere (Harz, Härter, Füllstoffe, Beschleuniger, Pigmente u. a.)	Preßmasse: 1-Komponentensystem
Lagerstabilität der Rohstoffe	meist hoch	bei einigen Preßmassen gering, evtl. spezielle Kühllager erforderlich
Verarbeitungsdruck		
a) klassische Verfahren	ohne Druck (nur Wirkung der Schwerkraft)	mit Druck, meist über 100 bar
b) moderne Verfahren bzw. Produkte	mit geringem Druck (meist unter 10 bar)	bei Niederdruckpreßmassen Drücke unter 50 bar
Dauer des Verarbeitungszyklus		
a) klassische Verfahren	> 1 h	wenige Minuten
b) moderne Verfahren bzw. Produkte	große Formteile 10–30 min kleine Formteile 1–5 min	< 1 min
Werkzeuge (Formen)	billig	relativ teuer
Stückgewicht	einige Gramm bis über 100 kg	einige Gramm, selten mehr als 200 g
besonders vorteilhaft zur Herstellung	mittelgroße Serien von kleinen oder großen Teilen. Eingießen von großen Metallteilen	große Serien von meist kleinen Formteilen

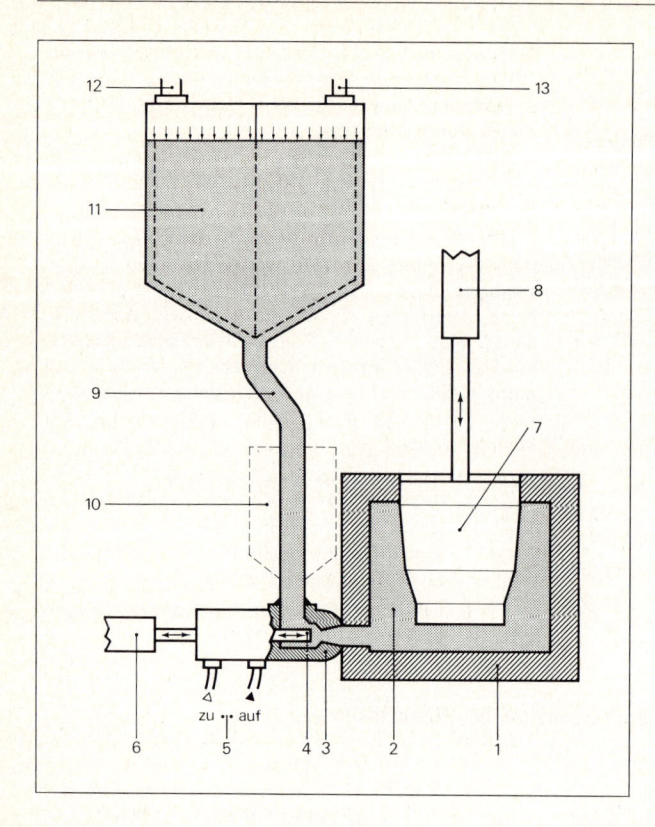

Abb. 1.99 Prinzip des ADG-Verfahrens[656]

1 Gießform
2 Gießling
3 Gießventil (Gießkopf)
4 Ventilbolzen
5 Preßluftanschlüsse für Bolzenbewegung
6 Pneumatikzylinder für Gießkopfbewegung von und zur Gießform
7 Kern
8 Kernzugzylinder
9 Massezuleitung
10 Beheizbarer Zwischenbehälter
11 Druckbhälter
12 Massezufuhr aus der Aufbereitung
13 Preßluftzufuhr bzw. Leitung zur Vakuumpumpe

Diese modernen Methoden schließen gewissermaßen die Lücke, die früher zwischen dem Gieß- und Spritzgießverfahren bestand. Sie unterscheiden sich vom konventionellen Gießverfahren:

(1) Sie sind auch (bzw. besonders) für hochreaktive Gießharzmassen geeignet. Gelierzeiten bei Werkzeugtemperaturen zwischen 2 und 5 Minuten.
(2) Während des Füllens der Form und während der Härtung in der Form wird auf die Gießharzmasse ein geringer Druck ausgeübt (≤ 10 bar).
(3) Die Formtemperatur ist deutlich höher als die Aufbereitungstemperatur der Gießharzmasse.
(4) Das gehärtete Teil kann nach kurzer Zeit (meist unter 20 Minuten) entformt werden – bedingt durch (3) und eventuell (1). Meist ist jedoch eine Nachhärtung empfehlenswert.
(5) Sie sind rationeller wegen der Verkürzung der Formbelegungszeiten bzw. der Formenanzahl (wichtig für kleinere Serien!). Sie ermöglichen die Gießharzverarbeitung mit relativ geringen Investitionen zu automatisieren.
(6) Die Härtung erfolgt von der heißeren Formwand in Richtung zum Kern des Formteils.
(7) Der Härtungsschwund kann ausgeglichen werden: die Gießharzmasse bleibt in der Massezuleitung länger fließfähig – wegen (3) – und kann – s. (2) – in die Form nachgedrückt werden.

Als ein konkretes Beispiel für den Unterschied zwischen dem konventionellen Gießverfahren und dem neuen rationellen Gießverfahren (ADG) bringt Tab. 1.142 einige Daten für ein spezielles EP-System[659].

Das **LIM-Verfahren** wird empfohlen zur Herstellung glasfaserverstärkter großflächiger Teile durch Imprägnieren von Glasgewebe oder Glasmatten.
Als Beispiel wird die Herstellung von 3 m langen Booten aus UP geschildert[661]:

1. Ein Gelcoat wird mit einer Spritzpistole auf die untere Formhälfte aufgebracht und dann ausgehärtet.
2. Glasschichten (1 Lage 580 g/m² Roving und 2 Lagen 600 g/m² Glasmatte) werden manuell auf die Gelcoatschicht verteilt (Dauer der Stufen 1 und 2 ca. 40 Minuten.)

Tab. 1.142 Vergleich des konventionellen mit dem neuen rationellen Gießverfahren[659]

EP-Harz	100 G.T. Araldit CY 225
Härter	80 G.T. Härter HY 225
Mineral. Füllstoff	225 G.T. Quarzmehl

	konventionelles Gießverfahren	rationelles Gießverfahren
Aufbereitungs-temperatur	60°C	40°C
Formtemperatur	80°C	> 140°C
Formbelegungszeit	3–4 h bei 100°C	10–30 min je nach Formtemperatur und Wandstärke des Gießlings
Nachhärtung	10 h bei 130°C oder 8 h bei 140°C	10 h bei 130°C oder 8 h bei 140°C

3. Die Form wird geschlossen (durch Aufbringen der oberen Formhälfte) und das Gießharz-System (UP mit Pigment und Initiator, evtl. mit Beschleuniger) wird durch Druck in den Zwischenraum zwischen den beiden Formhälften eingespritzt. Anschließend läßt man aushärten – bei Raumtemperatur oder höherer Temperatur. Füllen der Form und Aushärten erfordern ca. 45 Minuten.
4. Nach der Aushärtung wird die Form geöffnet und der fertige Bootskörper entformt.

In einer 8-Stunden-Schicht kann man je Form 9 Boote herstellen.

Das ursprünglich für PUR-Integralschäume entwickelte **RIM-Verfahren** läßt sich auch zur Herstellung kompakter Formstoffe verwenden. Das Prinzip dieses Verfahrens ist

– eine extrem schnelle (z. B. in 2 bis 5 Sekunden) Vermischung von 2 oder mehr flüssigen Komponenten unter hohem Druck (meist 100 bis 300 bar) in einer speziellen Mischkammer, der
– eine Einspritzung des Gemisches in das Werkzeug unter relativ niedrigem Druck (meist unter 10 bar) folgt, wo dann die Härtungsreaktion abläuft.

Heute wird das RIM-Verfahren hauptsächlich für die Verarbeitung von PUR-Systemen (Integralschaumstoffe, Elastomere) verwendet. Bestimmte EP-, UP- und PA-6-Formulierungen sind ebenfalls für dieses Verfahren geeignet. Die Tab. 1.143 vergleicht das RIM-Verfahren mit anderen schnellen Kunststoff-Verarbeitungsverfahren.

Im Vergleich zum Spritzgießen von Duroplast-Preßmassen sprechen folgende Vorteile für das RIM-Verfahren:

1. geringere Temperaturen (Werkzeugtemperatur unter 80°C),
2. niedriger Druck in den RIM-Werkzeugen (meist unter 10 bar), dadurch
3. geringere Werkzeugkosten,
4. niedriger Energieaufwand (wegen 1. und 2.),
5. Herstellung großer Teile mit stark unterschiedlichen Wandstärken möglich.

Andererseits ist das RIM-Verfahren auf nicht zu hochviskose Systeme beschränkt. Der Füllstoffgehalt sollte ca. 30% nicht überschreiten. Durch Spritzgießen kann man größere Serien komplizierter Teile aus hochgefüllten Preßmassen günstiger herstellen.

RIM-PUR-Teile haben Anwendungen im Automobilbau gefunden, z. B. für Stoßstangen. Mit – meist sehr kurzen (ca. 1 bis 2 mm) – Glasfasern verstärkte Teile lassen sich nach dem RRIM (= Reinforced RIM = Harzinjektionsverfahren für verstärkte Kunststoffe)-Verfahren fertigen.

11.2.3 Verarbeitung von Imprägniersystemen

Prinzipiell Ähnliches wie für Gießharz-Systeme gilt für Imprägnierharze. Man könnte sie als Gießharze mit besonders niedriger Viskosität bezeichnen.

Das Gemeinsame der verschiedenartigen Imprägnierverfahren zum Schutz von Wickelkörpern liegt darin,

– während des Imprägnierens eine entsprechend niedrige Viskosität zu erreichen,
– durch Vakuum (evtl. zusätzlich durch Überdruck) alle Zwischenräume des Wickelkörpers luftblasenfrei auszufüllen und
– die Aushärtung so zu steuern, daß ein Auslaufen der Imprägniermasse vor deren Festwerden verhindert wird.

Imprägniermassen werden häufig zum Tränken von Spulen und Wicklungen in der Elektrotechnik verwendet. Meist werden dafür EP-Harze, Resole, Aminoharze und UP-Harze eingesetzt.

Im weiteren Sinn als Imprägniersysteme kann man die als *Laminierharze* bezeichneten EP- und UP-Harze ansehen. Sie dienen zum Tränken (Imprägnieren) von Glasgeweben, Glasseidensträngen, Kohlefasern, synthetischen organischen Fasern oder Glimmerpapier. Es werden Formteile im Wickelverfahren (filament winding) oder Düsenziehverfahren direkt hergestellt oder Prepregs gefertigt, die anschließend zu GFK-Laminaten verpreßt werden.

Träufelharze (z. B. EP- und UP-Träufelharze) sind elektrisch hochwertige Gießharze, die auf die erwärmte, in geneigter Stellung rotierende Wicklung von Läu-

Tab. 1.143 Vergleich verschiedener Kunststoff-Verarbeitungsverfahren[644]

Vergleichskriterien	Formgebungsverfahren								
	RIM			Spritzguß				UP-Harz Prepregs	
				massiv		geschäumt			
Formenschließdrücke (bar)	10			1000		100		100	
Formenschließkraft/m² Formteiloberfläche	100			10000		1000		1000	
Realisierbares Formteilgewicht 10, 40, 70 kg	+	+	+	+	− −	+	+ −	+	+ −
Meßweg	nicht begrenzt			begrenzt		begrenzt		begrenzt	
Entformungszeit (min) bei 3 und 10 mm Wanddicke	0,5	1–4		0,7	2–5	1	3–5	1,5	3–4
Oberflächenabbildung des Formwerkzeuges	sehr gut			gut		schlecht		mäßig	
Wandstärkenänderung ohne Einfallstellen	ja			nein		ja		nein	
Einlegeteile klein/groß	ja	ja		ja	nein	ja	nein	ja	nein
Dichte der Formteile (g/cm³)	0,3–1,2			0,9–1,4		0,65–1		1,6	
Masseeinfärbung	begrenzt			ja		ja		begrenzt	
Abfallwiederverwertung	nein			ja		ja		nein	

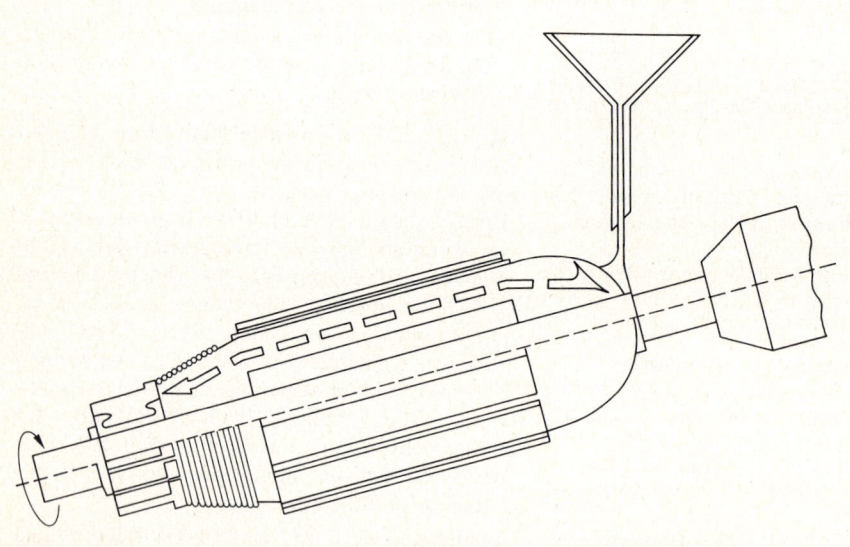

Abb. 1.100 Apparatur zur Anwendung des Träufelns für einen Rotor nach dem Einstromprinzip

fer- oder Ständerwicklungen von Elektromotoren bis zur vollständigen Tränkung aufgebracht werden. Das Härten erfolgt meist in der Wärme. Die Träufelharze dienen zur Isolation und zum mechanischen Schutz der Wicklungen (Apparatur s. Abb. 1.100).

11.3 Eigenschaften von Gießharz-Formstoffen

Für die Eigenschaften von Gießharz-Formstoffen aus festen und flüssigen Epoxidharzen, ungesättigten Polyestern und Methacrylatharzen gibt die DIN-Norm 16946 (Blatt 2) einige Hinweise. Darin werden Standardtypen beschrieben. Sondertypen weichen zum Teil wesentlich ab (s. Tab. 1.144).

Tab. 1.144 Typwerte von Methacrylat-Gießharzen nach DIN 16946, Teil 2

Typ	Einheit	1200–0 vernetzt	1220–0 unvernetzt
Rohdichte	g/cm^3	1,18	1,18
Biegefestigkeit	N/mm^2	120	110
Schlagzähigkeit	kJ/m^2	15	15
Kerbschlagzähigkeit	kJ/m^2	1,5	1,5
Zugfestigkeit	N/mm^2	70	70
Kugeldruckhärte $H_{D10/D60}$	N/mm^2	200/180	210/190
Formbeständigkeit in der Wärme nach Martens	°C	90	85
nach ISO/R 75, Verf. A	°C	95	90
Längenausdehnungskoeffizient	10^{-6}/K	70	70
Wasseraufnahme in kochendem Wasser nach DIN 53471 A	mg	50	50
Lichttransmissionsgrad		92	92

11.4 Anwendung von Gießharz- und Imprägniermassen

Gießharzmassen werden durch Härtung zu Gießharz-Formstoffen, die entweder als Halbzeug (Rohre, Stäbe, Profile, Blöcke, Tafeln) auf den Markt kommen und dann spangebend bearbeitet werden, oder die bereits bei ihrer Herstellung ihre endgültige Gestalt erhalten haben. Imprägniermassen schützen Lackdrahtwicklungen chemisch und mechanisch gegen störende Umwelteinflüsse. Die lösungsmittelfreien Tränkharze haben die lösungsmittelhaltigen Tränklacke stark zurückgedrängt.

Tab. 1.145 Anwendungen von Gieß- und Imprägnier-Systemen

Kunststoff	Anwendungen
PF	Platten, Stäbe, Rohre, vorgeformte Gießlinge zur spangebenden Herstellung von Gebrauchsartikeln
EP	Elektroindustrie, besonders Hochspannungsgebiet (Schaltanlagen bis zu 100 kV mit allen Zubehörteilen wie Stützisolatoren, Durchführungen, Löschkammerrohre und Meßwandler). Tränken und Imprägnieren von Spulen und Wicklungen Cycloaliphatische EP für Freiluftisolation und als Isolierstoff für feuchte Innenräume Herstellung von Modellen, Formen und Werkzeugen (aus sog. *Werkzeugharzen*) Sanierung von Bauwerken durch Injektionsharze, Umhüll- und Einbettmaterial in der Elektronikindustrie, insbesondere für aktive und passive Bauelemente, Einbetten von Lehrobjekten Laminierharze für hochbeanspruchte GFK-Teile
UP	Elektroindustrie, Halbzeug (Stäbe und Platten), Herstellung von Modellen, Formen und Werkzeugen, Einbetten von Lehrobjekten, dekorativ gefüllte Knopfplatten, Kunststeinplatten
PUR	Vergießen von Kabelgarnituren (Muffen und Endverschlüsse), von Fernsehröhren, Wandlern, Spulenteilen Stoßfänger für Automobile (RIM-Verfahren)
SI	Imprägnieren von elektrischen Isolatoren bei Motoren und Transformatoren, Umhüllen und Einbetten von elektronischen Bauteilen, Herstellung von (flexiblen) Modellen und Formen (SI. Kautschuk)
PA	Rohre, Lager für schwere Maschinen, Windsurferschwerte (z. T. aus Integralschaum)
PMMA	Platten, Stäbe, Rohre, transparente organische Gläser Spezialgießharzmassen für den Zahnersatz, die Chirurgie und Orthopädie, Verkehrszeichen, dekorativ eingefärbte Knopfplatten, Einbettung von z. B. biologischen Schauobjekten, Schutz und Reparatur von Betonoberflächen Kunststeinplatten mit Marmoreinlagen

Danksagung

Der Autor schuldet zahlreichen Kollegen Dank für wertvolle Ratschläge und konstruktive Kritik. Besonders hervorzuheben sind die Leser des Manuskriptes oder eines Teiles davon wie Dr. H. J. Orthmann (BASF), Dr. Helmut Müller, Dr. P. Bieler, Dr. W. Seiz und Dr. R. Stierli (Ciba-Geigy AG, Basel), Dr. K. Uhlig (Bayer Leverkusen), Dr. F. Breitenfellner und Dr. H. W. Menzel (Ciba-Geigy, Marienberg), Dr. L. Buxbaum (Bleiberger Bergwerksunion), Dr. W. Sieber und Doz. Dr. J. Vogt (Ciba-Geigy, Marly) und Kollegen, die eigene Erfahrungen beigesteuert haben, wie Dr. H. P. Frank (Chemie Linz), Dipl.-Ing. Petersen (Krauss-Maffei, München) und zahlreiche andere.

Mehrere Fachverbände haben ihre neuesten Wirtschaftsstatistiken zur Verfügung gestellt.

Besonderer Dank gebührt auch den geduldigen Sekretärinnen, Frau N. Waldmeier und Fräulein B. Erismann, wie auch dem Herausgeber Prof. Dr. H. Batzer, der das Kapitel in schonender Weise getrimmt hat.

Literatur

Spezielle Literatur

[432] Hutchinson, T. (1981), Thermoplastics in the Next Decade, Modern Plastics International **11**, H. 3, S. 36–38.
[433] Förster, P., Herner, M. (1979), Kunststoffe **69**, H. 3, S. 146–153.
[434] Fischer, W., Gehrke, J., Rempel, D. (1980), Kunststoffe **70**, H. 10, S. 650–655.
[435] Dolezel, B. (1978), Die Beständigkeit von Kunststoffen und Gummi, Carl Hanser Verlag, München.
[436] Gächter, R., Müller, H. (1983), Taschenbuch der Kunststoff-Additive, Carl Hanser Verlag, München.
[437] Stoeckhert, K. (1981), Kunststoff-Lexikon, Carl Hanser Verlag, 7. Auflage, München.
[438] Thinius, K. (1969), Stabilisierung und Alterung von Plastwerkstoffen, Verlag Chemie, Weinheim, Deerfield Beach, Florida, Basel.
[439] Voigt, J. (1966), Die Stabilisierung der Kunststoffe gegen Licht und Wärme, Springer Verlag, Berlin, Heidelberg, New York.
[440] Lauer, O., Engels, K. (1971), Aufbereiten von Kunststoffen, Carl Hanser Verlag, München.
[441] Hill, W. (1973), Marketing, Band II, Paul Haupt Verlag, Bern, Stuttgart.
[442] Kotler, Ph. (1972), Marketing Management, Prentice-Hall, Englewood Cliffs N. J., S. 505.
[443] Stern, E. (1970), Marketing Planung – Eine Systemanalyse, Verlag SKV, Zürich, S. 79.
[444] Heyel, C. (Ed.) (1963), The Encyclopedia of Management, Reinhold Publishing Corp., New York, S. 576–582.
[445] Freund, P. (1979), Allgemeine Probleme der chemischen Industrie, Alfred Hüthig Verlag, Heidelberg, S. 121-122.
[446] Freudenmann, H. (1965), Planung neuer Produkte, Stuttgart.
[447] Broustin, P. (1980), Wertanalyse – ein Weg zur Gewinnoptimierung, Farbe + Lack **86**, H. 10, S. 1045–1046, 1120.
[448] Kotler, Ph. (1980), Marketing Management, Prentice Hall International, London, S. 177.
[449] Christmann, K. (1973), Gewinnverbesserung durch Wertanalyse, Poeschel Verlag, Stuttgart.
[450] Demmer, K. H. (1970), Aufgaben und Praxis der Wertanalyse, Verlag Moderne Industrie, München.
[451] Demmer, K. H. (1976), Technik im Industriebetrieb, Verlag Moderne Industrie, München.
[452] Händel, S. (1975), Wertanalyse, VDI-Verlag, Düsseldorf.
[453] Handbuch-Wertanalyse (1975), VDI-GA »WA«, VDI-Verlag, Düsseldorf.
[454] Hoffmann, H. (1979), Wertanalyse, Schmidt Verlag, Berlin.
[455] Kipper, G. (1963), Wertanalyse – ein Weg zur Kostensenkung, Berlin, Bielefeld, München.
[456] Lüder, K. (1967), Wertanalyse, Handbuch industrielle Produktion, Baden-Baden, Bad Homburg.
[457] Miles, L. D. (1971), Techniques of Value Analysis and Engineering, New York.
[458] (1975) Wertanalyse: Idee, Methode, System, VDI-Verlag, Düsseldorf.
[459] Wertanalyse '81. Tagung Frankfurt, 1981, VDI-Verlag, Düsseldorf.
[460] Deming, S. N., Morgan, S. L. (1973), Anal. Chem. **45**, H. 3, S. 278 A–283 A. Shavers, C. L., Parsons, M. L., Deming, S. N. (1979), Simplex Optimization of Chemical Systems, J. Chem. Educ. 56, H. 5, S. 307–309.
[461] Grassmann, P. (1961), Dimensionsanalyse und Modelltheorie in Physikalische Grundlagen der Chemie-Ingenieur-Technik, H. R. Sauerländer Verlag, Aarau, Frankfurt.
[462] Kassatkin, A. G. (1953), Grundlagen der Ähnlichkeits- und Dimensionstheorie in Chem. Verfahrenstechnik, Band 1, VEB-Verlag Technik, Berlin.
[463] Kerber, R. (1966), Möglichkeiten und Grenzen der Dimensionsanalyse, CIT **38**, H. 11, S. 1133–1139.
[464] Matz, W. (1954), Anwendungen des Ähnlichkeitsgrundsatzes in der Verfahrenstechnik, Springer Verlag, Berlin/Göttingen/Heidelberg, New York.
[465] Käufer, H. (1981), Arbeiten mit Kunststoffen, Band 2, Springer Verlag, Berlin, Heidelberg, New York, S. 143.
[466] Laeis, M. E. (1959), Der Spritzguß thermoplastischer Massen, Carl Hanser Verlag, München, S. 13.
[467] Modern Plastics International, Januar 1984, S. 26–30, Januar 1983, S. 29–35, Januar 1981, S. 33–39.
[468] Simon, G. (1980), PS in Ullmanns Enzykopädie der techn. Chemie, Band 19, Verlag Chemie, Weinheim, Deerfield Beach, Florida, Basel, S. 271.
[469] DIN 7741 Teil 2, PS-Formmassen, August 1977.
[470] Weber, A. (1978): Wechselbeziehung zwischen Werkstoff und Konstruktion, Schweizer Maschinenmarkt **78**, H. 21, S. 78–81, H. 24, S. 42–45.
[471] Maus, H., Bopp, H., Kunststoffe **28**, 1977, S. 409, Kunststoffe **68**, 1978, S. 394.
[472] Finck, H. W. (1979), Antistatika in Gächter, R., Müller, H., Taschenbuch der Kunststoff-Additive, Carl Hanser Verlag, München, Wien.

473 Voigt, J. (1978), Kunststoffe, Zusätze, in Ullmanns Enzyklopädie der techn. Chemie, B. 15, Verlag Chemie, Weinheim, Deerfield Beach, Florida, Basel, S. 253.
474 Haack, U., Riecke, J. (1982), Verstärktes und gefülltes Polypropylen, Plastverarbeiter **33**, H. 9, S. 1038–1042.
475 Domininghaus, H. (1978), Zusatzstoffe für Kunststoffe, Zechner & Hüthig Verlag, Speyer.
476 Rheinfeld, D. (1975), Möglichkeiten und Grenzen bei der TSG-Verarbeitung, Kunststoffe **65**, H. 10, S. 681–686.
477 Gächter, R., Müller, H. (1983), Kunststoff-Additive, Carl Hanser Verlag, München.
478 (1981) Spezielles Ausrüsten, Füllen und Verstärken von Kunststoffen, Plastverarbeiter **32**, H. 8, S. 926.
479 Flatau, K. (1980), PVC in Ullmanns Enzyklopädie der techn. Chemie, Bd. 19, Verlag Chemie, Weinheim, Deerfield Beach, Florida, Basel, S. 352.
480 Voigt, J. (1978), Kunststoffe, Zusätze in Ullmanns Enzyklopädie der techn. Chemie, Verlag Chemie, Weinheim, Deerfield Beach, Florida, Basel, S. 253–273.
481 Information Ciba-Geigy Marienberg GmbH, Bensheim, 1983.
482 Pflüger, R. in Vieweg, R., Müller, A. (1966), Kunststoff-Handbuch, 6, PA, Carl Hanser Verlag, München.
483 Frank, R., Kunststoffe im Lebensmittelverkehr, Heymann, C., Köln, Berlin, Bonn, München, 30. Lieferung, Stand 1.8. 1982.
484 DOS 2616754 (18.4.1975/15.4.1976) Ciba-Geigy, Erf.: Breitenfellner, F. Hrach, J.
485 Menges, G., Sarholz, R., Krüger, E (1981), Plastverarbeiter **32**, 59.
486 Kunststoffe **69**, 1979 H. 7, S. 422; Referiert nach Gevetex Textilglas Report **11**, 1979, H. 1, S. 6.
487 Modern Plastics International, Januarhefte 1980–1984.
488 Käufer, H. (1981), Arbeiten mit Kunststoffen, Bd. 2, Springer Verlag, Berlin, Heidelberg, New York, S. 259.
489 Merz, E. H., Colwell, R. E. (1958), ASTM-Bulletin, No. 232, 63.
490 Lüpke, G. in Schwarz, O., Ebeling, F.-W., Lüpke, G., Schelter, W. (1981), Kunststoffverarbeitung, Vogel Verlag, Würzburg.
491 Saechtling, Hj. (1979), Kunststoff-Taschenbuch, Carl Hanser Verlag, München, Wien, S., 102.
492 Derek, H., Menges, G. (1981), Handhabungsgeräte, Kunststoffe **71**, H. 10, S. 715–719.
493 Johannson, B. (1981), Der Einsatz von Handhabungsgeräten bei Spritzgießmaschinen, in Rationalisieren im Spritzbetrieb, VDI-Verlag, Düsseldorf.
494 Warnecke, H.-J., Schraft, R. D (1983), Industrieroboter, Krauskopf-Verlag, Mainz.
495 Zingel, H. (1979), Automation an Kunststoff-Spritzgießmaschinen, Plastverarbeiter **30**, H. 8, S. 453–457.
496 Johannson, B. (1981), Zwei Beispiele für Handhabungsgeräte in der Kunststofftechnik, Plastverarbeiter **32**, H. 9, S. 1197–1199.
497 Hoechst Hostalen PP, S. 51, Ausgabe 1976.
498 Hoechst Hostyren N, S und XS, S. 40, Oktober 1980.
499 Outsert-Technik, eine fortschrittliche Methode wirtschaftlicher Spritzgießmontage, Kunststoffe **68**, 1978, H. 7, S. 394–397.
500 Plastverarbeiter **30**, 1979, H. 1, S. 27.
501 Domininghaus, H. (1978), Kunststoffe **68**, H. 7, S. 394–397.
502 Hoechst Technische Kunststoffe 1/82: Outsert-Technik mit ®Hostaform, Mai 1982.
503 Plastverarbeiter **30**, 1979, H. 1, S. 15–16.
504 Berzen, J., Braun, G. (1979), Kunststoffe **69**, H. 2, S. 62–66.
505 Menges, G., Hahn, G. (1981), Self-Reinforcing Plastics – a New Approach to High-Performance Resins, Modern Plastics International **11**, H. 10, S. 38–39.
506 Plast. Technol., 1983, H. 1, S. 75.
507 Käufer, H., Burr, A. (1982), Spritzpreßrecken als Verfahrensmethode zur Herstellung thermoplastischer Formteile, Kunststoffe **72**, H. 7, S. 402–407.
508 Orthmann, H. J. (1967), Probekörperzustand und Prüfergebnisse, Kunstst. Rundsch. **14**, H. 5, S. 221–228.
509 Gäth, R., Orthmann, H. J., Schmitt, B. (1965), Normwerte und Formteileigenschaften, Kunststoffe **55**, H. 9, S. 709–711.
510 Nickel, W. (1982), Qualitätssicherung bei Formteilen aus Thermoplasten, Kunststoffe **72**, H. 9, S. 537–542.
511 VDI-Richtlinien VDI 2006 – Gestaltung von Spritzgußteilen aus thermoplastischen Kunststoffen, Beuth-Verlag, Berlin, Köln.
512 Saechtling, Hj. (1977), Kunststoff-Taschenbuch, Carl Hanser Verlag, München, Wien, S. 72.
513 Stoeckert (1981), Wege zur Material- und Energieeinsparung in der Kunststoffindustrie, Kunststoffe **71**, H. 1, S. 28–32.
514 Rheinfeld, D. (1981), Massenartikel fordern Schnelläufer, Plastverarbeiter **32**, H. 8, S. 993–996.
515 Domininghaus, H. (1976), Kunststoffe und ihre Eigenschaften, VDI-Verlag, Düsseldorf.
516 Krause, A. (1969), Kunststoff-Handbuch Bd. 5, Polystyrol, Carl Hanser Verlag, München.
517 Vke-Verband kunststofferzeugende Industrie e. V., Frankfurt/Main 1, Karlstraße 21.
518 Hellstrøm, B. (1981), Thermosets: Materials with a Long Past and an Excellent Future. Modern Plastics International **11**, H. 3, S. 34–35.
519 Bollig, F. J., Decker, K. H. (1980), Duroplastische Formmassen, Kunststoffe **70**, H. 10, S. 672–678.
520 Johannson, B. (1981), Der Einsatz von Handhabungsgeräten bei Spritzgießmaschinen, in Rationalisieren im Spritzbetrieb, VDI-Verlag, Düsseldorf.
521 Derek, H., Menges, G. (1981), Handhabungsgeräte, Kunststoffe **71**, H. 10, S. 715–719.
522 Johannson, B. (1981), Zwei Beispiele für Handhabungsgeräte in der Kunststofftechnik, Plastverarbeiter **32**, H. 9, S. 1197–1199.
523 Warneke, H.-J., Schraft, R. D. (1979), Industrieroboter, Krauskopf-Verlag, Mainz.
524 Zingel, H. (1979), Automation an Kunststoff-Spritzgießmaschinen, Plastverarbeiter **30**, H. 8, S. 453–457.
525 Saechtling, Hj. (1977), Kunststoff-Taschenbuch, Carl Hanser Verlag, München, Wien, S. 128.
526 Schelter, W. (1982), in Schwarz, O., Ebeling, F.-W., Lüpke, G., Schelter, W.; Kunststoffverarbeitung, Vogel-Verlag, Würzburg, S. 120.
527 Hull, John L. (1968), Compression and Transfer Molding, in Encyclopedia of Polymer Science and Technology, Bd. 9, John Wiley and Sons, New York, S. 16.
528 Saechtling, Hj. (1979), Kunststoff-Taschenbuch, Carl Hanser Verlag, München, Wien, S. 112/113.

[528a] Wallhäußer, H. (1972), Einfluß von Härtung und Vernetzung bei Duroplasten in Schreyer, G., Konstruieren mit Kunststoffen, Teil 1, S. 185, Carl Hanser Verlag, München.
[529] Menges, G., Jürgens, W. (1968), Spritzgießen und Spritzprägen – Vor- und Nachteile, Plastverarbeiter **19**, Nr. 11, S. 863, 872.
[530] Breitenbach, J. (1968), Spritzprägen und seine Variationen in der Praxis, Plastverarbeiter **19**, Nr. 7, S. 517, 524.
[531] Saechtling, Hj. (1977), Kunststoff-Taschenbuch, Carl Hanser Verlag, München, Wien, S. 417.
[532] Niewisch, W. (Nov. 1970), Kalkulation von Formteilen, Vortrag auf der VDI-Fachtagung »Verarbeitung härtbarer Formmassen«, Düsseldorf, Nov. 1970. VDI-Gesellschaft Kunststofftechnik, 4 Düsseldorf 1, Postfach 1139. VDI-2001: Gestaltung von Preßteilen aus härtbaren Kunststoffen, Beuth-Verlag, Berlin, Köln.
[533] Mair, H. J., BASF AG, Ludwigshafen, Kap. 1 und 2, Kunststoffe für elektrische Isolierzwecke, Bd. 15, Ullmanns Enzyklopädie der techn. Chemie, Verlag Chemie Weinheim, Deerfield Beach Florida, Basel.
[534] Zieschank, G., Hoechst AG, Frankfurt, Kap. 3, Kunststoffe für elektrische Isolierzwecke, Bd. 15, Ullmanns Enzyklopädie der techn. Chemie, Verlag Chemie, Weinheim, Deerfield Beach Florida, Basel.
[535] Hegemann, G., Janssen, H., BASF AG, Hamburg, Kap. 4, Kunststoffe für elektrische Isolierzwecke, Bd. 15, Ullmanns Enzyklopädie der techn. Chemie, Verlag Chemie, Weinheim, Deerfield Beach Florida, Basel.
[536] Fritzen, A. (1968), in Vieweg, R. (1968), Becker, E., Kunststoff-Handbuch, Bd. X. Duroplaste, Carl Hanser Verlag, München S. 278–338.
[537] Phenoplast-Formmassen (1981), Plastverarbeiter **32**, H. 11, S. 1635–1640.
[538] Bruncken, K. (1968), in Vieweg, R., Becker, E., Kunststoff-Handbuch, Bd. X. Duroplaste, Carl Hanser Verlag, München, S. 339–405.
[539] Schik, J. P. (1980), Kunststoffe **70**, H. 10, S. 695–699.
[540] Gilfrich, H.-P. (1975), Eine neue härtbare Polyester-Formmasse für die Elektrotechnik, Kunststoffe **65**, H. 6, S. 341–345.
[541] Ab 1977 ist die neue Vorschrift DIN 57.636/VDE 0636 gültig.
[542] Bollig, F. J., Decker, K. H. (1980), Duroplastische Formmassen, Kunststoffe **70**, H. 10, S. 676.
[543] Grünewald, R. (1982), Industrielle Formteile aus UP-Harzen, Kunststoffe **72**, H. 6, S. 366–371.
[544] Liebold, R. (1979), SMC-und BMC-Anwendungen im Fahrzeugbau, Plastverarbeiter **30**, H. 8, S. 458–462.
[544a] Grünewald, R. (1979), in Schaab, H., Stoeckhert, K., Kunststoff-Maschinen-Führer, Carl Hanser Verlag, München.
[545] Modern Plastics International, 1979, H. 2, S. 16, 17.
[546] Tschanz, P. (1978), Fortschritte auf dem Gebiet von Epoxidharzformmassen, Kunstst. Plast. **25**, Nr. 7. S. 43–49.
[547] Castello, M. J., Diethelm, H. (1978), Injection des Résines Epoxydes sous Forme de Poudres à Mouler. L'Officiel des Plastiques et du Caoutchouc, S. 35.
[548] Schreiber, B., Arnold, L. (1979), Fließ-Härtungsverhalten von Epoxidharz-Preßmassen, Kunststoffe **69**, H. 2, S. 94–100, H. 3, S. 163–167.
[549] Schreiber, B. (1982), Epoxidformmassen, Kunststoffe **72**, H. 7, S. 430–434.
[550] Schönthaler, W. (1973), Verarbeiten härtbarer Kunststoffe, VDI-Verlag GmbH, Düsseldorf.
[551] VDI-Richtlinien VDI 2001 Gestaltung von Preßteilen aus härtbaren Kunststoffen, Beuth Verlag, Berlin, Köln.
[552] Presse Information des Duropal-Werkes, Eberh. Wrede GmbH u. Co. KG, D-5760 Arnsberg 1.
[553] DIN 7735, 40802 (CuHp)
[554] z. B. DIN 16926–1968, 53799–1968, 68751–1968, 68765–1971 Entwurf.
[555] Presse Information des Duropal-Werkes, Eberh. Wrede GmbH & Co. KG, D-5760 Arnsberg 1.
[556] Götze, Th., Keller, K. (1980), Melamin-Formaldehydharze, Kunststoffe **70**, S. 684–686.
[557] Pankoke, W. (1981), Entwicklung und Stand der Technik der kontinuierlichen Herstellung von dekorativen Schichtpreßstoffplatten (dks), Holz Roh Werkst. **39**, S. 271–274.
[558] Götze, T., Dörries, P. (1982), Neuentwicklungen auf dem Gebiet der technischen MF-Harze, Plastverarbeiter **33**, H. 9, S. 1118–1122.
[559] Käufer, H. (1981), Arbeiten mit Kunststoffen, Bd. 2, Verarbeitung, Springer Verlag, Berlin, Heidelberg, New York, S. 144.
[560] Modern Plastics International, Januar 1984, S. 26–30, Januar 1983, S. 29–35, Januar 1981, S. 33–39.
[561] BASF-Kunststoffe, 5. Auflage (1979), S. 26.
[562] Information der Ciba-Geigy Marienberg GmbH, Bensheim, 1983.
[563] Saechtling, Hj. (1979), Kunststoff-Taschenbuch, Carl Hanser Verlag, München, Wien, S. 135.
[564] Fitz, H. (1980), Fluorkunststoffe, Kunststoffe **70**, H. 10, S. 659–662.
[565] Hoechst Hostyren N, S und XS (S. 42,), Ausgabe Oktober 1980.
[566] Ebeling, F. W., u. a. (1981), Kunststoffverarbeitung, Vogel Verlag, Würzburg, S. 52.
[567] Käufer, H. (1981), Arbeiten mit Kunststoffen, Bd. 2, Springer Verlag, Berlin, Heidelberg, New York, S. 146.
[568] Förster, P., Herner, M. (1979), Kunststoffe **69**, H. 3, S. 146–153.
[569] Fikentscher, H. (Februar 1957), in die BASF.
[570] Hatzmann, G., Herner, M. (1978), Das Luvithermverfahren als Beispiel für einen Teilchenfließprozeß in der PVC-Verarbeitung, Kunststoffe **68**, H. 9, S. 561–563.
[571] Kopsch, H. (1978), Kalandertechnik, Carl Hanser Verlag, München.
[572] Hille, H. (1978), Verarbeiten von PVC-Pasten, Kunststoffe **68**, H. 12. S. 800–805.
[573] Saffert, R. (1982), Einfluß des PVC-Typs in Plastisolen auf Verarbeitung und Qualität des Endproduktes, Kunststoffe **72**, H. 1, S. 27–32.
[574] Vestolit-Pastenverarbeitung, Kunststoffe von Hüls, Ausgabe September 1979.
[575] Ullmanns Enzyklopädie der techn. Chemie, (1979) Bd. 17, Verlag Chemie, Weinheim, Deerfield Beach, Florida, Basel, S. 623–627.
[576] DIN 16920 (April 1980) Klebstoff-Verarbeitung, Begriffe.
[577] Fauner, G., Endlich, W. (1979), Angewandte Klebtechnik, Carl Hanser Verlag, München, Wien.
[578] Bikermann, I. I. (1968), The Science of Adhesive Joints, Acad. Press, New York, 164–189.
[579] Brockmann, W. (1971), Grundlagen und Stand der Metallklebtechnik, VDI-Taschenbücher T 22, VDI-Verlag, Düsseldorf, S. 6–9.

580 de Bruyne, N. A., Houwink, R., (Herausgeber) (1955) Klebetechnik, Berliner Union Verlag, Stuttgart.
581 Eley, D. D. (1961), Adhesion, Oxford University Press, London.
582 Kaelble, D. H. (1971) Physical Chemistry of Adhesion, Wiley Interscience, New York.
583 Schonhorn, H. (1970), Adhesion in Stauden, A., Kirk-Othmer Encyclopedia of Chemical Technology. Suppl. Vol. Interscience Publishers, New York.
584 Skeist, I. (1977), Handbook of Adhesives, Reinhold Publ., New York.
585 Voyertskii, S. S. (1963), Autoadhesion and Adhesion of High Polymers, Interscience Publ., New York, London, Sydney.
586 Zisman, W. A. (1962), in Weiss, P., Adhesion and Cohesion, Elsevier, Amsterdam, London, New York, S. 176–208.
587 Zisman, W. A. (1977), Influence of Constitution on Adhesion, in Skeist, I., Handbook of Adhesives, Van Nostrand Reinhold, New York, S. 33–71.
588 Anand, J. N., u. a. (1969, 1970), Interfacial Contact and Bonding in Autohesion, J. Adhes. 1, S. 17–37, 2, S. 16–29.
589 (1973) Fragen zur Klebtechnik – Antworten zum heutigen Stand der Entwicklung, Verbindungstechnik 5, S. 6.
590 Brockmann, W. (1978), Kenntnisse über die Grundlagen des Metallklebens, Adhaesion, H. 1, S. 6–14.
590a Brockmann, W. (1978), Das Kleben chemisch beständiger Kunststoffe, Adhaesion, H. 2, S. 38–44.
591 Brockmann, W. (1975), Untersuchungen von Adhäsionsvorgängen zwischen Kunststoffen und Metallen, Adhaesion 19, S. 1, 2.
592 Fowkes, F. M. (1964), Attractive Forces at Interfaces, Ind. Eng. Chem. 56, H. 12, S. 40–52.
593 Köhler, R., Fortschritte der Klebetechnik, Chem. Ing. Tech. 42, 1970, H. 9, 10, S. 600–602, Ullmanns Enzyklopädie der techn. Chemie. (1970), Ergänzungsband, S. 323.
593a Köhler, R. (1972), Physikalische Grundlagen der Klebevorgänge, Adhaesion 2, S. 47.
594 Mark, H. F., Cohesive and Adhesive Strength of Polymers, Adhes. Age. July 1979, S. 35–40, September 1979, S. 45–50.
595 Matting, A., Brockmann, W. (1968), Adsorption und Adhäsion an Metalloberflächen, Adhaesion 12, S. 8.
596 Matting, A., Ulmer, K. (1963), Grenzflächen-Reaktionen und Spannungs-Verteilung in Metallklebverbindungen, Kunststoffe 16, S. 4–7.
597 Rogger, J. S. (1967), Entwicklung von Klebstoffen für den Flugzeugbau – Geschichte der metallverbindenden Klebstoffe, Adhaesion 11, S. 12.
598 Sharpe, L. H., Schonhorn, H. (1964), Adv. Chem. Ser. 43, S. 189.
599 Schlegel, H. (1973), Stand und Grenzen theroretischer Betrachtungen zur Haftung bei Klebverbindungen, Plaste, Kautsch. 20, S. 6.
600 Zorll, U. (1976), Fortschritte in der Adhäsionsmeßtechnik, Adhaesion 20, S. 3.
601 Kunststoff-Handbuch, Bd. 4, Polyolefine, Carl Hanser Verlag, München, S. 587.
602 Flick, E. W. (1978), Adhesive and Sealant Compounds and their Formulations, Noyes Data Corporation, Park Ridge, N. J. USA.
603 Tauber, G. (1980), Kunststoffe 70, H. 10, S. 719–721.

604 Götze, Th., Keller, K. (1980), Melamin-Formaldehydharze, Kunststoffe 70, H. 10, S. 686.
605 Eisele, W., Wittmann, O. (1980), Harnstoff-Formaldehydharze, Kunststoffe 70, H. 10, S. 687–689.
606 Schwarz, O. (1981), in Schwarz, O., Ebeling, F.-W., Lüpke, G., Schelter, W., Kunststoffverarbeitung, Vogel-Verlag, Würzburg, S. 196.
607 Lucke, H. (1967), Kunststoffe und ihre Verklebung, Brunke und Garrels, Hamburg.
608 Kaiser, H. (1977), in Ullmanns Enzykpädie der techn. Chemie, Bd. 14, Verlag Chemie, Weinheim, Deerfield Beach, Florida, Basel, S. 258–260.
609 Brushwell, W. (1982), Farbe + Lack 88, H. 11, S. 920–928.
610 Arbeitsunterlagen: Herberts-Jahresberichte 1974 bis 1982, Informationen des Verbandes der Chemischen Industrie (Frankfurt a. M.), der National Paint & Coatings Association, Washington, D.C., und von SRI-International, Menlo Park, Cal.
611 Bayer AG, Desmodur A 160 und A 360, SNM 30–85/3+4, Mai 1982.
612 Bayer AG, Desmodur N/Desmodur A 160 in Solventnaphta 100, SNM 30–85/5, Mai 1982.
613 Rezepturen der Ciba-Geigy.
614 Lohse, F., Batzer, H. (1980), Epoxidharze, Kunststoffe 70, H. 10, S. 690–694.
615 Batzill, W. (1977) Ind. Lackier Betr. 45, Nr. 8, S. 300–304.
616 Hansmann, J. (1981), Pulver-Beschichtung, Plastverarbeiter 32, S. 695–699.
617 Hönel, H. (1953), Farbe + Lack, 59, S. 174–180.
618 Kittel, H. (1977), Adhaesion, H. 4, S. 104–109.
619 Hansmann, J. (1981), Pulver-Beschichtung, Plastverarbeiter 32, H. 6, S. 695–699, H. 7, S. 830–833.
620 DIN 55 990, Pulverlacke, Teil 1 bis Teil 9.
621 Hansmann, J. (1981), Pulver-Beschichtung, Plastverarbeiter 32, H. 6, S. 695–699.
622 Schmid, K. (1981), Wirbelsintern und elektrostatisches Pulverbeschichten, Kunststoffe 71, H. 11, S. 790–793.
623 Lauterbach, H. (1980), Aqueous Powder Suspensions – Anwendungsmöglichkeiten und Grenzen, Farbe + Lack 86, H. 12, S. 1056–1058. APS ist eine der CIBA-GEIGY geschützte Wortmarke.
624 North, A. G. (1980), Developments in Aqueous Powder Systeme, J. Oil Colour Chem. Assoc. 64, S. 355–363.
625 DIN 7726 Schaumstoffe; Begriffe, Einteilung.
626 Käufer, H. (1978), Arbeiten mit Kunststoffen, Bd. 1, Springer Verlag, Berlin, Heidelberg, New York, S. 125.
627 Stange, K. (1981), Schaumstoffe in Ullmanns Enzyklopädie der techn. Chemie, Bd. 20, Verlag Chemie, Weinheim, Deerfield Beach, Basel, und Schätzungen von BASF, Bayer, CW Hüls, Hausin (Alveo).
628 Eckhardt, H. (1978), Kunststoffe 68, H. 1, S. 35–39.
629 (1976) Blähmittel (Treibmittel) zum Verschäumen von Kunststoffen, Kunst. Berat. H. 4, S. 146–150.
629a Mark, H. F., Gaylord, N. G., Bikales, N. M. (1965), Encyclopedia of Polymer Science and Technology, Interscience Publishers, New York, Bd. 2, S. 534.
630 Schelter, W., Schwarz, O. (1981), in Ebeling, F. W., Lüpke, G., Schelter, W., Kunststoffverarbeitung, Vogel Verlag, Würzburg, S. 137.
631 (1979), Expandierbares Polystyrol, VDI-Verlag, Düsseldorf.

⁶³² Vestypor, Verschäumbares Polystyrol, Kunststoffe von Hüls, Ausgabe Oktober 1979, S. 6, 11.

⁶³³ Glenz, W. (1978), Tendenzen und neuere Entwicklungen bei Kunststoffen, Kunststoffe **68**, H. 3, S. 176–183.

⁶³⁴ Jurgeleit, W. (1976), Mechanische Verschäumung von PVC-Plasten. In Schaumkunststoffe (1971–1975), Carl Hanser Verlag, München, Wien.

⁶³⁵ Gänzler, W., Huch, P., Metzger, W., Schröder, G. (1970), Polymeranaloge Bildung von Imidgruppen in Methacrylsäure-Methacrylnitril-Copolymeren, Angew. Makromol. Chem. **11**, Nr. 119, S. 91–108.

⁶³⁶ Bollig, F. J. u. a. (1980), Phenolharze, Kunststoffe **70**, H. 10, S. 680–681.

⁶³⁷ Knipp, U. (1974), Herstellung von Großteilen aus Polyurethan-Schaumstoffen. Zechner + Hüthig, Speyer.

⁶³⁸ Uhlig, K., Dieterich, D. (1979), Polyurethane. In Ullmanns Encyklopädie der techn. Chemie, Bd. 19, Verlag Chemie, Weinheim, Deerfield Beach, Basel.

⁶³⁹ Klepek, G. (1980), Konstruieren mit PUR-Integral-Hartschaumstoff, Carl Hanser Verlag, München, Wien.

⁶⁴⁰ Knipp, U. (1981), Herstellung von PUR-Integralschaumteilen, Kunstst. Berat. **7**/81, S. 24–26.

⁶⁴¹ Uhlig, K., Kohorst, J. (1976), Polyurethane, Kunststoffe **66**, H. 10, S. 616–624.

⁶⁴² Volland, R., Schoberth, W. (1981), Weichschäume auf MDI-Basis, Kunststoffe **71**, H. 7, S. 433–436.

⁶⁴³ Hirtz, R., Uhlig, K., Polyurethane und ihr Markt. In Becker/Braun Kunststoff Handbuch, Bd. 7 Polyurethane.

⁶⁴⁴ Bayer – Polyurethane, Ausgabe 1.79, S. 68, 69, 82, 71.

⁶⁴⁵ Palm, R., Schwenke, W. (1980), Polyurethane, Kunststoffe **70**, H. 10, S. 665–671.

⁶⁴⁶ Zöllner, R. (1966), in Vieweg, R., Höchtlen, A., Kunststoff-Handbuch, Bd. VII, Carl Hanser Verlag, München, Wien, S. 534.

⁶⁴⁷ Wirtz, H., Schulte, K. (1979), in Schaab, H., Stoeckhert, K., Kunststoff-Maschinen-Führer, Carl Hanser Verlag, München, Wien, S. 541–555.

⁶⁴⁸ Stoeckhert, K. (1981), Kunststoff-Lexikon, Carl Hanser Verlag, München, Wien, S. 530–531.

⁶⁴⁹ Piechota, H., Röhr, H. (1975), Integralschaumstoffe, Carl Hanser Verlag, München, Wien.

⁶⁵⁰ Saechtling, Hj. (1979), Kunststoff-Taschenbuch, Carl Hanser Verlag, München, Wien, S. 56.

⁶⁵¹ Zielonkowski, W. (1979), Schaumstoffe, in Ullmanns Enzyklopädie der techn. Chemie, Bd. 20, S. 418.

⁶⁵² K. Uhlig, Bayer AG, Angaben über PUR-Schaumstoffe.

⁶⁵³ DIN 16946, Blatt 1 und 2, April 1976.

⁶⁵⁴ Schik, J. P (1980), Kunststoffe **70**, H. 10, S. 695–699.

⁶⁵⁵ Modern Plastics International, 1971, H. 9, S. 20–22.

⁶⁵⁶ Ciba-Geigy-Broschüren (1972, 1973), Das automatische Druckgelierverfahren, Basel.

⁶⁵⁷ Lottanti, G., Bötschi, J. (1971), Formbelegungszeiten drastisch reduziert, Maschinenmarkt **77**, Heft Nr. 73 vom 10. 9. 1971.

⁶⁵⁸ Kubens, R., Neu, J (1972), industrie-elektrik-elektronik, Nr. 20.

⁶⁵⁹ Merkblatt der Ciba-Geigy (1979), Araldit-Gießharzsystem CY 225/HY 225.

⁶⁶⁰ Das automatische Druckgelierverfahren, Ciba-Geigy, DT 2 028 873 (Prior. 19. 6. 1969 Schweiz).

⁶⁶¹ Modern Plastics International, October 1978, S. 20–21.

⁶⁶² Harz in Granulatform, Ciba-Geigy, Januar, November 1983.

Allgemeine Literatur

**Formulierte Produkte,
Statistische Experimentiermethoden**

Bandermann, F. (1972) Stat. Methoden beim Planen und Auswerten von Versuchen; in Ullmanns Enzyklopädie der techn. Chemie, Bd. 1. Verlag Chemie, Weinheim, Deerfield Beach, Florida, Basel, S. 294–360, 362–418.

Hahn, G. J. (1979), Design of Experiments; in Kirk-Othmer, Encyclopedia of Chemical Technology, Bd. 7, John Wiley and Sons, New York, S. 526–538.

Hammer, H., (1975) Statistische Methoden, in Winnacker, K., Küchler, L., Chemische Technologie, Bd. 7.

Hendrix, C. D. (1979), What every Technologist should know about Experimental Design, Chemtech, S. 167–174.

Moroney, M. J. (1956), Facts from Figures, Penguin Books, Harmondsworth.

Swoboda, H. (1971), Knaurs Buch der modernen Statistik, Droemer Knaur, München, Zürich.

Bennett, C. A., Franklin, N. L. (1974), Statistical Analysis in Chemistry and the Chemical Industry, John Wiley and Sons, New York.

Brownlee, K. A. (1957), Industrial Experimentation, London, Her Majesty's Stat. Office.

Cochran, W. G., Cox, G. M. (1966), Experimental Designs, Wiley and Sons, New York.

Daniel, C. (1959), Use of Half-normal Plots in Interpreting Factorial Two-level Experiments, Technometrics **1**, S. 4.

Davies, O. L. (1978), The Design and Analysis of Industrial Experiments, Longman, London, New York.

Davies, O. L., Goldsmith, P. L. (1976), Statistical Methods in Research and Production, with Special Reference to the Chemical Industry, Longman, London, New York.

Freund, E. (1973), Modern Elementary Statistics. Prentice Hall, Englewood Cliffs, New York.

Hollander, M., Wolfe, D. A. (1973), Nonparametric Statistical Methods, Wiley and Sons, New York.

John, B. (1979), Statistische Verfahren für technische Meßreihen, Carl Hanser Verlag, München, Wien.

John, J. A., Quenouille, M. H. (1977), Experiments; Design and Analysis, Charles Griffin, London.

Kempthorne, O. (1952), The Design and Analysis of Experiments, Wiley and Sons, New York.

Lehmann, E. L. (1975), Nonparametrics, Statistical Methods Based on Ranks. Holden Day, San Francisco, McGraw Hill, New York.

Linder, A. (1969), Planen und Auswerten von Versuchen, Birkhäuser Verlag, Basel, Stuttgart.

Linder, A. (1964), Stat. Methoden für Naturwissenschaftler, Mediziner und Ingenieure, Birkhäuser Verlag, Basel, Stuttgart.

Linder, A., Berchtold, W. (1979), Elementare stat. Methoden: Birkhäuser Verlag, Basel, Stuttgart.
Mosteller, F., Tuckey, J. W. (1977), Data Analysis and Regression, Addison-Wesley, Reading, Mass.
Noack, S. (1980), Statistische Auswertung von Meß- und Versuchsdaten mit Taschenrechner und Tischcomputer, Walter de Gruyter, Berlin, New York.
Quenouille, J. A., Quenouille, M. H. (1977), Experiments, Design and Analysis, Griffin, London.
Retzlaff, G., Rust, G., Waibel, J. (1978), Statistische Versuchsplanung, Verlag Chemie, Weinheim, Deerfield Beach, Florida, Basel.
Riedwyl, H. (1975), Angewandte mathematische Statistik; in Wissenschaft, Administration und Technik, Verlag Haupt, Bern, Stuttgart.
Siegel, S. (1956), Nonparametric Statistics for the Behavioral Sciences, McGraw Hill, Kogakusha Ltd., Tokyo.
Steel, G. D., Torrie, J. (1980), Principles and Procedures of Statistics, McGraw Hill, Kogakusha, Tokyo.

Spritzgußmassen

Bücher

BASF, Technische Information Spritzgußmassen.
Bauer P. (1972), Gestaltung von Spritzguß- und Preßteilen, in Schreyer, G.; Konstruieren mit Kunststoffen, Teil 1, Carl Hanser Verlag, München, Wien, S. 249–251.
Beck, H. (1963), Spritzgießen, Carl Hanser Verlag, München, Wien.
Carlowitz, B. (1981), Thermoplastische Kunststoffe, Zechner & Hüthig, Speyer.
Cornely, J. (1965), Einführung in die Spritzgußtechnologie, VEB Deutscher Verlag für Grundstoffindustrie, Leipzig.
(1980) Das Spritzgußteil, VDI-Verlag, Düsseldorf.
DIN 7708: Kunststoff-Formmassetypen, Begriffe, Allgemeines, Blatt 1.
DIN 7740: Polyolefin-Formmassen.
DIN 7741: PS-Formmassen.
DIN 7744: Kunststoff-Formmassetypen, PC-Formmassen.
DIN 7745: Kunststoff-Formmassetypen, PMMA-Formmassen.
Dominighaus, H. (1974), Spritzgießen gefüllter Formmassen, VDI-Verlag, Düsseldorf.
(1975) Einfärben von Kunststoffen, VDI-Verlag, Düsseldorf.
Engelberger, J. F. (1981), Industrieroboter in der Praxis, Carl Hanser Verlag, München, Wien.
Gastrow, H. (1969), Beispielsammlungen für den Spritzguß-Werkzeugbau, Carl Hanser Verlag, München, Wien.
Haberstolz, P. (1981), Kunststoff-Verarbeitungsmaschinen – transparent gemacht, Kunststoff-Verlag, Isernhagen.
Hayer, D. (1962), Einfärben von Kunststoffen, Carl Hanser Verlag, München, Wien.
Johannaber, F. (1979) Spritzgießmaschinen, in Schaab, H., Stoeckhert, K., Kunststoff-Maschinenführer, Carl Hanser Verlag, München, Wien. S. 131–328.
Knappe, W. (1975), in Vieweg, R., Braun, D., Kunststoff-Handbuch, Bd. 1, (Grundlagen), Carl Hanser Verlag, München, Wien, S. 1003–1029.
(1976) Kunststoff-Formenbau, Werkstoffe und Verarbeitungsverfahren, VDI-Verlag, Düsseldorf.
Lüpke, G. (1974), Spritzgießen von Kunststoffen, Vogel-Verlag, Würzburg.
Mandler, H. (1974), Fertigung von Thermoplast-Prototypen zur Erprobung von Konstruktionsteilen, Zechner & Hüthig, Speyer.
Menges, G., Mohren, P. (1974), Anleitung für den Bau von Spritzgießwerkzeugen, Carl Hanser Verlag, München, Wien.
Menges, G, Porath, U., Thim, J., Zielinski, J. (1980), Lernprogramm Spritzgießen, Carl Hanser Verlag, München, Wien.
Mink, W. (1979), Grundzüge der Spritzgießtechnik, Zechner & Hüthig, Speyer.
Moslé, H. G., Dick, H. (1980), Erarbeiten von Kennwerten für das kunststoffgerechte Konstruieren, Westdeutscher Verlag, Wiesbaden.
Oberbach, K. (1979), Kunststoffe-Kennwerte für Konstrukteure, Carl Hanser Verlag, München, Wien.
Orthmann, H. J., Mair, H. J. (1979), Die Prüfung thermoplastischer Kunststoffe, Carl Hanser Verlag, München, Wien.
Penn, W. S. (1971), PVC Technology, Applied Science Publishers Ltd., London.
Sarholz, R. (1979), Spritzgießen (Verfahrensablauf, Verfahrensparameter, Prozeßführung), Carl Hanser Verlag, München, Wien.
Stoeckhert, K. (1979), Werkzeugbau für die Kunststoffverarbeitung, Carl Hanser Verlag, München, Wien.
(1978) Ullmanns Enzyklopädie der techn. Chemie, Bd. 15, Verlag Chemie, Weinheim, Deerfield Beach, Florida, Basel.
VDI-Fachtagungshandbuch Spritzgießen von Qualitätsformteilen, VDI-Verlag, Düsseldorf, 1975.
VDI-Fachtagungshandbuch Spritzgießen von Strukturschaumteilen, VDI-Verlag, Düsseldorf, 1976.
VDI-Gesellschaft Kunststofftechnik, Spritzgießtechnik, VDI-Verlag, Düsseldorf, 1980.
VDI-Richtlinien: Inspektionsanleitung für Spritzgießmaschinen: in Inspektionsanleitungen für kunststoffverarbeitende Maschinen und Anlagen, VDI 3032, VDI-Verlag, Düsseldorf, 1969.
VDI-Gesellschaft Kunststofftechnik, Rationalisieren im Spritzgießbetrieb, VDI-Verlag, Düsseldorf, 1981.
VDMA (Verein Deutscher Maschinenbauanstalten): Kenndaten für die Verarbeitung thermoplastischer Kunststoffe, Carl Hanser Verlag, München, Wien, 1. Band 1979, 2. Band 1982.
Voigt, J. (1966), Die Stabilisierung der Kunststoffe gegen Licht und Wärme, Springer Verlag, Berlin, Heidelberg, New York.
Walter, J. S., Martin, F. R. (1966), Injection Moulding of Plastics, Iliffe Books Ltd., London.
Whelan, A., Craft, J. L. (1978), Developments in Injection Moulding, Appl. Sci. Publ. Ltd., London.
Whelan, A. (1982), Injection Moulding Materials, Appl. Sci. Publ. Ltd., Backing, England.
Wiegand, H. G. (1979), Prozeßautomatisierung beim Extrudieren und Spritzgießen von Kunststoffen, Carl Hanser Verlag, München, Wien.
Woebcken, W., Dominighaus, H., u. a.: Lehrgangsbuch Spritzgießen, VDI-Bildungswerk.

Zeitschriften

Adamski, T. (1980), PETP-Flaschen, Kunststoffe **70**, H. 9, S. 575–579.
Adler, K., Paul, K.-P. (1980), Weichmachung von PVC mit Modifizierungsmitteln, Kunststoffe **70**, H. 7. S. 411–418.
(1980) Hinweise zu wichtigen Prüfmethoden für Thermoplaste, Plastverarbeiter **31**, H. 4, S. 209–212, H. 5, S. 276–280, H. 6, S. 321–324.
(1982) Verarbeitung u. Anwendung hochwärmebeständiger Kunststoffe. Plastverarbeiter **33**, H. 9, S. 1099–1106.
(1981) New methods for making multicolored parts, Modern Plastics International **11**, H. 8, S. 70–71.
Asmus, K.-D. (1980), Eigenschaften und Anwendung verstärkter und gefüllter Polypropylene, Kunststoffe **70**, H. 6, S. 336–343.
Asmus, K.-D., (1972), Polyalkylenterephtalate, Kunststoffe **62**, H. 10, S. 635–637.
BASF Technische Information Spritzgußmassen.
Bayer, R. K., Ehrenstein, G. (1981), Einfluß der Verarbeitung auf die mechanischen Eigenschaften von spritzgegossenem GF-PA, Plastverarbeiter **32**, H. 10, S. 1387–1392.
Bielfeldt, F. B., Herbst, R. (1973), Wirtschaftliche Aspekte der Spritzgießtechnik, Kunststoffe **63**, S. 576–581.
Bilogan, W., Schlumpf, H.-P. (1980), Natürliche Calciumcarbonate in Thermoplasten, Kunststoffe **70**, H. 6, S. 331–336.
Bier, P., Ong, G. N. (1981), Neue Konstruktionswerkstoffe auf Basis von Polyethylenterephthalat, Kunststoffe **81**, H. 9, S. 573–576.
Birnkraut, H. W., Braun G. (1981), Neue Möglichkeiten der Spritzgießverarbeitung von ultrahochmolekularem PE, Kunststoffe **71**, H. 3, S. 144–145.
Bledzki, A., Krolikowski, W. (1981), UP-Preßmassen mit antistatischen Eigenschaften, Plastverarbeiter **32**, H. 10, S. 1375–1378.
Bormuth, H. (1981), Spritzgegossene Verpackungsbecher aus PP, Kunststoffe **71**, H. 5, S. 296–303.
Braun, D., Kamprath, A. (1980), Einfluß feinteiliger Füllstoffe auf die Eigenschaften von schlagfestem PS, Kunststoffe **70**, H. 6, S. 349–351.
Breitenfellner, F. (1975), Thermoplastische Polyester als Konstruktionswerkstoffe, Kunststoffe **65**, H. 11, S. 743–750.
Breitenfellner, F., Habermeier, J. (1976), Polyalkylenterephthalate, Kunststoffe **66**, S. 610–615.
Brownbill, D. (1981), How CAD and CAM can work for you (CAD = Computer-aided design, CAM = Computer-aided manufacture), Modern Plastics International **11**, H. 8, S. 58–60.
Bussink, J. (1972), Aromatische Polyäther, Kunststoffe **62**, H. 10, S. 649–652.
Bussink, J. (1976), Aromatische Polyäther, Kunststoffe **66**, H. 10, S. 608–610.
Caesar, H. M. (1981), Mineralverstärkte Polyamide, Plastverarbeiter 32, H. 10, S. 1382–1386.
de Callatey, G. (1979), Rev. Gener. Caoutch. Plast. **56**, H. 617, S. 63.
Diebel, H. (1980), Produktionssteigerung beim Spritzgießen, Kunststoffe **70**, H. 3, S. 128–131.
Domininghaus, H. (1980, 1982), Die Kunststoffe – unentbehrliche Alternativwerkstoffe für das Automobil der kommenden Jahre, Plastverarbeiter **31**, H. 12, S. 737–740 und **32**, H. 1, S. 84–90.
Domininghaus, H. (1979), Entscheidungshilfen bei der Wahl von Kunststoffen, Plastverarbeiter **30**, H. 8, S. 425–432, H. 9, S. 497–503, H. 10, S. 647–653.
Domininghaus, H. (1978), Spritzgieß-Betriebstechnik, Kunststoffe **68**, H. 4, S. 195–200.
Dorst, H. G., Ehrenstein, G. W. (1978), Verstärkte Thermoplaste – Probleme und Entwicklungen, Kunststoffe **68**, H. 3, S. 122–129.
Elias, H. G. (1976), Neue Kunststoffe + Elastomere; Kunststoffe **66**, H. 10, S. 641–644.
Fernengel, R. (1980), REM-Aufnahmen von Spritzgießteilen, Plastverarbeiter **31**, H. 11, S. 665–670.
Fischer, W., Gehrke, J. Rempel, D. (1980), Gesättigte Polyester, Kunststoffe **70**, H. 10, S. 650–655.
Freitag, D., Reinking, K. (1981), Aromatische Polyester (APE) – ein hochwärmebeständiger, transparenter, thermoplastischer Kunststoff, Kunststoffe **71**, H. 1, S. 46–50.
Haack, U., Riecke, J. (1982), Verstärktes und gefülltes PP, Plastverarbeiter **33**, H. 9, S. 1038–1042.
Heese, G. (1980), Praxisbeispiele der Ermittlung der Funktions- und Gebrauchstauglichkeit von Kunststoff-Formteilen, Plastverarbeiter **31**, H. 1, S. 5 bis 10.
Heimlich, S. (1973), Spritzgießen von Präzisionsteilen, Kunstst. Berat. S. 750–775.
Hutchinson, T. O. (1981), Thermoplastics in the Next Decade, Modern Plastics International **11**, H. 3, S. 36–38.
Hutchison, J., Fähndrich, K., Schriever. H. (1982), Fortschritte in PUR-Werkstoffen. Plastverarbeiter **33**, H. 9, S. 1129–1134.
Jaeschke, N., Lammede, A. (1978), Kunststoffe im Automobilbau, Kunststoffe **68**, H. 10, S. 663–670.
Jenne, H., Polystyrole-Neuentwicklungen und Anwendungen. Plastverarbeiter **33**, 1982, H. 9, S. 1055–1060.
Johannaber, F. (1981), Spritzgießmaschinen, Kunststoffe **81**, H. 10, S. 702–715.
Johannaber, F. (1973), Wirtschaftliche Aspekte der Spritzgießtechnik, Kunststoffe **63**, S. 490–496.
Kalsch, H. (1982) Polyamide. Plastverarbeiter **33**, H. 9. S. 1065–1069.
Kestler, J. (1980), Mehrkomponenten-Spritzgießen eröffnet neue Möglichkeiten bei komplizierten Formteilen, Modern Plastics International **10**, H. 10, S. 38–39.
Kurz, H.-D. (1979), Spritzgießmaschinen, Kunststoffe **69**, H. 12, S. 830–836.
Liebold, R. (1981), Entwicklung und Serienfertigung von SMC-Stoßstangen für Fahrzeuge, USA-Ausführung, Plastverarbeiter **32**, H. 10, S. 1371–1374.
Mauch, K. (1981), Aufbereiten von technischen Kunststoffen, Kunststoffe **71**, H. 5, S. 266–271.
Maus, H., Bopp, H., Haack, U. (1977), Plastverarbeiter **28**, S. 409.
Menges, G. u. a. (1982), Sicherung von Qualität und Leistung beim Spritzgießen, Plastverarbeiter **33**, H. 5, S. 554–558.
Menges, G., Schulze-Harling, H. (1975), Rationalisierte Spritzgießfertigung durch automatisierte Werkstückhandhabung, Kunststoffe **65**, H. 11, S. 732–735.
Merkt, L. (1981), Fertigen von Präzisionsspritzgußteilen an Kunststoffen, Kunststoffe **71**, H. 4, S. 202–205.
Michael, D. (1980), Polyamide, Kunststoffe **70**, H. 10, S. 629–636.
Michl, K. H. (1980), Polyvinylchlorid, Kunststoffe **70**, H. 10, S. 591–599.

Müller, P. R. (1980), Polycarbonate, Kunststoffe **70**, H. 10, S. 636–641.
Naetsch, H., Nickolaus, W. (1981), Energiebedarf bei der Herstellung von Formteilen nach dem Spritzgießverfahren, Plastverarbeiter **32**, H. 1, S. 67–73, H. 2, S. 201–204.
Naetsch, H., Nickolaus, W. (1980), Fließfähigkeit von Thermoplasten beim Spritzgießen, Plastverarbeiter **31**, H. 4, S. 194–196.
Naetsch, H., Nickolaus, W. (1978), Spritzgießen verzugsarmer Formteile, Plastverarbeiter **29**, H. 11, S. 605–611.
Nouvertné, W., Peters, H., Bercher, H. (1982) Neue polymermodifizierte Polycarbonate, Plastverarbeiter **33**, H. 9. S. 1070–1074.
Oertel, H., Hofmann, H. (1978), Neue Entwicklungen bei PS-Formmassen für die Spritzgießverarbeitung, Kunststoffe **68**, H. 6, S. 326–331.
Paschke, E. (1980), Polyethylen hoher Dichte, Kunststoffe **70**, H. 10, S. 602–605.
Priebe, E. (1982), SAN, ABS und ASA. Plastverarbeiter **33**, H. 9. S. 1061–1064.
Reichert, W. (1980), Polystyrol, Kunststoffe **70**, H. 10, S. 613–617.
Rühmann, H., Manderscheid, A. (1981), Kennzahlen für die Spritzgießfertigung, Plastverarbeiter **32**, H. 10, S. 1491–1495.
Sabel, H.-D. (1980), Polyacetale, Kunststoffe **70**, H. 10, S. 641–645.
Schlumpf, H.-P. (1983), Füllstoffe und Verstärkungsmittel in Kunststoffen, Kunststoffe **73**, H. 9, S. 511–515.
Sneller, J. (1981), Molding Better Parts with Adaptive Process Controls, Modern Plastics International **11**, H. 5, S. 30–33.
Schauf, D. (1979), Angußloses Spritzgießen mit Heißkanalsystemen, Kunststoffe **69**, H. 11, S. 777–784.
Schneider, K. (1980), Styrol-Copolymerisate, Kunststoffe **70**, H. 10, S. 617–624.
Schulz, D. B. (1982), Neue Anwendungen von Acetal-Copolymerisation. Plastverarbeiter **33**, H. 9. S. 1075–1079.
Schwab, E. 1981, Steuerung, Regelung und Prozeßführung beim Spritzgießen, Plastverarbeiter **32**, H. 3, S. 315–320.
Schwab, E., Stallbohm, U. Wiegand, H. G. (1977), Nach Faustregeln berechnet – Anhaltspunkte zur Ermittlung günstiger Regeleinstellwerte, elektrotechnika **59**, S. 12–13.
Stiner, R. (1976), Spritzguß von Klein- und Kleinstpräzisionsteilen, Kunstst. Plast., S. 21–25.
Stoeckhert, K. (1980) Streckblasen, Kunststoffe **70**, H. 7. S. 395–401.
Stühlen, F., Meier, L. (1976), Weichmacher, Kunststoffe **66**, H. 10, S. 674–682..
Troizsch, J. (1979), Die Wirkungsweise von Flammschutzmitteln in Kunststoffen, Kunststoffe **69**, H. 9, S. 557–562.
Urban, R. (1981), Entwicklung des angußlosen Spritzgießens von thermoplastischen Kunststoffen, Kunststoffe **71**, H. 6, S. 363–365.
Vogtländer, U. (1980), Modifiziertes Polyphenylenoxid, Kunststoffe **70**, H. 10, S. 645–650.
Vogtländer, U. (1982), Polymermischungen auf Basis von PPO. Plastverarbeiter **33**, H. 9, S. 1088–1090.
Vorbach, G., Bednarz, J. (1982), Thermoplast mit Flammschutzausrüstung (PBTP) für reibungsbeanspruchte Teile der Elektro- und Feinwerktechnik, Kunststoffe **72**, H. 5, S. 286–288.
Weßling, B. (1981), Compounds mit hohem Füllstoffanteil, Plastverarbeiter **32**, H. 9, S. 1261–1265.
Wiebusch, K. (1982), Einteilung u. Bezeichnung von thermoplastischen Formmassen, Kunststoffe **72**, H. 3, S. 168–173.
Wild, W. (1980), Einfärben von thermoplastischem Material, Plastverarbeiter **31**, H. 8. S. 470–472.
Wißler, K. (1978), Werkzeuge aus Gießharzen, Kunststoffe **68**, H. 7, S. 398–401.
Woebcken, W. (1970), Einflüsse der Verarbeitungsbedingungen auf die Eigenschaften und Maßhaltigkeit von Spritzgußteilen, Werkstattstechnik **60**, H. 6, S. 290–296
Woebcken, W. (1981), Erfahrungen bei der Qualitätskontrolle und Gütesicherung von Kunststoff-Erzeugnissen unter besonderer Berücksichtigung des Formteilverzugs, Kunststoffe **71**, H. 4, S. 229–233.

Preßmassen

Bücher

Bachmann, A., Müller, K. (1973), Phenoplaste, VEB Deutscher Verlag für Grundstoffindustrie, Leipzig.
Bauer, P. (1972), Gestaltung von Spritzguß– und Preßteilen. In Konstruieren mit Kunststoffen, Teil 1 (G. Schreyer), Carl Hanser Verlag, München, Wien, S. 249–259.
Bauer, W. (1964), Technik der Preßmassenverarbeitung, Carl Hanser Verlag, München.
Bauer, W., Woebcken, W. (1973), Verarbeitung duroplastischer Formmassen, Carl Hanser Verlag, München, Wien.
Bikales, N. M. (1971), Molding of Plastics, Wiley Interscience, New York.
Bovensmann, W. (1978), Wirtschaftliche Herstellung von Duromer-Formteilen, VDI-Verlag, Düsseldorf.
Bruins, P. F. (1968), Epoxy Resin Technology, Interscience Publ., New York.
Bruins, P. F. (1976), Unsaturated Polyester Technology, Gordon and Breach, London.
Brydson, J. A. (1975), Plastics Materials, Butterworths, London.
Butler, J. (1959), Compression and Transfer Moulding of Plastics, Iliffe Books Ltd., London.
Domininghaus, H. (1978), Zusatzstoffe für Kunststoffe, Zechner & Hüthig Verlag, Speyer.
Draeger, H., Woebcken, E., (1960), Pressen und Spritzpressen, Carl Hanser Verlag, München, Wien.
Engelberger, J. F. (1981), Industrieroboter in der Praxis, Carl Hanser Verlag, München.
Gächter, R. Müller, H. (1979), Taschenbuch der Kunststoff-Additive, Carl Hanser Verlag, München, Wien.
Johannaber, F. (1979), Duroplastschnecken, in Kunststoff-Maschinen-Führer (Schaab, H., Stoeckhert, K., Herausgeb.), Carl Hanser Verlag, München, Wien, S. 160–162.
Jünger, H. (1968), in Kunststoff-Handbuch, Bd. X, Duroplaste (Vieweg, R., Becker, E., Herausgeb.), Carl Hanser Verlag, München, S. 431 ff.
Knappe, W. (1975), in Kunststoff-Handbuch, Bd. I, Grundlagen (Vieweg, R., Braun, D., Herausgeb.), Carl Hanser Verlag, München, Wien, S. 983–1002, 1125–1127.

Knop, A., Scheib, W. (1979), Chemistry and Application of Phenolic Resins, Springer Verlag, Berlin, Heidelberg, New York.
Kunststoff-Formenbau, Werkstoffe und Verarbeitungsverfahren, VDI-Verlag, Düsseldorf (1976).
Lubin, G. (1969) Handbook of Fiberglass and Advanced Plastics Composites, Van Nostrand Reinhold Comp., New York.
Lückert, M., Lückert, O. (1980), Pigment und Füllstoff-Tabellen, Verlag M. u. O. Lückert, Laatzen.
Monk, J. F. (1981), Thermosetting Plastics, Practical Moulding Technology, George Godwin Ltd., London.
Noll, W. (1968), Chemie und Technologie der Silicone, Verlag Chemie, Weinheim, Deerfield Beach, Florida, Basel.
Schönthaler, W. (1978), Wirtschaftliche Verarbeitung von Duromer-Formteilen, VDI-Verlag, Düsseldorf.
Schönthaler, W. (1980), Preßmassen, in Ullmanns Enzyklopädie der techn. Chemie, Bd. 19, Verlag Chemie, Weinheim, Deerfield Beach, Florida, Basel, 413–424.
Stoeckhert, K. (1979), Werkzeugbau für die Kunststoff-Verarbeitung, Carl Hanser Verlag, München, Wien.
Ullmanns Enzyklopädie der techn. Chemie, Bd. 15, Verlag Chemie, Weinheim, Deerfield Beach, Florida, Basel (1978).
Vale, C. P., Taylor, W. G. K. (1964), Aminoplastics. Iliffe Books Ltd., London.
VDI-Gesellschaft Kunststoff-Technik, Grenzen der Kunststoffanwendungen im PKW-Bau in den achtziger Jahren, VDI-Verlag, Düsseldorf.
VDI-Gesellschaft Kunststoff-Technik, Kunststoffe für Außenteile im Automobilbau, VDI-Verlag, Düsseldorf.
VDI-Richtlinien (1969), Inspektionsanleitung für Pressen, in Inspektionsanleitungen für kunststoffverarbeitende Maschinen und Anlagen, VDI 3032, Anlage 4, VDI-Verlag, Düsseldorf.
VDI 2001, Gestaltung von Preßteilen aus härtbaren Kunststoffen, Beuth Verlag, Berlin, Köln.
Vieweg, R., Becker, E. (1968), Kunststoff-Handbuch, Bd. X, Duroplaste, Carl Hanser Verlag, München, Wien.
Wallhäuser, R., Bewertung von Formteilen aus härtbaren Kunststoff-Formmassen, Carl Hanser Verlag, München, Wien.
Weatherhead, R. G. (1980), FRP Technology, Applied Science Publishers Barking England.
Whitehouse, A. A. K., Pritchett, E. G. K., Barnett, G. (1967), Phenolic Resins, Iliffe Books Ltd., London.
Wiebrand, Woebcken (1968), Herstellung von Preßteilen, in Kunststoff-Handbuch, Bd. X, Duroplaste, (Vieweg, R., Becker, E., Herausgeb.), Carl Hanser Verlag, München, Wien, S. 636–704.
Young, P. R. (1969), Reinforced Molding Compounds, Lubin, G., Handbook of Fiberglass and advanced Plastics Composites, Von Nostrand Reinhold Comp. New York.
Zieschank, G. (1979), Pressen und Spritzpressen, in Kunststoff-Maschinen-Führer, (Schaab, H. Stoeckhert, K., Herausgeb.) Carl Hanser Verlag, München, Wien, S. 365–399.

Zeitschriften

Verarbeitung und Anwendung hochwärmebeständiger Kunststoffe. Plastverarbeiter 33 (1982) H. 9, S. 1099–1106
Ansdell, D. A. (1980), Lackieren von Kunststoffteilen, Kunststoffe, 70, H. 1, S. 17–20.
Brownbill, D. (1981), Compression Molding Modernizes, Modern Plastics International 11, H. 4, S. 30–33.
Demmler, K., Lawonn, H. (1970), Schrumpfarme UP für das Warmpressen, Kunststoffe 60, S. 954–959.
Demmler, K., Müller, E. (1976), Zur Struktur von Formstoffen und Preßteilen aus schrumpfarm eingestellten Polyesterharzen, Kunststoffe 66, S. 781–786.
Domininghaus, H. (1979), Duroplastische Formmassen, Kunststoffe 69, H. 12, S. 915–917.
Domininghaus, H., Die Kunststoffe – unentbehrliche Alternativwerkstoffe für das Automobil der kommenden Jahre, Plastverarbeiter 31 (1980), H. 12, 32 (1981), S. 84–90.
Gardziella, A., Schönthaler, W. (1981), Technische Phenolharze und härtbare Formmassen im Automobilbau, Kunststoffe 71, H. 3, S. 159–168.
Gardziella, A., Müller R. (1982), Neuentwicklungen auf dem Gebiet der techn. Phenolharze, Plastverarbeiter 33, H. 9, S. 1107–1112.
Georg, D. (1979), Pressen und Spritzpressen, Kunststoffe 69, H. 12, S. 843–845.
Götze, T., Dörries, P. (1982), Neuentwicklungen auf dem Gebiet der techn. MF-Harze. Plastverarbeiter 33, H. 9, S. 1118–1121.
Grünewald, R. (1982), Industrielle Formteile aus UP-Harzen, Kunststoffe 72, H. 6, S. 366–371.
Guckan, K. (1980), Wirtschaftliche Verarbeitung von Duroplasten auf Spritzgießmaschinen in Kaltkanalwerkzeugen, Plastverarbeiter 31, H. 8, S. 467–469.
Illing, G., Wolff, H. M. (1983), Neuere Entwicklungen bei gefüllten Polyamid- und Polyester-Formmassen, Kunststoffe 73, H. 9, S. 505–508.
Jaeschke, N., Schulze, D. (1981), Kunststoff-Anwendungen für Automobil-Karosserieteile, Kunststoffe 71, H. 3, S. 155–158.
Jellinek, K., Schönthaler, W., Niemann, K. (1979), Fortschritte bei duroplastischen Formmassen, Kunststoffe 69, H. 5, S. 246–254.
Klöker, W., Walter, O. 1970, Low Profile-System in USA und Europa, Kunstst. Berat. 15, S. 959.
Klopfer, G. (1980), Verarbeitung von teigartigen UP-Formmassen auf Spritzgießmaschinen, Plastverarbeiter 31, H. 1, S. 11–15.
Liebold, R. (1980), SMC- und BMC-Anwendungen in der Elektro- und Büromaschinen-Industrie in den USA, Plastverarbeiter 31, H. 1, S. 23–26.
Menges, G., Buschhans, F., Derek, H. (1981), Automatisierung beim Spritzgießen und Pressen von Duroplasten, Plastverarbeiter 32, H. 9, S. 1204–1208.
Menges, G., Buschhans, F. (1981), Grundlagen für die Prozeßführung beim Spritzgießen von Duromeren und Elastomeren, Plastverarbeiter 32, H. 3, S. 322–325.
Menges, G., Ermert, W. (1981), Einsatz von Industrie-Robotern bei der Fertigung faserverstärkter Bauteile, Plastverarbeiter 32, H. 3, S. 334–336.
Niemann, K. (1981), Spritzgießen duroplastischer

Präzisionsteile mit Vortrocknung, Plastverarbeiter **32**, H. 9, S. 1200–1203.
Parker, F. J. (1978), Efficient Processing of Thermosets by Injection Moulding, Plastics and Rubber Processing, H. 3, S. 24.
Radermacher, K.-H. (1980), Kunststoffe im Automobilbau, Kunststoffe **70**, H. 7. S. 443–448.
Reiher, M. (1980), Polypropylen, Kunststoffe **70**, H. 10, S. 610.
Rudolf, M. (1979), Mischen, Kneten, Granulieren, Kunststoffe **69**, H. 12, S. 872–875.
Sneller, J. (1981), SMC is a Big Step Closer to a Direct Cost Push with Metal, Modern Plastics International **11**, H. 3, S. 46–49.
Spaay, A. (1982), Continuous SMC Process Makes Automated Production Easier, Modern Plastics International **12**, H. 1, S. 58–60.
Schächer, D. (1980), Nachbearbeiten von Formteilen, Kunststoffe **70**, H. 9, S. 527–529.
Schik, J.-P. (1982), Neuentwicklungen auf dem Gebiet der UP-Harze, Plastverarbeiter **33**, H. 9, S. 1123–1128.
Schönthaler, W. (1970), Schrumpfarme UP-Preßmassen und -Prepregs, Kunststoffe **60**, S. 951–954.
Schönthaler, W., Niemann, K. (1980), Optimiertes Spritzgießen von Duroplasten, Möglichkeit einer Prozeß-Steuerung, Kunststoffe **71**, H. 6, S. 346–351.
Schönthaler, W. (1982), Duroplastische Formmassen, Plastverarbeiter **33**, H. 9, S. 1113–1117.
Schreiber, B. (1982), Epoxidformmassen, Kunststoffe **72**, H. 7, S. 430–434.
Schreiber, B., Arnold, L. (1979), Fließ-Härtungsverhalten von EP-Preßmassen, Kunststoffe **69**, H. 2, S. 94–100, H. 3, S. 163–167.
Schröder, K. (1981), Stand der Entwicklung von Duroplast-Verarbeitungsmaschinen, Plastverarbeiter **32**, H. 9, S. 1208–1214.
Stäheli, T. (1979), Langlasverstärkte Epoxidpreßmassen Neonit, Swiss Plastics **1**, H. 4, S. 21.
Wallhäußer, H. (1972), Verarbeitung von Duroplasten in Konstruieren mit Kunststoffen, Teil 1, (Schreyer, G.) Carl Hanser Verlag, München, Wien, S. 74–93.
Woebcken, W. (1981), Erfahrungen bei der Qualitätskontrolle und Gütesicherung von Kunststoff-Erzeugnissen unter besonderer Berücksichtigung des Formteilverzugs, Kunststoffe **71**, H. 4, S. 229–233.
Wood, A. St. (1981), What it Takes to Start an SMC Line, Modern Plastics International **11**, H. 8, S. 86–88.

DIN-Vorschriften (Auswahl)

DIN 7708 Blatt 1–4 und Beiblatt (Kunststoff-Formmassetypen, Begriffe, einzelne Typen).
DIN 16700 Formtechnik der Formmassen, Fertigungsverfahren und Fertigungsmittel, Begriffe.
DIN 16911 UP-Formmassen.
DIN 16913 UP-Harzmatten.
DIN 53464 Bestimmung der Schwindungseigenschaften von Preßstoffen und warm härtbaren Preßmassen.
DIN 53465 Bestimmung der Schließzeit bei härtbaren Preßmassen.
DIN 53468 Bestimmung der Schüttdichte von Formmassen.
DIN 53478 Bestimmung des Fließverhaltens von härtbaren Formmassen mit dem Fließprüfgerät.

Dekorative Schichtstoffplatten

Bücher

Bachmann, A., Müller, K. (1973), Phenoplaste, VEB Verlag für Grundstoffindustrie, Leipzig.
Franz, A., Jüngerich, W., Schröder, W. (1968), Schichtstoffe, Hartpapier und Hartgewebe: in Kunststoff-Handbuch, Bd. 10, Duroplaste, Carl Hanser Verlag, München, Wien.
Knop, A, Scheib, W. (1979), Chemistry and Application of Phenolic Resins, Springer Verlag, Berlin, Heidelberg, New York.
Menge, W. (1977), Verfahrenstechnik des Verarbeitens dekorativer Schichtstoffe im Post-forming-Verfahren zum Fertigen von Möbelelementen; in Verbund von Holzwerkstoff und Kunststoffen in der Möbelindustrie, VDI-Verlag, Düsseldorf.
Steinmetz, O. H. (1973), Dekorative Schichtstoff-Platten. DRW-Verlag, Stuttgart.
Vale, C. P. Taylor, W. G. K. (1964), Aminoplastics, Iliffe Books Ltd., London.
Zieschank, G. (1978) in Ullmanns Enzyklopädie der techn. Chemie, Bd. 15, Verlag Chemie, Weinheim, Deerfield Beach, Florida, Basel, S. 321, 480.

Zeitschriften

Gardziella, A., Müller, R. (1982), Neuentwicklungen und Trends auf dem Gebiet der technischen Phenolharze, Plastverarbeiter **33,** H. 9, S. 1107–1112.
Klincke, P. M. (1975), Phenol-Melamin-Schichtstoffe, Kunststoffberater, Nr. 5, S. 248–251.
Kolossa, E., Lommel, D. (1979), Entwicklungstendenzen bei Schichtstoffplattenanlagen, Plastverarbeiter **30,** H. 10, S. 654.
Probsthain, K. (1977), Herstellen und Verarbeiten von Schichtpreßstoffen, Kunststoffe **67**, H. 10, S. 636.
Schute, H. (1982), Dekorative Hochdruck- und Endloslaminate im Eigenschaftsvergleich, Holz und Kunststoffverarbeitung, H. 4, S. 334–337.

Extrusionsmassen

Bücher

(1976), Fortschritte beim Extrudieren, Carl Hanser Verlag, München, Wien.
Firmenschrift der BASF: Kunststoffverarbeitung im Gespräch, Teil 2, Extrusion.
Dominghaus, H. (1971), Fortschrittliche Extrudiertechnik, VDI-Taschenbuch T 14, VDI-Verlag, Düsseldorf.
Ebeling, F.-W. (1974), Extrudieren von Kunststoffen – kurz und bündig, Vogel-Verlag, Würzburg.
Einfärben von Kunststoffen, VDI-Verlag, Düsseldorf (1975).
Griff, A. L. (1962), Plastics Extrusion Technology, Reinhold Publ. Corp. New York.
Haberstolz, P. (1981), Kunststoff-Verarbeitungsmaschinen transparent gemacht. Kunststoff-Verlag, Isernhagen.
Hayer D. (1962), Einfärben von Kunststoffen, Carl Hanser Verlag, München, Wien.
Höger, A. (1971), Warmformen von Kunststoffen, Carl Hanser Verlag München, Wien.
Hundertmark, G., Menzel, G. (1979), Kunststoffenster aus hochschlagzähem PVC, Der Lichtbogen 3, 10–16, Chem. Werke Hüls AG, Marl.

Jacobi, H. R. (1960), Grundlagen der Extrudertechnik, Carl Hanser Verlag, München, Wien.
Janssen, L. P. B. M., (1977) Twin Screw Extrusion, Elsevier, Amsterdam.
Knappe, W. (1975), in Kunststoff-Handbuch, Bd. 1 Grundlagen (Vieweg, R., Braun D. Herausgeb.), Carl Hanser Verlag, München, Wien, 1029–1095.
Krämer, A. (1979), Extruder und Extrusionsanlagen, in Kunststoff-Maschinenführer (Schaab, M., Stoeckhert, Kl.), Carl Hanser Verlag, München, Wien S. 9–129.
Mink, W. (1981), Grundzüge der Extrudertechnik, Kap. 2, Thermoplastische Kunststoffe, Zechner & Hüthig Verlag, Speyer.
Mink, W. (1969), Grundzüge der Hohlkörper-Blastechnik, Zechner & Hüthig Verlag, Speyer.
Penn, W. S. (1971), PVC Technology. Applied Science Publishers, London.
Schenkel, G. (1963), Kunststoff-Extrudertechnik, Carl Hanser Verlag, München, Wien.
Schwarz, O., Kaufmann, H. (1966), Kunststoff-Rohre, W. Gentner Verlag, Stuttgart.
VDI-Richtlinien (1969), Inspektionsanleitungen für Extruder, in Inspektionsanleitungen für kunststoffverarbeitende Maschinen und Anlagen, VDI 3032 Anlage 3, VDI-Verlag, Düsseldorf.
VDI-Tagungshandbuch Spritzblasen, VDI-Verlag, Düsseldorf, (1976).

Zeitschriften

Adler, K., Paul, K.-P. (1980), Weichmachung von PVC mit Modifiziermitteln, Kunststoffe **70**, H. 7, S. 411-418.
Anders, D. (1979), Verarbeiten von PVC auf Walzenextrudern, Kunststoffe **69**, H. 4, S. 194–198.
(1981), Spezielles Ausrüsten, Füllen und Verstärken von Kunststoffen, Plastverarbeiter **32**, H. 7, S. 783–789, H. 8, S. 926–934.
Asmus, K.-D. (1980), Eigenschaften und Anwendung verstärkter und gefüllter Polypropylene, Kunststoffe **70**, H. 6, S. 336–343.
Barth, H. (1981), Extruder, Kunststoffe 71, H. 10, S. 636–642.
Barth, H. (1982), Entwicklungen bei PVC, Plastverarbeiter **33**, H. 9, S. 1047–1055.
Berger, P., Krämer, A. (1973), Extrudieren von Profilen und Rohren, Kunststoffe **63**, H. 10, S. 678–682.
Bernhardt, E. (1982), Extruder Troubleshooting, BP & R, H. 1. S. 24–26.
Bilogan, W., Schlumpf, H.-P. (1980), Natürliche Calciumcarbonate in Thermoplasten, Kunststoffe **70**, H. 6, S. 331–336.
Borth, R., Topf, S. (1978), Rezeptur und Verfahren f. d. Herstellung von Profilen aus PVC-Hart-Schaum. Plastverarbeiter **29**, H. 10, S. 538–539.
Breuer, H. (1978), Neues Konzept zur Herstellung von Folien und Tafeln aus plastomeren Kunststoffen, Plastverarbeiter **29**, H. 3, S. 113–122.
Buck, M., Schreyer, G. (1980), Polymethacrylate, Kunststoffe **70**, H. 10, S. 656–658.
Buck, M. (1982), Neue Entwicklungen bei PMMA, Plastverarbeiter **33**, H. 9, S. 1080–1087.
Daubenbüchel, W. (1980), Möglichkeiten und Grenzen der Großhohlkörperfertigung mittels kontinuierlicher Extrusion, Plastverarbeiter **31**, H. 6, S. 313–317.
Fischer, P. (1981), Folienextrusion mit LLDPE, Plastverarbeiter **32**, H. 9, S. 1217–1221.

Gebler, H., Schiedrum, H. O., Oswald, E., Kamp, W. (1980), Herstellung von PP-Rohren, Kunststoffe **70**, H. 4, S. 186–192.
Glaser, R. (1980), Polyethylen niedriger Dichte, Kunststoffe **70**, H. 10, S. 600–602.
Hartung, A. (1977), Herstellen von Schrumpffolien aus LDPE, Kunststoffe **67**, H. 3, S. 126–129.
Hensen, F. (1981), Extrudieren von gereckten Folien und Folienbändchen, Kunststoffe **71**, H. 10, S. 643–652.
Holzmann, R. (1979), Entwicklung der Blasformtechnik von ihren Anfängen bis heute, Kunststoffe **69**, H. 10, S. 704–711.
John, P., Graf, K. (1980), Extrudierte Platten und Profile aus Polyolefinen für Anwendungen im Apparatebau, Kunststoffe **70**, H. 9, S. 459–462.
Kalsch, B. (1982), Polyamide, Plastverarbeiter **33**, H. 9, S. 1065–1069.
Kautz, G., Schumacher, G. (1977), Extrudieren von Flachfolien und Tafeln, Kunststoffe **67**, H. 10, S. 588–593.
Keller, R., Kress, G., Pleßke, P. (1977), Extrudieren und Konfektionieren von Schlauchfolien, Kunststoffe **67**, H. 10, S. 583–587.
Krämer, A. (1969), Herstellen von Profilen aus PVC-hart, Kunststoffe **59**, H. 7, S. 409–416.
Krämer, A. (1978), Optimieren der verfahrenstechnischen Auslegung von Einschneckenextrudern, Kunststoffe **68**, H.1, S. 12–19.
Knappe, W. (1968), Auslegung von Extrusionswerkzeugen unter Berücksichtigung rheologischer Vorgänge, Ind. Anz. **90**, 52, S. 19.
Limbach, W. (1981), Extrudieren von Profilen, Kunststoffe **71**, H. 10, S. 684–687.
Marcoz, F., Randa, S. K. (1982), geschäumte Fluorpolymere, Plastverarbeiter **33**, 4, 9. S. 1091–1094.
Marquardt, K.-D., Müller, W. (1981), Kombination von Walzenextruder und Kalander-Anlage, Plastverarbeiter **32**, H. 9, S. 1221–1225.
Michael, D. (1980), Polyamide, Kunststoffe **70**, H. 10, S. 629–636.
Michl, K. H. (1980), Polyvinylchlorid, Kunststoffe **70**, H. 10, S. 591–599.
Müller, J., Werner, W. (1971), Herstellen von Schrumpffolien aus PE mit Blasfolien-Großanlagen, Plastverarbeiter **22**, H. 7, S. 461–466, H. 8, S. 570–575.
Nendell, D. H. (1982), PVC Window Profiles, Plast. Technol. **28**, H. 2, S. 64–68.
Predöhl, W., Herres, N. (1981), Extrudieren von Flachfolien, Tiefziehfolien und Tafeln, Kunststoffe **71**, H. 10, S. 659–665.
Reichert, U. (1980), Polystyrol, Kunststoffe **70**, H. 10, S. 614–617.
Reiher, M. (1980), Polypropylen, Kunststoffe **70**, H. 10, S. 606–611.
Reitemeyer, P. (1981), Extrudieren von Rohren, Kunststoffe **71**, H. 10, S. 665–667.
Röhrl, E. (1980), Verarbeitungsverhalten von mit Polyacrylestern modifiziertem, schlagzähem PVC, Kunststoffe **70**, H. 1, S. 41–44.
Nouvertné, W., Peters, H., Beicher, H. (1982), Neue polymermodifizierte Polycarbonate, Plastverarbeiter **33**, H. 9, S. 1070–74.
Spanke, N. (1980), Polybutylen, Kunststoffe **70**, H. 10, S. 612–613.
Schenkel, G. (1979), Extrudertechnik-Rückblick, Entwicklungsstand, Ausblick, Kunststoffe **69**, H. 10, S. 688–703.

Schneider, K. (1980), Styrol-Copolymerisate, Kunststoffe **70**, H. 10, S. 617–624.
Schneiders, A. (1981), Extrusions-Blasformmaschinen, Kunststoffe **71**, H. 10, S. 684–687.
Schreyer, G., Buck, M. (1976), Polymethacrylate, Kunststoffe **66**, H. 10, S. 596–599.
Stoeckhert, K. (1979), Blasformmaschinen, Kunststoffe **69**, H. 12, S. 837–842.
Stoeckhert, K. (1980), Streckblasen, Kunststoffe **70**, H. 7, S. 395–401.
Stoeckhert, K. (1982), Kunststoffe im Verpackungswesen, Kunststoffe **72**, H. 10, S. 575–582.
Tenner, H. (1980), Aufbereitung von thermoplastischen Abfällen über die Schmelze, Plastverarbeiter **31**, H. 5, S. 252–258, H. 6, S. 337–342 H. 7, S. 399–403.
Weber, H. (1979), Extrusion von Fensterprofilen, Plastverarbeiter **30**, H. 10, S. 608–614.
Weber, M. (1980), Kontinuierliche Aufbereitung von PVC-Rezepturen auf dem Extruder, Kunststoffe **70**, H. 7, S. 378–383.
Wild, W. (1980), Einfärben von thermoplastischem Material auf Spritzgießmaschine oder Extruder, Plastverarbeiter **31**, H. 8, S. 470–472.
Wüster, E. (1979), Extruder-Extrusionsanlagen, Kunststoffe **69**, H. 12, S. 821–829.
Zimmermann, W. J., Grüner, H., Winkler, G. (1981), Extrudieren von Blasfolien, Kunststoffe **71**, H. 10, S. 653–659.

Kalandermassen

Bücher

Artmeyer, C. (1978), in Ullmanns Enzyklopädie der techn. Chemie, Bd. 15, Verlag Chemie, Weinheim, Deerfield Beach, Florida, Basel.
Beck, H. (1959), in Ullmanns Enzyklopädie der techn. Chemie, Bd. 11, Verlag Chemie, Weinheim, Deerfield Beach, Florida, Basel, 74.
Clarke, A. D. (1958), Calendering, Iliffe & Sons, London.
Domininghaus, H. (1978), Zusatzstoffe für Kunststoffe, Zechner & Hüthig Verlag, Speyer.
Ebeling, F.-W. (1981), in Schwarz, O., Ebeling, F.-W., Lüpke, G., Schelter, W., Kunststoffverarbeitung, Vogel-Verlag, Würzburg, 27–32.
Elden, R. A., Swan, A. D. (1971), Calendering of Plastics, Iliffe & Sons, London.
Flatau, K. (1980), PVC in Ullmanns Enzyklopädie der techn. Chemie, Bd. 19, Verlag Chemie, Weinheim, Deerfield Beach, Florida, Basel.
Gächter, R., Müller, H. (1983), Kunststoff-Additive, Carl Hanser Verlag, München, Wien.
Knappe, W. (1975), in Kunststoff-Handbuch, Bd. I, Grundlagen (Vieweg, R., Braun, D., Herausgeb.), Carl Hanser Verlag, München, Wien, S. 1096–1103.
Kopsch, H., (1979), Kalanderanlagen, in Kunststoff-Maschinen-Führer, (Schaab, H., Stoeckhert, Kl., Herausgeb.), Carl Hanser Verlag, München, Wien, S. 433–448.
Marshall, D. I. (1959), Calendering, in Processing of Thermoplastic Materials, (Bernhardt, E. C., Herausgeb.), Reinhold Publ. Corp., New York, S. 380.
Penn, W. S. (1971), PVC Technology, Applied Science Publishers, London.
Schaab, H., Stoeckhert, K., Kunststoff-Maschinenführer, Carl Hanser Verlag, München, Wien.
VDI-Richtlinien (1969), Inspektionsanleitung für Kalander, in Inspektionsanleitungen für kunststoffverarbeitende Maschinen und Anlagen, VDI 3032, Anlage 5, VDI-Verlag, Düsseldorf.

Zeitschriften

Adler, K., Paul, K.-P. (1980) Weichmachung von PVC mit Modifiziermitteln, Kunststoffe **70**, H. 7, S. 411–418.
Barth, H. (1982), Entwicklungen bei PVC, Plastverarbeiter **33**, H. 9, S. 1047–1055.
Klittich, M. (1980), Die Dickenprofilregelung, Kunststoffe **70**, H. 1. S. 5–9.
Kopsch, H. (1971), Neuere Entwicklungen im Bau und Betrieb von Folienkalandern, Teil 1, Kunststoffe **61**, H. 1, 18–26.
Michl, K. H. (1980), Polyvinylchlorid, Kunststoffe **70**, H. 10, S. 591–599.
Reitmaier, W. (1971), Neuere Entwicklungen im Bau und Betrieb von Folienkalandern, Teil 3, Kunststoffe **61**, H. 3 S. 161–166.
Röthemeyer, F. (1970), Bemerkungen zum Kalandrieren thermoplastischer Kunststoffe, Kunststofftechnik **9**, S. 314–316.
Schuller, R., (1971), Neuere Entwicklungen im Bau und Betrieb von Folienkalandern, Teil 2, Kunststoffe **61**, H. 2, S. 89–98.
Stoeckhert, K. (1979), Walzwerke und Kalander, Kunststoffe **69**, H. 12, S. 853–854.
Wöckener, W. (1977), Kalandrieren, Kunststoffe **67**, H. 10, S. 607–608.

Beschichtungsmassen

Bücher

Beck, G. (1955), Streichen und Beschichten, Carl Hanser Verlag, München, Wien.
Ebeling, F. W. (1981), in Kunststoffverarbeitung, (Schwarz, O., Ebeling, F. W. Lüpke, G., Schelter, W., Herausgeb.), Vogel-Verlag, Würzburg, 33–40.
Gächter, R., Müller, H. (1983), Kunststoff-Additive, Carl Hanser Verlag, München, Wien.
Hille, H. (1979), Beschichtungs- und Kaschieranlagen, in Kunststoff-Maschinen-Führer (Schaab, H., Stoeckhert, Kl., Herausgeb.), Carl Hanser Verlag, München, Wien S. 571–583.
Krekeler, K., Wick, G. (1963), Kunststoff-Handbuch Bd. II, PVC, Carl Hanser Verlag, München, Wien.
Penn, W. S. (1971), PVC Technology. Appl. Sci. Publ. London.
Peter, M. (1970), Grundlagen der Textilveredlung, Spohr-Verlag, Stuttgart.
Schaab, H., Stoeckhert, K. (1979), Kunststoff-Maschinenführer, Carl Hanser Verlag, München, Wien.
Schmidt, P. (1967), Beschichten mit Kunststoffen, Carl Hanser Verlag, München, Wien.
Schoch, W., Ströle, U. (1979), Beschichtete und kaschierte Verpackungspapiere, in Ullmanns Enzyklopädie der techn. Chemie, Bd. 17, Verlag Chemie, Weinheim, Deerfield Beach, Florida, Basel, 623–627.
Vestolit-Pastenverarbeitung, Kunststoffe von Hüls, Ausgabe September 1979.
Wen-Hsuan Chang, Scriven, R. L., Ross, R. B. (1975), Fabric Coatings in Lewin, M., Atlas, S. M., Pearce, E. M.; Flame-Retardant Polymeric Materials, Plenum Press, New York, London.

Zeitschriften

Barth, H. (1982), Entwicklungen bei PVC, Plastverarbeiter **33**, H. 9, S. 1047–1055.
Bischof, C., Possart, W., Wulf, K., Zecha, H. (1980), Struktur und Fließverhalten von PVC-Pasten, Kunststoffe **70**, H. 2, S. 92–97.
Bursian, W. R. (1979), PVC-Plastisole zur Ausrüstung synthetischer Trägermaterialien für technische Bedarfsartikel, Plastverarbeiter **30**, Nr. 2, S. 57–64.
Ebeling, F. W. (1979), Beschichtungs- und Kaschieranlagen, Kunststoffe **69**, H. 12, S. 866–868.
Hille, H. (1978), Plastisole, Herstellen und Eigenschaften von PVC-Pasten, Kunststoffe **68**, 735–741.
Michl, K. H. (1980), Polyvinylchlorid, Kunststoffe **70**, H. 10, S. 591–599.
Poppe, A. C. (1982), Verfahrenstechnische und energetische Gesichtspunkte bei der Auswahl von Phthalat-Weichmachern zur Herstellung von Beschichtungspasten, Kunststoffe **72**, H. 1. S. 13–16.
Weinhold, G., Sander, H. J. (1981), PVC-Plastisole für Dachfolien und Planen, Plastverarbeiter **32**, H. 6, S. 703–710.
Winkler, R. (1980), Beschichtungen mit einem Drei-Walzen-Kalander mit unterschiedlichen Walzendurchmessern, Kunststoffe **70**, H. 9, S. 463–465.
Wittke, W. (1982), Beschichten bahnförmiger Substrate mit PVC-Plastisolen unter Aspekten der Wirtschaftlichkeit und Energieeinsparung, Kunststoffe **72**, H. 1, S. 17–23.

Klebstoffe

Bücher

Autorenkollektiv (1968), Aus der Praxis der Metallklebetechnik, Reihe Moderne Arbeitsverfahren, HTI Handwerkstechnisches Institut, Wien.
Autorenkollektiv (1974), Klebstoffe und Klebverfahren für Kunststoffe, Reihe Ingenieurwissen, VDI-Verlag, Düsseldorf.
Autorenkollektiv (1976), Praxis des Metallklebens, VDI-Berichte 258, VDI-Verlag, Düsseldorf.
Bachmann, A., Müller, K. (1973), Phenoplaste, VEB Deutscher Verlag für Grundstoffindustrie, Leipzig.
Bateman, D. L. (1978), Hot Melt Adhesives, Noyes Data Corp., Park Ridge, N. J./USA.
Baumann, H. (1967), Leime und Kontaktkleber, Springer Verlag, Berlin, Heidelberg, New York.
Damusis, A. (Editor) (1967), Sealants Reinhold Publ. Corp. New York, Amsterdam, London.
Dimter, L. (1966) Klebstoffe für Plaste, VEB-Verlag, Grundstoff-Industrie, Leipzig.
DIN 16920, Klebstoffe, Richtlinien für die Einteilung.
DIN 16921, Klebstoffe, Klebstoff-Verarbeitung, Begriffe.
Ehrenstein, G. W. (1978), Polymer-Werkstoffe, Carl Hanser Verlag, München, Wien.
Jordan, O. (1959), Kunststoff-Klebstoffe und ihre Anwendung, Carl Hanser Verlag, München, Wien.
Knop, A., Scheib, W. (1979), Chemistry and Application of Phenolic Resins, Springer Verlag, Berlin, Heidelberg, New York.
Krautkrämer, H., Krautkrämer J. (1975), Werkstoffprüfung mit Ultraschall, Springer Verlag, Berlin, Heidelberg, New York.
Krist, T. (1970), Metallkleben kurz und bündig, Vogel Verlag, Würzburg.
Lüttgen, C. (1957–59), Die Technologie der Klebstoffe, Pansegran, Berlin.
Matting, A. (1969), Metallkleben, Springer Verlag, Berlin, Heidelberg, New York.
Michel, M. (1969), Adhäsion und Klebetechnik, Carl Hanser Verlag, München, Wien.
Pieschel, D., Schneider, W. (1974), Prüfen und Beurteilen von Kunststoff-Klebverbindungen, VDI-Verlag, Düsseldorf.
Plath, E, Plath, L. (1963), Taschenbuch der Kitte und Klebstoffe, Wissensch. Verlagsgesellschaft, Stuttgart.
Saechtling, Hj., Zebrowski (1983), Kunststoff-Taschenbuch, Carl Hanser Verlag, München, Wien.
Schliekelmann, R. J. (1972), Metallkleben – Konstruktion und Fertigung in der Praxis, Deutscher Verlag für Schweißtechnik GmbH, Düsseldorf.
Schreyer, G. (1972), Konstruieren mit Kunststoffen, Carl Hanser Verlag, München.
(1974), Ullmans Enzyklopädie der techn. Chemie, Bd. 7, Aminoplaste, Verlag Chemie, Weinheim, Deerfield Beach, Florida, Basel.
VDI (1977), Fügen von Kunststoff-Formteilen, VDI-Verlag, Düsseldorf.
VDI-Richtlinien, Beuth Verlag, Berlin, Köln.
VDI 3369 (August 1965), Gießharze im Schnitt- und Stanzwerkzeugbau.
VDI 2007, (Juni 1966), Epoxidgießharze im Fertigungsmittelbau.
VDI 2229, (April 1969), Metallkleben, Hinweise für Konstruktion und Fertigung.
VDI/VDE 2251, (August 1970), Feinwerkelemente, Blatt 5, Klebverbindungen.
VDI/VDE 2421, (Juni 1976), Kunststoffoberflächenbehandlung in der Feinwerktechnik, Blatt 1, Mechanische Bearbeitung.
VDI 3821, (September 1978), Kunststoffkleben.
Warson, H. (1972), The Applications of Synthetic Resin Emulsions, Ernest Benn, Ltd., London.
Wuich, W. (1977), Kleben – Löten – Schweißen, Fachbuchreihe Grundwissen der Technik, Leuchtturm-Verlag, Konstanz.
Menges, G., Stockhausen, G., Reinke, M. (1981), Kleben, Ein Nachschlagwerk über die Verwendung von Klebstoffen in der Kunststoffverarbeitung, IKV, Aachen.
Miron, J., Skeist, J. (1977), Bonding Plastics, in Handbook of Adhesives (Skeist, I., Herausgeb.), Van Nostrand Reinhold Comp., New York. 655–660.
Murray, B. D., Thompson, R. (1981–1982), Adhesive Bonding, in Modern Plastics Encyclopedia, McGraw-Hill, New York.
Potente, H., Albertsmeyer, F., de Zeeuw, K. (1978), Kunststoffverklebung (k)ein Problem?, IKV, Aachen.

Zeitschriften

Althof, W. (1973), Ein Verfahren zur Festigkeitserhöhung von wärmebeständigen Überlappungsklebungen, Aluminium **49**, S. 8.
Bethune, A. W. (1976 + 1977), Die Beständigkeit geklebter Aluminium-Konstruktionen, Adhaesion **20**, S. 12 und **21**, S. 11.
Bloeck, S., Höfling, E., Jengic, A. (1972), Einfluß von Deckschichten auf Aluminium auf die Aushärtung von Zweikomponentenklebern, Adhaesion 16, S. 6.

Bollig, F. J., et al (1980), Phenolharze, Kunststoffe **70,** H. 10, S. 679–683.
Brockmann, W. (1978), Das Kleben chemisch beständiger Kunststoffe, Adhaesion, H. 2, S. 38–44, H. 3, S. 80–86, H. 4, S. 100–103.
Brockmann, W. (1973), Die Entwicklung neuartiger Untersuchungsmethoden der Alterungsbeständigkeit von Metallklebverbindungen, Adhaesion **17,** H. 3, S. 72–83.
Brockmann, W. (1976), Die Praxis des Metallklebens, VDI-Nachrichten, S. 24–25.
Brockmann, W. (1976), Metalle kleben, aber wie? Grenzen der Verbindungstechnik mit nichtmetallischen Werkstoffen, Maschinenmarkt **82,** S. 6.
Brockmann, W. (1974), Metallkleben in der Fertigungstechnik, Zeitschrift für industrielle Fertigung **64,** S. 12.
Brockmann, W. (1971), Neue Fertigungsmethoden und Bauweisen mit Hilfe des Metallklebens, Gummi, Asbest + Kunstst., S. 11.
Brockmann, W., Draugelates, U. (1968), Physikalische und technologische Eigenschaften von Metallklebstoffen und ihre Bedeutung für das Festigkeitsverhalten von Metallklebverbindungen, Mitteilungen der Deutschen Forschungsgesellschaft für Blechverarbeitung und Oberflächenbehandlung **19,** S. 14.
Brockmann, W., Lange, H. (1974), Metallkleben keine Zukunftsmusik – Wärmebeständigkeit geklebter Metallverbindungen, Maschinenmarkt **80,** S. 80.
Dimter, L., Gerbet, D. (1968), Entwicklung und Erprobung von filmförmigen Klebstoffen auf Phenolharzbasis für die allgemeine Metallklebtechnik und die Stützkernbauweise, Plaste Kautsch. **15,** S. 1.
Endlich, W. (1975), Grundsätzliches zum Kleben mit Beispielen aus der Alltagspraxis, Verbindungstechnik **7,** S. 10.
Endlich, W., Hertneck, A. (1975), Konstruktion-Elemente-Maschinen, S. 35ff.
Engasser, I., Puck, A. (1980), Untersuchungen zum Bruchverhalten von Klebverbindungen, Kunststoffe **70,** H. 8, S. 493–500.
Engasser, I., Puck, A. (1980), Zur Bestimmung der Grund-Festigkeiten von Klebeverbindungen, Kunststoffe **70,** H. 7, S. 423–429.
Fauner, G. (1977), Neue Prüfmethoden, demonstriert am Beispiel der Raster-Elektronen-Mikroskopie, Verbindungstechnik **9,** S. 12.
Fauner, G. (1970), Quasi-anaerob aushärtende Kunststoff-Bindemittel, Konstruktion-Elemente-Methoden **7,** S. 5–6.
Golding, J. (1976), Adhesives Minimise Assembly Problems, Des. Eng. S. 1.
Hayes, D. J. (1967), Epoxy-Montageklebstoffe, Adhaesion **11,** S. 3.
Hinterwaldner, R. (1979), Kunststoff-Journal **13,** S. 8–18.
Klingenfuss, H. (1977), Vermeidbare Schäden durch sichere Klebverbindungen, Verbindungstechnik **9,** S. 12.
Köppelmann, E. (1976), Verklebungsprobleme? Ein Lösungsvorschlag auf Acrylatbasis, Verbindungstechnik **8,** S. 5.
Lipinski, B. W. (1974), Silane lösen Haftprobleme, Defazet Aktuell **28,** S. 5.
Mang, F. (1970), Tragende Klebungen im Bauwesen, Adhaesion **14,** S. 1.

Menges, G., Schmidt, P. (1970), Eigenschaften von Verbindungen aus plastomeren und glasfaserverstärkten UP-Harzen, Plastverarbeiter **21,** S. 5.
Michel, M. (1969), Die Ursachen von Fehlverklebungen, Adhaesion **13,** S. 3.
Michel, M. (1974), Kleben als Fügetechnik, Ind. Anz. **96,** S. 86.
Mittrop, F. (1970), Kleben, eine wirtschaftliche Verbindungsart; Auftragsarten, Aktivierung, Fixieren und Prüfen von Klebverbindungen, Maschinenmarkt **76,** S. 16.
Morat, D. (1980), Anaerobe Klebstoffe, Matér. Techn., H. 6–7, S. 267–271.
Peterka, J. (1975), Anwendungsmöglichkeiten von Aluminiumverklebungen im Flugzeugbau, Adhaesion **19,** S. 10.
Potente, H. (1980), Stand und Entwicklungstendenzen der stoffschlüssigen Kunststoff-Fügetechniken, Kunststoffe **70,** H. 3, S. 193–198 (bes. S. 197)
Potente, H., Krüger, R. (1978), Bedeutung polarer und disperser Oberflächenanteile für die Haftfestigkeiten von Verbundsystemen, Farbe + Lack **84,** S. 72–73.
Reichherzer, R. (1973), Verkleben von Metallen, Technica **22,** S. 24.
Rüsenberg, K. (1976), Qualitätsanforderungen an Klebstoffe für die Luftfahrtindustrie, Adhaesion **20,** S. 4.
Späth, W. (1975), Metallklebverbindungen als Verbundwerkstoffe, Adhaesion **19,** S. 6.
Schmoll, K. (1975), Theorie und Praxis beim Kleben von Metallen, Maschinenmarkt **81,** S. 70.
Steffens, H.-D., Brockmann, W. (1971), Die Alterungsbeständigkeit geklebter Leichtmetallverbindungen unter Berücksichtigung neuer Oberflächenvorbehandlungsverfahren, Adhaesion **15.**
Tauber, G. (1976), Klebstoffe zum Verbinden von Kunststoffen, Gummi, Asbest + Kunstst., H. 11.
Thalmeier, W. (1975), Klebverbindungen im PKW-Motorenbau, Verbindungstechnik **7,** S. 7–8.
Wuich, W. (1981), Neue Technologie der Klebtechnik: die Klebstoff-Folie, Plastverarbeiter **32,** H. 5, S. 593–595.
Wuich, W. (1975), Cyanoacrylat-Kleber in der Telefonapparatefertigung, Plastverarbeiter **26,** S. 94–95.
Wuich, W. (1976), Cyanoacrylat-Kleber zur mechan. Schraubensicherung, Plastverarbeiter **27,** S. 207–209.
Zorll, U. (1983), New Insights into the Process of Adhesion Measurement and the Interactions at Polymer/Substrate Interfaces, J. Oil Col. Chem. Assoc. **66,** S. 193–198.

Anstrichstoffe

Bücher

Bachmann, A., Müller, K. (1973), Phenoplaste, VEB Deutscher Verlag für Grundstoffindustrie, Leipzig.
Chandler, R. H. (1979), New Epoxy Powder Coatings, 1973–1979 Chandler Ltd., Braintree/GB.
Colbert, J. C. (1982), Modern Coating Technology – Radiation Curing, Electrostatic, Plasma and Laser Methods, Noyes Data Corp., Park Ridge, N. J./USA.
Depke, F. M. (1970), Bitumen- und Teerlacke, Colomb Verlag, Berlin-Oberschwandorf.

Domininghaus, H. (1978), Zusatzstoffe für Kunststoffe, Zechner & Hüthig Verlag, Speyer.
DVS-Richtlinien (1961), Wirbelsintern von Kunststoffen, Deutscher Verlag für Schweißtechnik, Düsseldorf.
Engelberger, J. F. (1981), Industrieroboter in der Praxis, Carl Hanser Verlag, München, Wien.
Flick, E. W. (1977), Solvent-Based Paint Formulations, Noyes Data Corp., Park Ridge, N. J./USA.
Flick, E. W. (1980), Exterior Water-based Trade Paint Formulations, Noyes Data Corp., Park Ridge, N. J./USA.
Flick, E. W. (1980), Interior Water-based Trade Paint Formulations, Noyes Data Corp., Park Ridge, N. J./USA.
Gardon, J. L., Prane, J. W. (1973), Nonpolluting Coatings and Coating Processes, Plenum Press, New York, London.
Gaynes, N. I. (1967), Formulation of Organic Coatings, Van Nostrand Comp., Princeton, N. J./USA.
Gillies, M. T. (Herausgeb.) (1980), Solventless and High Solids Industrial Finishes, Noyes Data Corp., Park Ridge, N. J./USA.
Harris, S. T., Roberson, E. C. (1976), Technology of Powder Coatings, Portcullis Press, London.
High Voltage Engineering: The Handbook of Electron Beam Processing (Firmenschrift).
Houben/Weyl (1963), Methoden der organischen Chemie, Bd. XIV, Makromolekulare Stoffe, Georg Thieme Verlag, Stuttgart, New York.
Karsten, E. (1976), Lackrohstoff-Tabellen, Vincentz Verlag, Hannover.
Kittel, H, Lehrbuch der Lacke und Beschichtungen, Bd. 1, Grundlagen (1971),
Bd. 7, Verarbeitung von Lacken und Beschichtungsmaterial (1973),
Bd. 8, Untersuchung und Prüfung (1979), Colomb Verlag, Berlin-Oberschwandorf.
Lefaux, R. (1966), Chemie und Technologie der Kunststoffe, Krausskopf Verlag, Mainz.
Lückert, M., Lückert, O. (1980), Pigment- und Füllstofftabellen, Olaf Lückert Verlag, Laatzen.
Oberflächenschutz mit organischen Werkstoffen im Behälter-, Apparate- und Rohrleitungsbau, VDI-Gesellschaft Kunststofftechnik, Düsseldorf (1980).
van Oeteren, K. A. (1980), Korrosionsschutz durch Beschichtungsstoffe, Carl Hanser Verlag, München.
Parfitt, G. D., Sing, K. S. W. (1976), Characterisation of Powder Surfaces, Academic Press, New York, London.
Ranney, M. W. (1973), New Curing Techniques in the Printing, Coating and Plastics Industries, Noyes Data Corp., Park Ridge, London.
Riese, W. A. (1965), Metall-Lacke, Colomb Verlag, Stuttgart.
Ruf, J. (1972), Korrosion – Schutz durch Lacke + Pigmente, Colomb Verlag, Berlin-Oberschwandorf.
Rutkowski, R. (1969), Glasurit Handbuch Lacke und Farben, Glasurit-Werke, M. Winkelmann AG, Hamburg, Hiltrup, Berlin.
Schmid, K. (1979), Wirbelsintergeräte und Anlagen zum elektrostatischen Pulverbeschichten, in Kunststoff-Maschinen-Führer, (Schaab, H., Stoeckhert, Kl., Herausgeb.), Carl Hanser Verlag, München, S. 585–595.
Schmidt, P. (1967), Beschichten mit Kunststoffen, Carl Hanser Verlag, München.
VDI-Richtlinie VDI 2535; Oberflächenschutz mit organischen härtbaren Beschichtungswerkstoffen (Schichtdicke < 1 mm).
VDI-Richtlinie VDI 2536; Oberflächenschutz mit organischen härtbaren Beschichtungswerkstoffen (Schichtdicke > 1 mm) (1972).
Vieweg, R., Müller, A. (1966), Polyamide, in Kunststoff-Handbuch, VI, Carl Hanser Verlag, München, 361 (Pulver-Beschichtung).
Wagner, H., Sarx, H. F. (1971), Lackkunstharze, Carl Hanser Verlag, München.
Warson, H. (1972), The Application of Synthetic Resin Emulsions, Ernest Benn Ltd., London.
Weigel, K. (1965), Epoxidharzlacke, Wissenschaftl. Verlagsgesellschaft, Stuttgart.
Weinmann, K. (1967), Beschichten mit Lacken und Kunststoffen, Colomb Verlag, Stuttgart.

Zeitschriften

Ansdell, D. A. (1980), Lackieren von Kunststoff-Karosserieteilen für den Automobilbau, Kunststoffe **70,** H. 1, S. 17–20.
Beyerlein, D. (1981), Oberflächenbeschichtung mit PA-Feinpulver, Plastverarbeiter **32,** H. 9., S. 1246–1248.
Bollig, F. J., Gardziella, A., Müller, R. (1980), Phenolharze, Kunststoff **70,** H. 10, S. 682.
Brushwell, W. (1976), Lackhärtung durch Strahlung, Farbe + Lack **82,** S. 1127–1131.
Brushwell, W. (1982), Neues im Rohstoffangebot für Industrie- und Handwerkslacke, Farbe + Lack **88,** H. 9, S. 742–746.
Brushwell, W. (1982), Lacke und Klebstoffe, Farbe + Lack, **88,** H. 11, S. 920–928.
Brushwell, W. (1982), Lacktechnologische Entwicklung im Rückblick des letzten Jahrzehnts, Farbe + Lack **88,** H. 10, S. 824–832.
Eisele, W., Wittmann, O. (1980), Harnstoff-Formaldehydharze, Kunststoffe **70,** H. 10, S. 689.
Field, L. E. (1982), The Truth about Water-dispersed Epoxy Coatings, J. Oil. Col. Chem. Assoc. **65,** H. 1, S. 15 bis 20.
Fitz, H. (1980), Fluorkunststoffe, Kunststoffe **70,** H. 10, S. 659–662.
Fuhr, K. (1977), Die Strahlungstrocknung von Grundierungen und Lacken auf Holz und Holzwerkstoffen, Defazet **31,** S. 257–265.
Hoffmanns, W. (1979), Industrieroboter, Handlinggeräte, Kunststoffe **69,** H. 12, S. 894–895.
Holtmann, G. (1982), Entwicklungstendenzen bei Industrielacken in den letzten 50 Jahren, I-Lack **50,** H. 1, S. 23–28.
Hoppe, F. W., Vöhringer, G. F. (1977), Elektrostatisches Pulverspritzen – Möglichkeiten und Grenzen eines Verfahrens, Defazet **31,** H. 8, S. 313–317.
Kirchmayr, R., Berner, G., Hüsler, R., Rist, G. (1982), Vergilbungsfreie Photoinitiatoren, Farbe + Lack **88,** H. 11, S. 910–916.
Mayenknecht, H. (1976), Anwendungsmöglichkeiten der UV-Strahlungshärtung für Beschichtungsmaterialien, Defazet – Dtsch. Farben Z. **30,** S. 510–511.
Meyer, B. D. (1979), Normen, Vorschriften, Gesundheitsschutz bei der Pulverlackierung, Defazet H. 5, S. 160–164.
Michael, D. (1980), Polyamide, Kunststoffe **70,** H. 10, S. 632–633.
Miranda, T. J. (1966), Thermosetting Acrylics, J. Paint Technol. **38,** Nr. 499, S. 469–477.

Oertel, G. (1981), Polyurethane in der fünften Dekade, Kunststoffe **71,** S. 1–7.
Pelgrims, J. (1978), Present Status of UV-Curable Coatings Technology in the US, J. Oil Col. Chem. Assoc. **61,** 114–118.
Plesske, K. (1969), Wärmehärtbare Acrylcopolymere, Kunststoffe 59, H. 4, S. 247–251.
Proksch, E., Eschweiler, H. (1982), Elektronenstrahlhärtung von Acrylharze-Dispersionsüberzügen auf Asbestzementunterlagen, Farbe + Lack 88, H. 10, S. 809–812.
Quednan, P. (1976), Polyisocyanatvernetzende Acrylate, Defazet – Dtsch. Farben Z. S. 65–69.
Radcliffe, J. Q (1971) Hitzevernetzbare Polyacrylatharze und die Lackierung von Automobilen und Haushaltmaschinen, Defazet – Dtsch. Farben Z. **25,** H. 9, S. 420–421.
Rauch–Puntigam, H. (1978), Wasserverdünnbare Bindemittel, Farbe + Lack **84,** H. 7, S. 481–486.
Rohe, D. (1982), Die Innovationsimpulse der Lackindustrie haben sich gewandelt. Chem Ind. **34,** H. 10, S. 638–641.
Rosenkranz, H.-J. (1975), Hochreaktive Rohstoffe für strahlenhärtende Lacksysteme Defazet – Dtsch. Farben Z. **29,** S. 252–254.
Salmen, K. (1979), Grundsatzuntersuchungen an unterschiedlichen Pulvertypen, Pulver + Lack, H. 1, S. 79–85.
Schmidt, E. (1977, Neue Entwicklungen auf dem Gebiet der Pulverbeschichtung, Farbe + Lack **83,** H. 2, S. 96–99.
Schülde, f. (1979), Korrelation von Oberflächenbeschaffenheit, lacktechnischen Eigenschaften und Vernetzungsmechanismus von Pulverbeschichtungen, Defazet 33, H. 2, S. 46–50.
Suter, O. (1982), Selbstklebender Trockenlackfilm Transcolor, Farbe +Lack **88,** H. 10, S. 823–24.
Weigl, K. (1978), Entwicklungs- und Markttendenzen auf dem Gebiet der Pulverlacke, Fette, Seifen, Anstrichm., H. 4, S. 149–154.
A. van de Werff (1982), Powder Coatings – 10 Years Experience of Application Technology, J. Oil. Col. Chem. Assoc, **65,** S. 65–69.
Zorll, U. (1976), Strahlungshärtende Beschichtungen, Adhaesion, H. 9. S. 234–239, H. 10, S. 270–272.
Zorll, U. (1983), New Insights into the Process of Adhesion Measurement and the Interactions at Polymer/Substrate Interfaces, J. Oil Col. Chem. Assoc. **66,** S. 193–198

Schaumstoffe

Bücher

Bachmann, A., Müller, K. (1973), Phenoplaste, VEB Deutscher Verlag für Grundstoffindustrie, Leipzig.
Schaumkunststoffe 1979, Carl Hanser Verlag, München, Wien.
Baumann, H. H. (1967) Plastoponik, Schaumkunststoffe in der Agrarwirtschaft, Hüthig Verlag, Heidelberg.
Becker, G. W., Braun, D. (1983), Polyurethane, Carl Hanser Verlag, München.
Benning, C. (1969), Plastic Foams, Bd. I und II, Wiley-Interscience, New York.
Buist, J. M. (1978), Developments in PUR, Appl. Science Publ. Ltd., London.

von Cube, H. L. (1965), Technologie des schäumbaren Polystyrols, Hüthig Verlag, Heidelberg.
Domininghaus, H. (1969), Kunststoffe und Verfahren für die Herstellung geschäumter Formteile, VDI-Taschenbuch T 13, VDI-Verlag, Düsseldorf.
Domininghaus, H. (1978), Zusatzstoffe für Kunststoffe, Zechner & Hüthig Verlag, Speyer.
Ebeling, F.-W., Lüpke, G., Schelter, W., Schwarz, O. (1978), Kunststoffverarbeitung, Vogel Verlag, Würzburg, 110–114, 126–140.
Fachverband Schaumkunststoffe (1976), Schaumkunststoffe 1971–1975, Carl Hanser Verlag, München, Wien.
Ferrigno, T. H. (1967), Rigid Plastic Foams, Reinhold Publishing Corp., New York.
Frisch, K. C., Saunders, J. A. (1972/1973), Plastic Foams, Bd. I., Teil I + II, Marcel Dekker Inc., New York, Basel.
Gächter, R., Müller, H. (1983), Kunststoff-Additive, Carl Hanser Verlag, München, Wien.
Götze, H. (1964), Schaumkunststoffe – Straßenbau, Chemie und Technik, Verlagsgesellschaft, Heidelberg.
Haberstolz, P. (1981), Kunststoff-Verarbeitungsmaschinen – transparent gemacht, Kunststoff-Verlag, Isernhagen.
Homann, D. (1966) Kunststoff-Schaumstoffe, Carl Hanser Verlag, München, Wien (Folge 12, in der Reihe: Kunststoffverarbeitung).
Knop, A., Scheib, W., (1979), Chemistry and Application of Phenolic Resins, Springer Verlag, Berlin, Heidelberg, New York.
Stange, K., Zielonkowski, W., Wirth, H., Herner, M. (1981), Schaumstoffe, in Ullmanns Enzyklopädie der techn. Chemie, Bd. 20, 415–432.
(1979), Technologie von PUR-Integral-Schaumstoffen, VDI-Gesellschaft Kunststofftechnik, VDI-Verlag, Düsseldorf.
(1976) Spritzgießen von Strukturschaum-Formteilen, VDI-Gesellschaft Kunststofftechnik, VDI-Verlag, Düsseldorf.
(1979) Expandierbares Polystyrol, VDI-Verlag, Düsseldorf.
Vieweg, R., Becker, E. (1968), Kunststoff-Handbuch, Bd. X, Duroplaste, Carl Hanser Verlag, München.
Vieweg, R., Daumiller, G. (1975) in Kunststoff-Handbuch, Bd. I. 1127–1135, Carl Hanser Verlag, München.
Wirz, H., Schulte, K. (1979), PUR-Schäumanlagen, in Kunststoff-Maschinen-Führer, (Schaab, H. Stoeckhert, Kl., Herausgeb.), Carl Hanser Verlag, München, Wien S. 541–559.

Zeitschriften

Allport, D. C., Watts, A. (1980), Die Familie der MDI-Isocyanate, Kunststoffe **70,** H. 8, S. 487–492.
(1978), PE Foam goes to work, Modern Plastics International, H. 9, S. 16–19.
(1981), Schäume aus der thermoplastischen Schmelze, Plastverarbeiter **32,** H. 8, S. 940–950, H. 9, S. 1094–1098.
(1981), The Biggest Problem with Foam Insulations: Which One to Choose? Modern Plastics International **11,** H. 3, S. 58–61.
Baumann, H. (1979) Fortschritte bei UF-Schaumstoffen, Kunststoffe **69,** H. 8, S. 440–443.
Baumann, H. (1976), Herstellung und Verarbeitung

von UF-Schaumkunststoffen, Plastverarbeiter **27**, H. 5, S. 235–243.
Börger, H. (1979), PUR-Schäumanlagen, Kunststoffe **69**, H. 12, S. 863–865.
Boden, H., Schulte, K. W., Seel, K., Weber, C. (1978), Glasfaserverstärkte RIM-Polyurethane, Kunststoffe **68**, H. 9, S. 510–515.
Brownbill, D. (1981), Improved, Cold-cure Methods for PUR Foam Parts, Modern Plastics International **11**, H. 9, S. 34–36.
Brownbill, D. (1981), Improved PIR and PUR Rigid Foams Meet Tough Construction Needs, Modern Plastics International **11**, H. 5, S. 42–44.
Brownbill, D. (1980), What's new in reinforced PUR? Modern Plastics International **10**, H. 10, S. 41–43.
Borth, R., Topf, S. (1978), Rezeptur u. Verfahren für die Herstellung von Profilen aus PVC hart-Schaum, Plastverarbeiter **29**, H. 10, S. 538–539.
Decker, H. (1982), Bauisolierung mit PUR-Spritzschaum (Ortsschaum), Plastverarbeiter **33**, H. 1, S. 59–60.
De Grave, I. (1980), Expandierbares Polystyrol, Kunststoffe **70**, H. 10, S. 625–629.
Dietrich, W. (1978), Schaumstoffe der Baustoffklasse B 1 und B 2 auf Basis von Polyurethan und Polyisocyanurat, Kunststoffe **68**, H. 8, S. 470–471.
Domininghaus, H. (1979), Fahrzeugbau, Kunststoffe **69**, H. 12, S. 934–936.
Eckhardt, H. (1980), Besonderheiten und Bedeutung der verschiedenen Strukturschaumverfahren, Kunststoffe **70**, H. 3, S. 122–127.
Eisele, W., Wittmann, O. (1980), Harnstoff-Formaldehydharze, Kunststoffe **70**, H. 10, S. 689.
Gardziella, A., Müller, R. (1982), Neuentwicklungen auf dem Gebiet der technischen Phenolharze. Plastverarbeiter **33**, H. 9, 5, 1107–1112.
Gribens, J. A., Rei, N. M. (1982), Sodium borohydride – A Novel Blowing Agent for Structural Foams, Plast. Eng. **38**, H. 3, S. 29–31.
Haardt, U. G. (1978), Geschäumte Formteile aus PE, Kunststoffe **68**, H. 8, S. 468–469.
Heck, F. (1973), Automation beim Verarbeiten von EPS, Kunststoffe **63**, H. 4, S. 227–232.
Heck, F. (1979), EPS-Schäumanlagen, Kunststoffe **69**, H. 12, S. 860–862.
Holl, N., Liene, W. (1977), Verarbeiten von EPS, Kunststoffe **67**, H. 10, S. 617–621.
Hutchison, J., Fähndrich K., Schriever, H. (1982), Fortschritte in PUR-Werkstoffen, Plastverarbeiter **33**, H. 9. S. 1129–1134.
Jaeschke, N., Lammeck, A. (1978), Kunststoffe im Automobilbau, Kunststoffe **68**, H. 10, S, 663–670.
Jeaschke, N., Schulze, D. (1981), Kunststoff-Anwendungen für Automobil-Karosserieteile, Kunststoffe **71**, H. 3, 155–158.
Klöker, W., Gossens, H., Winkler, H. (1970), Schaumstoffe und Schaumstoff-Leichtbeton auf der Basis UP, Kunststoffe **60**, H. 8, S. 555–558.
Liene, W. (1980), Prozeßgerechtes Steuern von EPS-Verarbeitungsmaschinen, Kunststoffe **70**, H. 1, S. 10–12.
Marcoz, F., Randa, S. K. (1982), Geschäumte Fluorpolymere, Plastverarbeiter **33**, H. 9. S. 1091–1094.
Matulat, G. (1980), PUR in Westeuropa – Versuch einer Langzeitprognose, Kunststoffe **70**, H. 8, S. 511–513.
Merides, R. (1972), Die Verarbeitung treibmittelhaltiger Thermoplaste auf Spritzgießmaschinen mittels hoher Einspritzgeschwindigkeit, Plastverarbeiter **22**, H. 11, 739–746.
Michael, D. (1980), Polyamide, Kunststoffe **70**, H. 10, S. 635.
Michl, K. H. (1980), Polyvinylchlorid, Kunststoffe **70**, H. 10, S. 598.
Naetsch, H., Nickolaus, W. (1970), Maschinelle und verfahrenstechnische Gesichtspunkte beim Spritzgießen treibmittelhaltiger Thermoplaste, Plastverarbeiter **21**, H. 1, S. 17–24.
Niesel, W, Klöker, W. (1979), Hartschaum-Leichtbeton, Kunststoffe **69**, H. 5, S. 286–291.
Oertel, G. (1981), Polyurethane in der fünften Dekade, Kunststoffe **71**, H. 1, S. 1–7.
Piechota, H. (1970), Ein neuer PUR-Strukturschaumstoff, Kunststoffe **60**, H. 1, S. 7–14.
Prankel, W., Weiss, G., Schlotterbeck, D. (1981), Schaumstoffe für Verpackungen, Kunststoffe **71**, H. 5, S. 304–309.
Pratt, R. N. (1978), Physical and Chemical Properties of UF-Foam for Thermal Insulation, Schaumkunststoffe (Vorträge an der 8. Intern. Fachtagung für Schaumkunststoffe), 17–1 bis 17–5.
Runck, W. (1970), PS-Hartschaumstoffe (im Bauwesen), Kunststoffe **60**, H. 8, S. 538–546.
Seel, K., Klier, L., Potter, M. (1981), Glasfaserverstärkte RIM-Polyurethane, Plastverarbeiter **32**, H. 10, S. 1367–1370.
Schneider, K. (1980), Styrol-Copolymerisate, Kunststoffe **70**, H. 10, S. 621.
Schulte, U. (1981), Fragen des Energieverbrauchs bei der EPS-Verarbeitung, Plastverarbeiter **32**, S. 719–723.
Schultheis, H. (1970), Kunststoff-Hartschaumstoffe, Kunststoffe **60**, S. 536–558.
Schumacher, W. O. (1974), PUR-Integralschaum Probleme und Entwicklungen, Gummi, Asbest, Kunstst. **27**, H. 9, S. 698–702.
Stasny, F., Gäth, R., Haardt, U. (1971), Neuartige PE-Schaumkunststoffe, Kunststoffe **61**, S. 745–749.
Thiele, H., Zettler, H. D., Wallner, J. (1980), Automatisierung des Reaktionsschaumgieß-Verfahrens zum Herstellen von PUR-Formteilen, Kunststoffe **70**, S. 324–327.
Trausch, G. (1974), Spritzgießen von thermoplastischen Strukturschaumstoffen, Kunststoffe **64**, H. 5, S. 222–228.
Wirtz, H. (1970), Bayflex – ein elastischer PUR-Integralschaumstoff, Kunststoffe **60**, S. 3–7.
Wirtz, H., Schulte, K. (1973), Verarbeiten von PUR-Schaumsystemen, Kunststoffe **63**, S. 726–730.
Wirtz, H., Schulte, K., Ebeling, W. (1977), Verarbeiten von PUR-Schaumsystemen, Kunststoffe **67**, H. 10, S. 612–616.
Wißler, K. (1978), Werkzeuge aus Gießharzen, Kunststoffe **68**, H. 7, S. 398–401.
Wulkan, E. K. H. (1979), Kerndämmung von Hohlmauerwerk mit verschiedenen Kunststoff-Schäumen in den Niederlanden, Kunststoffe im Bau **14**, H. 4, S. 167–171.
Zöllner, R. (1970), Harte PUR-Schaumstoffe im Bauwesen, Kunststoffe **60**, H. 8, S. 551–555.
Zöllner, R., Gronemeier, U. F. (1981), Thermisch verformbare PUR-Hartschaumstoffe, Plastverarbeiter **32**, H. 8, S. 967–970.

Gieß- und Imprägnierharze

Bücher

Becker, H., Schmitz, W. E., Weber, G. (1968), Rotationsschmelzen und Schleudergießen von Kunststoffen, Carl Hanser Verlag, München, Wien. DIN 16946

Domininghaus, H. (1978), Zusatzstoffe für Kunststoffe, Zecher + Hüthig Verlag, Speyer.

Harper, Ch. A. (1967), Gießharze in der elektronischen Technik, Carl Hanser Verlag, München, Wien.

Jahn, H. (1969), Epoxidharze, VEB-Verlag für Grundstoffindustrie, Leipzig.

Knappe, W. (1975), in Kunststoff-Handbuch (Vieweg, R., Braun, D., Herausgeb.) Bd. I (Grundlagen), Carl Hanser Verlag, München, Wien, S. 1104–1111, 1120–1127.

Knop, A., Scheib, W. (1979), Chemistry and Application of Phenolic Resins, Springer Verlag, Berlin, Heidelberg, New York.

Lautenschlager, E. (1976), Einbettungen in Kunstharz, Wepf + Co., Basel.

Lee, H., Neville, K. (1976), Handbook of Epoxy Resin, McGraw-Hill Comp., New York.

Rost, A. (1963), Verarbeitungstechnik der Epoxid-Gießharze, Carl Hanser Verlag, München, Wien.

Skeist, I. (1958) Epoxy Resins, Chapman & Hall, London.

Sweeney, M. (1979), Introduction to Reaction Injection Molding, Technomic Publ. Comp., Westport, CT, USA.

Zeitschriften

(1981), Nylon RIM Machine Aimed at Matching (or Beating) Urethane Cycles, Modern Plastics International **11**, H. 9, S. 16 und 21.

Boden, H., Schulte, K. W., Seel, K., Weber, C. (1978), Glasfaserverstärkte RIM-PUR, Kunststoffe **68**, H. 9, S. 510–515.

Booss, H. J., Hauschildt, K. R. (1980), Vernetzung und Füllstoffverstärkung von Epoxidharzen, Kunststoffe **70**, H. 6, S. 343–348.

Booss, H. J., Hauschild, K. R. (1980), Volumeneffekt bei der Vernetzung von Epoxidharzen, Kunststoffe **70**, H. 1, S. 48-50.

Buck, M., Schreyer, G. (1980), PMMA, Kunststoffe **70**, H. 10, S. 656–658.

Buck, M. (1982), Neuere Entwicklungen bei PMMA, Plastverarbeiter **33**, H. 9, S. 1080–1087.

Chisnall, B. C., Thorpe, D. (1980), Mit geschnittenen Glasfasern verstärktes PUR, hergestellt nach dem RRIM-Verfahren, Kunststoffe **70**, H. 5, S. 288–294.

Demmler, K. (1980), Einfluß geringer Zusätze von t-Butylhydroperoxid bei der Kalthärtung von UP-Harzen, Kunststoffe **70**, H. 3, S. 149–156.

Dhein, R., Meyer, R. V., Fahnler, F. (1978), Rotationsgießen großvolumiger Behälter durch aktivierte anionische Polymerisation von Caprolactam, Kunststoffe **68**, H. 1, S. 2–5.

Gehrig, H. (1981), Gegenüberstellung verschiedener Varianten des Harz-Injektionsverfahrens zur Herstellung von GF-UP-Formteilen, Plastverarbeiter **32**, H. 2, S. 186–192.

Kalsch, H. (1982), Polyamide, Plastverarbeiter **33**, H. 9, S. 1065–1069.

Lohse, F., Batzer, H. (1980), Epoxidharze, Kunststoffe **70**, H. 10, S. 690–694.

Michael, D. (1980), Polyamide, Kunststoffe **70**, H. 10, S. 635.

Möhler, H., Schwab, M. (1981), Einfluß verschiedener Härter und Beschleuniger auf die Vernetzungs- und Formstoffeigenschaften von EP-Systemen, Kunststoffe **71**, H. 4, S. 245–252.

Neu, J. (1979), Spritzgießverarbeitung flüssiger Epoxidharzmassen, Kunststoffe **69**, H. 1, S. 21–25.

Reimann, K. (1979), Anwendung modifizierter Kunstharze im Werkzeugbau, Kunststoffe **69**, H. 5, S. 255–259.

Skudelny, D. (1978), Silanisiertes Quarzmehl, ein spezifischer Füllstoff für Gießharz-Formstoffe, Kunststoffe **68**, H. 2, S. 65–71.

Schönewald, H. (1979), Anlagen zum Verarbeiten von verstärkten und unverstärkten Reaktionsharzen, Kunststoffe **69**, H. 12, S. 850–852.

Sachverzeichnis

A

Abbau durch katalytische Effekte II.84
Abbau, thermischer III.461
Abbaumechanismus PVC II.365
Abbaureaktionen III.65, III.459
Abhängigkeit III.70 f
– Emulgatorgehalt III.89
– MFI-Wert III.70 f
– Schmelzviskosität v. Schergefälle III.76
Abkühlen II.16
Abkühlgeschwindigkeit II.96
Abkühlgrad II.16
Ablängeinrichtung II.137
Ablage des Spinngutes II.287
Ablauf, organisatorischer II.410
Ablösungen III.498
Abminderungsfaktoren III.526
Abquetschform (Überlaufform) II.166
Abrieb, Elastomer III.354
Abriebwiderstand III.362
ABS Einfärbung II.351
– Flammfestausrüstung III.360
– Stabilisierung, Oxidation II.388
Abschirmweichmacher III.90
Absorption III.409 f
Absorptionskante, langwellige (UV-Absorber) II.397
Absorptionsvermögen II.397
Abspalter III.169
Abstreifen II.182
Abwasserbestimmungen beim Spinnen II.275
Abwasserlast III.451
Abzug II.137
Abzugswalzen II.152
Acetoguanamin III.108
Acrylate III.144, III.266
Acrylat-Kautschuk (ACM) III.370
– Klebstoff III.264
Acrylharze III.281
Acrylnitril III.4, III.19
– Gehalt III.13
Acrylnitril-Butadien-Styrol (ABS), Copolymer III.93
– – galvanisieren III.16
– – Herstellung III.9
– – Morphologie III.10

Acrylnitril-Butadien-Styrol (ABS), Copolymer, Polymerisat III.3, III.19 ff
– – Rheologie III.14 f
– – Kunststoffe
– – Elastifizierung III.386
Acrylnitril-Styrol-Acrylsäureester-Copolymer (ASA) III.22
Acrylsäure III.383
Additive II.34, II.53, II.326 f, II.419
– Anwendungskonzentrationen II.326
– Anwendungskriterien II.327
– Bedeutung II.326
– tox II.419
– Wert II.34
Adhäsion II.201 ff
Adhäsionsbruch II.260
ADI (acceptable daily intake) (für den Menschen akzeptierbare Menge Fremdsubstanz) II.419
Advancement-Prozeß III.177
Ähnlichkeit, energetische II.74
Ähnlichkeitsbeziehung II.86, 122
Ähnlichkeitstheorie II.82
aerodynamisches Verfahren III.443 f
äußerer Spinnvorgang II.263
Agglomerate bei Pigmenten II.347
Aggregate bei Pigmenten II.347
AH-Salz III.135
Akroosteolyse II.415
Aktivierungsenergie II.102, III.340
– unbeschleunigte Schwefelvulkanisation III.338
Aktivatoren III.338
aktives Zentrum der Ziegler-Katalysatoren III.31
akute Toxizität II.407
aliphatische Polyisocynate, HDI III.161
Alkalipolysulfide III.373
alkalische Lösung III.96
– Schnellpolymerisation III.135, III.138
Alkohol, tox II.417
Alkydharze, Oberflächenschutz, kurz-, lang-, mittelölig III.280
alkyd-moulding compounds III.235
Alkylzinnmaleinat II.370

Alkylzinnmerkaptide II.379
Allergie II.409
Allophanat-Verbindung III.343
Allylglycidether (GPO) III.372
Allzweck-(general purpose-) Kautschuke III.359
Alternativ-Materialien II.59
– Werkstoffe II.29
Alterung, oxidative II.377
– photochemische II.393
– thermische II.365
Alterungsverhalten III.231
Aluminiumlegierung III.108
Aluminiumtrihydroxid II.354
Ames-Test II.408
Amine, sterisch gehinderte II.400
– tertiäre II.127
Amidharze, Aminogruppen III.279
– Anilin III.279
– Benzoguanamin III.279
– Harnstoff III.279
– Melamin III.279
– Sulfonamid III.279
ε-Aminocapronsäure III.395
Aminocrotonsäureester II.369
Aminoplast-Preßmassen, Einfärbung III.350
Ammoniumchlorid, Härter III.265
Ammoniumphosphat III.274
amorphe Plastomere II.137
– Thermoplasten II.107, II.136
am Ort-Verschäumung III.295
anaerobe Klebstoffe III.266
– Systeme III.265
Anblasschacht II.144
Anbauflächen für Textilfasern III.452
Anfangshaftung (green strength, initial tack) III.261
Anfangsviskosität, Resole III.118
Anfärbbarkeit III.461 ff
Anforderungen, qualitative II.2
– quantitative II.7
Anforderungsanalyse II.9
– Katalog II.2
Angüsse II.157, II.162, II.167
Anilin, Aminogruppen III.279
anionische Farbstoffe III.462
Ankopplung III.380 f
Anschnitte II.157

Anstreichen II.228
Anstrichstoffe III.271, III.323
Antiabsetzmittel III.274
Antiblockmittel III.331
Antidotum, Milch II.412
Antimonoxid Sb$_2$O$_3$ II.354, II.356, II.359
Antimontrioxid, Flammhemmer III.246
Antioxidantien II.311, II.377 ff, II.421
– Anwendungskonzentrationen II.380
– Anwendungskriterien II.379
– Einsatzgebiet II.377
– Formelverzeichnis II.390
– Prüfung II.388
– tox II.421
– Wirkungsweisen II.383
Antistatika III.205 ff, III.255, III.286, III.311
antistatische Fasern III.419
Antriebsmotor II.74
Antriebsriemen III.406
anwendungstechnische Abteilung (ATA) III.201
Anzahl der in der Kunststoff-Industrie tätigen Firmen II.49
apparenter Bedarf an Kunststoffen in OECD II.37
aqueous powder suspension-Systeme (APS) III.284
Arbeitsmediziner II.411
Arbeitsplatz-Konzentration, Monomere III.388
Arbeitspunkt II.74
Armierung II.307
aromatische Polyamide III.419
– Polyisocyanate III.161
Arrhenius-Funktionen II.102
Asbest II.172
– Fasern II.163
– – Füllstoff III.224
Asthma bronchiale tox II.409, II.415
ataktisches Polypropylen (APP) III.45, III.51
– Anwendungsgebiete III.51
Aufbereiten II.174
Aufbereitung II.133, III.13
– Styrol-Butadien III.8
– Suspensionsverfahren III.6
Aufmachungsarten, Filamentgarne III.403
Aufschmelzen II.70, II.165, II.280
Aufspulmaschine II.279
Aufspulung II.287
Aufwickelaggregat II.287
Aufwickelgeschwindigkeit II.297
Aufwickelmaschine II.287
Aufwickelvorrichtung II.139

Augen, tox II.410, II.412
Ausbrennen, s. Brennverhalten, Prüfung II.361
Ausfallkontrollen II.162
Ausgangsviskosität, Plastisol III.88
ausgewaschenes E-PVC III.84
ausgehärtete Novolake, Farbe III.115
Ausgießverfahren III.303
Ausgleichspapier, Schichtstoffplatten III.241
Aushärten II.174
Außenkalibrierung II.138
Ausstoß II.73
Ausstoßmengen II.80, II.90
Ausstoßzone II.73
Austausch, labiler, von Chlor-Atomen II.370
Auswahlkriterien II.3, II.9
Auswerfen II.166
Auswerferplatte II.162
Auswerferstifte II.162
Auswerterstempel II.131
Autoform-Verfahren II.250
Autohäsion II.202
Autoklaven-Typ III.75
Autoklavenverfahren II.177
automatisches Druckgelieren (ADG) III.305 f
Automobilindustrie, Anwendungen II.57
Autopolsterstoffe III.406
Avivage II.302, II.311 f
AXS-Kunststoffe III.12
Axialkolbenpumpen II.87

B

backbiting III.28
Backen II.162
Badebekleidung III.406
Bänder II.104
BAFA-Fadengelege III.450
Bag-o-matic-Verfahren II.250
Bahnen, beschichtete III.529
Bahnführungen II.129
Bahnspannung II.129
Bakterizide II.311, III.207
Band III.399
Bandbeschichtung II.235 ff
Bandgeschwindigkeit II.99
Bandgießanlage II.190
Band- oder Filmanguß II.159
Barium/Cadmiumcarboxylate II.370, II.373 f
Barriere-Eigenschaften III.19
– Papier III.241
Barus-Effekt II.264
Batterieseparatoren III.94
Baumwolle III.397

Bauschvermögen II.306
Bauteilgesamtkosten II.14
Bauteilgestaltung II.13
Bauwesen, Anwendungen II.56
Bayer & Co. III.395
Beanspruchungen, zulässige III.516, III.525 f
Beanspruchungsarten, Klebeverbindungen III.261
– Biegebeanspruchung III.261
– Druckbeanspruchung III.261
– Druckscherbeanspruchung III.261
– Verdrehscherbeanspruchung III.261
– Zug- und Druckbeanspruchung III.261
– Zugscherbeanspruchung III.261
Bedampfen II.3
Bedarf an wichtigen Petrochemikalien II.52
Bedrucken II.230 f
Beflocken II.233 f
begrenzte Quellung III.68
Behandlung, hydrothermische III.306
Beheizung II.151
Bekleidung, Aufgaben III.408, III.452
Bekleidungsphysiologie III.452
Bekleidungstextilien III.397
Bell-Telephone-Test III.73
Bemberg III.395
Benetzung, Pigmente, Einfärbung II.348
Benetzungsfähigkeit (Verlauf) III.271
Benzoguanamin III.97
– Aminogruppen III.279
Berufskrankheiten II.411
Beschäftigte in der Kunststoff-Industrie II.48
Beschichten II.82, II.147, II.191, III.103
– mit Folien und Bahnen II.239
– von Metallen II.235 ff
Beschichtungsgrundgewebe III.406
Beschichtungsmassen III.254, III.321
Beschichtungssystem III.277
Beschleuniger II.175, II.177, III.127, III.340, III.381
– Kobalt-Basis III.131
beschleunigte Harze III.127
Besonderheiten, LLDPE-Herstellung III.44
Beständigkeiten II.5
Bestimmungen, gesetzliche II.7, II.12
Betriebsdaten für das Extrudieren III.247

Bewertungsmaßstab II.29
Bewertungsschema für neue Produkte III.203
Bewertungssystem II.29
Bewertungstabelle für F- & E-Vorhaben III.202
Bezugswerkstoff II.24
BHT (butyliertes Hydroxytoluol), Antioxidans, Verarbeitungsstabilisator II.387
Biegebeanspruchung III.261
Biegemoment II.15
Biegeumformen II.219
Bikomponenten-Kräuselung III.418
– Strukturen III.408, III.415, III.417
Bikomponentenspinnen II.306
Bildungsreaktion, Polycarbonat III.149
– Poly(2,6-dimethyl-para-phenylenoxid) (PPO) III.153
– Polyethylenterephthalat III.155
– POM-Homopolymere III.145
– Siliconharze III.187
Billigwerkstoffe II.8
Bimodal-Bigraft III.22
– ABS III.13
Bindefasern III.416
Bindemittel (Matrix), Eigenschaften III.224
– – dielektrische III.224
– – Entformungssteifigkeit III.224
– – Fließvermögen III.224
– – Kriechstromfestigkeit III.224
– – Lagerstabilität III.224
– – Maßhaltigkeit III.224
– – Wärmebeständigkeit III.224
– – Wasseraufnahme III.224
Bindemittel (Filmbildner) III.271
Binder II.175
Bindungsenergien III.334, III.353, III.346 f
– physikalische Bindungen III.371
– Si-O-Bindung III.374
Biostabilisatoren III.207
Biot-Zahl II.97
Biozide III.255
BISFA III.395
Bisphenol A III.111
Biuret-Verbindung III.343
Blähmittel, chemische Treibmittel III.288
Blasen, Preßmassen III.232
Blasenkrebs II.411
Blasfolien II.104, II.138
– Anlage II.138
Blasschacht II.285
Blasverfahren III.408, III.410, III.413, III.433

bleibende Verformung, Polyurethan-Elastomere III.371 f
Blei-Verbindungen II.364, II.369, II.372, II.374
Blend s. Kautschuk-Verschnitt
Blenden II.100
Blitzkleber, Wunderkleber III.264
Block-Copolymere III.8, III.79 f
Block-Copolymerisate III.22
Blockieren (Verkappen), Isocyanatgruppe III.169
Blockpolymerisation III.144
Blooming von Farbmitteln II.343
Bobtex ICS-Verfahren III.432
Bodenbeläge III.253, III.449
bond-strength III.261
Boote III.406
Borste II.258
BR, Stabilisierung, Oxidation II.388
Brandflecken, Preßmassen III.232
Brandlast, s. Brennverhalten, Prüfung II.361
Brandverhalten II.5, III.152
– von Kunststoff-Teilen II.64
Breitbandbeschichtung, Polyester III.281
Breiteneinsprung II.152
Breitschlitzdüse II.136
Breitstreckwalzen II.109
Brennbarkeit (Schwerbrennbarkeit), Klassierung II.359, II.361 ff
– Kriterien II.358
– Kunststoffe II.354, II.358
– Prüfmethoden II.361 ff
Brennverhalten, Prüfung, Charakterisierung II.361
– von Textilien III.419
Bremsbeläge III.111
Bremswalzen II.152
Brombutyl-Kautschuk III.364
Brom-Verbindungen, organische, II.354 ff, II.359 f
Bronchialasthma tox II.409, II.415
Bruchausbreitungsenergie II.105
Bruchdehnung III.335 f
Bruchkennwerte III.503
Bruchverhalten III.517, III.521
Buchdruck II.230
bulk molding compounds (BMC) III.235
Butadien III.22
– Gehalt III.13
– Komponente III.13
1,3-Butadien III.4
1-Buten III.27
n-Butylacrylat III.22
Butyl-Kautschuk III.361, III.364
4-tert-Butylphenol III.110

C

Calcium/Zink-carboxylate II.370, II.373 f
Cancerogenität II.408
Caprolactam III.135, III.138
– Schichtstoffplatten III.242
Carboran-Siloxan-Kautschuk III.377
Carrier III.418
Casting III.302
Cathodip-Verfahren III.283
Celingtemperatur III.144
Cellulose II.190
– Füllstoff III.224
Celluloseacetfolien II.189
Cellulosebahnen II.175
Celluloseester II.171
Celluloseether II.171
Cellulosexantogenat II.190
Cellulosenitrat III.280
Chardonnet-Seide II.275
Chemiefasererzeugung II.257, II.268
– Aufteilung nach Verfahren II.268
Chemiefasergewebe, beschichtete III.527
– mechanisches Verhalten III.527 f
Chemiefasern II.257, III.399
– Anteil III.396 ff
– Entwicklung III.396 ff
– Geschichte III.394
– Gliederung III.394
– physikalische Eigenschaften III.405
Chemikalienbeständigkeit II.4, III.22, III.130, III.141, III.144, III.181, III.335
– PF-Harze III.119, III.122
– PTFE III.158
chemische Treibmittel (Blähmittel) III.288
chemisches Prägen II.232 f
Chemismus, Polyamide III.139
– Polypropylen-Herstellung III.46
Chill-Roll-Anlagen II.142
Chlor II.53
– Retention III.107
– Verbindungen, organische Flammschutzmittel II.354 ff, II.358 f
Chlorbutylkautschuk III.364
chloriertes Polyethylen (CM) (CPE) III.93, III.369
chlorsulfoniertes Polyethylen (CSM), Elastomere III.354
Chromosomen II.408
chronische Versuche (über ein ganzes Tierleben) II.408

Sachverzeichnis

closed loop (prozeßgekoppelt-geschlossen-)Steuerung III.212
Coextrusion II.142
Coil-coating III.281
colour index, Verzeichnis Färbemittel II.343
commoditiy plastics III.133
composites II.57
compounders II.48
Compounds, Kautschuk-Mischungen III.354
Copolyester, thermoplastische III.157
Copolymere aus
– Ethylen III.40, III.50
– α-Olefine III.40
– Propylen III.50
– Styrol III.19
Copolymere von Ethylen mit α-Olefinen (ESCR) III.74
– Kettenlänge α-Olefin III.74
Copolymerisate III.144
Copolymerisation, azeotrope III.11
– Ethylen III.33
Core-Garne III.421
Co-Stabilisatoren II.371
Cuoxam-Spinnlösung II.269
Courtaulds & Co. Ltd. III.395
CR (Festkautschuk), Einsatzgebiete III.365
– Latex, Einsatz III.365
Craze-Bildung III.20 f
Croning-Verfahren III.122
Cyanoacrylat-Klebstoff III.264
cyclische Sulfane III.335
Cyclodehydratisierung II.289
Cyclohexandimethanolpolyester III.463
Cyclohexanonharze III.263
N-Cyclohexyl-maleinimid III.93
Cyclopentadien III.376
Cyclopenten III.376

D

Dampfbehandlung II.308
Dampfdruck, TDI III.161
Dampfdurchlässigkeit II.120
Dampfglockenverfahren II.187
Dampfrohrvulkanisation II.253
Dampfstoßverfahren II.187, III.291
Daten, optische II.3
– physikalisch-chemische II.408
– tribologische II.10
Dauergebrauchstemperatur III.158
Deckvermögen von Pigmenten II.338
Deformationen, entropieelastische II.259
Deformationskräuselung II.304
Deformationsverhalten II.205
Dehnfolien-Verpackung III.80
Dehngeschwindigkeit II.103
Dehnungen III.330, III.359
– bleibende III.366
– EPDM-Vulkanisation III.366
Dehnungskristallisation III.350, III.352 f
Dehnungsvergrößerung, Matrix III.502 f, III.516 f
Dehnviskosität II.261, III.16, III.54
Dehydrochlorierung III.85
– Polyvinylchlorid II.365
dekorative Schichtstoffplatten (dks) III.241, III.319
dekoratives Ausrüsten III.68
Dokorpapier III.241
Depolymerisation III.144
– thermische, von Polyoxymethylen II.375
Dermatitiden II.410 f
Desagglomeration II.108
Desaktivierung der Katalysatoren III.460
Desensibilisierung II.409
Diagramm p, v, ϑ II.13, II.161
Diallylphthalat (DAP), Preßmassen III.236
Diaza-bicyclo-octan (Dabco) III.169
Dibenzylether-Brücken III.113
Dibutylzinndiacetat III.344
Dicarbonsäureanhydrid
– HET-Säureanhydrid III.124
– Phthalsäureanhydrid III.124
– Tetrabromphthalsäureanhydrid III.124
– Tetrahydrophthalsäureanhydrid III.124
Dicarbonsäuren
– Adipinsäure III.124
– HET, Hexachlor-endomethylen-tetrahydrophthal-Säure III.124
– Isophthalsäure III.124
– Terephthalsäure III.124
Dichroismus, Farbphänomen II.353
Dichte, Kristallinitätsgrad, in Abhängigkeit vom Massengehalt an Comonomerem III.43
Dichteabhängigkeit, Eigenschaften von linearem PE III.70 f
Dichtungsmassen III.266
Dickstellen II.139
Dicyclopentadien (DCP) III.366
dielektrische Eigenschaften III.224
Dieseleinspritzpumpen II.87
Di-2-ethylhexylphthalat III.88
differential dyeing III.48
Differentialthermoanalyse, Prüfmethode oxidative Beständigkeit II.389
Diffusion II.82, II.197 f, II.272
Diffusionsgrenze II.273
Diffusionskoeffizient II.126
Diffusionskonstante II.122
Diglycidyl-Bisphenol-A-Ether III.170
– Herstellung III.175
Diisooctylphthalat (DOP) III.88
Dimensionierung III.525 f
– Eigenschaften III.526 f
– Kennwerte III.525 f
– materialgerecht II.14 ff
– Temperatureinfluß III.526
– Zeiteinfluß III.526
Dimensionsanalyse III.204
Dimethylanilin III.127
Dimethylformamid III.396
Diole
– 1,3-Butandiol III.125 f
– 1,4-Butandiol III.125 f
– Diethylenglykol III.125 f
– Ethylenglykol III.125 f
– 1,6-Hexandiol III.125 f
– hydriertes Bisphenol A III.125 f
– Neopentylglykol III.125 f
– oxpropyliertes Bisphenol-A III.125 f
– 1,2-Propylenglykol III.125 f
– 1,3-Propylenglykol III.125 f
– Triethylenglykol III.125 f
Diolin III.396
– BC III.417
Diphenylmethandiisocyanat (MDI), Kapazität in Westeuropa 1979 III.161
Dipolabsättigung III.455 f
Direktbegasungsverfahren III.250
Direktbeschichtung von Spanplatten III.243
Direktveresterung III.153
– PETP III.156
– Terephthalsäure III.154, III.156
diskontinuierliches Verfahren II.247
Dispergiermittel III.274
Dispergierung II.82
– Pigment-Aufbereitung II.348
Dispersionen II.111, II.171
Dispersionsfarben II.82
Dispersionsklebstoff III.264, III.267
Dissolver II.113
– Schnellrührer II.134
Disulfane III.365

Sachverzeichnis

DLTDP (Di-laurylthiodipropionat) Antioxidans, Co-Stabilisator, Synergist II.384
Doppelbandanlage, pressen III.244
Doppelbindungen III.33
Doppelbrechung II.265 f
Doppelguß II.174
Doppelnadelstabstrecke III.425
Doppelschnecken II.77, II.117
– gleichläufige II.117
– gegenläufige II.77
Doppelschneckenextruder III.247
– gegenläufige II.75
Doppelschneckenmaschine II.82
Dorn II.137, II.169
– Kalibrierung II.100
Doseninnenschutzlacke III.275
Dosieren II.165, II.183
Dosierpumpen II.273
Dosierschnecke II.82
Dosierung II.166 f
Doublieren II.242
dough moulding compounds (DMC) III.235
Draht II.258
Drallübertragungsverfahren III.421, III.432
DREF-Verfahren III.421, III.430
Drehbanksystem II.181
Drehzahl II.74, II.89
Dreizonenschnecken II.156
Dreizylinderverfahren III.420 f
Druckabhängigkeit III.13
Druckaufbau II.71, II.88
Druckfestigkeit, Schaumstoffe III.300
Druckfilter II.93
Druckgelieren II.175
Druckkissen II.157
Druckluft II.138
Druckmischer II.114
Druckpumpen II.281, II.283
Druckscherbeanspruchung III.261
Druckströmung II.72
Druckumformen II.219
Druckverfahren II.147
Druckverformungsrest III.335
dry blend (Trockenmischverfahren) III.225
Dünnfolien II.243
Dunlop-Verfahren II.247
DuPont III.396
Durchdruck II.231
Durchlässigkeit q von Folien III.249
Durchlauf-Bandtrockenöfen II.124
Durchsatz II.87
– Schwankungen II.87
Duromerspritzgießteile II.162
Duroplaste II.171 f, III.494

Duroplaste, Preßmassen II.162
– Spritzgußmassen III.230
duroplastische Klebstoffe, Harzbasis III.265
– anaerobe Systeme III.265
– Epoxidharze III.265
– Harnstoffharze III.265
– Melaminharze III.265
– Phenolharze III.265
– Polyester, ungesättigte III.265
– Polyurethane III.265
– Resorcinharze III.265
Düsen
– Bändchen II.258
– Kennlinie II.73
– Konstruktion II.262
– Parameter II.277
– Platte 107
– Profilformen 284
Düsenwebmaschine III.437
dynamische Orientierung II.262
– Viskosität III.350

E

Echtdrallverfahren III.408
Effekt-Garne III.421, III.432
– Komponenten III.274
E-Glas II.175
Eigenbedarf II.38
Eigenerwärmung II.12
Eigenhärtung, Resole III.114
Eigenschaften, mechanische III.17
– konstruktiv kompensierbar II.10
– optische III.144
– Polycarbonate III.152
– PETP III.157
– POM III.148
Eigenschaftskorrelation bei Fasern III.453
Eigenschaftsschwelle II.7
Einbetten (potting), gießen III.302
Einbrenngrundierung III.276
Eindickungsmittel, Preßmassen III.236
Einfärbbarkeit III.103
Einfaktormethode III.203
Einfallstellen II.162
– Preßmassen III.232
– UP-Formmassen III.235
Einfluß, Chemikalienbeständigkeit III.17
– chemische Zusammensetzung III.17
– Formbeständigkeit III.17
– Lagerstabilität, Lieferformen MF-Harze, UF-Harze III.102
– Molekülmassenverteilung III.17
– optische Eigenschaften III.17

Einfluß, Verarbeitungsbedingungen III.23
– Witterungsbeständigkeit III.17
Einfluß MFI, Isotaxie-Index, M_w/M_n auf Gebrauchseigenschaften von Polypropylen III.78
Einfriertemperatur NBR, III.367
Einfüllen II.183
Einkomponentensysteme, Preßmassen III.221
Einkristalle, Polyethylen III.59
Einsatzgebiete, Kautschuk-Dispersionen III.382
Einsatztemperaturbereich II.8
Einschneckenextruder II.89, III.249
Einspritzzeit III.211
Einstellung, Produkteigenschaften III.50
Ein- oder Dreiwalzenreibmaschinen II.134
Einwellenmischextruder II.241
Einzelschichten III.511 ff
– Spannungen III.512
– Steifigkeiten III.511
Einzug II.70, II.81
Einzugshilfe II.77
Einzugszone II.70
– förderwirksame II.82
Eisenguß III.108
Ekzeme II.409, II.415
Elasthan
– Fasern III.396
– Polymer III.473
Elastifizierung, Bitumen III.386
– elastischer Beton III.386
elastisches Verhalten III.350
Elastizität III.362
– Ursachen III.330
Elastizitätsgesetz III.509 ff
Elastizitätskenngrößen III.517 ff
– Änderung III.503
– Temperaturabhängigkeit III.517
– Zeitabhängigkeit III.517
Elastizitätskoeffizienten III.510
Elastizitätsmodul III.330, III.336, III.519
– Mattenlaminate III.518
– spezifischer III.497
– Temperaturabhängigkeit III.505
– Zeitabhängigkeit III.505
Elastomere II.162, II.172, II.186, II.191, III.371
– Gieß III.371
– thermoplastische III.346 f, III.371
– und Thermoplaste II.134
– Walz III.371
– Weltverbrauch III.371
Elastomer-Eigenschaften
– Abrieb III.355

Elastomer-Eigenschaften, Härte III.355
- Modul III.355
- Rückprallelastizität III.355
- Strukturfestigkeit III.355
- Zugfestigkeit III.355
Elastomer-Verschnitte III.380
elastomere Polyurethane II.185
Elastomer-modifiziertes Polypropylen III.80
elektrische Daten II.5
- Eigenschaften III.121, III.131
Elektro- und Elektronikindustrie, Anwendungen II.58
elektromagnetisches Schweißen II.208 f
Elektromuffenschweißen II.208 f
Elektronenstrahlen II.102
Elektronenstrahlung II.85
elektrostatische Aufladbarkeit von Textilien III.419
elektrostatisches Beflocken II.234
- Lackieren II.229, II.238
- Pulverbeschichten II.238 f
- Pulverspritzverfahren (EPS) III.282 f
Elektrotauchlackieren II.239
Elektrotauchlackierung III.278, III.282 f
Elektrotechnik/Elektronik III.185
E-Modul s. Elastizitätsmodul II.175
Emulgatoren II.311, III.385
Emulgatorgehalt III.88
Emulsionspolymerisation III.84, III.158
Emulsionsprozeß III.9, III.83
Emulsionsspinnen II.288
Encapsulation III.302
Endabnehmerindustrien, Kunststoff-Verbrauch II.55
Endbearbeitung II.254
Endgruppenstabilisierung III.144
End-Klebfestigkeit (bond strength) III.261
Endlosfaser III.500, III.508
Endstufe III.7
Energie, Si-O-Bindung III.374
Energiebedarf, für die Produktion einiger Werkstücke II.61
Energiebilanz II.60 ff
energiereiche Strahlung III.67
Engineering Plastics III.131, III.209
Entflammbarkeit III.103
- PF-Harze III.119, III.122
- von Textilien III.419
Entformen II.174
Entformungssteifigkeit III.224
Entgasen II.124
Entgasung II.167, II.174

Entgasungselemente II.77
Entgasungsextruder II.124, II.136, II.243
Entgasungsschnecke II.126
Entgasungsschneckenextruder II.80
Entgasungszahl II.126
Entgasungszone II.80, II.126
Entgraten II.166 f
Entlüftung II.162
Entlüftungsmittel III.274
Entnahmegeräte, Entformen III.212
Entmischung II.262
- Preßmassen III.232
Entropie III.331, III.350 f
- Elastizität III.331
entropieelastische Deformationen II.259
Entscheidungsmatrix II.19
Entscheidungsphase II.25
Entwässerung II.107
Entzündbarkeit, s. Brennverhalten, Prüfung II.361
EPDM Stabilisierung, Oxidation II.388
Epichlorhydrin III.170, III.372
Epidemiologie II.411
epidemiologische Studien II.411
Epoxidformmassen, Einfärbung II.351
Epoxidharze (EP) II.124, II.162, II.171 f, II.175, II.182, II.358, III.265 f
- Brennbarkeit II.358
- Kautschuke III.372
- Klebstoff-Folien III.268
- Preßmassen III.236
- Schaumstoffe III.299
- Systeme III.281, III.304
Epoxidharze, Chemikalienbeständigkeit, Typenauswahl III.183 f
- Härter III.178 f
- Härtung III.180 f
- - Säureanhydride III.182
- Schwund 181
Epoxidharze, technisch bedeutend
- aliphatische (reaktive Verdünner) III.172 ff
- Bisphenol-F-Harze III.172 ff
- cycloaliphatische III.172 ff
- epoxidierte Cycloolefine III.172 ff
- heterocyclische III.172 ff
- Hexahydrophthalsäurediglycidylester III.172 ff
- Hydantoinharze III.172 ff
- Triglycidylisocyanurat III.172 ff
Epoxidierung III.170
E-PVC III.84
Ereignisse, tox II.412

Erfahrungswert II.14
Erfüllungsgrad II.29
Erhöhung der Fließfähigkeit III.24
Ermüdung II.380
Erstarren II.16
Ertragssituation II.52
- erzeugende Industrie II.50
Erwärmung II.167
Erweichungstemperatur II.84
Eßgeschirr, MF-Preßmassen III.104
Essigsäure, tox II.417
Etagenpressen II.249, III.253
Ether-Brücken III.97
Ether-Bildung als Nebenreaktion III.460
Ethylen III.26 f
Ethylen-Acrylat-Kautschuke (AECM) III.370
Ethylen-Acrylsäureester-Copolymere, Haftvermittler III.68
Ethylenoxid III.166, III.372
Etyhlen-Propylen III.80
Ethylen-Propylen-Dien-Elastomer (EPDM) III.7
- bleibende Dehnung III.366
- Einsatzgebiete III.366
- Kautschuke III.347, III.366
- Sequenztypen III.366
- Vulkanisation III.366
- Zugfestigkeit III.366
Ethylen-Propylen-Kautschuk (EPM, EPDM) III.366
Ethylen-Vinylacetat-Kautschuke (EAM) III.370
5-Ethyliden-norbornen (EN) III.366
Ethylidenthioharnstoff (ETU) III.342
expandierbares Polystyrol (EPS) III.289, III.291
exponierte Personen, tox Kontrolluntersuchungen II.410
Expositionskollektive II.411
extended chain crystals III.55
Extender III.274
Extruder II.116, II.124, II.169, II.242 f, II.250, III.244
- Spinnverfahren II.280
Extrudieren II.242
Extrusion II.94
Extrusionsmassen III.319
- thermoplastische III.244
Extrusionsprofile II.97
Extrusionsschweißen II.208 f, II.211
Extrusionsstraßen II.134
Extrusionstypen III.144
Extrusionsverfahren II.242, II.255
Exzenterschneckenpumpen II.89

F

Fadenaufweitung II.264
fadenbildende Polymere III.453
Fadenbildung II.257, II.263
Fadengelege III.406, III.449
Fadenschlußmittel II.286
Fadenspannung II.301
Fadenverlegung II.296
Fadenzug II.181
Fällungskinetik II.272
Fällverfahren II.247
Färbegeschwindigkeit III.418
Färbung III.131
Faktorenexperimente, lateinische Quadrate III.203
Falschdrahtverfahren II.147
Falschdrallgarn, hochelastisch III.411
– dehnungsreduziert III.411
Falschdrallverfahren III.408, III.410
Farbabstand II.341
Farbcharakterisierung II.341
Farbe gehärteter Resole III.114
Farbmetrik II.341
Farbmischung, additiv, subtraktiv II.338
Farbmittel, s. auch Pigmente II.342
– Prüfung II.353
Farbpigmente II.119
Farbprägen II.232
Farbreaktionen III.85
Farbrezeptur-Berechnung II.341
Farbstärkeentwicklung II.349
Farbstoffaffinität von Fasern III.418
Farbstoffaufnahme II.310
Farbstoffe II.197
– anionische III.462
– kationische III.462
Farrell-Continuous-Mixer II.241
Faseraufwand, erforderlicher III.515
Faserkunstleder III.258
Fasern II.172
– Kohlenstoff III.483
– kritische Länge III.501 f
– Mindestlänge III.501, III.505
– Packungsart III.503
– pillarme III.461
– Polyurethane III.471
– Polyvinylchlorid III.480
– PP II.351
– Richtung III.516
– schwerentflammbare III.463
– synthetische, Massefärbung II.351
– Verteilung III.517

Fasereigenschaften III.400
– Nutzung III.398 ff
Faser-Kurzzeichen III.396
– Querschnitte III.401
– Verbrauch III.398
Faserquerschnitte II.284
Faserrohstoff, Polycarbonat III.464
– Polyethylen III.458, III.464, III.479
– Vinylpolymere III.479
Faserspritzanlage II.175, II.178
Faserspritzen II.177
Faserstruktur II.265
faserverstärkte Kunststoffe II.45
faserverstärkte Thermoplaste, Verbrauch USA III.209
Faservlies II.177
Feinfolien II.95, II.104
Fensterprofile II.138
Fertigfolien III.243
Fertigungsgenauigkeit II.13
Fertigungsgeschwindigkeit II.26
Fertigungsverfahren II.2
Festanforderung II.3
Festigkeit s. Zugfestigkeit II.12, III.497
– Einzelschichten III.521
– Elastomere III.354, III.368
– Ruß III.347
Festkautschuk II.240, II.242
festkörperreiche Flüssiglacke (high-solid systems) III.274, III.282
Festphasen-Nachkondensation III.154
Feststoffgehalt II.42
Feststoffkern II.71
Fett, tox III.417
Fettsäureester, epoxidiert, Co-Stabilisator II.370
Feuchteaufnahme von Textilien III.452
Feuchtetransport durch Textilien III.452
Feuchtigkeitsaufnahme II.10
– von Fasern III.400
Feuchtigkeitsdosierung II.286
Feuersprung s. Brennverhalten, Prüfung III.361
Fibrilliermethode II.144
Filament II.258, III.399
– Mischgarn III.405
Filamentgarne II.258, III.399, III.401
– glatte, Einsatzgebiete III.405
– homogene III.405
– modifiziert III.417
– spinnfasergarnähnlich III.410
– texturierte, Einsatzgebiete III.399, III.408
– Verstreckung II.294

Film- oder Bandanguß II.159
Filmbildner (Bindemittel) III.271
Filter II.143 f, III.406
Filterkerzen II.94
Filterkuchen II.93
Filtrieren II.92, II.171
Finish II.175
– Folien III.243
Firmen-Anzahl in der Kunststoff-Industrie tätig II.49
Fixkosten, bauteilabhängig II.14
Flachdruck II.230
Flachfolien II.127
Flachfolienextrusion II.142
Flachstrickmaschine II.439
Flächengebilde, textile III.435
Flächenträgheitsmoment II.15
Flammschutz-Ausrüstung II.358 ff, III.205 ff, III.246, III.255
– ABS II.360
– Mittel III.291
– PP II.358
– PUR-Weichschaum II.360
– Weich-PVC II.359
Flammschutzmittel (flammhemmende Additive) II.354 ff
– Anwendungskriterien II.358
– thermische Stabilität II.358
– wichtigste Typen II.354
– Wirkungsweisen II.355 ff
Flammspritzen II.239
Flammspritzverfahren III.284
Flaschen II.169
Flashless-Verfahren II.244
Fleckenunempfindlichkeit, Schichtstoffplatten III.242
Flexibilität III.130
Flexodruck II.230
Fließbettvulkanisation II.253
Fließen, plastisches III.498
Fließfähigkeit II.68, II.84
Fließfrontgeschwindigkeit II.162
Fließhilfsmittel II.330 f
– PVC-Verarbeitung II.330
– Plastifizieren II.331
Fließkurve III.349
Fließmarkierungen, Preßmassen III.232
Fließorientierung III.23
Fließverhalten II.84, II.259, III.13, III.89
– molekulares III.85
– newtonsches II.84
– strukturviskoses II.84
Fließvermögen III.224
Fließvorgänge II.260
Fließweg II.162
– Wandstärkeverhältnis II.86
Fließzeiten (scorch-Zeiten) III.358
Fließzonenbildung III.20
Flock II.258

Flocktechnik III.451
Flügelzellenpumpen II.87
Flüssigharzverfahren III.225
Flüssigkautschuke II.256
– Präpolymere II.254
Flüssigkeitsheizung II.167
Flüssigkeitsstrahlschneiden II.224, II.226
Flüssig-Kristall-Copolymere III.212
flüssig-kristalline Struktur II.270
Flüssiglacke, festkörperreiche III.274
Flugzeugindustrie, Anwendungen II.57
Fluidbed-Technik II.284
Fluidmischer II.241
Fluor-Kautschuke (FKM) III.375
– mit Hexamethylendiamin-Carbamat III.342
Fluor-Phosphazen-Kautschuk III.377
Fluorsilicon-Elastomer III.374
Flutlackieren II.229
Förderbänder III.406
Förderdrücke II.89
Fördergurtpressen II.250
Fördermenge II.74, II.79
Förderung II.71
Förster-Mechanismus (Energieübertragung, Lichtschutz) II.399
Folien II.90, II.98, II.104, II.171, II.189
Folienbändchen II.258, III.82
– Gewebe III.449
Folienbandanlagen II.144
Foliendicke II.151
Folienfäden III.433
Folien-Filamente III.289
Foliengießanlagen II.190
Folienkunstleder III.258
Folienpreßmassen III.221
Folien III.251
– fibrillieren III.434 f
– gießen III.303
– hochtransparente III.78
– profiliert III.433
– schneiden III.434
– spalten III.434 f
– spleißen III.434
Formänderungsarbeit II.205
Formaldehyd III.109, III.111
– Abspaltung III.103
– – nachträgliche III.104
– Reinigung III.147
p-Formaldehyd III.112
Formbeständigkeit in der Wärme III.24
Formen II.165, II.169, II.171, II.174
Formenbau II.54

Formgebung II.242, II.255
– aus Festkautschuk II.242
– aus Kautschuk-Latices II.246
– aus Kautschuk-Lösungen II.246
– einstufig II.242
– mehrstufig II.242
– zweistufig II.242 f
Formgießen III.303
Formmassen III.105, III.120
– schlagzähe III.144
Formnestzahl, kostenoptimal II.17
Formpressen II.166, III.225
Formpreßverfahren II.242
Formschließeinheiten II.184
Formstandzeit II.165
Formteile II.171
– gestalten III.215
Formtrennmittel, s. Verarbeitungshilfsmittel II.328
Formulators II.48
formulierte Produkte III.198
Formulierungskomponenten, PVC-Beschichtungsmassen III.255
– Antistatika III.255
– Biozide III.255
– Flammschutzausrüstung III.255
– Haftvermittler III.255
– Kicker III.255
– Lichtschutzmittel III.255
– Pigmente III.255
– Verdickungsmittel III.255
– Viskositätserhöher III.255
– Viskositätserniedriger III.255
– Wärmestabilisatoren III.255
– Weichmacher III.255
Formwerkzeuge II.126, II.133
Fourier-Zahl II.99
freie Kristallisation III.55
Freiheizung II.247
Friktion II.154, II.165
Friktionsaggregate III.408
Friktionswärme II.74, II.114, II.150
– Thermoplastverarbeitung II.330
Frothing-Verfahren (Vorschäumverfahren) III.297
Fügen II.193, II.206 ff
– Halbzeug II.68
Fügetechnik II.7
Fügeteilvorbehandlung II.212 ff
– chemisch II.212 f
– elektrisch II.213
– mechanisch II.212
– physikalisch II.212 f
– thermisch II.213
Führungswalzen II.152
Füllmittel II.54
Füllraumform II.166
Füllstoffe II.84, II.98, II.163, II.171 f, III.206 f, III.224, III.263, III.274

Füllstoffe, aktive III.354, III.358
– Asbestfasern III.224
– Cellulose III.224
– Glasfasern III.224
– Holzmehl III.224
– inaktive III.354
– Kieselsäuretypen III.357
– mineralische Zusatzstoffe III.224
– Rußtypen III.356 f, III.380
– – aktive III.456
– – inaktive III.456
– Silicattypen III.357
– synthetische Fasern III.224
– Teilchengröße III.355
– Textilfaser-Schnitzel III.224
– Volumeneffekt III.359
Fumarsäure III.123
Furfural III.112
Furfurylalkohol III.108, III.112
Fußbodenbeläge II.148, III.251
Futterstoffe III.406

G

Galetten II.104, II.127
– Walzen II.143
Galvanisieren II.3, II.227
Gangsteigungen II.156
Gangtiefe II.71, II.73
Gardinen III.406
Garn, gefacht III.399
– gezwirnt III.399
Garndrehung III.403
– S und Z III.421 f
Garneinsatz, Strickerei III.438
– Weberei III.437
Garn-Erzeugung III.420
– Verwirbelung III.403
Gartenbau, Anwendungen II.59
Gaschromatographie, head space III.387
Gasdurchlässigkeit II.12
Gasentwicklung, Härtung mit Hexa III.115
Gasphasen-Verfahren III.39, III.44, III.46
– Polymerisation III.49
Gebrauchsanforderungen an Textilien III.451
Gebrauchseigenschaften III.17, III.89
– LDPE III.75
– PE, lineares III.70
– PP III.77
– UP-Harze, ausgehärtet III.130
Gebrauchsprüfung III.218
Gefügestruktur II.96
Gegendruck II.74
– Verfahren III.215

Gegenzug, Schichtstoffplatten III.241
gegossenes Halbzeug III.141
Gehalt an Monomeren III.17
Gelcoat II.177
Geleffekt III.141
Gelfaser II.272
Gelgehalt III.20 f
Gelieren III.257
Gelierung, Schaumherstellung III.386
Gelierzeit III.103, III.118
Gel-Verfahren, Schaumherstellung III.386
Geotextilien III.406
geruchsarme Typen, Holzleime III.104
Gesamtkosten, II.14, II.17
– Vergleich II.21 ff
Gesamtkristallisationsgeschwindigkeit (GKG) III.63
– HDPE, PP III.64
geschlossenzellige Schaumstoffe III.287
Geschwindigkeiten II.144, II.147, II.152
Geschwindigkeitsbereiche verschiedener Spinnverfahren II.298
Geschwindigkeitsgradienten II.270
Gestaltung, montagegerecht II.7
Gestaltung von Formteilen III.215
– Spritzgußteilen III.218
Gesteinsmehl II.163
Getriebe II.82
Gewebe II.172, III.508
– Kunstleder (Textilleder) III.258
– undirektionale II.175
Gewebebänder II.181
Gewerbehygiene II.406
gewerbetoxikologische Risiken II.406, II.413
Gewichtsanteil, Faser/Matrix III.514
Gewichtsfaktor II.29
Gewichtssystem II.28
Gewichtsverfahren II.29
Gewinne II.52
GF-UP-Formteile III.131
– Produktion nach Verarbeitungsverfahren III.127
GFK (glasfaserverstärkte Kunststoffe) II.175
– Markt II.46
– Produktion in den USA und in Westeuropa II.46
Gieß-Elastomere III.371
– Systeme III.302
Gießen II.111, II.169, II.172, II.186, II.189 f
Gießer, für Folien II.90
Gießereiwesen III.108, III.122

Gießharz II.175, III.188, III.327
– Formstoff III.302
Gießlackieren II.229
Gießschaum II.182
Glättkalander III.136
Glättkalanderwalzen II.136
Glanz, Preßmassen III.232
Glanzstoff III.395
Glasfaser II.175
– Füllstoff III.224
Glasfasermatten, Mineralfasermatten III.120
Glasgewebe II.124
Glasübergangstemperatur III.152, III.331, III.347, III.351, III.361 f, III.373 f
– PBTP, PETP III.157
– Mischungen PPO, PS III.154
Gleichgewichtsschmelzpunkt III.61, III.352
gleichläufige Doppelschnecken II.107
Gleiten II.71
Gleitlager II.9
Gleitmittel II.70, II.84, II.136, II.163, II.311, II.330, II.371, III.85, III.207, III.252
– Anwendungen PVC II.335
– äußere II.330
– innere II.330
– Thermoplastverarbeitung II.330
Gleitverschleiß II.10
Globalmigration/spezifische Migration II.418
Glühlampen III.394
Glykoldimethacrylat III.341
Glyptale, Oberflächenschutz III.280
Granulate II.71, III.207
– Preßmassen III.221
– Verfahren III.6
Granulatoren II.106
Graphitisierung III.357
Grate II.162
green strength III.261
Greiferwebmaschine III.437
Grenzflächen II.113, II.380
– Energie II.198 f, II.204
– Faser/Matrix III.499
– Füllstoff/Matrix III.500
– Polykondensation II.288
– Spannung II.198 f, II.209
Grenzflächenpolykondensation III.148
Größenverteilung III.10
Großteile II.26
Grundbindungen, Weberei III.435 f
Grundkenngrößen, Berechnung III.511

Grundreaktionen, Isocyanate III.159
Grundschicht (Vorstrich), (primer) III.271
Grundstoffe, monomere III.110 ff
Gütegemeinschaften, Preßmassen III.230
Gummi (Reifencord) III.111
Gummieinlagen III.406
Gummiwalzen II.126
Gußpolyamid-Verfahren III.138

H

Härte, NBR III.367
Härter II.172, II.175
Härter für Epoxidharze
– Polyamidamine (fatty polyamides) III.178 f
– polyfunktionelle Amine III.178 f
– Säureanhydride III.178 f
– tertiäre Amine III.178 f
Härtezeit II.166, III.228
Härtung II.163, II.166, II.183, III.99 f, III.114, III.188
– Epoxidharze III.180 f
– – katalytische Härter III.180 f
– – korreaktive Härter III.180 f
– – polyfunktionelle Amine III.180 f
– – tertiäre Amine III.180 f
– MF-Harze III.184
– mit Hexa, Gasentwicklung III.115
– Novolake III.98
– PF-Harze III.184
– Polyaddition III.181
– Resole, butylierte III.184
– UV-Licht III.127
– UF-Harze, butylierte III.184
Härtungsgeschwindigkeit III.99
Haftfestigkeit II.203 f
Haftpunkte II.265
Haftschicht III.257
Haftung III.419
– Faser/Matrix III.500, III.516
Haftvermittler III.255, III.419
– Ethylen-Acrylsäureester-Copolymere III.68
Hagenbach-Couette-Korrektur II.263
Hagen-Poiseuille-Beziehung II.113
Halbkammgarnverfahren III.420 ff
Halbwertszeit II.90
– Kristallisation III.352, III.362
Halbzeug III.68
– gegossenes III.141
– Platten, Folien, Rohre, Profile II.134
– PTFE-Verarbeitung III.158

Halbzeug, Preß-Sintertechnik III.158
Halbzeugabfall II.26
Handelspreise der wichtigsten Thermoplaste II.51
Handhabung II.409
Handhabungsgeräte, Entformen III.212
Handhabungsrisiko II.409
Handlaminate III.175
Handlaminieren II.177 f
Handlinggeräte, Entformen III.212
Harnstoff III.97
– Aminogruppen III.279
– Preßmassen III.235
Harnstoffharze III.265
– Trennstrich III.271
Hartfaserplatten III.243
Hartfolie III.252
Hartgummi III.335 f
Hartpapiere, kupferkaschiert III.243
Hartschaumstoffe III.170
Hartsegmente III.346 ff, III.371
– Netzstellen III.372
Harze II.172, II.186
– beschleunigte III.127
– – verethert III.103
Harzinjektionsverfahren für verstärkte Kunststoffe (RRIM = reinforced RIM) III.307
Harzmatten
– Preßmassen III.236 ff
– vorimprägnierte II.177
Haspeln III.126 f
Hauptformänderung II.205
Hauptvalenz-Netzwerke III.333
Haushalt, Anwendungen II.58
Haut II.410
– Kontakt II.409 f
– Reizungen II.409
– Schädigung II.409
– Verätzungen II.409
HDPE, LDPE, PP III.53
– Kristallisationsgrad, Temperaturabhängigkeit II.59
head space-Gaschromatographie III.387
Heftpflaster III.271
Heimtextilien III.397, III.408
Heißhärtung II.172
Heißluftvulkanisation II.250
Heißmischungen (dry blends) III.85
Heißprägen II.232
Heißübertragungsdruck II.231
Heißwasserbeständigkeit, UF-Harze III.104
Heizbalg II.167

Heizelement-Schweißen II.206, II.208 f
– Stumpfschweißen II.194, II.208 ff
Heizenergie II.74
n-Heptan, tox II.417
Herstellung, Diglycidyl-Bisphenol-A-Ether III.175
– PBTP, PETP aus Dimethylterephthalat III.153
– Polycarbonat III.148
– – Bildungsreaktionen III.149
– Polyetherpolyol III.166
Herstellungsverfahren III.75
– Polyamide III.139
heterocyclisch-aromatische Polyamide III.477
Heterogarne III.405, III.417
heterogene Keimbildung III.63
1,4-Hexadien (HX) III.366
Hexamethylentetramin (Hexa) III.112
Hexamethylether des Hexamethylolmelamins (HMMM) III.100
Hexamethylolmelamin (HMM) III.99 f
1,6-Hexandiol III.170
high density polyethylene III.25, III.40, III.42 f, III.52, III.58 ff, III.63, III.73
– Abbaureaktionen III.65 f
– Katalysator, zerstören und auswaschen III.37
– Schmelzen III.54
– Sphärolith III.62
– technische Herstellung III.35, III.37, III.39
– Typenauswahl III.79
– Verzweigungsreaktionen III.65 f
high impact polystyrene (HIPS) III.3
high solids III.274
Hilfsstoffe in Anstrichstoffen
– Antiabsetzmittel III.274
– Dispergiermittel III.274
– Effekt-Komponenten III.274
– Entlüftungsmittel III.274
– Extender III.274
– Füllstoffe III.274
– Korrosionsinhibitoren III.274
– Lösemittel III.274
– Mattierungsmittel III.274
– Schwebemittel III.274
– Streckmittel III.274
– Thixotropiemittel III.274
– Verdickungsmittel III.274
– Verdünnungsmittel III.274
– Verlaufmittel III.274
Hinterschneidungen II.162

historische Entwicklung, technische Kunststoffe
EP[343, 344]
PA[341]
PBTP[347]
PC[346]
PETP[347]
PMMA[342]
POM[345]
PPO[336]
PTFE[349]
PUR[340]
SI[348] III.134 f
Hitzeeinwirkung, Resole III.114
Hitzehärtung III.103
– von Resolen III.118
– von Novolak-Hexa-Mischungen III.118
Hitzestabilisatoren II.371, II.374
HM-Folien (hochmolekular) III.51
Hochdruck II.230
– Injektionsmischanlagen II.183
Hochdruckmaschinen III.297 f
Hochdruck-Polyethylen III.25
– Synthese III.27
– Verfahren III.45
Hochfrequenz II.68, II.165
– Erwärmung II.194, II.196 f
– Schweißen II.208 ff
Hochtemperaturverfahren II.149
hochtransparente Folien III.78
Hochvakuumbedampfung II.226
höhere Oxidationsbeständigkeit III.17
Hoechst AG III.396
Hohlkörper II.169
Hohlkörperblasen II.168 f, III.215
Hohlkörperblasverfahren II.100
Hohl- oder Kammerprofile II.142
Holländer II.108
Holzleim III.104
– Bau, Resorcin III.111, III.120
Holzmehl II.163
– Füllstoff III.224
Holzspanplatten III.104, III.120
Homogenisatoren II.108
Homogenisierung II.71
Homogenitätsgrenze II.73
Hordentrockner II.123
hot melts III.265
Hutstulpenverfahren II.177 f
hydriertes NBR, neuer Kautschuk III.377
Hydrierung, selektive III.378
Co-Hydrolyse III.185
– umgekehrte III.188
Hydrolysebeständigkeit III.152, III.170
– von Fasern III.419
hydrolytische Polymerisation III.135

hydrolytische Polymerisation, Caprolactam III.138
Hydrophobierungsmittel III.104
hydrothermische Behandlung II.306
N-Hydroxymethyl-(meth)acrylamid III.383
4-Hydroxybenzoesäureester, subst. II.397
Hydroxybenzophenon-Derivate, UV-Absorber II.395
Hydroxyphenylbentriazol-Derivate, UV-Absorber II.395
Hysteresis III.334 f

I

ICI III.396
IG Farbenindustrie AG III.396
Igelit III.395
Imprägnieren II.241, II.246
Imprägnierharze III.327
Imprägniersysteme III.302
– Verarbeitung III.307
Imprägnierung III.103
– Verfahren III.6, III.225, III.242
Imprägnier- und Streichverfahren II.246
indeenscreening III.201
indirekte Härtung, Novolake III.114
2-Imidazolidon III.342
Induktionsperiode, Kriterium für oxidative Beständigkeit II.382 f
Infrarotstrahlung II.169
inhalationsgeschädigte Personen II.412
Inhalationsschädigung II.412
initial tack III.261
Initiierungsstellen (Dehydrochlorierung) II.368
Injektionspreßverfahren III.225
Injektionsverfahren II.177, II.179
Inline-Verfahren III.249
Innenfriktionsaggregat III.412
Innenkalibrierung II.138
Innenmischer II.114, II.149, II.241
Insertionspolymerisation III.31
Insert-Molding-Verfahren III.212
in situ II.171
Integral-Schaumstoff III.286
Internationales Arbeitsamt (ILO) II.411
Intumescenz, Flammschutzmaßnahme der Additive II.357
Intumeszenz-Farben III.274
ionische Gruppen III.384
Ionomere III.77
IPS, Stabilisierung, Oxidation II.388

Isocyanate II.182
– Grundreaktionen III.159
– Systeme III.281
– verkappte III.281
Isolierbänder III.271
Isomerengemisch, p-Kresol III.110
Isomerisierung III.127
isotaktisches Polypropylen III.45
Isotaxie-Index (II) III.45
Isotropie III.510
Itaconsäure III.383

J

Jet-Stauchkräuselverfahren II.148

K

Kabel II.126, II.258, III.399
– Fixierung II.310
– Ummantelung II.102, II.147
– Verstreckung II.296
Kälteflexibilität III.371
Kämmaschine III.425
Kalander II.104, II.242, II.250
– oder Memory-Effekt II.242
– Kennwerte III.251
– – Massen III.251, III.321
Kalanderleistung II.154
Kalandrieren II.148, II.242, III.94
Kalibrierwerkzeuge II.99 f, II.136
– in Extruderstraßen II.99
Kalkulation II.14
Kaltfetten II.205, II.224
Kaltfütter- und Warmfütterextruder II.242 f
Kalthärtung II.172, III.103, III.108, III.127
Kaltverleimung III.105
Kaltvulkanisation II.248, II.255 f
Kammer II.76
– oder Hohlprofile II.142
– Volumen II.88
Kammgarnverfahren III.420 ff
Kammschine III.141
Kannenablage III.288
Kantenkräuselverfahren III.414, III.415
Kantenziehverfahren II.306, III.408
Kapazitäten, im Bau II.39
– Kunststoffe in Ländern mit geringer Nachfrage II.41
Kapillarbruch II.259
Kapital, Kapitalintensität II.49
Kapselpumpen II.88
Karde III.424
Kaschunußöl III.111

Katalysator-Aktivität III.48
– Ausbeute III.36, III.41
– Effektivität III.41
– Reste III.41
Katalysatoren, Dabco (Diazabicyclo-octan) III.169
– hochaktive III.41
kataphoretische Tauchlackierung III.283
kationische Farbstoffe III.462
kationische UF-Harze III.99
Kautschuke II.102, II.115, III.349 ff
– Allzweck III.359
– Eigenschaften III.349
– Einsatzgebiet mit
– – geringem Marktvolumen III.368
– – hohem Marktvolumen III.359, III.364
– – mittlerem Marktvolumen III.364
– flüssige III.344 f
– Gehalt III.8, III.12
– Komponente III.7
– Latex III.10
– Latices II.240 f, II.246 f
– Lösung II.240 f, II.246
– Stabilisierung gegen Oxidation II.387
– Struktur III.349
– Verarbeitbarkeit III.349
– Verarbeitung II.89
Kautschuke, neue
– Carboran-Siloxan-Kautschuk III.377
– Fluor-Phosphazen-Kautschuk III.377
– hydriertes NBR III.377
– Nitroso-Kautschuk III.377
– Perfluor-Kautschuk III.377
– Polynorbornen III.377
– trans-Polyoctenamer III.377
– Poly-perfluor-2,4,6-trimethyl-1,3,5-triazen III.377
– Propylen-Tetrafluorethylen-Copolymer III.377
– Thiocarbonyl-difluorid-Copolymer III.377
Kautschuk-Blend s. Kautschuk-Verschnitt
Kautschuk-Dispersionen
– als Bindemittel III.385
– Binder von Lederfasern III.386
– Eigenschaftsbild III.382
– Einsatzgebiete III.382, III.385 ff
– Fixierung von Enzymen III.386
– Formartikel III.386
– Imprägnierung von Leder III.385

Kautschuk-Dispersionen, Imprägnierung von Reifencord III.386
- Klebstoffsektor III.385
- Markt III.382
- Morphologie III.385
- Naturlatex III.382
- Papiersektor III.385
- Pigmentdruck III.385
- Proteinbindung III.386
- Schaumherstellung III.386
- selbstvernetzend III.383
- Stabilität III.383
- Syntheselatices III.382
- Verarbeitung III.383
- Verfestigung von lockeren Böden III.386
- Vernetzung III.382
Kautschuk-Mischungen III.354
- Modellsysteme III.339
- Zusammensetzung III.354
Kautschuk-Verschnitte
- Herstellung III.379
- heterogene III.379
- homogene III.379
- mechanische Eigenschaften III.380
- Morphologie III.379
- Vernetzung III.379 f
- Vulkanisation III.380 f
Kautschuk- und Elastomer-Verschnitte, BR/SBR-Verschnitte III.378
Kegel- oder Stangenanguß II.159
Kegel-Platte-Rheogoniometer III.350
Kegelprinzip II.162
Keilriemen II.244 ff
Keimbildung, heterogene III.63
Kennwerte III.516
Kennzahl II.17
Kerne II.181
Kern-Mantel-Struktur III.385
Kernpapiere III.241
Kerzenfilter II.93
Kettenlinien II.147
Ketten-Spaltung III.67, III.341, III.459
- Verlängerer III.166
Kettensteifigkeit III.351
Kettenverlängerung III.343
Kettenverschlaufungen II.259
Kettenwirkautomat III.440 f
Kettenwirkwaren, Einsatz III.440
Kicker III.207, III.255
Kieselsäure s. Füllstoff
Kinetik der Ausfällung II.269
Klarlack III.276
Klebebänder III.271
Kleben II.212 ff, III.68, III.259
Klebstoffauftrag II.214 f
Klebstoffbänder III.271

Klebstoffe II.82, II.197, II.212, III.259, III.322
- anaerobe III.266
Klebstoffherstellung, Hilfsstoffe III.263
- Cyclohexanonharze III.263
- Füllstoffe III.263
- Kohlenwasserstoffharze III.263
- Kolophoniumharze III.263
- Lösungsmittel III.263
- nicht-reaktive Harze III.263
- Pigmente III.263
- Thixotropie-Mittel III.263
- Weichmacher III.263
Klebeverfahren III.421, III.432
- für Flächengebilde III.451
klebrige Preßteile III.232
Klebrigkeit III.127, III.129
Klebverbindungen II.215 ff
Kluppenketten II.104
Knete II.150
Knetelemente II.77
kneten II.113
Kneter II.108, II.114
Knetkammer II.115
Knicken II.15
Kniehebel II.133, II.157
- Pressen II.249
Knitterverhalten II.308
Koagulantverfahren II.246
Koagulation bei Faserbildung II.271
Koagulieren II.190
Kobalt-Ionen III.127
Kochschrumpf II.265, II.310
Koextrusion II.12
Kohäsionsbruch III.259, III.260
Kohlenstoff-Fasern III.483
Kohlenwasserstoffharze III.263
Kolben-Pressen II.69
- Pumpen II.87
- Spritzgußmaschine II.244
Kolbenstrangpressen III.244
kolloide Harzlösung III.107
Kolloidmühlen II.108
Kolophoniumharze III.263
Komponentenanzahl, Speziallacksysteme III.274
Komponenten, Herstellung Polyesterpolyole
- Adipinsäure III.167 f
- Bernsteinsäure III.167 f
- 1,4-Butandiol III.167 f
- Caprolacton III.167 f
- Diethylenglykol III.167 f
- Ethylenglykol III.167 f
- Glycerin III.167 f
- HET-Säureanhydrid III.167 f
- Hexahydrophthalsäure-2-anhydrid III.167 f
- 1,6-Hexandiol III.167 f

Komponenten, Herstellung Polyesterpolyole, Isophthalsäure III.167 f
- Neop III.167 f
- Phthalsäureanhydrid III.167 f
- Pivalacton III.167 f
- 1,2-Propylenglykol III.167 f
- Trimethylolpropan III.167 f
Komponenten von Preßmassen III.224
1-Komponenten-Schaumformulierungen III.170
Kompoundierbetrieb II.133
Kompression II.78, II.156
Kompressionspreßverfahren II.215, II.225
Kompressions-Verfahren II.243
- Zone II.70
Kondensation II.200
cis-Konfiguration, trans-Konfiguration III.360
Konformation III.456 f
Konizität II.162
Konstruktion der Düsen II.262
Kontakt mit Lebensmitteln, Phenolharze III.109
Kontakt-Erwärmung II.68, II.194
- Trocknung II.124
Kontaktklebstoffe III.267
Kontaktwinkel, Klebstoffe III.259
Kontamination der Haut II.412
Kontinue-Fixieren II.310
- Kneter II.116
- Mischer II.116
kontinuierlich arbeitende Mischer II.241
kontinuierliche Verfahren II.250
Kontinuumsmechanik III.509, III.520
Kontinuumstheorie III.511 ff, III.521
- Rechenschritte III.511 f
Konvektion II.68 f, II.82, II.165
Konvertierverfahren III.420, III.425 f
Konzentrate (master batches) III.207, III.246
Korngrößen II.105
Korrosionsinhibitoren III.274
Kosten-Arten II.14
- bauteilfixe II.17
- Einsparung II.20
- Ermittlung II.17
- Kennzahl II.17
- Parameter II.18
- Produkte II.7
- Rangfolge II.25
- Rechnung II.26
- Situation II.29
- Vergleich II.18
Kosten/Volumen-Verhältnis II.60

Kräuselmaschine II.305
Kräuselung II.147, II.302, II.304, III.416
– zweidimensional, dreidimensional III.418
Kraftamatic-Verfahren III.451
Krankenhaustextilien III.419, III.452
kratzfeste Oberflächen III.104
Kreiden III.272
– Phänomen II.343
Kreispumpen II.87
Krempel III.424
m-Kresol, o-Kresol, p-Kresol III.110
Kriechbeulen III.520
Kriechen III.505
Kriechfestigkeit III.218
Kriechmodul III.520
Kriechstromfestigkeit III.120, III.122, III.224
Kriechverhalten III.503
Kristallanordnungen II.292
kristalline Elementarzelle III.57
kristalline Kunststoffe II.97
Kristallinität III.83
Kristallinitätsgrad II.293, III.40, III.43, III.58, III.79, III.148, III.158
Kristallisation III.157, III.331, III.350, III.352, III.362
– dehnungsinduzierte III.352, III.376
– Halbwertszeit III.352
– primäre III.63
– sekundäre III.63
– spontane III.352, III.374
Kristallisationsgeschwindigkeit II.265, III.63
Kristallisationsgrad III.141
– PC III.152
Kristallitschmelzpunkt III.59, III.61, III.148, III.152, III.158
– HDPE, LDPE, LLDPE III.51
– PBTP, PETP III.157
Kristallitschmelztemperatur III.85
kristallographische Daten III.58
– Dichte III.57
Kristallorientierung II.293
Kristallstruktur, Polyethylen III.56
– Polypropylen III.56
kritische spezifische Bruchenergie III.73
Kühlen II.96
Kühlkanäle II.100
Kühlkennzahl II.18
Kühlmischer II.119
Kühlung II.80
Kühlwalzen II.142, II.152
Kühlzahl II.22

Kühlzeit II.16, II.97, II.162, II.166, III.211
Kugelmühlen II.108 f
kugelsichere Westen III.419
Kunstleder II.171 f, III.256
– geschäumt III.254
Kunststoffabfall, Regenerat III.219
Kunststoffe, kristalline II.97
– teilkristalline II.68
Kunststoff-Grundstoff III.3
– Industrie, Struktur II.35
– Kapazitäten in Ländern mit geringer Nachfrage II.41
– verarbeitende Maschinen II.54
– Verarbeitung, Anzahl Firmen II.50
Kunststoff-Sorten
– Epoxidharze III.132 f
– Polybutylenterephthalat III.132 f
– Polyethylenterephthalat III.132 f
– Polycarbonat III.132 f
– Polymethylmethyarylat III.132 f
– Polyoxymethylen III.132 f
– Polyphenylenoxid III.132 f
– Polytetrafluorethylen III.132 f
– Siliconharze III.132 f
kupferkaschiertes Hartpapier III.243
Kupfersalze, Stabilisierung von Polyamiden II.387
Kurzfasern II.175
Kurzkettenverzweigungen III.31
Kurzschnittfaser III.399
Kurztaktverfahren III.243
Kurzzeichen, Fasern III.396
K-Wert III.83 f, III.251, III.255
– Bereiche, PVC-hart III.94

L

Lacke II.82, II.172, II.186
– Anstrichmittel III.271
Lackharze III.106, III.120, III.122
Lackieren II.3, II.185, II.228 ff, III.242
Längsmischfähigkeit II.126
Längsmischung II.113
Längsnuten II.77
Längsspritzkopf II.137
Lager-Belastbarkeit II.10
– Berechnung II.10
– Beständigkeit II.302
– Kunststoffe II.10
– Spiel II.10
Lagerstabilität III.104 f, III.224
– MF-, UF-Harze III.102
Lagern II.185
lamellare Mikrostruktur, Polyethylen III.60

Lamellendicke, Temperaturabhängigkeit III.59
Laminate II.175
Laminieren II.111
Laminierharze III.307
Landwirtschaft, Anwendungen II.59
Langkettenverzweigungen III.31
Laserlicht II.102
Laserstrahlschneiden II.225 f
Lasteinleitung, Fasern III.500
lateinische Quadrate, Faktorenexperimente III.203
Latexform II.240
Latex-Mischungen, thermostabile III.385
– Teilchen III.384
Latices II.185, II.191, III.381, III.385
LCLo (lethal concentration low) II.408
LCM-Verfahren (LCM: liquid curing medium) II.252
LD_{50} dermal II.407
– inhalatorisch II.407
– in vitro II.407
– peroral II.407
LDLo (lethal dose low) II.408
Lebensmittelgesetz II.417
Lebensmittelsimulantien, tox II.417
Lebensmittel-Verpackungen, tox II.412
Lebzeitversuche II.408
Leckströmung II.70, II.72
Leitbleche II.139
Leukoplast III.271
Lichtbeständigkeit
– Prüfung II.401
– von Fasern III.418
Lichtdurchlässigkeit III.152
Lichtechtheit III.462
Lichtschutzmittel II.394 ff, III.207, III.255
– nichtabsorbierende II.400
– Nickel-Verbindungen II.398
– Piperidine, substituierte II.400
– Quencher II.398 f
– tox II.421
– UV-Absorber II.395 ff
Lichtstrahlschweißen II.196, II.208 f
Lieferformen II.13
– MF-Harze III.102
– UF-Harze III.102
Ligandaustausch von Chlor-Atomen II.370
LIM-Verfahren III.306
limiting oxygen index (LOI) s. Sauerstoff-Index II.354, II.362 f

linear low density polyethylene (LLDPE) III.42 f, III.73
- rheologische Eigenschaften, Vergleich mit LDPE III.54
- Typenauswahl III.80
lineares Polyethylen, Gebrauchseigenschaften III.25, III.70 f
- Polyurethan III.158
Liner II.181
Literpreis II.14
Lithopone II.350
Lochanordnungen II.273
Locstitch-Verfahren III.451
Lösen II.82
Lösemittel III.273 f
Lösevermittler III.273
Lösevorgang II.268
Löslichkeit II.197 f
Löslichkeit in Wasser
- Harnstoff, Melamin III.97
Löslichkeitsparameter II.82, II.197, III.273, III.367
Lösung, saure III.98
Lösungen II.84, II.124, II.169, II.171
- von Polyamiden III.476
- - flüssigkeitskristalline III.476
- - Zusätze III.476 f
Lösungs-/Fällungsmittel-Kombination II.275
Lösungsmittel II.82, II.124, II.171, II.177, II.263
- für das Trockenspinnen II.275
- Rückgewinnung II.278
lösungsmittelarme Systeme III.282
lösungsmittelfreie Systeme III.282
Lösungsmittelklebstoffe III.267
Lösungspolykondensation, Pyridin III.151
Lösungsspinnen II.267
Lösungsverfahren III.4, III.35, III.44, III.46
logarithmische Normalverteilung III.41
Loop-Reaktoren (Schleifenreaktoren) III.37
low density polyethylene (LDPE) III.25, III.30
- Herstellung in Rohrreaktoren, Rührautoklaven III.29
- Kurzkettenverzweigungen III.28
- Langkettenverzweigungen III.28
- Schmelzen III.54
- technische Herstellung III.29
- Typenauswahl III.81
- Vernetzung III.67
low-profile-Harz (LP) III.129, III.236
low-shrink-Harze (LS) III.236
Luftabschlag II.107
Luftblasen II.171

Lufteinschlüsse II.177
Luftrackel II.142
Luftspinnen III.421, III.431
Luftspinnverfahren, nach DuPont, Murata, Toray III.432
Lungenfunktionsprüfungen, tox II.412
Lungenödem, tardives II.415
Lunker II.162, II.166
- Preßmassen III.232
Luvitherm-Verfahren II.151, III.253
Lycra III.396

M

Magnesium-Legierung III.108
Mahlgut II.105, II.108
MAK-Wert III.161, III.387 f
- Phenol III.109
Makromoleküle II.171
Makrostruktur, HDPE, LDPE, PP III.62 f
Maleinsäure III.127
- Anhydrid III.19, III.123
Malimo III.448
Malivlies III.445
Mantel-Kern-Fasern III.416
Markt, Kautschuk-Dispersionen III.382
Marktanteil, Verpackungsmaterialien II.56
Maschenbilder, Strick- und Wirkwaren III.437
Maschinen-Größe II.156
- Kosten II.15
- Stundenkosten II.15
- Stundensatz II.15
Maßänderungen II.10
Massengehalt, Styrol III.123
Masse-Polymerisation III.84
- Suspensionsverfahren III.7, III.9, III.11
- Verfahren III.4, III.6, III.9, III.11, III.83
Maßhaltigkeit III.224
Masterbatch von Färbemitteln II.338, II.349
Masterbatches (Konzentrate) III.207, III.246
Mastikation II.240 f
Matrix III.380
- Bindemittel III.224
- Eigenschaften III.494
- elastische III.502
- Fasern III.416
- Harz III.494
- plastische III.501
matte Stellen, Preßmassen III.232
Matten II.175

Mattenlaminat III.503
- Glasgehaltseinfluß III.505 ff
- Temperatureinfluß III.505 ff
- Zeiteinfluß III.505 ff
Mattieren von Fasern II.353
Mattierungsmittel II.274, II.402
Maulpressen II.250
maximale Arbeitsplatzkonzentrationen (MAK oder MAC) II.409
maximale Gebrauchstemperatur III.119
Maxwell-Leistung II.263
MBS-Copolymere III.93
MDI-Polymertypen III.161
mechanische Adhäsion II.204
- Eigenschaften III.17, III.20, III.69
- - Polypropylen III.77
- - Urethan-Elastomere III.371
- Verbindungen II.215 ff
mechanisches Beflocken II.234
- Mischen III.9
Mechanismus der Verstreckung II.290
Medieneinfluß III.516, III.527
Medium-*cis*-Polybutadien III.7
medium density polyethylene (MDPE) III.25
Mehretagenpresse III.104, III.242
Mehrfachfunktion II.7
Mehrkomponentenspritzguß II.162
Mehrschichtfolie II.12
Mehrspindelschneckenpumpen II.87
mehrstufige Formgebung II.244
Melamin III.97
- Aminogruppen III.279
- Endloslaminate III.244
- Harze III.124, III.175, III.265, III.280, III.383
- Phenol-Preßmassen III.235
- Preßmassen III.235
Melamin-Formaldehyd-Harze (MF) III.96, III.100, III.104, III.108
- Einfärbbarkeit III.103
- Entflammbarkeit III.103
- Härtung III.100
- Produktion III.102
- veretherte III.99 f
- Vorkondensate, Chemismus III.99
MF-Preßmassen, Eßgeschirr III.104
Melt-Blend III.225
melt flow index (MFI) III.246
Memory- oder Kalandereffekt II.242
Meßpumpe II.283
Metalldisulfonat-Netzstellen III.369

Metalleinlagen, Preßmassen III.233
metallfreie Stabilisatoren II.373
Metallionen III.69
Metallionendesaktivierung, Stabilisierungsmechanismus II.386
Metallisieren II.226 f
Metallpulver II.172
Metallsubstitution II.7
Metamerie, coloristisches Phänomen II.340
Metathese III.376
Metering- oder Pumpzone II.70 f, II.78
Methacrylat-Gießharze III.309
– Klebstoff III.264
Methacrylsäure III.383
N-Methoxymethyl-(meth)acrylamid III.383
Methylen-Brücken III.97, III.113
Methylmethacrylat III.19, III.144
– Polymerisation III.142
α-Methylstyrol III.19
Miederwaren III.406
Migration von Farbmitteln II.342
Migrationsuntersuchungen II.417
Milch als Antidotum II.412
Mindestanforderungen, Reaktionsharz-Formmassen III.234
Mindestwert II.8
Mineralfaser-Matten III.120
mineralische Zusatzstoffe, Füllstoff III.224
Mineralpulver II.175
Mischen II.111, II.113, II.171, II.183, II.241
– von Feststoffen II.119
Mischer II.114
– kontinuierlich arbeitende II.241
– statische II.115
Mischextruder II.241
Mischfärbung III.418
Mischgarne III.421
Mischgut II.119
Mischkammer II.112
Mischkneter II.114
Mischkondensate, Melamin und Harnstoff Phenol III.104
Mischqualität II.113
Mischsilos III.120
Mischtyp III.9, III.12
Mischung s. Kautschukmischung
Mischungsherstellung II.240 f, II.255
– aus Kautschuk-Lösungen II.241
– aus Pulverkautschuk II.241
Mischungsregel III.498 f, III.511
Mischzonen II.71, II.79
modifiziertes Polyphenylenoxid III.152
– PVC III.92

Modifizierung III.199
– von HDPE, LDPE III.27
Modul III.105
– Beeinflussung III.419
Möbel und Wohnungseinrichtungen, Anwendungen beim Bau II.58
Molekülmasse III.43, III.115, III.152, III.166, III.168
– relative III.4, III.10
Molekülmassen-Regler III.34
– Verteilung III.30, III.40 f, III.43, III.50, III.70 f, III.84, III.141, III.166, III.168
Molekülvergrößerung III.67
molekulare Struktur III.42
molekulares Fließverhalten III.85
Molybdänoxid-Katalysator III.31
Monofile II.143, II.258, III.399
Monomere II.84, II.124, II.171 f, II.182, II.185
– Arbeitsplatz-Konzentration III.388
– und Präpolymere II.169
– Vorpolymerisate, Polymerisate, tox II.420
monomere Grundstoffe III.123
– Phenol-Formaldehyd-Harze III.110 f
– UP-Harze III.124
monomere Grundstoffe, Siliconharze
– Dimethyldichlorsilan III.186
– Diphenyldichlorsilan III.186
– Methyltrichlorsilan III.186
– Phenylmethyldichlorsilan III.186
– Phenyltrichlorsilan III.186
– Tetrachlorsilan III.186
– Trimethylchlorsilan III.186
monomere Grundstoffe, technische Kunststoffe
– Adipinsäure III.136 ff
– AH-Salz III.136 ff
– ε-Aminocaprolactam III.136 ff
– ω-Aminoundekansäure III.136 ff
– Bisphenol-A III.136 ff
– Butandiol-1,4 III.136 ff
– Butandiolformal III.136 ff
– 2,6-Dimethyl-Phenol III.136 ff
– Dimethylterephthalat III.136 ff
– Dioxolan III.136 ff
– Diphenylcarbonat III.136 ff
– Ethylenglykol III.136 ff
– Formaldehyd III.136 ff
– Hexafluorpropylen III.136 ff
– Hexamethylendiamin III.136 ff
– Laurinlactam III.136 ff
– Methylmethacrylat III.136 ff
– Paraformaldehyd III.136 ff
– Perfluoralkylvinylether III.136 ff

monomere Grundstoffe, technische Kunststoffe, Perfluorpropylvinylether III.136 ff
– Phosgen III.136 ff
– Terephthalsäure III.136 ff
– Tetrafluorethylen III.136 ff
– Trioxan III.136 ff
Monomeres, tox II.419
Monomerguß III.303
Montage II.7
– Freundlichkeit II.5, II.7 f
Mooney-Wert III.350, III.360
Morphologie III.7, III.12, III.84, III.380
– ABS III.10
– schlagfestes Polystyrol III.8
M-PVC III.84
Mühlen, schlagende II.106
Mullins-Effekt III.359
mutagene Wirkung II.408

N

Nacharbeit II.7, II.174
Nachbehandler II.168
Nachbehandlung, thermische III.147
– der Fasern II.257 f, II.302
nachchloriertes PVC III.93
Nachdruckzeit III.211
nachformbare Schichtstoffplatten III.242
Nachkristallisation II.13
Nachschwindung III.65, III.231
nachträgliche Formaldehydabspaltung III.104
Nadeln III.444 f
Nadelwalze II.144
Nähwirken III.435, III.448
Nähwirkstoffe III.448
Nähwirkwerkzeuge III.448
Co^{2+}-Naphthenate, Octoate III.127
Narben II.232
Naßfestmachung III.107
Naßfestmittel III.242
Naßklebigkeit III.104
Naßmahlung II.108
Naßspinnen II.257, II.268
– Anlage II.273
– Diffusion II.272
– osmotische Vorgänge II.272
– Verfahren II.269
Naßvlieslegemaschine III.444
Naturkautschuk II.185, III.330, III.338, III.352, III.360
– Kristallisation unter Dehnung III.362
– Spontankristallisation III.362
– temperaturinduzierte Kristallisation III.362

Naturlatex III.382
NCO-Prepolymere III.169
Negativformen II.220 ff
NEL (no effect level) bei Tierversuchen II.419
Neopentyl, Polyester III.458
Nerv, bezüglich elastisches Verhalten III.350
Netzbogenlänge III.334
Netze III.406
Netzlängen III.343
Netzstellendichte III.358
Netztheorie III.514 ff, III.521
– Merksätze III.515
Netzwerk III.334 ff, III.350, III.371
– aus niedermolekularen Bausteinen III.342
– Defekte III.332
– Dichte III.332
– flüssige Komponenten III.344
– glasartige Erstarrung III.347
– ideales III.378
– Ionenassoziate III.348
– ionische Bindungen III.346 f
– Kristallisation III.347
– physikalische Bindungen III.346 f
– Präpolymere III.342
– Struktur III.351
– Wasserstoff-Brückenbildung III.348
Neuentwicklungen III.375 ff
– Kautschuk-Lieferformen III.376
– neue Kautschuke aus III.376
– – neuen Monomeren III.376
– – – Cyclopentadien III.376
– – – Cyclopenten III.376
– – – 1,3-Pentadien III.376
– – – Pyperylen III.376
Nevaviskon III.406
nicht-reaktive Harze III.263
Nickel-Verbindungen, s. auch Nickel-Komplexsalze als Lichtschutzmittel II.399
Niederdruckharze II.172
Niederdruck-Maschinen III.298
– Masse III.238
– Preßmassen III.237
– Schäummaschine III.297
Niederdruckpolyethylen III.25
niedermolekulare N-Methylol-Verbindungen III.107
Nieten III.259
Nietverbindungen II.218
Nitrilkautschuk (NBR) III.9, III.366 f
Nitrocellulose III.280
Nitroso-Kautschuk III.377
Nomenklatur III.331
nondeashing process III.41

Non-Gel-Verfahren, Schaumherstellung III.386
Tris-(nonylphenyl-)phosphit II.388
Normen für Preßmassen III.231
Normierung II.29
Normspektralwert-Kurven II.340
Novolake III.115
– Härtung III.119
– Herstellung III.115
– Hexa-Mischungen, Hitzehärtung III.118
– indirekte Härtung III.114
– ortho-reicher III.112
– Schmelzviskosität III.117
– two-step resin III.112
Nucleieren, Wechselwirkung Pigment II.352
Nucleierungsmittel III.157, III.207
Nuten II.78
Nylon® III.134
– 6.6 III.395
Nylon block copolymer reaction injection moulding-Verfahren (NBC-RIM) III.138

O

Oberflächen II.150
– kratzfeste III.104
– Verdunstung II.120
– Veredelung II.3
Oberflächenbehandlung vor dem Verkleben III.260
Oberflächenenergie II.198, II.203 f, II.213
Oberflächenglanz III.16, III.22, III.185
Oberflächenklebrigkeit III.349
Oberflächenspannung II.198, II.203 f
– Klebstoff III.259 f, III.270
4-$tert$-Octylphenol III.110
Öfen II.69, II.102, II.165
Ökologie II.62
ölbeständiger Kautschuk III.367
OE-Rotorverfahren III.421
Ofenalterung, Stabilitätsprüfung II.389
offenzellige Schaumstoffe III.287
Offsetdruck II.230
α-Olefine III.33
Oligomerenbildung III.460
– bei ε-Caprolactampolymerisation, Polyamid 6 III.470
one-shot-Verfahren III.169, III.344
optimale Formnestzahl II.15
optische Daten II.5
– Eigenschaften II.6, III.22, III.144

Orangenhaut, Preßmassen III.232
organisatorischer Ablauf II.410
organische Lacklösungsmittel III.106
Organochlorsilane III.185
Organosole III.254
Organozinn-Verbindungen II.370, II.372, II.374
Orientierungen II.159, II.162
– dynamische II.262
Orientierungsfaktoren II.293
Orientierungsgrad II.258
Orientierungsviskosität II.259
Ornaminverfahren II.231
Orthotropie III.510 ff, III.517
osmotische Vorgänge II.272
Outsert-Technik III.212
Overlaypapier III.241
Oxalanilide (UV-Absorber) II.398
Oxidation, Schutz gegen II.377 ff
Oxidationsanfälligkeit III.67
– Butadien-Komponente III.13
Oxidationsbeständigkeit, höhere III.17
Oxidationsstabilität, Außeneinsatz III.69
Ozon, Antizonantien II.388
Ozonbeständigkeit, EPM, EPDM III.366

P

PADI (packaging acceptable daily intake), II.419
PA, PC, PETP, PBTB, PMMA II.126
Papierbahnen II.124
Papierbeschichtung
– Kaschierung III.258
Papierhilfsmittel, UF-Harze III.106
Papierindustrie II.108
Papiermaschinenfilze III.419
Parallelschaltung, Matrix/Verstärkungswerkstoff III.498 ff, III.511
partially oriented yarn II.300
partielles Kristallisieren, Schmelzen von LDPE III.59, III.61
Partikelfließen II.85
Partikelschaum II.185, III.291
Passung II.10
Pasten II.89, II.124, II.171, II.186, II.191
Pastenextrusionsverfahren III.158
Pe-Ce-Faser III.395
Péclet-Zahl II.126
PE-Folie II.177
PE-weich II.172
1,3-Pentadien III.376

perfluorierte PTFE-Copolymere III.158
Perfluor-Kautschuk III.377
Perlon® III.134, III.395
Perlpolymerisation III.5, III.144
Perlspektrum III.5 f
Permeationskoeffizient II.12
Peroxid II.175, II.177, III.67
Personen, exponierte II.410
inhalationsgeschädigte II.412
Personenaufladung III.419
PET-Fasern, Massefärbung II.351
PETP/PBTP-Modifizierungen III.157
Petrochemikalien II.52
PF1-Verfahren III.431 f
Pflegeanforderungen an Textilien III.451
Pfropfen III.200
Pfropfenströmung II.113
Pfropfindex III.20
Pfropftyp III.9
Pfropfung III.8, III.11
Pfropfungsgrad II.22
Pharmakologie II.408
Pharma-Verpackungen, tox II.416
Phasengrenzfläche III.380
Phasenumkehr III.7, III.380
Phenol-Formaldehyd-Harz (PF) III.109, III.119
– Chemikalienbeständigkeit III.119, III.122
– Entflammbarkeit III.119, III.22
– Kondensation, ph-Wert III.113
– trägerfreie Anwendung III.119
Phenol-Formaldehyd monomere Grundstoffe
– Bisphenol A III.110 ff
– Formaldehyd III.110 ff
– p-Formaldehyd III.110 ff
– Furfural III.110 ff
– Hexamethylentetramin (Hexa) III.110 ff
– Kaschunußöl III.110 ff
– m-Kresol III.110 ff
– o-Kresol III.110 ff
– p-Kresol III.110 ff
– Phenol III.110 ff
– p-Phenylphenol III.110 ff
– Resorin III.110 ff
– 4-tert-Butylphenol III.110 ff
– 4-tert-Octylphenol III.110 ff
Phenol-Formaldehyd-Schaumstoffe (PF) III.295
Phenolharze II.124, II.175, II.182, III.265, III.279, III.304
– Kontakt mit Lebensmitteln III.109 f
– Preßmassen, Einfärbung II.350
Phenolharzleime III.266
Phenol-Novolake III.170

Phenol-Novolake, Preßmassen III.231
Phenylindol II.370
p-Phenylphenol III.110
Phenylsalicylat (UV-Absorber) II.395
Phillips-HDPE III.74
– Katalysatoren III.33 f
– Chemismus III.34
Phosphite, organische, Co-Stabilisator PVC II.371
phosphorhaltige Polyester III.463
Phosphor-Verbindungen, Flammschutzmittel II.354, II.356
Photodegradation II.371
– Norrish-I-, Norrish-II-Spaltungen II.394 f
– Schutz gegen II.393
Photoinitiatoren III.285
Photooxidation, Reaktionsschema II.394 f
photooxidativer Abbau III.68
Photoresists III.285
physikalische Treibmittel III.288
physikalisch-chemische Daten II.408
Physisorption II.203
Pickering-Emulgatoren III.5
Pigment, Färbemittelklasse II.342
– – Präparation II.349
Pigmente (s. auch Farbmittel) II.54, III.207, III.255, III.263
– sekundäre Wechselwirkungen im Kunststoff II.351 ff
– Wert II.34
Pill III.414
pillarme Fasern III.461
Pillneigung III.461
Pinhole-Bildung II.351
Piperylen III.376
Pivalolacton III.456, III.458
Planen II.406
Planenstoffe, Beschichtungsmassen III.256
Planetwalzenextruder II.149
Plastifizierschnecke II.167
Plastifizierung II.148, II.330 f
– Beeinflussung durch Gleitmittel II.330
– durch Fließhilfsmittel II.331
Plastisole II.171, III.89, III.292
Plastizität II.240
Plastomere, amorphe II.137
Platten II.90
– Anlage II.136
– Filter II.93
Poiseul-Leistung II.263
polares Wickeln II.181
Polarität, Gleitmittel II.335
Polvliesnähgewirke III.445
Polyacrylnitril (PAC) III.481 f

Polyacrylnitril (PAC), Anforderungen III.482
– Fasern III.396
– Herstellung III.482
Polyacrylnitril, Fasern Massefärbung II.351
Polyaddition II.171, III.161
Polyadditionsreaktion II.172
Polyamid II.171, II.185
– Fasern, Massefärbung II.351
– Folien II.189
– PA 6-Spritzgußmasse (hellgrau) III.208
– Stabilisierung III.387
Polyamid 4 III.471
– 6 III.468
– – Oligomerenbildung bei ε-Caprolactampolymerisation III.470
– 6-3-T Schmelzpunkt III.141
– 11, 12 III.139
– 66 III.135
Polyamide III.131, III.464 ff
– aromatische III.396, III.473 ff
– – Eigenschaften III.474
– – Herstellung III.475
– – Strukturen III.475, III.477 ff
– Chemikalienbeständigkeit III.141
– Chemismus III.139
– cycloaliphatische III.466
– Eigenschaften III.141
– faserbildende III.456
– Herstellungsverfahren III.139
– heterocyclisch-aromatische III.477
– aus Lactamen III.467
– Rohstoffe III.465 f
– Schmelzpunkte III.465
– Stabilisierung III.466
– Strukturen III.466 f
– Synthese III.465
– transparent III.141
Polyamid-Klebstoff III.265
Poly-bis-maleinimid-Preßmasse III.239
Poly-p-benzamid III.476
Polybutadien III.345, III.361
Poly-l-buten III.134
Polybutylenterephthalat (PBTP), PBTP-Blockcopolyetherester III.157
– Festphasen-Nachkondensation III.157
– Spritzgußmasse III.208
Polycarbonat (PC) II.171
– Brennbarkeit II.358
– als Faserrohstoff III.464
– Folien II.189
– Folien aus Lösung, rel. Molekülmasse III.152

Polycarbonat (PC), Herstellung, Umesterungsverfahren III.150
- thermoplastisch verarbeitbar III.151
Polychloropren III.342
- Kautschuk III.353, III.365
Polyester III.280, III.396
- faserbildend III.454 ff, III.458
- Fasern, carrierfrei färbbar III.418
- phosphorhaltig III.463
- thermoplastische III.265
- ungesättigte III.124, III.127, III.129, III.265 f, III.304
Polyesterharze II.82, II.95
- ungesättigte II.82, II.162
- Einfärbung II.350
Polyesterpolyole III.161, III.166, III.168 f
- Gehalt Carboxy-Endgruppen III.168
- Herstellungskomponenten 167 f
Polyester-Polyurethane, vernetzt III.159
Polyether-Polyurethane, Eigenschaften, Lichtstabilität, Wärmestabilität III.170
- vernetzt III.158
Polyetherpolyole III.161, III.166 f
Polyethylen (PE) II.191, III.58 f
- Brennbarkeit II.358
- hart III.25
- hohe Dichte III.25
- Kunststoffsorten III.57
- lineares III.25
- mittlerer Dichte III.25
- niedriger Dichte III.25
- Schaumstoffe III.291
- Vernetzung III.67
- weich III.25
Polyethylenterephthalat (PETP) III.155
- Terephthalsäure, Direktveresterung III.156
- Typen III.154
Poly-heterocyclen III.478
Poly-p-hydroxethyl-benzoat III.464
Polyimid-amide III.478
Polyisocyanate
- 4.4'-Diisocyanatodiphenylmethan (4,4'-MDI) III.162 ff
- 1,6-Diisocyanatohexan III.162 ff
- 1,5-Diisocyanotonaphthalin (NDI) III.162 ff
- 2,4-Diisocyanatotoluol III.162 ff
- HDI III.162 ff
- Isocyanurat III.162 ff
- polymeres MDI III.162 ff
- TDI 65 (Toluylendiisocyanat) III.162 ff

Polyisocyanate, TDI 80 III.162 ff
- Triisocynatotriphenylmethan III.162 ff
- Uretdion des 2,4-Diisocyanatotoluols III.162 ff
Polyisocyanate, aromatische III.161
Polyisopren-Kautschuke III.361
Polykondensate III.373
Polykondensations-Sprungreaktion III.461
Polymere, fadenbildende III.453
Polymerisation II.172
- Lactame III.468
- Methylmethacrylat III.142
Polymerisationsverfahren III.48
Polymerisationswärme II.171, II.173
Poly(meth)acrylate III.279
Polymethacrylimid-Schaumstoffe (PMI) III.293
Polymethylmethacrylat (PMMA), Formmassen III.144
Poly-4-methyl-1-penten III.26
Polynorbornen III.378
- neuer Kautschuk III.377
trans-Polyoctenamer, neuer Kautschuk III.377
Polyole II.182, III.161
Polyolefine, Einfärbung II.351
- vernetzte, Stabilisierung gegen Alterung II.387
Polyolefin-Kunststoffe III.50, III.65, III.68 f
- Gleichgewichtsschmelzpunkt III.61
- Kristallitschmelzpunkt III.61
- Typenauswahl III.81
Polyorganosiloxane III.185, III.373
Polyoxymethylen (POM)
- Copolymer III.144, III.146 ff
- Homopolymer III.144
- Molekülmasse III.148
- Molekülmassenverteilung III.148
- Stabilisierung II.375 ff
Polyoxymethylen-Homopolymer III.145
trans-Polypentenamer (TPA) III.376
Poly-perfluor-2,4,6-trimethyl-1,3,5-triazen, neuer Kautschuk III.377
Poly-m-phenylen-isophthalamid III.476
Poly-phenylenoxadiazole III.478
Polyphenylenoxid (PPO)
- Glasübergangstemperatur III.154
- modifiziert III.152, III.154
Poly-p-phenylen-terephthalamid III.476

Polypropylen (PP) III.47 f, III.51 f, III.58, III.63, III.73, III.77, III.347
- Brennbarkeit II.358
- Chemismus III.46
- Extrusionsmasse III.246
- Fasern III.396
- Flammfestausrüstung II.358
- Folien, transparent III.64
- Herstellung III.46, III.48
- Katalysatorgenerationen III.48
- Sphärolith III.63
- Stabilisierung, Oxidation II.382 f, II.385
- Typen III.50
- Typenauswahl III.82
- Verarbeitungsstabilität III.67
Polysiloxan III.344 f, III.374
Polystyrol (PS) II.185, III.17
- blähfähiges (EPS) III.3
- - Lieferform III.6
- Einfärbung II.351
- expandierbares III.3, III.289, III.291
- schlagfestes III.3
Polystyrolschaumstoffe III.289
Polysulfid-Kautschuk III.353
- TM, flüssig III.373
Polytetrafluorethylen (PTFE) III.250
- Copolymere, perfluoriert III.158
- - Verarbeitung, Preß-Sintertechnik III.158
- Fäden II.289
- Trennstrich III.271
Polyurethan II.172, II.182, II.185, III.131, III.265, III.304, III.345, III.396
- Elastomer II.185, III.343, III.348
- (U) III.371
- Elastomer, thermoplastische III.161
- als Fasern III.471
- lineare III.158
- segmentierte III.472
- Weiterreißfestigkeit III.372
Polyvinylacetale III.264
Polyvinylacetat (PVAC), Dispersionen III.279
- Festharze III.279
- Klebstoffe III.264
Polyvinylalkohol (PVAL) III.264, III.480
Polyvinylchlorid (PVC)
- Beständigkeit, Bakterien, Strahlen III.92
- Brandverhalten III.90
- Chemikalienbeständigkeit III.91
- elektrische Eigenschaften III.90
- Fasern III.480

Sachverzeichnis

Polyvinylchlorid (PVC), Formbeständigkeit in der Wärme III.90
– Gasdurchlässigkeit III.91
– modifiziert III.92
– nachchloriert III.93
– Plastisole III.95
– Schlagzähigkeit III.93
– Typenauswahl III.94
– Wasseraufnahme III.91
– Witterungsbeständigkeit III.91
Polyvinylidenchlorid II.89
Polyvinylidenfluorid (PVDF), Lacksysteme III.279
Poly-(vinyl-vinyliden-)chlorid Copolymer III.480
POPP-Folien III.82
poromere Materialien III.258
Poromerics III.416
Porosität, Preßmassen III.232
Positivformen II.220 ff
postforming Schichtstoffplatten III.242
pot life III.271
POY III.408
PPO/PS-Mischungen III.152
Prägefolie II.232
Prägen II.232 f, II.306
Präparationsmittel II.286
Präparationswalze II.144
Präparierung der Fäden II.286
– (Avivage) II.302, II.311
Präpolymere II.84, II.182, II.254, III.342 ff
– Eigenschaftsvergleich III.345
– in situ III.343
– Isocyanatbasis III.344
– Isocyanat-terminierte III.343
– Kettenlänge III.343
– Markt III.344
– Molekülmasse III.343
– und Monomere II.169
– Vernetzungssystem III.345
Präzisionsteile II.13
Prallzerkleinerung II.105 f
Preis, massenbezogen II.14
– volumenbezogen II.14
Preiskennzahl II.18
Preisklassen, Spritzgußmassen III.209
Preiswürdigkeit II.18
Prepolymer-Verfahren III.169
Prepregs II.172, II.177
Preßautomaten II.166
Preßdruck II.180
Pressen II.126, II.130, II.167, II.175, III.228
pressen II.179
Preßmassen II.134, II.162, II.221, III.317
– genormte III.231

Preßmassen, Komponenten III.224
– Produktionsverfahren III.225
– Vergleich mit duroplastischen Gießharzen III.305
– Aufbereitung II.115
Preßmatten III.221
Preß-Sintertechnik, Halbzeug III.158
Preß-Sinterverfahren III.250
Preß-Stoffe III.221
Preßteile III.221
Preßzeiten II.167
Preßzyklus III.228
– für Hochdruckschichtpreßstoffe III.243
primäre Kristallisation III.63
Primärteilchen bei Pigmenten II.347
Primer (Grundschicht) III.271
Produktalternativen II.26
Produkte-Entwicklung III.201
– Ideen III.201
– Profil III.202
– Werdegänge III.201
Produktion Engineering Plastics II.44
– der wichtigsten Engineering Plastics in den USA II.45
– Massenkunststoffe II.42
– Thermo- und Duroplaste II.43
– Thermoplaste in den Hauptproduktionsländern II.43
Produktion Kunststoffe, einiger ausgewählter Typen II.43
Produktion MF-Harz III.102
Produktion von Kunststoffen II.34, II.36
– Australien II.40
– China, Volksrepublik II.40
– Comecon-Länder II.38
– Lateinamerika II.39
– Indien II.40
– OECD-Länder II.36 f
– OPEC-Länder II.41
– Südafrika II.40
– Südostasien II.40
– nach Regionen II.44
Produktionsgeschwindigkeit II.143
Produktionskosten, LLDPE III.45
Produktionsverfahren einer Preßmasse III.225
Produktkosten II.7
Profile II.23, II.25, II.96, II.126, II.142, II.185
– aus Schäumen II.143
– für Spinndüsen II.284
Profilfaser II.258
Profilierung II.19 f
Projektilwebmaschine III.437
Propellerrührwerke II.82

Propylen III.26 f
Propylenoxid III.166, III.372
Propylen-tetrafluorethylen-Copolymer, neuer Kautschuk III.377
Prozesse, Herstellung von HDPE III.36
– LLDPE III.44
– Polypropylen III.47
Prozeßgeschwindigkeit II.152
Pultrusion II.182
Pulver II.71, II.169, II.172, II.185 f, II.191
pulverförmige Harze III.102
Pulverkautschuk II.240 f
– gelöst in organischen Lösungsmitteln II.240
Pulverlacke III.274, III.277, III.283
Pulverleim, selbsthärtender III.105
Pulverpastenextrusion III.250
Pulverpreßmassen III.221
Pumpenblock II.281
Pump- oder Meteringzone II.70
Punktanguß mit Vorkammer II.159
PUR II.111 f, II.184
– Elastomerschäume II.184
– Herstellung II.87
– Klebstoffe III.268
– – Schaumstoffe III.295
– – System III.307
– – Weichschaumstoffe III.294
– Weichschaum, Flammfestausrüstung III.360
PVC II.89, II.95, II.108, II.114 f, II.117, II.136, II.171, II.364 ff
– Brennbarkeit II.358
– hart (Stabilisierung) II.374
– hart, thermische Stabilisierung II.374
– weich, Flammfestigkeit II.359
– weich (Stabilisierung) II.374
PVC-Extrusionsmasse, Richtrezepturen III.246
– Formmasse III.208
– Plastisole III.254, III.264
– Schaumstoffe III.292
PVC-hart III.84 f, III.94
– Modifizierung, Erhöhung der Schlagzähigkeit III.93
PVC-Pasten II.109, II.186
– Herstellung II.134
PVC-weich III.84 f
p, v, ϑ-Diagramm II.13, II.161
p, v-Wert II.10
Pyridin, Lösungspolykondensation III.151
Pyrolyse III.388

Q

Qualität II.150
Qualitätseigenschaft des Formteils II.162
Quarzmehl II.172
Quellbeständigkeit III.367
Quellkörperbildung II.269
Quellmittel II.308
Quellung
– begrenzte III.68
– der Fäden II.286
Quellungsindex III.20 f
Querkontraktionszahlen III.519
Querschnitte, profiliert II.15
Quetschwalzen II.139, II.182

R

Radikalausbeute III.340
– peroxidische Vernetzung III.67
Radikale III.340
– H· III.341
– P·, polymere III.340 f
Rakelauftrag II.229
Rakeln II.191
RAM-Extrusion III.158, III.250
Randbeschneidung II.137
Rangfolge, kostenorientiert II.19, II.28
Rangreihenverfahren II.29
RAPRA-Mischer II.255
Raschelmaschine III.440 f
Rauchbildung, Verminderung der Additive III.357
Raupenketten II.126
Reaktanten, Textilausrüstung III.107
Reaktionen II.102, II.174
Reaktionsgemisch II.183
Reaktionsgeschwindigkeit II.84, II.183
Reaktionsharz-Formmassen Mindestanforderungen III.234
Reaktions(harz)-Spritzgießen (RSG) III.305
Reaktionsmittel III.128
Reaktionsprodukte
– Acrylharnstoffe III.160 f
– Allophanate III.160 f
– Biurete III.160 f
– Carbodiimide III.160 f
– Isocyanurate III.160 f
– Uretdione III.160 f
– Uretonimine III.160 f
Reaktionsschaumguß (RSG) III.297
Reaktionsspinnen II.289
Reaktionsstoffe II.172

Reaktionswärme II.171 f, II.174, II.184
Reaktionszeiten II.102, II.173
Reckgrad II.294
Reckkraft II.103
Reckprozeß II.290
Reckspannung II.103
Redoxpotential, Antioxidantien, Antiozonantien II.379
Regelung II.81
Regenerat, Kunststoffabfall III.219
Regranulat II.95
Reibbelag-Werkstoffe III.121 f
Reibschweißen II.206, II.208 ff
Reibung II.68, II.75
Reibungskoeffizient II.10
Reifen II.244 f, III.361 f
– Herstellung II.242
– Preßanlagen II.167
Reifenbaumaschine II.244
Reifencord II.168
Reifeneinlagen III.406
Reifenkautschuke III.359 f
– Eigenschaftsvergleich BR, IR, NR, SBR III.363
– Polymere, Grundstrukturen III.360
– – 1,4-Poly-Butadien III.360
– – 1,4-Poly-Isopren III.360
– – SBR, statistisches Copolymer aus Butadien und Styrol III.360
Reifenpresse II.249 f
Reihenschaltung, Faser/Matrix III.498 f, III.511
reinforced RIM (RRIM) (Harzinjektionsverfahren für verstärkte Kunststoffe) III.307
Reinheitsgrad III.27
Reinigung, Formaldehyd III.147
Reinigung der Formhöhlung II.166
Reißdehnung, PS III.18
Reißfestigkeit (s. auch Zugfestigkeit) II.104
– PS III.18
Reißkraft III.76
Reißlänge II.12
relative Molekülmasse III.30 f, III.40, III.50, III.83, III.129, III.141, III.151 f
– Viskositätsänderung III.84
Relaxation II.104 f, III.350
Relaxationsgeschwindigkeit II.104
Relaxationsmodul III.330 f
Release (Trennstrich) III.271
Repco-Spinnmaschine III.429
Resole III.114 ff
– Anfangsviskosität III.118
– A-Zustand III.118
– B-Zustand (Resitol) III.118

Resole, C-Zustand (Resit) III.118
– B-Zeit III.118
– Herstellung, feste III.116 f
– Hitzeeinwirkung III.114
– Hitzehärtung III.118
– Lagerung III.117
– one-step resin III.112
– Säurehärtung III.119
Resorcin III.111
– Harz III.265
– – Leime III.266
– Formaldehyd-Kondensate III.111
– Haftung zu Gummi III.111
Restmonomer III.387
– tox II.420
Reststyrol III.5, III.129
Restverstreckung II.300
Retarder III.338
Rettungsinseln III.406
reversible Vernetzung III.346
Reversion III.335
Reynolds-Zahl II.112
Rezeptur II.133, II.153, II.173
Rheinische Glühlampenfabrik III.394
Rheologie, ABS III.14 f
– SB III.14 f
– beim Naßspinnen II.269
rheologische Eigenschaften III.51, III.85
Rheumapflaster III.271
Richtwerte, Spritzgießen III.210
Rieselfähigkeit III.42, III.85
RIM (reaction injection molding) II.112
– Technology III.297
– Verfahren III.307
Ringdüsen III.433
Ringspinnmaschine III.420 f
Rippen II.21 f
– Dimensionierung II.21 f
– Gestaltung II.21 f
– Preiszahl II.22 f
Risiko, gewerbetoxikologisch II.406, II.413, II.419
Rißbildung III.516, III.519, III.521
– Dehnung III.516
– Grenze III.516 f
Risse III.498, III.511, III.516
Röntgenbeugungsdiagramme II.266
Röntgenweitwinkeldiagramme II.292
Rohling II.167
Rohre II.100, II.137, II.181
Rohrreaktor-Typ III.75
Rohrstraßen II.137
Rohrwerkzeuge II.90
Rohstoffkosten, Preise II.14

Rohstoffversorgung der Textilindustrie III.452
Rollenbett II.137
Rollenstreckwerk II.105
Roller-Head-Anlagen II.242
Rootspumpen II.88
Rostspinnen II.280
Rotationsgießen II.186
– Anlage II.188
– Verfahren II.255 f
Rotationsguß III.303
Rotationssintern II.172
Rotationsvulkanisation II.253 f
Rovings II.175, II.181 f
Rückdruck II.95
Rückdrucklager II.77
Rückgewinnung, Methylacrylat aus Abfällen II.144
Rückprallelastizität III.351
– NBR III.367
Rückstromsperren II.156
Rühren II.111
Rührer II.112, II.174
Rührkessel II.82, II.175
Rührwerke II.112
Rührwerksmühlen II.108 f
Rundlaufgenauigkeit II.151
Rundstrickmaschine III.439
Ruß (s. auch Füllstoff) II.347, II.377, II.394, III.358
– Einfluß auf Oxidation II.377
– Färbemittel II.347
– Lichtschutzmittel II.394
Rutschfestigkeit III.362

S

Saat-Latex III.10
Salzbad-Vulkanisationsanlage II.252
Salzsäure-Abspaltung s. Dehydrochlorierung II.368 ff
Sandfilter II.93
Säureakzeptoren, Stabilisierung POM II.376
Säurefänger III.246
Säurehärtung III.114, III.118
Sauerstoff-Aufnahmetest, Stabilitätsprüfung III.389
Sauerstoffbeständigkeit
– EPM, EPDM III.366
Sauerstoff-Index (limiting oxygen index, LOI)
– Kriterium Brennbarkeit II.354
– Prüfung II.362 f
saure Lösung III.98
SB-Rheologie III.14 f
SBR, Stabilisierung, Oxidation II.388

Schäl-Schneid-Werkzeug II.290
Schäumdruck II.184
Schäume II.182
schäumen II.111
Schäumverfahren III.290
Schalen II.177
Schallschluckverhalten III.295
Scharnierweichmacher III.90
Schaum III.120
– syntaktischer III.287
Schaumfolien II.139
Schaumgummi III.386
Schaumkunstleder III.254
Schaumkunststoffe III.285
Schaumschlagverfahren III.287
Schaumstoffe III.250, III.325
– geschlossenzellige III.287
– offenzellige III.287
– syntaktische III.295
Schaumstoff-Stabilisatoren III.289
Schaumverfahren II.247
Scherbeanspruchung III.253
Scherenelemente II.77
Schergefälle III.76
Schergeschwindigkeit II.74, II.113, III.349
Scherspalten II.114, II.165
Scherströmungen II.84, II.260
Scherung II.113, II.116
Scherviskosität II.103, II.260 f
Schichtkräfte III.514
Schichtpreß-Stoffe III.108, III.121
Schichtspannungen III.512, III.515
Schichtstoffplatten
– dekorative III.241, III.319
– nachformbare III.242
Schieber II.162
Schiebernadel III.445
Schießbaumwolle III.394
Schiffsbau, Kunststoffanwendungen II.57
Schirmanguß II.159
Schirmstoffe III.406
Schlämmen II.89
Schlagbiegezähigkeit III.72
Schlagfestigkeit III.76
Schlaggrenze III.419
Schlagschaumherstellung III.293
schlagzähe Formmassen III.144
Schlagzähigkeit III.19 ff, III.80
– Elastifizierung III.386
– PVC III.93
– Thermoplaste III.386
– Verbesserer III.207
Schlagzugzähigkeit III.72
Schlauch II.169
Schlauchfolien II.127
Schlauchreckverfahren II.147
Schlauchverfahren II.147
Schleifenreaktoren (Loop-Reaktoren) III.37

Schleifscheiben III.121 f
Schleimhäute, Ätz-/Reizwirkung II.410
Schleppmittel II.124
Schleppstopfen II.138
Schleppströmung II.72
Schleuderguß III.303
Schlichte II.144, II.175
Schlieren, Preßmassen III.232
Schließeinheiten II.130, II.133, II.157
Schlingenware III.449
Schlitzdüsen III.433
Schlitzscheiben II.71
Schmelzbruch II.260, III.350
Schmelzefilm II.71
Schmelzen II.84, II.124, II.169
– amorphe Thermoplaste II.107
schmelzen II.68
Schmelz-Index, MFI II.84, III.51, III.246
– Intervall III.117
– Kondensation III.135
– Punkte PA 6 III.138
– – PA 11, 12 III.139
– – PA 66 III.135
– Viskosität III.76
– M-Abhängigkeit III.52
– Novolake III.117
– Scherabhängigkeit III.52
– Temperaturabhängigkeit III.53
Schmelzklebstoff III.265, III.267
Schmelzpunkte der Polyamide III.465
Schmelzspinnen II.257
– Anlage II.279
– Verfahren II.278
Schmelzspinnverbundstoffe II.289
Schmelzverfahren III.225
Schmelzviskosität III.245, III.251, III.265, III.350
Schnappen II.7
Schnappverbindungen II.215
Schneckendrehzahl II.73
Schneckendurchmesser II.77, II.81
Schneckenextruder II.89
Schneckenformen für Einschneckenextruder II.71
Schneckengang II.70
Schneckenkennlinien II.73
Schneckenmischer II.120
Schneckenpressen II.69, III.244
Schneckenpumpen II.87
Schneckenspritzgußmaschine II.82, II.244
Schneiden II.244
– von Fasern II.302, II.312
Schneidevorrichtung II.312
Schneidmühlen II.107
Schnellmischer II.134
Schnellpreßverfahren III.243

Schnellspinnen II.144, II.266 f, II.299
– Verfahren II.297
Schnitzelpreßmassen III.221
Schraubverbindungen II.219
Schrumpf II.143, II.171
Schrumpffolien III.50
Schrumpfverfahren III.408, III.417
Schubmodul II.104, III.336, III.347, III.350, III.519
Schubspannung III.350
Schüttdichte III.42
Schüttgießen II.186, II.189
Schüttsintern II.185 f, II.189
Schußgewichte II.156
Schutzanzüge II.410
Schutzbekleidung III.406
Schutzdauer, Konzentrationsabhängigkeit, Antioxidantien II.381 f
Schutzfaktoren s. Schutzwirkung (Lichtschutzmittel) II.401 f
Schutzmaßnahmen II.409
Schwebemittel III.274
Schweißen II.206 ff, III.259
Schweißfaktoren II.211
Schwellenwert II.8
Schwerbrennbarkeit s. Brennbarkeit II.354 ff
schwerentflammbare Fasern III.463
Schwerentzündbarkeit II.355
Schwimmhäute II.167
Schwindung II.13, II.162, II.172
– Spritzgußmasse III.209
Schwund, EP-Harze II.181
schwundarm-härtende UP-Harze III.236
Segel III.406
segmentierte Polyurethane III.472
Segmentpolymere III.347
Seitenbeschneidung II.137
sekundäre Kristallisation III.63
Selbstausheilungseffekt II.139
selbsthärtender Pulverleim III.105
Selbstverfestigung III.352 f, III.362
selbstverstärkende Kunststoffe III.212 f
selektive Hydrierung III.378
Selfil-Verfahren III.429
self-reinforcing-plastics (SRP) III.212 f
Sensibilisatoren (photochem. Abbau) II.394
Sensibilisierung II.408 f
Sensibilisierungsmittel III.385
Sequential-Strecktexturierung III.411
sheet moulding compounds (SMC) III.221, III.235 f
Sicherheitsbewußtsein II.411

Sicherheitsgurte III.406
Sicherheitsstand II.411
Siebdruck II.231
Siebplatten II.108
Siegelpunkt II.161
Silan-Vernetzung III.67
Silikone II.182
Silicon-Epoxid-Preßmasse III.239
– Preßmasse III.239
– Schaumstoffe III.299
Silicon-Harze III.186 ff, III.304
– Bildungsreaktionen III.187
– Chemikalienbeständigkeit III.189
– Eigenschaften III.189
– Härtung III.188
– monomere Grundstoffe III.186
– Trennstrich III.271
Silicon-Kautschuk II.174, II.185 f, III.185, III.353
– (Q) III.373
– heißvulkanisierend III.374
– Vernetzung bei Raumtemperatur III.374
Siliconpapier II.185
Silos III.406
Siloxan III.185
Simulantien, tox II.417
Simultan-Strecktexturierung III.411
Simultan-Verstreckanlagen II.105
Sinkmarks, UP-Formmassen III.235
Sintern II.186
SIS, Stabilisierung, Oxidation II.388
Slip- und Antiblockmittel II.331
Slurry-Verfahren III.37
Sorptionsenthalpie II.122
Spalt-Schältechnologie II.290
Spannung, Elastomere III.354
– Füllstoff III.359
Spannungs-Dehnungs-Diagramm III.21, III.353, III.355
spannungsinduzierte Kristallisation III.55 f
Spannungsriß II.4
– Beständigkeit III.40
– – ESCR (environmental stress cracking resistance) III.73
– – UHMWPE III.74 f
– Empfindlichkeit III.19
– Korrosion III.22
Spannungsverteilung bei Fügeverbindungen
– Kleben III.259
– Nieten III.259
– Schweißen III.259
Spannungswerte III.355
Spanplatten, Direktbeschichtung III.243

Spektrometer III.257
Spezialkautschuk III.359
– physikalische Eigenschaften III.369
– – Abriebwiderstand III.369
– – Brandverhalten III.369
– – Bruchdehnung III.369
– – Chemikalienbeständigkeit III.369
– – Druckverformungsrest III.369
– – elektrischer Widerstand III.369
– – Gasdurchlässigkeit III.369
– – Heißluftbeständigkeit III.369
– – Kälteflexibilität III.369
– – Kraftstoffbeständigkeit III.369
– – Ölbeständigkeit III.369
– – Säure-/Basen-Beständigkeit III.369
– – Stoßelastizität III.369
– – Weiterreißfestigkeit III.369
– – Wetter- und Ozonbeständigkeit III.369
– – Zugfestigkeit III.369
Spezialkunststoffe III.133
spezifische Adhäsion II.204
spezifisches Gewicht, Fasern, III.400
Spielwaren, tox II.412
Spindeltexturierung III.408
Spinnanlagen II.127, II.143 f
Spinnbad II.190, II.258
Spinnbalken II.280 f
Spinnbarkeit II.259
Spinndüsen II.143, II.262, II.274, II.283, III.401
Spinnen II.190, II.257
– aus Lösung II.268
Spinnfärbung III.405, III.418
Spinnfaser II.258, III.399
– Garne III.420
– – Eigenschaften III.434
– – Einsatz III.434
– – physikalische Eigenschaften III.422
Spinngeschwindigkeit III.421
Spinnkessel II.273
Spinnkopf II.281
Spinnleistung II.281
Spinnlösung II.268
Spinnluft II.278
Spinnplatten II.283
Spinnpräparation II.311
Spinnpumpen II.273, II.281
– für Polyamide und Polyester II.89
Spinnrovings II.182
Spinnschacht II.275, II.277
Spinnschmelze II.279
Spinnstrecken II.298

Spinnstrecken, Verfahren II.297
Spinnstrecktexturieren II.298, II.302
Spinnverfahren II.247, II.257, II.259, II.261, II.267, II.273
Spinnvermittler II.288
Spinnvliese II.144
– Herstellung III.445
– Stoffe III.449
Spleißbändchen II.258
Spleißfasern II.258, II.289
Splittbarkeit III.480
Spontan-Kristallisation III.352
Spontankräuselung II.306
Spritzblasen III.168 f
Spritzdruck II.162
Spritzgeschwindigkeit II.162
Spritzgießen II.130, II.154, II.167, II.175, III.255, III.228
– von Duroplasten und Elastomeren II.162
– von Duroplast-Preßmassen III.307
– Richtwerte III.210
Spritzgießmaschinen II.126
– Größen III.205
Spritzgießteile II.96, II.133
Spritzgießverfahren II.243 f, II.255
Spritzgießwerkzeuge II.97, II.100, II.157
Spritzguß III.94
– Typen III.144
Spritzgußmassen III.230, III.315
– Preisklassen III.209
– thermoplastische III.204
Spritzgußteil II.97
Spritzlackieren II.228
Spritzprägen III.230
– Verfahren III.235
Spritzpressen III.225, III.228
spritzpressen II.165
– (transferpressen) II.166
Spritzpreßverfahren II.243 f
Spritzquellung II.243
Spritzvolumen II.15
Sprödigkeitslücke III.90
Sprühen II.241
Sprühverfahren II.247
S-PVC-Teilchen III.84
Stabilisatoren II.136
Stabilisatormenge III.206
Stabilisierung, sterische III.385
– thermische Nachbehandlung III.148
Stabilisierung gegen
– Oxidation, Thermooxidation III.377 ff
– Ozon III.388
– Thermodegradation III.364 ff
– UV-Licht III.393 ff

Stabilität der Kettensegmente III.353
– thermische III.13
Stabilitätsberechnung III.517
Stäbchenpreßmassen III.221, III.237
B-stage epoxies III.237
stain-resistance, Schichtstoffplatten III.242
Standard-Harze III.123
– Zusammensetzung III.129
– Kunststoffe III.131
– Polystyrol III.3
– – Herstellung III.4 f
Stangen- oder Kegelanguß II.159
Stapelanlage II.137
Stapelfasern II.144
Stapelschneidemaschine II.313
Starkstromtechnik III.173
Starrheit, konformativ III.457, III.462
Starter, Polyetherpolyole
– Bisphenol-A III.165 f
– 1-Butanol III.165 f
– Ethylendiamin III.165 f
– Ethylenglykol III.165 f
– Glycerin III.165 f
– Pentaerythrit III.165 f
– 1,2-Propylenglycol III.165 f
– Saccharose (Rohrzucker) III.165 f
– Sorbit III.165 f
– Trimethylolethan III.165 f
– Trimethylolpropan III.165 f
– Wasser III.165 f
Startzeit II.183
statische Mischer II.115
statistische Blockcopolymere III.50
– Copolymere III.50
– – Ethylen, Propylen III.79
– – VC III.92
– Experimentiermethoden III.314
– Versuchspläne III.203
Staubalken II.90, II.136
Stauchkammer II.147
Stauchkräuselung II.304, III.418
Stauchkräuselverfahren III.412
Stauchverfahren III.408
Stehvermögen, Extrusionsmassen III.245
Steifigkeit II.12
STEL (short time exposure level) II.409
Stereo-Block-Polypropylen III.45
Stereochemie III.453
Stereospezifität III.48
Sterilisierbedingungen, Krankenhaustextilien III.419
sterische Stabilisierung III.385
Stiftmühle II.106

Stiftscheiben-Dissolver II.108
Stockblender II.115, II.241
Stoffgesetz S-PVC, konzentrationsinvariante Auftragung III.86
– temperaturinvariante Auftragung III.87
Stofftransport II.197 ff
Stoffübergangswerte II.126
Stoßöfen II.174
γ-Strahlen II.102
Strahlenvulkanisation II.254
Strahlung II.68, II.137
Strahlungsenergie
– Elektronenstrahlen II.102
– UV-Strahlung II.102
– γ-Strahlen II.102
– Laserlicht II.102
Strahlungshärtung III.285
– Geräte III.282
Strangaufweitung III.85
Strangpreßmassen III.244
Strangziehen II.181
Streckmittel III.274
Streckprozeß II.274
Streckschnecke II.77
Strecktexturieren II.301, III.408
Streckverhältnis III.293
Streckwerk II.144
Streckwindeverfahren II.294
Streckzwirnverfahren II.294
Streichen II.241, II.246
Streichgarnverfahren III.420 ff
Streichlacke III.276
Streichverfahren, Imprägnierverfahren II.246 f
stress softening III.359
Stricken II.435, III.437
Strick-Fixierverfahren III.408, II.414
Stromteilung II.116
Stromtrockner II.124
Struktur
– flüssig-kristalline II.270
– Kettensegmente III.351
– Reifenkautschuke III.360
– Schaumformteile III.215
Strukturanomalien PVC II.365 f
strukturelle Organisation, Sphärolith III.55
Strukturmerkmale III.453
– HDPE, LDPE III.31, III.33
– – Doppelbindungen III.31, III.33
– – Verzweigungen III.31, III.33
Strukturmodifikation bei Fäden II.291
Strukturschaumformteile II.183
Strukturschaumteile II.162
Strukturviskosität II.260
STT-Garn III.429
Studien, epidemiologische II.411

Stückzahl II.26
Stützluft II.139
B-Stufen-Preßmassen III.237
ST-Verfahren III.421, III.429
Styrol II.172, II.175, II.177, III.22
– Massengehalt III.123
Styrol-Acrylnitril (SAN) III.3, III.19
– Ketten III.10
Styrol-Butadien (SB) III.8 f
– halbschlagfest III.9
– hochschlagfest III.9
– superschlagfest III.9
– SB-Rheologie III.14 f
Styrol-Butadien-Polymerisat III.3, III.20 ff
– Herstellung III.7
Styrol-Butadien Rubber (SBR), SBR-Typen III.361
Styrol-Kunststoffe III.3 f
– Restmonomergehalt III.17
– Typenauswahl III.24
– Verbrauch III.3
– Verteilung III.4
– Zusammensetzung III.17
– zweiphasige III.17
Substitution II.7
Sulfane, cyclische III.335
Sulfide, cyclische III.340
Sulfonamid, Aminogruppen III.279
Sulfonamidharze III.280
Superschlürfer III.452
Superschnellspinnen II.299
Surlyn A III.348
Suspensionen II.89, II.109, II.111, II.124
Suspensionsmittel II.108
Suspensionspolymerisation III.84, III.158
Suspensionsspinnen II.288
Suspensionsverfahren III.5 f, III.37, III.44, III.46, III.49, III.83
– Aufbereitung III.6
Suszeptibilität, Oxidation II.377
Symmetrie, Einfluß auf Faserbildung III.456
syndiotaktisches Polypropylen III.45
Synergismus, Co-Stabilisatoren, Antioxidantien II.384
syntaktische Schäume III.287
– Schaumstoffe III.295
Synthesefasern, Massefärbung II.351
Syntheselatices III.382
Syntheseleder, poromerisch III.416
synthetische Fasern, Füllstoff III.224

synthetisches Triglycerid, tox II.417
Systematik, kostenorientiert II.14
systemische Wirkung II.409

T

Tabletten II.165, II.167
Tänzerwalzen II.127
Tafeln II.136
Taffy-Prozess III.175 ff
tardives Lungenödem II.415
Tauchblasen II.168 f
Tauchen II.185, II.246
Tauchkante II.166
Tauchlackieren II.229
Tauchlackierung, kataphoretische III.283
Tauchverfahren II.246
Taue III.406
Taumelmischer II.120 f
TCLo (toxic concentration low) II.408
TDLo (toxic dose low) II.408
technische Ausrüstung II.409
– Formmassen III.209
– Kunststoffe, historische Entwicklung III.134
– Textilien III.397
Technologie der Faserherstellung II.257
Teig-Preßmassen III.221
Teilchengröße III.383
– Verteilung III.383
Teilchenmorphologie III.42
teilkristalline Thermoplaste II.107, II.137
Telechele III.343, III.345
Telechelics II.255
Telefonadern II.147
Temperatur-Abhängigkeit II.84, III.13, III.69, III.89
– Bereich II.8
– Erhöhung II.90
– Konstanz II.151
– Leitfähigkeit II.16
– Kristallinitätsgrad, HDPE, LDPE III.60
Temperaturbeständigkeit III.181
Temperatur-Zeit-Grenzen, duroplastische Formstoffe III.235
Tempern III.212
teratogene Wirkung II.408
Terephthalsäure PETP Direktveresterung III.154, III.156
tertiäre Amine II.127
Tetrabrombisphenol-A III.137
Tetrachlorbisphenol-A III.137

Tetrafluorethylen III.157
Tetramethylbisphenol-A III.137
Textilausrüstung III.107
– niedermolekulare N-Methylol-Verbindungen III.107
– Reaktanten III.107
Textil-Bezeichnungen III.399
Textilfasern, Weltproduktion III.397
Textilfaserschnitzel, Füllstoff III.224
Textilien, tox II.412
Textilschnitzel II.163
Textilleder (Gewebekunstleder) III.258
Texturierung II.299, III.407
thermische Ausdehnung III.522
– Nachbehandlung III.147
– Spannungen III.522
– Stabilisierung III.148
– Stabilität III.13
Thermodegradation II.364
Thermodiffusionsdruck II.231
Thermoelemente II.90
Thermofixierung II.258, II.302, II.307, II.310
Thermoformen II.194, II.205 f
Thermoplaste II.68, II.84, II.98, II.115, II.171 f, III.346
– amorphe II.84, II.107, II.136
– Einfärbung II.351
– Elastifizierung III.386
– Oxidierbarkeit II.377
– Schlagzähigkeit III.386
– teilkristalline II.84, II.107, II.137
– und Elastomere II.134
– verstärkte III.508
thermoplastische Copolyester III.157
– – Formmassen, PETP-Typen III.154
– – Polyurethan-Elastomere (TPU) III.161
– Elastomere III.346 f, III.371
thermoplastischer Polyester III.265
Thermoplast-Schaum-Extrusionsverfahren (TSE) III.250
Thermoplast-Schaum-Spritz-Guß (TSG) III.215
Thermoplastverarbeitung III.158
– Schutz vor
– – Oxidation II.382
– – Thermodegradation II.364 ff
thermosensible Latex-Mischungen III.385
Thermostabilität III.85
– Prüfung II.373
thick molding compounds (TMC) III.236

Thiocarbonyl-difluorid-Copolymer, neuer Kautschuk III.377
Thioharnstoff III.96
Thioplaste III.373
Thio-Verbindungen, Antioxidantien, Synergisten II.384
Thixotropie III.271
– Mittel II.177, III.263, III.274
Tiefdruck II.230
Tiefkühlen II.105
Tiefziehen II.104
tie-molecule III.55
Tierversuche II.407
Tischlerleim III.105
Titer II.258
– Schwankung II.286
TLV (treshold limit values) II.409
– Werte III.388
TM-Vulkanisate, Eigenschaften III.373
Toleranzen II.162
p-Toluolsulfamid III.97
p-Toluolsulfonsäureamid, Schichtstoffplatten III.242
Toluylendiisocyanat (TDI) III.161
– Dampfdruck III.161
– Kapazität in Westeuropa 1979 III.161
Toner II.345
Topfzeit III.271
Torsionsschwingungsmessungen III.381
Torsionsverfahren III.408
Toxikologie II.407
Toxizität, akute II.407
Träger, für Zieglerkatalysatoren III.42
Trägerfasern III.420
trägerfreie Anwendung, PF-Harze III.119
Tränkbad II.181 f
Tränken II.182
Träufelharze III.307
Traglufthallen III.406
Transacetalisierung III.146
Transfer-Mix II.241
Transferpressen (Spritzpressen) II.166, III.225
transluzente SB-Typen III.22
transparentes Polyamid III.141
– PP-Folien III.64
Transparenz III.22, III.131, III.246
Treibmittel II.84, II.136, II.183 ff
– chemische, physikalische III.288
Trennebene II.166 f
Trennen II.224
Trennmittel II.174, II.184
Trennstrich (release) III.271
Trennzwirnverfahren III.415
TREVIRA III.396
Triallylcyanurat III.341

Tribologie II.10
tribologische Daten II.11
Trichteraufsatzvorwärmgeräte II.123
Trichterspinnen III.395
Triglycidylisocyanurat III.185
– Pulverlacke III.277
Trioxan III.147
TRK (technische Richtkonzentrationen) II.409
– Werte III.388
Trockengeräte II.123
Trockenmischverfahren (dry blend) III.225
Trockenmittel II.120, II.123
Trockenofen II.123
Trockenspinnen II.268
– Anlage II.277
– Verfahren II.257, II.275 f
Trockenzeiten II.122
Trocknen II.107, II.120, II.172, II.192
Trocknungsgeschwindigkeit II.120, II.122
Trocknungstemperatur II.122
Trommelanlage II.190
Trommsdorff-Effekt III.141
Trouton-Viskosität II.260
Tuften III.435, III.449
Tuftingware III.410, III.412
Turbinenmischer, Wirbelmischer II.119
Turborührer II.108
TWA (time weighted average concentration) II.409
Twilo-Verfahren III.432
Typen mit besonderer Fließfähigkeit III.24
– mit hoher Formbeständigkeit in der Wärme III.24
Typenauswahl, Aminoplastharze III.104 f
– EP-Harze, Oberflächenschutz, Elektrotechnik/Elektronik III.183 ff
– ABS-Formmassen III.23
– PS-Formmassen III.23, III.25
– SB-Formmassen III.23
– HDPE III.79
– Holzleime III.104 f
– Lackharze III.106
– LLDPE III.80
– LDPE III.81
– MF-Harze III.106, III.108
– PF-Harze III.120 ff
– Polyolefin-Kunststoffe III.81
– PVC-Pasten III.95
– PVC-weich III.95
– Tischlerleim III.104 f
– UF-Harze III.108
– – kationische III.106

Typenbezeichnung, Polyethylen-Formmassen III.81
typisierte Formmassen III.119
Typisierung III.222

U

Überempfindlichkeitsreaktion II.409
Übergangsmetall-Katalysatoren III.31
Überhärten III.105, III.118, III.229
Überlaufform (Abquetschform) II.165 f
übermassiger Grat, Preßmassen III.232
UF-(Harnstoff-Formaldehyd-) Harze III.96, III.104, III.108
– Chemismus III.96
– Einfärbbarkeit III.103
– Entflammbarkeit III.103
– Heißwasserbeständigkeit III.104
– kationische III.99, III.106
– Lieferform III.102
– trägerfrei gehärtet III.102
– Veretherung III.98, III.101
– Vorkondensation III.96
– Wasserbeständigkeit III.100
UF-Schaumstoffe III.293
UHF-Verfahren (ultra high frequency) II.252
– Vulkanisation II.250 ff
UHMWPE (ultra-high-molecular-weight-polyethylene) III.39, III.51
Ultraschall II.68
– Erwärmung II.194, II.196 f
Ultraschallschweißen II.206, II.208 ff
Umesterungsreaktion III.459
Umesterungsverfahren III.148, III.150
Umfangsgeschwindigkeit II.126
Umformen II.168 f, II.193, II.219 ff
Umformprozeß II.133
umgekehrte Hydrolyse III.188
Umgestaltung, kostenorientiert II.19
Umlenkwalzen II.139
Umsatz pro Beschäftigten in der Kunststoff-Industrie II.50
– der chemischen Industrie II.47
– der Kunststoff-verarbeitenden Industrie II.47
– der Lackindustrie II.47
– im Vergleich zu anderen Produkten II.47

Umsatz, wertmäßiger II.46 ff
- wertmäßiger der Kunststoff-Industrie in einigen wichtigen Ländern II.47
Umschlingungswinkel II.127, II.152
Umwandlungszone II.70
Umwelt-Probleme III.387
Umweltschutz III.451 f
Umwindeverfahren III.421, III.432
undirektionale Gewebe II.175
Uneinheitlichkeit III.4 f
ungesättigte Polyester (UP) II.162, III.265 f, III.304
UP-Harze II.175, II.182
Eigenschaften nach Härtung, Einfluß des Gehaltes an Vinylmonomer, der Molekülmasse des Polyesters III.129
- Formmassen III.235
- monomere Grundstoffe III.124
- schwundarm härtende III.236
- styrolfrei III.127
- typisiert III.129
Unterdruck II.138
Untereinschlüsse, Copolymerisation III.11
- Polystyrol III.7
Unterhärtung III.229
Unterschiede zwischen LDPE und LLDPE III.75
Unverträglichkeit, Kautschuk-Verschnitte III.379
Urethan-Elastomere, mechanische Eigenschaften III.371
Urformen II.133
- Preßmassen III.221
Ursachen, Elastizität III.330
UV-Absorber, Hydroxy-Gruppenfreie II.398
UV-härtbare Systeme III.285
UV-Licht, Härtung III.127
UV-Strahlung II.102

V

Vakuum II.124, II.138, II.171, II.174, II.177, II.185
- Kalibrierung II.100
- Kalibrierwerkzeuge II.143
- metallisieren II.200, II.226 f
- Trockner II.123
Veloursware III.449
Verätzung II.409
Verarbeitbarkeit II.5
- Kautschuk III.349
Verarbeitung III.13
- Halbzeug III.68
- Hilfsmittel III.207
- Kautschuk II.240

Verarbeitung, niedermolekulare Bausteine II.254
- Prozesse III.349
- Sicherheit III.338
- Temperaturen III.349
- Verhalten III.354
Verarbeitungsbedingungen III.23
Verarbeitungseigenschaften III.13
Verarbeitungshilfsmittel II.328
- Anwendungskriterien II.331
- Struktur-Wirkungsbeziehungen II.336
- Übersicht, Anwendungen II.331 ff
- Verbindungsklassen, Anwendungen II.332 ff
- Wechselwirkungen, Beeinflussung Endprodukte mit Kunststoff, mit Pigmenten und Füllstoffen, untereinander II.337
- Wirkungsweisen II.329
Verarbeitungskosten II.14 ff
- Kenngröße II.18
- Vorteile II.16
Verarbeitungsschwierigkeiten beim Extrudieren
- Bläschen III.248
- Markierungen III.248
- Oberfläche, matt, narbig, schuppig III.248
- Schrumpfwerte III.248
- Verwerfungen III.248
Verarbeitungsschwindung III.16, III.65
Verarbeitungsstabilität III.65
- LLDPE, LDPE III.66
Verarbeitungstemperaturen III.65
Verarbeitungsverfahren LDPE, LLDPE III.50
Verarbeitungszeit III.271
Verbrauch, HDPE, LDPE, PP III.26
- Styrol-Kunststoffe III.3
Verbrauch, Kunststoffe nach Endabnehmerindustrien II.55
- der wichtigen Engineering Plastics in Westeuropa II.45
- Herstellung von Haushaltsmaschinen II.59
Verbrauch USA, faserverstärkte Thermoplaste II.209
Verbrauchsverteilung, technische Kunststoffe
- Polyamid, Polyurethan III.131
Verbund
- Nachgiebigkeiten III.512
- Optimierung III.512 f
- Steifigkeiten III.512
- Verzerrungen III.512
- Werkstoff III.493 ff
- - Berechnung III.503

Verbund, Werkstoff, Berechnungsgrundlagen III.532
- - Duroplaste III.530
- - Eigenschaften III.503
- - Elastizitätsmodul III.499
- - Last-Verformungsverhalten III.505
- - - linear viskoelastisch III.505
- - Sandwich-Konstruktionen III.531
- - Thermoplast/Elastomere III.529
Verdampfung II.200
Verdauungssystem, tox II.412
Verdickungsmittel III.255, III.274
Verdrängerpumpen II.87
Verdrängertorpedo II.137
Verdrehscherbeanspruchung III.261
Verdünnbarkeit, Wasser III.102
Verdünnungsmittel III.274
Veredeln II.3, II.193, II.226 ff
Vereinigte Glanzstoff-Fabriken AG III.394
Vereinigung der Hersteller und Verarbeiter typisierter Kunststoff-Formmassen III.222
veretherte Harze III.103
- MF-Harze III.99
- UF-Harze III.98, III.101
Verfahren, diskontinuierlich II.247
Verfahrensnachteile II.26
Verfahrenstechnik III.204
Verfahrensvergleich, kostenorientiert II.26
Verformung III.334, III.509
- bleibende, NBR III.367
- Grenzen III.521
Vergießen II.174
Vergilbung III.150 ff
Vergilbungsneigung III.19
Vergleich, Eigenschaften LLDPE + LDPE III.76
- Gebrauchseigenschaften PE + PP-Kunststofftypen III.78
Vergleichskollektive II.411
verkappte Isocyanate III.281
Verknüpfung mit organischen Harzen, Härtung III.188
Verlauf (Benutzungsfähigkeit) III.271
Verlaufmittel III.274
Verlustmodul III.350
Vernähen III.445
Vernetzung (s. auch Vulkanisation) II.102, II.147, II.172, II.247, III.7, III.10
- Brücken III.334 f, III.340 f
- Grad III.335
- LDPE III.67
- Phillips-HDPE III.68

Vernetzung, Polyester-, Polyether-Polyurethane III.158
- Polyethylene III.67
- Reaktionen III.114, III.339, III.383
- - Aminocarbonylgruppen III.383
- - Carboxygruppen III.383
- - Epoxidgruppen III.383
- - Hydroxygruppen III.383
- - N-Hydroxymethyl-Gruppen III.383
- reversible III.346
Vernetzungsgrad II.163
Vernetzungsreaktion II.163
Verpackung II.55, II.302, II.314
Verpackungsmaterial, aus Kunststoffen II.55
Versagenshypothesen III.521
- Hill-Kriterium III.522
- Größtdehnungshypothesen III.522
Verschlaufungen (entanglements) III.75
Verschlußdüsen II.157
Verschnitt s. Kautschuk-Verschnitt
Verschweißbarkeit III.75
Versprödungstemperatur III.79 f
Verstärker II.54
Verstärkerwirkung III.358
- Grundlagen III.498
Verstärkung III.354, III.498
- anisotrope III.508 ff
- Effekt III.355
- Eigenschaften III.503
- - quasiisotrope III.503
- Fasern III.500
- Glasmatten III.500
- Füllstoffe III.500
Verstärkungsstoffe III.207, III.224
Verstärkungswerkstoff III.494
- Ausrichtung III.501
- Eigenschaften III.496
- Gestalt III.501
- Lieferformen III.495
- Spannungs-Dehnungs-Linien III.497
Verstauben, ABS-Teile III.22
Versteifung III.498, 500
- Grundlagen III.498
- Ursachen III.498
- Wirkung III.498, III.500
Verstellpumpen II.87
Verstreckanlagen II.104
Verstreckung II.103, II.143, II.169, II.257, II.274, II.290
Verstreckungsgrad II.291, II.297
Versuche, chronische II.408
Versuchspläne, statistische III.203
Versuchsplanung III.203
Verteilerkanal II.160

Verteilung, Aminoplast-Verbrauch III.95
- HDPE, LDPE, PP III.26
- PF-Harz III.109
- PVC II.83
- Teilchengrößenverteilung III.383
- UP-Harz III.123
Verunreinigungen II.93, III.84
Verweilzeit II.71, II.74, II.113, II.136
- Spektrum II.113
Verwertung, Kunststoff-Abfälle II.63
Verwölbungen III.509 f
Verzerrungen III.510
Verzug II.13
- der Preßteile III.233
Verzweigungen III.33
Verzweigungsreaktionen III.65 f
Vicat-Temperatur III.19
Vielrollenverstreckung II.104
Vinylacetat (VA) III.27, III.92
Vinylacetat-Ethylen-Copolymerisate (EVA) III.75, III.265
Vinylchlorid (VC) III.83
- EVA-Pfropfcopolymer III.93
- Restgehalt III.84
Vinylchloridmonomer (VCM), tox II.420
trans-Vinylen-Gruppen III.28
Vinylesterharze III.304
Vinyl-Gehalt III.378
Vinyl-Gruppen III.28
Vinyliden-Gruppen III.29
Vinylmonomere, Diallylphthalat, Methylmethacrylat, Styrol III.126
Viskosimeter III.350
Viskosität II.68, II.71, II.84, II.90, II.105, II.113, II.174, II.177, III.102, III.127, III.349 f
- dynamische III.350
- repräsentative III.86
- Scherabhängigkeit III.13
Viskositätserhöher III.255
Viskositätserniedriger III.255
VK-Rohr-Verfahren III.138
Vliesbildung III.440 ff
Vliesen III.435, III.442 ff
Vliesnähgewirke III.445
Vliesspinnanlagen II.144
Vliesstoffe III.399
- Bindungszustände III.446 f
- Einsatzgebiete III.446
- Herstellungsverfahren III.446
- Produktion III.440 ff, III.447
Vliesverfestigung III.440 ff
- chemisch III.445
Vlieswirkstoffe III.448
Vollhärtung III.118

Vollprofile II.143
Volumenanteile, Faser/Matrix III.499 f, III.511, III.514
Volumen-Ersparnis II.22
- Schwund III.161, II.172, II.175
Voraussetzungen, für Fadenbildung III.453 ff
- Molekulargewicht III.454
- Schmelzpunkt III.455
- Struktur III.454 f
Vorformlinge II.104, II.169, II.177
Vorgarn III.399
vorimprägnierte Harzmatten II.177
Vorkondensation II.163
Vorpolymerisation III.7
Vorprodukte II.52
Vorschäumen II.185
Vorschäumverfahren (Frothing-Verfahren) III.297
Vorschriften, gesundheitspolizeiliche II.64
Vorstrich (Grundschicht) III.271
Vorverformlinglänge II.90
Vulkameter III.337
Vulkanisation II.167, II.247 f, II.250 ff, III.338
- Addition III.344
- Aktivierung des Schwefels III.339
- Alkyl-Basen III.375
- Amine III.370, III.372
- Anvulkanisationszeit III.338
- Aryl-Basen III.375
- Ausvulkanisation III.338
- basische Metalloxide III.375
- 1,4-Benzochinon-bis-oxim III.364 f
- beschleunigte III.335
- - mit Schwefel III.334
- Blei-(II)-oxid III.375
- Diamine III.342 f, III.364 f, III.375
- Dichlordisulfan III.337
- Dihydroxyaromate III.364 f
- Diisocyanate III.342
- Diisocyanat-Polyadditionsverfahren III.345
- Dimercaptane III.364 f
- Diole III.343
- energiereiche Strahlung III.340 f
- Hexamethylendiamincarbamat III.375
- Kondensation III.344
- Magnesiumoxid III.375
- Mechanismus, beschleunigte Schwefelvulkanisation III.338
- Melamin-Formaldehyd-Harze III.386
- Metalloxid III.372
- mit Peroxiden III.340 f, III.370

Vulkanisation, Phenol-Formaldehyd-Harze III.364 f
- Polyaddition III.371
- Polychloropren mit Thioharnstoff III.342
- reaktive Gruppen III.341, III.385
- mit Schwefel III.333, III.335, III.337, III.378, III.385
- - beschleunigende Wirkung III.339
- - unbeschleunigt III.336
- sonstige Methoden III.341
- unbeschleunigte III.335
- Zerfall der Peroxide III.340
- Zinkoxid III.364 f, III.383
- zweiwertige Metalloxide III.368
Vulkanisation, durch Strahlenverwendung II.254
- in Etagenpressen II.249
Vulkanisationsbeschleuniger III.337 f
- Bis-(1,3-benzthiazol-2-yl)-disulfan III.337
- Bis-(1,3-benzthiazol-2-ylthio)-Zink III.337
- 1,3-Benzthiazol-2-sulfenmorpholid III.337
- N-Cyclohexyl-1,3-benzthiazol-2-sulfenamid III.337
- 1,3-Diphenylguanidin III.337
- Dithiocarbamate III.337, III.364
- 2-Mercapto-1,3-benzthiazol III.337
- Tetramethylthiuramdisulfid
- Thiuramdisulfide III.364
- Zink-N,N-dimethyldithiocarbamat III.337
Vulkanisationscharakteristik III.336
Vulkanisationschemikalien III.381
Vulkanisationsgeschwindigkeit III.338, III.381
Vulkanisationsmöglichkeiten III.333
Vulkanisationspressen II.167, II.248
Vulkanisationsverlauf III.336, III.338
Vulkanisierkessel II.247
Vulkollan-Verfahren III.344

W

Wachse III.39
Wäge- und Vormischstation II.148
Wärme II.102
- Koagulationsverfahren II.246

Wärmeausdehnungskoeffizient II.10, III.522 ff
- richtungsabhängig III.522 ff
Wärmeaustausch II.139
Wärmebeständigkeit III.224, III.335
Wärmedämmungsvermögen III.285
Wärmedehnung II.9
Wärmeeigenspannungen II.96
Wärmeformbeständigkeit II.8, III.119, III.130, III.152
Wärmeimpulsschweißen II.194, II.196, II.206 f, II.210
Wärmekontaktschweißen II.194, II.207, II.210
Wärmeleitfähigkeit II.97, II.120
- Schaumstoffe III.300
Wärmeleitung II.69, II.165
Wärmeleitzahl III.285
Wärmeschutz des Menschen III.452
Wärmespannungen II.171
- Rechenschritte III.523
Wärmestabilisatoren III.207, III.255
Wärmestabilität III.104
Wärmetransport II.193 ff
Wärmeübergangskoeffizient II.97
Wäschestoffe III.406
Walzelastomere III.371
Walzenauftrag II.191, II.229
Walzenbreite II.151
Walzendruckkraft II.153
Walzenkolbenpumpen II.87 f
Walzenkühlung II.98
Walzenreckanlagen II.152
Walzenspalt II.149 f
Walzenstühle II.108 f
Walzentemperaturen II.154
Walzenumfangsgeschwindigkeit II.154
Walzwerke II.115, II.149, II.241
Wandgleiten III.85
Wandhaftung II.70
Wandstärke II.162
Warmformen II.205 f, II.219 ff
Warmfütter- und Kaltfütterextruder II.242 f
Warmgasschweißen II.208 ff
Warmhärtung II.172, III.127
Wartezeit vor Vollbelastung der Klebverbindung III.268
Waschtemperatur, mittlere III.398, III.451
Wasseraufnahme II.10, III.13, III.141, III.224, III.468 ff
Wasserbäder oder Luftkühlstrecken II.100
Wasserbeständigkeit, UF-Harze III.100

wasserlösliche Aminoplast-Lackharze III.106
Wasserstoff III.34
- Bindungen III.383
- Brücken III.371
Wasserstoffdonator, rel. Wirksamkeit als Antioxidans II.381
Wasserstrahlverfahren III.444
Wasser(verdünnbare) Lacke III.283
Weben III.435 f
Webware, Einsatz III.437
Wechselfilter II.95
Weichfolien III.50, III.82, III.252
Weichgummi III.335 f
Weichmacher II.82, III.108, III.207, III.255, III.263, III.380
- Anteil III.88
- Aufnahmefähigkeit III.85
- Konzentration III.89
- tox II.421
Weichmachung II.171
Weich-PVC-Pasten II.191
Weichschäumen III.170
Weichsegmente II.346 ff, II.371
Weissenberg-Effekt II.114
Weiterreißfestigkeit III.76, III.352, III.362
- Polyurethan-Elastomere III.372
Weithalsgefäße II.169
Wellplatten II.182
Wellrohre (Riffelrohre) II.138
Welthandelspreise der wichtigsten Thermoplaste II.51
Weltproduktion, Fasern II.268
- Kunststoffe II.34, II.36
- Thermo- und Duroplaste II.43
Weltproduktion Kunststoffe, Länder OECD II.36
Weltverbrauch, Polyurethankautschuke III.371
Wendelverteiler II.91
Wendewickler II.127, II.152
Werkstoff, optimaler II.28
Werkstoffauswahl II.2
- kostenorientiert II.14
- Systematik II.2
- technisch-physikalisch II.2
Werkstoffeigenschaften II.5
- qualitative II.2
- quantitative II.2
Werkstoffentscheidung, endgültig II.29
Werkstoff-Verfahrens-Zuordnung II.6
Werkzeug II.185
- Kosten II.14 ff
- Preis II.17
- Widerstand II.73
Werkzeugharze III.309
Wertanalyse III.203

Wertigkeit II.29
Wettbewerb mit anderen Materialien II.59
Wetterbeständigkeit, EPM, EPDM II.366
Wickelanlagen II.127
Wickelgeschwindigkeit II.127
Wickeln II.175
– polares II.181
Wickelverfahren II.181
Wickelwerk II.152
Widerstandsmoment II.15
Wildman-Verfahren III.451
Wirbelbetterwärmung II.102
Wirbelmischer, Turbinenmischer II.119
Wirbelschichttrockner II.123
Wirbelsintern II.235 ff
Wirbel-Sinterverfahren (WS) III.283
Wirken III.435, III.437 f
Wirkung II.408
– mutagene II.408
– systematische II.409
– teratogene II.408
Wirkungsgrad II.87
wirtschaftliche Bedeutung der Kunststoffe III.36
– als Endprodukte II.55
– der Kunststoff-Industrie II.34 ff
Wirtschaftlichkeitsgrenze II.73
Witterungsbeständigkeit III.22, III.104, III.130
WLF-Funktion II.84
Wolle III.397
Wunderkleber, Blitzkleber III.264
Wunschforderung II.28

Z

Zähigkeit II.14
– Matrix III.20
Zahl der Komponenten III.199
– Klebstoffe III.263
Zahnradkräuselung II.306
Zahnradkräuselverfahren III.415 f
Zahnradpumpen II.87 f, II.144, II.283
Zeitstandschaubild, Rohre III.74
– PP-Rohre III.78
Zeitstandverhalten HDPE III.74 f
Zellglasfolien II.124
Zellkulturen II.408
Zellstoffindustrie II.108
Zellstruktur III.285
Zerkleinern II.105
Zersetzungsgrenzen von Ethylen III.30
Zerspanen II.224
Zerstäubungstrockner II.124
Ziegler-Katalysator III.31, III.33, III.39
– Chemismus III.32
– Suspensionsprozeß, konventioneller, moderner III.38
Zinkoxid III.340, III.342
Zündung, Brennverhalten s. Prüfvorschrift II.361
Zug-Dehnungs-Diagramm III.355
Zug-Druck-Beanspruchung III.261
Zug-Druck-Umformen II.224
Zugfestigkeit III.334 ff, III.353, III.355
– Elastomer III.354, III.368
– EPDM-Vulkanisation III.366
– Füllstoff III.359
– Ruß III.357
– Silicon-Elastomere
– – mechanische Eigenschaften III.374
– spezifische III.497
Zugscherbeanspruchung III.261
Zugspannung III.355
Zusammensetzung, Standardharze III.129

Zusatzstoffe, s. Additive II.325
Zusatzstoffe für PVC
– Antistatika III.207
– Bakterizide III.207
– Biostabilisatoren III.207
– Flammschutzausrüstung III.207
– Füllstoffe III.207
– Gleitmittel III.207
– Kicker III.207
– Lichtschutzmittel III.207
– Pigmente III.207
– Schlagzähigkeitsverbesserer III.207
– Verarbeitungshilfsmittel III.207
– Verstärkungsstoffe III.207
– Wärmestabilisatoren III.207
– Weichmacher III.207
Zuschlagstoffe II.240
Zuwachsraten der Kunststoff-Produktion II.39
zweiphasige Styrol-Kunststoffe III.17
Zweischichtfolien III.434
Zweischneckenkneter II.126
zweistufige Formgebung II.243
Zweiwellen-Kneter II.126
– Mischer II.117
Zweizylinderverfahren III.420
Zwickel II.76
Zwiebelbildung II.264
Zwischenfälle II.412
Zykluszeit II.15 f, III.211
Zylinder II.181
Zylinderverschleiß II.77